Excel 应用技巧
速查宝典

581 节视频讲解+手机扫码看视频+素材源文件+行业案例+在线服务

Excel 精英部落　编著

中国水利水电出版社
www.waterpub.com.cn

·北京·

内 容 提 要

《Excel 应用技巧速查宝典》是一本全面介绍 Excel 函数、Excel 数据分析、Excel 图表处理的 Excel 教程，也是一本 Excel 应用大全、Excel 实用技巧速查手册，随查随用，工作无忧。同时本书配有 581 节同步教学微视频，也是一本优秀的 Excel 视频教程。

《Excel 应用技巧速查宝典》共 23 章，分别介绍了 Excel 2016 的基本操作，数据的输入及填充技巧，数据验证，自定义单元格格式与输入特殊数据，数据的查找、替换、复制和粘贴，数据的编排与整理，表格的设置与美化处理，表格的安全保护与共享，打印表格，使用条件格式、数据筛选、排序、分类汇总、透视表、图表、高级分析工具等进行数据分析，使用合并计算、公式、数学函数、统计函数、文本函数、日期函数、查找函数、财务函数等进行数据的汇总与统计。在具体章节的介绍过程中，重要知识点均配有实例辅助讲解，简单易学、实用高效。

《Excel 应用技巧速查宝典》内容丰富，易学易懂，非常适合 Excel 从入门到精通、Excel 从新手到高手层次的读者使用，行政管理、财务、市场营销、人力资源管理、统计分析等人员均可将此书作为案头速查参考手册。本书也适用于 Excel 2013/2010/2007/2003 等版本。

图书在版编目（C I P）数据

Excel应用技巧速查宝典 / Excel精英部落编著. ——
北京：中国水利水电出版社，2019.2（2021.10 重印）
ISBN 978-7-5170-6642-2

Ⅰ. ①E… Ⅱ. ①E… Ⅲ. ①表处理软件 Ⅳ.
①TP391.13

中国版本图书馆CIP数据核字(2018)第160306号

书　　名	Excel 应用技巧速查宝典 Excel YINGYONG JIQIAO SUCHA BAODIAN
作　　者	Excel 精英部落　编著
出版发行	中国水利水电出版社 （北京市海淀区玉渊潭南路 1 号 D 座　100038） 网址：www.waterpub.com.cn E-mail：zhiboshangshu@163.com 电话：(010) 62572966-2205/2266/2201（营销中心）
经　　售	北京科水图书销售中心（零售） 电话：(010) 88383994、63202643、68545874 全国各地新华书店和相关出版物销售网点
排　　版	北京智博尚书文化传媒有限公司
印　　刷	北京富博印刷有限公司
规　　格	145mm×210mm　32 开本　27.125 印张　832 千字　4 插页
版　　次	2019 年 2 月第 1 版　2021 年 10 月第 5 次印刷
印　　数	14001—17000 册
定　　价	128.00 元

F2 `=SUMIF($B$2:$B$13,E2,$C$2:$C$13)`

	A	B	C	E	F
1	编号	销售员	销售额	销售员	总销售额
2	YWSP-030301	林雪儿	10900	林雪儿	40750
3	YWSP-030302	侯致远	1670	侯致远	
4	YWSP-030501	李洁	9800	李洁	
5	YWSP-030601	林雪儿	12850		
6	YWSP-030901	侯致远	11200		
7	YWSP-030902	李洁	9500		
8	YWSP-031301	林雪儿	7900		
9	YWSP-031401	侯致远	20200		
10	YWSP-031701	李洁	18840		
11	YWSP-032001	林雪儿	9100		
12	YWSP-032202	侯致远	9600		
13	YWSP-032501	李洁	7900		

👀 统计各销售员的销售业绩总和

	A	B	C	D	F	G
1	姓名	性别	班级	成绩	班级	平均分
2	张轶璇	男	二(1)班	95	二(1)班	84.6
3	王华均	男	二(2)班	76	二(2)班	81
4	李成杰	男	二(3)班	82	二(3)班	83
5	夏正霖	男	二(1)班	90		
6	万文锦	男	二(2)班	87		
7	刘凤轩	男	二(3)班	79		
8	孙悦	女	二(1)班	85		
9	徐梓瑞	男	二(2)班	80		
10	许宸浩	男	二(3)班	88		
11	王硕睿	男	二(1)班	75		
12	姜美	女	二(2)班	98		
13	蔡浩轩	男	二(3)班	88		
14	王晓蝶	女	二(1)班	78		
15	刘雨	女	二(2)班	87		
16	王佑琪	女	二(3)班	92		

👀 按班级统计平均分数

YEARFRAC `=NETWORKDAYS(B2,C2,$F$2)`

	A	B	C	D	E	F
1	姓名	开始日期	结束日期	工作日数		法定假日
2	刘琪	2017/12/1	2018/1/10	,C2,$F$2)		2018/1/1
3	赵晓	2017/12/5	2018/1/10			
4	左熹熹	2017/12/12	2018/1/10			

👀 计算临时工的实际工作天数

YEARFRAC `=NETWORKDAYS.INTL(B2,C2,12,$F$2)`

	A	B	C	D	E	F
1	姓名	开始日期	结束日期	工作日数		法定假日
2	刘琪	2017/12/1	2018/1/10	=NETWORK		2018/1/1
3	赵晓	2017/12/5	2018/1/10			
4	左熹熹	2017/12/12				

👀 计算临时工的实际工作天数（指定只有周一
为休息日）

G2 `=SUMPRODUCT(C2:C8,D2:D8,E2:E8)`

	A	B	C	D	F
1	产品编号	产品名称	单价	销售数量	折扣	折后总销售额
2	MYJH030301	灵芝柔肤水	129	150	0.8	79874.65
3	MYJH030502	美白润颜乳	88	201	0.75	
4	MYJH030601	白夜修复精华	320	37	0.9	
5	MYJH030901	灵芝保湿面霜	240	49	0.8	
6	MYJH031301	白皙美白乳液	158	76	0.95	
7	MYJH031401	恒美柔软精华	350	23	0.75	
8	MYJH031701	白芍葡白亮肤水	109	147	0.85	

👀 计算商品的折后总金额

E2 `=SLN(B2,C2,D2*12)`

	A	B	C	D	E
1	资产名称	原值	预计残值	预计使用年限	年折旧额
2	空调	3980	180	6	52.78
3	冷暖空调机	2200	110	4	43.54
4	uv喷绘机	98000	9800	10	735.00
5	印刷机	3500	154	5	55.77
6	覆膜机	3200	500	5	45.00

👀 直线法计算固定资产的每月折旧额

YEARFRAC `=WORKDAY.INTL(C2,B3,11,$E$2:$E$6)`

	A	B	C	D	E
1	流程	所需工作日	执行日期		中秋节、国庆
2	设计		2017/9/20		2017/10/1
3	确认设计	2	=$E$2:$E$6)		2017/10/2
4	材料采购	3			2017/10/3
5	装修	30			2017/10/4
6	验收	2			2017/10/5

👀 根据项目各流程所需要工作日计算项目结束日期

D1 `=$B$6*$B$8+$C$6*$C$8+$D$6*$D$8`

	A	B	C	D	E	F	G
1			最大利润	0			
2		A用品	B用品	C用品		限时	
3	第一车间	2	1	1		200	
4	第二车间	1	2	1		240	
5	第三车间	1	1	2		280	
6	单位利润	156	130	121			
7							
8	最佳产量分配						

👀 建立合理的生产方案

E2 `=IF(DATEDIF(D2-3,TODAY(),"YD")<=3,"提醒","")`

	A	B	C	D	E
1	员工工号	员工姓名	性别	出生日期	是否3日内过生日
2	20131341	代言泽	男	1986/1/10	提醒
3	20131342	戴幸图	男	1990/10/28	
4	20131343	纵岩	女	1991/3/22	

👀 设计动态生日提醒公式

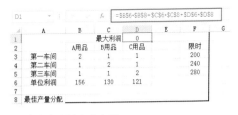

	A	B	C	D	E
1	地区	补贴标准		地址	租赁面积(m²)	补贴标准
2	高新区	25%		珠江市包河区陈村路61号	169	0.19
3	经开区	24%		珠江市临桥区海景御景15A	218	0.18
4	新站区	22%				
5	临桥区	18%				
6	包河区	19%				
7	蜀山区	20%				

👀 通过简称或关键字模糊匹配

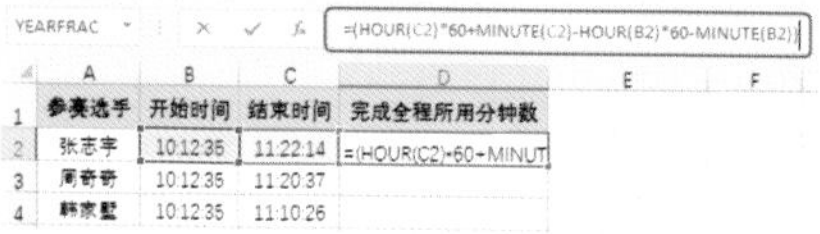

❤️ 比赛用时统计（分钟数）

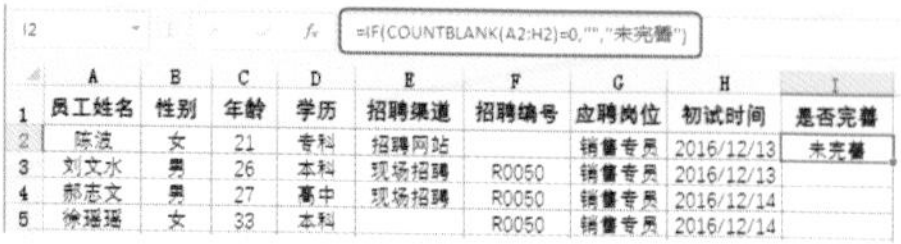

❤️ 检查应聘者填写信息是否完整

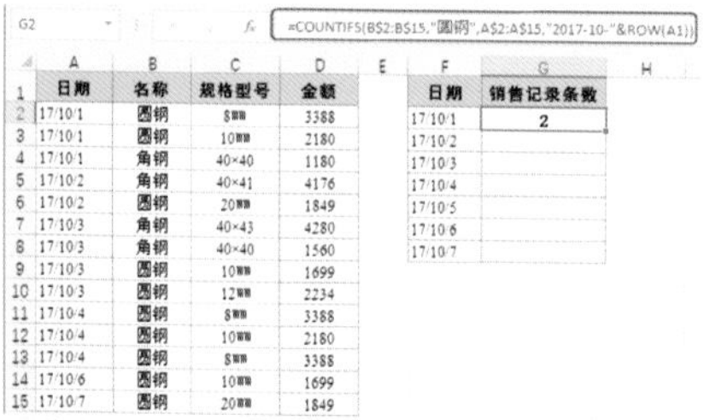

❤️ 统计指定产品每日的销售记录数

❤️ 统计指定店面中指定品牌的销售总金额

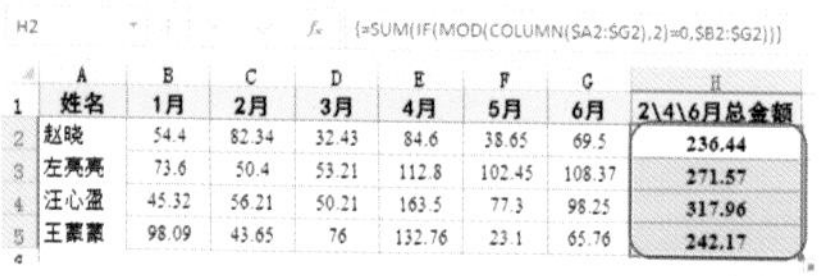

❤️ 实现隔列计算销售金额

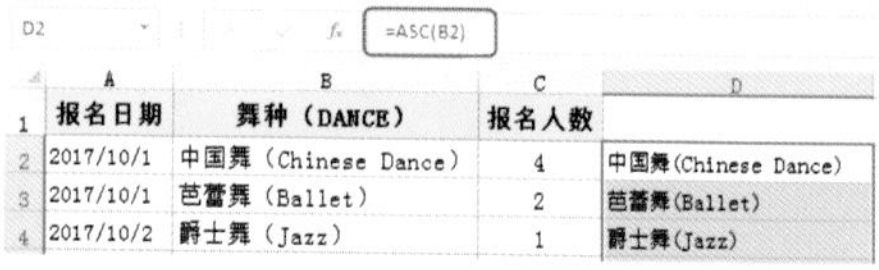

❤️ 修正全半角字符不统一导致数据无法统计问题

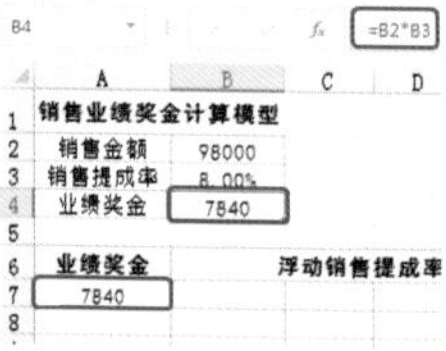

❤️ 双变量模拟运算示例

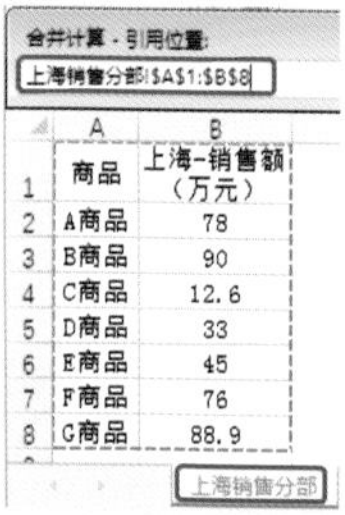

❤️ 多分部分户销售额汇总

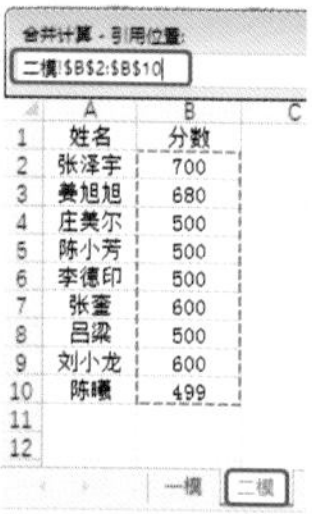

❤️ 巧用合并计算统计成绩平均分

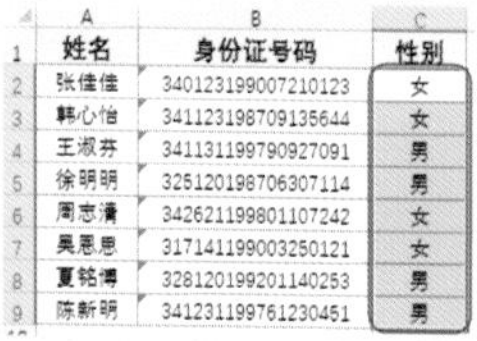

❤️ 从身份证号码中提取性别

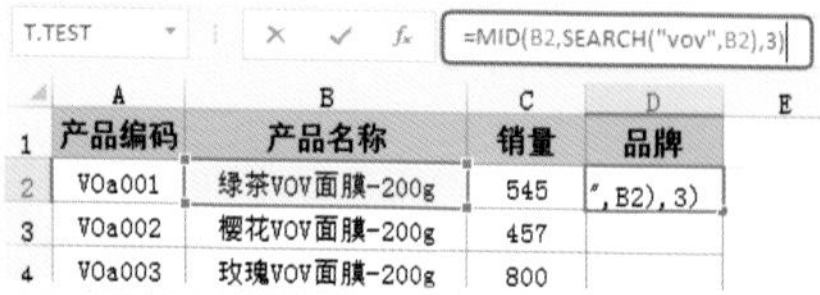

❤️ 从产品名称中提取品牌名称

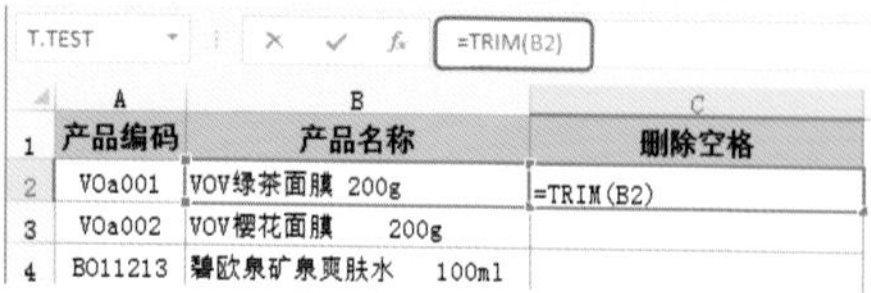

❤️ 删除产品名称中多余的空格

E2 | fx | =TEXT(EDATE(C2,D2),"yyyy-mm-dd")

	A	B	C	D	E
1	产品编码	产品名称	生产日期	保质期（月）	到期日期
2	WQQI98-JT	保湿水	2017/1/18	30	2019-07-18
3	DHIA02-TY	保湿面霜	2017/1/24	18	
4	QWP03-UR	美白面膜	2017/2/9	12	
5	YWEA56-GF	抗皱日霜	2017/2/16	24	

😎 解决日期计算返回日期序列号问题

C8 | fx | =XNPV(C1,C2:C6,B2:B6)

	A	B	C	D
1	年贴现率		7.50%	
2	投资额	2016/5/1	-20000	
3	预计收益	2016/6/28	5000	
4		2016/7/25	10000	
5		2016/8/18	15000	
6		2016/10/1	20000	
8	投资净现值		¥ 28,858.17	

😎 计算出一组不定期盈利额的净现值

😎 巧用合并计算统计各商品的最高售价

I2 | fx | =AVERAGEIFS($E$2:$E$17,$C$2:$C$17,G2,$D$2:$D$17,H2)

	A	B	C	D	E		G	H	I
1	姓名	性别	班级	科目	成绩		班级	科目	平均分
2	张靖煊	男	二(1)班	语文	95		二(1)班	语文	87.25
3	张靖煊	男	二(1)班	数学	98		二(2)班	语文	
4	王华均	男	二(2)班	语文	76		二(1)班	数学	
5	王华均	男	二(2)班	数学	85		二(2)班	数学	
6	李成杰	男	二(1)班	语文	88				
7	李成杰	男	二(1)班	数学	82				
8	夏正霖	女	二(1)班	语文	90				
9	夏正霖	女	二(1)班	数学	87				
10	万文锦	男	二(2)班	语文	87				
11	万文锦	男	二(2)班	数学	85				
12	刘凤轩	男	二(1)班	语文	79				
13	刘凤轩	男	二(1)班	数学	89				
14	孙悦	女	二(1)班	语文	85				
15	孙悦	女	二(1)班	数学	85				
16	徐梓瑞	男	二(2)班	语文	80				
17	徐梓瑞	男	二(2)班	数学	92				

😎 计算指定班级指定科目的平均分

T.TEST | fx | =EOMONTH(B2,C2)

	A	B	C	D
1	优惠券名称	放发日期	有效期(月)	截止日期
2	A券	2016/5/1	6	MONTH(B2,C2)
3	B券	2016/5/1	8	
4	C券	2017/6/20	10	

😎 计算优惠券有效期的截止日期

B4 | fx | =FV(B1/12,3*12,B2,0,1)

	A	B	C
1	年利率	4.54%	
2	每月存入金额	-2000	
3	3年后账户的存款额	¥77,269.17	

😎 计算投资的未来值

E2 | fx | =EDATE(C2,D2)

	A	B	C	D	E
1	发票号码	借款金额	账款日期	账龄(月)	到期日期
2	12023	20850.00	2017/9/30	8	2018/5/30
3	12584	5000.00	2017/9/30	10	
4	20596	15600.00	2017/8/10	3	
5	23562	120000.00	2017/10/25	4	
6	63001	15000.00	2017/10/20	4	
7	125821	20000.00	2017/10/1	6	

😎 计算应收账款的到期日期

D2 | fx | =ROUNDDOWN(C2,0)

	A	B	C	D
1	单号	金额	折扣金额	折后应收
2	2017041201	523	460.24	460
3	2017041202	831	731.28	731
4	2017041203	1364	1200.32	1200
5	2017041204	8518	7495.84	7495
6	2017041205	1201	1056.88	1056
7	2017041206	898	790.24	790
8	2017041207	1127	991.76	991
9	2017041208	369	324.72	324
10	2017041209	1841	1620.08	1620

😎 购物金额舍尾取整

E2 | fx | =SLN(B2,C2,D2)

	A	B	C	D	E
1	资产名称	原值	预计残值	预计使用年限	年折旧额
2	空调	3980	180	6	633.33
3	冷暖空调机	2200	110	4	522.50
4	uv喷绘机	98000	9800	10	8820.00
5	印刷机	3500	154	5	669.20
6	覆膜机	3200	500	5	540.00
7	平板彩印机	42704	3416	10	3928.80
8	亚克力喷绘机	13920	1113	10	1280.70

❤ 直线法计算固定资产的每年折旧额

E5 | fx | =D5*HLOOKUP(D5,$A$1:$E$2,2)

	A	B	C	D	E	F
1	总金额	0	1000	5000	10000	
2	返利率	2.0%	5.0%	8.0%	0.12	
3						
4	编号	单价	数量	总金额	返利金额	
5	ML_001	355	18	¥ 6,390.00	511.20	
6	ML_002	108	22	¥ 2,376.00		
7	ML_003	169	15	¥ 2,535.00		
8	ML_004	129	12	¥ 1,548.00		

❤ 根据不同的返利率计算各笔订单的返利金额

C2 | fx | =CEILING.PRECISE(B2,6)/6*0.07

	A	B	C	D
1	电话编号	通话时长(秒)	费用	
2	20170329082	640	7.49	
3	20170329114	9874		
4	20170329023	7540		
5	20170329143	985		
6	20170329155	273		
7	20170329160	832		

❤ 按指定计价单位计算总话费

G3 | fx | =VLOOKUP(F3,$A$3:$B$7,2)

	A	B	C	D	E	F	G
1	等级分布			成绩统计表			
2	分数	等级		姓名	部门	成绩	等级评定
3	0	E		刘浩宇	销售部	92	A
4	60	D		曹扬	客服部	85	B
5	70	C		陈子涵	客服部	65	D
6	80	B		刘启瑞	销售部	94	A
7	90	A		吴晨	客服部	91	A
8				谭谢生	销售部	44	E
9				苏瑞童	销售部	88	B
10				刘雨菲	客服部	75	C

❤ LOOKUP 模糊查找

	A	B	C	D	E	F	G	H	I	J
1	辅助	用户ID	消费日期	卡种	消费金额		查找值	消费日期	卡种	消费金额
2	0	SL10800101	2017/11/1	金卡	¥ 2,587.00		SL20800212	43040	银卡	1960
3	1	SL20800212	2017/11/1	银卡	¥ 1,960.00			43041	银卡	2697
4	1	SL20800002	2017/11/2	金卡	¥ 2,687.00			43042	银卡	3037
5	2	SL20800212	2017/11/2	银卡	¥ 2,697.00			#N/A	#N/A	#N/A
6	2	SL10800567	2017/11/3	金卡	¥ 2,056.00					
7	2	SL10800325	2017/11/3	金卡	¥ 2,078.00					
8	2	SL20800212	2017/11/3	银卡	¥ 3,037.00					
9	2	SL10800567	2017/11/4	银卡	¥ 2,000.00					
10	2	SL20800002	2017/11/4	金卡	¥ 2,800.00					
11	3	SL20800798	2017/11/5	银卡	¥ 5,208.00					
12	3	SL10800325	2017/11/5	银卡	¥ 987.00					

❤ 查找并返回符合条件的多条记录

B5 | | =FV(B1/12,B2,B3)

	A	B	C
1	年利率	22.00%	
2	缴纳的月数	60	
3	月缴纳金额	200	
4			
5	住房公积金的未来值	(¥21,638.78)	

❤ 计算住房公积金的未来值

E2 | | =DAYS360(TODAY(),C2+D2)

	A	B	C	D	E
1	发票号码	借款金额	借款日期	账期	还款剩余天数
2	12023	20850.00	2017/9/30	60	33
3	12584	5000.00	2017/9/30	15	
4	20596	15600.00	2017/8/10	20	

❤ 计算应付账款的还款倒计时天数

B4 | | =EFFECT(B1,B2)

	A	B
1	名义年利率	36.00%
2	年复利期数	12
3		
4	实际年利率	42.58%

❤ 计算信用卡的实际年利率

	A	B	C	D	E	F	G	H	I	J	K
1	廖歌	邓敏	刘小龙	陆路	王耀会	崔新	张童	李凯	罗威佳	陈晓	刘额
2	69	77	90	66	81	78	79	76	71	66	56
3	80	76	67	82	80	76	65	82	77	90	91
4	56	65	62	77	70	70	81	77	94	77	91
5	56	82	63	90	96	88	82	91	80	95	90
6	91	88	77	88	68	92	79	80	99	88	80
7	91	69	79	70	86	72	93	84	87	90	

❤ 突出显示每行的最大最小值

B5 | | =PPMT($B$1,1,$B$2,$B$3)

	A	B	C
1	贷款年利率	6.55%	
2	贷款年限	28	
3	贷款总金额	1000000	
4			
5	第一年本金	(¥13,343.48)	

❤ 计算指定期间的本金偿还额

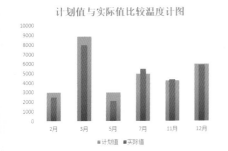

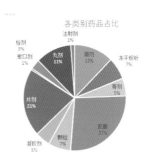

😼两项指标比较的温度计图　　　　　😼直观了解不同药品数量的占比

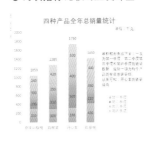

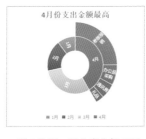

😼美化图表　　　😼展示数据二级分类的旭日图　　　😼对象的边框或线条设置

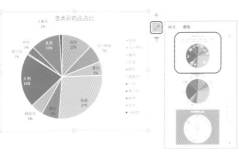

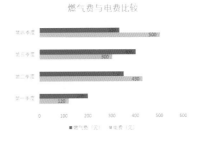

😼美化数据透视图　　　　　　　😼切换行列改变图表表达重点

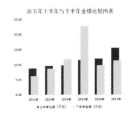

😼解决条形图显示时间分类　　😼创建折线图　　　😼设置数据系列分离（重
　总是次序颠倒问题　　　　　　　　　　　　　　　叠）显示

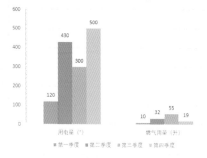

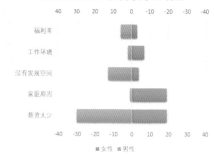

❤️ 快速添加系列的数据标签　　　　　　❤️ 左右对比的条形图

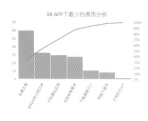

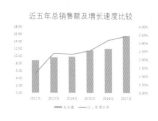

❤️ 分析数据中最重要因素的排　　❤️ 创建复合型图表　　　　❤️ 部分占整体比例的图表
　　列图

❤️ 复制使用图表格式　　　　　　　　　❤️ 用数据条实现旋风图效果

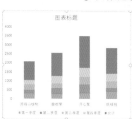

❤️ 图表存为模板方便以后使用　　❤️ 显示汇总的数据标签　　　❤️ 展示数据累计的瀑布图

前　　言

大数据时代，工作要求快捷、高效、精细，所以选择合适的工具、形成正确的工作方式、掌握一定的工作技巧是非常必要的。

Excel 是微软办公软件套装 Office 的一个重要组成部分，是一款简单易学、功能强大的数据处理软件，广泛应用于各类企业日常办公中，也是目前应用最广泛的数据处理软件之一。作为职场人员，无论从事会计、审计、营销、统计、金融、管理等哪个职业，掌握 Excel 这个办公利器，必将让你的工作事半功倍，简捷高效！但是，因为 Excel 功能强大，每个人的精力又有限，不可能对 Excel 的功能完全掌握，所以我们结合工作中经常用到的技巧、案例，编写了这本 Excel 应用技巧速查宝典，方便读者遇到问题时随查随用，方便快捷。

本书特点

视频讲解：本书录制了 581 节视频，手机扫描书中二维码，可以随时随地看视频。

内容详尽：本书介绍了 Excel 2016 几乎所有应用方法和技巧，介绍过程中结合小实例辅助理解，科学合理，好学好用。

实例丰富：一本书若光讲理论，难免会让你昏昏欲睡；若只讲实例，又怕落入"知其然而不知其所以然"的困境。所以本书对 Excel 的使用方法和应用技巧进行详细解析的同时又设置了大量的实例、案例对重点常用应用进行了验证，读者可以举一反三，活学活用。

图解操作：本书采用图解模式逐一介绍 Excel 每个应用技巧，清晰直观、简洁明了、好学好用，希望读者朋友可以在最短时间里学会相关知识点，从而快速解决办公中的疑难问题。

在线服务：本书提供 QQ 交流群，"三人行，必有我师"，读者可以在群里相互交流，共同进步。

本书目标读者

财务管理：作为财务管理人员，对于财务相关的各类数据需要熟练掌握，通过对大量数据的计算分析，辅助公司领导对公司的经营状况有一个清晰的判定，并为公司财务政策的制定，提供有效的参考。

人力资源管理：人力资源管理人员工作中经常需要对各类数据进行整理、计算、汇总、查询、分析等处理。熟练掌握并应用此书中的知识进行数据分析，可以自动得出所期望的结果，轻松解决工作中的许多难题。

行政管理：公司行政人员经常需要使用各类数据管理与分析表格，通过本书可以轻松、快捷地学习 Excel 相关知识，以提升行政管理人员的数据处理、统计、分析等能力，提高工作效率。

市场营销：作为营销人员，经常需要面对各类数据，对销售数据进行统计和分析非常重要。Excel 中用于数据处理和分析的函数众多，所以将本书作为案头手册，可以在需要时随查随用，非常方便。

广大读者：作为普通人员，也有很多数据需要注意，如个人收支情况、贷款还款情况等。作为一个负责任的人，对这些都应该做到心中有数。广大读者均可通过 Excel 对数据进行记录、计算与分析。

本书资源获取及在线交流方式

资源下载：关注公众号"办公那点事儿"，然后输入"bge66422"，单击"发送"按钮，即可获取本书资源下载链接。然后将此下载链接复制到计算机浏览器地址栏中，根据提示下载即可。

在线交流：加入 QQ 群"771211119"（请注意加群时的提示，并根据提示加入对应的群），可在线交流学习。

（说明：本书中的任何数据只是为了说明 Excel 的技巧应用，实际工作中切不可直接应用。涉及到个税计算的，请参考本书方法，以最新基准计算。）

作者简介

本书由 Excel 精英部落组织编写。Excel 精英部落是一个 Excel 技术研讨、项目管理、培训咨询和图书创作的 Excel 办公协作联盟，其成员多为长期从事行政管理、人力资源管理、财务管理、营销管理、市场分析及 Office 相关培训的工作者。

祝大家学习愉快，工作顺利！

编者

目　　录

Excel函数与公式速查宝典

目
录

IX

Excel 函数与公式速查宝典

Excel 函数与公式速查宝典

XV

Excel 函数与公式速查宝典

XX

第 23 章　表格安全保护和共享 824

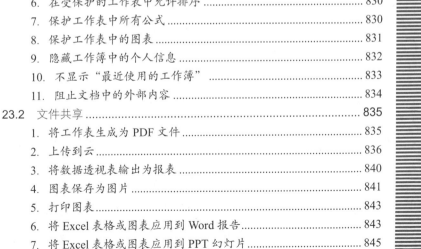

  📹 视频讲解：32 分钟

第 1 章 Excel 2016 基本操作

1.1 创建工作簿

一个 Excel 文件也可以称为一个工作簿，因此要使用 Excel 程序，首先就要创建工作簿。在启动 Excel 程序时系统会自动创建一个工作簿；除此之外，我们还可以应用一些技巧实现工作簿的创建、打开等操作，如启动程序时自动打开某个工作簿、快速打开最近使用过的工作簿、以副本打开工作簿等。

1. 在桌面上创建 Excel 2016 快捷方式

Excel 程序是日常办公中使用频率很高的一个程序，安装程序后默认显示在"开始"→"所有程序"中。为了更方便地启动此程序，可以在桌面上创建 Excel 2016 程序的快捷方式。这样以后要启动 Excel 2016 程序时，在桌面上双击该图标即可。

扫一扫，看视频

❶ 在桌面上单击左下角的"开始"按钮，在弹出的菜单中选择"所有程序"命令，展开所有程序。

❷ 将鼠标指针指向 Excel 2016 命令，然后单击鼠标右键，在弹出的快捷菜单中依次选择"发送到"→"桌面快捷方式"命令（如图 1-1 所示），即可在桌面上选择创建 Excel 2016 的快捷方式，如图 1-2 所示。

图 1-1   图 1-2

❸ 每次想启动 Excel 2016 时，只要在桌面上双击 Excel 2016 图标即可启动该程序。

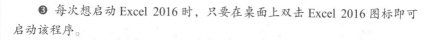 注意：

通常是在保存文件夹中找到 Excel 文件，并双击打开它，这样在打开文件的同时也启动了程序。

2. 保存新工作簿

扫一扫，看视频

当打开 Excel 程序并编辑数据后，如果直接关闭了程序，数据是无法保存的。而很多时候工作簿是需要保存便于后期再使用的，因此建立工作簿后一般需要保存。事实上在关闭工作簿后系统都会自动提示是否要保存（如图 1-3 所示），按照提示设置保存路径和文件名即可。

图 1-3

❶ 工作簿创建并编辑后（也可以创建后就先保存下来，后面一边编辑一边更新保存），选择"文件"→"另存为"命令，在右侧的窗口中单击"浏览"按钮（如图 1-4 所示），打开"另存为"对话框。

图 1-4

❷ 在地址栏中进入要保存到的文件夹的位置（可以从左侧的树状目录中逐层进入），然后在"文件名"文本框中输入保存的文件名，如图 1-5 所示。

在树状目录中依次单击进入目录文件夹，其完整路径显示在地址栏中

图 1-5

❸ 单击"保存"按钮，即可保存此工作簿到指定位置。后期需要打开此工作簿时，只要进入保存文件夹中，双击文件名即可。

📢 注意：

❶ 为工作簿设定好保存路径并保存后，在后续的编辑过程中只要产生新的编辑或修改，直接单击程序窗口左上角的"保存"按钮更新保存即可。
❷ 在"另存为"对话框中还有一个"保存类型"下拉列表框，用于设置工作簿的保存格式。格式有多种，最为常用的有"Excel 97-2003 工作簿"（与早期版本兼容格式）"启用宏的工作簿"（在使用 VBA 必须启用）"Excel 模板"等几种。只要在该下拉列表框中选择相应的类型，单击"保存"按钮即可。

3. 从模板创建工作簿

为了节约时间，或者新手无法设计出满意的 Excel 工作簿布局、格式等时，可以使用内置的"模板"功能。模板虽然为

扫一扫，看视频

我们建立表格提供了很多便利，但也不是万能的，很多情况下我们只能借用模板的设计方式，然后按自己的实际需要修改使用。

❶ 在打开空白工作簿后，选择"文件"→"新建"命令。程序自动推荐的模板类型有"列表""教育""预算"以及"日志"等，可单击标签进入相应选项卡，查找合适的模板。如果没有想要的，也可以在搜索框中输入关键字进行自定义搜索。例如，在搜索框内输入"财务"，再单击"搜索"按钮（如图1-6所示），进入模板搜索结果页面。

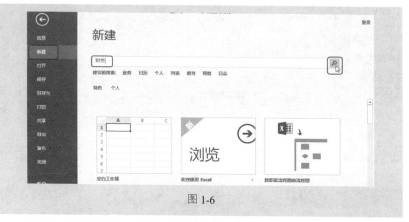

图 1-6

❷ 在右侧"分类"列表框中选择"销售"选项，然后单击左侧销售模板中的"销量报告"（如图 1-7 所示），打开"销量报告"对话框，如图 1-8 所示。单击"创建"按钮，即可创建指定报表，如图 1-9 所示。

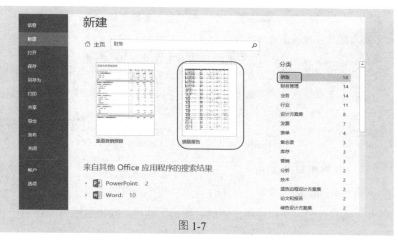

图 1-7

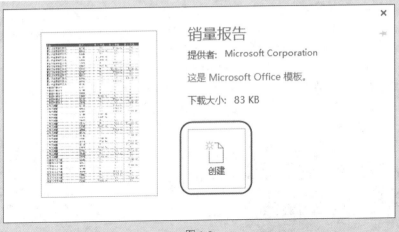

图 1-8

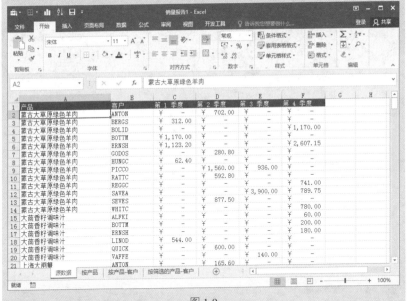

图 1-9

📣 **注意:**

通过模板创建的表格,可以根据自己的实际需要对其进行格式设置、框架结构调整等,比起完全从零开始设计表格要省事得多。

如果工作中经常要使用某种框架或格式的工作表，在创建表格并完成框架格式设置后，也可以将其保存为模板。当以后要使用时，可以快速打开模板，再进行局部编辑即可。

❸ 创建好模板工作簿并修改细节后，选择"文件"→"另存为"命令，在右侧的窗口中单击"浏览"按钮（如图 1-10 所示），打开"另存为"对话框。

图 1-10

❹ 在地址栏中进入要保存到的文件夹的位置（这里的表格模板位置是默认的，不需要修改保存路径），然后在"文件名"文本框中输入保存的文件名，设置"保存类型"为"Excel 模板（*.xltx）"，如图 1-11 所示。

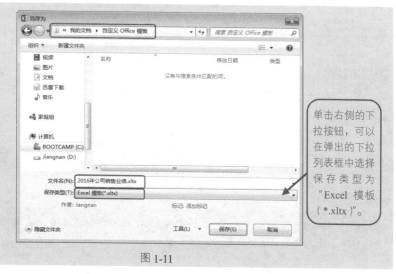

单击右侧的下拉按钮，可以在弹出的下拉列表框中选择保存类型为"Excel 模板（*.xltx）"。

图 1-11

❺ 单击"保存"按钮，即可保存此工作簿到指定位置中。后期需要打开此工作簿模板时，只要进入"新建"窗口中，在"个人"选项卡下即可看到创建的表格模板（如图 1-12 所示），单击后即可打开该模板。

图 1-12

📢 注意：

如果要删除自己创建的工作簿模板，沿默认路径"C:\Users\Jangnan（这里的文件夹名称是计算机根据您的用户名而命名的）Documents\自定义 Office 模板"找到个人模板后，直接删除即可。

4. 先预览后打开工作簿

如果想打开某工作簿，但只记得工作簿的大致内容而忘记了名称，如果一个一个打开看显然比较麻烦，此时可以通过预览快速查看工作簿内容。

扫一扫，看视频

❶ 在地址栏中进入要预览的工作簿所在的文件夹位置（可以从左侧的树状目录中逐层进入），然后选中要预览的文件图标并单击右上

角的"显示预览窗格"按钮，如图 1-13 所示。

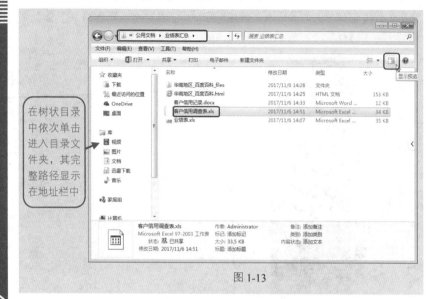

在树状目录中依次单击进入目录文件夹，其完整路径显示在地址栏中

图 1-13

❷ 此时可以看到工作簿预览效果，如图 1-14 所示。

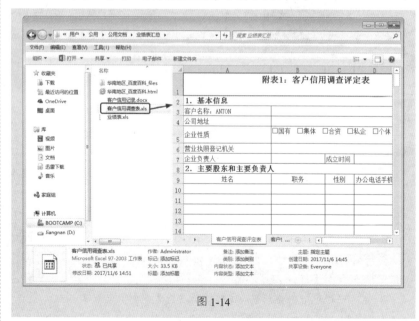

图 1-14

❸ 如果通过预览找到了要打开的工作簿，单击"打开"按钮，即可打开该工作簿。

📢 注意：

再次单击"隐藏预览窗格"按钮，可以取消预览状态。

5. 以副本打开工作簿

如果在修改文档时不想替换原文件，想要保留住原文稿，则可以以副本方式打开文档。当以副本方式打开文档时，程序会在此文档的保存目录中自动创建一个副本文件，即所有编辑与修改将保存到副本文件中。

扫一扫，看视频

❶ 在 Excel 窗口中选择"文件"→"打开"命令，在右侧的窗口中单击"浏览"按钮（如图 1-15 所示），打开"打开"对话框。

图 1-15

❷ 在地址栏中进入要打开的工作簿所在文件夹的位置（可以从左侧的树状目录中逐层进入），然后选中要打开的文件图标并单击"打开"按钮，在弹出的下拉菜单中选择"以副本方式打开"命令，如图 1-16 所示。

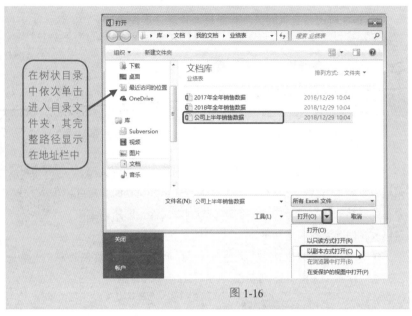

在树状目录中依次单击进入目录文件夹，其完整路径显示在地址栏中

图 1-16

❸ 此时可以看到打开的工作簿的标题前自动添加了"副本（1）"字样，如图 1-17 所示。

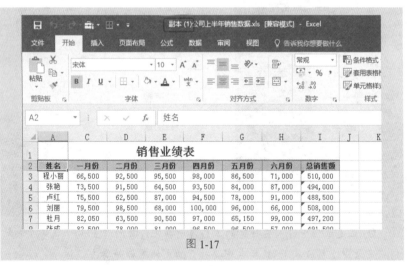

图 1-17

❹ 返回文件夹后，可以看到自动创建了"副本（1）公司上半年销售数据.xls"文件，如图 1-18 所示。

图 1-18

📢》注意：

如果只需要浏览工作簿而不进行任何其他操作，可以选择"以只读方式打开"命令，用户打开工作簿后将无法对其进行编辑。

6. 快速打开最近使用过的工作簿

Office 程序中的 Word、Excel、PowerPoint 等软件都具有保存最近使用的文件的功能，就是将用户近期打开过的文档保存为一个临时列表。如果用户最近打开过某些文件，想要再次打开时，则不需要逐层进入保存目录下去打开，只要启动程序，然后去这个临时列表中即可找到所需文件，然后单击即可将其打开。

扫一扫，看视频

❶ 在桌面上双击 Excel 2016 图标启动程序，进入启动界面时会显示一个"最近使用的文档"列表，其中列出的就是最近使用的文件，如图 1-19 所示。在目标文件上单击，即可打开该工作簿。

❷ 如果已经启动程序进入了工作界面，则选择"文件"→"打开"命令，在右侧窗口中单击"最近"按钮，也可显示出最近使用的文件列表。单击目标文件，即可打开该工作簿，如图 1-20、图 1-21 所示。

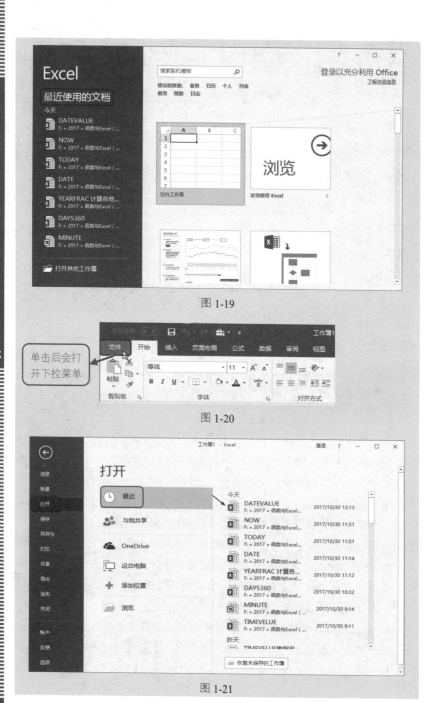

图 1-19

图 1-20

图 1-21

7. 自定义启动 Excel 时自动打开某个工作簿

工作中如果某段时间必须打开某个或某几个工作簿，则可以将其设置为随 Excel 程序启动而自动打开，从而提高工作效率。

❶ 首先创建一个文件夹，将要随程序启动而打开的工作簿都放到此文件夹，如将要打开的工作簿保存在 "F:\销售数据" 目录下。

❷ 启动 Excel 2016 程序，选择 "文件" → "选项" 命令（如图 1-22 所示），打开 "Excel 选项" 对话框。

❸ 选择 "高级" 选项卡，在 "常规" 栏下的 "启动时打开此目录中的所有文件" 文本框中输入 "F:\销售数据"，如图 1-23 所示。

图 1-22   图 1-23

❹ 单击 "确定" 按钮，即可完成设置。当再次启动 Excel 程序时，"F:\销售数据" 目录中的工作簿将自动打开。

8. 将最近常用的文件固定在 "最近使用的文档" 列表中

前面介绍了可以快速打开最近使用过的文件，这是因为系统会自动记录之前打开的所有文件，并且这些文件是按照打开的时间先后顺序排列的。如果打开的文件过多，要想找到并打开想要的文件并非易事。此时通过文件固定功能，在"最近使用的文档"列表中指定单个或者多个文件进行固定，就可以快速找到并打开所需文件了。

❶ 在桌面上双击 Excel 2016 图标启动程序，进入启动界面时会显示一个"最近使用的文档"列表，其中显示的就是最近使用的文件。

❷ 将鼠标指针指向想要固定的文件名上，其右侧会出现"将此项目固定到列表"按钮（如图 1-24 所示），单击该按钮，即可固定此文件并将其显示到列表最上方，如图 1-25 所示。

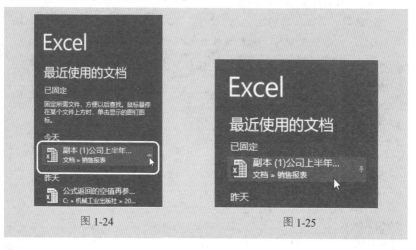

图 1-24   图 1-25

📢 注意：

如果不再需要使用某个固定文件，单击该文件右侧的"从列表中取消对此项目的固定"按钮即可取消。

9. 查找不记得保存位置的工作簿

扫一扫，看视频

如果只记得某个工作簿的名称，但是不记得具体保存在哪一个文件夹中，则可以通过计算机的搜索功能找到所有有关该文件的记录。例如，只记得文件保存在某个磁盘中，如 D 盘中，也可以打开 D 盘，直接在 D 盘上搜索，从而加快文件的搜索速度。下面介绍具体的搜索方法。

❶ 首先双击桌面上的"计算机"图标，如图 1-26 所示。在弹出窗口右侧的搜索栏内输入工作簿名称，比如"2016 年产品销售表"，如图 1-27 所示。

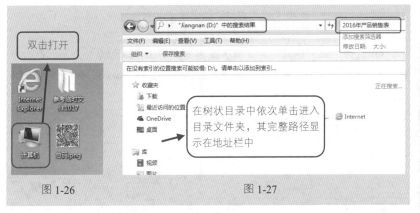

图 1-26   图 1-27

❷ 按 Enter 键后，可以看到搜索到的所有文件（包括 Excel 文件、Word 文件以及同名的文件夹等，如果计算机中存储了这些文件或文件夹就会显示，本例中只找到一个相同名称的 Excel 文件，如图 1-28 所示），找到后直接双击文件即可打开。另外，还可以在文件名下方看到保存的具体路径，以及创建时间和大小等信息。

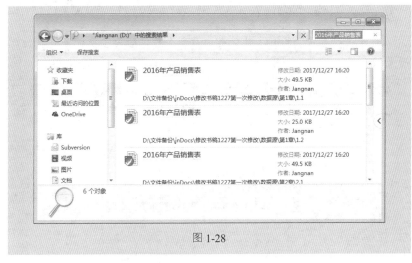

图 1-28

10. 显示计算中隐藏的工作簿

如果事先对工作簿进行了隐藏，那么该工作簿的内容都是无法显示的。如果要重新显示隐藏的工作簿，可以按照下面的方法操作。

扫一扫，看视频

❶ 在"视图"选项卡的"窗口"组中单击"取消隐藏"按钮，如图 1-29 所示。

❷ 打开"取消隐藏"对话框，所有隐藏的工作簿都会显示在"取消隐藏工作簿"列表框中，选中要取消隐藏的工作簿，如"业绩表.xls"，如图 1-30 所示。

图 1-29   图 1-30

❸ 单击"确定"按钮，此时可以看到工作簿的内容重新显示了，如图 1-31 所示。

图 1-31

1.2 工作表操作

　　一个工作簿由一张或多张工作表组成。我们利用 Excel 创建、编辑表格都是在工作表中进行的。根据数据内容的不同，通常会建立多张工作表编辑管理数据；也会根据数据性质对工作表进行重命名；对不需要的工作表会进行删除操作等，这些操作都是针对工作表的基本操作。

1. 添加新工作表

　　Excel 2016 程序默认工作簿中只有一张工作表，为了满足实际工作的需要，可以在任意指定位置添加新的工作表。

　　❶ 打开工作簿后，在已经创建好的工作表标签（"业绩表"）后单击"新工作表"按钮（如图 1-32 所示），即可在该工作表后面建立一张默认名称为 Sheet1 的工作表，如图 1-33 所示。

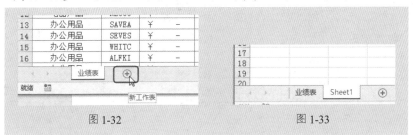

　　　　　　图 1-32　　　　　　　　　　　　　　图 1-33

　　❷ 如果想要在工作表前面插入新工作表，可以先按步骤❶插入新工作表，然后移动到需要的位置（移动工作表的操作详见本节技巧 4）。

📢 注意：

> 连续单击"新工作表"按钮可以添加更多新工作表，或者在"Excel 选项"
> 对话框中进行设置，让工作簿新建时自动包含几张工作表。

2. 重命名工作表

　　Excel 2016 默认的工作表名称为 Sheet1、Sheet2、Sheet3……为了更好地管理工作表，可以将工作表重命名为与内容相关的名称。

　　❶ 双击需要重命名的工作表标签，进入文字编辑状态（如

图 1-34 所示），直接输入名称并按 Enter 键即可，如图 1-35 所示。

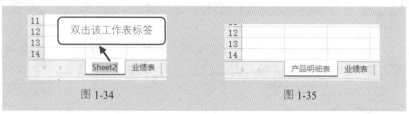

图 1-34   图 1-35

❷ 选中工作表标签后单击鼠标右键，在弹出的快捷菜单中选择"重命名"命令（如图 1-36 所示），也可进入文字编辑状态，直接输入工作表名称并按 Enter 键即可。

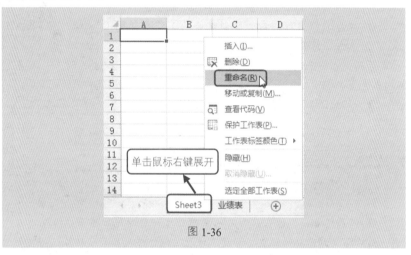

图 1-36

3. 改变工作表标签颜色

扫一扫，看视频

Excel 2016 默认的工作表标签颜色为透明色，为了美化工作表标签或者方便区分不同类型的工作表，可以重新设置工作表标签的颜色。

❶ 选中工作表标签后单击鼠标右键，在弹出的快捷菜单中选择"工作表标签颜色"命令，在弹出的子菜单中选择"主题颜色"中的"橙色"（如图 1-37 所示），即可更改工作表标签的颜色。

❷ 再按照相同的方法依次设置其他工作表标签的颜色，效果如图 1-38 所示。

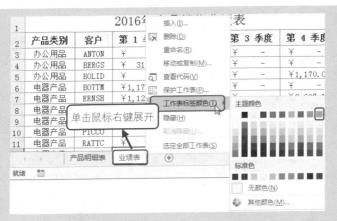

图 1-37

2016年产品销售业绩表					
产品类别	客户	第 1 季度	第 2 季度	第 3 季度	第 4 季度
办公用品	ANTON	¥ －	¥ 702.00	¥ －	¥ －
办公用品	BERGS	¥ 312.00	¥ －	¥ －	¥ －
办公用品	BOLID	¥ －	¥ －	¥ －	¥1,170.00
电器产品	BOTTM	¥1,170.00	¥ －	¥ －	¥ －
电器产品	ERNSH	¥1,123.20	¥ －		
电器产品	GODOS	¥ －	¥ 280.80	不选中的时候才可以	
电器产品	HUNGC	¥ 62.40	¥ －	看到设置的颜色	
电器产品	PICCO	¥ －	¥1,560.00		
电器产品	RATTC	¥ －	¥ 592.80	¥ －	
电器产品	BERGS	¥ －	¥ －		¥ 741.00

产品明细表　员工信息表　Sheet5　业绩表　＋

图 1-38

📢 注意：

如果"主题颜色"列表无法满足设置需求，可以在"工作表标签颜色"列表中选择"其他颜色"，在打开的颜色对话框中选择所需的颜色。

4. 快速移动或复制工作表

如果要调换工作表之间的位置或者复制工作表，可以直接使用鼠标进行操作。操作的关键点是要注意配合按键的使用。

❶ 将鼠标指针指向要移动的工作表标签上，然后按下鼠标左键不放（此时可以看到鼠标指针下方出现一个书页符号），保

扫一扫，看视频

持这种状态并拖动鼠标，如图 1-39 所示。

❷ 拖动到需要的位置后，可以看到书页符号上方出现一个倒三角，代表要放置工作表的位置，如图 1-40 所示。释放鼠标左键后，即可将该工作表移动到指定位置，如图 1-41 所示。

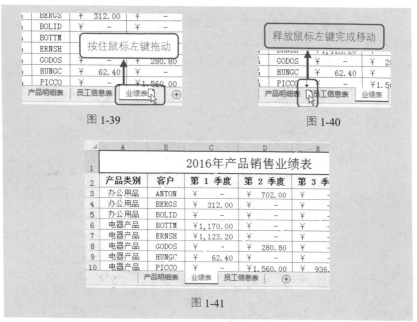

图 1-39

图 1-40

图 1-41

❸ 如果要复制工作表，可以将鼠标指针指向要复制的工作表标签，然后在按住 Ctrl 键的同时按住鼠标左键不放进行拖动（此时可以看到鼠标指针下方出现内部有一个加号书页符号），如图 1-42 所示。拖动到需要的位置后，释放鼠标左键，即可将该工作表复制到指定位置，如图 1-43 所示。

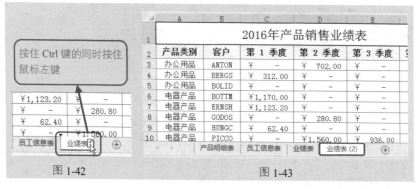

图 1-42

图 1-43

📣 **注意：**

> 这种使用鼠标或鼠标配合按键拖动的方式只能够实现在同一工作簿中工作表的移动或复制。如果要跨工作簿移动或复制工作表，需要使用"移动或复制工作表"对话框，下面的技巧中会介绍操作方法。

5. 一次性复制多张工作表

前面介绍了配合 Ctrl 键拖动鼠标可以快速复制工作表，但每次只能复制一张工作表。如果要一次性复制多张工作表，应首先选中要复制的多张工作表，然后通过右键快捷菜单实现多表复制。

扫一扫，看视频

❶ 按住 Ctrl 键的同时依次单击 4 张工作表标签，即可选中所有要复制的工作表；单击鼠标右键，在弹出的菜单中选择"移动或复制"命令（如图 1-44 所示），打开"移动或复制工作表"对话框。

	A	B	C	D	E	F
1			2016年产品销售业绩表			
2	产品类别	客户	第 1 季度	第 2 季度	第	插入(I)...
3	办公用品	ANTON	¥ −	¥ 702.00	¥	删除(D)
4	办公用品	BERGS	¥ 312.00	¥ −	¥	重命名(R)
5	办公用品	BOLID	¥ −	¥ −	¥	移动或复制(M)...
6	电器产品	BOTTM	¥1,170.00	¥ −	¥	
7	电器产品	ERNSH	¥1,123.20	¥ −	¥	查看代码(V)
8	电器产品	GODOS	¥ −	¥ 280.80	¥	保护工作表(P)...
9	电器产品	HUNGC	¥ 62.40	¥ −	¥	工作表标签颜色(T) ▶
10	电器产品	PICCO	¥ −	¥1,560.00	¥	隐藏(H)
11	电器产品	RATTC		592.80		取消隐藏(U)...
12	电器产品	REGGC	单击鼠标右键展开			
13	办公用品	SAVEA	¥ −	¥ −	¥	选定全部工作表(S)
14	办公用品	SEVES	¥ −	¥ 877.50	¥	取消组合工作表(U)

产品明细表　业绩排名表　员工信息表　业绩表　⊕

图 1-44

❷ 选择工作表复制的位置为"移至最后"，再勾选"建立副本"复选框（如果不勾选该复选框，将会执行移动操作而不是复制），如图 1-45 所示。

图 1-45

❸ 单击"确定"按钮，即可一次性复制多张工作表，如图 1-46 所示。

图 1-46

6. 将工作表移至（或复制到）另一工作簿中

扫一扫，看视频

前面介绍的是在同一工作簿中复制或移动工作表。如果要在不同工作簿之间复制或移动工作表，可以按照下面的方法操作。比如现在需要把"2016 业绩表"中的"业绩表"复制到"2015 业绩表"中，如图 1-47、图 1-48 所示。

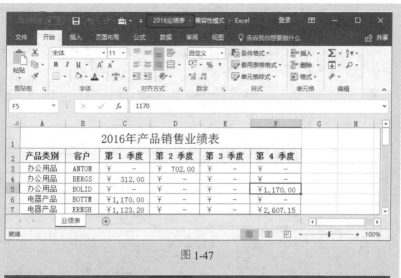

图 1-47

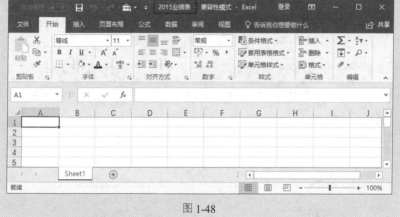

图 1-48

❶ 鼠标右键单击"业绩表"标签，在弹出的快捷菜单中选择"移动或复制"命令（如图 1-49 所示），打开"移动或复制工作表"对话框。

❷ 在"将选定工作表移至工作簿"下拉列表框中选择"2015 业绩表.xls"，在"下列选定工作表之前"下拉列表框中选择 Sheet1（如果要复制到的工作簿包含多张工作表，可以选择"移至最后"），然后勾选"建立副本"复选框（如果不勾选该复选框，将会执行移动操作而不是复制），如图 1-50 所示。

The side vertical text: 第1章 Excel 2016 基本操作

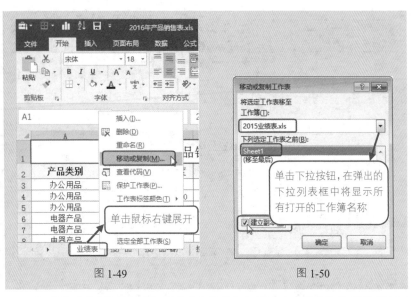

图 1-49　　　　　　　　　　　　　　图 1-50

❸ 单击"确定"按钮，即可将"业绩表"由"2016 业绩表"复制到"2015业绩表"中的指定位置，如图 1-51 所示。

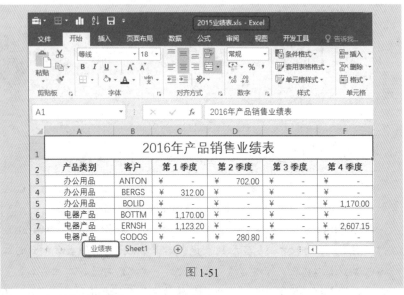

图 1-51

❹ 复制得到工作表后，可以编辑使用。

7. 将多张工作表建立为一个工作组

在日常工作中，经常需要对多张工作表进行相同的操作，比如一次性删除一个工作簿中的多张工作表、一次性输入相同数据等。这时利用"工作组"功能，将多张工作表组成一个组，就可以同时实现相同的操作了。

扫一扫，看视频

例如，要在 3 张工作表中输入相同的列标识、序号，并且列标识使用相同的格式。

❶ 打开工作簿后，按住 Ctrl 键的同时依次单击所有要成组的工作表标签（如图 1-52 所示），即可将 3 张工作表建立为一个工作组。

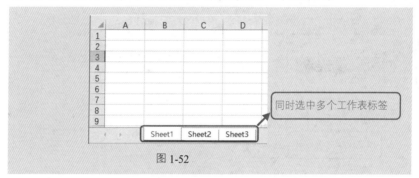

图 1-52

❷ 在 Sheet1 工作表中依次设置表格边框、输入列标识文字并设置填充格式、在 A 列输入序号，如图 1-53 所示。依次切换至其他工作表后，即可看到 Sheet2 和 Sheet3 应用了和 Sheet1 工作表相同的文字和格式，如图 1-54 所示。

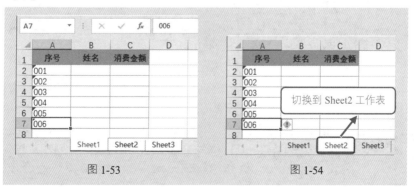

图 1-53　　　　　　　　　　　图 1-54

📢**注意：**

虽然"格式刷"功能也可以实现格式的快速刷取，但如果是大面积地引用表格文字和格式，还是建议使用"成组工作表"功能。

8. 隐藏包含重要数据的工作表

扫一扫，看视频

如果工作表中包含重要数据而不希望被别人看到，可以将工作表设置为隐藏，则该工作表标签就不会显示在工作簿中。

选中要隐藏的工作表标签后，单击鼠标右键，在弹出的快捷菜单中选择"隐藏"命令（如图 1-55 所示），即可隐藏该工作表，如图 1-56 所示。

图 1-55   图 1-56

📢**注意：**

如果要取消某一工作表的隐藏，可在选中该工作表标签后，单击鼠标右键，在弹出的快捷菜单中选择"取消隐藏"命令，然后在打开的对话框中选择想要取消隐藏的工作表名称即可。

9. 隐藏工作表标签

扫一扫，看视频

启动 Excel 2016 程序后，默认会在表格界面下方显示所有的工作表标签（包含工作表名称、标签颜色等信息），如果将工作表标签隐藏，也可以在一定程度上实现对数据的保护。

❶ 打开工作簿后，选择"文件"→"选项"命令（如图 1-57 所示），打开"Excel 选项"对话框。

❷ 选择"高级"选项卡，在右侧"此工作簿的显示选项"栏中取消勾选"显示工作表标签"复选框，如图 1-58 所示。

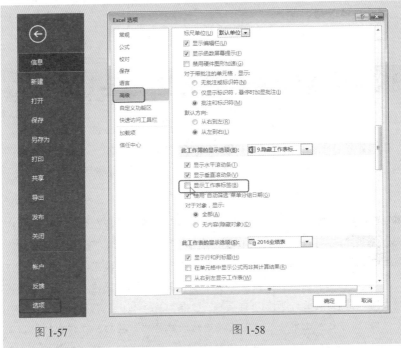

图 1-57　　　　　　　　　图 1-58

❸ 单击"确定"按钮完成设置，此时即可看到所有工作表标签均被隐藏，如图 1-59 所示。

图 1-59

📢 注意：

在"Excel 选项"对话框中重新勾选"显示工作表标签"复选框，就可以再次显示工作表标签了。

1.3 优化 Excel 环境

为了方便日常表格操作，可以事先进行一系列的 Excel 使用环境优化。比如设置默认字体格式，避免在输入文本后逐步设置格式；自定义工作表的列宽（如果默认的列宽不符合表格设计要求）；设置默认的表格数量等。

1. 添加常用命令到快速访问工具栏

扫一扫，看视频

每个选项卡下都有大量与之相关的功能命令，通过这些命令可以完成不同的操作，但有些命令需要逐步打开分级菜单才能找到。这时可以将一些常用的命令（如新建工作簿、打印工作簿、设置边框线条等）添加到快速访问工具栏中，下次要使用时直接一键启用即可。例如下面要将"边框"命令添加至快速访问工具栏中。

❶ 在标题栏上单击"自定义快速访问工具栏"按钮，在弹出的下拉菜单中选择"其他命令"（如图 1-60 所示），打开"Excel 选项"对话框。

图 1-60

❷ 选择"快速访问工具栏"选项卡，在右侧"从以下位置选择命令"下拉列表框中选择"常用命令"，在下面的列表框中选择"边框"，如图 1-61 所示。然后单击"添加"按钮，即可将"边框"命令添加到"自定义快速访问工具栏"列表框中。

图 1-61

❸ 单击"确定"按钮，即可将"边框"命令添加到快速访问工具栏中。单击该命令按钮后，即可打开边框列表，如图 1-62 所示。

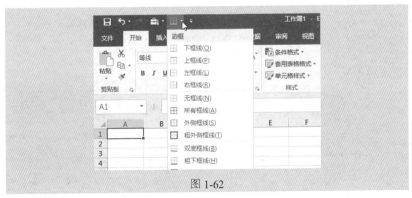

图 1-62

◁)) 注意：

如果要删除添加的某个命令按钮，可以将鼠标指针指向该命令，然后单击鼠标右键，在弹出的快捷菜单中选择"从快速访问工具栏删除"即可。

2. 自定义工作表数据的默认字体、字号

Excel 2016 默认的字体、字号为"正文字体"和 11 磅。如果工作需要将表格字体统一为指定的格式，而不希望每次都要后期设置，可以通过选项设置来实现。

❶ 打开工作簿后，选择"文件"→"选项"命令（如图 1-63所示），打开"Excel 选项"对话框。

❷ 选择"常规"选项卡，在"新建工作簿时"栏下分别重新设置默认的字体和字号，如图 1-64 所示。

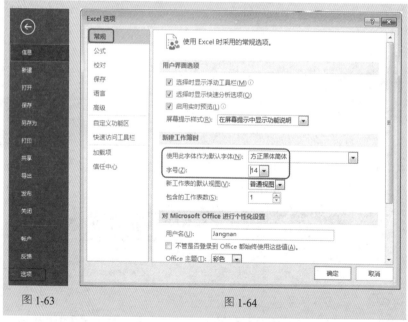

图 1-63   图 1-64

❸ 单击"确定"按钮，打开 Microsoft Excel 提示对话框（如图 1-65 所示），提示要重启 Excel 后字体、字号的更改才能生效。

图 1-65

❹ 单击"确定"按钮,完成 Excel 的重新启动。

3. 自定义默认工作表数量

Excel 2016 默认的工作表数量只有一张,为了满足实际工作需要,可以设置创建工作簿时就默认包含多张工作表。

扫一扫,看视频

❶ 打开工作簿后,选择"文件"→"选项"命令(如图 1-66 所示),打开"Excel 选项"对话框。

❷ 选择"常规"选项卡,在"新建工作簿时"栏下设置"包含的工作表数"为 3,如图 1-67 所示。

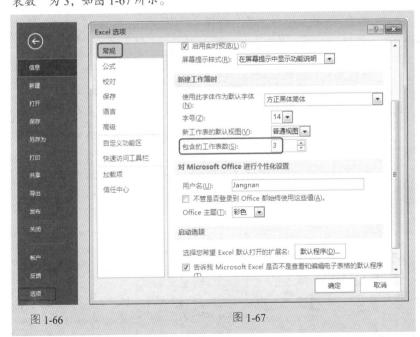

图 1-66   图 1-67

❸ 单击"确定"按钮，再次启动工作簿时就可以自动包含 3 张工作表了。

4. 自定义工作表的默认列宽

扫一扫，看视频

表格默认列宽值是 8.38，有时无法满足实际工作需要。此时用户可以自定义工作表的默认列宽。为了提高工作效率，还可以一次性设置工作簿的默认列宽。

❶ 打开要调整列宽的工作表，在"开始"选项卡的"单元格"组中单击"格式"下拉按钮，在弹出的下拉列表中选择"默认列宽"（如图 1-68 所示），打开"标准列宽"对话框。设置"标准列宽"为 21，如图 1-69 所示。

图 1-68　　　　　　　　　　　　　　　　　图 1-69

❷ 单击"确定"按钮完成设置，此时可以看到表格中的默认列宽被更改，如图 1-70 所示。

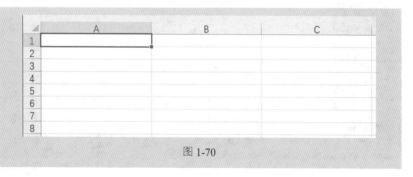

图 1-70

5. 将选项卡中没有的命令添加进来

如果希望在工作簿的指定选项卡下添加某些功能按钮，可以使用自定义功能区的方法新建组，并将指定的命令按钮添加到新组中。例如，下面添加一个新组并在其中放置"编辑形状"功能按钮。

扫一扫，看视频

❶ 打开工作簿后，选择"文件"→"选项"命令（如图 1-71 所示），打开"Excel 选项"对话框。

❷ 选择"自定义功能区"选项卡，在中间的"从下列位置选择命令"下拉列表框中选择"所有命令"，在下方列表框中选择"编辑形状"，在右侧的"主选项卡"下选择"开始"→"剪贴板"（为了让新建组显示在"开始"选项卡下"剪贴板"组的后面），单击下方的"新建组"命令（如图 1-72 所示），即可添加新组。

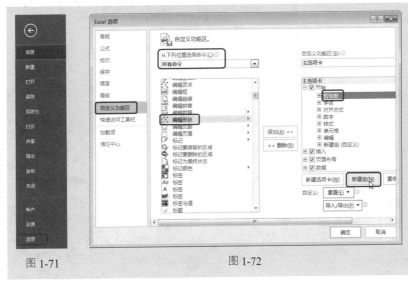

图 1-71   图 1-72

❸ 选中新组（新建组）后，单击中间的"添加"按钮（如图 1-73 所示），即可将"编辑形状"命令加到新建的组中。

❹ 单击"确定"按钮完成设置，即可看到"开始"选项卡"新建组"中多了"编辑形状"按钮，如图 1-74 所示。

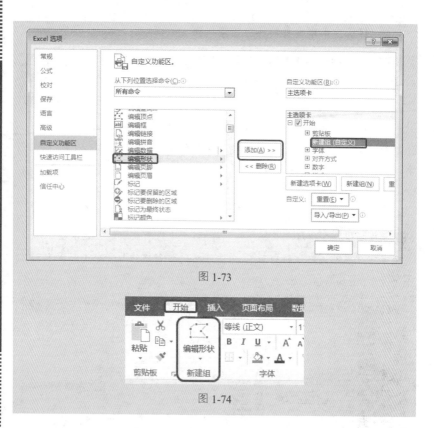

图 1-73

图 1-74

6. 自定义保存工作簿的默认文件夹

扫一扫，看视频

当计算机中的文档越来越多时，用户管理文件的难度也不断加大。在工作中经常会遇到这样的情形：要使用某个文件，却无法准确找到其位置；将其保存在不合适的位置，给后续工作带来不少的麻烦……这时事先设置工作簿保存的默认文件夹路径，就可以省去每次都要设置文件保存路径的麻烦，找起文件来也会更加轻松。

❶ 打开工作簿后，选择"文件"→"选项"命令（如图 1-75 所示），打开"Excel 选项"对话框。

❷ 选择"保存"选项卡，在"保存工作簿"栏下勾选"默认情况下保存到计算机"复选框，并在"默认本地文件位置"文本框内输入默认的文件保存路径，如图 1-76 所示。

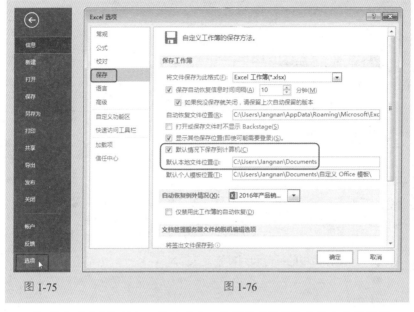

图 1-75   图 1-76

❸ 单击"确定"按钮，即可完成工作簿保存的默认文件夹路径设置。

📢 注意:

如果默认的文件位置无法满足存储需要，用户可以自定义文件的存储路径，但是要方便自己管理和查找。

7. 不因他人自定义慌了手脚

在多人应用环境下，有时候因为其他用户的误操作会导致原本默认的设置发生改变，例如打开工作表时发现行号、列标不显示了，如图 1-77 所示。

扫一扫，看视频

再如滚动鼠标中键时，工作表会随之进行缩放。出现这些情况一般是由于在"Excel 选项"对话框中的误操作或个性化设置造成的，因此一般需要打开"Excel 选项"对话框，寻找相应的恢复选项。

下面结合两个实例进行讲解。用户在遇到此类情况时，可以从"Excel 选项"对话框入手，找寻恢复方法。

图 1-77

例1：工作表中的行号和列标恢复法

❶ 打开 Excel 工作簿，选择"文件"→"选项"命令，打开"Excel 选项"对话框。

❷ 选择"高级"选项卡，在"此工作表的显示选项"栏中重新勾选"显示行和列标题"复选框，如图 1-78 所示。

图 1-78

❸ 单击"确定"按钮，即可重新显示行和列标题。

例2：取消鼠标中键的智能缩放功能

打开"Excel 选项"对话框，选择"高级"选项卡，在"编辑选项"栏中取消勾选"用智能鼠标缩放"复选框即可，如图1-79所示。

图 1-79

8. 用好 Excel 2016 中的 TellMe 功能

在 Excel 中进行操作时，一般都要到各个选项卡中寻找相应的命令。如果找不到操作命令的具体位置，该怎么办呢？此时可以通过 Excel 2016 提供的"告诉我您想要做什么"（TellMe）功能快速进行搜索。该功能为用户，尤其是新手操作 Excel 提供了很大的帮助。

扫一扫，看视频

❶ 打开 Excel 2016 主界面后，在选项卡的最右侧有一个"告诉我您想要做什么"搜索框，如图1-80所示。

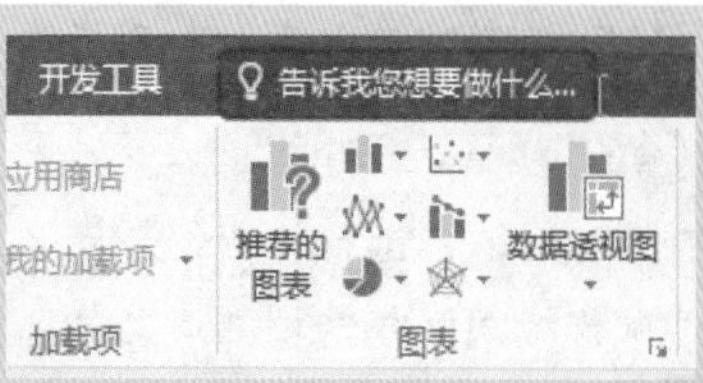

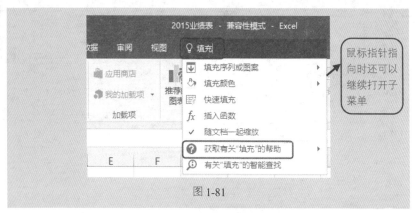

图 1-80

❷ 比如输入"填充",可以看到显示的功能列表,如图 1-81 所示。

图 1-81

❸ 如果想要获取该功能的相关帮助内容,还可以选择"获取有关'填充'的帮助"命令,打开相关页面查看具体内容。

第2章　数据的输入

2.1　数据输入技巧

在 Excel 工作表的单元格中，可以使用两种最基本的数据格式：常数和公式。常数是指文字、数字、日期和时间等数据，还可以包括逻辑值和错误值，每种数据都有它特定的格式和输入方法。除了常规的输入办法外，如果能掌握一些输入技巧则可以极大提高工作效率。本章则主要介绍与数据的输入及批量输入相关的技巧。

1. 输入生僻字的技巧

在表格中录入员工姓名时，经常会遇到一些不认识的生僻字，比如本例需要输入汉字"徫"。当不知道它的读音又不会五笔输入法时就无法正确输入，此时只需要输入和该汉字部首（彳）相同的文字后，然后打开"符号"对话框，查找到生僻字即可。

扫一扫，看视频

❶ 首先在 B3 单元格内输入和生僻字部首相同的文本，如"徐"等，再选中"徐"字，在"插入"选项卡的"符号"组中单击"符号"按钮（如图 2-1 所示），打开"符号"对话框。

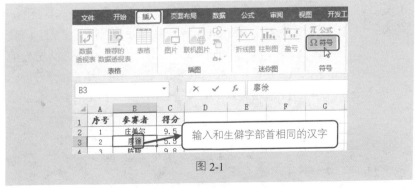

图 2-1

❷ 在"符号"选项卡下的列表框中找到并单击选中"徫"（列表框中会

显示部首为"亻"的全部汉字，包括生僻字），如图 2-2 所示。

❸ 单击"插入"按钮，即可看到输入的生僻字，如图 2-3 所示。

图 2-2

图 2-3

📢 注意：

如果需要在表格中输入汉字的部首，也可以使用这个技巧。首先输入和部首相同的汉字，然后在对话框中查找这个部首。

2. 输入分数 3/4 却显示为"3 月 4 日"

扫一扫，看视频

分数格式通常用一道斜杠来分隔分子与分母，其格式为"分子/分母"。在 Excel 中日期的输入也是用斜杠来区分年月日的，比如输入"3/4"（如图 2-4 所示），按 Enter 键则显示"3 月 4 日"（如图 2-5 所示）。如要在单元格中输入分数，可在输入分数前先输入"0"（零）以示区别，并且在"0"和分子之间用一个空格隔开。比如，输入分数"3/4"时，则应输入"0 3/4"。

图 2-4

图 2-5

除此之外，还可以先设置单元格的格式再进行分数的输入。

❶ 首先选中 A2 单元格，然后在"开始"选项卡的"数字"组中单击"对话框启动器"按钮（如图 2-6 所示），打开"设置单元格格式"对话框。

图 2-6

❷ 在"分类"列表框中选择"分数"，然后在右侧的"类型"列表框中选择"分母为一位数（1/4）"，如图 2-7 所示。

图 2-7

❸ 单击"确定"按钮完成设置，再次输入"3/4"并按 Enter 键后，可以看到正确的分数格式（编辑栏内显示的是分数的小数形式），如图 2-8 所示。

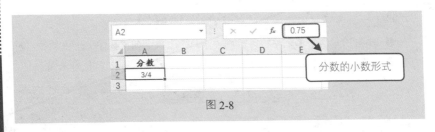

图 2-8

🔊 **注意：**

> 如果在单元格中输入"8 1/2"（带分数），则在单元格中显示"8 1/2"，而在编辑栏中显示"8.5"。带分数虽不能显示为数学中的标准形式，但是在编辑栏中看到它表示的值是相同的。

3. 运用"墨迹公式"手写数学公式

扫一扫，看视频

在 Excel 以前的版本中，要想输入公式需要通过选择各种类型的公式模板进行套用，并更改字母、数字、平方根，以及添加各种公式符号，操作起来非常繁杂。而在 Excel 2016 版本中新增了"墨迹公式"的功能，其实就是手写输入公式。有了这个工具，再复杂的公式也能快速手写输入，而且这个工具在 Word、Excel、PowerPoint 和 OneNote 中也都能够使用。

下面就通过"墨迹公式"来手写输入一个非常复杂的数学公式。

❶ 打开空白工作簿后，在"插入"选项卡的"符号"组中单击"公式"下拉按钮，在打开的下拉列表中单击"墨迹公式"按钮（如图 2-9 所示），打开"墨迹公式"对话框。

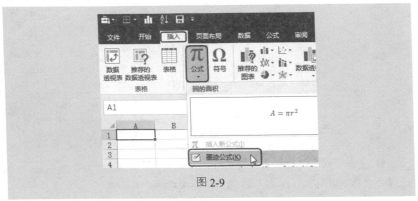

图 2-9

❷ 首先在文本框内输入"y="（如图 2-10 所示），继续输入公式的其他部分。

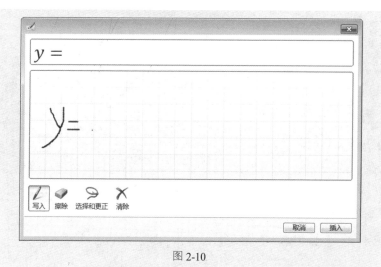

图 2-10

❸ 公式输入完毕后，如果发现预览中的公式符号和字母有出入，可以单击下方的"选择和更正"按钮（如图 2-11 所示），进入更正状态。

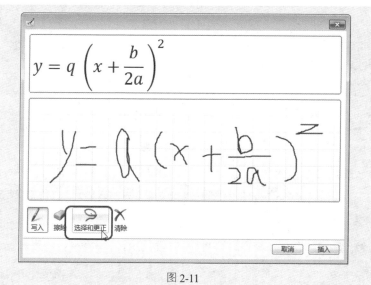

图 2-11

④ 拖动鼠标左键在需要更正的部位进行圈释，释放鼠标左键后会弹出下拉列表，在列表中单击"a"即可更正符号，如图 2-12 所示。

图 2-12

⑤ 最后单击"插入"按钮完成公式输入，如图 2-13 所示。最终输入的公式效果如图 2-14 所示。

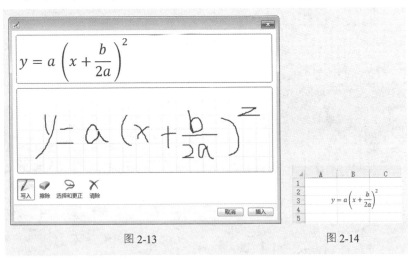

图 2-13

图 2-14

📢注意：

使用"墨迹公式"完成公式输入后，后期如果需要调整公式，可以在"公式工具"中选择相同的命令进入修改。

扫一扫，看视频

4. 编辑文本时使用特殊符号修饰

向表格中输入文本数据时，有时需要输入特殊符号进行修饰，比如本例中需要在标题行插入旗帜符号。

❶ 首先选中 A1 单元格并进入编辑状态，在"插入"选项卡的"符号"组中单击"符号"命令（如图 2-15 所示），打开"符号"对话框。

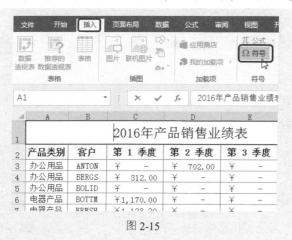

图 2-15

❷ 首先选择字体为"Wingdings"，然后在"符号"选项卡下的列表框中找到并单击选中"⚑"（旗帜符号），如图 2-16 所示。

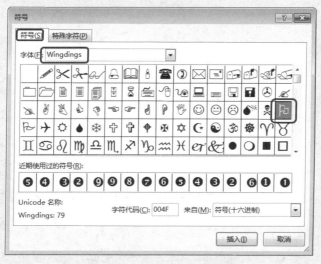

图 2-16

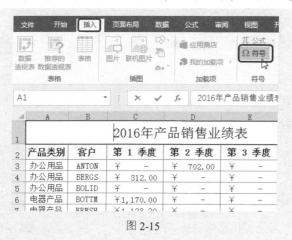第 2 章 数据的输入

❸ 单击"插入"按钮完成设置，即可看到插入的特殊符号，如图 2-17 所示。

	A	B	C	D	E	F
1			2016年产品销售业绩表			
2	产品类别	客户	第 1 季度	第 2 季度	第 3 季度	第 4 季度
3	办公用品	ANTON	￥　　－	￥　702.00	￥　　－	￥
4	办公用品	BERGS	￥　312.00			
5	办公用品	BOLID				￥1,170.00
6	电器产品	BOTTM	￥1,170.00	￥		
7	电器产品	ERNSH	￥1,123.20	￥		￥2,607.15
8	电器产品	GODOS	￥	￥　280.80		

图 2-17

5. 输入身份证号码或长编码

身份证号码有 15 位或 18 位数字，当输入这些数字时会显示为如图 2-18 所示，无法正确识别。

D2		✕ ✓ f_x	34010911231233

	A	B	C	D
1	序号	参赛者	联系电话	身份证号码
2	1	庄美尔	13099802111	3.40109E+13
3	2	廖倮	15955176277	
4	3	陈晓	15109202900	

图 2-18

这是由于 Excel 程序默认单元格的格式为"数字"，当输入的数字达到 12 位时，会以科学计数的方式显示。如果要完整地显示身份证号码的 15 位或 18 位数字，首先应将单元格区域设置为"文本"格式，然后再输入身份证号码。

❶ 选中身份证号码列，在"开始"选项卡的"数字"组中单击"数字格式"下拉按钮，在打开的下拉列表中选择"文本"（如图 2-19 所示），即可更改数字格式为文本格式。

图 2-19

❷ 在设置为"文本"格式的单元格内输入身份证号码后，即可显示完整的身份证号码，如图 2-20 所示。

	A	B	C	D
1	序号	参赛者	联系电话	身份证号码
2	1	庄美尔	13099802111	340103198809102***
3	2	廖瞿	15955176277	340113199008198***
4	3	陈晓	15109202900	340123198509102***
5	4	邓敏	15218928829	340103199311210***
6	5	霍晶	13328919882	340103197809101***
7	6	罗成佳	13138890911	340123199012251***
8	7	张泽宇	15728192111	340133196309102***
9	8	蔡晶	13582111091	340103198309105***
10	9	陈小芳	15977211102	340103199511022***

图 2-20

6. 输入以 "0" 开始的数据

在 Excel 单元格中输入以 "0" 开头的数据后（如图 2-21 所示），按 Enter 键会自动把 "0" 消除掉，如图 2-22 所示。

扫一扫，看视频

图 2-21　　　　　　　　　　图 2-22

要保留数字开头的"0"，其实是非常简单的，只要在输入数据前先输入一个"'"（单引号），这样跟在后面的"0"就不会被系统自动消除。

也可以通过一次性设置要输入编号的单元格区域，将其单元格格式改为"文本"。

❶ 选中序号列，单击鼠标右键，在弹出的快捷菜单中选择"设置单元格格式"命令（如图 2-23 所示），打开"设置单元格格式"对话框。

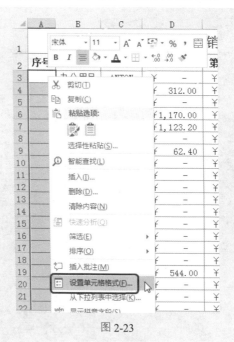

图 2-23

❷ 在"分类"列表框中选择"文本",如图 2-24 所示。

图 2-24

❸ 单击"确定"按钮完成设置。再次输入数字"001",即可完整显示以 0 开始的数据,如图 2-25 所示。

	A	B	C	D	E	F	G
1	2016年产品销售业绩表						
2	序号	产品类别	客户	第 1 季度	第 2 季度	第 3 季度	第 4 季度
3	001	办公用品	ANTON	¥ –	¥ 702.00	¥ –	¥ –
4	002	办公用品	BERGS	¥ 312.00	¥ –	¥ –	¥ –
5	003	办公用品	BOLID	¥ –	¥ –	¥ –	¥1,170.00
6	004	电器产品	BOTTM	¥1,170.00	¥ –	¥ –	¥ –
7	005	电器产品	ERNSH	¥1,123.20	¥ –	¥ –	¥2,607.15
8	006	电器产品	GODOS	¥ –	¥ 280.80	¥ –	¥ –
9	007	电器产品	HUNGC	¥ 62.40	¥ –	¥ –	¥ –
10	008	电器产品	PICCO	¥ –	¥1,560.00	¥ 936.00	¥ –
11	009	电器产品	RATTC	¥ –	¥ 592.80	¥ –	¥ –

图 2-25

🔊 **注意：**

无论是输入身份证号码或超过12位的长编码，以及本例中以0开头的数字，都可以设置单元格的格式为"文本"格式后再输入。其原理是文本数据永远是保持输入与显示一致。

7. 快速输入规范的日期

扫一扫，看视频

在输入日期数据时，要以程序可以识别的日期格式输入，如输入"17-7-2""17/7/2""1-2"（省略年份默认为本年），这些都是程序可以识别的日期。如果想显示其他样式的日期，则先以程序可识别的最简易的方式输入，然后再通过设置单元格的格式来让其一次性显示为所需要的格式。

❶ 选中已经输入了日期数据的单元格区域，在"开始"选项卡的"数字"组中单击"对话框启动器"按钮（如图 2-26 所示），打开"设置单元格格式"对话框。

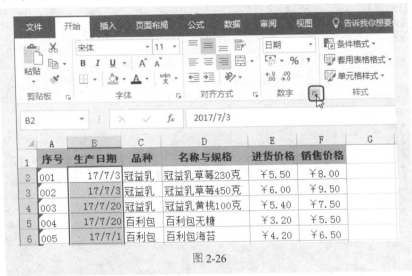

图 2-26

❷ 选择"数字"标签，在"分类"列表中选择"日期"类别，然后在右侧"类型"列表中选择需要的日期格式，如图 2-27 所示。

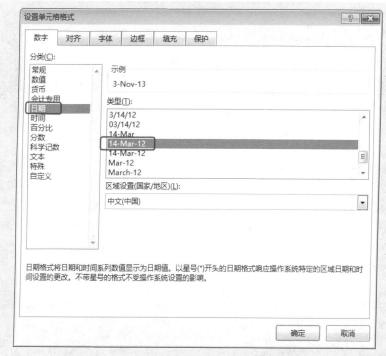

图 2-27

❸ 单击"确定"按钮，可以看到选中的单元格区域中的日期数据显示为所指定的格式，如图 2-28 所示。

	A	B	C	D	E	F
1	序号	生产日期	品种	名称与规格	进货价格	销售价格
2	001	3-Jul-17	冠益乳	冠益乳草莓230克	￥5.50	￥8.00
3	002	3-Jul-17	冠益乳	冠益乳草莓450克	￥6.00	￥9.50
4	003	20-Jul-17	冠益乳	冠益乳黄桃100克	￥5.40	￥7.50
5	004	20-Jul-17	百利包	百利包无糖	￥3.20	￥5.50
6	005	1-Jul-17	百利包	百利包海苔	￥4.20	￥6.50
7	006	1-Jul-17	达利园	达利园蛋黄派	￥8.90	￥11.50
8	007	1-Jul-17	达利园	达利园面包	￥8.60	￥10.00

图 2-28

📢 **注意：**

在"开始"选项卡的"数字"组中单击"数字"下拉按钮打开下拉列表，列表中有"短日期"与"长日期"两个选项，执行"短日期"会显示"2017/7/3"样式日期，执行"长日期"会显示"2017年7月3"样式日期，这两个选项用于对日期数据的快速设置。

8. 输入大写人民币金额

扫一扫，看视频

大写人民币值是会计报表以及各类销售报表中经常要使用的数据格式。当需要使用大写人民币值时，可以先输入小写金额，然后通过单元格格式的设置实现快速转换。

❶ 选中要转换为大写人民币的单元格，如 D15，在"开始"选项卡的"数字"组中单击"数字格式"按钮（如图 2-29 所示），打开"设置单元格格式"对话框。

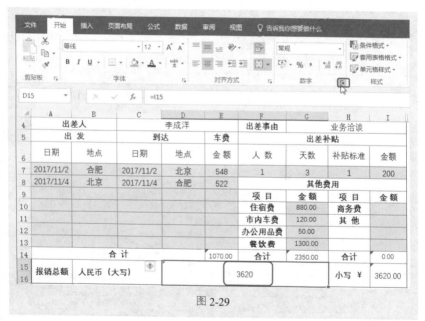

图 2-29

❷ 选择"数字"选项卡，在"分类"列表框中选择"特殊"，然后在右侧的"类型"列表框中选择"中文大写数字"，如图 2-30 所示。

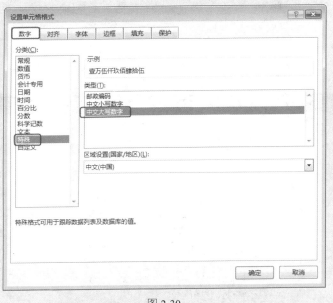

图 2-30

❸ 单击"确定"按钮完成设置，此时可以看到原来的数字转换为大写人民币金额，如图 2-31 所示。

	A	B	C	D	E	F	G	H	I
4	出差人			李成洋		出差事由		业务洽谈	
5	出　发		到　达		车费		出差补贴		
6	日期	地点	日期	地点	金额	人　数	天数	补贴标准	金额
7	2017/11/2	合肥	2017/11/2	北京	548	1	3	1	200
8	2017/11/4	北京	2017/11/4	合肥	522	其他费用			
9						项目	金额	项目	金额
10						住宿费	880.00	商务费	
11						市内车费	120.00	其　他	
12						办公用品费	50.00		
13						餐饮费	1300.00		
14	合　计				1070.00	合　计	2350.00	合　计	0.00
15	报销总额	人民币（大写）		叁仟陆佰贰拾				小写 ￥	3620.00
16									

图 2-31

9. 当输入内容超过单元格宽度时自动换行

在单元格中输入文本型数据时，如果输入的文本过长而单元格的宽度不够，则文本内容会无法全部显示出来。这时可以

扫一扫，看视频

通过设置"自动换行"功能，使文本的长度随着单元格的列宽而自动换行调整。

❶ 选中 C3 单元格，在"开始"选项卡的"对齐方式"组中单击"自动换行"按钮，如图 2-32 所示。

	A	B	C	D	E
1	参赛者	联系电话	备注		
2	庄美尔	13099802111	无疾病史、无获奖史		
3	廖倮	15955176277	无疾病史，曾经在2015年全省"青年杯"马拉松大赛获得第三名		
4	陈晓	15109202900	无疾病史、无获奖史		
5	邓敏	15218928829	无疾病史、无获奖史		
6	霍晶	13328919882	无疾病史、无获奖史		

图 2-32

❷ 此时可以看到单元格内的长文本会根据列宽自动进行换行显示，如图 2-33 所示。

	A	B	C
1	参赛者	联系电话	备注
2	庄美尔	13099802111	无疾病史、无获奖史
3	廖倮	15955176277	无疾病史，曾经在2015年全省"青年杯"马拉松大赛获得第三名、"百花杯"全国毅行59公里大赛第二名
4	陈晓	15109202900	无疾病史、无获奖史
5	邓敏	15218928829	无疾病史、无获奖史
6	霍晶	13328919882	无疾病史、无获奖史
7	罗成佳	13138890911	无疾病史、无获奖史

图 2-33

10. 输入时在指定位置强制换行

扫一扫，看视频

如果单元格内要输入比较长的文本，并且希望在指定位置换行，可以配合 Alt+Enter 组合键实现强制换行。

❶ 首先双击 C3 单元格并将光标定位至最后一个文本后面

（如图 2-34 所示），然后按下 Alt+Enter 组合键强制换行，如图 2-35 所示。

	A	B	C
1	**参赛者**	**联系电话**	**备注**
2	庄美尔	13099802111	无疾病史、无获奖史
3	廖倨	15955176277	无疾病史
4	陈晓	15109202900	无疾病史、无获奖史
5	邓敏	15218928829	无疾病史、无获奖史
6	霍晶	13328919882	无疾病史、无获奖史

图 2-34

	A	B	C
1	**参赛者**	**联系电话**	**备注**
2	庄美尔	13099802111	无疾病史、无获奖史
3	廖倨	15955176277	无疾病史
4	陈晓	15109202900	按 Alt+Enter 组合证强制换行
5	邓敏	15218928829	
6	霍晶	13328919882	无疾病史、无获奖史

图 2-35

❷ 继续在下一行输入剩余的文字即可，如图 2-36 所示。

C3		× ✓ fx	无疾病史

	A	B	C
1	**参赛者**	**联系电话**	**备注**
2	庄美尔	13099802111	无疾病史、无获奖史
3	廖倨	15955176277	无疾病史 曾经在2015年全省"青年杯"马拉松大赛获得第三名、"百花杯"全国翻行59公里大赛第二名
4	陈晓	15109202900	无疾病史、无获奖史

图 2-36

11. 简易法输入大量负数

如果要在 Excel 中输入大量的负数，可以按常规方式先输入正数，然后按如下方法一次性将其转换为负数形式。

扫一扫，看视频

❶ 首先在 E3 单元格输入辅助数字 "-1"，然后选中 E3 单元格，并按下 Ctrl+C 组合键执行复制命令，接着选中 C2:C13 单元格区域，并在 "开始" 选项卡的 "剪贴板" 组中单击 "粘贴" 下拉按钮，在打开的下拉列表中选择 "选择性粘贴"（如图 2-37 所示），打开 "选择性粘贴" 对话框。

图 2-37

❷ 在 "运算" 栏下单击选中 "乘" 单选按钮，如图 2-38 所示。

图 2-38

❸ 单击"确定"按钮完成设置，此时可以看到 C2:C13 单元格区域中数字都进行了乘以"-1"处理，从而批量快速地得到负数形式，如图 2-39 所示。

	A	B	C
1	员工	性别	工时（小时）
2	庄美尔	女	-12
3	廖翟	男	-9
4	陈晓	男	-22
5	邓敏	女	-14
6	霍晶	女	-3
7	罗成佳	女	-22
8	张泽宇	男	-31
9	蔡晶	女	-13
10	陈小芳	女	-10
11	陈曦	男	-9
12	陆路	男	-22
13	吕梁	男	-17

图 2-39

12. 记忆式输入

在进行 Excel 数据处理时，经常需要输入大量重复的信息。例如，在制作员工档案时，需要重复输入年龄、性别、职称、籍贯等信息。如果想要简化输入，减少工作量，可以启用记忆式输入功能。

扫一扫，看视频

❶ 打开表格后可以看到 C 列已经输入好的职位名称，单击"文件"菜单项（如图 2-40 所示），在弹出的下拉菜单中选择"选项"命令（如图 2-41 所示），打开"Excel 选项"对话框。

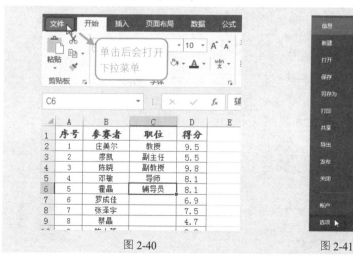

图 2-40   图 2-41

❷ 切换到"高级"标签，在右侧"编辑选项"栏下勾选"为单元格启用记忆式键入"复选框，如图 2-42 所示。

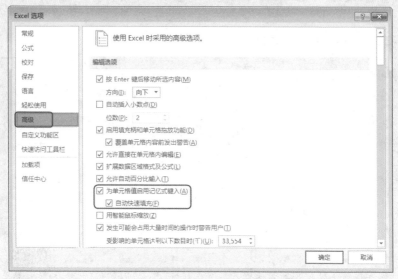

图 2-42

❸ 单击"确定"按钮完成设置。当在 C7 单元格输入"教"字时（如图 2-43 所示），可以看到自动在后面输入了"授"，按 Enter 键即可快速输入文本。

	A	B	C	D
1	序号	参赛者	职位	得分
2	1	庄美尔	教授	9.5
3	2	廖凯	副主任	5.5
4	3	陈晓	副教授	9.8
5	4	邓敏	导师	8.1
6	5	霍晶	辅导员	8.1
7	6	罗成佳	教授	6.9
8	7	张泽宇		7.5
9	8	蔡晶		4.7
10	9	陈小芳		8.2

图 2-43

❹ 继续在 C8 单元格输入"副"并单击鼠标右键，在弹出的快捷菜单中选择"从下拉列表中选择"命令（如图 2-44 所示），即可打开所有职位名

称的列表，单击选择一个职位名称（如图 2-45 所示），即可实现记忆式输入文本。

	A	B	C	D	E
1	序号	参赛者	职位	得分	
2	1	庄美尔	教授	9.5	
3	2	廖凯	副主任	5.5	
4	3	陈晓	副教授	9.8	
5	4	邓敏	导师		
6	5	霍晶	辅导员		
7	6	罗成佳	教授		
8	7	张泽宇	副	7.5	
9	8	蔡晶			
10	9	陈小芳			
11	10	陈曦			
12	11	陆路			
13	12	吕梁			
14	13	张奎			
15	14	刘萌			
16	15	崔衡			
17	16	张爱朋			
18	17	刘宇			

宋体　▼　10　▼
B　I　A　▼　A⁺　A⁻

✂　剪切(T)
　　复制(C)
　　粘贴选项：
　　　
ⓘ　智能查找(L)
　　设置单元格格式(F)...
　　从下拉列表中选择(K)...

图 2-44

	A	B	C	D
1	序号	参赛者	职位	得分
2	1	庄美尔	教授	9.5
3	2	廖凯	副主任	5.5
4	3	陈晓	副教授	9.8
5	4	邓敏	导师	8.1
6	5	霍晶	辅导员	8.1
7	6	罗成佳	教授	6.9
8	7	张泽宇	副	7.5
9	8	蔡晶	导师	4.7
10	9	陈小芳	辅导员	8.2
11	10	陈曦	副教授	5.9
12	11	陆路	副主任	8.2
13	12	吕梁	教授	8.8

图 2-45

13. 让输入的数据自动添加小数位

在建立报表时，经常需要输入大量固定位数、小数位数数据。本例介绍如何在单元格内输入数据并自动添加指定的小数位数，实现小数数据的高效输入。

扫一扫，看视频

❶ 单击"文件"菜单项，从弹出的下拉菜单中选择"选项"命令（如图 2-46 所示），打开"Excel 选项"对话框。

❷ 切换到"高级"选项卡，在右侧"编辑选项"栏下勾选"自动插入小数点"复选框，并在下方的"位数"数值框中设置小数位数为"2"，如图 2-47 所示。

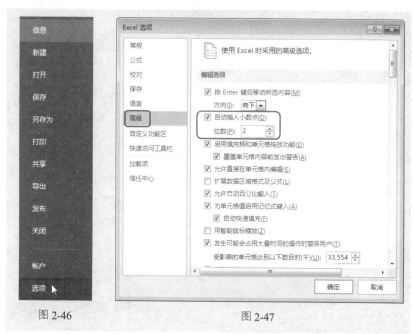

图 2-46   图 2-47

❸ 在 C2 单元格中输入数字"2389"（如图 2-48 所示），然后按 Enter 键，即可返回两位数的小数，如图 2-49 所示。

图 2-48   图 2-49

14. 建立批注

批注是指对文章内容的注解，作用是帮助用户了解文章内容，一般在 Word 文档中经常见到。在 Excel 中也可以使用批注向各个单元格添加注释，以便为使用者提供一些说明信息。当单元格附有批注时，该单元格的右上角将出现红色三角标记。当将指针停留在该单元格上时，就会显示批注的具体内容。

扫一扫，看视频

❶ 选中要建立批注的单元格，在"审阅"选项卡的"批注"组中单击"新建批注"按钮（如图 2-50 所示），即可新建批注框。

图 2-50

❷ 此时可以看到在单元格右侧建立的空白批注框（如图 2-51 所示），直接在批注框内输入文字即可，如图 2-52 所示。

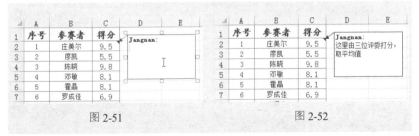

图 2-51　　　　　　　　　　　　　图 2-52

❸ 如果要隐藏建立的批注框，可以选择该批注框后，在"审阅"选项卡的"批注"组中单击"显示/隐藏批注"按钮（如图 2-53 所示），即可隐藏指定批注（再单击一次即可显示批注框），如图 2-54 所示。

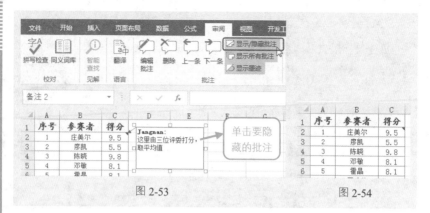

图 2-53   图 2-54

📢 **注意：**

如果要一次性显示表格中的所有批注框，可以在"审阅"选项卡的"批注"组中单击"显示所有批注"按钮。

15. 自定义批注格式

扫一扫，看视频

为单元格插入的批注都有默认的字体格式和外观形状，为了让批注的格式更具"个性"，用户可以自己定义批注的格式，例如改变其填充色，边框线条的样式等。

❶ 选中要设置格式的批注框后，单击鼠标右键，在弹出的快捷菜单中选择"设置批注格式"命令（如图 2-55 所示），打开"设置批注格式"对话框。

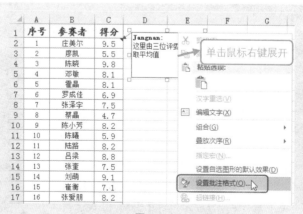

图 2-55

❷ 切换至"字体"选项卡，在"字体"列表中设置字体格式为"幼圆"，在"字号"列表设置字号大小为"10"，在"颜色"列表中设置字体颜色为红色，如图 2-56 所示。

❸ 切换至"颜色与线条"选项卡，在"填充"栏下设置颜色为浅黄色，透明度为"51%"，继续在"线条"栏下设置颜色为红色，"样式"为"双线条"，"虚线"为"短划线"，"粗细"为"2.75 磅"，如图 2-57 所示。

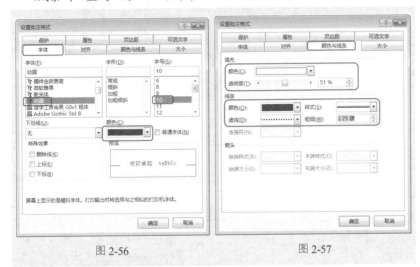

图 2-56　　　　　　　　　　　图 2-57

❹ 单击"确定"按钮完成设置，此时可以看到设置后的批注框格式效果，如图 2-58 所示。

	A	B	C	D	E
1	序号	参赛者	得分		
2	1	庄美尔	9.5	**Jangnan:**	
3	2	廖凯	5.5	这里由三位评委打	
4	3	陈晓	9.8	分，取平均值	
5	4	邓敏	8.1		
6	5	霍晶	8.1		

图 2-58

16. 打印出批注

在打印表格时，默认情况下所添加的批注信息不会被打印。如果需要把批注打印出来，可以按照下面的方法设置。

扫一扫，看视频

❶ 选择"页面布局"选项卡，在"页面设置"组中单击"对话框启动器"按钮（如图 2-59 所示），打开"页面设置"对话框。

图 2-59

❷ 切换至"工作表"选项卡，在"打印"栏下设置"批注"为"如同工作表中的显示"，如图 2-60 所示。

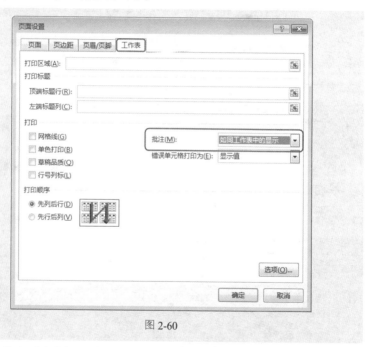

图 2-60

❸ 单击"确定"按钮完成设置，进入打印预览状态后就可以看到要打印的批注框，如图 2-61 所示。

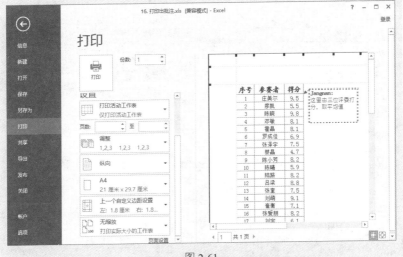

图 2-61

17. 建立超链接在本工作簿中跳转

如图 2-62 所示为各客户的销售额统计，为了方便查看客户的信息，可以为每一个客户姓名添加超链接，当单击客户姓名时就会自动跳转到指定的表格。如图 2-63 所示为单击客户"BOTTM"时跳转至"客户信息表"中的 B6 单元格，即该客户的具体联系人姓名。

扫一扫，看视频

图 2-62

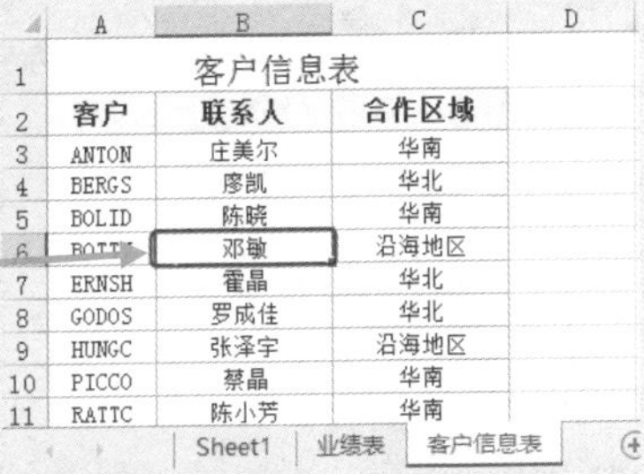

图 2-63

下面讲解建立超链接的具体步骤。

❶ 选中要建立超链接的单元格，如"业绩表"中的 B6，在"插入"选项卡的"链接"组中单击"超链接"按钮（如图 2-64 所示），打开"插入超

链接"对话框。

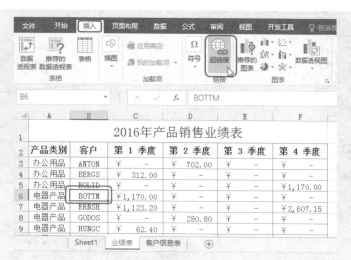

图 2-64

❷ 在"链接到"列表中选择"本文档中的位置",并在"请键入单元格引用"下方的文本框内输入"B6"(即另一张工作表中该客户名称对应的联系人姓名),继续在"或在此文档中选择一个位置"栏下的列表中选择"客户信息表"(要超链接到的单元格内容所在的工作表),如图2-65所示。

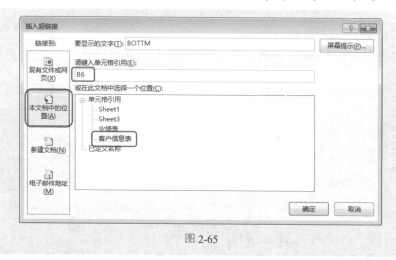

图 2-65

❸ 单击"确定"按钮完成设置,返回"业绩表",可以看到 B6 单元格

内的文本呈现蓝色并加上了下划线（如图 2-66 所示），单击该文本就可以实现跳转。

	A	B	C	D	E
2	产品类别	客户	第 1 季度	第 2 季度	第 3 季度
3	办公用品	ANTON	¥　－	¥　702.00	¥　－
4	办公用品	BERGS	¥　312.00	¥　－	¥　－
5	办公用品	BOLID	¥　－	¥　－	¥　－
6	电器产品	BOTTM	¥1,170.00	¥　－	¥　－
7	电器产品	ERNSH	¥1,123.20	¥　－	¥　－

图 2-66

18. 超链接到其他文档

前面介绍的例子是在一个工作簿中为两个不同的工作表之间建立超链接，也可以将单元格内容超链接到某一个具体的文档。

扫一扫，看视频

❶ 选中要建立超链接的单元格，如 B3，在"插入"选项卡的"链接"组中单击"超链接"按钮（如图 2-67 所示），打开"插入超链接"对话框。

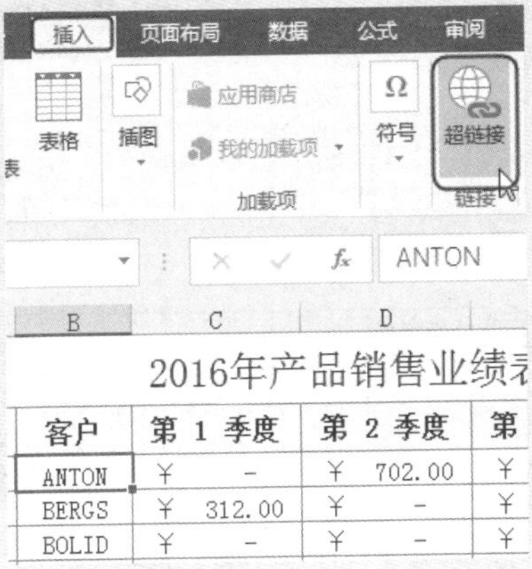

图 2-67

❷ 在"链接到"列表框中选择"现有文件或网页"，选择查找范围为"当前文件夹"，并在右侧的列表中选中"客户信用调查表.xls"（要链接到的文档），如图 2-68 所示。

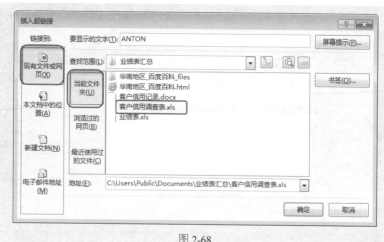

图 2-68

❸ 单击"确定"按钮完成设置,返回工作表可以看到 B3 单元格内的文本呈现蓝色并加上了下划线(如图 2-69 所示),单击该文本后,即可快速打开"客户信用调查表.xls",如图 2-70 所示。

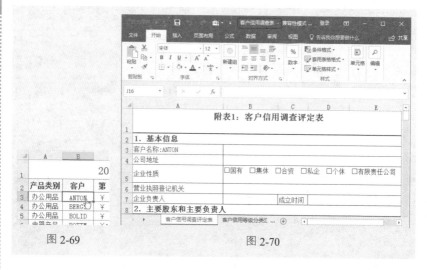

图 2-69   图 2-70

扫一扫,看视频

19. 超链接到网页

Excel 除了能为不同文档之间建立超链接,还可以将单元格内容链接到网页,当单击该单元格内容时会自动打开指定的网页页面。

❶ 选中要建立超链接的单元格，如 C3，在"插入"选项卡的"链接"组中单击"超链接"按钮（如图 2-71 所示），打开"插入超链接"对话框。

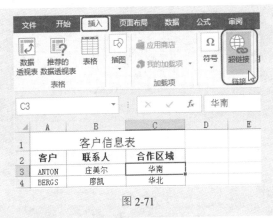

图 2-71

❷ 保持对话框中的默认选项不变，在中间的"地址"栏右侧的文本框内直接输入要链接到的网址即可，如图 2-72 所示。

图 2-72

❸ 单击"确定"按钮完成设置，返回工作表可以看到 C3 单元格内的文本呈现蓝色并加上了下划线（如图 2-73 所示），单击该文本即可快速打开指

定的网页内容，如图 2-74 所示。

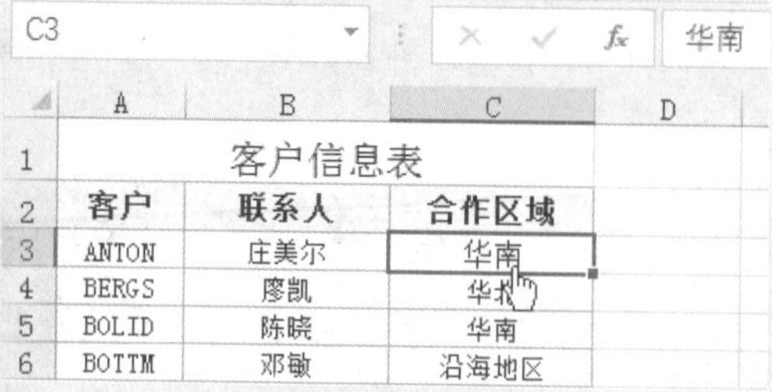

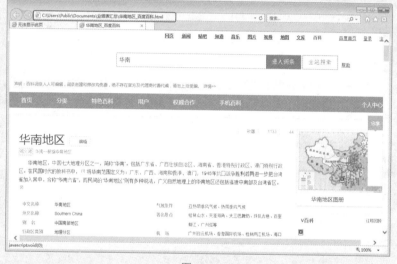

图 2-73

图 2-74

20. 表格数据繁简转换

扫一扫，看视频

默认的 Excel 表格中的字体为简体字，根据表格的应用环境，也可以将表格中的字体迅速转换为繁体字，因为 Excel 程序中提供了"中文简繁转换"功能。

打开工作表，单击左上角的"全选"（小矩形框）按钮选中所有表格区域，在"审阅"选项卡的"中文简繁转换"组中单击"简转繁"按钮（如图 2-75 所示），即可将表格中的所有文字转换为繁体字，如图 2-76 所示。

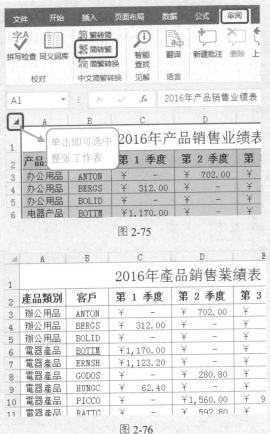

图 2-75

图 2-76

21. 将常用长短语定义为自动更正词条

在 Excel 中编辑较长的文本时，如果一张或多张表格中多处都需要使用该长文本，此时可以使用"自动更正选项"功能将该长文本建立为自动更正词条。下面讲解自动更正词条的建立与使用方法。

扫一扫，看视频

❶ 打开表格，选择"文件"→"选项"命令（如图 2-77 所示），打开"Excel 选项"对话框。

❷ 切换到"校对"选项卡，在右侧"自动更正选项"栏下单击"自动更正选项"按钮（如图 2-78 所示），打开"自动更正"对话框。

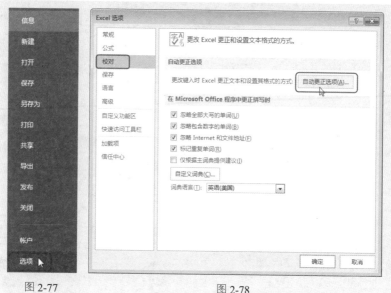

图 2-77   图 2-78

❸ 在"替换"栏下的文本框内输入"双无",并在"为"栏下的文本框内输入"无疾病史无获奖史",再单击"添加"按钮即可,如图 2-79 所示。

❹ 单击"确定"按钮,返回"Excel 选项"对话框,再次单击"确定"按钮完成设置。

图 2-79

⑤ 在 D2 单元格内输入"双无"（如图 2-80 所示）并按 Enter 键后，即可看到单元格内容被替换为"无疾病史无获奖史"，如图 2-81 所示。

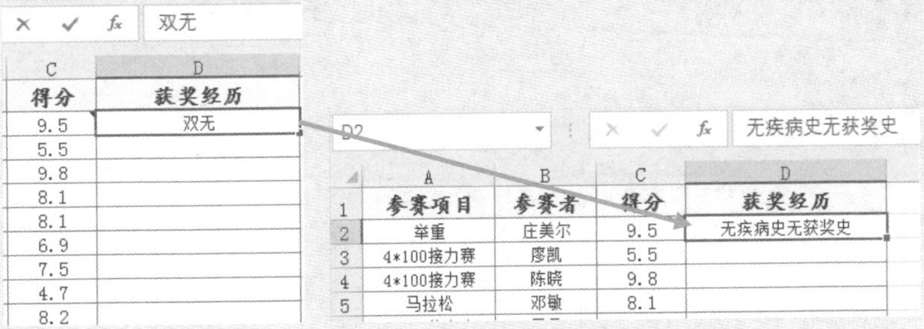

图 2-80

图 2-81

2.2 数据批量输入的技巧

前面已经介绍了很多数据输入的技巧，在实际工作中为了提高工作效率，加快数据的录入，还需要掌握一些数据批量输入的技巧。快速输入大量数据最常用的技巧就是"填充"功能，本节将具体介绍"填充"功能在编辑表格数据过程中的应用。

1. 填充输入相同数据

本例中需要在多个连续的单元格中快速填充和上一个单元格中相同的内容。填充的方式有两种：一种是利用"填充"功能按钮，一种是使用拖动填充柄的方式。

扫一扫，看视频

❶ 在 B3 单元格输入文本"4*100 接力赛"，选中要输入相同文本的 B3:B6 单元格区域（注意要包含 B3 单元格在内），在"开始"选项卡的"编辑"组中单击"填充"下拉按钮，在打开的下拉列表中选择"向下"命令，如图 2-82 所示。

❷ 此时可以看到选中的单元格区域快速填充了和 B3 单元格相同的文本，如图 2-83 所示。

73

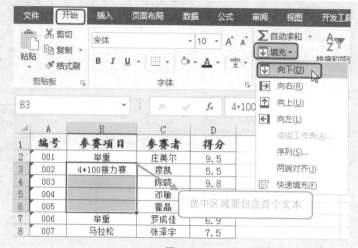

图 2-82

	编号	参赛项目	参赛者	得分
1				
2	001	举重	庄美尔	9.5
3	002	4*100接力赛	廖凯	5.5
4	003	4*100接力赛	陈晓	9.8
5	004	4*100接力赛	邓敏	8.1
6	005	4*100接力赛	霍晶	8.1
7	006	举重	罗成佳	6.9
8	007	马拉松	张泽宇	7.5

图 2-83

❸ 或者在第一个单元格内输入文本"马拉松",将鼠标指针指向该单元格的右下角的填充柄,当鼠标指针变成黑色十字形时,如图 2-84 所示,按住鼠标左键不放向下拖动填充柄(如图 2-85 所示),释放鼠标左键后,即可快速填充相同的文本,如图 2-86 所示。

7	006	举重	罗成佳	
8	007	马拉松	张泽宇	
9	008		蔡晶	
10	009		陈小芳	
11	010	举重	陈曦	

图 2-84

7	006	举重	罗成佳	
8	007	马拉松	张泽宇	
9	008		蔡晶	
10	009		陈小芳	
11	010	举重	马拉松 陆路	
12	011	马拉松		

图 2-85

7	006	举重	罗成佳
8	007	马拉松	张泽宇
9	008	马拉松	蔡晶
10	009	马拉松	陈小芳
11	010	举重	陈曦

图 2-86

2. 一次性在不连续单元格中输入相同数据

上一个技巧介绍了如何在连续单元格填充相同数据，如果需要在不连续的多个单元格内填充相同的数据，可以配合 Ctrl 键实现。

❶ 按下 Ctrl 键不放，使用鼠标依次单击需要输入相同数据的单元格（把它们都选中），然后将光标定位到编辑栏内，输入马拉松，如图 2-87 所示。

❷ 按下 Ctrl+Enter 组合键后，即可完成不连续单元格相同内容的填充，如图 2-88 所示。

B15		× ✓ fx	马拉松	

	A	B	C	D
1	编号	参赛项目	参赛者	得分
2	001	举重	庄美尔	9.5
3	002	4*100接力赛	廖凯	5.5
4	003	4*100接力赛	陈晓	9.8
5	004	4*100接力赛	邓敏	8.1
6	005	4*100接力赛	霍晶	8.1
7	006	举重	罗成佳	6.9
8	007		张泽宇	
9	008		蔡晶	
10	009		陈小芳	
11	010	举重	陈曦	
12	011		陆路	8.2
13	012		吕梁	8.8
14	013	举重	张奎	7.5
15	014	马拉松	刘萌	9.1
16	015	4*100接力赛	崔衡	7.1

按下 Ctrl 键依次选中

图 2-87

	A	B	C
1	编号	参赛项目	参赛者
2	001	举重	庄美尔
3	002	4*100接力赛	廖凯
4	003	4*100接力赛	陈晓
5	004	4*100接力赛	邓敏
6	005	4*100接力赛	霍晶
7	006	举重	罗成佳
8	007	马拉松	张泽宇
9	008	马拉松	蔡晶
10	009	马拉松	陈小芳
11	010	举重	陈曦
12	011	马拉松	陆路
13	012	马拉松	吕梁
14	013	举重	张奎
15	014	马拉松	刘萌
16	015	4*100接力赛	崔衡

图 2-88

3. 大块区域相同数据的一次性输入

本例表格需要在大块空白单元格区域中一次性输入"合格"，可以使用名称框定位大块区域，然后再输入文本即可。

❶ 首先在左上角的名称框内输入"C2:E16"（如图 2-89 所

示），按 Enter 键后即可选中所有指定单元格区域。然后在编辑栏内输入"合格"，如图 2-90 所示。

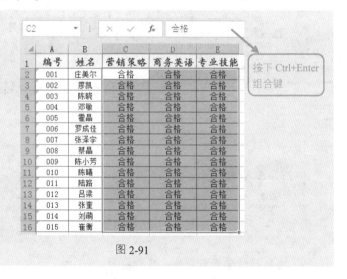

图 2-89   图 2-90

❷ 按下 Ctrl+Enter 组合键，即可完成大块区域相同数据的一次性快速输入，如图 2-91 所示。

图 2-91

4. 一次性在多工作表中输入相同数据

本例工作簿中包含 3 张工作表（表格的基本结构是相同

的），第一张工作表的数据是完整的，下面需要在另外两张工作表中输入序号、分类、产品名称、规格以及单价，可以使用"填充成组工作表"功能实现相同数据在多张工作表的输入。

❶ 在"1月销售数据"表中选中要填充的目标数据，然后同时选中要填充到的其他工作表（或多张工作表），在"开始"选项卡的"编辑"组中单击"填充"下拉按钮，在打开的下拉列表中选择"至同组工作表"选项（如图 2-92 所示），打开"填充成组工作表"对话框。

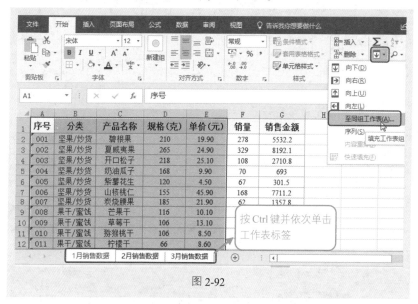

图 2-92

❷ 设置填充类型为"全部"，如图 2-93 所示。

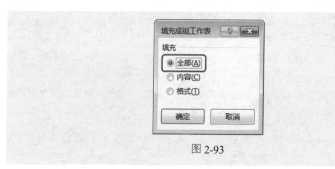

图 2-93

❸ 单击"确定"按钮，即可看到所有成组的工作表中都被填充了在"1月销售数据"表中选中的那一部分内容，如图2-94、图2-95所示。

序号	分类	产品名称	规格(克)	单价(元)
001	坚果/炒货	碧根果	210	19.90
002	坚果/炒货	夏威夷果	265	24.90
003	坚果/炒货	开口松子	218	25.10
004	坚果/炒货	奶油瓜子	168	9.90
005	坚果/炒货	紫薯花生	120	4.50
006	坚果/炒货	山核桃仁	155	45.90
007	坚果/炒货	炭烧腰果	185	21.90
008	果干/蜜饯	芒果干	116	10.10
009	果干/蜜饯	草莓干	106	13.10
010	果干/蜜饯	猕猴桃干	106	8.50
011	果干/蜜饯	柠檬干	66	8.60

1月销售数据 | 2月销售数据 | 3月销售数据

图 2-94

序号	分类	产品名称	规格(克)	单价(元)
001	坚果/炒货	碧根果	210	19.90
002	坚果/炒货	夏威夷果	265	24.90
003	坚果/炒货	开口松子	218	25.10
004	坚果/炒货	奶油瓜子	168	9.90
005	坚果/炒货	紫薯花生	120	4.50
006	坚果/炒货	山核桃仁	155	45.90
007	坚果/炒货	炭烧腰果	185	21.90
008	果干/蜜饯	芒果干	116	10.10
009	果干/蜜饯	草莓干	106	13.10
010	果干/蜜饯	猕猴桃干	106	8.50

1月销售数据 | 2月销售数据 | 3月销售数据

图 2-95

5. 快速填充递增序号

扫一扫，看视频

快速填充递增序号有两种方法：一是输入单个数据，填充后在"自动填充选项"列表中选择"填充序列"；二是直接输入两个填充源，然后使用鼠标拖动的方法完成填充。

❶ 在 A2 单元格输入序号"1"（如图 2-96 所示），将鼠标指针指向 A2 单元格右下角，待指针变成黑色十字型时按住鼠标左键向下拖动进行填充。

序号	姓名	营销策略	商务英语	专业技能
1	庄美尔	合格	合格	合格
	廖凯	合格	合格	合格
	陈晓	合格	合格	合格
	邓敏	合格	合格	合格
	霍晶	合格	合格	合格

图 2-96

❷ 此时在右下角出现"自动填充选项"按钮，单击该按钮，在打开的下拉列表中选择"填充序列"，如图2-97所示。

❸ 此时可以看到按照递增序列完成 A 列序号的填充，效果如图 2-98 所示。

图 2-97　　　　　　　　　　　　　　图 2-98

如果要实现按等差序列进行数据填充，也可以输入前两个编号作为填充源，然后拖动填充，程序即可自动找到编号的规律。

❶ 在 A2 和 A3 单元格中分别输入 2 和 6（表示按照等差为 4 进行递增填充）（如图 2-99 所示），同时选中 A2:A3 单元格区域再将鼠标指针放在 A3 单元格右下角，并拖动填充柄向下填充，如图 2-100 所示。

❷ 拖动至 A13 单元格后释放鼠标左键，此时可以看到数据按照等差序列递增填充，效果如图 2-101 所示。

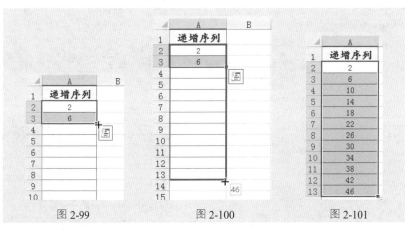

图 2-99　　　　　　　　图 2-100　　　　　　　　图 2-101

6. 在连续单元格中输入相同日期

扫一扫，看视频

在单元格中输入日期并向下填充后，默认是按递增序列填充日期的。如果希望在多个单元格中一次性填充相同的日期，可以重新设置填充方式为"复制单元格"。

❶ 首先在 A2 单元格输入日期，然后拖动右下角的填充柄，如图 2-102 所示。

❷ 拖动至 A10 单元格位置处并释放鼠标左键，此时在右下角出现"自动填充选项"按钮，单击该按钮并在打开的下拉列表中选择"复制单元格"命令，如图 2-103 所示。

图 2-102   图 2-103

❸ 此时可以看到所有日期和 A2 单元格内的日期相同，如图 2-104 所示。

	A	B	C	D
1	报名时间	参赛项目	参赛者	得分
2	2017/10/21	举重	庄美尔	
3	2017/10/21	4*100接力赛	廖凯	
4	2017/10/21	4*100接力赛	陈晓	
5	2017/10/21	马拉松	邓敏	
6	2017/10/21	4*100接力赛	霍晶	
7	2017/10/21	举重	罗成佳	
8	2017/10/21	马拉松	张泽宇	
9	2017/10/21	举重	蔡晶	
10	2017/10/21	4*100接力赛	陈小芳	
11		举重	陈曦	
12		马拉松	陆路	
13		马拉松	吕梁	

图 2-104

7. 一次性输入指定期间的工作日日期

员工考勤管理表是针对员工当月的出勤记录进行统计管理的表格。考勤表的日期一般根据国家规定的工作日来设定，也可以根据公司规定的上班日期来设定。本例中假设企业的工作日期为国家法定的工作日，用户可以使用填充功能来完成日期的快速输入。例如，要输入 2017 年 12 月的工作日日期来制作考勤表，操作如下。

扫一扫，看视频

❶ 打开工作簿后，首先在 A3 单元格输入第一个日期"2017/12/1"，再将鼠标指针指向 A3 单元格右下角的填充柄，如图 2-105 所示。

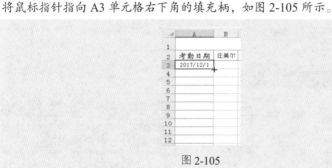

图 2-105

❷ 按住鼠标左键并拖动 A3 单元格右下角的填充柄至 A33 单元格，即可填充所有 12 月份的日期。单击右下角"自动填充选项"下拉按钮，在展开的列表中选择"以工作日填充"命令，如图 2-106 所示。此时可以看到表格中被填充了工作日日期，如图 2-107 所示。

图 2-106　　　　　　　　　　图 2-107

8. 填充日期时间隔指定天数

假设公司规定：本公司的员工需要每隔三天值班一次，要求将 10 月份的日期按每隔三天进行填充。

❶ 打开工作表后，首先在 B2 单元格输入第一个日期 "2017/10/1"，然后在 "开始" 选项卡的 "编辑" 组中单击 "填充" 下拉按钮，在打开的下拉列表中选择 "序列" 选项（如图 2-108 所示），打开 "序列" 对话框。

❷ 在 "步长值" 文本框内输入 "3"（表示日期指定间隔天数为 3 天），在 "终止值" 文本框内输入终止日期为 "2017-10-31"（其他保持默认选项），如图 2-109 所示。

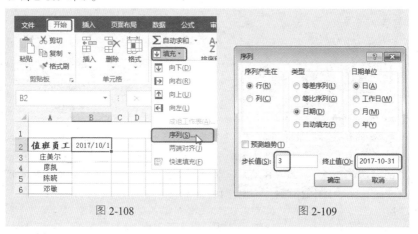

图 2-108   图 2-109

❸ 单击 "确定" 按钮完成设置，即可间隔 3 天填充日期。依次设置边框效果，并完成员工的签到记录，最终考勤表设计效果如图 2-110 所示。

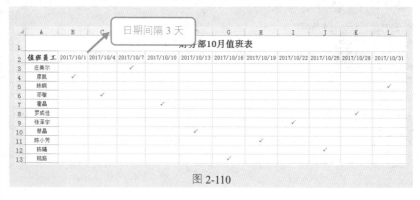

图 2-110

9. 填充时间时按分钟数递增

在 A2 单元格输入起始时间后（如图 2-111 所示），再拖动右下角填充柄进行填充时，可以看到默认是按照小时数进行递增填充的，如图 2-112 所示。那么该如何将时间按照分钟数进行递增填充呢？

扫一扫，看视频

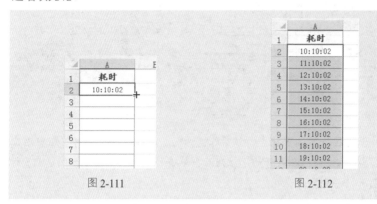

图 2-111　　　　　　　　　　　图 2-112

❶ 依次在 A2 和 A3 单元格中输入数据"10:02:02"和"10:17:02"（表示按照每隔 15 分钟进行递增填充），如图 2-113 所示；然后选中单元格区域 A2:A3，将鼠标指针放在 A3 单元格右下角的填充柄上向下拖动填充柄进行填充，如图 2-114 所示。

❷ 拖动至 A8 单元格后释放鼠标左键，此时可以看到时间按照每隔 15 分钟进行递增填充，效果如图 2-115 所示。

图 2-113　　　　　　　　图 2-114　　　　　　　　图 2-115

10. 大批量序号的一次性生成

如果在表格中输入的序号只有 10 个，可以手工输入序号；

扫一扫，看视频

如果是几十个，可以通过拖动右下角填充柄实现填充；但如果是 100 个、1000 个，甚至 10000 个序号时该如何快速填充呢？下面就来介绍大批量序号快速生成的办法。

❶ 首先在 A1 单元格输入起始序号"1"，然后在左上角的名称框内输入"A1:A2000"（如图 2-116 所示），按 Enter 键后即可选中 A1:A2000 单元格区域。

图 2-116

❷ 保持区域的选中状态，然后在"开始"选项卡的"编辑"组中单击"填充"下拉按钮，在展开的下拉列表中单击"序列"命令（如图 2-117 所示），打开"序列"对话框。

图 2-117

❸ 保持对话框中的默认选项不变，并设置步长值为"1"，如图 2-118 所示。

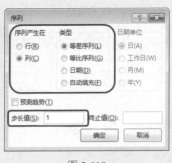

图 2-118

❹ 单击"确定"按钮完成设置，此时可以看到表格中选中的 A1:A2000 单元格区域被快速从序号 1 填充至序号 2000，如图 2-119、图 2-120 所示。

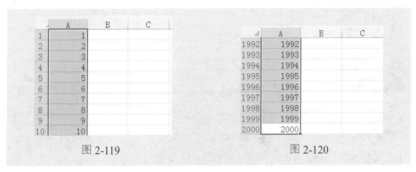

图 2-119   图 2-120

11. 将常用序列定制为自己的填充序列

Excel 为用户提供了自动填充功能，用户在使用时可以通过拖动"填充柄"来完成数据的自动填充。例如要输入"甲、乙、丙、丁……"，可以先输入"甲"，然后拖动单元格填充柄进行填充，即可自动得到"乙、丙、丁……"。这些是 Excel 程序的

扫一扫，看视频

内置序列，如果你在工作中要应用其他序列，则可以向内置库中添加自定义的序列。

例如，公司表格中经常需要输入员工姓名，用户可以将其定义为一个序列，以后只要输入首个姓名，通过填充序列即可快速完成姓名的输入。

❶ 在 Excel 工作界面中，选择"文件"菜单项，在弹出的下拉菜单中选择"选项"命令（如图 2-121 所示），打开"Excel 选项"对话框。

❷ 切换到"高级"标签，在右侧"常规"栏下单击"编辑自定义列表"

按钮（如图 2-122 所示），打开"自定义序列"对话框。

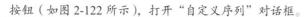

图 2-121   图 2-122

❸ 在"输入序列"标签下的列表框内输入员工姓名（每输入一个员工姓名需要按 Enter 键另起一行），如图 2-123 所示。

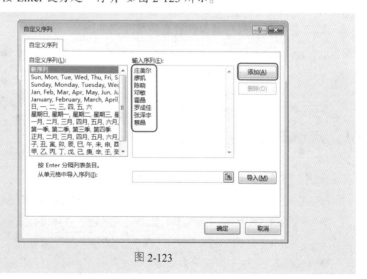

图 2-123

④ 单击"添加"按钮（如图 2-124 所示），即可将自定义序列添加至左侧的"自定义序列"列表框中。单击"确定"按钮完成设置。

图 2-124

⑤ 当在 A3 单元格输入第一个员工姓名后（如图 2-125 所示），拖动单元格右下角的填充柄至 A10 单元格（如图 2-126 所示），释放鼠标左键即可完成员工姓名的快速填充，如图 2-127 所示。

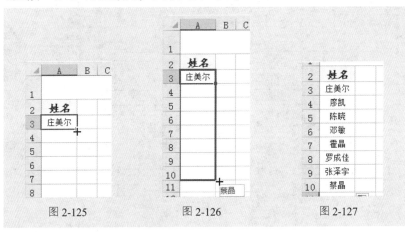

图 2-125   图 2-126   图 2-127

📢 **注意:**

添加序列除了在"自定义序列"对话框中逐一输入序列的各个元素外，也可以事先将要建立为序列的数据输入到工作表中相邻的单元格内，然后打开"自定义序列"对话框后，单击"导入"按钮前面的"拾取器"，然后回到工作表中选中单元格区域，单击"导入"按钮快速导入序列。

12. 让空白单元格自动填充上面的数据

扫一扫，看视频

如果已经在多个不连续的单元格中输入了数据，希望该单元格下方所有空白单元格自动填充该单元格的数据，可以首先定位空白单元格，然后输入公式引用上方的单元格，完成相同数据的快速填充。

❶ 选中 B 列单元格区域，在"开始"选项卡的"编辑"组中单击"查找和选择"下拉按钮，在打开的下拉列表选择"定位条件"（如图 2-128 所示），打开"定位条件"对话框。

图 2-128

❷ 选中"空值"单选按钮（如图 2-129 所示），单击"确定"按钮，即可选中 B 列的所有空白单元格。然后将光标定位到编辑栏中，输入"=B89"，如图 2-130 所示。

Excel 应用技巧速查宝典

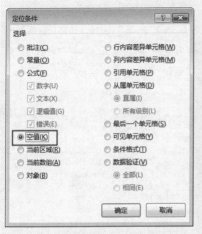

图 2-129

	A	B	C	D	E	F
1	收款员	销售日期	销售时间	小票号	序号	商品码
89	102. 王定邦	2017-7-7	16:3			03004
90	102. 王定邦	=B89	16:3			03008
91	102. 王定邦		16:3			04002
92	102. 王定邦		16:32:03	9900000999	7	02004
93	102. 王定邦		16:32:03	9900000999	8	01004
94	102. 王定邦		16:33:44	9900001000	1	05002
95	102. 王定邦		16:33:44	9900001000	2	08003
96	102. 王定邦	2017-7-12	16:33:44	9900001000	3	09004
97	102. 王定邦		16:35:02	9900001001	1	06023
98	102. 王定邦		16:35:02	9900001001	2	06034
99	102. 王定邦		16:35:02	9900001001	3	06025
100	102. 王定邦	2017-7-27	16:35:51	9900001002	1	06008
101	102. 王定邦		16:35:51	9900001002	2	06007
102	102. 王定邦		16:35:51	9900001002	3	06009
103	102. 王定邦		16:35:51	9900001002	4	06010
104	102. 王定邦		16:35:51	9900001002	5	06012
105	102. 王定邦		16:35:51	9900001002	6	06002
106	102. 王定邦		16:35:51	9900001002	7	06020

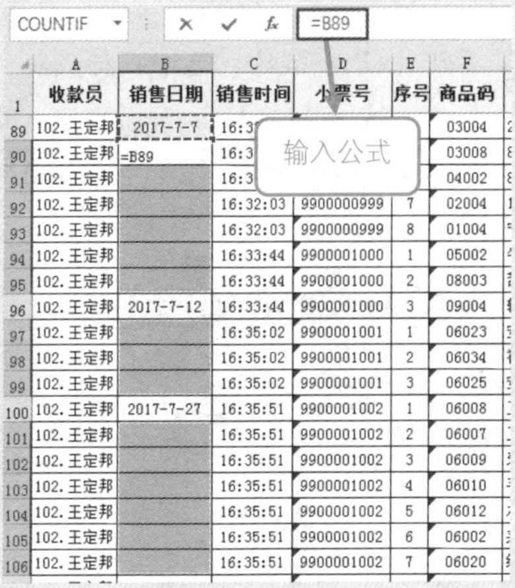

图 2-130

❸ 按下 Ctrl+Enter 组合键后，此时可以看到所有选中的空白单元格都自动填充和上一个单元格相同的日期，如图 2-131 所示。

	A	B	C	D	E	F
1	收款员	销售日期	销售时间	小票号	序号	商品码
89	102. 王定邦	2017-7-7	16:32:03	9900000999	4	03004
90	102. 王定邦	2017-7-7	16:32:03	9900000999	5	03008
91	102. 王定邦	2017-7-7	16:32:03	9900000999	6	04002
92	102. 王定邦	2017-7-7	16:32:03	9900000999	7	02004
93	102. 王定邦	2017-7-7	16:32:03	9900000999	8	01004
94	102. 王定邦	2017-7-7	16:33:44	9900001000	1	05002
95	102. 王定邦	2017-7-7	16:33:44	9900001000	2	08003
96	102. 王定邦	2017-7-12	16:33:44	9900001000	3	09004
97	102. 王定邦	2017-7-12	16:35:02	9900001001	1	06023
98	102. 王定邦	2017-7-12	16:35:02	9900001001	2	06034
99	102. 王定邦	2017-7-12	16:35:02	9900001001	3	06025
100	102. 王定邦	2017-7-27	16:35:51	9900001002	1	06008
101	102. 王定邦	2017-7-27	16:35:51	9900001002	2	06007
102	102. 王定邦	2017-7-27	16:35:51	9900001002	3	06009
103	102. 王定邦	2017-7-27	16:35:51	9900001002	4	06010

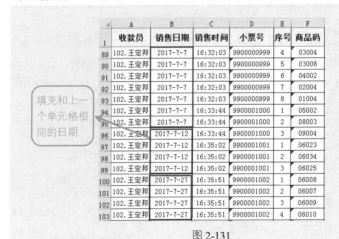

图 2-131

13. 忽略非空单元格批量输入数据

本例表格需要统计各名员工各项考核科目的合格情况，即除了个别不合格外（已输入），其他空白的单元格需要统一输入“合格”文字，此时可以先一次性选中所有空白单元格，然后

扫一扫，看视频

一次性输入数据。

❶ 打开表格后，选中目标数据区域，在"开始"选项卡的"编辑"组中单击"查找和替换"下拉按钮，在打开的下拉列表中选择"定位条件"（如图 2-132 所示），打开"定位条件"对话框。选中"空值"单选按钮，如图 2-133 所示。

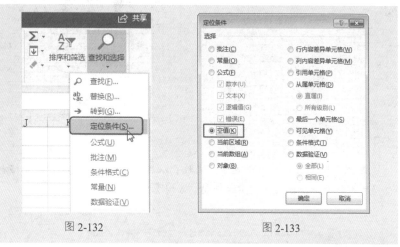

图 2-132   图 2-133

❷ 单击"确定"按钮完成设置，即可一次性选中表格中的所有空白单元格，如图 2-134 所示。光标定位到编辑栏内，输入"合格"，然后按下 Ctrl+Enter 组合键，即可将所有选中的单元格填充"合格"，效果如图 2-135 所示。

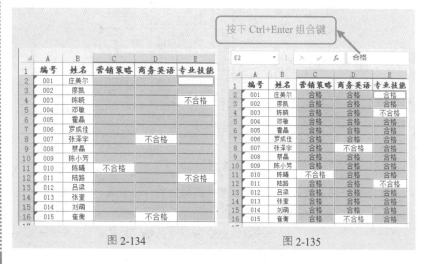

图 2-134   图 2-135

14. 解决填充柄找不到的问题

在本节介绍的数据批量输入技巧中，多次用到了填充柄。填充柄可以使我们快速地进行数据填充，但有时会发现无法在选中区域的右下角找到填充柄，这是因为在"选项"对话框中关闭了此功能。此时可按如下步骤恢复。

扫一扫，看视频

❶ 在 Excel 2016 主界面中，选择"文件"菜单项，在弹出的下拉菜单中选择"选项"命令（如图 2-136 所示），打开"Excel 选项"对话框。

❷ 选择"高级"标签，在右侧"编辑选项"栏下勾选"启用填充柄和单元格拖放功能"复选框，如图 2-137 所示。

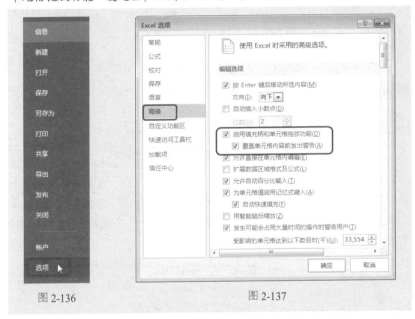

图 2-136　　　　　　　　　　　　　　图 2-137

❸ 单击"确定"按钮完成设置，再次选中单元格就会发现填充柄并可以使用了。

2.3　导入使用外部数据

使用 Excel 编辑外部数据（如"网页""文本文件""工作表"等时，为了方便可不必将其复制、粘贴到当前工作表）只需要使用"导入"功能，就能实现外部数据的输入。

1. 导入 Excel 表格数据

扫一扫，看视频

如图 2-138 所示为设计好的"客户信息表"，如果想要在其他工作表中引用该工作表，可以直接把该表导入工作表中即可。

	A	B	C	D
1		客户信息表		
2	客户	联系人	合作区域	
3	ANTON	庄美尔	华南	
4	BERGS	廖凯	华北	
5	BOLID	陈晓	华南	
6	BOTTM	邓敏	沿海地区	
7	ERNSH	霍晶	华北	
8	GODOS	罗成佳	华北	
9	HUNGC	张泽宇	沿海地区	
10	PICCO	綦晶	华南	
11	RATTC	陈小芳	华南	
12	REGGC	陈曦	沿海地区	
13	SAVEA	陆路	华南	
14	SEVES	吕渠	沿海地区	
15	WHITC	张奎	华北	
16	ALFKI	刘萌	沿海地区	
17	LINOD	崔衡	华北	

客户信息表

图 2-138

❶ 在目标工作表中选中要存放数据的首个单元格，在"数据"选项卡的"获取外部数据"组中单击"现有连接"按钮（如图 2-139 所示），打开"现有连接"对话框。单击下方的"浏览更多"按钮（如图 2-140 所示），打开"选取数据源"对话框。

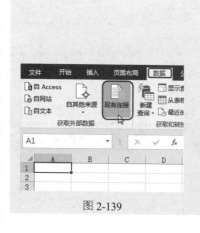

图 2-139

图 2-140

❷ 定位要导入文件的保存位置，选中"客户信息表.xls"工作簿（如图 2-141 所示），单击"打开"按钮，打开"选择表格"对话框。

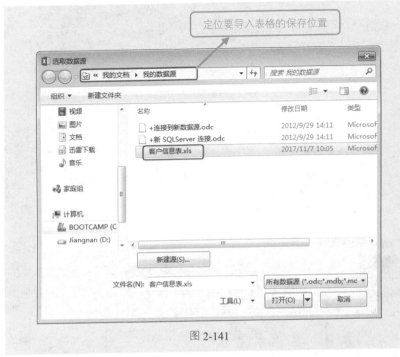

图 2-141

❸ 在"选择表格"对话框中单击"客户信息表"（对话框中显示的是选中工作簿所包含的所有工作表），如图 2-142 所示。

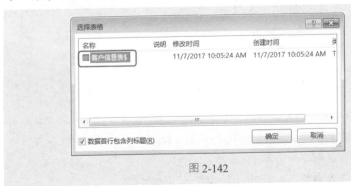

图 2-142

❹ 单击"确定"按钮，打开"导入数据"对话框，保持默认选项（如图 2-143 所示）。单击"确定"按钮完成设置，可以看到导入的"客户信息

表"内容，如图 2-144 所示。

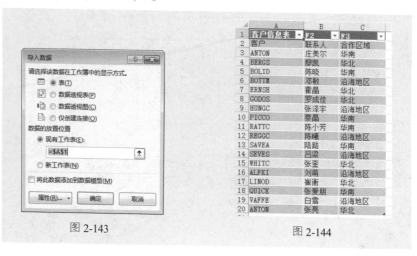

图 2-143

图 2-144

2. 导入文本文件数据

扫一扫，看视频

由于数据来源的不同，有时候手里拿到的会是文本文件的数据，如图 2-145 所示即为文本文件数据。为了便于对数据的查看与分析，可以将其转换为规则的 Excel 数据。

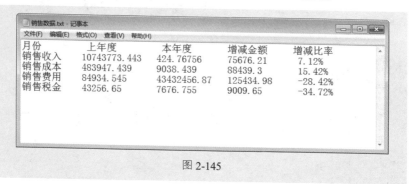

图 2-145

❶ 选中要显示导入数据的首个单元格，在"数据"选项卡的"获取外部数据"组中单击"自文本"按钮（如图 2-146 所示），打开"导入文本文件"对话框。选择要导入的文件后单击"导入"按钮（如图 2-147 所示），打开"文本导入向导，第 1 步，共 3 步"对话框。

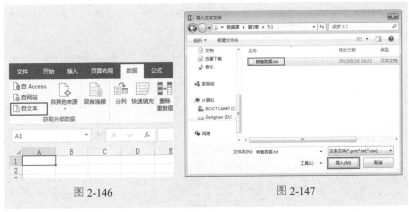

图 2-146 图 2-147

❷ 在"原始数据类型"栏下选择"固定宽度"(如图 2-148 所示),单击"下一步"按钮,打开"文本导入向导,第 2 步,共 3 步"对话框,如图 2-149 所示。

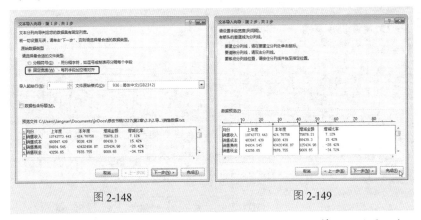

图 2-148 图 2-149

❸ 单击"完成"按钮,打开"导入数据"对话框,保持默认设置不变,如图 2-150 所示。

图 2-150

④ 单击"确定"按钮即可导入文本文件数据，为数据设置文本格式并添加边框和底纹，得到如图 2-151 所示表格效果。

	A	B	C	D	E
1	月份	上年度	本年度	增减金额	增减比率
2	销售收入	10743773.44	424.76756	75676.21	7.12%
3	销售成本	483947.439	9038.439	88439.3	15.42%
4	销售费用	84934.545	43432456.87	125434.98	-28.42%
5	销售税金	43256.65	7676.755	9009.65	-34.72%

图 2-151

📢 注意：

在导入的过程中，在确保文本文件数据采用统一的分隔符间隔，如逗号、空格、分号、换行符等均可，只有这样程序才可以找寻到相关的规则实现数据的自动分列。

3. 导入网页中的表格

如果需要在表格中引用某网页中的表格，可以在打开网页后选取相应的表格执行导入即可。

❶ 选中要导入的单元格，如 A1，在"数据"选项卡的"获取外部数据"组中单击"自网站"按钮（如图 2-152 所示），打开"新建 Web 查询"对话框。

❷ 首先在"地址"栏中输入网址并单击右侧的"转到"按钮，即可在下方打开该网页。拖动右侧的滑块停留至要导入的页面，在左侧勾选黄色方框，表示选中该部分网页内容，如图 2-153 所示。

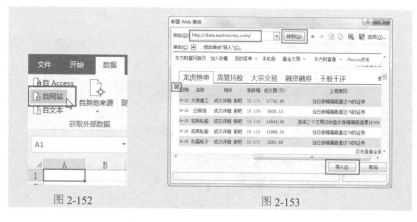

图 2-152　　　　图 2-153

❸ 单击"导入"按钮打开"导入数据"对话框，在"现有工作表"下方会显示数据的放置位置为"=Sheet1!$A$1"（也可以根据需要设置其他放置位置），如图 2-154 所示。

图 2-154

❹ 单击"确定"按钮完成设置，此时可以看到工作表中导入的表格数据，如图 2-155 所示。

图 2-155

第3章 数据验证

3.1 数据验证设置

数据验证可以规范用户的文本及数字输入格式，如只能输入指定区间的数值、只能输入文本数据、限制输入空格、限制输入重复值等。设置了数据验证条件后，对符合条件的数据允许输入，对于不符合条件的数据则禁止输入。因此，利用此设置可以实现数据的正确性和有效性的检查，避免输入错误的数据。

另外，还可以设置输入提示信息，即对选中单元格的输入做出提醒，如图 3-1 所示；同时也能设置出错警告信息，即当输入错误时弹出警告信息，如图 3-2 所示。

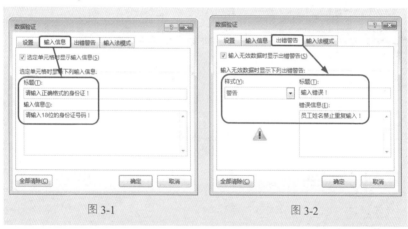

图 3-1　　　　　　　　　图 3-2

1. 选中单元格时给出输入提示

扫一扫，看视频

本例中要求在"得分"列中输入 0~10 之间的数据，为了提醒录入者输入正确范围的数据，可以设置当选中该区域的单元格时自动显示提示文字，比如"请输入指定范围内的数据、输入的文字长度在多少与多少之间、输入的日期不得超过指定范围"等。

❶ 选中 D2:D16 单元格区域，在"数据"选项卡的"数据工具"组中单击"数据验证"按钮（如图 3-3 所示），打开"数据验证"对话框。

❷ 切换至"输入信息"选项卡，勾选"选定单元格时显示输入信息"复选框，在"选定单元格时显示下列输入信息"栏下的"标题"文本框中输入"请输入分数"，在"输入信息"文本框中输入"输入的分数在 0-10 分之间！"，如图 3-4 所示。

图 3-3

图 3-4

❸ 单击"确定"按钮完成设置，当选中 D2:D16 区域中的任意单元格时，会在右下角显示输入的提示文字，如图 3-5 所示。

	A	B	C	D	
1	编号	参赛项目	参赛者	得分	
2	001	举重	庄美尔		
3	002	4*100接力赛	廖凯		
4	003	4*100接力赛	陈晓		
5	004	马拉松	邓敏		
6	005	4*100接力赛	霍晶		请输入分数
7	006	举重	罗成佳		输入的分数在0
8	007	马拉松	张泽宇		-10分之间！
9	008	举重	蔡晶		

图 3-5

📢 注意：

如果要删除提示信息的设置，可以选中目标单元格区域，打开"数据验证"
对话框，单击"全部清除"按钮即可。

2. 设定输入数据的有效区间

本例表格延续上例中对"得分"列的设置，除了设置输入
提示之外，还可以设置当输入的数字不在 0~10 之间时自动弹出
错误提示框，并提示重新输入符合数据范围的数字。

❶ 选中 D2:D16 单元格区域，在"数据"选项卡的"数据
工具"组中单击"数据验证"按钮（如图 3-6 所示），打开"数据验证"对
话框。

扫一扫，看视频

图 3-6

❷ 选择"设置"选项卡，在"验证条件"栏下设置"允许"条件为"小数"，"数据"条件为"介于"，"最小值"和"最大值"分别为"0"和"10"，如图 3-7 所示。

❸ 单击"确定"按钮完成设置，当在 D2:D16 单元格区域中输入的分数不在 0~10 之间时就会弹出错误提示框，提示重新输入符合要求的数据，如图 3-8 所示。

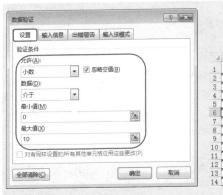

图 3-7

图 3-8

📢注意：

如果单元格中既允许输入整数又允许小数，则需要设置"允许"条件为"小数"。如果设置"允许"条件为"整数"，那么当输入"9.5"这样的小数时则会被禁止输入。

3. 输入金额不超过预算值

本例中需要为"设计费用"列设置数据验证，要求输入的金额必须在 100 万元以下，即不超过指定的预算值。

扫一扫，看视频

❶ 选中 C2:C9 单元格区域，在"数据"选项卡的"数据工具"组中单击"数据验证"按钮（如图 3-9 所示），打开"数据验证"对话框。

❷ 选择"设置"选项卡，在"验证条件"栏下设置"允许"条件为"小数"，"数据"条件为"小于"，"最大值"为"100"，如图 3-10 所示。

图 3-9 图 3-10

❸ 单击"确定"按钮完成设置，当在 C2:C9 单元格区域中输入的数据大于 100 时就会弹出错误提示框（如图 3-11 所示），提示重新输入符合要求的数据，如图 3-12 所示。

图 3-11 图 3-12

4. 限制单元格只能输入日期

扫一扫，看视频

本例表格中要求在"开工日期"列中只能输入日期数据，并且日期只能介于 2017-1-1—2017-12-31 之间。

❶ 选中 A2:A9 单元格区域，在"数据"选项卡的"数据工具"组中单击"数据验证"按钮（如图 3-13 所示），打开"数据验证"对话框。

❷ 选择"设置"标签，在"验证条件"栏下设置"允许"条件为"日期"，"数据"条件为"介于"，"开始日期"为"2017-1-1"，"结束日期"为"2017-12-31"，如图 3-14 所示。

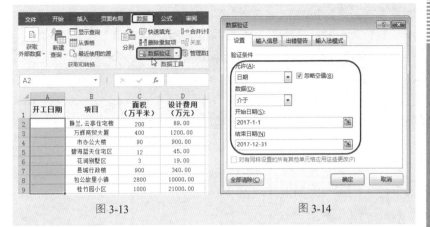

图 3-13 图 3-14

❸ 单击"确定"按钮完成设置，当在 A2:A9 单元格区域中输入的日期不在限定范围时就会弹出错误提示，如图 3-15 所示；当输入的不是规范的日期格式时也会弹出错误提示，如图 3-16 所示。

图 3-15 图 3-16

5. 建立可选择输入的序列

可选择输入序列是数据验证中最常用的一个功能。比如，在表格中输入公司员工姓名、所属部门等信息时，因为这些信息有固定的选项，因此可以事先通过数据验证设置来建立可选择序列，后期输入数据时通过选择即可输入，从而确保数据规范，避免出错。

扫一扫，看视频

❶ 首先在表格的空白处输入想作为选择项的序列（如在 H3:H7 区域中依次输入"办公用品、电器产品、家具用品、厨卫用品、家纺用品"），然后

选中 A 列的产品类别单元格区域，在"数据"选项卡的"数据工具"组中单击"数据验证"按钮（如图 3-17 所示），打开"数据验证"对话框。

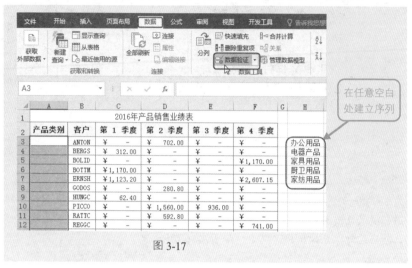

图 3-17

❷ 在"验证条件"栏下设置"允许"条件为"序列"，单击"来源"文本框右侧的"拾取器"按钮，返回数据表并选择之前建立的序列，如图 3-18 所示。

❸ 在表格中拾取 H3:H7 单元格区域（如图 3-19 所示）后，再次单击"拾取器"按钮返回"数据验证"对话框。

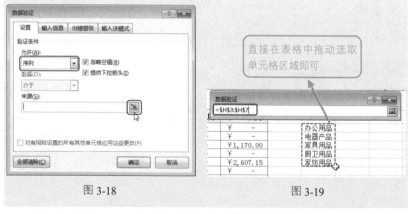

图 3-18   图 3-19

❹ 此时可以看到在"来源"文本框中自动填入"=$H$3:$H$7"（如图 3-20 所示），单击"确定"按钮完成设置。当单击 A 列中任意单元格时，会在该

单元格的右侧出现下拉按钮（如图 3-21 所示），单击该按钮后会打开下拉列表，从中进行选择即可快速输入。

图 3-20

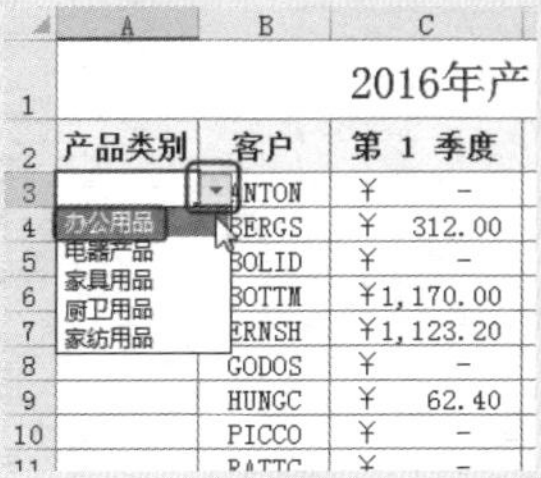

图 3-21

📢 注意：

也可以在"来源"文本框中直接输入所有产品类别名称，要注意的是每个产品名称之间要使用英文标点符号"，"隔开。

6. 在多个工作表中设置相同的数据验证

本例中需要在"销售专员招聘表"表格中的"初试时间"列中设置和"客服专员招聘表"相同的数据验证，如图 3-22、图 3-23 所示。这里可以直接复制数据验证，不需要重新在新表格中逐步设置数据验证。

扫一扫，看视频

图 3-22

图 3-23

105

❶ 如图 3-24 所示，表格中对初试时间设置了数据验证。选中 F2:F10 单元格区域，按 Ctrl+C 组合键执行复制命令。

	A	B	C	D	E	F
1	姓名	性别	年龄	学历	招聘渠道	初试时间
2	应聘者1	女	21	专科	招聘网站	2017/2/1
3	应聘者2	男	26	本科	招聘网站	2017
4	应聘者3	男	27	高中	现场招聘	2017
5	应聘者4	女	33	本科	猎头招聘	2017
6	应聘者5	女	33	本科	校园招聘	2017/3/23
7	应聘者6	男	32	专科	校园招聘	2017/5/1
8	应聘者7	男	27	专科	校园招聘	2017/5/2
9	应聘者8	女	21	本科	内部推荐	2017/5/3
10	应聘者9	女	28	本科	内部推荐	2017/5/4

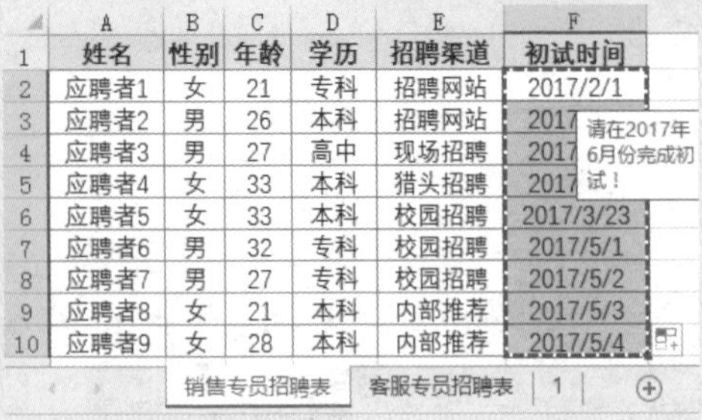

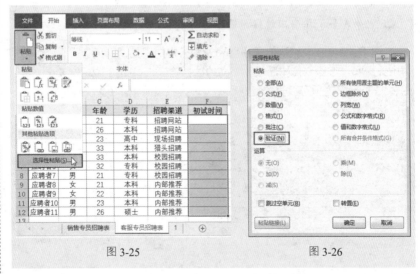

图 3-24

❷ 单元格区域打开要复制数据验证的工作表（客服专员应聘表），选中 F2:F12（要应用相同验证条件的单元格区域），在“开始”选项卡的“剪贴板”组中单击“粘贴”下拉按钮，在打开的下拉列表中选择“选择性粘贴”命令（如图 3-25 所示），打开“选择性粘贴”对话框，在“粘贴”栏下选择“验证”，如图 3-26 所示。

图 3-25

图 3-26

❸ 单击“确定”按钮，可以看到“客服专员应聘表”的 F2:F12 区域中也应用了相同的验证条件，如图 3-27 所示。

图 3-27

7. 限制输入数据的长度

本例表格统计了应聘人员的信息，D 列是面试官对每一位
应聘者的简短评语。为了限制评语的长度，可以设置验证条件
使文本长度必须在指定的数值以下。

扫一扫，看视频

❶ 选中 D2:D16 单元格区域，在"数据"选项卡的"数据工具"组中单
击"数据验证"按钮（如图 3-28 所示），打开"数据验证"对话框。

❷ 在"验证条件"栏下设置"允许"条件为"文本长度"，设置"数据"
条件为"小于或等于"，设置"最大值"为"10"，如图 3-29 所示。

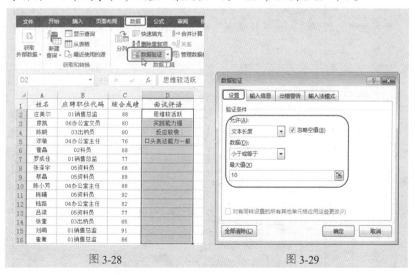

图 3-28   图 3-29

❸ 单击"确定"按钮完成设置，当在此区域中输入的数据长度大于 10 时就会自动弹出提示框，如图 3-30 所示，重新输入符合长度要求的数据即可。

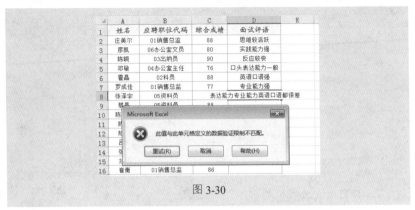

图 3-30

扫一扫，看视频

"圈释无效数据"功能是指将不符合条件的数据以红色圆圈圈释出来。要使用该功能，必须先输入数据，然后针对已有的数据来设置数据验证条件，再将不满足条件的数据圈释出来。

例如，将得分大于 10 的无效数据圈释出来，具体操作步骤如下。

❶ 选中 D2:D16 单元格区域（已输入数据），按前面相同的方法打开"数据验证"对话框，设置验证条件如图 3-31 所示，单击"确定"按钮完成设置。

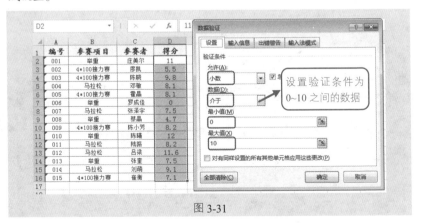

图 3-31

❷ 选中 D2:D16 单元格区域，在"数据"选项卡的"数据工具"组中单击"数据验证"下拉按钮，在展开的下拉列表中选择"圈释无效数据"命令（如图 3-32 所示），即可将不符合数据验证条件的单元格数据圈释出来，如图 3-33 所示。

图 3-32 图 3-33

❸ 如果要取消圈释效果，可以在"数据验证"功能按钮的下拉列表中单击"清除验证标识圈"命令即可。

📢 注意：

> "圈释无效数据"功能只有在已经输入了数据，后期再添加"数据验证"之后才可以使用。因为如果数据未输入前就设置了验证条件，那么在输入时就会被阻止了。

9. 取消对单元格的输入限制

如果不再需要使用数据验证对表格进行数据录入的限制，可以打开表格后在"数据验证"对话框中清除验证设置。

打开"数据验证"对话框后，直接单击左下角的"全部清除"按钮（如图 3-34 所示），即可清除该表格设置的所有数据验证，取消了对单元格的输入限制。

扫一扫，看视频

图 3-34

3.2 利用公式设置数据验证条件

仅靠 Excel 程序内置的验证条件，需要解决一部分数据输入限制的问题，但若想更加灵活地控制数据的输入，需要公式设置验证条件。只要你对函数有足够地了解，则可以设计出非常灵活的验证条件，如"限制输入空值""限制输入重复值""限制输入文本"等。本节将举出应用公式设置数据验证条件的范例。

1. 避免输入重复值

扫一扫，看视频

用户在进行数据录入时，由于录入数据量较大，可能会发生重复录入的情况。比如在录入考生信息制作准考证时，如果同一个考生信息录入重复，就可能生成两个准考证。为了防止数据的录入重复，可以设置当数据录入重复时给出提示或者禁止录入。

❶ 选中 A2:A16 单元格区域，在"数据"选项卡的"数据工具"组中单击"数据验证"按钮（如图 3-35 所示），打开"数据验证"对话框。

❷ 选择"设置"标签，在"验证条件"栏下设置"允许"条件为"自定义"，在"公式"栏下的文本框内输入公式"=COUNTIF(A:A,A2<2)"，如图 3-36 所示。

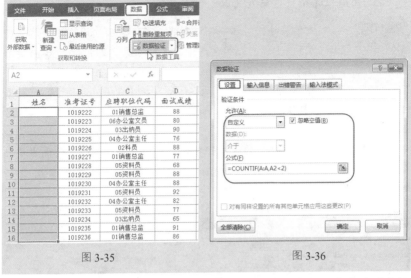

图 3-35   图 3-36

❸ 单击"确定"按钮完成设置，当输入的姓名重复时就会自动弹出提示框，如图 3-37 所示。重新输入不重复的姓名即可。

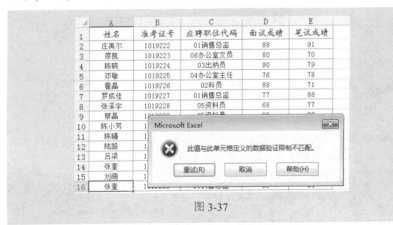

图 3-37

🔊 注意：

公式"=COUNTIF(A:A,A2<2)"用来统计 A 列中 A2 单元格中数据的个数，如果小于 2 则允许输入，否则不允许输入。因为当其个数大于 1 就是表示出现了重复值了。

2. 限制单元格只能输入文本

本例表格统计了每一位学生所在的班级，班级的规范格式为"几班"（即必须包含班级数字和"班"文字）。这里需要使用自定义公式设置输入的班级名称必须是文本数据。

❶ 选中 E2:E12 单元格区域，在"数据"选项卡的"数据工具"组中单击"数据验证"按钮（如图 3-38 所示），打开"数据验证"对话框。

❷ 选择"设置"标签，在"验证条件"栏下设置"允许"条件为"自定义"，在"公式"栏下的文本框内输入公式"=ISTEXT(E2)"，如图 3-39 所示。

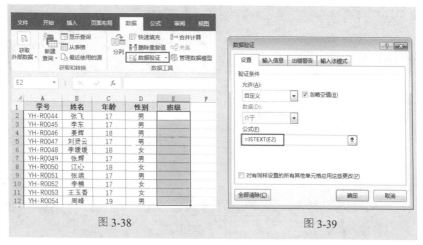

图 3-38   图 3-39

❸ 单击"确定"按钮完成设置，当输入非文本数据时就会自动弹出提示框，如图 3-40 所示。重新输入文本内容即可。

图 3-40

◀» 注意:

> ISTEXT 函数用来判断 E2 单元格中的数据是否为文本。

3. 避免输入文本数据

本例中需要在表格中输入公司应聘职位代码,代码是由 01~10 之间的任意两位数组成。如果要禁止职位代码输入文本,则可以使用 ISTEXT 配合 NOT 函数来设置验证条件。

扫一扫,看视频

❶ 选中要设置数据验证的单元格区域 (B2:B12),打开"数据验证"对话框。在"验证条件"栏下设置"允许"条件为"自定义",在"公式"栏下的文本框内输入公式"=NOT(ISTEXT(B2))",如图 3-41 所示。

❷ 单击"确定"按钮完成设置,当输入文本数据时就会自动弹出提示框,如图 3-42 所示。重新输入非文本数据即可。

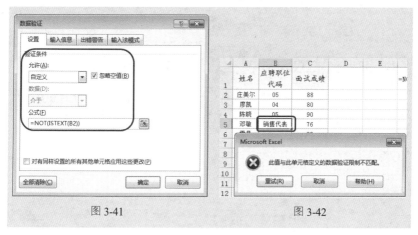

图 3-41　　　　　　　　　　　图 3-42

4. 限制单元格输入的产品价格必须包含两位小数

本例记录了商品的单价信息,包括"规格重量"和商品"单价"。为了规范单价的录入 (需要保留两位小数),可以使用自定义公式,当录入不是两位小数的数据时自动弹出提示框。

扫一扫,看视频

❶ 选中 C3:C15 单元格区域,在"数据"选项卡的"数据工具"组中单击"数据验证"按钮 (如图 3-43 所示),打开"数据验证"对话框。

❷ 选择"设置"选项卡，在"验证条件"栏下设置"允许"条件为"自定义"，在"公式"栏下的文本框内输入公式"=LEFT(RIGHT(C3,3),1)=".""，如图 3-44 所示。

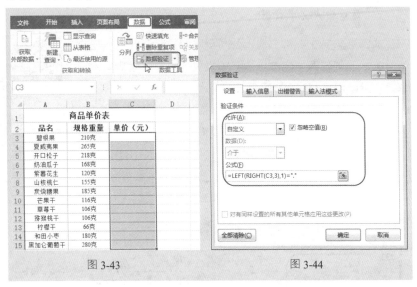

图 3-43　　　　　　　　　　　　　　图 3-44

❸ 单击"确定"按钮完成设置，当输入的小数位数不是两位时就会自动弹出提示框，如图 3-45 所示。重新输入正确的小数位数（两位小数）即可。

图 3-45

📢 **注意**:

> 公式 "=LEFT(RIGHT(C3,3),1)=".""，首先使用 RIGHT 函数从 C3 单元格中数据的右侧提取 3 个字符；其次使用 LEFT 函数从上步结果的左侧提取 1 个字符，判断其是否是小数点 "."，如果是满足条件，不是则不满足条件。

5. 限制输入空格

手工输入数据时，经常会有意或无意地输入一些空格。这些数据如果只是用于查看，有无空格并无大碍；但如果要用于统计、查找，如 "吴 玉" 和 "吴玉"，则会被当作两个完全不同的对象，这时的空格则为数据分析带来了困扰。为了规范数据的录入，可以使用数据验证限制空格的录入，一旦有空格录入就会弹出提示框。

扫一扫，看视频

❶ 选中 B2:B11 单元格区域，在"数据"选项卡的"数据工具"组中单击"数据验证"按钮（如图 3-46 所示），打开"数据验证"对话框。

❷ 选择"设置"选项卡，在"验证条件"栏下设置"允许"条件为"自定义"，在"公式"栏下的文本框内输入公式"=ISERROR(FIND("",B2))"，如图 3-47 所示。

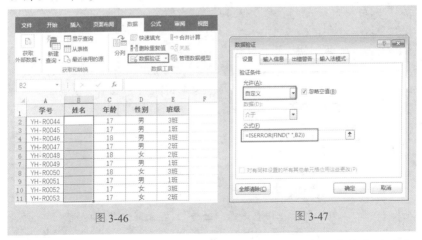

图 3-46   图 3-47

❸ 单击"确定"按钮完成设置，当输入的文本中间有空格时就会自动弹出提示框，如图 3-48 所示。重新输入正确的文本（不包含空值）即可。

图 3-48

📢 注意：

公式"=ISERROR(FIND(" ",B2))"，首先用 FIND 函数在 B2 单元格中查找空格的位置，如果找到返回位置值，如果未找到则返回的是一个错误值；其次用 ISERROR 函数判断值是否为错误值，如果是返回 TRUE，不是返回 FALSE。本例中当结果为"TRUE"时则允许输入，否则不允许输入。

6. 限定单元格内必须包含指定内容

扫一扫，看视频

例如某产品规格都是以"LWG"开头的，要求在输入产品规格时，只要不是以"LWG"开头的就自动弹出错误提示框，并提示如何才能正确输入数据。

❶ 选中 A2:A11 单元格区域，在"数据"选项卡的"数据工具"组中单击"数据验证"按钮（如图 3-49 所示），打开"数据验证"对话框。

❷ 选择"设置"选项卡，在"验证条件"栏下设置"允许"条件为"自定义"，在"公式"文本框内输入"=ISNUMBER(SEARCH("LWG?",A2))"，如图 3-50 所示。

❸ 切换至"出错警告"选项卡，在"输入无效数据时显示下列出错警告"栏下的"样式"下拉列表选择"警告"，再分别设置"标题"和"错误信息"内容即可，如图 3-51 所示。

❹ 单击"确定"按钮完成设置，当输入错误的产品规格时，会弹出错误警告提示框，如图 3-52 所示。

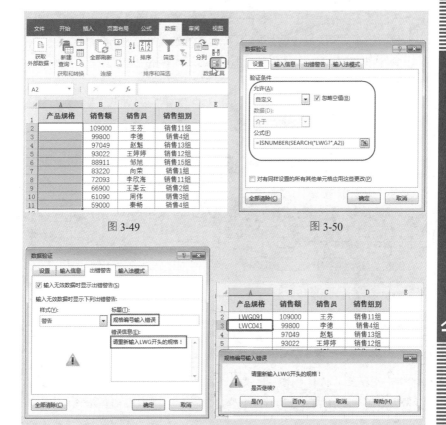

图 3-49

图 3-50

图 3-51

图 3-52

◀)) 注意：

ISNUMBER 函数用于判断引用的参数或指定单元格中的值是否为数字。
SEARCH 函数用来返回指定的字符串在原始字符串中首次出现的位置。公式
"=ISNUMBER(SEARCH("LWG?",A2))"用于在 A2 单元格中查找"LWG"，
找到后返回其位置，位置值是数字，所以外层的 ISNUMBER 函数的判断结
果即为真（允许输入）；如果找不到，SEARCH 函数返回错误值，外层的
ISNUMBER 函数的判断结果即为假（不允许输入）。

7. 禁止出库数量大于库存数

月末要编辑产品库存表，其中已记录了上月的结余量和本

扫一扫，看视频

月的入库量。当产品要出库时，显然出库量应当小于库存量。为了保证可以及时发现错误，需要设置数据验证，禁止输入的出库量大于库存量。

❶ 选中 F2:F12 单元格区域，在"数据"选项卡"数据工具"选项组中单击"数据验证"（如图 3-53 所示），打开"数据验证"对话框。

❷ 在"验证条件"栏下设置"允许"条件为"自定义"，在"公式"栏下的文本框内输入公式"=D2+E2>F2"，如图 3-54 所示。

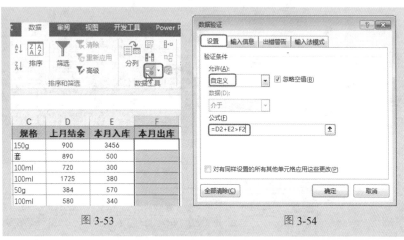

图 3-53   图 3-54

❸ 切换至"出错警告"选项卡，在"输入无效数据时显示下列出错警告"栏下的"样式"下拉列表中选择"停止"，再设置错误信息内容，如图 3-55 所示。

图 3-55

❹ 单击"确定"按钮完成设置。当在 F2 中输入的出库量小于库存数时允许输入。当在 F3 单元格中输入的出库量大于库存量时（上月结余与本月入库之和），系统弹出错误警告提示框，如图 3-56 所示。

图 3-56

8. 轻松制作二级下拉菜单

如图 3-57 所示为应聘人员登记表，在 B 列和 C 列中需要录入每一个应聘人员的省市名称。为了让录入更加方便快捷，提高录入的准确率，可以通过建立数据验证的方法为"省/直辖市"和"市/区"分别建立一个序列。

扫一扫，看视频

	A	B	C	D
1	应聘人员	省/直辖市	市/区	应聘职位代码
2	庄美尔			01销售总监
3	廖凯			06办公室文员
4	陈晓			03出纳员
5	邓敏			04办公室主任
6	霍晶			02科员
7	罗成佳			01销售总监
8	张泽宇			05资料员
9	蔡晶			05资料员
10	陈小芳			04办公室主任

图 3-57

另外，制作二级下拉菜单需要进行单元格区域的定义，以方便数据来源的正确引用。因此，在本例中会简单介绍将单元格区域定义为名称的方法。

❶ 首先在表格的空白区域中建立辅助表格（如图 3-58 所示）。按 F5 键快速打开"定位"对话框，单击"定位条件"按钮，打开"定位条件"对话

框，选择"常量"，如图 3-59 所示。

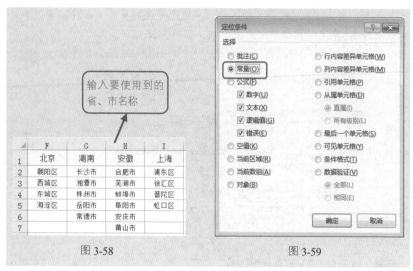

图 3-58　　　　　　　　　　　图 3-59

❷ 此时将选中所有包含文本的单元格区域。在"公式"选项卡的"定义的名称"组中单击"根据所选内容创建"按钮（如图 3-60 所示），打开"以选定区域创建名称"对话框，勾选"首行"复选框即可，如图 3-61 所示。

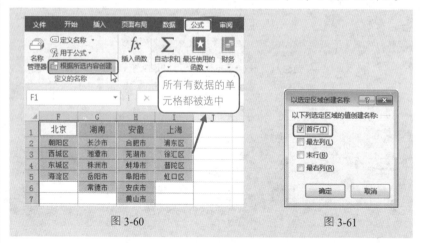

图 3-60　　　　　　　　　　　图 3-61

❸ 单击"确定"按钮即可为所有文本建立指定的名称，也就是按照首行的省市名称，一次性定义了 4 个名称。

❹ 在"公式"选项卡的"定义的名称"组中单击"名称管理器"按钮

（如图 3-62 所示），打开"名称管理器"对话框。在该对话框的列表中可以看到命名的四个名称（方便后面设置数据验证中公式对数据的引用），如图 3-63 所示。

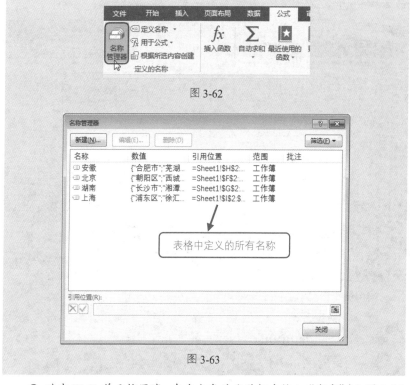

图 3-62

图 3-63

❺ 选中 F1:I1 单元格区域，在左上角的名称框内输入"省市"（如图 3-64 所示），按 Enter 键后完成单元格区域名称的定义。

图 3-64

❻ 选中 B2:B16 单元格区域，在"数据"选项卡的"数据工具"组中单击"数据验证"按钮（如图 3-65 所示），打开"数据验证"对话框。

❼ 在"验证条件"栏下设置"允许"条件为"序列"，在"来源"栏下的文本框内输入"=省市"，如图 3-66 所示。

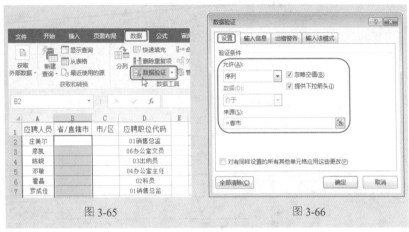

图 3-65　　　　　　　　　　　　　　　　　图 3-66

❽ 单击"确定"按钮完成设置。选中 C2:C16 单元格区域，在"数据"选项卡的"数据工具"组中单击"数据验证"按钮（如图 3-67 所示），打开"数据验证"对话框。

❾ 在"验证条件"栏下设置"允许"条件为"序列"，在"公式"栏下的文本框内输入"=INDIRECT(B2)"，如图 3-68 所示。

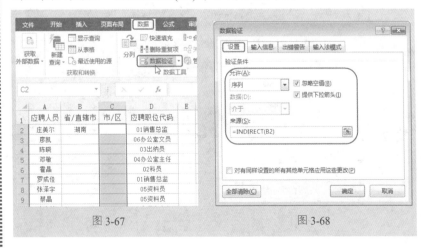

图 3-67　　　　　　　　　　　　　　　　　图 3-68

⓾ 单击"确定"按钮完成设置。当单击"省/直辖市"下方单元格右侧的下拉按钮时，可以在打开的下拉列表中选择省或直辖市名称（如图 3-69 所示）；当单击"市/区"下方单元格右侧的下拉按钮时，可以在下拉列表中选择对应的市或区名称，如图 3-70 所示。

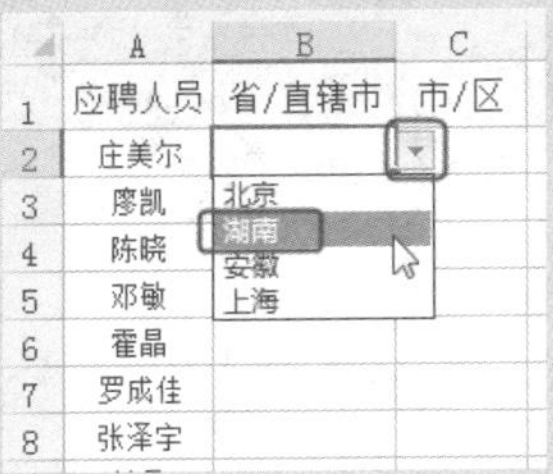

图 3-69

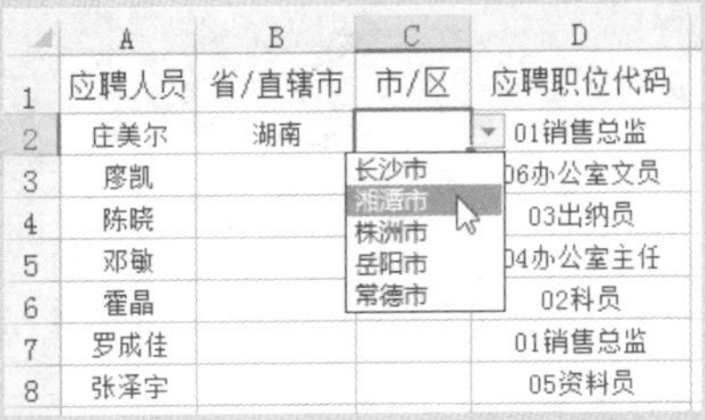

图 3-70

⓫ 如选择"上海"市后，会在"市/区"列表中显示上海市的所有市/区名称，如图 3-71 所示。选择"安徽"省后，会在"市/区"列表中显示安徽省的所有市/区名称，如图 3-72 所示。

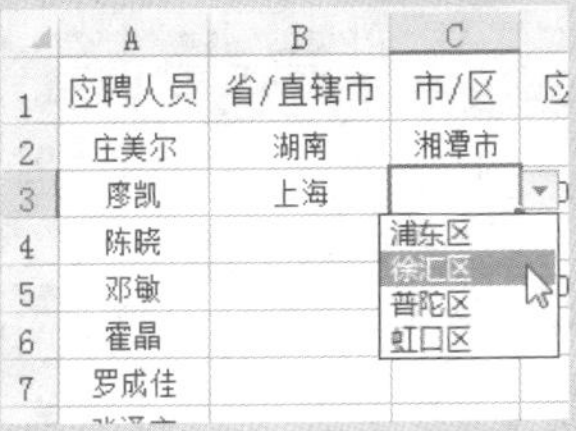

图 3-71

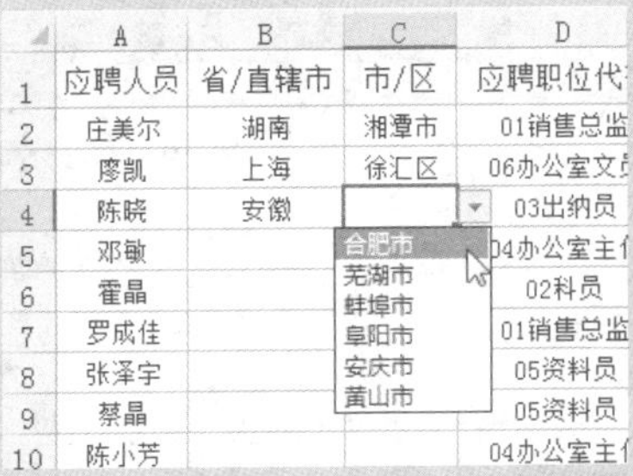

图 3-72

9. 用有效性设置保护公式

我们知道通过设置工作表保护的操作可以实现对表格中公式的保护，同样，为了保护公式结构不被修改，也可以使用数据验证功能巧妙实现。

扫一扫，看视频

❶ 打开包含公式的表格后，在"开始"选项卡的"编辑"组中单击"查找和选择"下拉按钮，在打开的下拉列表中选择"公式"命令（如图 3-73 所示），即可选中表格中所有公式所在的单元格区域。

图 3-73

❷ 保持单元格的选中状态，在"数据"选项卡的"数据工具"组中单击"数据验证"按钮（如图 3-74 所示），打开"数据验证"对话框。

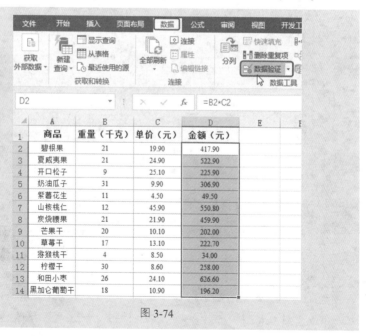

图 3-74

❸ 在"验证条件"栏下设置"允许"条件为"自定义",在"公式"文本框内输入"0",如图 3-75 所示。

❹ 切换至"出错警告"选项卡,勾选"输入无效数据时显示出错警告"复选框,在"输入无效数据时显示下列出错警告"栏下的"样式"下拉列表中选择"警告",再分别设置标题和错误信息内容即可,如图 3-76 所示。

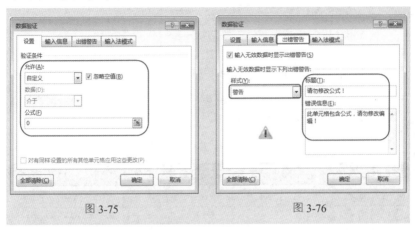

图 3-75   图 3-76

❺ 单击"确定"按钮完成设置。当对含有公式的单元格进行编辑修改时,就会弹出警告提示框,如图 3-77 所示。

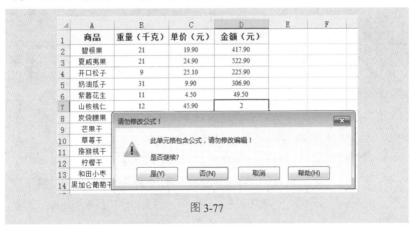

图 3-77

第4章　自定义单元格格式与输入特殊数据

虽然 Excel 为用户提供了大量的数字格式（如"数值""日期""会计专用"等），但还是有许多用户因为工作和学习的特殊要求，需要使用一些 Excel 未提供的数字格式，这时自定义数字格式功能就派上了用场。下面介绍一些常用的自定义数字格式要用到的占位符，如表 4-1 所示。本章也会通过一些例子来介绍这些占位符的实际应用方法。

表 4-1

格　式	具 体 说 明
G/通用格式	以常规的数字显示，相当于"分类"列表中的"常规"选项
#	数字占位符。它只显示有意义的零而不显示无意义的零。例如：代码："###.##"，12.1 显示为 12.10;12.1263 显示为 12.13
0	数字占位符。如果单元格的内容大于占位符，则显示实际数字，如果小于占位符的数量，则用 0 补足。代码："00000"，123 显示为 00123
@	文本占位符。如果只使用单个@，作用是引用原始文本；要在输入数字数据之前自动添加文本，使用自定义格式："文本内容"@；要在输入数字数据之后自动添加文本，使用自定义格式：@"文本内容"。@符号的位置决定了 Excel 输入的数字数据相对于添加文本的位置。本节会通过一个实例介绍该文本占位符的使用。如果使用多个@，则可以重复文本
*	重复下一次字符，直到充满列宽。例如：代码："@*-"。"ABC" 显示为 "ABC-------------------"，可就用于仿真密码保护：代码 "**,**,**,**"，123 显示为：************
,	千位分隔符

格　式	具体说明
\	显示下一个字符。与"""" 用途相同，都是显示输入的文本，且输入后会自动转变为双引号表达。例如代码"人民币"#,##0,," 百万"与"\人民币 #,##0,,\百万"，输入 1234567890 显示为"人民币 1,235 百万"
?	数字占位符。在小数点两边为无意义的零添加空格，以便当按固定宽度时小数点可对齐，另外还用于对不等到长数字的分数
颜色	用指定的颜色显示字符。有 8 种颜色可选：红色、黑色、黄色、绿色、白色、兰色、青色和洋红。 例如代码"[青色];[红色];[黄色];[兰色]"（注意这里使用的分号分隔符必须要在英文状态下输入才有效），显示结果是正数为青色，负数显示为红色，零显示为黄色，文本则显示为兰色。 [颜色 N]：调用调色板中的颜色，N 是 0~56 之间的整数。 例如代码"[颜色 3]"，单元格显示的颜色为调色板上第 3 种颜色
条件	条件格式化只限于使用 3 个条件，其中两个条件是明确的，另一个是"所有的其他"。条件要放到方括号中，必须进行简单的比较。例如代码"[>0]"正数",[=0]"零","负数""，显示结果是单元格数值大于 0 显示正数，等于 0 显示零，小于 0 显示"负数"
!	显示""。由于引号是代码常用的符号，在单元格中是无法用""""来显示""的，要想显示出来，须在前面加入"!"
时间和日期代码	"YYYY"或"YY"：按 4 位（1900~9999）或 2 位（00~99）显示年；"MM"或"M"：以 2 位（01~12）或 1 位（1~12）表示月；"DD"或"D"：以 2 位（01~31）或 1 位（1~31）来表示天。例如代码"YYYY.MM.DD"，2017 年 1 月 10 日显示为"2017.01.10"

1. 自定义需要的日期数据的格式

在输入日期数据时，如果 Excel 提供的日期格式无法满足要

扫一扫，看视频

求，可以在"设置单元格格式"对话框中进行自定义。日期的默认格式是{mm/dd/yyyy}，其中"mm"表示月份，"dd"表示日期，"yyyy"表示年度，固定长度为8位。如果要实现自定义日期数据的设置，必须要掌握这几个字母的含义，通过重新组合字符得到任意想要的日期数据格式。

❶ 选中单元格区域A2:A10，在"开始"选项卡的"数字"组中单击"对话框启动器"按钮（如图4-1所示），打开"设置单元格格式"对话框。

❷ 在"分类"列表框中选择"自定义"，然后在右侧的"类型"文本框中输入"m.d(yy)"，如图4-2所示。

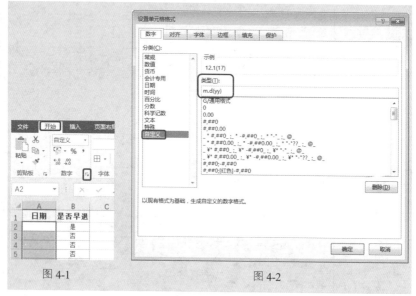

图 4-1   图 4-2

❸ 单击"确定"按钮完成设置，可以看到当再次输入数据时会显示为指定的日期格式，如图4-3所示。

图 4-3

2. 将本月日期显示为省略年份与月份的简洁形式

本例中 12 月份的考勤统计，包括姓名和日期。针对本月的日期，可通过自定义单元格格式让日期显示为"日"的格式。

❶ 选中单元格区域 A3:A14，在"开始"选项卡的"数字"组中单击"数字格式"按钮（如图 4-4 所示），打开"设置单元格格式"对话框。

❷ 在"分类"列表中选择"自定义"，然后在右侧的"类型"文本框中输入"d"日"，如图 4-5 所示。

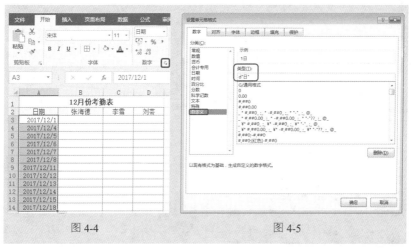

图 4-4　　　　　　　　　　　图 4-5

❸ 单击"确定"按钮完成设置，可以看到所有日期只显示本月日期而忽略了年份和月份，如图 4-6 所示。

图 4-6

129

3. 将日期显示为英文星期数

通过设置单元格格式可以显示日期对应的星期数，但如果想显示英文格式的星期数，可通过自定义单元格格式实现。

❶ 选中已输入日期的单元格区域，在"开始"选项卡的"数字"组中单击"数字格式"按钮打开"设置单元格格式"对话框。在"分类"列表中选择"自定义"，然后在右侧的"类型"文本框中输入"dddd"，如图 4-7 所示。

图 4-7

❷ 单击"确定"按钮完成设置，可以看到日期显示为英文星期数，如图 4-8 所示。

	A	B	C	D
1	客户	交易金额	交易日期	星期
2	BERGS	¥ 21,165.60	2017/12/1	Friday
3	BOLID	¥ 20,920.00	2017/12/12	Tuesday
4	ERNSH	¥ 20,248.40	2017/12/15	Friday
5	GODOS	¥ 29,600.00	2017/12/20	Wednesday
6	HUNGC	¥ 59,600.00	2017/12/25	Monday
7	PICCO	¥109,800.00	2017/12/26	Tuesday

图 4-8

4．为数据批量添加重量单位

本例表格统计了所有产品的重量和单价信息，下面需要统一为"重量"下方的数据添加单位"克"。

❶ 选中单元格区域 B3:B15，在"开始"选项卡的"数字"组中单击"数字格式"按钮（如图 4-9 所示），打开"设置单元格格式"对话框。

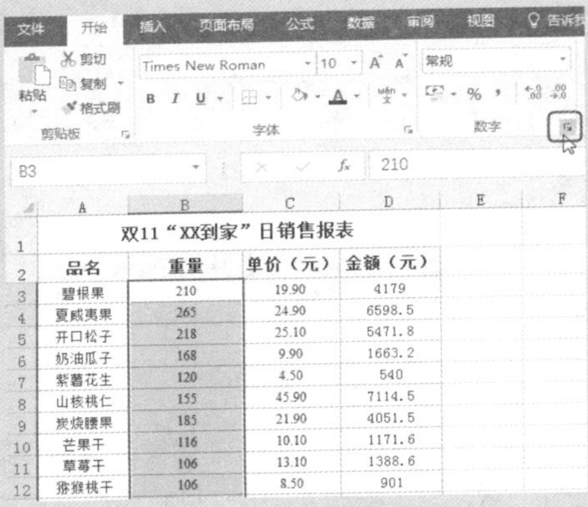

扫一扫，看视频

第 4 章 自定义单元格格式与输入特殊数据

图 4-9

❷ 在"分类"列表中选择"自定义"，然后在右侧的"类型"文本框中输入"G/通用格式"克""，如图 4-10 所示。

图 4-10

131

❸ 单击"确定"按钮完成设置，可以看到所有选中的单元格中的数据后均添加了重量单位"克"，如图 4-11 所示。

双11"XX到家"日销售报表			
品名	重量	单价（元）	金额（元）
碧根果	210克	19.90	4179
夏威夷果	265克	24.90	6598.5
开口松子	218克	25.10	5471.8
奶油瓜子	168克	9.90	1663.2
紫薯花生	120克	4.50	540
山核桃仁	155克	45.90	7114.5
炭烧腰果	185克	21.90	4051.5
芒果干	116克	10.10	1171.6
草莓干	106克	13.10	1388.6
猕猴桃干	106克	8.50	901
柠檬干	66克	8.60	567.6
和田小枣	180克	24.10	4338
黑加仑葡萄干	280克	10.90	3052

图 4-11

5. 数据部分重复时的快捷输入技巧

本例中需要快速输入每一个销售记录的交易流水号，交易流水号的前几位编码都是相同的，只有后面的几位数字不同。此时可以通过自定义单元格格式让重复部分自动输入，用户在实际数据输入时只输入后面几位不同的数字即可。

❶ 选中单元格区域 A2:A15，在"开始"选项卡的"数字"组中单击"对话框启动器"按钮（如图 4-12 所示），打开"设置单元格格式"对话框。

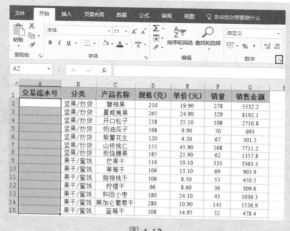

图 4-12

❷ 在"分类"列表中选择"自定义"，然后在右侧的"类型"文本框中输入""YH17-"@"，如图 4-13 所示。

图 4-13

❸ 单击"确定"按钮完成设置，在 A2 单元格输入"0602"（如图 4-14 所示），按 Enter 键后自动在数字前加上重复的字母和符号，如图 4-15 所示。

图 4-14   图 4-15

📢 注意：

这里将代码"@"放在最末尾，表示要在输入数字数据之前自动添加文本。

6. 同时显示数值和文本

本例中需要将销售金额列中的数据前面加上"合计:"，后面加上"元"，实现在单元格内同时显示数字和文本。这里使用到"G/通用格式"占位符格式。

❶ 选中单元格区域 D2:D15，在"开始"选项卡的"数字"组中单击"数字格式"按钮（如图 4-16 所示），打开"设置单元格格式"对话框。

	A	B	C	D	E
1	交易流水号	单价(元)	销量	销售金额	
2	YH17-0602	19.90	278	5532.2	
3	YH17-0612	24.90	329	8192.1	
4	YH17-0613	25.10	108	2710.8	
5	YH17-0622	9.90	70	693	
6	YH17-0623	4.50	67	301.5	
7	YH17-0701	45.90	168	7711.2	
8	YH17-0702	21.90	62	1357.8	
9	YH17-0703	10.10	333	3363.3	
10	YH17-0704	13.10	69	903.9	
11	YH17-0705	8.50	53	450.5	
12	YH17-0706	8.60	36	309.6	
13	YH17-0801	24.10	43	1036.3	
14	YH17-0803	10.90	141	1536.9	
15	YH17-0811	14.95	32	478.4	

图 4-16

❷ 在"分类"列表中选择"自定义"，然后在右侧的"类型"文本框中输入"合计:G/通用格式元"，如图 4-17 所示。

❸ 单击"确定"按钮完成设置，此时可以看到销售金额数字前后分别添加了相应的文本，如图 4-18 所示。

📢 注意:

格式代码中的"G/通用格式"会自动返回 D 列中的实际数据并显示为常规格式。这里的自定义单元格格式是保持单元格数据不变，在前面和后面添加的文字只影响数据的显示方式而不改变数据的实际值，因此它并非是文本数据，也可以参与数据运算。

图 4-17

	A	B	C	D
1	交易流水号	单价(元)	销量	销售金额
2	YH17-0602	19.90	278	合计:5532.2元
3	YH17-0612	24.90	329	合计:8192.1元
4	YH17-0613	25.10	108	合计:2710.8元
5	YH17-0622	9.90	70	合计:693元
6	YH17-0623	4.50	67	合计:301.5元
7	YH17-0701	45.90	168	合计:7711.2元
8	YH17-0702	21.90	62	合计:1357.8元
9	YH17-0703	10.10	333	合计:3363.3元
10	YH17-0704	13.10	69	合计:903.9元
11	YH17-0705	8.50	53	合计:450.5元
12	YH17-0706	8.60	36	合计:309.6元

D3 栏公式:=B3*C3

图 4-18

7. 输入 1 显示 "√"，输入 0 显示 "×"

如果用户在编辑表格时经常使用 "√" 与 "×" 号，每次通过手工插入符号是非常麻烦的，这时可以通过自定义单元格格式的方法实现输入 "0" 显示 "×"，输入 "1" 显示 "√"。

扫一扫，看视频

❶ 选中单元格区域 D2:D16，在 "开始" 选项卡的 "数字" 组中单击 "数字格式" 按钮（如图 4-19 所示），打开 "设置单元格格式" 对话框。

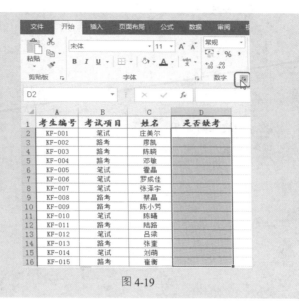

图 4-19

❷ 在"分类"列表中选择"自定义",然后在右侧的"类型"文本框中输入"[=1]√;[=0]×;",如图 4-20 所示。

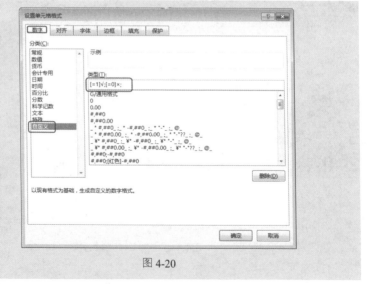

图 4-20

❸ 单击"确定"按钮完成设置,在单元格内输入数字"1"即可返回"√"(如图 4-21 所示),输入数字"0"即可返回"×",如图 4-22 所示。

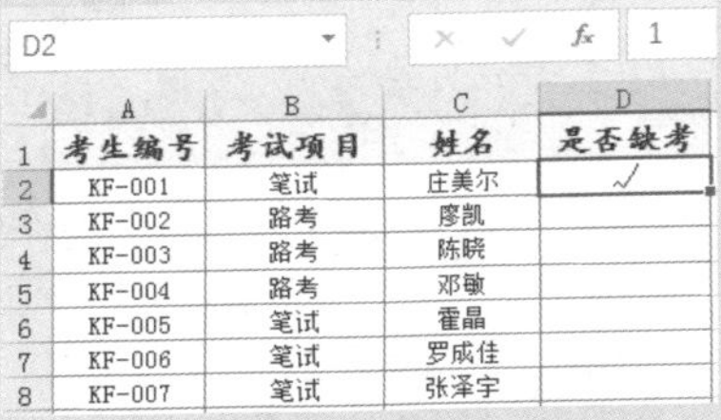

图 4-21

图 4-22

📢 注意：

返回的不同值之间要使用"；"隔开（英文状态下输入），输入的值要使用中括号括起来。

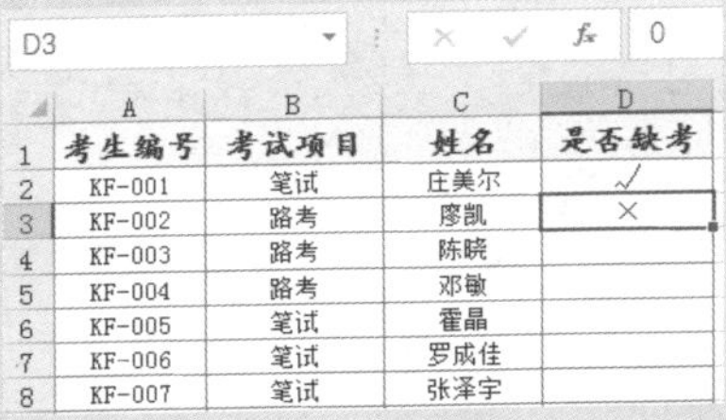

8. 在数字前统一添加文字前缀

本例表格中的班级显示的不是特别具体，下面要求在班级前显示出具体的年级，此例依然使用到占位符"@"。

扫一扫，看视频

❶ 选中单元格区域 E2:E11，在"开始"选项卡的"数字"组中单击"对话框启动器"按钮（如图 4-23 所示），打开"设置单元格格式"对话框。

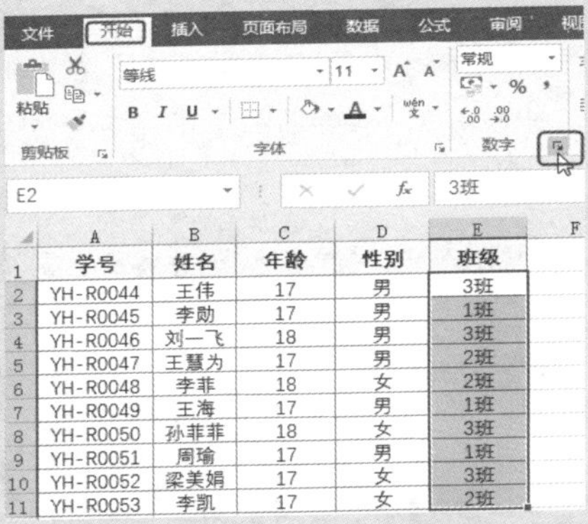

图 4-23

❷ 在"分类"列表框中选择"自定义"，然后在右侧的"类型"文本框中输入"高三@"，如图 4-24 所示。

❸ 单击"确定"按钮完成设置，此时可以看到所有班级前面添加了"高

三", 如图 4-25 所示。

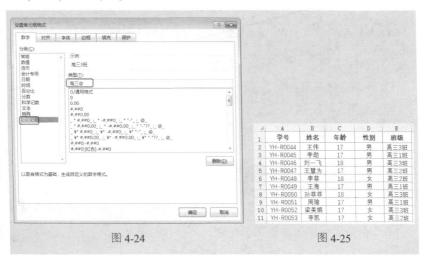

图 4-24   图 4-25

9. 根据正负值自动显示前缀文字

扫一扫, 看视频

统计数据时经常需要对上期和本期的数据进行比较, 本例中将根据去年同期和本期的费用同比升降的正(上升)负(降低)号, 自动添加"上升"和"降低"前缀文字, 让数据查看更加一目了然。

❶ 选中要添加前缀文本的单元格区域 E2:E9, 在"开始"选项卡的"数字"组中单击"对话框启动器"按钮(如图 4-26 所示), 打开"设置单元格格式"对话框。

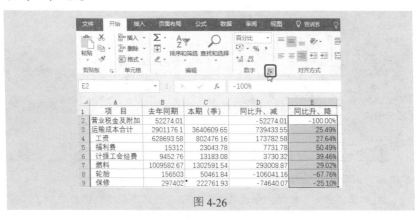

图 4-26

❷ 在"分类"列表框中选择"自定义"，然后在右侧的"类型"文本框输入"上升 0.00%;降低 0.00%"，如图 4-27 所示。

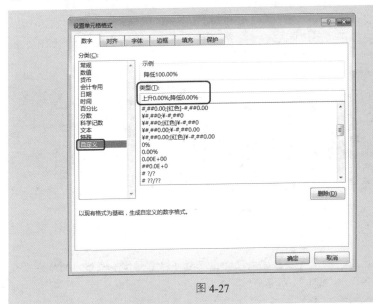

图 4-27

❸ 单击"确定"按钮完成设置，此时可以看到系统根据数据的正负值添加了相应的前缀文字，如图 4-28 所示。

	A	B	C	D	E
1	项 目	去年同期	本期（季）	同比升、减	同比升、降
2	营业税金及附加	52274.01		-52274.01	降低100.00%
3	运输成本合计	2901176.1	3640609.65	739433.55	上升25.49%
4	工资	628693.58	802476.16	173782.58	上升27.64%
5	福利费	15312	23043.78	7731.78	上升50.49%
6	计提工会经费	9452.76	13183.08	3730.32	上升39.46%
7	燃料	1009582.67	1302591.54	293008.87	上升29.02%
8	轮胎	156503	50461.84	-106041.16	降低67.76%
9	保修	297402	222761.93	-74640.07	降低25.10%

图 4-28

📢 注意：

格式代码中的"0.00%"代表返回表格中原来的百分比数据，前面分别添加前缀为"上升"和"降低"，两者之间使用";"隔开。

10. 正确显示超过 24 小时的时间

扫一扫，看视频

　　两个时间数据相加如果超过了 24 个小时，默认返回的时间格式是不规范的，如图 4-29 所示，只是显示了超过 24 小时之后的时间。通过如下方法自定义单元格格式就可以正确显示相加后的时间。

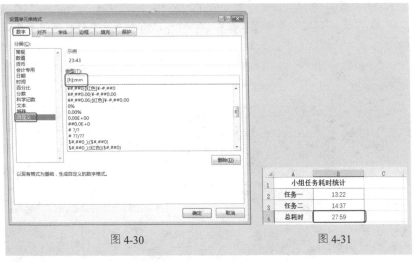

图 4-29

❶ 选中单元格 B4，在"开始"选项卡的"数字"组中单击"对话框启动器"按钮，打开"设置单元格格式"对话框。

❷ 在"分类"列表框中选择"自定义"，然后在右侧的"类型"文本框中输入"[h]:mm"，如图 4-30 所示。

❸ 单击"确定"按钮完成设置，此时可以看到该单元格内的数字显示为"27:59"，如图 4-31 所示。

图 4-30　　　　　　　　　　　　　　　　图 4-31

11. 约定数据宽度不足时用零补齐

扫一扫，看视频

　　本例中需要规范产品编号统一为 6 位数字，如果数字宽度不足，则自动在前面用"0"补齐。

❶ 选中要设置自定义格式的单元格区域，在"开始"选项卡的"数字"组中单击"对话框启动器"按钮（如图 4-32 所示），打开"设置单元格格式"对话框。

❷ 在"分类"列表框中选择"自定义"，然后在右侧的"类型"文本框输入"000000"，如图 4-33 所示。

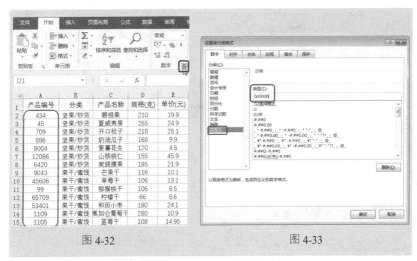

图 4-32　　　　　　　　　　　　图 4-33

❸ 单击"确定"按钮完成设置，此时可以看到所有宽度不足的数字自动添加零值补足，如图 4-34 所示。

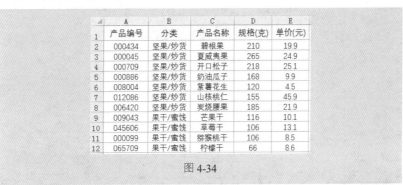

图 4-34

12. 设置数据以"万元"为显示单位

本例表格记录了每一个项目的设计费用，并且是以"元"为单位的。如果数额非常大的话，输入一串数字时就会容易出

扫一扫，看视频

错，这时可以通过自定义单元格格式的方法将金额显示为"万元"格式。

❶ 选中单元格区域 D2:D9，在"开始"选项卡的"数字"组中单击"对话框启动器"按钮（如图 4-35 所示），打开"设置单元格格式"对话框。

❷ 在"分类"列表框中选择"自定义"，然后在右侧的"类型"文本框中输入"0!.0,"万""，如图 4-36 所示。

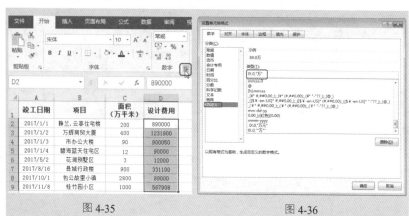

图 4-35   图 4-36

❸ 单击"确定"按钮完成设置，此时可以看到所有数字自动转换为以万元为单位，并在后面添加"万"文字，如图 4-37 所示。

	A	B	C	D
1	竣工日期	项目	面积 （万平米）	设计费用
2	2017/1/1	静兰.云亭住宅楼	200	89.0万
3	2017/1/2	万辉商贸大厦	400	123.2万
4	2017/1/3	市办公大楼	90	90.0万
5	2017/1/4	碧海蓝天住宅区	12	9.0万
6	2017/5/2	花涧别墅区	3	1.2万
7	2017/8/16	县城行政楼	900	33.1万
8	2017/10/1	包公故里小镇	2800	8.9万
9	2017/11/8	桂竹园小区	1000	56.8万

图 4-37

🔊 注意：

","是千分位分隔符，每隔 3 位就加一个；"0"就是把最后 3 位数字直接去掉；"!."用来强制显示小数点。"0!.0,"就是在第 4 位数字前面强制显示一个小数点，"万"就是在上面的结果后面再添加单位"万"。

13. 设置输入的小数以小数点对齐

本例中的数据有不同位置的小数，为方便数据的查看，可以把这些小数按小数点对齐。此例在自定义单元格格式时，需要用到"?"和"0"两个占位符。

扫一扫，看视频

❶ 选中单元格区域D2:D9，在"开始"选项卡的"数字"组中单击"对话框启动器"按钮（如图4-38所示），打开"设置单元格格式"对话框。

❷ 在"分类"列表框中选择"自定义"，然后在右侧的"类型"文本框中输入"?????.0??"，如图4-39所示。

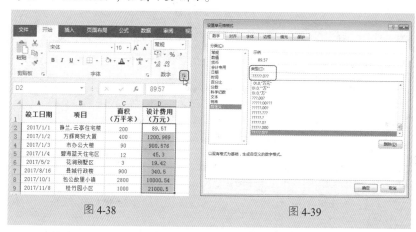

图 4-38　　　　　　　　　　　　　　　图 4-39

❸ 单击"确定"按钮完成设置，此时可以看到所选区域中的数据以小数点对齐，如图4-40所示。

	A	B	C	D
1	竣工日期	项目	面积（万平米）	设计费用（万元）
2	2017/1/1	静兰.云亭住宅楼	200	89.57
3	2017/1/2	万辉商贸大厦	400	1200.989
4	2017/1/3	市办公大楼	90	900.576
5	2017/1/4	碧海蓝天住宅区	12	45.3
6	2017/5/2	花涧别墅区	3	19.42
7	2017/8/16	县城行政楼	900	340.5
8	2017/10/1	包公故里小镇	2800	10000.54
9	2017/11/8	桂竹园小区	1000	21000.5

图 4-40

14. 根据单元格中数值大小显示不同的颜色

本例中将根据数值大小设置字体的颜色，如将分数在90分

扫一扫，看视频

（含 90）以上的显示为红色，在 60 分以下的显示为蓝色。在 Excel 中可以使用"条件格式"功能实现这种显示效果，也可以通过自定义单元格格式来完成。

❶ 选中单元格区域 B2:D16，在"开始"选项卡的"数字"组中单击"对话框启动器"按钮（如图 4-41 所示），打开"设置单元格格式"对话框。

❷ 在"分类"列表框中选择"自定义"，然后在右侧的"类型"文本框中输入"[红色][>=90]0;[蓝色][<60]0;0"，如图 4-42 所示。

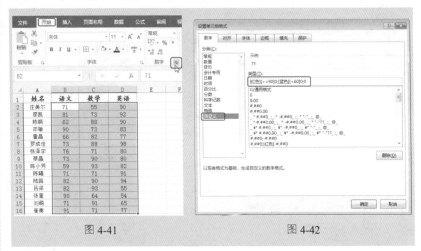

图 4-41   图 4-42

❸ 单击"确定"按钮完成设置，此时可以看到 90 分以上的数值显示为红色，60 分以下的数值显示为蓝色，如图 4-43 所示。

	A	B	C	D
1	姓名	语文	数学	英语
2	庄美尔	71	55	90
3	廖凯	81	73	92
4	陈晓	62	88	90
5	邓敏	90	73	83
6	霍晶	66	82	77
7	罗成佳	73	88	98
8	张泽宇	76	71	80
9	蔡晶	73	90	80
10	陈小芳	59	93	82
11	陈曦	71	71	91
12	陆路	82	90	94
13	吕梁	82	93	55
14	张奎	90	64	54
15	刘萌	71	91	65
16	崔衡	91	71	77

图 4-43

15. 设置当成绩小于60分时显示"取消资格"文字

如图 4-44 所示统计了学生的成绩，下面需要将分数在 60 分以下（包括60分）的统一显示为"取消资格"文字。

扫一扫，看视频

	A	B
1	姓名	分数
2	庄美尔	98
3	廖凯	87
4	陈晓	60
5	邓敏	59
6	霍晶	87
7	罗成佳	80
8	张泽宇	85
9	蔡晶	92
10	陈小芳	58
11	陈曦	78

图 4-44

❶ 选中单元格区域 B2: B11，打开"设置单元格格式"对话框。在"分类"列表框中选择"自定义"，然后在右侧的"类型"文本框中输入"[>60]G/通用格式;"取消资格""，如图 4-45 所示。

❷ 单击"确定"按钮完成设置，此时可以看到分数小于或等于60分的单元格显示"取消资格"，如图 4-46 所示。

图 4-45

	A	B
1	姓名	分数
2	庄美尔	98
3	廖凯	87
4	陈晓	取消资格
5	邓敏	取消资格
6	霍晶	87
7	罗成佳	80
8	张泽宇	85
9	蔡晶	92
10	陈小芳	取消资格
11	陈曦	78

图 4-46

本例中的格式代码可以灵活设置，如可以自定义所大于的值；再如设置为 "[>0] G/通用格式; [=0] "无效""，表示当值大于 0 时正常显示，当值等于 0 时显示 "无效" 文字等。

16. 隐藏单元格中所有或部分数据

通过自定义单元格的格式，可以实现单元格中数据的隐藏，要达到这一目的需要使用占位符 ";"。

前面的例子多次打开过 "设置单元格格式" 对话框来自定义代码，本例根据不同的隐藏要求，只给出相应的代码，方便读者查阅使用。

- ";;;" 表示隐藏单元格所有的数值或文本。
- ";;" 表示隐藏数值而不隐藏文本。
- "##;;;" 表示只显示正数。
- ";;0;" 表示只显示零值。
- """" 表示隐藏正数和零值，负数显示为 "-"，文字不隐藏。
- "???" 表示仅隐藏零值，不隐藏非零值和文本。

📢 注意：

格式 "???" 有四舍五入显示的功能，因此 "???" 不仅隐藏 "0" 值，同时也将小于 "0.5" 的值都隐藏了。因此，它也会将 "0.7" 显示为 "1"，将 "1.7" 显示为 "2"。

17. 将自定义格式的数据转换为实际数据

扫一扫，看视频

如图 4-47 所示，我们在 D 列中输入公式，想从身份证号码中提取员工的出生年份，但在图中看到提取的出生年份显然是错误的。

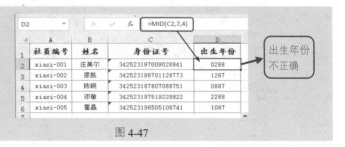

图 4-47

这是什么原因呢？这是因为我们在 C 列中进行了自定义单元格格式的设置（如图 4-48 所示），通过自定义单元格格式显示出的数据只是改变了数据的显示形式，而并未改变数据本身。如选中 C2 单元格，在编辑栏中可以看到显示的数据是"197009028841"，而前面的"342523"是因为设置了格式代码而自动添加的（如图 4-49 所示），因此在提取出生年份时出现了错误。

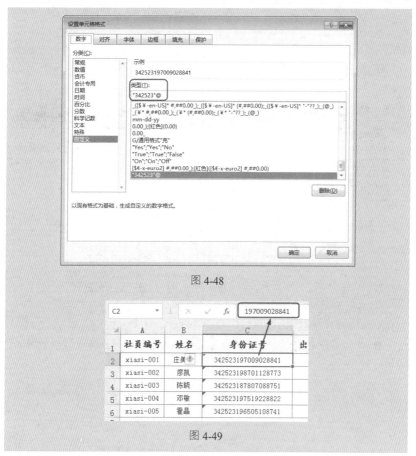

图 4-48

图 4-49

用户在进行了自定义单元格格式的设置并输入数据后，如果这个数据并不仅仅是显示查看，而是要投入使用的，则可以按如下方法将其转换为实际值。

❶ 选中要转换为实际数据的单元格区域 C2:C6（如图 4-50 所示），按 Ctrl+C 组合键执行复制，然后在"开始"选项卡的"剪贴板"组中单击"对

话框启动器"按钮,打开"剪贴板"窗格。

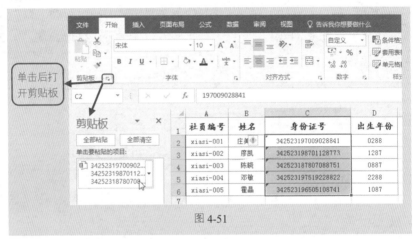

图 4-50

❷ 在"单击要粘贴的项目"下拉列表中直接选择第一个选项,如图 4-51 所示。

图 4-51

❸ 此时可以看到 C 列的数据由自定义格式的数据转换为实际的数据了,如图 4-52 所示。

图 4-52

第5章 数据查找/替换和 复制/粘贴

5.1 数据定位

Excel 定位功能可以帮助我们快速找到所需单元格，显著提高操作效率和数据处理准确性。它是一个功能简单的辅助工具，配合填充、标记、添加、删除等工具可以实现很多功能，非常实用。

数据定位分为 3 种类型，分别是单元格定位、名称定位以及条件定位。

● 单元格定位：比如要定位一个特定的单元格，直接在工作表名称框中输入该单元格的名字，再按 Enter 键，即可快速定位，如图 5-1 所示。

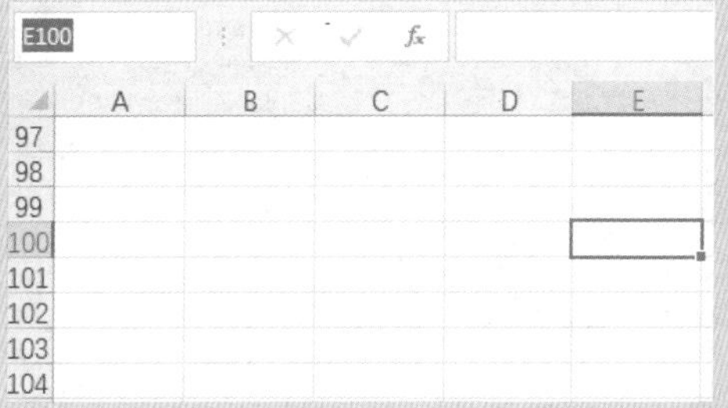

图 5-1

● 名称定位：这种定位通常应用于公式中，用名称替代单元格区域可以让公式更加简洁。如图 5-2 所示，通过名称框或"新建名称"对话框来定义名称后，B2:B25 这个单元格区域就可以使用"姓名"这个名称代替了。

● 条件定位：条件定位是本章介绍的重点内容。打开"定位条件"对话框，从中选择相应的条件，单击"确定"按钮，即可快速定位到满足条件的单元格中，如图 5-3 所示。

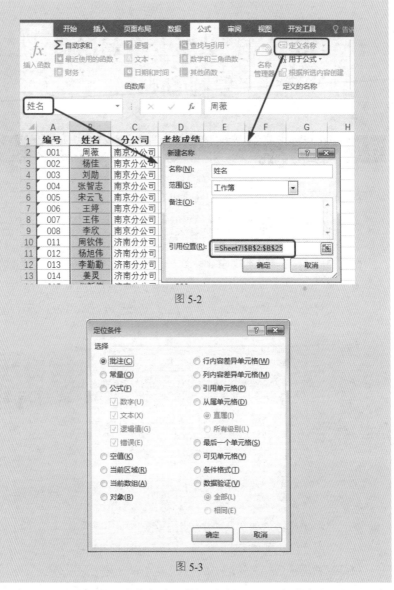

图 5-2

图 5-3

表 5-1 所示为一些"定位条件"的规则说明，可以帮助大家更好地理解这些定位条件。

表 5-1

条　件	规　则
行内容差异单元格	目标区域中每行与其他单元格不同的单元格
列内容差异单元格	目标区域中每列与其他单元格不同的单元格
引用单元格	选定活动单元格或目标区域中公式所引用的单元格
从属单元格	选定引用了活动单元格或目标区域的公式所在的单元格
可见单元格	可以看见的单元格（不包括被隐藏的单元格）
条件格式	设置了条件格式的单元格
数据验证	设置了数据验证的单元格

1. 选取多个不连续的单元格区域

编辑 Excel 表格数据最基础的操作就是选取单元格区域，只有正确选取相应区域才能进入下一步操作。下面介绍如何快速选取连续和不连续的单元格区域。

扫一扫，看视频

❶ 将鼠标指针指向要选择的单元格，然后按住鼠标左键拖动选取需要的区域，如图 5-4 所示。

▲	A	B	C	D	E	F
1			2016年产品销售业绩表			
2	产品类别	客户	第 1 季度	第 2 季度	第 3 季度	第 4 季度
3	办公用品	ANTON	拖动鼠标左键选取单元格区域	702.00	￥　　－	￥　　－
4	办公用品	BERGS			￥　　－	￥　　－
5	办公用品	BOLID		－	￥　　－	￥　1,170.00
6	电器产品	BOTTM	￥　1,170.00	￥　　－	￥　　－	￥　　－
7	电器产品	ERNSH	￥　1,123.20	￥　　－	￥　　－	￥　2,607.15
8	电器产品	GODOS	￥　　－	￥　280.80	￥　　－	￥　　－
9	电器产品	HUNGC	￥　62.40	￥　　－	￥　　－	￥　　－
10	电器产品	PICCO	￥　　－	￥　1,560.00	￥　936.00	￥　　－
11	电器产品	RATTC	￥　　－	￥　592.80	￥　　－	￥　　－

图 5-4

❷ 选取第一个单元格区域后，按住 Ctrl 键不放，在其他目标位置按住鼠标左键拖动，即可选中第二个单元格区域。以此类推，可以选择任意多个不连续的单元格区域，如图 5-5 所示。

图 5-5

2. 定位选取超大单元格区域

扫一扫，看视频

如果要选择的数据区域非常庞大，使用技巧 1 介绍的方法就无法准确、快速地选取了。此时可以使用 Excel 中的"定位"功能实现精确无误的选取。

❶ 打开表格后，在"开始"选项卡的"编辑"组中单击"查找和选择"下拉按钮，在打开的下拉菜单中选择"转到"命令（如图 5-6 所示），打开"定位"对话框。

❷ 在"引用位置"文本框内输入要选择的单元格区域（A1:K200），如图 5-7 所示。

图 5-6　　　　　　　　　　　　　　　　图 5-7

❸ 单击"确定"按钮，即可快速选取指定的大范围单元格区域，如

图 5-8 所示。

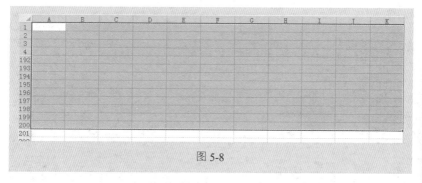

图 5-8

3. 一次性选中所有空值单元格

使用"定位"功能可以一次性选中所有常量、空值、公式等所在的单元格。这种定位操作一般是为了后面要进行一些批量操作，如一次性在空白单元格中输入 0 值，一次性为所有有数据的单元格同时加 100（详见 5.3 节）等，因此这种准确定位是操作的前提。

扫一扫，看视频

❶ 打开表格后，在"开始"选项卡的"编辑"组中单击"查找和选择"下拉按钮，在打开的下拉菜单中选择"定位条件"命令（如图 5-9 所示），打开"定位条件"对话框，选中"空值"单选按钮，如图 5-10 所示。

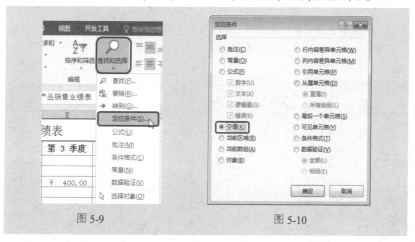

图 5-9   图 5-10

❷ 单击"确定"按钮，即可选中表格中的所有空值单元格。在编辑栏中输入"0"（如图 5-11 所示），按 Ctrl+Enter 组合键，即可统一在空值单元

格中输入"0"值，如图 5-12 所示。

C2	× ✓ fx	0	

	A	B	C	D	E
1	产品类别	客户	第 1 季度	第 2 季度	第 3 季度
2	办公用品	ANTON	0	¥ 702.00	
3	办公用品	BERGS	¥ 312.00	¥ 657.00	
4	办公用品	BOLID	¥ 777.00	¥ 400.00	
5	电器产品	BOTTM	¥1,170.00	¥ 900.00	
6	电器产品	ERNSH	¥1,123.20	¥1,000.00	
7	电器产品	GODOS	¥ 280.80		
8	电器产品	HUNGC	¥ 62.40		
9	电器产品	PICCO	¥1,560.00	¥ 936.00	
10	电器产品	RATTC	¥ 592.80	¥4,600.00	
11	电器产品	REGGC	¥1,200.00	¥ -	
12	办公用品	SAVEA	¥3,000.00	¥3,900.00	
13	办公用品	SEVES	¥3,400.00	¥ 877.50	
14	办公用品	WHITC	¥2,100.00		
15	办公用品	ALFKI	¥2,122.00		

图 5-11

C	D	E
第 1 季度	第 2 季度	第 3 季度
¥ -	¥ 702.00	¥ -
¥ 312.00	¥ 657.00	¥ -
¥ -	¥ 777.00	¥ 400.00
¥1,170.00	¥ 900.00	¥ -
¥1,123.20	¥1,000.00	¥ -
¥ -	¥ 280.80	¥ -
¥ 62.40	¥ -	¥ -
¥ -	¥1,560.00	¥ 936.00
¥ -	¥ 592.80	¥4,600.00
¥ -	¥1,200.00	¥ -
¥ -	¥3,000.00	¥3,900.00
¥3,400.00	¥ 877.50	¥ -
¥ -	¥ -	¥2,100.00
¥ -	¥2,122.00	¥ -

图 5-12

4. 选取多张工作表的相同区域

扫一扫，看视频

选取多张工作表的相同区域，会用到建立工作组的知识点。只要先将要选择的工作表全部选中，建立为一个工作组（关于工作组的概念，参见第 1 章），之后选取的单元格区域就会应用到每张工作表中。选取后可以对它们进行统一的操作，如输入数据、删除行列、设置单元格格式等。

❶ 按住 Ctrl 键的同时，依次单击"1 月""2 月""3 月"3 张工作表的标签，将 3 张表格建立为工作组，然后选中 B 列单元格区域，如图 5-13 所示。

❷ 在 B 列列标上单击鼠标右键，在弹出的快捷菜单中选择"删除"命令，如图 5-14 所示。

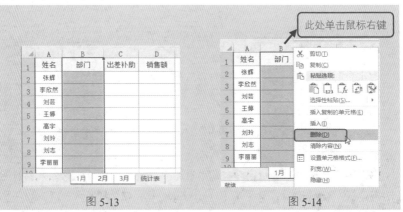

图 5-13 图 5-14

❸ 执行命令后，可以看到 B 列被删除，如图 5-15 所示。切换到"2 月"工作表中，可以看到其 B 列也被删除了，如图 5-16 所示。

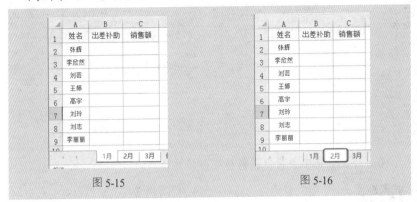

图 5-15　　　　　　　　　　　　图 5-16

5. 查看公式引用的所有单元格

对于比较复杂的公式，如果想要查找公式中引用了哪些单元格，可以使用"定位"功能快速选中公式引用的所有单元格。

扫一扫，看视频

❶ 选中公式所在的单元格（C5），然后在"开始"选项卡的"编辑"组中单击"查找和选择"下拉按钮，在打开的下拉菜单中选择"定位条件"命令（如图 5-17 所示），打开"定位条件"对话框。选中"引用单元格"单选按钮，如图 5-18 所示。

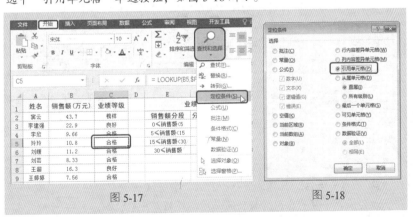

图 5-17　　　　　　　　　　　图 5-18

❷ 单击"确定"按钮完成设置，此时可以看到 C5 单元格中的公式引用了 B5 与 F3:G6 单元格区域中的数据（这些单元格区域被选中），如图 5-19

所示。

图 5-19

6. 一次性选中表格中相同格式的单元格

扫一扫，看视频

如果表格中有多处设置了相同的格式，比如相同的数据验证、相同的条件格式，以及相同的底纹填充、字体格式等，则可以使用"查找"功能一次性选中这些相同格式的单元格。

❶ 打开表格后，按 Ctrl+F 组合键，打开"查找和替换"对话框，单击"选项"按钮展开对话框。

❷ 单击"格式"右侧的下拉按钮，在打开的下拉菜单中选择"从单元格选择格式"命令（如图 5-20 所示），即可进入单元格格式拾取状态。直接在要查找的相同格式的单元格上单击，即可拾取其格式，如图 5-21 所示。

图 5-20

图 5-21

❸ 单击后返回"查找和替换"对话框，单击"查找全部"按钮，即可在下方列表框中显示出所有找到的满足条件的单元格，如图 5-22 所示。

❹ 按 Ctrl+A 组合键，选中列表框中的所有项，然后关闭"查找和替换"对话框。此时可以看到工作表中所有相同格式的单元格均被选中，如图 5-23

所示。

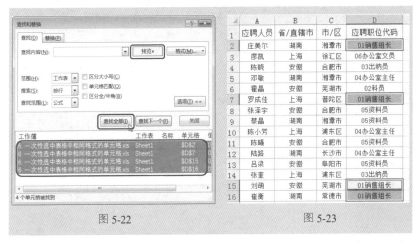

	A	B	C	D
1	应聘人员	省/直辖市	市/区	应聘职位代码
2	庄美尔	湖南	湘潭市	01销售组长
3	廖凯	上海	徐汇区	06办公室文员
4	陈晓	安徽	合肥市	03出纳员
5	邓敏	湖南	湘潭市	04办公室主任
6	霍晶	安徽	芜湖市	02科员
7	罗成佳	上海	普陀区	01销售组长
8	张泽宇	安徽	合肥市	05资料员
9	蔡晶	湖南	湘潭市	05资料员
10	陈小芳	上海	浦东区	04办公室主任
11	陈曦	安徽	合肥市	05资料员
12	陆路	湖南	长沙市	04办公室主任
13	吕梁	安徽	阜阳市	05资料员
14	张奎	上海	浦东区	03出纳员
15	刘萌	安徽	芜湖市	01销售组长
16	崔衡	湖南	常德市	01销售组长

图 5-22   图 5-23

7. 快速定位合并的单元格

如果想快速定位表格中所有设置了合并的单元格，可以使用"查找和替换"功能。

❶ 打开表格后，按 Ctrl+F 组合键，打开"查找和替换"对话框，单击"选项"按钮展开对话框。

扫一扫，看视频

❷ 单击"查找内容"右侧的"格式"按钮（如图 5-24 所示），打开"查找格式"对话框。

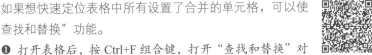
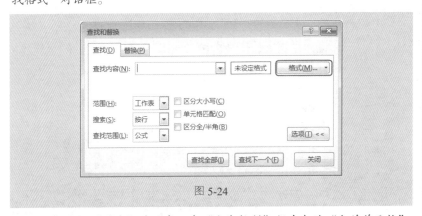

图 5-24

❸ 切换至"对齐"选项卡，在"文本控制"栏中勾选"合并单元格"复选框，如图 5-25 所示。

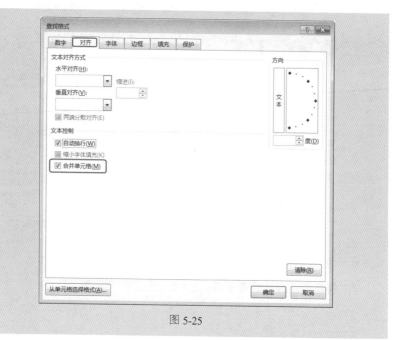

图 5-25

❹ 单击"确定"按钮，返回"查找和替换"对话框。单击"查找全部"
按钮，即可在下方列表框中显示出所有找到的单元格，如图 5-26 所示。

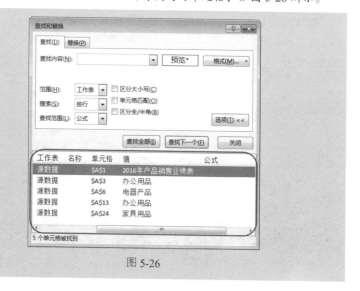

图 5-26

❺ 按 Ctrl+A 组合键，选中列表框中的所有项，然后关闭"查找和替换"对话框。此时工作表中所有设置了合并的单元格都被选中。

8. 建立视图快速定位目标区域

在查看 Excel 工作表中的数据时，往往需要快速显示某个特定单元格区域的数据。当数据较多时，总是使用滚动条来定位会比较不便。此时可以使用"自定义视图"功能建立多个视图，之后通过选择视图即可快速定位到目标区域。

扫一扫，看视频

❶ 打开表格后，首先选中要定位的第一个单元格区域（A2:D9），在"视图"选项卡的"工作簿视图"组中单击"自定义视图"按钮（如图 5-27 所示），打开"视图管理器"对话框。

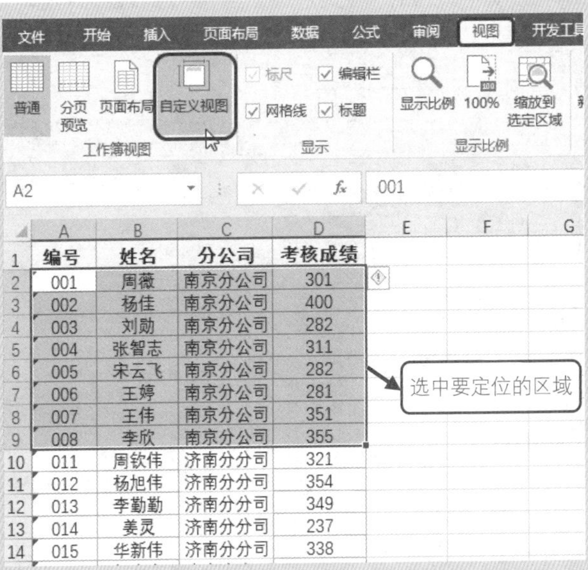

图 5-27

❷ 单击右侧的"添加"按钮（如图 5-28 所示），打开"添加视图"对话框。在"名称"文本框内输入"南京分公司员工信息"（如图 5-29 所示），完成第一个自定义视图设置。

图 5-28   图 5-29

❸ 单击"确定"按钮,返回"视图管理器"对话框。再按照相同的方
法分别设置"济南分公司员工信息"和"青岛分公司员工信息"自定义视图,
如图 5-30 所示。

❹ 当要显示某个视图时,只要打开"视图管理器"对话框,在列表框
中选中视图名称,如"青岛分公司员工信息",单击"显示"按钮,即可快
速定位到目标单元格区域,如图 5-31 所示。

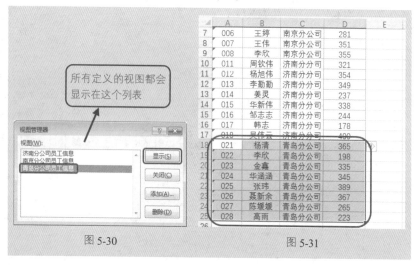

图 5-30   图 5-31

📢 注意:

如果不再需要使用某个自定义视图,在"视图管理器"对话框中选中该视图
名称,然后单击"删除"按钮即可。

9. 定位设置了数据验证的单元格

有时在拿到一张表格时会发现某些单元格中无法输入数据，这可能是因为设置了数据验证条件。如果想查看整张表格中哪些地方被设置了数据验证条件，可以使用"定位"功能实现快速定位。

扫一扫，看视频

❶ 打开表格后，在"开始"选项卡的"编辑"组中单击"查找和选择"下拉按钮，在打开的下拉菜单中选择"定位条件"命令（如图 5-32 所示），打开"定位条件"对话框。选中"数据验证"和"全部"单选按钮，如图 5-33 所示。

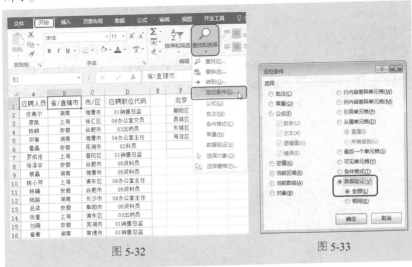

图 5-32

图 5-33

❷ 单击"确定"按钮完成设置，此时可以看到表格中设置了数据验证的单元格全部被选中，如图 5-34 所示。

	A	B	C	D	E	F	G
1	应聘人员	省/直辖市	市/区	应聘职位代码		北京	湖南
2	庄美尔	湖南	湘潭市	01销售总监		朝阳区	长沙市
3	廖凯	上海	徐汇区	06办公室文员		西城区	湘潭市
4	陈晓	安徽	合肥市	03出纳员		东城区	株洲市
5	邓敏	湖南	湘潭市	04办公室主任		海淀区	岳阳市
6	霍晶	安徽	芜湖市	02科员			常德市
7	罗成佳	上海	普陀区	01销售总监			
8	张泽宇	安徽	合肥市	05资料员			
9	蔡晶	湖南	湘潭市	05资料员			
10	陈小芳	上海	浦东区	04办公室主任			
11	陈晴	安徽	合肥市	05资料员			
12	陆璐	湖南	长沙市	04办公室主任			
13	吕梁	安徽	阜阳市	05资料员			

图 5-34

5.2 数据的查找和替换

在编辑表格时，如果需要选择性地查找和替换少量数据，可以使用"查找和替换"功能。该功能类似于其他程序中的"查找"工具，但它还包含一些更有助于搜索的功能。例如，可以搜索应用于数据的格式，还可选择匹配字段中的部分或全部数据等。

1. 数据替换的同时自动设置格式

扫一扫，看视频

本例中需要将招聘表中的招聘职位"销售总监"统一替换为"销售组长"，并且将替换后的数据显示为特殊格式，以方便查看。

❶ 打开表格后，在"开始"选项卡的"编辑"组中单击"查找和选择"下拉按钮，在打开的下拉菜单中选择"替换"命令（如图 5-35 所示），打开"查找和替换"对话框。

❷ 切换至"替换"选项卡，在"查找内容"文本框内输入"销售总监"，在"替换为"文本框内输入"销售组长"，然后单击"替换为"右侧的"格式"按钮（如图 5-36 所示），打开"替换格式"对话框。

图 5-35　　　　　　　　　　图 5-36

❸ 切换至"边框"选项卡，在"线条"栏下设置边框样式为双线条，在"颜色"下拉列表框中设置边框颜色为红色，在"预置"栏下选择"外边框"（如图 5-37 所示）。切换至"填充"选项卡，在"背景色"栏下选择粉

色，如图 5-38 所示。

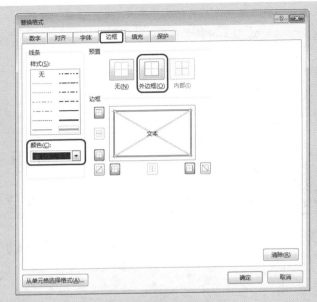

图 5-37

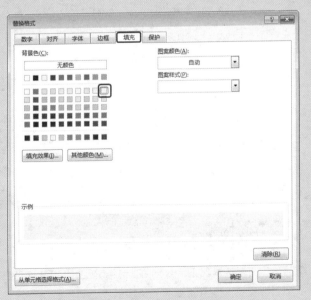

图 5-38

❹ 单击"确定"按钮，返回"查找和替换"对话框。单击"预览"按钮，可以看到替换后格式的预览效果。单击"全部替换"按钮（如图 5-39 所示），打开 Microsoft Excel 提示对话框，提示完成了 4 处替换，如图 5-40 所示。

图 5-39　　　　　　　　　　　　　　　　图 5-40

❺ 单击"确定"按钮，回到表格中，可以看到替换后的效果，如图 5-41 所示。

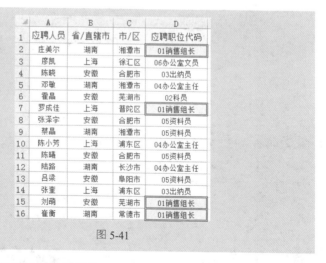

图 5-41

2. 只在指定区域中进行替换

扫一扫，看视频

在默认情况下，Excel 的查找和替换操作是针对当前的整个工作表的，但有时查找和替换操作只需要针对部分单元格区域进行，此时可以先选择需要进行操作的单元格区域，然后再进行替换操作。

❶ 选中要替换内容的单元格区域，如 D2:D16，如图 5-42 所示。

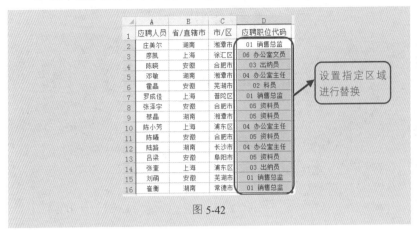

图 5-42

❷ 按 Ctrl+F 组合键，打开"查找和替换"对话框。切换至"替换"选项卡，在"查找内容"文本框内输入一个空格，在"替换为"文本框内不输入任何内容，如图 5-43 所示。

❸ 单击"全部替换"按钮（如图 5-43 所示），可以看到选中的 D2:D16 区域中数字和文本之间的空格被删除，如图 5-44 所示。

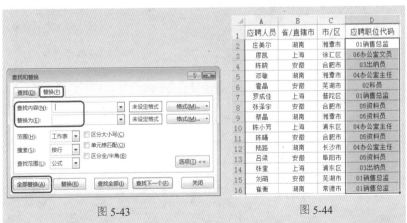

图 5-43   图 5-44

3. 完全匹配查找

Excel 默认的查找方式是模糊查找，比如在"查找内容"文

扫一扫，看视频

本框中输入"92"，执行查找命令后会发现所有包含"9""2"这两个数字的单元格都会被找到，如"920""1921""4923"等，如图5-45所示。如果只想查找"92"这个数据，就需要使用精确查找。

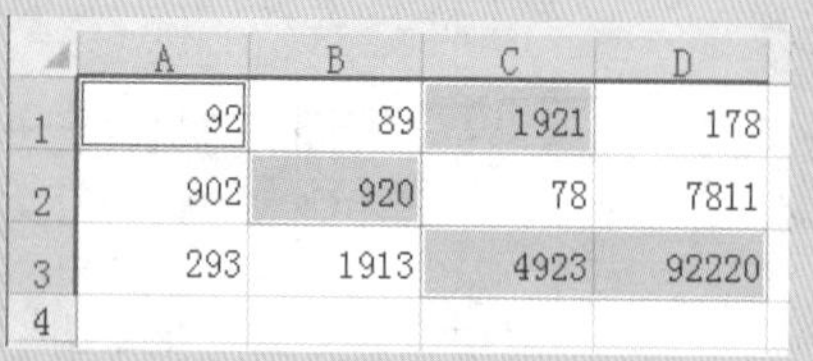

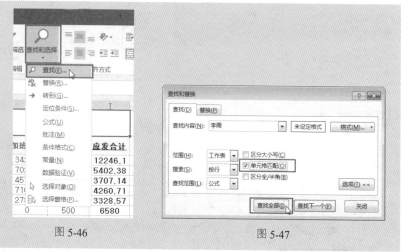

图 5-45

本例中需要查找姓名是"李霞"的员工工资记录，而不想找到"李霞云""李霞玉""李霞惠"这一类的姓名，操作方法如下。

❶ 打开表格后，在"开始"选项卡的"编辑"组中单击"查找和选择"下拉按钮，在打开的下拉菜单中选择"查找"命令（如图5-46所示），打开"查找和替换"对话框。

❷ 在"查找"选项卡下单击下方的"选项"按钮，打开隐藏的选项。在"查找内容"文本框内输入"李霞"，在下方勾选"单元格匹配"复选框，如图5-47所示。

图 5-46   图 5-47

❸ 单击"查找全部"按钮，在下方的列表框中将显示查找内容所在的位置。单击后，在表格中就会跳转至找到的单元格，如图5-48所示。

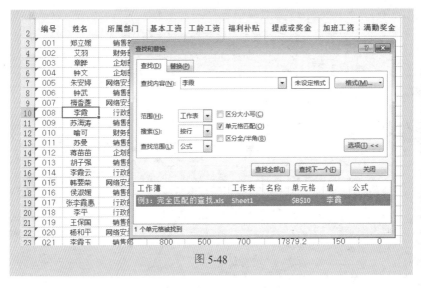

图 5-48

4. 快速找到除某一数据之外的数据

前面已经介绍了"行内容差异单元格"的作用是定位选中区域中与当前活动行内容不同的单元格区域。如果想实现快速找到除某一数据之外的数据，则可以借助此功能。

扫一扫，看视频

本例中统计了每一位应聘者各种能力的评级（A、B、C、D、E），下面需要将合格的级别字母（A、B、C）统一替换为"合格"文字。首先使用"行内容差异单元格"功能找出与"D""E"不同的单元格，然后一次性实现"合格"文字的输入即可。

❶ 打开表格后，首先在 F2:G9 单元格区域建立辅助字母列（这些字母与要统一查找的字母具有差异性），如图 5-49 所示。

	A	B	C	D	E	F	G
1	应聘人员	表达能力	应变能力	体能	英语口语		
2	庄美尔	B	C	D	A	D	E
3	廖凯	A	C	A	D	D	E
4	陈晓	C	C	A	B	D	E
5	邓敏	D	B	D	D	D	E
6	霍晶	A	B	E	A	D	E
7	罗成佳	D	A	C	B	D	E
8	张泽宇	E	A	B	B	D	E
9	蔡晶	C	D	B	A	D	E

建立辅助列

图 5-49

❷ 选中 B2:G9 单元格区域（特别注意这里的选择方向为：以 G2 单元格为起始位置，然后沿着左下角方向选取整个单元格区域），在"开始"选项卡的"编辑"组中单击"查找和选择"下拉按钮，在打开的下拉列表中选择"定位条件"命令（如图 5-50 所示），打开"定位条件"对话框。选中"行内容差异单元格"单选按钮，如图 5-51 所示。

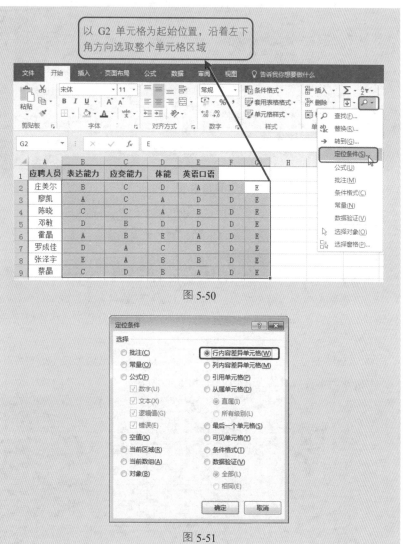

图 5-50

图 5-51

❸ 单击"确定"按钮返回表格，当前选中的是除了字母"E"之外的所有单元格。然后保持当前选中状态，按住 Ctrl 键的同时单击 F2 单元格（如图 5-52 所示）。再次打开"定位条件"对话框，选中"行内容差异单元格"单选按钮，如图 5-53 所示。

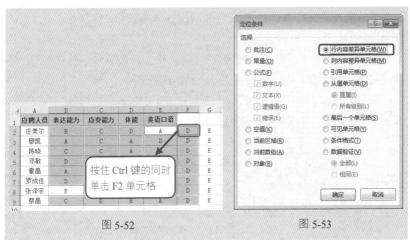

图 5-52　　　　　　　　　　图 5-53

❹ 单击"确定"按钮返回表格，即可选中除了字母"E"和"D"之外的所有单元格（实现准确定位后，一次性输入相同数据的操作在前面的章节中都介绍过）。

❺ 将光标定位到编辑栏内，输入"合格"（如图 5-54 所示），按 Ctrl+Enter 组合键即可填充相同的文本，如图 5-55 所示。

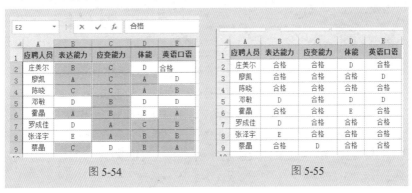

图 5-54　　　　　　　　　　图 5-55

5.3 选择性粘贴的妙用

在 Microsoft Excel 工作表中，可以使用"选择性粘贴"命令有选择地粘贴剪贴板中的数值、格式、公式、批注等内容，从而使复制和粘贴操作更加灵活。选择性粘贴在 Word、Excel、PowerPoint 等软件中都具有十分重要的作用。

使用"选择性粘贴"之前需要选中要复制的单元格区域，然后打开"选择性粘贴"对话框，在"粘贴"栏中选择相应的选项。

我们可以把"选择性粘贴"对话框划分成 4 个区域，即"粘贴方式区域""运算方式区域""特殊处理设置区域""按钮区域"，如图 5-56 所示。

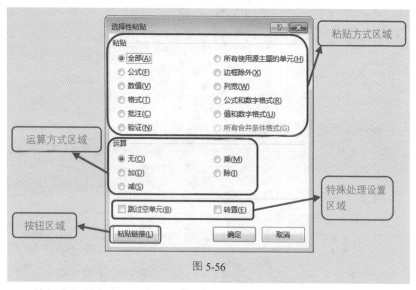

图 5-56

执行完复制命令后，在"开始"选项卡的"剪贴板"组中单击"粘贴"下拉按钮，会显示出一个功能按钮的列表（如图 5-57 所示）；或者单击鼠标右键，在弹出的快捷菜单中也会显示该功能按钮列表（如图 5-58 所示）。将鼠标指针指向其中的按钮时会显示粘贴预览，单击则会应用粘贴。这里包含了"选择性粘贴"对话框中大部分功能，因此也可以从此处选择粘贴选项快速实现粘贴；但要执行运算时，则必须打开"选择性粘贴"对话框。

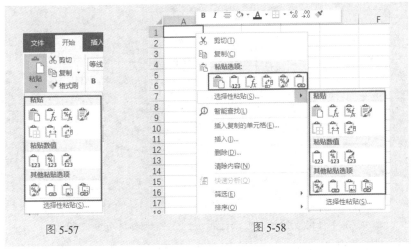

图 5-57   图 5-58

如表 5-2 所示为一些特殊功能的介绍。

表 5-2

功　　能	规　　则
跳过空白单元格	当复制的源数据区域中有空单元格，粘贴时空单元格不会替换粘贴区域对应单元格中的值
转置	将被复制数据的列变成行，将行变成列
粘贴链接	粘贴后的单元格将显示公式。如将 A1 单元格复制并粘贴链接到 D8 单元格，则 D8 单元格的公式为 "=$A$1"。(粘贴的是 "=源单元格" 这样的公式，不是值)。如果更新源单元格的值，目标单元格的内容也会同时更新

1. 将公式计算结果转换为数值

使用公式完成计算后，为了方便复制到其他位置使用，可以将公式的计算结果转换为数值。

❶ 选中公式计算结果区域，如 "E2:E7"，按 Ctrl+C 组合键执行复制。保持单元格区域的选中状态后单击鼠标右键，在弹出的快捷菜单中选择 "选择性粘贴" 命令 (如图 5-59 所示)，打开 "选择性粘贴" 对话框。

扫一扫，看视频

❷ 在 "粘贴" 栏中选中 "值和数字格式" 单选按钮，如图 5-60 所示。

图 5-59   图 5-60

❸ 单击"确定"按钮，可以看到 E2:E7 单元格区域中只有数值而没有公式了，如图 5-61 所示。

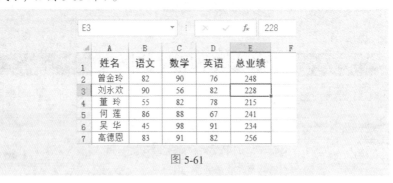

图 5-61

2. 只复制使用数据的格式

扫一扫，看视频

如果事先设置了通用的表格格式（包括底纹、边框和字体格式），下次想要在其他工作中使用相同格式的话，可以利用"选择性粘贴"快速复制格式。

❶ 在"初试人员名单"工作表中选中 A1:D16 单元格区域后，按 Ctrl+C 组合键执行复制，如图 5-62 所示。切换至"复试人员名单"工作表，在"开始"选项卡的"剪贴板"组中单击"粘贴"下拉按钮，在打开的下拉列表中选择"选择性粘贴"选项（如图 5-63 所示），打开"选择性粘贴"对话框。

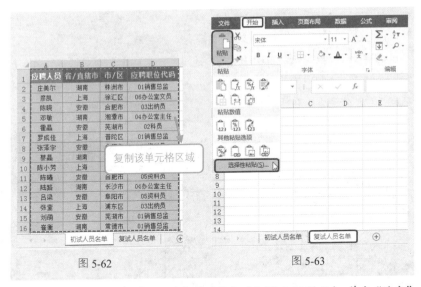

图 5-62　　　　　　　　　　　图 5-63

❷ 在"粘贴"栏选中"格式"单选按钮（如图 5-64 所示），单击"确定"按钮完成设置。此时可以看到"复试人员名单"工作表中引用了格式，如图 5-65 所示。

图 5-64　　　　　　　　　　　图 5-65

3. 粘贴数据匹配目标区域格式

当将数据从 A 位置复制粘贴到 B 位置时，默认会保留原格

扫一扫，看视频

式，即 A 位置的格式覆盖 B 位置上的格式。如果想让数据粘贴时能自动匹配目标区域的格式，可以使用"选择性粘贴"来完成。

❶ 在源数据表中选中 B1:B16 单元格区域，按 Ctrl+C 组合键执行复制，如图 5-66 所示。打开新工作表，选中要粘贴到的目标位置区域，即 A1:A16，然后单击鼠标右键，在弹出的快捷菜单中选择"粘贴选项"栏下的"值"命令，如图 5-67 所示。

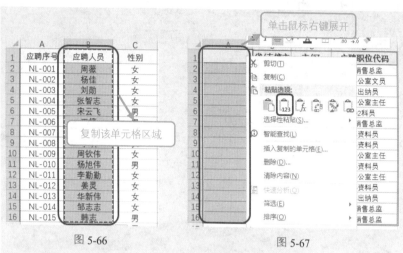

图 5-66   图 5-67

❷ 执行上述操作后可以看到粘贴来的数据自动应用了目标位置处的格式，如图 5-68 所示。

	A	B	C	D
1	应聘人员	省/直辖市	市/区	应聘职位代码
2	周薇	湖南	湘潭市	01销售总监
3	杨佳	上海	徐汇区	06办公室文员
4	刘勋	安徽	合肥市	03出纳员
5	张智志	湖南	湘潭市	04办公室主任
6	宋云飞	安徽	芜湖市	02科员
7	王婷	上海	普陀区	01销售总监
8	王伟	安徽	合肥市	05资料员
9	李欣	湖南	湘潭市	05资料员
10	周钦伟	上海	浦东区	04办公室主任
11	杨旭伟	安徽	合肥市	05资料员
12	李勤勤	湖南	长沙市	04办公室主任
13	姜灵	安徽	阜阳市	05资料员
14	华新伟	上海	浦东区	03出纳员
15	邹志志	安徽	芜湖市	01销售总监
16	韩志	湖南	常德市	01销售总监

图 5-68

4. 数据行列转置生成新表格

如果要对表格中的行、列内容进行互换，将原来的列标识调换到行标识，可以使用"选择性粘贴"来完成。

❶ 选中 A1:D7 单元格区域后，按 Ctrl+C 组合键执行复制，如图 5-69 所示。保持单元格区域的选中状态，单击鼠标右键，在弹出的快捷菜单中依次选择"选择性粘贴"→"转置"命令，如图 5-70 所示。

图 5-69　　　　　　　　　图 5-70

❷ 此时可以看到表格的行、列被置换，如图 5-71 所示。

	A	B	C	D	E	F	G
11	**北京**	朝阳区	西城区	东城区	海淀区		
12	**湖南**	长沙市	湘潭市	株洲市	岳阳市	常德市	
13	**安徽**	合肥市	芜湖市	蚌埠市	阜阳市	安庆市	黄山市
14	**上海**	浦东区	徐汇区	普陀区	虹口区		

图 5-71

5. 复制数据表保持行高、列宽不变

Excel 使用过程中经常需要将一个表格中的内容复制粘贴到其他表格中，如果原始表格根据实际数据宽度调整了列宽（如图 5-72 所示），待数据粘贴到新位置后，列宽又恢复了默认值（如图 5-73 所示）。

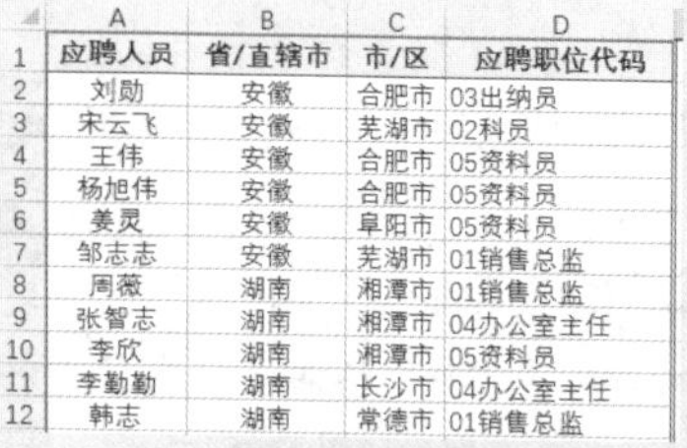

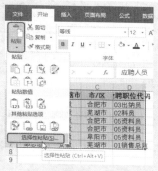

图 5-72 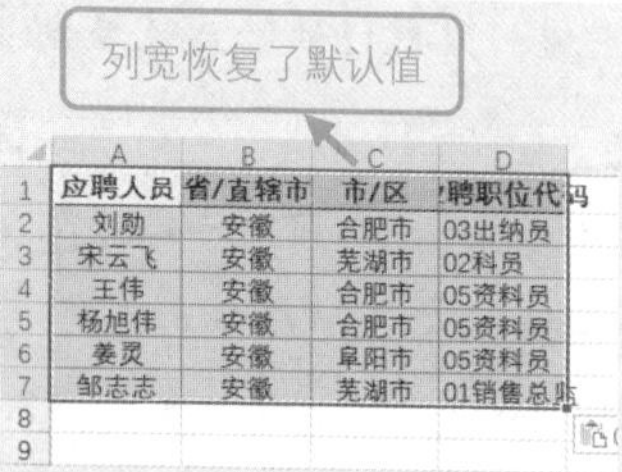　　　　　　　　　　　　　　　　图 5-73

本例就介绍如何在粘贴时保持行高和列宽不变。

❶ 在源数据表中选中目标区域，按 Ctrl+C 组合键执行复制。切换至新工作表，选中起始单元格后按 Ctrl+V 粘贴组合键；接着在"开始"选项卡的"剪贴板"组中单击"粘贴"下拉按钮，在打开的下拉列表中选择"选择性粘贴"命令（如图 5-74 所示），打开"选择性粘贴"对话框。

图 5-74

❷ 选中"列宽"单选按钮（如图 5-75 所示），单击"确定"按钮完成设置。此时可以看到新表格应用了和源表格相同的列宽，效果如图 5-76 所示。

图 5-75　　　　　　　　　　　　　　　　图 5-76

6. 使用选择性粘贴实现同增同减某一数值

本例表格对员工的工资进行了汇总，要求给每人涨工资350元。这里可以使用"选择性粘贴"功能中的"加""减""乘""除"运算规则实现一次性计算。

❶ 选中 E2 单元格，按 Ctrl+C 组合键执行复制，如图 5-77 所示。

	A	B	C	D	E
1	姓名	工资	工资（涨薪后）		涨额幅度
2	李薇薇	9000	9000		350
3	刘欣	2000	2000		
4	李强	2900	2900		
5	刘长城	3500	3500		
6	舒慧	5500	5500		
7	张云海	5000	5000		
8	陈云云	2600	2600		

选中并复制

图 5-77

❷ 选中 C2:C8 单元格区域，在"开始"选项卡的"剪贴板"组中单击"粘贴"下拉按钮，在打开的下拉列表中选择"选择性粘贴"命令（如图 5-78 所示），打开"选择性粘贴"对话框。在"运算"栏中选中"加"单选按钮，如图 5-79 所示。

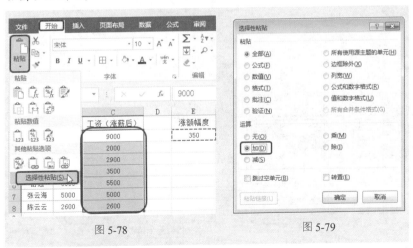

图 5-78   图 5-79

❸ 单击"确定"按钮完成设置，此时可以看到所有工资额统一加上了"350"，得到新的工资，如图 5-80 所示。

	A	B	C
1	姓名	工资	工资（涨薪后）
2	李薇薇	9000	9350
3	刘欣	2000	2350
4	李强	2900	3250
5	刘长城	3500	3850
6	舒慧	5500	5850
7	张云海	5000	5350
8	陈云云	2600	2950

图 5-80

7. 同增同减数据时忽略空单元格

扫一扫，看视频

沿用上面的例子，如果有些人的工资为空值，也可以实现在同时涨工资时忽略空白单元格。

❶ 选中 E2 单元格，按 Ctrl+C 组合键执行复制；接着选中 C2:C8 单元格区域，在"开始"选项卡的"编辑"组中单击"查找和选择"下拉按钮，在打开的下拉列表中选择"常量"选项（如图 5-81 所示），即可选中 C2:C8 区域中的所有数据（忽略空白单元格）。

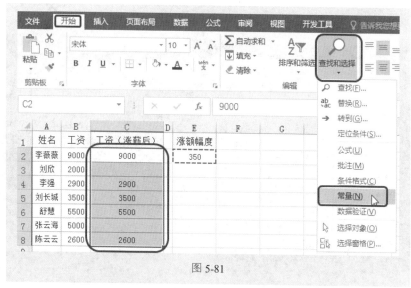

图 5-81

❷ 保持当前的选中状态，在"开始"选项卡的"剪贴板"组中单击"粘

贴"下拉按钮，在打开的下拉列表中选择"选择性粘贴"选项（如图 5-82 所示），打开"选择性粘贴"对话框，在"运算"栏下选中"加"单选按钮，如图 5-83 所示。

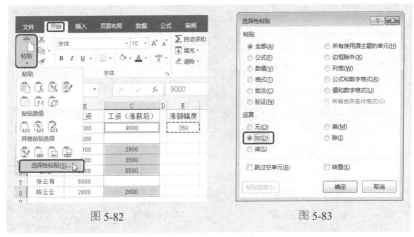

<table>
<tr><td>图 5-82</td><td>图 5-83</td></tr>
</table>

❸ 单击"确定"按钮完成设置，此时可以看到所有工资额统一加上了"350"（忽略了空白单元格），得到新的工资，如图 5-84 所示。

	A	B	C	D	E
1	姓名	工资	工资（涨薪后）		涨额幅度
2	李薇薇	9000	9350		350
3	刘欣	2000			
4	李强	2900	3250		
5	刘长城	3500	3850		
6	舒慧	5500	5850		
7	张云海	5000			
8	陈云云	2600	2950		

图 5-84

8. 让粘贴数据随源数据自动更新

本例中需要将"单价表"中的单价数据粘贴到"库存表"中，并且希望在后期更改"单价表"中的数据时，"库存表"中的相应数据也能实现更新，可以设置粘贴选项为"粘贴链接"。

扫一扫，看视频

❶ 打开"单价表"，选中 A1:B8 单元格区域，按 Ctrl+C 组合键执行复制，如图 5-85 所示。

第 5 章 数据查找／替换和复制／粘贴

179

❷ 切换至"库存表",在"开始"选项卡的"剪贴板"组中单击"粘贴"下拉按钮,在打开的下拉列表中选择"粘贴链接"命令,如图 5-86 所示。

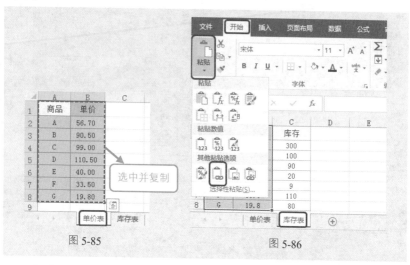

图 5-85　　　　　　　　　　　图 5-86

❸ 粘贴效果如图 5-87 所示。如果更改"单价表"B2 单元格中的单价(如图 5-88 所示),可以看到"库存表"中粘贴得到的数据也会自动更新,如图 5-89 所示。

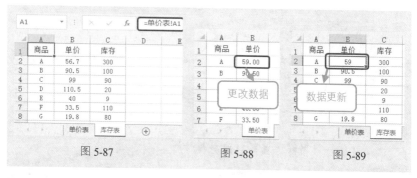

图 5-87　　　　　　图 5-88　　　　　　图 5-89

9. 将表格快速转换为图片

扫一扫,看视频

　　　如果想在其他程序中使用表格,为了方便,有时需要把设计好的表格直接转换为图片使用。

❶ 选中 C1:F7 单元格区域，按 Ctrl+C 组合键执行复制，然后在"开始"选项卡的"剪贴板"组中单击"粘贴"下拉按钮，在打开的下拉列表中选择"图片"命令，如图 5-90 所示。

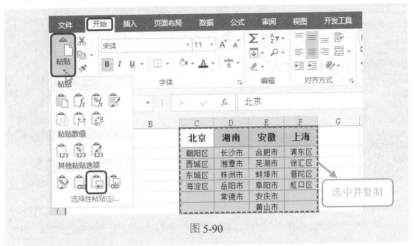

图 5-90

❷ 此时可以看到复制的表格被粘贴为图片格式，同时在选项卡上方激活了"图片工具"，如图 5-91 所示。

图 5-91

❸ 在"图片工具"选项卡中可以设置图片表格的外观样式以及布局，还可以对图片进行大小和旋转设置等。

📢 注意：

转换后可以打开一个图片处理程序（如 Windows 程序自带的绘图程序），将图片复制并粘贴到该程序中，单击"保存"按钮将其保存到计算机中，以后这张图片就与计算机中保存的任意图片一样可以随时使用了。

10. 将 Excel 表格插入到 Word 文档中

本例中需要将设计好的 Excel 表格插入到 Word 文档中。虽然在 Word 中也可以绘制表格，但是有很多分析计算是无法实现的，因此可以在 Excel 中建立好表格后直接将其插入到 Word 文档中使用。

❶ 打开 Excel 工作表后，选中整张工作表并执行复制，如图 5-92 所示。

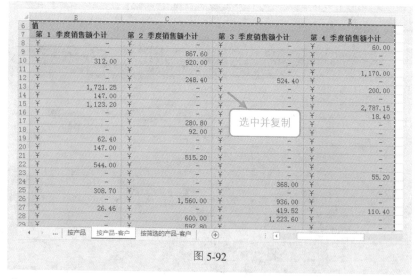

图 5-92

❷ 打开 Word 2016 主界面后，按 Ctrl+V 组合键执行粘贴，即可将所选工作表插入到 Word 文档中，如图 5-93 所示。

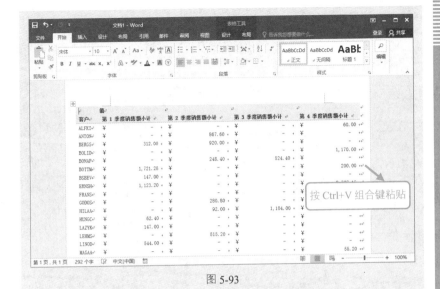

图 5-93

11. 链接 Excel 与 Word 中的表格

将 Excel 表格以链接的形式粘贴到 Word 中，可以实现当在 Excel 表格中更改源表数据时，Word 中的表格也能自动更新。

❶ 首先选中 Excel 中的表格数据，按 Ctrl+C 组合键执行复制，如图 5-94 所示。

扫一扫，看视频

	B	C	
6	值		
7	第 1 季度销售额小计	第 2 季度销售额小计	第
8	￥　　　　－	￥　　　　－	￥
9	￥　　　　－	￥　　867.60	￥
10	￥　　312.00	￥　　920.00	￥
11	￥　　　　－	￥　　　　－	￥
12	￥　　　　－	￥　　248.40	￥
13	￥　1,721.25	￥　　　　－	￥
14	￥　　147.00	￥　　　　－	￥
15	￥　1,123.20	￥　　　　－	￥
16	￥　　　　－	￥　　　　－	￥
17	￥　　　　－	￥　　280.80	￥
18	￥　　　　－	￥　　92.00	￥
19	￥　　62.40	￥	￥

图 5-94

❷ 再打开 Word 文档，将光标定位至空白处，在"开始"选项卡的"剪

贴板"组中单击"粘贴"下拉按钮，在打开的下拉菜单中选择"链接与保留源格式"（如图 5-95 所示），即可将 Excel 中的表格粘贴到 Word 中，并保持二者相链接。

图 5-95

📢 注意：

"粘贴选项"列表中有 6 个按钮，其功能分别介绍如下。前两个是直接粘贴表格，不保持链接；中间两个是保持数据链接；第 5 个是将表格以图片形式粘贴；第 6 个是将表格以文本形式粘贴。

第 6 章 数据编排与整理

6.1 数据的查看

在一些大型数据工作表中，掌握一些数据的查看技巧是非常必要的。比如查看庞大表格时如何冻结行、列标识，放大、缩小视图以适应查看需求以及并排比较工作表等。

1. 编辑、查看超大表格时冻结窗格

如果要查看的表格数据很庞大，在向下滚动超过一页时，列标识会自动隐藏，很难分辨数据属性。下面介绍一种技巧，方便在下拉查看数据时始终显示表格的行、列标识。

扫一扫，看视频

❶ 打开表格后，首先选中 A3 单元格（确定冻结的单元格区域位置），在"视图"选项卡的"窗口"组中单击"冻结窗格"下拉按钮，在打开的下拉列表中选择"冻结拆分窗格"，如图 6-1 所示。

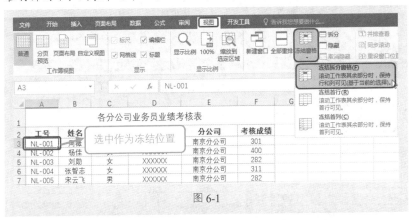

图 6-1

❷ 此时可以看到第 1、2 行被冻结起来，当向下滚动查看数据时，会始终显示该标题与列标识，如图 6-2 所示。

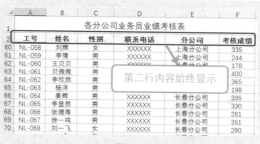

图 6-2

注意:

如果要取消冻结窗格设置,可以在"冻结窗格"列表中选择"取消冻结窗格"命令。如果本例表格中没有标题行,可以直接选择"冻结首行"命令,会默认始终显示第 1 行内容,即将首行冻结。

2. 编辑、查看超大表格时拆分窗口

如果表格非常庞大,通过冻结窗格翻阅查看也不太方便,可以使用"拆分"命令将一个窗口拆分成多个,拆分后得到的窗口中可以滚动到整表的任意位置处,方便数据的核对比较。

扫一扫,看视频

❶ 打开表格后,首先选中 G11 单元格(确定窗口拆分位置),在"视图"选项卡的"窗口"组中单击"拆分"按钮,如图 6-3 所示。

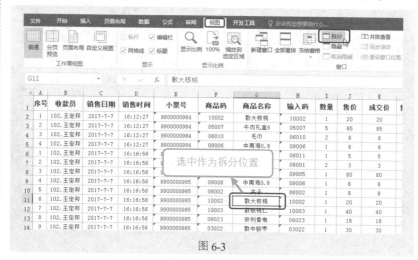

图 6-3

② 此时可以看到表格被分成 4 个窗口，用户可以在任意窗口中滚动查看和编辑表格中的数据，如图 6-4 所示。

序号	收款员	销售日期	销售时间	小票号	商品码	商品名称	输入码	数量	售价	成交价	售价金额	销售金额	进价
1	102.王宝邦	2017-7-7	16:12:27	9900000984	10002	散大核桃	10002	1	20	20	20.00	20.00	13.200
2	102.王宝邦	2017-7-7	16:12:27	9900000984	05007	牛肉礼盒6	05007	5	85	85	425.00	425.00	51.000
3	102.王宝邦	2017-7-7	16:12:27	9900000984	06010	毛巾	06010	2	8	8	16.00	16.00	5.000
4	102.王宝邦	2017-7-7	16:12:27	9900000984	09006	中南海0.8	09006	1	8	8	8.00	8.00	5.500
5	102.王宝邦	2017-7-7	16:16:56	9900000984	06011	漏巾	06011	1	5	5	5.00	5.00	3.000
2	102.王宝邦	2017-7-7	16:16:56	9900000985	08001	通心面	08001	2	3	3	6.00	6.00	2.100
3	102.王宝邦	2017-7-7	16:16:56	9900000985	09005	软中华	09005	1	80	80	80.00	80.00	62.000
4	102.王宝邦	2017-7-7	16:16:56	9900000985	09006	中南海0.8	09006	1	8	8	8.00	8.00	5.500
5	102.王宝邦	2017-7-7	16:16:56	9900000985	06002	夹子	06002	1	8	8	8.00	8.00	2.000
序号	收款员	销售日期	销售时间	小票号	商品码	商品名称	输入码	数量	售价	成交价	售价金额	销售金额	进价
1	102.王宝邦	2017-7-7	16:12:27	9900000984	10002	散大核桃	10002	1	20	20	20.00	20.00	13.200
2	102.王宝邦	2017-7-7	16:12:27	9900000984	05007	牛肉礼盒6	05007	5	85	85	425.00	425.00	51.000
3	102.王宝邦	2017-7-7	16:12:27	9900000984	06010	毛巾	06010	2	8	8	16.00	16.00	5.000
4	102.王宝邦	2017-7-7	16:12:27	9900000984	09006	中南海0.8	09006	1	8	8	8.00	8.00	5.500
5	102.王宝邦	2017-7-7	16:16:56	9900000984	06011	漏巾	06011	1	5	5	5.00	5.00	3.000
2	102.王宝邦	2017-7-7	16:16:56	9900000985	08001	通心面	08001	2	3	3	6.00	6.00	2.100
3	102.王宝邦	2017-7-7	16:16:56	9900000985	09005	软中华	09005	1	80	80	80.00	80.00	62.000
4	102.王宝邦	2017-7-7	16:16:56	9900000985	09006	中南海0.8	09006	1	8	8	8.00	8.00	5.500
5	102.王宝邦	2017-7-7	16:16:56	9900000985	06002	夹子	06002	1	8	8	8.00	8.00	2.000

图 6-4

3. 放大或缩小视图以便更好地查看数据

Excel 表格的显示比例默认为"100%"，如果表格中数据的字号较小无法查看，可以重新设置表格的显示比例。

① 打开表格后，在"视图"选项卡的"显示比例"组中单击"显示比例"按钮（如图 6-5 所示），打开"显示比例"对话框。选中"自定义"单选按钮并在其右侧的数值框内输入"250"，如图 6-6 所示。

扫一扫，看视频

图 6-5

图 6-6

❷ 单击"确定"按钮，即可看到放大后的效果。如果要恢复原始大小，在"视图"选项卡的"显示比例"组中单击"100%"按钮（如图 6-7 所示），即可恢复原状。

图 6-7

4. 并排比较工作表

扫一扫，看视频

如果要比较两个不同工作表的内容，可以将这两个工作表并排查看。并排查看的前提是这两张工作表必须全部是打开状态，否则无法启动"并排查看"功能。

❶ 打开两张需要并排查看的工作表后（必须要打开工作表所在的工作簿），在"视图"选项卡的"窗口"组中单击"并排查看"按钮，如图 6-8 所示。

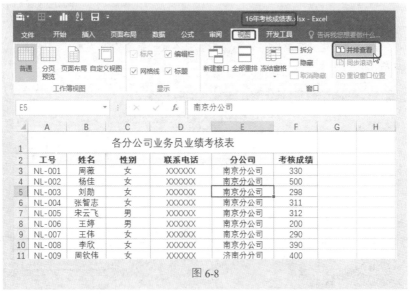

图 6-8

❷ 此时可以看到两张工作表上下并排显示，如图 6-9 所示。

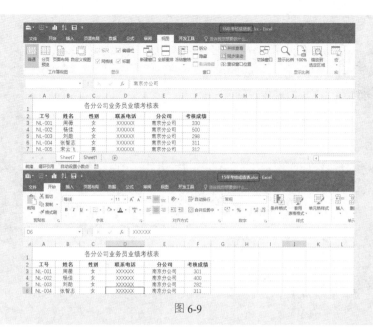

图 6-9

❸ 向下拖动滚动条即可同时查看两张工作表的数据，如图 6-10 所示。

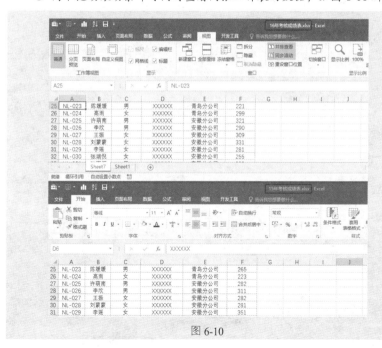

图 6-10

5. 使用监视窗口监视单元格

扫一扫，看视频

在工作表中，当单元格数据变化时，引用该单元格的数据（一般是公式计算结果）也会随之改变。在大型数据表中，要查看这种变化是很不容易的。为此 Excel 2016 提供了一个"监视窗口"窗口，该窗口是一个浮动窗口，可以浮动在屏幕上的任何位置，不会对工作表的操作产生任何影响。通过该窗口能够实时查看单元格中公式数值的变化以及公式和地址等信息。下面具体介绍使用"监视窗口"窗口的方法。

❶ 打开表格后，在"公式"选项卡的"公式审核"组中单击"监视窗口"按钮（如图 6-11 所示），打开"监视窗口"窗口。单击"添加监视"按钮（如图 6-12 所示），打开"添加监视点"对话框。

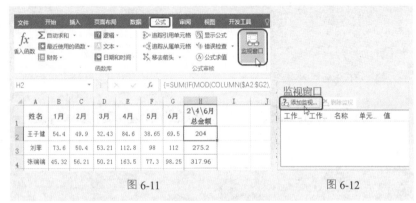

图 6-11　　　　　　　　　　　　　　图 6-12

❷ 通过右侧的"搭取"按钮选取表格中的 H2:H7 单元格区域（要监视的单元格区域，一般是公式计算结果），如图 6-13 所示。单击"添加"按钮，返回"监视窗口"窗口。此时可以看到所有被监视的单元格路径、值及公式信息，如图 6-14 所示。

图 6-13

监视窗口

添加监视... 删除监视

工作...	工作...	名称	单元...	值	公式
5. 使...	Shee...		H2	204	=SUM(IF(MOD(COLUMN($A2:$G2),2)=0,$B2:$G2))
5. 使...	Shee...		H3	275.2	=SUM(IF(MOD(COLUMN($A3:$G3),2)=0,$B3:$G3))
5. 使...	Shee...		H4	317.96	=SUM(IF(MOD(COLUMN($A4:$G4),2)=0,$B4:$G4))
5. 使...	Shee...		H5	232.31	=SUM(IF(MOD(COLUMN($A5:$G5),2)=0,$B5:$G5))
5. 使...	Shee...		H6	192.4	=SUM(IF(MOD(COLUMN($A6:$G6),2)=0,$B6:$G6))
5. 使...	Shee...		H7	235.01	=SUM(IF(MOD(COLUMN($A7:$G7),2)=0,$B7:$G7))

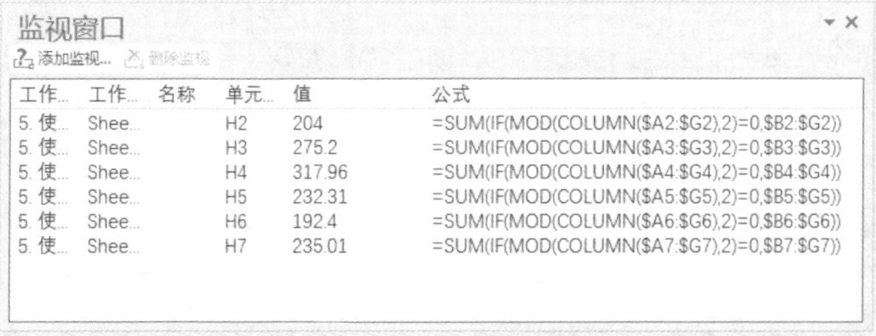

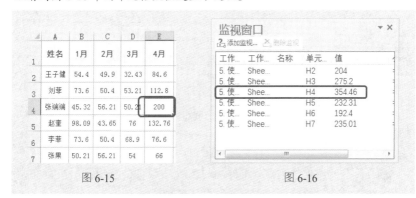

图 6-14

❸ 当修改表格中的 E4 单元格数据为“200”时（如图 6-15 所示），可以看到图 6-16 中的单元格数值发生了变化。

	A	B	C	D	E
1	姓名	1月	2月	3月	4月
2	王子健	54.4	49.9	32.43	84.6
3	刘菲	73.6	50.4	53.21	112.8
4	张端端	45.32	56.21	50.21	200
5	赵奎	98.09	43.65	76	132.76
6	李菲	73.6	50.4	68.9	76.6
7	张果	50.21	56.21	54	66

图 6-15

监视窗口

添加监视... 删除监视

工作...	工作...	名称	单元...	值
5. 使...	Shee...		H2	204
5. 使...	Shee...		H3	275.2
5. 使...	Shee...		H4	354.46
5. 使...	Shee...		H5	232.31
5. 使...	Shee...		H6	192.4
5. 使...	Shee...		H7	235.01

图 6-16

6.2 表格行列及结构整理

日常工作中拿到表格时，并非所有的表格都是数据齐全并符合要求的工整表格，比如数据顺序不合理、多处有重复值、有空行空列、多属性的数据被记录到同一列中等，因此学会对数据表结构的整理是很重要的，它可以让我们把零乱的表格整理为规则的数据明细表，只有这样才能没有阻碍地进入后期的数据分析工作。

1. 一次性插入多行、多列

完成表格编辑之后，如果后期需要补充编辑，常常要插入行、列。例如，本例需要在列标识下方插入 6 行空行。

扫一扫，看视频

打开工作表后，首先选中 6 行（第 3~8 行，共 6 行，可以直接选择表格行，也可以单击前面的行号选中）。单击鼠标右键，在弹出的快捷菜单中选择"插入"命令（如图 6-17 所示），即可在选中的 6 行内容上方插入 6 行空行，如图 6-18 所示。

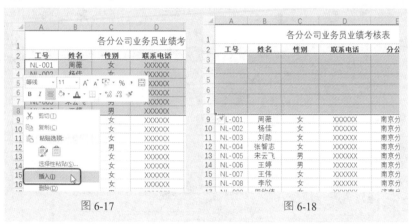

图 6-17 图 6-18

按照类似的方法也可以实现在任意指定的位置插入多列，例如本例中需要在"工号"后插入 3 列空列。

打开工作表后，首先选中 3 列（B 到 D 列，共 3 列，可以直接选择表格列，也可以单击前面的列标选中）。单击鼠标右键，在弹出的快捷菜单中选择"插入"命令（如图 6-19 所示），即可在选中的 3 列内容左侧插入 3 列空列，如图 6-20 所示。

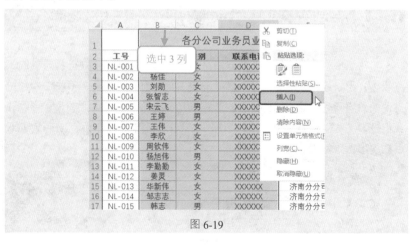

图 6-19

▲	A	B	C	D	E	F	G
1					各办公司业务员业绩考核表		
2	工号				姓名	性别	联系电话
3	NL-001				周薇	女	XXXXXX
4	NL-002				杨佳	女	XXXXXX
5	NL-003				刘勋	女	XXXXXX
6	NL-004				张智志	女	XXXXXX
7	NL-005				宋云飞	男	XXXXXX
8	NL-006				王婷	男	XXXXXX
9	NL-007				王伟	女	XXXXXX
10	NL-008				李欣	女	XXXXXX
11	NL-009				周钦伟	女	XXXXXX
12	NL-010				杨旭伟	男	XXXXXX
13	NL-011				李勤勤	女	XXXXXX
14	NL-012				姜灵	女	XXXXXX
15	NL-013				华新伟	女	XXXXXX
16	NL-014				邹志志	女	XXXXXX
17	NL-015				韩志	男	XXXXXX
18	NL-016				吴伟云	男	XXXXXX
19	NL-017				杨清	女	XXXXXX
20	NL-018				李欣	女	XXXXXX
21	NL-019					男	XXXXXX

图 6-20

2. 一次性隔行插入空行

如果想隔行插入空行，普通办法是无法实现的，此时可以通过一些辅助单元格实现一次性隔行插入空行。

❶ 首先在 E3:F11 单元格区域输入辅助数据（如果数据条目很多，也可以先输入"1"与"2"后向下填充），然后选中辅助数据，在"开始"选项卡的"编辑"组中单击"查找和选择"下拉按钮，在打开的下拉列表中选择"定位条件"（如图 6-21 所示），打开"定位条件"对话框，选中"常量"单选按钮，如图 6-22 所示。

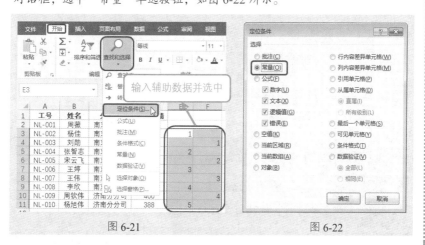

图 6-21   图 6-22

❷ 此时选中了 E3:F11 单元格区域中所有含有常量的单元格。保持选中状态并单击鼠标右键，在弹出的快捷菜单中选择"插入"命令（如图 6-23 所示），打开"插入"对话框，选中"整行"单选按钮，如图 6-24 所示。

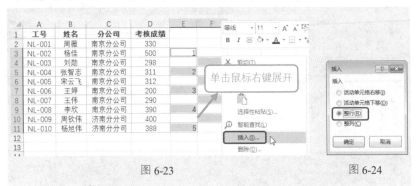

图 6-23　　　　　　　　　　　图 6-24

❸ 单击"确定"按钮完成设置，此时可以看到在选中的单元格上方都分别插入了 1 行空行，如图 6-25 所示。

	A	B	C	D	E	F
1	工号	姓名	分公司	考核成绩		
2	NL-001	周薇	南京分公司	330		
3						
4	NL-002	杨佳	南京分公司	500	1	
5						
6	NL-003	刘勋	南京分公司	298		1
7						
8	NL-004	张智志	南京分公司	311	2	
9						
10	NL-005	宋云飞	南京分公司	312		2
11						
12	NL-006	王婷	南京分公司	200	3	
13						
14	NL-007	王伟	南京分公司	290		3
15						
16	NL-008	李欣	南京分公司	390	4	
17						
18	NL-009	周钦伟	济南分分司	400		4
19						
20	NL-010	杨旭伟	济南分分司	388	5	

图 6-25

3. 隔 4 行（任意指定）插入空行

技巧 2 介绍了隔 1 行插入空行的技巧，如果需要在指定位置每隔 4 行（或任意指定行）插入空行，可以利用相同的技巧

进行操作，关键在于辅助数字的设置。

如图 6-26 所示，在 E 列中输入辅助数据时每隔 4 行输入一个数字。选中辅助数据，接着利用上一技巧相同的步骤进行操作，即可实现一次隔 4 行插入空行，如图 6-27 所示。

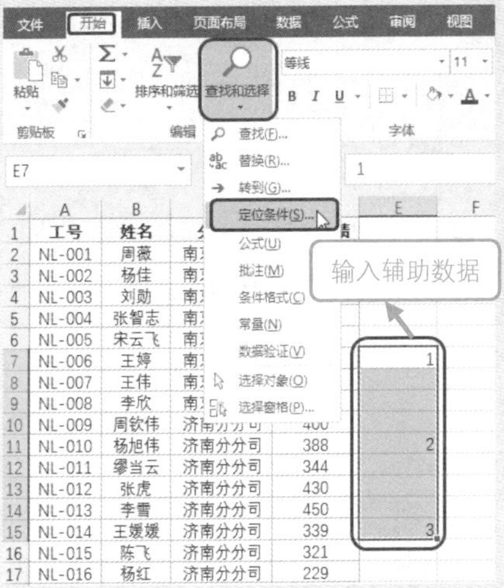

图 6-26

图 6-27

4. 整行整列数据调换

在整理表格数据时经常需要对数据区域进行、列移动，采用不同的方法带来的工作量是不一样的。如常规调换的方法是先在目标位置插入一列，然后剪切待调整的列并将其粘贴在新插入的空白列处，最后还要删除剪切后留下的空白列。这种做法既没有效率，也很容易出错。下面介绍一种快速调整方法。

扫一扫，看视频

❶ 首先选中要移动的列，如 D 列，然后将鼠标指针指向该列的左边线，此时在鼠标指针下会出现一个十字形箭头，如图 6-28 所示。

❷ 按住 Shift 键的同时按住鼠标左键不放，向左拖动至目标位置（A 列和 B 列之间）时，可以看到鼠标指针下方的边线变成了"工"字形，如图 6-29 所示。

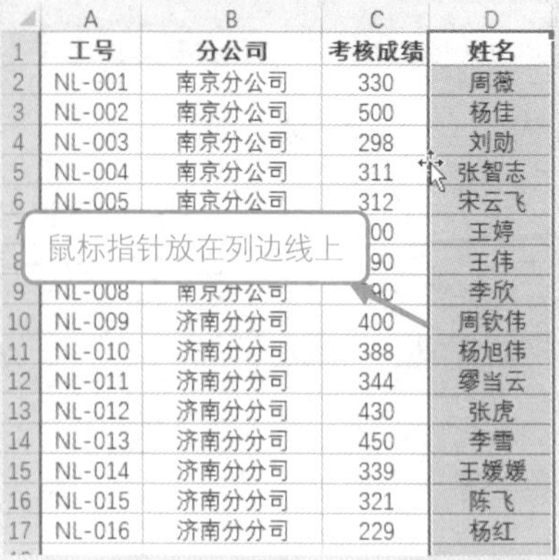

	A	B	C	D
1	工号	分公司	考核成绩	姓名
2	NL-001	南京分公司	330	周薇
3	NL-002	南京分公司	500	杨佳
4	NL-003	南京分公司	298	刘勋
5	NL-004	南京分公司	311	张智志
6	NL-005	南京分公司	312	宋云飞
7				王婷
8				王伟
9	NL-008			李欣
10	NL-009	济南分分司	400	周钦伟
11	NL-010	济南分分司	388	杨旭伟
12	NL-011	济南分分司	344	缪当云
13	NL-012	济南分分司	430	张虎
14	NL-013	济南分分司	450	李雪
15	NL-014	济南分分司	339	王媛媛
16	NL-015	济南分分司	321	陈飞
17	NL-016	济南分分司	229	杨红

鼠标指针放在列边线上

图 6-28

	A	B	C	D
1	工号	分公司	考核成绩	姓名
2	NL-001	南京分公司	330	周薇
3	NL-002	南京分公司	500	杨佳
4	NL-003	B:B 京分公司	298	刘勋
5	NL-004	南京分公司	311	张智志
6	NL-005			宋云飞
7	NL-006			王婷
8	NL-007			王伟
9	NL-008			李欣
10	NL-009			周钦伟
11	NL-010			杨旭伟
12	NL-011			缪当云
13	NL-012			张虎
14		济南分分司	450	李雪
15	NL-014	济南分分司	339	王媛媛
16	NL-015	济南分分司	321	陈飞
17	NL-016	济南分分司	229	杨红

按住 Shift 键的同时按住鼠标左键不放，向左拖动，当边线变化"工"字形后释放鼠标左键

图 6-29

❸ 释放鼠标左键后，即可完成整列数据位置的调换，如图 6-30 所示。

	A	B	C	D
1	工号	姓名	分公司	考核成绩
2	NL-001	周薇	南京分公司	330
3	NL-002	杨佳	南京分公司	500
4	NL-003	刘勋	南京分公司	298
5	NL-004	张智志	南京分公司	311
6	NL-005	宋云飞	南京分公司	312
7	NL-006	王婷	南京分公司	200
8	NL-007	王伟	南京分公司	290
9	NL-008	李欣	南京分公司	390
10	NL-009	周钦伟	济南分分司	400
11	NL-010	杨旭伟	济南分分司	388
12	NL-011	缪当云	济南分分司	344
13	NL-012	张虎	济南分分司	430
14	NL-013	李雪	济南分分司	450
15	NL-014	王媛媛	济南分分司	339
16	NL-015	陈飞	济南分分司	321
17	NL-016	杨红	济南分分司	229

图 6-30

如果要完成整行数据位置的调整，可以按照相同的方法进行。

❶ 首先选中要移动的行，如第 4 行，然后将鼠标指针指向该行的下边线，此时在鼠标指针下方会出现一个十字形箭头，如图 6-31 所示。

❷ 按住 Shift 键的同时按住鼠标左键不放，向下拖动至目标位置（第 7 行和第 8 行之间）时，可以看到鼠标指针下方的边线变成了"工"字形，如图 6-32 所示。

	A	B	C
1	竣工日期	项目	面积 （万平米）
2	2017/1/1	静兰.云亭住宅楼	200
3	2017/1/2	万辉商贸大厦	400
4	2017/8/16	县城行政楼	900
5	2017/1/3	市办公大楼	90
6	2017/1/4	碧海蓝天住宅区	12
7	2017/5/		
8	2017/10/	鼠标指针放在行边线上	
9	2017/11/8	桂竹园小区	1000

图 6-31

	A	B	C
1	竣工日期	项目	面积 （万平米）
2	2017/1/1		
3	2017/1/2	边线变化"工"字形 后释放鼠标左键	
4	2017/8/16		
5	2017/1/3		
6	2017/1/4	碧海蓝天住宅区	12
7	2017/5/2	花涧别墅区	3
8:8	2017/10/1	包公故里小镇	2800
	2017/11/8	桂竹园小区	1000

图 6-32

❸ 释放鼠标左键后，即可完成整行数据位置的调整，如图 6-33 所示。

	A	B	C	D
1	竣工日期	项目	面积 （万平米）	设计费用
2	2017/1/1	静兰.云亭住宅楼	200	89.57
3	2017/1/2	万辉商贸大厦	400	1200.989
4	2017/1/3	市办公大楼	90	900.576
5	2017/1/4	碧海蓝天住宅区	12	45.30
6	2017/5/2	花涧别墅区	3	19.42
7	2017/8/16	县城行政楼	900	340.50
8	2017/10/1	包公故里小镇	2800	10000.54
9	2017/11/8	桂竹园小区	1000	21000.50

图 6-33

5. 处理重复值、重复记录

无论数据的来源如何，有时重复数据是不可避免的。如果是一两条重复数据，手工处理起来似乎并不麻烦；但若是几百上千条，手工处理就困难了非常费时费力。此时可以通过下面介绍的方法删除重复值和重复记录。重复数据一般包括两种情况。

扫一扫，看视频

（1）删除单列重复值

如图 6-34 所示，表格中只有单列数据，其中有重复值。

❶ 打开表格后，选中目标数据区域，在"数据"选项卡的"数据工具"组中单击"删除重复项"按钮（如图 6-34 所示），打开"删除重复值"对话框。

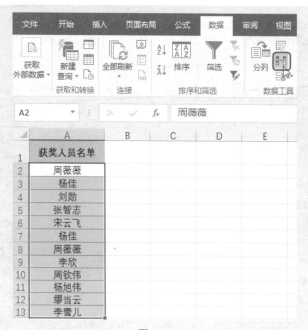

图 6-34

❷ 保持默认设置，单击"确定"按钮（如图 6-35 所示），即可删除重复值，如图 6-36 所示。

图 6-35

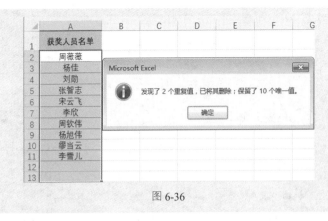

图 6-36

（2）删除重复记录

如图 6-37 所示，表中多个整行的数据完全相同。

❶ 打开表格，将光标定位在数据表格中，在"数据"选项卡的"数据工具"组中单击"删除重复项"按钮（如图 6-37 所示），打开"删除重复值"对话框。

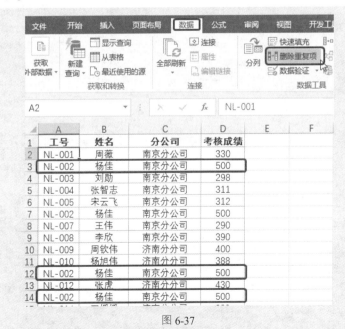

图 6-37

❷ 勾选"列"列表框中的所有复选框，如图 6-38 所示。

图 6-38

❸ 单击"确定"按钮，弹出提示对话框，提示删除了几个重复值，如图 6-39 所示。单击"确定"按钮返回表格，即可看到删除了表格中的重复记录，如图 6-40 所示。

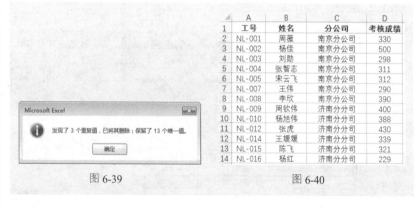

图 6-39   图 6-40

6. 谨防空值陷阱

扫一扫，看视频

这里说的空值陷阱就是指表格中存在假空单元格。所谓"假"空单元格，是指看上去好像是空单元格而实际包含内容的单元格。换句话说，这些单元格实际上并非真正的空单元格。这些假空单元格的存在，往往会为数据分析带来一些麻烦。下面列举几种常见情况。

● 一些由公式返回的空字符串""""（如图 6-41 所示，由于使用公

式在 C2、C3 单元格中返回了空字符串，当在 E2 单元格中使用公
式"=C2+D2"求和时出现了错误值）。

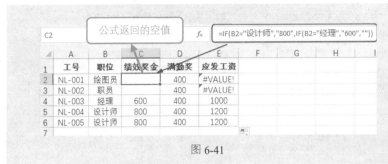

图 6-41

- 单元格中仅包含一个英文单引号（如图 6-42 所示，由于 B3 单元
  格中包含一个英文单引号，在 B7 单元格中使用公式"=B2+B3+
  B4+B5"求和时出现错误值）。

图 6-42

- 单元格虽包含内容，但其单元格格式被设置为";;;"等（如图 6-43
  所示的 B2:B5 单元格中有数据，但是在 B7 单元格中使用公式
  "=SUM(B2:B5)"求和时返回了如图 6-44 所示的"空"数据）。

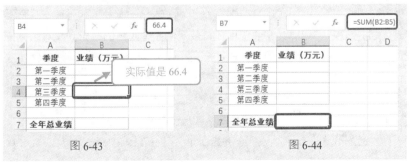

图 6-43　　　　　　　　　　　　图 6-44

针对上述返回错误值的情形，可以使用 ISBLANK 函数对空单元格进行

判断，如果是空返回 TRUE，否则返回 FALSE。知道了单元格是否为空，再去解决这个问题就很简单了。

❶ 在 F2 单元格中输入公式"=ISBLANK(C2)"，按 Enter 键，即可返回判断结果，如图 6-45 所示。

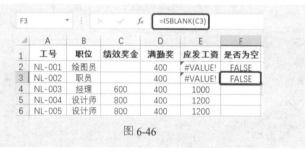

图 6-45

❷ 选中 F2 单元格，拖动右下角的填充柄至 F3 单元格，即可返回 C3 单元格的判断结果（如图 6-46 所示）。两处结果都为 FALSE，可见单元格并不为空。

F3			f_x	=ISBLANK(C3)	
	A	B	C	D	E	F
1	工号	职位	绩效奖金	满勤奖	应发工资	是否为空
2	NL-001	绘图员		400	#VALUE!	FALSE
3	NL-002	职员		400	#VALUE!	FALSE
4	NL-003	经理	600	400	1000	
5	NL-004	设计师	800	400	1200	
6	NL-005	设计师	800	400	1200	

图 6-46

7. 取消单元格合并后一次性填充空白单元格

扫一扫，看视频

Excel 统计数据中，由于对于表格的美观度和可读性都有要求，因此经常会使用存在多处合并单元格的报表。在对这类合并了单元格的数据进行排序、筛选、分类汇总时，有时会无法得到正确结果。因此为了数据分析的方便，很多时候都要取消单元格的合并，并重新为空单元格填充相应数据，可按如下技巧操作。

❶ 首先选中表格中合并的单元格区域（C2:C17），然后在"开始"选项卡的"对齐方式"组中单击"合并后居中"按钮（如图 6-47 所示），即可取消合并单元格效果。

图 6-47

② 保持取消合并后单元格区域的选中状态，然后在"开始"选项卡的"编辑"组中单击"查找和替换"下拉按钮，在打开的下拉列表中选择"定位条件"（如图 6-48 所示），打开"定位条件"对话框。

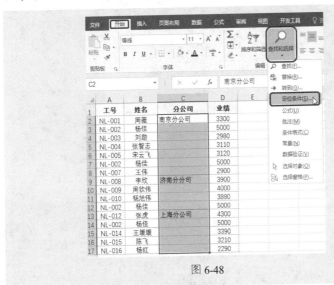

图 6-48

③ 选中"空值"单选按钮（如图 6-49 所示），单击"确定"按钮，即可

选中所有空值单元格。然后在编辑栏中输入公式"=C2",如图 6-50 所示。

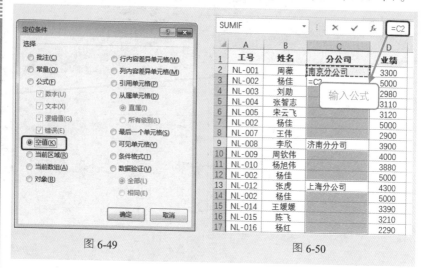

图 6-49

图 6-50

❹ 按 Ctrl+Enter 组合键后，即可依次填充和上方单元格相同的内容，如图 6-51 所示。

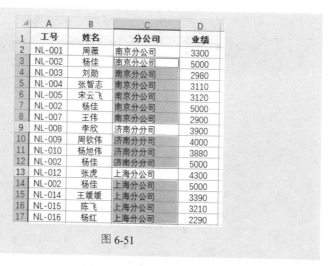

图 6-51

8. 同属性数据不分多列

同属性数据就是指同类数据，例如"一月""二月""三月"同属"月份"，"节假日加班""休息日加班"和"平时加班"同

Excel 应用技巧速查宝典

属"加班性质"。这样的数据不应分列记录，而应记录在同一列中，否则将会影响对数据的分析。

如图 6-52 所示的数据记录方式在日常工作中很常见，这样的数据会给数据统计造成阻碍，比如要统计"圣诞限量款"与"设计师款"的总金额则无法统计，如图 6-53 所示。

	A	B	C	D	E
1	发售日期	产品	圣诞限量款	设计师款	金额
2	2017-12-1	ZAKA风烛台	✓		¥89.00
3	2017-2-19	蝴蝶结镶金戒指		✓	¥2,280.00
4	2017-1-11	曲别针项链		✓	¥1,200.00
5	2017-1-12	爱心手链		✓	¥199.00
6	2017-1-1	星座胸针	✓		¥799.00
7	2017-1-14	北欧风挂毯		✓	¥480.00
8	2017-12-1	亚麻床套	✓		¥900.00
9	2017-1-16	户外桌椅套件		✓	¥669.00
10	2017-12-11	圣诞小鹿咖啡套	✓		¥899.00
11	2017-12-1	圆形地垫		✓	¥289.00
12	2017-12-23	圣诞之夜钻戒	✓		¥5,288.00
13	2017-12-24	大红色圣诞耳机	✓		¥9,900.00
14	2017-1-19	卧室台灯		✓	¥1,250.00

图 6-52

	G	H
	行标签 ▼	求和项:金额
	⊟P	17875
	(空白)	17875
	⊟(空白)	6367
	P	6367
	总计	24242

图 6-53

对于这种类型的数据，可以通过如下的操作将两列数据合并显示。

❶ 在 B 列后插入一列新列，然后选中 C2 单元格并输入公式"=IF(D2<>"","圣诞限量款","设计师款")"，按 Enter 键后再向下复制公式，依次返回系列名称，如图 6-54 所示。

C2	▼	:	× ✓ fx	=IF(D2<>"","圣诞限量款","设计师款")		

	A	B	C	D	E	F
1	发售日期	产品		圣诞限量款	设计师款	金额
2	2017-12-1	ZAKA风烛台	圣诞限量款	✓		¥89.00
3	2017-2-19	蝴蝶结镶金戒指	设计师款		✓	¥2,280.00
4	2017-1-11	曲别针项链	设计师款		✓	¥1,200.00
5	2017-1-12	爱心手链	设计师款		✓	¥199.00
6	2017-12-1	星座胸针	圣诞限量款	✓		¥799.00
7	2017-1-14	北欧风挂毯	设计师款		✓	¥480.00
8	201		圣诞限量款	✓		¥900.00
9	20	件	设计师款		✓	¥669.00
10	201	圣诞小鹿咖啡套	圣诞限量款	✓		¥899.00
11	2017-12-1	圆形地垫	设计师款		✓	¥289.00
12	2017-12-23	圣诞之夜钻戒	圣诞限量款	✓		¥5,288.00
13	2017-12-24	大红色圣诞耳机	圣诞限量款	✓		¥9,900.00
14	2017-1-19	卧室台灯	设计师款		✓	¥1,250.00

插入新的空列

图 6-54

❷ 选中 C2:C14 单元格区域后按 Ctrl+C 组合键执行复制，再在 C2 单元格内单击鼠标右键，在弹出的快捷菜单中选择"值"命令（如图 6-55 所示），即可将公式返回的结果粘贴为值的格式（防止后期删除单元格造成数据变化）。

❸ 同时选中 D 列和 E 列（单击 D 列和 E 列的列标）并单击鼠标右键，在弹出的快捷菜单中选择"删除"命令（如图 6-56 所示），即可删除表格中的多余列。

图 6-55　　　　　　　　　　　　　　图 6-56

❹ 删除多余列之后，得到整理后的数据表格，如图 6-57 所示。

这样处理后的数据表格，无论是进行分类汇总还是数据透视分析都很方便了，如图 6-58 所示。

	A	B	C	D
1	发售日期	产品	系列名称	金额
2	2017-12-1	ZAKA风烛台	圣诞限量款	¥89.00
3	2017-2-19	蝴蝶结镀金戒指	设计师款	¥2,280.00
4	2017-1-11	曲别针项链	设计师款	¥1,200.00
5	2017-1-12	爱心手链	设计师款	¥199.00
6	2017-12-1	星座胸针	圣诞限量款	¥799.00
7	2017-1-14	北欧风挂毯	设计师款	¥480.00
8	2017-12-1	亚麻床套	设计师款	¥900.00
9	2017-1-16	户外桌椅套件	设计师款	¥669.00
10	2017-12-11	圣诞小鹿咖啡套	圣诞限量款	¥899.00
11	2017-12-1	圆形地垫	设计师款	¥289.00
12	2017-12-23	圣诞之夜钻戒	圣诞限量款	¥5,288.00
13	2017-12-24	大红色圣诞耳机	圣诞限量款	¥9,900.00
14	2017-1-19	卧室台灯	设计师款	¥1,250.00

F	G
行标签	求和项:金额
设计师款	6367
圣诞限量款	17875
总计	24242

图 6-57　　　　　　　　　　　　　　图 6-58

9. 应对一格多属性

上文讲解了同属性数据不应分多列记录，那么多属性的数据也不应记录在同一列中,这种记录方式同样会造成无法对数据进行统计分析。如图 6-59 所示的数据表,日期与金额在一列显示会造成数据无法计算与统计。

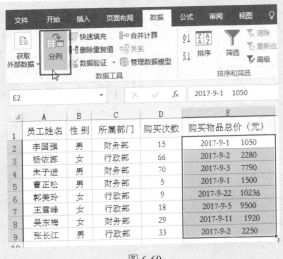

图 6-59

当遇到一格多属性的情况时,最常用的解决方式就是利用分列的办法让其多列显示。值得注意的是,分列数据需要数据具有一定的规律,如宽度相等、使用同一种间隔符号(空号、逗号、分号均可)间隔等。

❶ 选中要分列的 E2:E9 单元格区域,在"数据"选项卡的"数据工具"组中单击"分列"按钮(如图 6-60 所示),打开"文本分列向导-第 1 步,共3 步"对话框。

图 6-60

❷ 选中"分隔符号"单选按钮，单击"下一步"按钮，如图 6-61 所示。

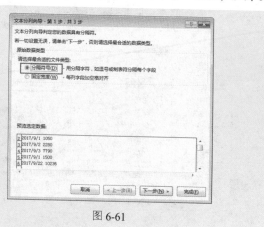

图 6-61

❸ 打开"文本分列向导-第 2 步，共 3 步"对话框，在"分隔符号"栏下勾选"空格"复选框，如图 6-62 所示。单击"完成"按钮，即可得到如图 6-63 所示结果。此时可以看到原先 E 列的内容分隔为两列显示。

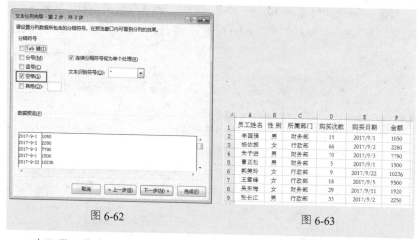

图 6-62   图 6-63

在日常工作中还可以看到其他形式的一格多属性的数据，如图 6-64 所示。这种表格也可以按上面的方法多次分列（分列 A 列与 B 列时需要先插入一个空白列，用于显示分列后的数据），将表格整理成如图 6-65 所示的样式，以便于对数据的统计分析。

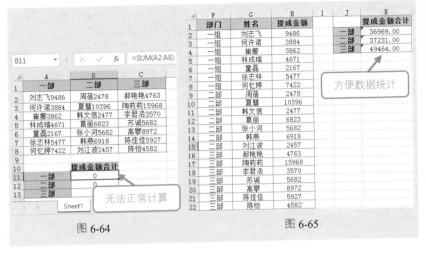

图 6-64

图 6-65

方便数据统计

10. 删除某列为空的所有行

从数据库或其他途径导入的数据经常会出现某行或者某列中有空单元格，这时就需要把这些行或列删掉。本例中的删除目标为，只要一行数据中有一个空单元格就将整行删除。

扫一扫，看视频

❶ 打开某行中存在空白单元格的表格（如图 6-66 所示），然后打开"定位条件"对话框，选中"空值"单选按钮，单击"确定"按钮，如图 6-67 所示。

图 6-66

图 6-67

❷ 此时选中了表格中的所有空白单元格，单击鼠标右键，在弹出的快捷菜单中选择"删除"命令（如图 6-68 所示），打开"删除"对话框，选中"整行"单选按钮，如图 6-69 所示。

图 6-68   图 6-69

❸ 单击"确定"按钮完成设置，此时可以看到原先的空白单元格所在行全部被删除，如图 6-70 所示。

	A	B	C	D
1	月	凭证号	凭证摘要	借方
2	1	记账凭证2	财务部报销费	5000.00
3	1	记账凭证3	税费缴纳	340.00
4	2	记账凭证4	工程部签证费	3110.00
5	2	记账凭证3	税费缴纳	3120.00
6	4	记账凭证34	设计部报销费	2900.00
7	4	记账凭证80	利息计算	3900.00
8	5	记账凭证4	工程部签证费	3880.00
9	5	记账凭证78	土地征用税	5000.00
10	5	记账凭证3	税费缴纳	4300.00
11	5	记账凭证80	利息计算	5000.00
12	6	记账凭证34	设计部报销费	3210.00
13	6	记账凭证3	税费缴纳	2290.00

图 6-70

11. 快速删除空白行（列）

如果要删除空白行（列），最简单的方法是直接手动删除，但是这种方法只能针对数据量少的表格。如果表格数据庞大，其中既包括空行，也包括空单元格的话，就可以使用本例介绍的定位功能，首先批量选定非空白的数据行，然后将它们隐藏，最后将未隐藏的行删除即可（本例操作适用于当整行为空时就删除，只有空白单元格而整行不为空则不删除）。

扫一扫，看视频

❶ 选中所有数据单元格区域（以 A1 为起始单元格拖动选取），在"开始"选项卡的"编辑"组中单击"查找和选择"下拉按钮，在打开的下拉列表中选择"定位条件"（如图 6-71 所示），打开"定位条件"对话框，选中"行内容差异单元格"单选按钮，如图 6-72 所示。

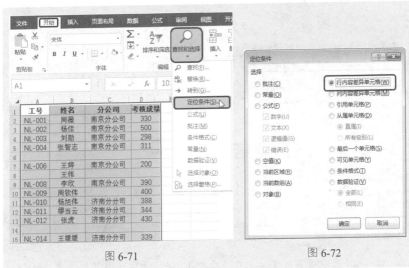

图 6-71　　　　　　　图 6-72

❷ 保持当前选中状态，在"开始"选项卡的"单元格"组中单击"格式"下拉按钮，在打开的下拉列表中依次选择"隐藏和取消隐藏"→"隐藏行"，如图 6-73 所示。

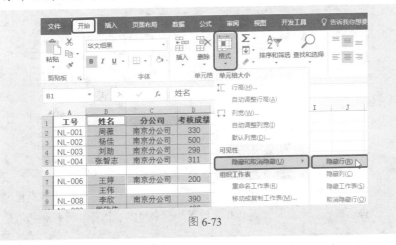

图 6-73

❸ 此时可以看到所有有数据的行被隐藏，选中剩下的这些行（如图 6-74 所示），打开"定位条件"对话框，选中"可见单元格"单选按钮，单击"确定"按钮，如图 6-75 所示。

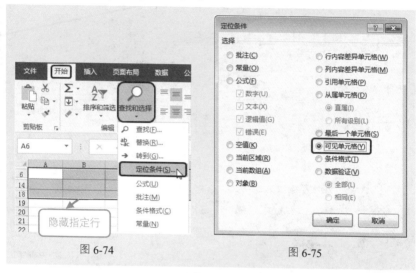

图 6-74   图 6-75

❹ 此时选中所有可见单元格（空行），保持选中状态并单击鼠标右键，在弹出的快捷菜单中选择"删除"命令（如图 6-76 所示），打开"删除"对话框，选中"整行"单选按钮，如图 6-77 所示。

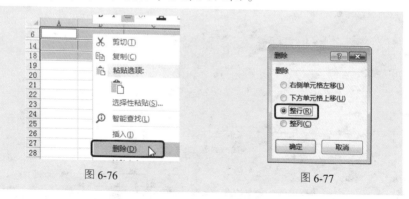

图 6-76   图 6-77

❺ 单击"确定"按钮完成设置，然后在"开始"选项卡的"单元格"组中单击"格式"下拉按钮，在打开的下拉列表中依次选择"隐藏和取消隐

藏"→"取消隐藏行"，如图 6-78 所示。

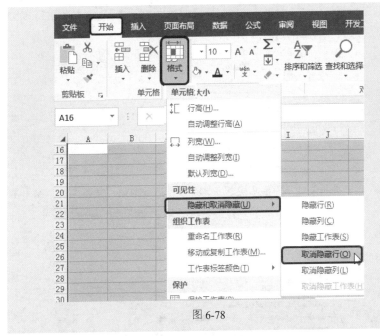

图 6-78

❻ 单击"确定"按钮完成设置，此时可以看到表格中的所有空行被删除了，如图 6-79 所示。

	A	B	C	D
1	工号	姓名	分公司	考核成绩
2	NL-001	周薇	南京分公司	330
3	NL-002	杨佳	南京分公司	500
4	NL-003	刘勋	南京分公司	298
5	NL-004	张智志	南京分公司	311
6	NL-006	王婷	南京分公司	200
7		王伟		
8	NL-008	李欣	南京分公司	390
9	NL-009	周钦伟		400
10	NL-010	杨旭伟	济南分分司	388
11	NL-011	缪当云	济南分分司	344

图 6-79

12. 拆分数据构建规范表格

由其他文件导入到 Excel 中的数据表格经常会出现格式不

规范的情况，例如众多数据只显示在一个单元格中，这时就需要通过整理让数据规范起来。例如，针对图 6-80 所示的数据，可以通过对数据进行多次分列处理来达到整理的目的。

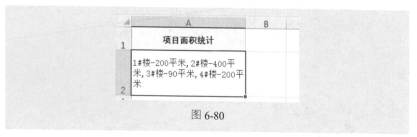

图 6-80

❶ 选中要拆分的 A2 单元格，在"数据"选项卡的"数据工具"组中单击"分列"按钮，打开"文本分列向导-第 1 步，共 3 步"对话框。

❷ 在"请选择最合适的文件类型"栏下选中"分隔符号"单选按钮，如图 6-81 所示。

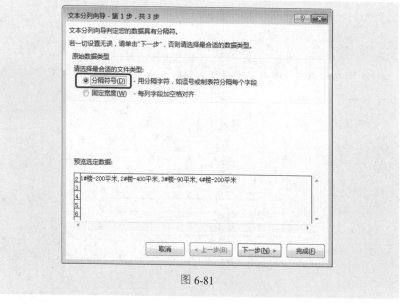

图 6-81

❸ 单击"下一步"按钮，进入"文本分列向导-第 2 步，共 3 步"对话框，勾选"分隔符号"栏下的"逗号"复选框，如图 6-82 所示。

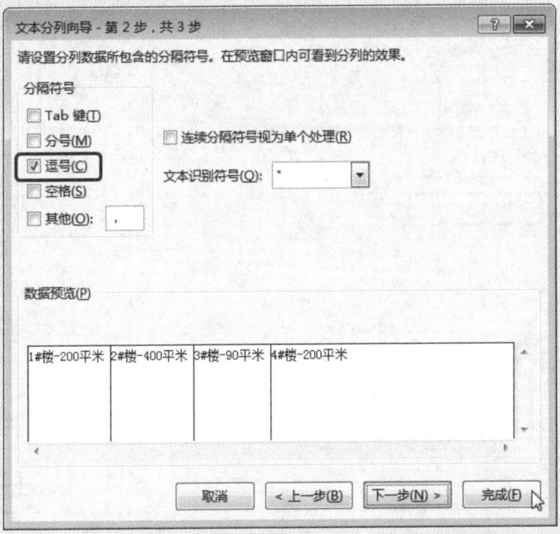

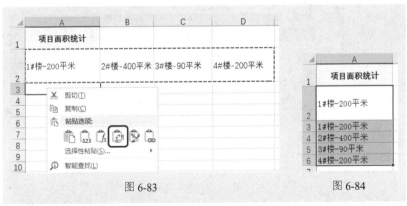

图 6-82

❹ 单击"完成"按钮，即可分列数据。选中分列后的 A2:D2 单元格区域并按 Ctrl+C 组合键执行复制，再选中 A2 单元格并单击鼠标右键，在弹出的快捷菜单中选择"转置"命令（如图 6-83 所示），此时即可将分列的行数据显示为列效果，如图 6-84 所示。

图 6-83   图 6-84

❺ 选中这些单元格区域后，再次执行分列操作，在"文本分列向导-第2步，共3步"对话框中勾选"其他"复选框，并在其后的文本框内输入"-"，如图 6-85 所示。

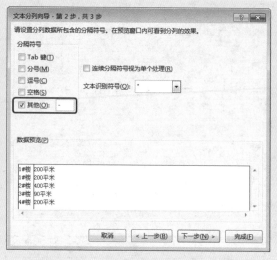

图 6-85

⑥ 单击“完成”按钮，即可分列楼号和面积数据，如图 6-86 所示。

⑦ 设置好单元格格式并添加表格列标识，如图 6-87 所示。

	A	B
1	项目面积统计	
2	1#楼	200平米
3	1#楼	200平米
4	2#楼	400平米
5	3#楼	90平米
6	4#楼	200平米

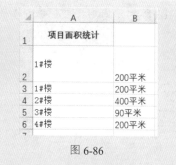

图 6-86

	A	B
1	楼号	面积
2	1#楼	200平米
3	1#楼	200平米
4	2#楼	400平米
5	3#楼	90平米
6	4#楼	200平米

图 6-87

注意：

在第❸步的操作中，勾选“逗号”复选框作为分隔符号。如果在操作中勾选了“逗号”复选框，发现最后并不能达到分列的效果，那是因为在单元格中输入的是中文状态下的逗号，而在这里，Excel 只能识别英文状态下的逗号。因此，如果遇到这种情况，可以勾选“其他”复选框，并在文本框中手动输入逗号即可。

13. 不同大小的合并单元格中公式的复制

在使用公式计算时，有时会包含合并的单元格，并且计算结果显示在不同大小的单元格中。例如，在图 6-88 中可以看到，有的 3 个合并，有的 2 个合并，有的未合并（合并情况由 A 列中的商品名称决定）。此时如果直接向下复制公式，将会弹出提示对话框。针对这种统计形式的表格，可按如下操作步骤实现公式的批量复制。

图 6-88

❶ 选中 D 列中的合并单元格，在"开始"选项卡的"对齐方式"组中单击"合并后居中"按钮（如图 6-89 所示），即可取消单元格合并。

❷ 向下填充 D2 单元格的公式即可依次得到产品的合计数量，如图 6-90所示。

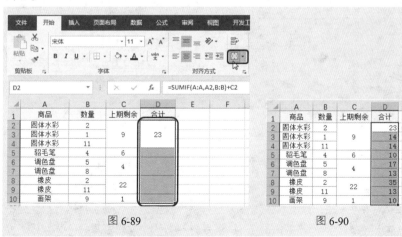

图 6-89   图 6-90

❸ 选中 C2:C10 单元格区域，在"开始"选项卡的"剪贴板"组中单击

"格式刷"按钮（如图 6-91 所示），即可刷取格式。

图 6-91

❹ 在 D2:D10 单元格区域拖动鼠标左键刷取合并单元格格式，如图 6-92 所示。释放鼠标左键后完成格式复制，得到合并单元格并正确显示公式的计算结果，如图 6-93 所示。

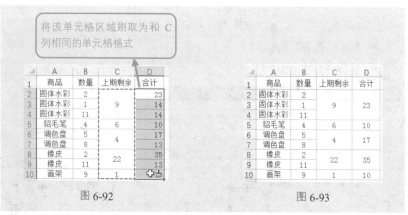

图 6-92   图 6-93

14. 批量合并相同内容的单元格且不影响数据分析

扫一扫，看视频

前面已经介绍了在清单型表格中尽量不要使用合并单元格，这会给使用筛选、排序、数据透视表等工具进行数据分析带来很大的麻烦。但在报表型表格中却经常用合并单元格来让表格更加美观、工整和易读，那么有没有办法实现批量合并相同内容的单元格且不影响数据分析呢？下面总结了一个技巧，可供读者学习以解决上述问题。

❶ 首先选中任意单元格，在"数据"选项卡的"排序和筛选"组中单击"降序"按钮（如图6-94所示），对数据进行排序，把相同的系列名称显示在一起。

❷ 在"数据"选项卡的"分级显示"组中单击"分类汇总"按钮（如图6-95所示），打开"分类汇总"对话框。

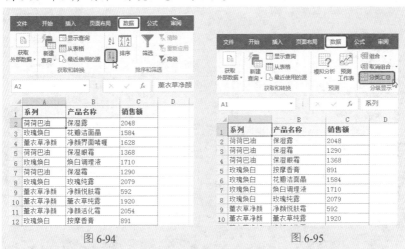

图 6-94   图 6-95

❸ 设置"分类字段"为"系列"，在"选定汇总项"列表框中勾选"系列"复选框，如图6-96所示。

❹ 单击"确定"按钮，即可创建分类汇总。选中A2:A14单元格区域（如图6-97所示），按F5键，打开"定位条件"对话框。

图 6-96   图 6-97

⑤ 选中"空值"单选按钮（如图 6-98 所示），单击"确定"按钮，即可选中该区域中的所有空值单元格。

⑥ 保持空白单元格选中状态，在"开始"选项卡的"对齐方式"组中单击"合并后居中"下拉按钮，在打开的下拉列表中选择"合并单元格"（如图 6-99 所示），即可合并所有空白单元格。

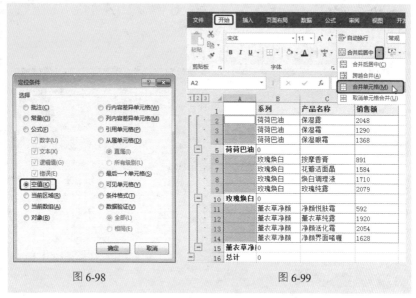

图 6-98　　　　　　　　　　图 6-99

⑦ 选中分类汇总结果表格中的任意单元格（如图 6-100 所示），然后打开"分类汇总"对话框，单击"全部删除"按钮（如图 6-101 所示），即可取消分类汇总。

图 6-100　　　　　　　　　　图 6-101

⑧ 返回表格后，选中合并后的单元格区域 A2:A12，按 Ctrl+C 组合键执行复制，继续选中 B2 单元格并单击鼠标右键，在弹出的快捷菜单中选择"格式"命令（如图 6-102 所示），即可复制合并单元格格式。

⑨ 删除 A 列的空白区域，即可得到既保持合并单元格格式又不影响数据分析的表格，如图 6-103 所示。

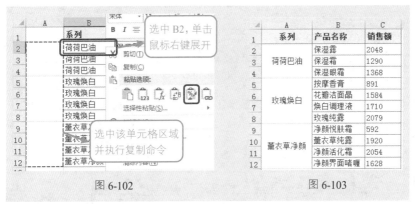

图 6-102　　　　　　　　　图 6-103

6.3　不规则数据的整理

由于数据来源的不同，数据表中有时会存在众多不规范的数据，这样的表格会给数据计算分析带来很多阻碍。此时可以通过如下几个技巧的学习，对不规范的数据进行整理。

1. 为什么明明显示的是数据却不能计算

公式计算是 Excel 中最为强大的一项功能，通过输入公式可快速返回运算结果，这是手工计算所不能比拟的。但是有时候会遇到一些情况，比如明明输入的是数字却无法对其进行运算与统计，如图 6-104 所示。这是因为输入的数字是文本格式的数字，因此无法计算，需要进行格式转换。

扫一扫，看视频

	A	B	C	D	E
		刘长城	0		
1					
2					
3	序号	代理人姓名	保单号	直接佣金率	直接佣金
4	1	张瑞煊	880000241780	0.06	360
5	2	李烟	880000255442	0.06	360
6	3	张瑞煊	880000244867	0.06	360
7	4	刘长城	880000244832	0.10	300
8	5	张瑞煊	880000241921	0.08	253.2
9	6	李烟	880002060778	0.20	400.02
10	7	刘长城	880000177463	0.13	116.88
11	8	李芸	880000248710	0.06	360

图 6-104

❶ 单击 E4 单元格左上角的绿色警告按钮,在打开的下拉列表中选择"转换为数字",如图 6-105 所示。

	A	B	C	D	E	F
1		刘长城	0			
2						
3	序号	代理人姓名	保单号	直接佣金率	直接佣金	
4	1	张瑞煊	880000241780	0.06	! ▾ 360	
5	2	李烟	880000255442	0.06	以文本形式存储的数字	
6	3	张瑞煊	880000244867	0.06	转换为数字(C)	
7	4	刘长城	880000244832	0.10	关于此错误的帮助(H)	
8	5	张瑞煊	880000241921	0.08	忽略错误(I)	
9	6	李烟	880002060778	0.20	在编辑栏中编辑(F)	
10	7	刘长城	880000177463	0.13	错误检查选项(O)...	
11	8	李芸	880000248710	0.06	360	

图 6-105

❷ 此时可以看到原来单元格左上角的绿色小三角形消失了。依次进行相同的处理,C1 单元格内就能显示正确的计算结果了,如图 6-106 所示。

	A	B	C	D	E
1		刘长城	416.88		
2					
3	序号	代理人姓名	保单号	直接佣金率	直接佣金
4	1	张瑞煊	880000241780	0.06	360
5	2	李烟	880000255442	0.06	360
6	3	张瑞煊	880000244867	0.06	360
7	4	刘长城	880000244832	0.10	300
8	5	张瑞煊	880000241921	0.08	253.2
9	6	李烟	880002060778	0.20	400.02
10	7	刘长城	880000177463	0.13	116.88
11	8	李芸	880000248710	0.06	360

图 6-106

2．处理不规范的无法计算的日期

在 Excel 中必须按指定的格式输入日期，Excel 才会把它当作日期型数值，否则会视为不可计算的文本。输入以下 4 种日期格式的日期 Excel 均可识别：

扫一扫，看视频

- 短横线"-"分隔的日期，如"2017-4-1""2017-5"。
- 用斜杠"/"分隔的日期，如"2017/4/1""2017/5"。
- 使用中文年月日输入的日期，如"2017 年 4 月 1 日""2017 年 5 月"。
- 使用包含英文月份或英文月份缩写输入的日期，如"April-1""May-17"。

用其他符号间隔的日期或数字形式输入的日期，如"2017.4.1""017\4\1""20170401"等，Execl 无法自动识别为日期数据，而将其视为文本数据。对于这种不规则类型的数据可以根据具体情况来作出不同的处理方法。

本例中需要将"2017.11.1"这类不规则日期统一替换为规范的日期，使用查找和替换功能将"."或"\"替换为"-"或"/"即可。

❶ 选中 A2:A10 单元格区域（如图 6-107 所示），按 Ctrl+H 组合键，打开"查找和替换"对话框。

❷ 在"查找内容"文本框中输入"."，在"替换为"文本框中输入"/"，如图 6-108 所示。

图 6-107　　　　　　　　　　　　图 6-108

❸ 单击"全部替换"按钮，打开 Microsoft Excel 提示对话框框，单击"确定"按钮，即可看到 Excel 程序已将应聘日期转换为可识别的规范日期，如图 6-109 所示。

图 6-109

另一种方法是使用"分列"功能，比如默认把日期输入为"20171101"的形式，可以统一转换为"2017/11/1"日期格式。

❶ 选中 A2:A10 单元格区域，在"数据"选项卡的"数据工具"组中单击"分列"按钮（如图 6-110 所示），打开"文本分列向导-第 1 步，共 3 步"对话框。

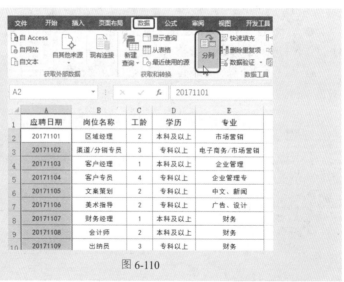

图 6-110

❷ 保持默认设置，依次单击"下一步"按钮（如图 6-111、图 6-112 所示），直到打开"文本分列向导-第 3 步，共 3 步"对话框，选中"日期"单选按钮，并在其后的下拉列表中选择"YMD"格式，如图 6-113 所示。

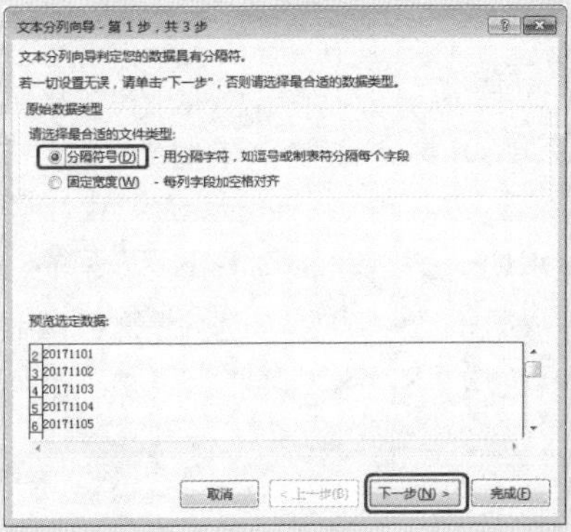

图 6-111 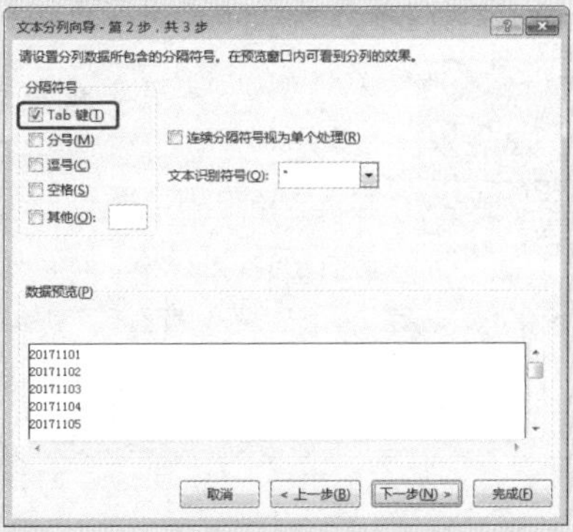　　　　　　　　　　　　图 6-112

图 6-113

❸ 单击"完成"按钮，即可将所选单元格区域中的数字全部转换为日期格式，如图 6-114 所示。

	A	B	C	D	E
1	应聘日期	岗位名称	工龄	学历	专业
2	2017/11/1	区域经理	2	本科及以上	市场营销
3	2017/11/2	渠道/分销专员	3	专科以上	电子商务/市场营销
4	2017/11/3	客户经理	1	本科及以上	企业管理
5	2017/11/4	客户专员	4	专科以上	企业管理专
6	2017/11/5	文案策划	2	专科以上	中文、新闻
7	2017/11/6	美术指导	2	专科以上	广告、设计
8	2017/11/7	财务经理	1	本科及以上	财务
9	2017/11/8	会计师	2	本科及以上	财务

图 6-114

3. 一次性处理文本中所有空格

如果 Excel 单元格中的数据存在空格，就会影响到引用该单元格的公式的运算并得到错误的计算结果。如图 6-115 所示表格的 C2 单元格中返回的是错误值，造成这个错误值是因为 A2 中有一个不可见空格，而 VLOOKUP 函数在查找时找不到匹配的对象。单击 A2 单元格进入编辑状态后，可以看到"鲜牛奶"后面有一个多余的空格（可以通过光标定位看到），如图 6-116 所示。

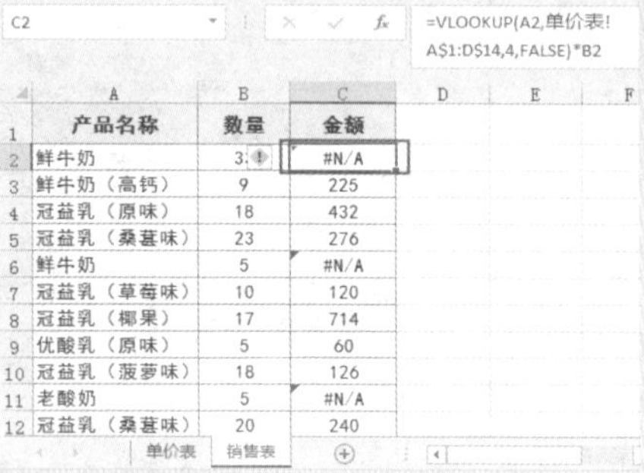

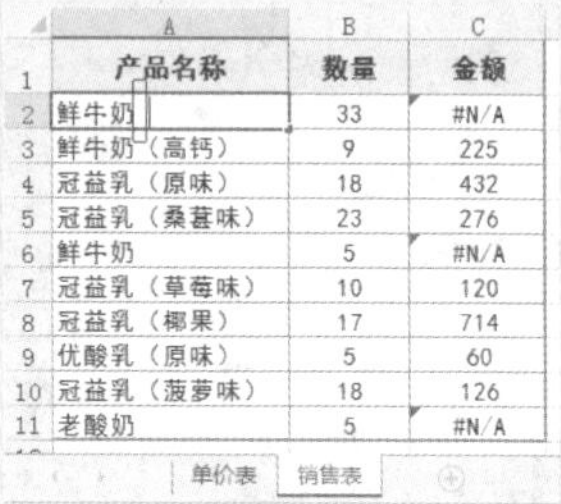

图 6-115

图 6-116

当文本中含有空格、不可见字符时，通常情况下是无法用眼睛观察出的，本例会介绍如何一次性处理文本中的所有空格，使得函数或公式返回正确的计算结果。

❶ 选中 A2:A16 单元格区域（如图 6-117 所示），按 Ctrl+H 组合键，打开"查找和替换"对话框。

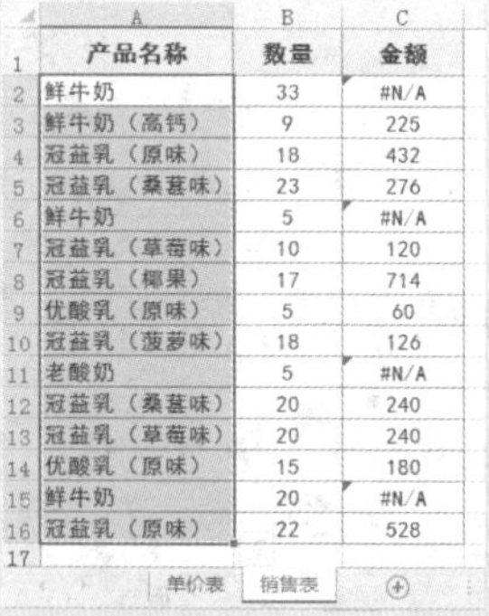

图 6-117

❷ 在"查找内容"文本框内输入一个空格,"替换为"内容栏为空,如图 6-118 所示。

图 6-118

❸ 单击"全部替换"按钮,即可替换所有不可见的空格,所有金额返回正确的计算结果,效果如图 6-119 所示。

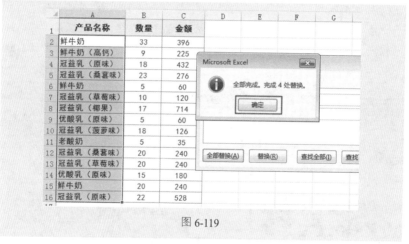

图 6-119

4. 巧借 Word 批量去掉单元格中的字母和数字

本例单元格中的文本既包含数字也包含字母,为了规范数据格式,下面需要将该列单元格中的字母和数字全部去除。可通过如下方法实现批量删除。

扫一扫,看视频

❶ 打开表格后选中 C2:C12 单元格区域,再按 Ctrl+C 组合键执行复制,如图 6-120 所示。

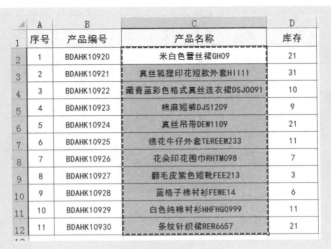

	A	B	C	D
1	序号	产品编号	产品名称	库存
2	1	BDAHK10920	米白色蕾丝裙GH09	21
3	2	BDAHK10921	真丝狐狸印花短款外套HI111	31
4	3	BDAHK10922	藏青蓝彩色格式真丝连衣裙DSJ0091	10
5	4	BDAHK10923	棉麻短裤DJS1209	9
6	5	BDAHK10924	真丝吊带DEW1109	21
7	6	BDAHK10925	绣花牛仔外套TEREEM233	11
8	7	BDAHK10926	花朵印花围巾RHTM098	7
9	8	BDAHK10927	翻毛皮紫色短靴FEE213	3
10	9	BDAHK10928	蓝格子棉衬衫FEWE14	6
11	10	BDAHK10929	白色纯棉衬衫HHFHG0999	11
12	11	BDAHK10930	条纹针织裙RER6657	21

图 6-120

❷ 打开 Word 空白文档后，单击鼠标右键，在弹出的快捷菜单中选择"保留源格式"命令（如图 6-121 所示），即可将表格中所选内容粘贴到文档。

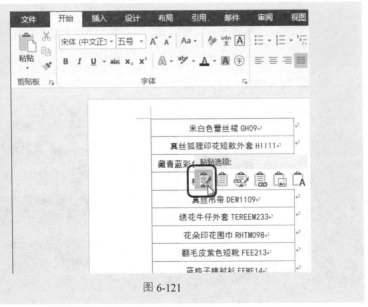

图 6-121

❸ 选中文档中粘贴过来的表格后，按 Ctrl+H 组合键，打开"查找和替

换"对话框。在"替换"选项卡下的"查找内容"文本框中输入"[!a-z,A-Z,0-9]"，单击"更多"按钮，打开对话框的隐藏选项，如图 6-122 所示。

图 6-122

❹ 勾选"搜索选项"栏下的"使用通配符"复选框，如图 6-123 所示。单击"全部替换"按钮完成替换，此时可以看到 Word 文档中的所有字母被删除。

图 6-123

第 6 章 数据编排与整理

⑤ 将删除字母后的内容重新复制粘贴到 Excel 表格中即可,如图 6-124
所示。

	A	B	C	D
1	序号	产品编号	产品名称	库存
2	1	BDAHK10920	米白色蕾丝裙	21
3	2	BDAHK10921	真丝狐狸印花短款外套	31
4	3	BDAHK10922	藏青蓝彩色格式真丝连衣裙	10
5	4	BDAHK10923	棉麻短裤	9
6	5	BDAHK10924	真丝吊带	21
7	6	BDAHK10925	绣花牛仔外套	11
8	7	BDAHK10926	花朵印花围巾	7
9	8	BDAHK10927	翻毛皮紫色短靴	3
10	9	BDAHK10928	蓝格子棉衬衫	6
11	10	BDAHK10929	白色纯棉衬衫	11
12	11	BDAHK10930	条纹针织裙	21

图 6-124

第7章 表格的设置与美化

7.1 表格边框、底纹、对齐方式

　　表格不仅是统计数据的工具，也是用数据沟通的重要方式，所以把表格设计得清晰易读自然会让数据自己说话，提高数据的说服力，让表格更具沟通能力。

　　本节主要介绍如何设置表格的边框、底纹以及对齐方式，比如用添加边框线条与否或调整边框的粗细度来区分数据的层级。例如，在重要层级添加边框，明细级数据不添加边框，如图 7-1 所示。为了凸显各项目的逻辑层次，还可以为行、列标识单元格区域设置不同的填充效果以及边框效果、列宽、行高值等，同一层级应使用同一粗细的线条边框。

2014年 商品C5采购量明显高于同类商品

单位名称：逸凡公司

商品	合计	1月	2月	3月	4月	5月	6月	7月	8月	9月
商品A1	12,008.00	996.00	1,010.00	1,041.00	968.00	978.00	967.00	1,030.00	987.00	1,009.00
商品A2	12,034.00	1,010.00	1,008.00	961.00	1,042.00	1,016.00	1,008.00	1,008.00	988.00	1,006.00
商品A3	11,984.00	968.00	1,017.00	997.00	1,018.00	955.00	1,029.00	1,031.00	1,036.00	1,026.00
商品A4	12,085.00	1,017.00	997.00	978.00	963.00	1,045.00	968.00	1,047.00	1,020.00	970.00
商品B1	12,059.00	971.00	1,049.00	1,028.00	993.00	1,037.00	968.00	1,014.00	1,007.00	984.00
商品B2	11,952.00	1,022.00	1,013.00	976.00	1,048.00	966.00	980.00	991.00	963.00	971.00
商品B3	11,997.00	1,041.00	1,008.00	990.00	1,027.00	1,031.00	961.00	954.00	994.00	992.00
商品C1	11,948.00	1,049.00	957.00	978.00	972.00	978.00	1,004.00	982.00	977.00	971.00
商品C2	11,988.00	1,047.00	1,027.00	1,035.00	1,027.00	952.00	950.00	1,032.00	1,033.00	953.00
商品C3	11,803.00	980.00	965.00	950.00	1,023.00	959.00	963.00	1,028.00	990.00	960.00
商品C4	11,885.00	1,000.00	1,011.00	970.00	1,045.00	957.00	958.00	981.00	994.00	1,029.00
商品C5	16,912.00	1,415.00	1,415.00	1,441.00	1,421.00	1,383.00	1,374.00	1,424.00	1,411.00	1,400.00

图 7-1

　　在表格中使用边框可以起到结构化表格、引导阅读、强调突出重要数据以及整体美化等作用。比如为重要数据设置下划线、重新指定颜色并设置填充效果等。

　　有些表格通过单元格的填充色来构建表格的框架，以达到区分和结构化表格的目的。如图 7-2 所示的表格使用不同的填充色来区分行标题、列标题以及

不同的数据行。总之，表格的这些美化方式都应该活学活用，切忌过度使用。

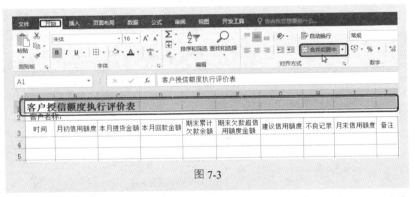

图 7-2

1. 合并居中显示表格的标题

扫一扫，看视频

为了突出表格标题，最常见的标题美化方式是将标题合并居中并加大字号显示，从而有效地和其他单元格区域的数据区分开来。

❶ 首先选中要合并的单元格区域 A1:J1，在"开始"选项卡的"对齐方式"组中单击"合并后居中"按钮，如图 7-3 所示。

图 7-3

❷ 此时可以看到选中的单元格区域中的数据被合并且居中显示，效果如图 7-4 所示。

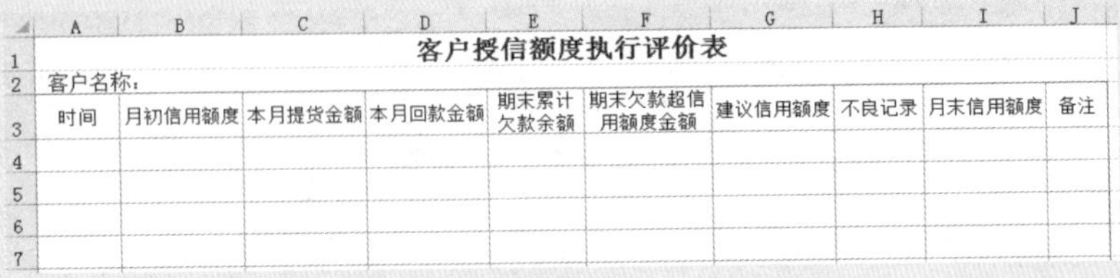

图 7-4

📢 注意：

如果要取消并居中效果，再次单击该按钮即可取消。

2. 为表格标题添加会计用下划线

下划线也是美化表格标题的一种方式，Excel 中有普通下划线和会计用下划线，本例介绍如何为标题添加会计用单下划线。

❶ 首先选中 A1 单元格，然后在"开始"选项卡的"字体"组中单击"对话框启动器"按钮（如图 7-5 所示），打开"设置单元格格式"对话框。

图 7-5

❷ 切换至"字体"选项卡，在"下划线"下拉列表框中选择"会计用单下划线"，如图 7-6 所示。

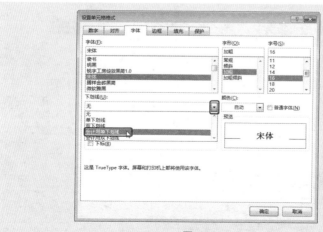

图 7-6

❸ 单击"确定"按钮完成设置，此时可以看到标题下方添加了一条长下划线，如图 7-7 所示。

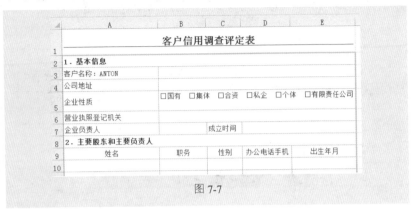

图 7-7

3. 让表格部分数据竖向显示

扫一扫，看视频

向表格中输入的文本默认都是横向文字，但在实际制表中经常需要根据表格的设置情况使用竖向文字。比如文字较少时，为了和上部分的单元格列宽一致，不破坏表格整体的美感，就可以将单元格内的文字设置为竖向显示。

❶ 首先选中要更改为竖向显示的文本所在的单元格，然后在"开始"选项卡的"对齐方式"组中单击"方向"下拉按钮，在打开的下拉列表中选择"竖排文字"选项，如图 7-8 所示。

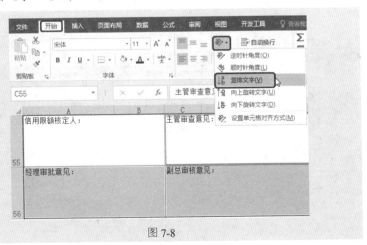

图 7-8

234

❷ 此时可以看到原来的横排文本显示为竖向，如图 7-9 所示。

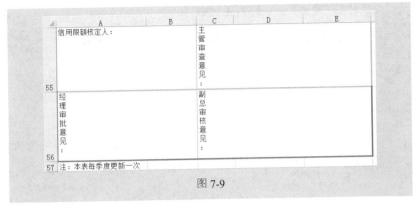

图 7-9

🔊 注意：

在"方向"下拉列表中还有其他几个选项，可以使用不同的竖向方式，也可以让文字斜向显示，但竖向及斜向文本注意要合理应用。

4. 数据分散对齐让排列更美观

为了让表格内的文本充满整个单元格，可以使用"分散对齐"功能。

❶ 选中要分散对齐的单元格 B5，在"开始"选项卡的"对齐方式"组中单击"对话框启动器"按钮（如图 7-10 所示），打开"设置单元格格式"对话框。

扫一扫，看视频

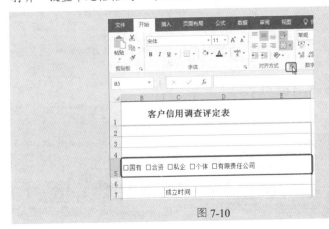

图 7-10

❷ 切换至"对齐"选项卡，在"文本对齐方式"栏下设置"水平对齐"为"分散对齐（缩进）"，如图 7-11 所示。

图 7-11

❸ 单击"确定"按钮完成设置，即可看到所选单元格内的文本呈现出分散对齐效果（占满整个单元格），如图 7-12 所示。

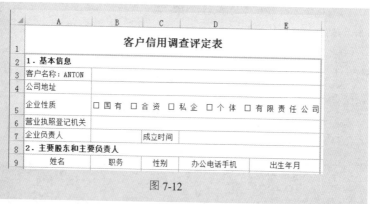

图 7-12

扫一扫，看视频

5. 行高、列宽的批量调整

工作表有默认的行高和列宽值，默认列宽为 8.43 个字符。如果某列的宽度或某行的高度为 0，则此列或行将隐藏。在工作表中, 可指定列宽为 0~255, 可指定行高为 0~409。

本例介绍如何手动批量调整多行、多列的行高和列宽。

❶ 首先选中要调整列宽的多列（这里直接单击 E、F、G 三列的列标），然后将鼠标指针放在 G 列右侧边线上, 按住鼠标左键（此时鼠标指针会变成黑色带双向箭头的十字形）向右拖动, 如图 7-13 所示。

❷ 当鼠标指针上方的列宽数字变成 "22.25" 时（如图 7-14 所示）, 释放鼠标左键完成列宽调整。

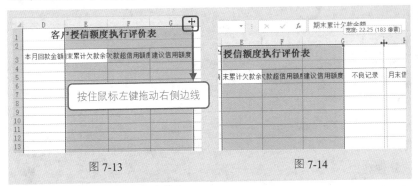

图 7-13   图 7-14

❸ 继续选中要调整行高的多行（这里直接单击第 4~16 行的行号）, 然后将鼠标指针放在第 16 行下侧边线上, 按住鼠标左键（此时鼠标指针会变成黑色带双向箭头的十字形）向下拖动, 如图 7-15 所示。

❹ 当鼠标指针上方的行高数字变成 "22.5" 时（如图 7-16 所示）, 释放鼠标左键完成行高调整。

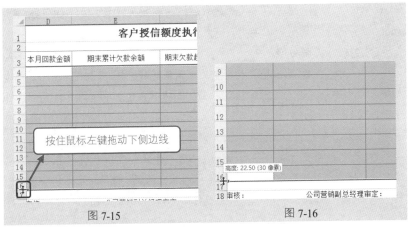

图 7-15   图 7-16

❺ 此时可以看到手动调整后的表格行高和列宽效果，如图 7-17 所示。

	D	E	F	G
1	客户授信额度执行评价表			
2				
3	本月回款金额	期末累计欠款余额	期末欠款超信用额度金额	建议信用额度
4				
5				
6				
7				
8				
9				
10				
11				
12				
13				

图 7-17

🔊注意：

如果要设置不连续多行的行高（列宽），可以在按住 Ctrl 键的同时依次选中不连续的多行或多列（在行号或列标上单击即可依次选中），然后按照相同的操作方法向右或者向下拖动，实现手动调整行高或列宽。

6. 精确调整工作表的行高、列宽

扫一扫，看视频

前面介绍了手动调整表格行高和列宽的方法，如果要精确地设置行高和列宽，可以打开"列宽"和"行高"对话框，输入精确数值。

❶ 选中要调整列宽的单元格区域，在"开始"选项卡的"单元格"组中单击"格式"下拉按钮，在打开的下拉列表中选择"列宽"选项（如图 7-18 所示），打开"列宽"对话框，设置"列宽"为"9"，如图 7-19所示。单击"确定"按钮，完成列宽调整。

❷ 选中要调整行高的单元格区域，在"开始"选项卡的"单元格"组中单击"格式"下拉按钮，在打开的下拉列表中选择"行高"选项（如图 7-20所示），打开"行高"对话框，设置"行高"为"20"，如图 7-21 所示。单

击"确定"按钮，完成行高调整。

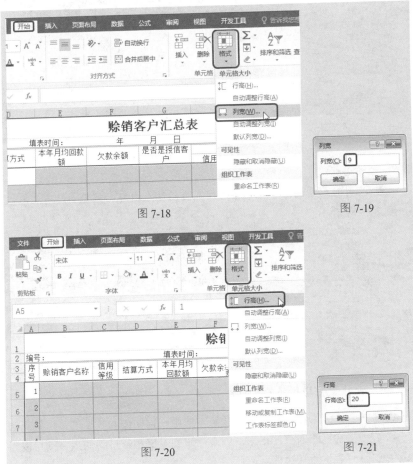

图 7-18

图 7-19

图 7-20

图 7-21

7. 让列宽自动适应内容

表格有默认的列宽值，如果输入的内容过长，除了使用"自动换行"功能让数据自动换行外，还可以使用"自动调整列宽"命令，实现表格列宽根据输入文本的长短自动调整数值。

扫一扫，看视频

❶ 选中要调整列宽的单元格区域，在"开始"选项卡的"单元格"组中单击"格式"下拉按钮，在打开的下拉列表中选择"自动调整列宽"选项，如图 7-22 所示。

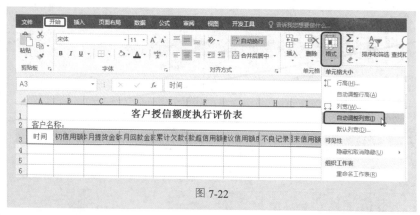

图 7-22

❷ 此时可以看到选中单元格的列宽自动适应内容，显示出所有文本，如图 7-23 所示。

图 7-23

8. 设计单元格区域的边框线

扫一扫，看视频

工作表中的网格线是方便用户辅助输入数据的，但是无法在打印时打印出来。如果创建的表格预备打印使用，则可以为表格添加边框。

❶ 选中要添加框线的单元格区域，在"开始"选项卡的"字体"组中单击"边框"下拉按钮，在打开的下拉列表中选择"其他边框"选项（如图 7-24 所示），打开"设置单元格格式"对话框。

❷ 切换至"边框"选项卡，在"线条"栏下的"样式"列表框中选择最后一个样式，在"颜色"下拉列表框中选择灰色，在"预置"栏下选择"外边框"，即可完成外部边框样式的设置，如图 7-25 所示。

❸ 继续在"线条"栏下的"样式"列表框中选择最后一个样式，在"颜色"下拉列表中选择灰色，在"预置"栏下选择"内边框"，即可完成内部

边框样式的设置，如图 7-26 所示。

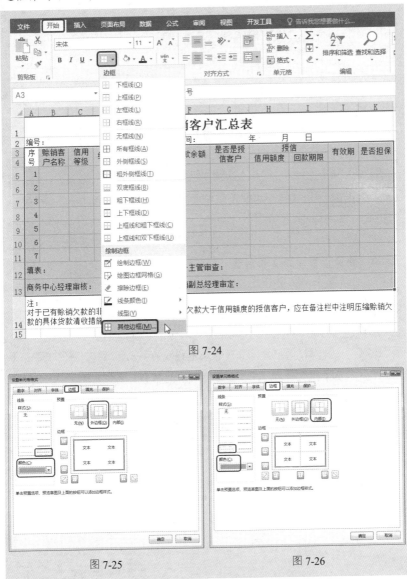

图 7-24

图 7-25

图 7-26

❹ 单击"确定"按钮完成设置，即可得到整张表格的边框效果，如图 7-27 所示。

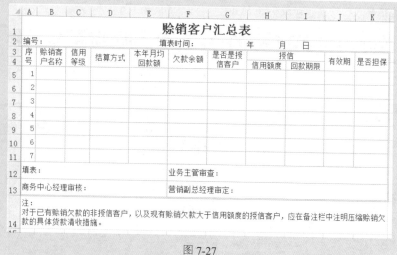

图 7-27

9. 快速设置注释文本样式

扫一扫，看视频

　　根据表格用途及性质不同，有些表格中会包含解释性文本，例如用注释文本告知注意事项、操作方法等。这样的文本可以为其快速应用"单元格样式"中的"解释性文本"格式。

❶ 选中要设置注释文本样式的单元格 A11，在"开始"选项卡的"样式"组中单击"单元格样式"下拉按钮，在打开的下拉列表中选择"解释性文本"，如图 7-28 所示。

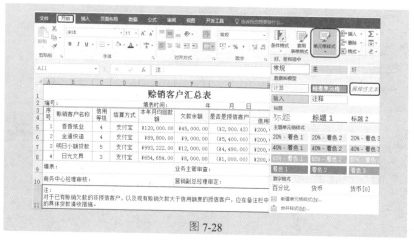

图 7-28

❷ 此时可以看到单元格内的文本被应用了指定的样式，如图 7-29 所示。

赊销客户汇总表								
编号：				填表时间：		年　　月　　日		
序号	赊销客户名称	信用等级	结算方式	本年月均回款额	欠款余额	是否是授信客户	授信	
							信用额度	回款期限
1	香香纸业	4	支付宝	¥120,000.00	¥45,000.00	(¥2,900.43)	¥200,000.00	
2	金通快递	4	支付宝	¥89,800.00	¥9,000.00	(¥5,400.00)	¥200,000.00	
3	明日小额贷款	5	支付宝	¥993,222.00	¥12,000.00	(¥4,490.00)	¥200,000.00	
4	日光文具	3	支付宝	¥654,654.00	¥8,000.00	(¥1,000.00)	¥200,000.00	
填表：					业务主管审查：			
商务中心经理审核：					营销副总经理审定：			
注 对于已有赊销欠款的非授信客户，以及现有赊销欠款大于信用额度的授信客户，应在备注栏中注明压缩赊销欠款的具体货款清收措施。								

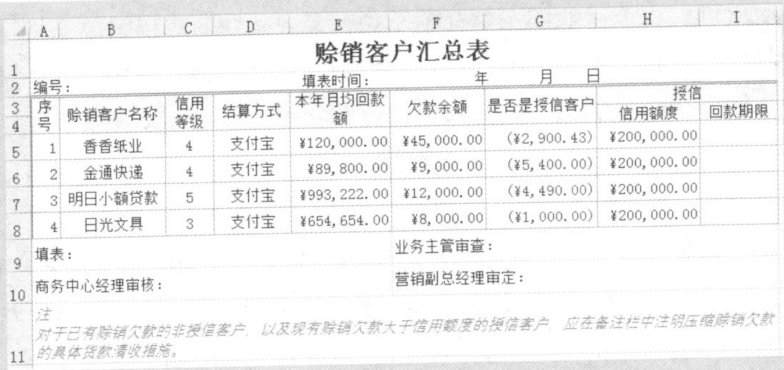

图 7-29

10. 快速设置货币数据样式

在财务报表中经常需要使用货币数据。本例中需要将表格中指定的单元格区域数据设置为“货币”格式，可以通过“单元格样式”下拉列表来设置。

扫一扫，看视频

❶ 选中要设置货币格式的单元格区域，在“开始”选项卡的“样式”组中单击“单元格样式”下拉按钮，在打开的下拉列表中选择“货币”，如图 7-30 所示。

❷ 此时即可为选中单元格区域应用货币格式，直接输入数值即可返回货币格式，如图 7-31 所示。

图 7-30

本年月均回款额	欠款余额
¥　435.00	¥　5,868.00
¥　568.00	¥　865.00
¥　6,543.00	¥　85,468.00
¥　65,888.00	¥　900.00
¥　436,357.00	¥　9,875.00
¥　563.00	¥　54.00
¥　1,000.00	¥　5,345.00

图 7-31

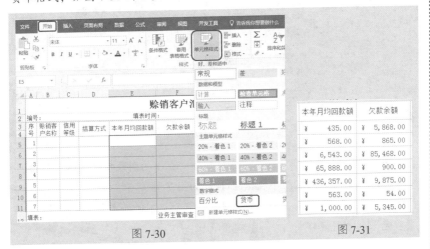

11. 新建自己的单元格样式

上面的例子中介绍了如何为表格快速应用"单元格样式"下拉列表中的内置样式，但很多时候预定义样式并不一定能满足实际需要，此时用户可以创建自己的样式。创建完毕后的样式同样可以保存至"单元格样式"下拉列表中，以后想使用时也可以快速套用。例如，下面将建立一个列标识样式。

❶ 打开表格后，在"开始"选项卡的"格式"组中单击"单元格样式"下拉按钮，在打开的下拉列表中选择"新建单元格样式"（如图 7-32 所示），打开"样式"对话框。

❷ 设置"样式名"为"列标识样式"，单击"格式"按钮（如图 7-33所示），打开"设置单元格格式"对话框。

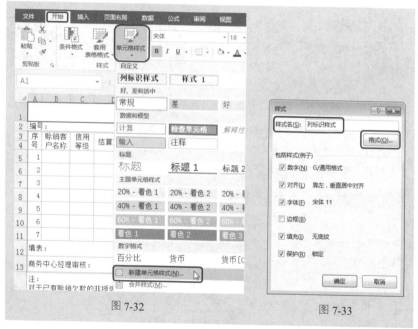

图 7-32   图 7-33

❸ 切换至"字体"选项卡，在"字体"栏下的列表框中选择"加粗"，在"字号"栏下的列表框中选择"11"，如图 7-34 所示。

❹ 切换至"填充"选项卡，在"背景色"栏下选择灰色，分别设置"图案颜色"和"图案样式"，如图 7-35 所示。

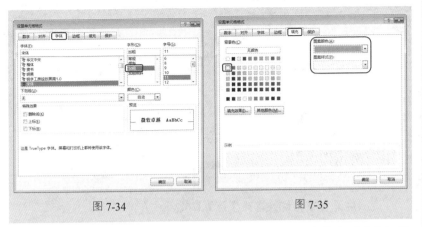

| 图 7-34 | 图 7-35 |

❺ 单击"确定"按钮，返回"样式"对话框，再次单击"确定"按钮完成设置。

❻ 返回表格后，选中要应用单元格样式的单元格区域，在"开始"选项卡的"样式"组中单击"单元格样式"下拉按钮，在打开的下拉列表中选择"自定义"栏下的"列标识样式"，如图 7-36 所示。

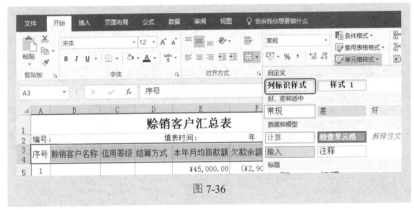

图 7-36

❼ 此时可以看到选中的单元格区域应用了用户自定义的单元格样式，如图 7-37 所示。

🔊 注意：

如果要删除自定义单元格样式，可以打开样式列表，将鼠标指针指向要删除的样式缩略图并单击鼠标右键，在弹出的快捷菜单中选择"删除"命令即可。

序号	赊销客户名称	信用等级	结算方式	本年月均回款额	欠款余额	是否是授信客户
1				¥45,000.00	(¥2,900.43)	
2				¥9,000.00	(¥5,400.00)	
3				¥12,000.00	(¥4,490.00)	
4				¥8,000.00	(¥1,000.00)	
5						

图 7-37

12. 将现有单元格的格式添加为样式

扫一扫，看视频

如果在网络上下载了表格，或者在查看他人设计的表格时发现比较不错的单元格样式设计，则可以将其添加为样式。添加的样式同样保存在样式库中，可随时选择套用。

❶ 选中已经设置好样式的单元格（如本例中的标题行已经设置了格式），在"开始"选项卡的"样式"组中单击"单元格样式"下拉按钮，在打开的下拉列表中选择"新建单元格样式"（如图 7-38 所示），打开"样式"对话框。

❷ 在"样式名"文本框中输入"标题 1"，如图 7-39 所示。

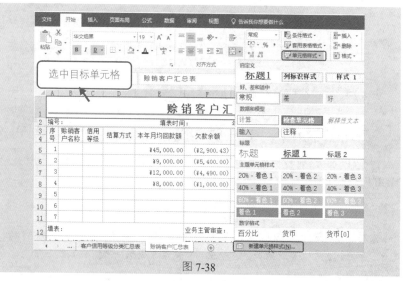

图 7-38

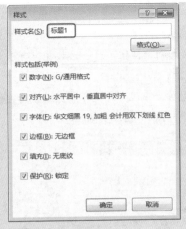

图 7-39

❸ 单击"确定"按钮，完成样式的添加，再次打开"单元格样式"下拉列表后，可以在"自定义"栏下看到刚才设置的样式，即"标题 1"，如图 7-40 所示。

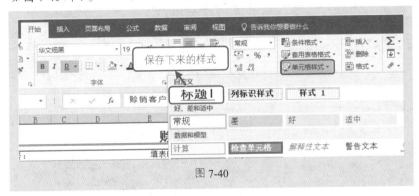

图 7-40

📢 注意：

将现有单元格格式添加为自定义样式，只需要为样式命名即可，不需要再重新设置单元格的格式。当其他表格的标题需要应用此样式时，只要选中后单击该样式即可应用。

13. 用"格式刷"快速引用单元格的格式

"格式刷"是表格数据编辑中非常实用的一个功能按钮，

扫一扫，看视频

可以快速刷取相同的文字格式、数字格式、边框样式以及填充效果等。

❶ 选中设置好格式的单元格区域（E3:E8），在"开始"选项卡的"剪贴板"组中单击"格式刷"按钮（双击该按钮，可以实现无限次格式引用操作），如图 7-41 所示。

❷ 此时鼠标指针旁会出现一个刷子，按住鼠标左键拖动选取要应用相同格式的单元格区域即可，如图 7-42 所示。

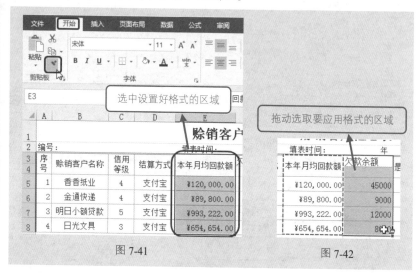

图 7-41

图 7-42

❸ 释放鼠标左键完成格式的快速引用，最终效果如图 7-43 所示。

图 7-43

14. 一次清除所有单元格的格式

如果表格已有一些格式，现在不想再用了，可以使用"清除格式"命令一次性将表格中的格式全部删除。

❶ 选中整张表格后，在"开始"选项卡的"编辑"组中单击"清除"下拉按钮，在打开的下拉列表中选择"清除格式"，如图7-44所示。

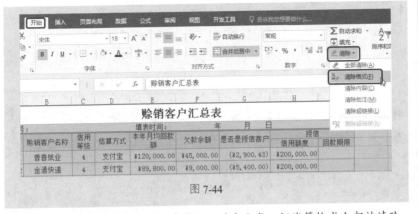

图 7-44

❷ 此时可以看到表格的所有底纹、对齐方式、框线等格式全部被清除，并只保留文本内容，如图7-45所示。

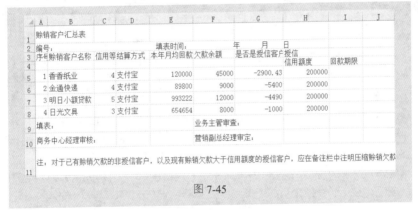

图 7-45

7.2 利用图片和绘图增强表格效果

表格美化不仅包括前面介绍的文字格式、边框底纹、对齐方式等的设置，还可为表格应用图片、背景、自定义图形、SmartArt图形等内容。当然，并不是所有表格都需要使用这种修饰效果，在学习了应用方法后，用户可选择性地将其应用于合适的表格中。

1. 插入并调整图片

本例中需要在指定单元格中插入企业营业执照（在插入图片之前需要将图片文件保存在指定的文件夹中）。插入图片之后还可以对图片的位置和大小尺寸进行调整。

❶ 打开表格后，在"插入"选项卡的"插图"组中单击"图片"按钮（如图 7-46 所示），打开"插入图片"对话框。

❷ 找到图片文件所在的文件夹路径并单击选中图片文件，如图 7-47 所示。

图 7-46 　　　　　　　　　　　　图 7-47

❸ 单击"插入"按钮，即可把图片插入表格。

❹ 单击选中插入的图片后，图片四周会出现尺寸控制点。将鼠标指针指向拐角控制点，此时鼠标指针变成双向对拉箭头（如图 7-48 所示），按住鼠标左键拖动可缩放图片。如果鼠标指针指向非控制点的其他任意位置，鼠标指针变为四向箭头（如图 7-49 所示），按住鼠标拖动可移动图片的位置。

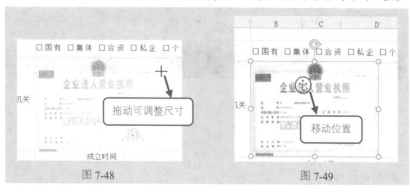

图 7-48 　　　　　　　　　　　　图 7-49

2. 裁剪图片

在表格中插入图片之后，如果插入的图片包含不需要的部分，可以使用"裁剪"功能将多余的区域裁剪掉，只保留需要的部分。

扫一扫，看视频

❶ 选中插入的图片后，在"图片工具 | 格式"选项卡下的"大小"组中单击"裁剪"按钮（如图 7-50 所示），即可进入裁剪状态。

图 7-50

❷ 此时图片四周会出现 8 个控制点，将鼠标指针放在右上角的控制点，如图 7-51 所示。

❸ 按住鼠标左键向左下拖动，裁剪到适合大小后释放鼠标左键即可，如图 7-52 所示。

图 7-51   图 7-52

④ 此时可以看到 8 个控制点的位置发生了变化，灰色区域的图片部分是即将被裁剪掉的部分，如图 7-53 所示。最后在表格任意空白处单击，即可完成图片的裁剪，如图 7-54 所示。

图 7-53　　　　　　　　　　　图 7-54

3. 抠图

扫一扫，看视频

在表格中插入图片之后，如果要删除图片的背景，只保留图片的主体部分，可以使用"删除背景"功能。

❶ 选中图片后，在"图片工具 | 格式"选项卡的"调整"组中单击"删除背景"按钮（如图 7-55 所示），进入背景删除状态。

图 7-55

❷ 当前状态下变色的区域为即将被删除的，本色的区域为要保留的区域。如果图片中有想保留的区域也变色了，需要单击"标记要保留的区域"按钮（如图 7-56 所示），当鼠标指针变成笔的形状时，在变色区域上拖动（小面积则单击），即可以让其恢复本色，如图 7-57、图 7-58 所示。

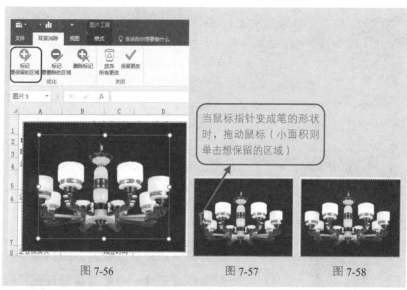

当鼠标指针变成笔的形状时，拖动鼠标（小面积则单击想保留的区域）

图 7-56　　　　　　　　图 7-57　　　　　　　　图 7-58

❸ 按相同方法不断调节，直到所有想保留的区域保持本色、想删除区域处于变色状态即为调节完毕，在图片以外的任意位置单击即可删除背景，如图 7-59 所示。

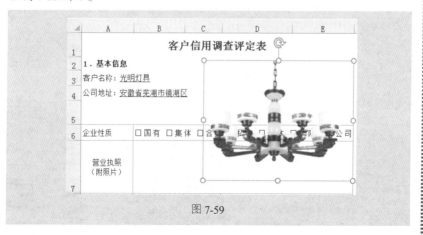

图 7-59

📢 注意：

在挑选图片时应当选择背景简单的图片，这样抠图操作会更容易实现。

4. 图片颜色修正

为了让表格得到更加完美的设计效果，可以重新更改插入的图片的颜色饱和度以及色调等。通过图片颜色修正，可以得到黑白照片以及复古照片等特殊效果。

❶ 选中图片后，在"图片工具 | 格式"选项卡的"调整"组中单击"颜色"下拉按钮，在打开的下拉列表中选择"颜色饱和度"栏下的"400%"，如图 7-60 所示。

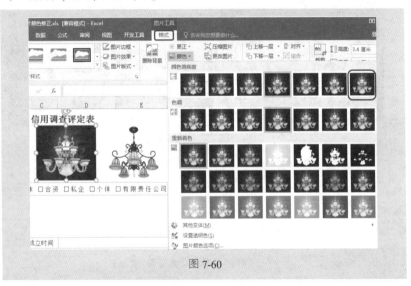

图 7-60

❷ 此时可以看到图片的颜色饱和度增强了，效果如图 7-61 所示。

图 7-61

5. 快速套用图片样式

完成图片插入之后，为了让图片符合表格设计要求并和表格内容更好地融合，可以重新设置图片的样式，比如添加边框、三维立体效果等。Excel 内置了一些可供一键套用的样式，省去了逐步设置的麻烦。

扫一扫，看视频

❶ 选中图片后，在"图片工具 | 格式"选项卡的"图片样式"组中打开"图片样式"下拉列表，从中选择"柔化边缘椭圆"，如图 7-62 所示。

图 7-62

❷ 此时可以看到图片的边缘被柔化处理，效果如图 7-63 所示。

图 7-63

📢 注意：

如果图片样式列表中的效果不满足实际需求，可以重新为图片指定边框效果、填充效果以及三维立体效果。

6. 应用图片版式

扫一扫，看视频

如果想在插入的图片上添加文本标注，可以直接使用"图片版式"功能来完成。此功能可以在图片上添加图形并进行文字编辑，应用非常方便，排版效果也很不错。

❶ 选中图片后，在"图片工具 | 格式"选项卡的"调整"组中单击"图片版式"下拉按钮，在打开的下拉列表中选择"蛇形图片题注"，如图 7-64 所示。

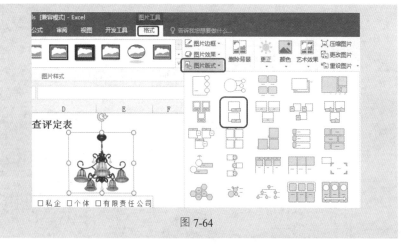

图 7-64

❷ 此时可以看到图片被更改为指定的版式，单击"文本"进入文本编辑状态（如图 7-65 所示），直接输入文字即可，效果如图 7-66 所示。

图 7-65　　　　　　　　　　　　　图 7-66

256

❸ 按相同的方法应用其他版式，可以看到应用后的图片排版效果，如图 7-67、图 7-68 所示。

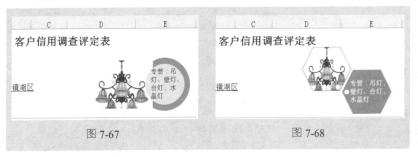

图 7-67　　　　　　　　　　　图 7-68

7. 绘制形状

编辑表格的过程中经常需要使用一些特殊形状来表达数据，比如本例中规定：企业的信用等级以心形表示，并用心形的数量代表信用等级的高低。这时可以使用"形状"功能，在任意单元格内绘制一个或者多个形状。

扫一扫，看视频

❶ 打开表格后，在"插入"选项卡的"插图"组中单击"形状"下拉按钮，在打开的下拉列表中选择"基本形状"栏下的"心形"，如图 7-69 所示。

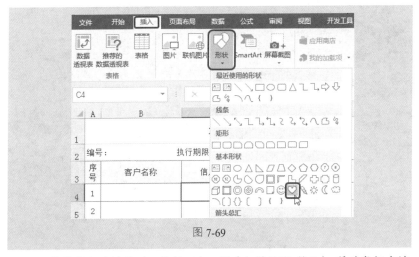

图 7-69

❷ 按住鼠标左键拖动，绘制一个心形（如图 7-70 所示），释放鼠标左键后完成形状的绘制，如图 7-71 所示。依次复制两个相同的心形，即可完成

形状的添加，效果如图 7-72 所示。

图 7-70 图 7-71

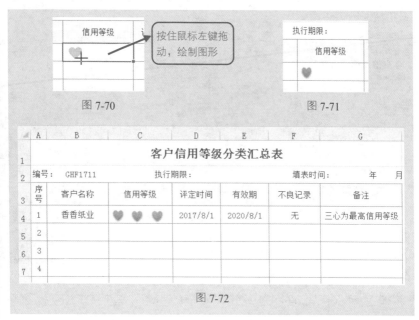

图 7-72

8. 为形状添加文本

有时在绘制形状后需要在上面添加文字说明，此时可按如下方法激活编辑文本。

❶ 选中形状后单击鼠标右键，在弹出的快捷菜单中选择"编辑文字"命令（如图 7-73 所示），进入文字编辑状态，如图 7-74 所示。

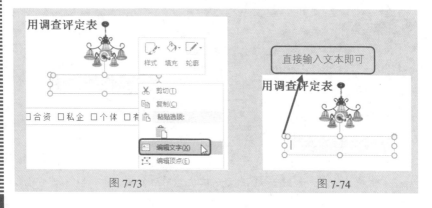

图 7-73 图 7-74

❷ 直接输入文字即可，效果如图 7-75 所示。

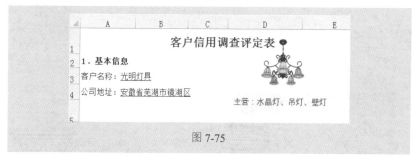

图 7-75

9. 设置形状边框线条

在表格中绘制的形状有默认的边框线条，默认的边框线条也可以按需要重新设置。

扫一扫，看视频

❶ 选中表格中的形状后，在"绘图工具 | 格式"选项卡下的"形状样式"组中单击右下角的"对话框启动器"按钮（如图 7-76 所示），打开"设置形状格式"窗格。

❷ 在"线条"栏下选中"实线"单选按钮，在"颜色"下拉列表中选择橘黄色（如图 7-77 所示），即可为形状边框线设置指定的线条和颜色。

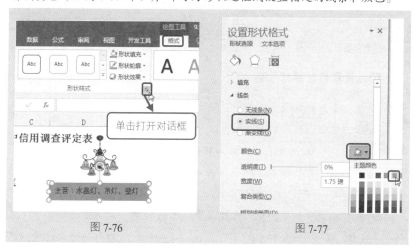

图 7-76   图 7-77

❸ 在"宽度"数值框中输入"2.5 磅"，单击"复合类型"右侧的下拉按钮，在打开的下拉列表中选择"双向"，如图 7-78 所示。

④ 单击"短划线类型"右侧的下拉按钮，在打开的下拉列表中选择"圆点"，如图 7-79 所示。

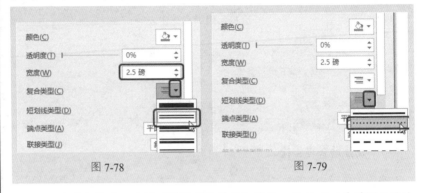

图 7-78　　　　　　　　　　　图 7-79

⑤ 设置完毕后，关闭"设置形状格式"窗格。此时可以看到形状的边框线条显示为指定的格式效果，如图 7-80 所示。

图 7-80

10. 设置形状填充效果

扫一扫，看视频

　　　　在表格中绘制形状后有默认的填充颜色，默认的填充颜色也可以按需要重新设置。

　　❶ 选中表格中的形状后，在"绘图工具 | 格式"选项卡下的"形状样式"组中单击右下角的"对话框启动器"按钮（如图 7-81 所示），打开"设置形状格式"窗格。

　　❷ 在"填充"栏下选中"渐变填充"单选按钮，在"预设渐变"下拉列表中选择"渐变颜色-个性色 4"（如图 7-82 所示），即可为形状设置指定渐变填充效果，如图 7-83 所示。

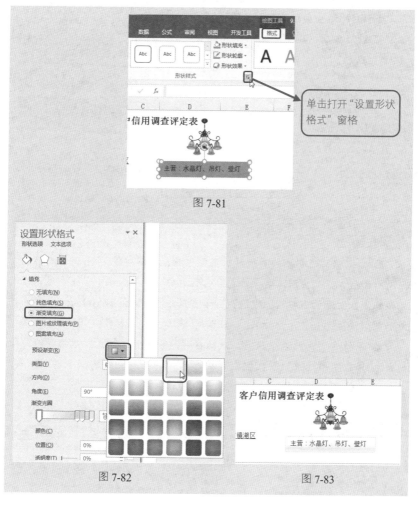

图 7-81

图 7-82

图 7-83

扫一扫，看视频

11. 多对象叠放次序及快速对齐

在利用多对象（图片、图形、文本框等）完成一项设计时，会牵涉到对象叠放次序的问题与多对象对齐问题。如果要显示在上面的对象被其他对象覆盖，则可以重新调整其叠放次序。此外，还可以利用"对齐"功能快速将多个对象对齐排列。

❶ 选中形状后单击鼠标右键（如本例中的太阳图形），在弹出的快捷菜单中依次选择"置于底层"→"置于底层"命令（如图 7-84 所示），即可将

形状置于图片的最底层，如图 7-85 所示。

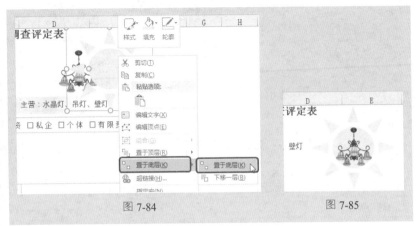

图 7-84   图 7-85

❷ 如果要对表格内的多个形状实现对齐，可以按住 Ctrl 键依次单击选中所有图形，在"绘图工具 | 格式"选项卡的"排列"组中单击"对齐"下拉按钮，在打开的下拉列表中选择"垂直居中"（如图 7-86 所示），即可将所有图形设置为垂直居中效果。

❸ 保持多图形的选中状态，继续在"绘图工具 | 格式"选项卡的"排列"组中单击"对齐"下拉按钮，在打开的下拉列表中选择"横向分布"（如图 7-87 所示），即可将所有图形设置为横向对齐效果。

图 7-86   图 7-87

❹ 经过上面两次对齐后，即可让几个"爱心"保持水平并且具有相同

的间距，如图 7-88 所示。

	A	B	C	D	E	F
1	客户信用等级分类汇总表					
2	编号：GHF1711		执行期限：			填表时间
3	序号	客户名称	信用等级	评定时间	有效期	不良记录
4	1	香香纸业		2017/8/1	2020/8/1	无
5	2					
6	3					
7	4					

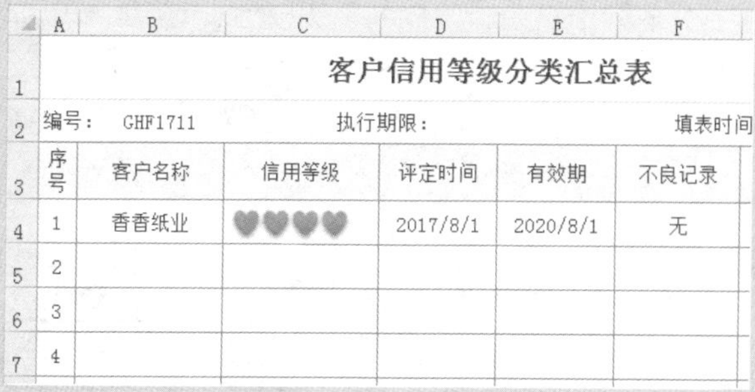

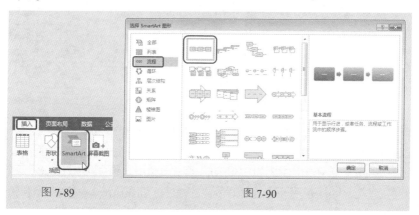

图 7-88

12. 使用 SmartArt 图形

Excel 中提供了多种类型的 SmartArt 图形，包含列表、流程、循环、层次结构、关系、矩阵、棱锥图等一系列图形，SmartArt 图形具有形象、清晰、直观、易懂等特点，用户可以方便地用来编制各种逻辑结构图形。

扫一扫，看视频

本例中需要创建流程图表达新产品的推广流程。流程图用于显示任务或流程中的顺序步骤，使用流程图可以说明一项活动的流程。

❶ 打开表格后，在“插入”选项卡的“插图”组中单击“SmartArt”按钮（如图 7-89 所示），打开“选择 SmartArt 图形”对话框。

❷ 选择“流程”选项卡，在中间列表框中选择“基本流程”，如图 7-90 所示。

图 7-89

图 7-90

❸ 单击"确定"按钮，即可插入 SmartArt 图形。单击 SmartArt 图形中的"文本"（如图 7-91 所示）进入文本编辑状态，直接在文本框内输入相关文字即可，如图 7-92 所示。

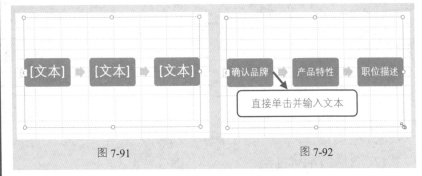

图 7-91　　　　　　　　　　　　图 7-92

❹ 将 SmartArt 图形移动到 A9 单元格内，如图 7-93 所示。

图 7-93

13. SmartArt 图形不够时自定义添加

默认的流程图形状个数为 3 个，如果想要表达的信息需要使用 4 个或者更多形状，可以在指定任意的单个形状前面或者后面添加任意个数的形状，并在其中输入相应的信息内容。

❶ 选中要在其后添加新形状的 SmartArt 单个形状（职位描

述），在"SmartArt 工具 | 设计"选项卡的"创建图形"组中单击"添加形状"下拉按钮，在打开的下拉列表中选择"在后面添加形状"，如图 7-94 所示。

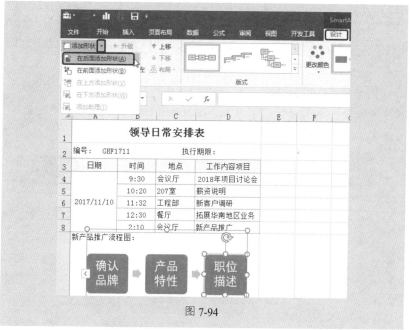

图 7-94

❷ 此时可以看到在指定的单个形状后面添加了新形状，直接在新形状内输入"战略合作"即可，效果如图 7-95 所示。

图 7-95

14. 更改 SmartArt 图形布局和样式

为 SmartArt 图形选择布局之前，需要了解自己创建的表格内容需要传达什么信息，以选用适合的类型。在编辑 SmartArt 图形的过程中可以快速、轻松地切换布局，通过尝试不同类型的从中布局，找到对自己想要表达的信息能够作出最佳阐述的布局。下面以技巧 13 中建立的 SmartArt 图形为例更改布局。

❶ 选中 SmartArt 图形，在"SmartArt 工具 | 设计"选项卡的"版式"组中单击右侧的"其他"下拉按钮，在打开的下拉列表中选择"其他布局"（如图 7-96 所示），打开"选择 SmartArt 图形"对话框。

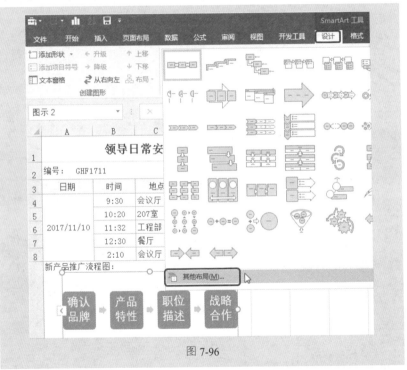

图 7-96

❷ 选择"流程"选项卡，在中间列表框中选择"基本 V 形流程"，如图 7-97 所示。

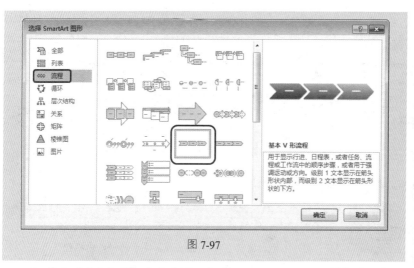

图 7-97

❸ 单击"确定"按钮完成设置。在"SmartArt 工具 | 设计"选项卡的"SmartArt 样式"组中单击"其他"下拉按钮，在打开的下拉列表中选择"优雅"，如图 7-98 所示。

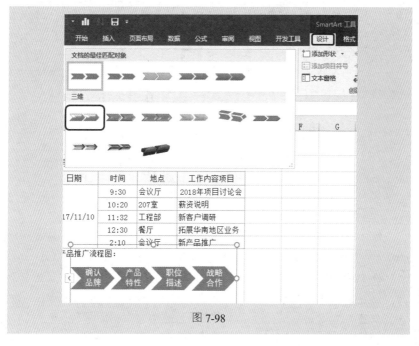

图 7-98

❹ 此时可以看到 SmartArt 图形被设置为指定的三维立体样式，效果如图 7-99 所示。

新产品推广流程图：

图 7-99

15. 使用艺术字标题

扫一扫，看视频

艺术字是一种文本样式，例如阴影或镜像（反射）文本等，对于表格中一些特殊文本的设计可以为其应用此效果。

❶ 打开表格后，在"插入"选项卡的"文本"组中单击"艺术字"下拉按钮，在打开的下拉列表中选择"渐变填充-金色，着色 4，轮廓-着色 4"，如图 7-100 所示。

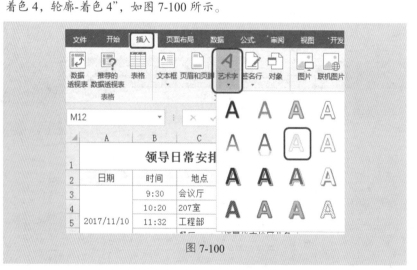

图 7-100

❷ 此时可以在表格中插入"请再此处放置您的文字"文本框（如图 7-101 所示），然后单击文本框并输入文本，如图 7-102 所示。

❸ 选中插入的艺术字后，在"开始"选项卡的"字体"组中设置字号为"18"，如图 7-103 所示。再将插入的艺术字移动到 SmartArt 图形上方即可，如图 7-104 所示。

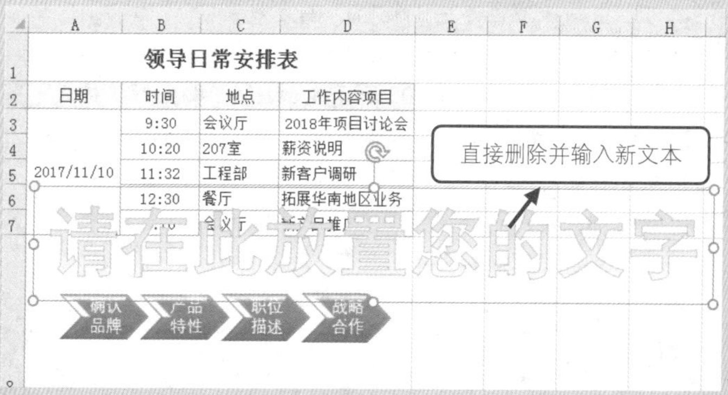

直接删除并输入新文本

领导日常安排表			
日期	时间	地点	工作内容项目
	9:30	会议厅	2018年项目讨论会
	10:20	207室	薪资说明
2017/11/10	11:32	工程部	新客户调研
	12:30	餐厅	拓展华南地区业务
	:10	会议厅	新产品推广

请在此放置您的文字

图 7-101

	10:20	207室	薪资说明
17/11/10	11:32	工程部	新客户调研
	12:30	餐厅	拓展华南地区业务
	:0	会议厅	新产品推广

新产品推广流程

图 7-102

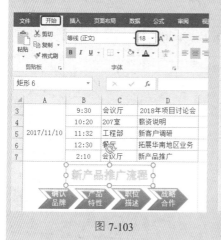

图 7-103

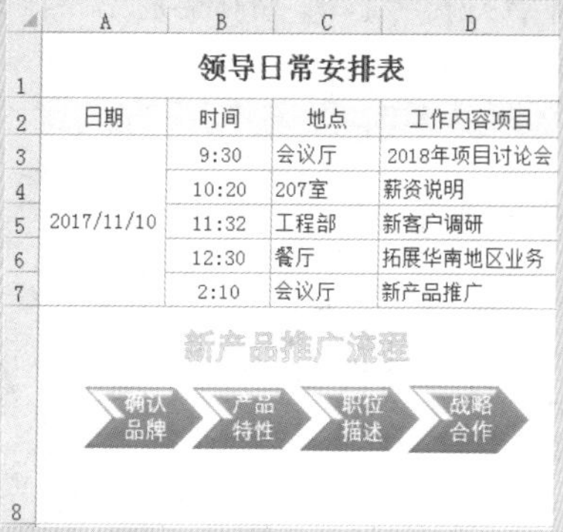

领导日常安排表			
日期	时间	地点	工作内容项目
	9:30	会议厅	2018年项目讨论会
	10:20	207室	薪资说明
2017/11/10	11:32	工程部	新客户调研
	12:30	餐厅	拓展华南地区业务
	2:10	会议厅	新产品推广

新产品推广流程

图 7-104

16. 艺术字轮廓及填充的自定义设置

在表格中插入艺术字之后，如果想对默认的艺术字效果进

扫一扫，看视频

269

一步美化，可以重新设置艺术字的轮廓、填充效果。

❶ 选中插入的艺术字并单击鼠标右键，在弹出的快捷菜单中选择"设置文字效果格式"命令（如图 7-105 所示），打开"设置形状格式"窗格。

❷ 切换至"文本填充与轮廓"选项卡，在"文本边框"栏下选中"实线"单选按钮，在"颜色"下拉列表中选择深灰色（如图 7-106 所示），即可为艺术字的轮廓指定颜色。

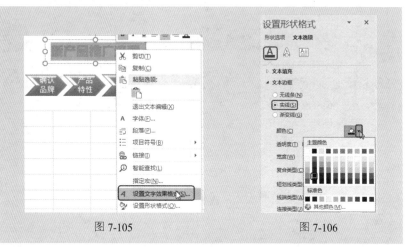

图 7-105　　　　　　　　　　　　图 7-106

❸ 在"文本填充"栏下选中"渐变填充"单选按钮，在"预设渐变"下拉列表中选择"顶部聚光灯-个性色 1"（如图 7-107 所示），即可为艺术字应用渐变填充效果，如图 7-108 所示。

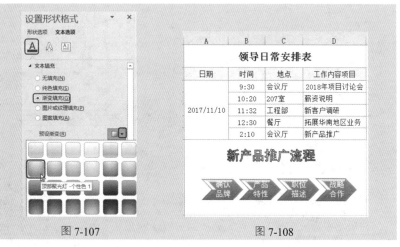

图 7-107　　　　　　　　　　　　图 7-108

❹ 艺术字通过更改字体、放大字号等，可以呈现出不同的效果，如图 7-109、图 7-110 所示。

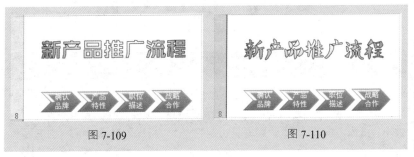

图 7-109   图 7-110

第8章 打印表格

8.1 页面设置

Excel 在执行表格打印之前，先要进行页面设置，比如设置页面（纸张大小、纸张方向等）、页边距（页边距的大小、打印内容位置）、添加页眉和页脚等。页面设置的有关命令可以在"页面布局"选项卡中的"页面设置"组中查找。

1. 打印预览

扫一扫，看视频

在表格打印之前可以进入"打印预览"界面，查看表格的打印效果是否规范并符合打印要求。比如表格过高或者过宽会导致无法在一张 A4 纸上全部显示并打印出来，或者表格无法居中打印等。因此，打印预览是正式打印前的一项必备工作，对不符合打印要求的表格应进一步调整。

❶ 在 Excel 2016 主界面中，单击"文件"菜单项（如图 8-1 所示），打开下拉菜单。

❷ 在打开的下拉菜单中选择"打印"命令（如图 8-2 所示），即可进入打印预览界面。

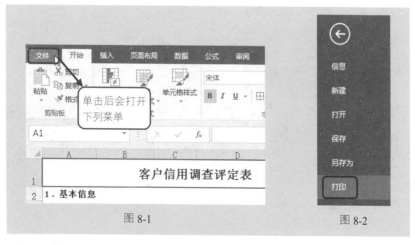

图 8-1

图 8-2

❸ 此时可以在右侧看到表格的打印预览效果，如图 8-3 所示。

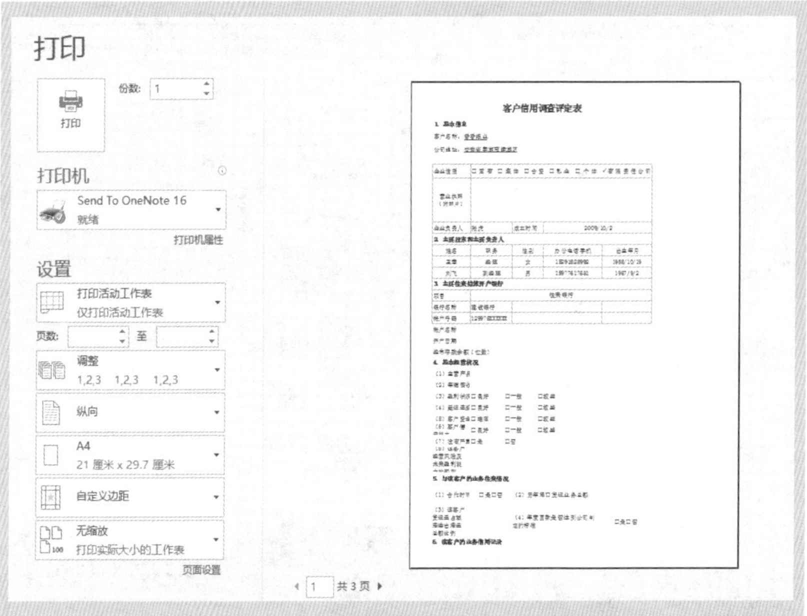

图 8-3

2. 调整默认页边距

页边距是指工作表中数据到纸张边缘的距离，默认显示为
空白区域在表格顶部和底部页边距所在区域可放置一些项目，
如页眉、页脚和页码。要使工作表的最终打印页面更加规范，
可以在"页面设置"对话框中适当调整页边距。

扫一扫，看视频

❶ 按照技巧 1 进入表格的打印预览界面后，单击底部的"页面设置"
链接（如图 8-4 所示），打开"页面设置"对话框。

❷ 切换至"页边距"选项卡，分别设置上边距和下边距为"5"，左边
距和右边距为"2.9"，如图 8-5 所示。

❸ 单击"确定"按钮完成设置，此时打印预览界面中显示的是重调页
边距后的效果，如图 8-6 所示。

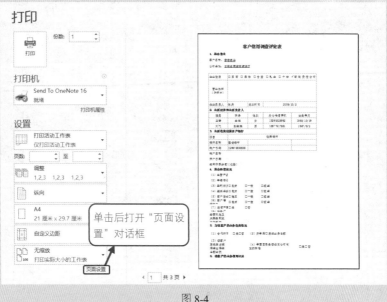

图 8-4

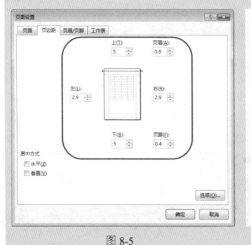

图 8-5

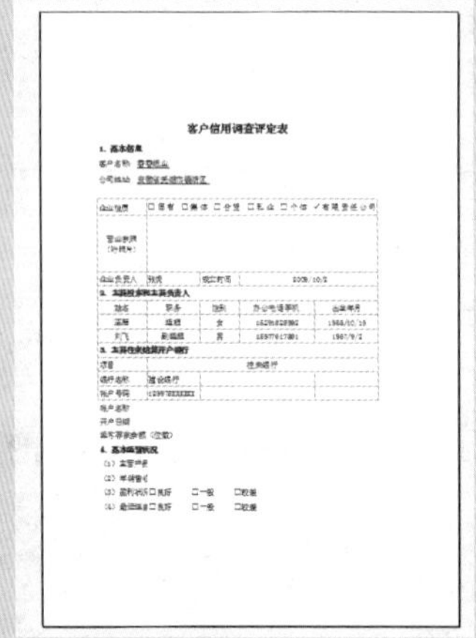

图 8-6

📢 注意:

调整页边距时，尽量将左右边距设置为相同，上下边距也设置为相同，这样打印出来的表格会比较美观。

3. 将打印内容显示到纸张中间

有些表格的内容较少，不足以充满整个页面。对于这样的表格，在打印时有时需要通过设置让其打印到纸张的中间。

扫一扫，看视频

❶ 进入表格的打印预览界面后（先预览一下表格），单击底部的"页面设置"链接（如图 8-7 所示），打开"页面设置"对话框。

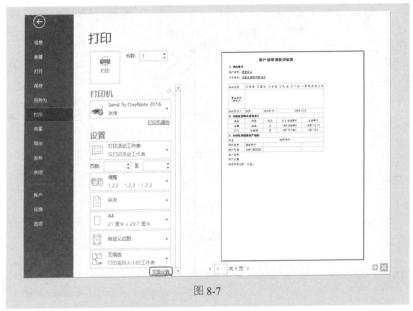

图 8-7

❷ 切换至"页边距"选项卡，在"居中方式"栏下分别勾选"水平"和"垂直"复选框，如图 8-8 所示。

❸ 单击"确定"按钮完成设置，此时可以看到打印预览界面中的表格位于纸张正中间，效果如图 8-9 所示。

4. 重设打印纸张

表格的默认纸张大小为 A4，为了满足实际打印需求，可以重新设置纸张大小。调整完毕后，可以在打印预览中查看打印纸张效果。

扫一扫，看视频

❶ 打开表格后，在"页面布局"选项卡的"页面设置"组中单击"对话框启动器"按钮（如图 8-10 所示），打开"页面设置"对话框。

❷ 切换至"页面"选项卡，在"纸张大小"下拉列表框中选择其他纸张规格，如图 8-11 所示。

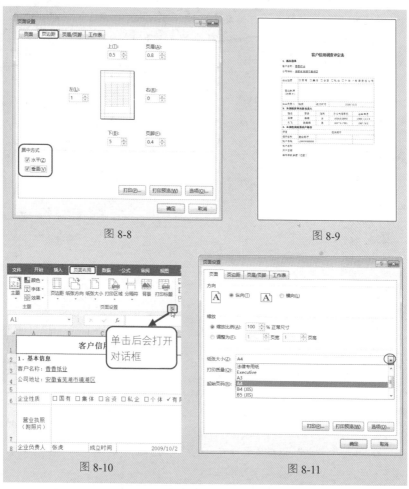

图 8-8   图 8-9

图 8-10   图 8-11

❸ 单击"确定"按钮，完成纸张大小的设置。

5. 在任意需要的位置分页

扫一扫，看视频

当要打印的表格有多页时，正常情况下是第一页排满的情况下才把内容排向下一页中，但在实际打印中有时需要在指定的位置上分页，即随意安排想分页的位置。

❶ 打开表格后，在"视图"选项卡的"工作簿视图"组中单击"分页预览"按钮（如图 8-12 所示），进入分页预览状态。

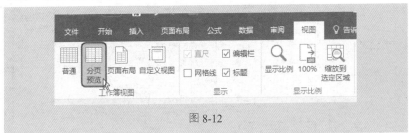

图 8-12

❷ 在"分页预览"视图中，可以看到蓝色虚线分页符（默认的分页处），如图 8-13 所示。将鼠标指针指向分页符，按住鼠标左键拖动，即可调整分页的位置。如本例中向上拖动到第 19 行处，如图 8-14 所示。

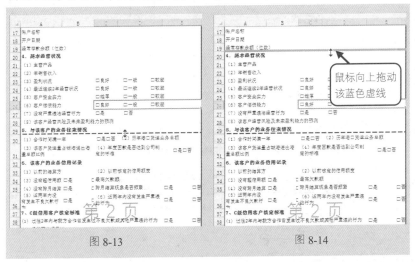

图 8-13   图 8-14

❸ 调整后在"视图"选项卡的"工作簿视图"组中单击"普通"按钮，返回普通视图。重新进入打印预览状态，可以看到当前表格将第 19 行之后分到下一页了，如图 8-15、图 8-16 所示。

6. 自定义页码（页脚）

在工作表的顶部或底部可以添加页眉或页脚来修饰。例如，可以创建一个包含页码、日期以及文件名的页脚，也可以创建包含图片的页眉等。

扫一扫，看视频

页眉和页脚会显示在"页面布局"视图中，因此如果要添加页脚，可以进入"页面布局"视图中进行操作。

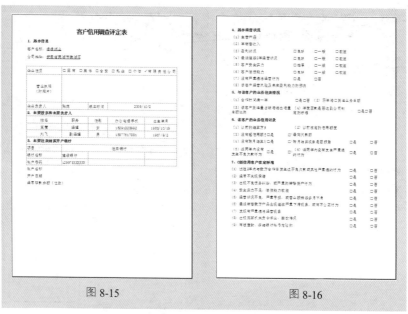

图 8-15　　　　　　　　　　　　　　　图 8-16

❶ 打开表格后，在"视图"选项卡的"工作簿视图"组中单击"页面布局"按钮（如图 8-17 所示），即可进入页面布局视图。

图 8-17

❷ 此时可以看到表格页面的下方显示了页脚，分为 3 个编辑区域。单击左侧的第一个区域后，在"页眉和页脚工具 | 设计"选项卡的"页眉和页脚元素"组中单击"页码"按钮，如图 8-18 所示。

❸ 在非页脚区域的任意空白处单击鼠标左键退出编辑状态，此时可以看到添加的页码，如图 8-19 所示。按相同的方法单击其他区域，还可以插入其他页脚。

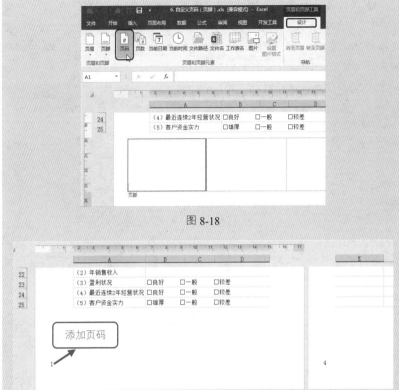

图 8-18

图 8-19

添加页码

7. 应用页眉

为待打印的表格添加页眉，可以让表格更加正规与专业。一般可以添加文字页眉或带图片的页眉等。

❶ 打开表格后，在"插入"选项卡的"文本"组中单击"页眉和页脚"按钮（如图 8-20 所示），即可进入页眉编辑状态。

扫一扫，看视频

图 8-20

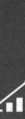

第 8 章 打印表格

❷ 此时可以看到表格上方显示了页眉，分为 3 个编辑区域。单击中间区域后，直接输入文本并选中文本，在"开始"选项卡的"字体"组中设置字体为"锐字工房绽放黑简 1.0"，字形为"倾斜""加粗"，大小为"20"，颜色为深蓝色，如图 8-21 所示。

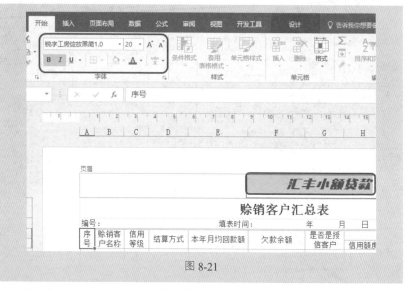

图 8-21

❸ 按照相同的方法输入剩下的页眉文字并设置格式，退出页眉编辑状态，效果如图 8-22 所示。

序号	赊销客户名称	信用等级	结算方式	本年月均回款额	欠款余额	是否是授信客户	授信		有效期	是否担保
							信用额度	回款期限		
1										
2										
3										
4										
5										
6										
7										

赊销客户汇总表

编号：　　　　　　　　　　填表时间：　　　　年　　月　　日

填表：　　　　　　　　　业务主管审查：

商务中心经理审核：　　　　营销副总经理审定：

注：

图 8-22

◀»注意:

只有在页面布局视图中才可以看到页眉和页脚，日常编辑表格时都是在普通视图中，普通视图是看不到页眉和页脚的。

8. 设计图片页眉

在编辑表格时很多时候需要将企业的 Logo 图片或者产品图片等插入到页眉位置作为修饰。由于默认插入到页眉中的图片显示的是链接而不是图片本身，因此需要借助如下的方法进行图片调节，让图片适应表格的页眉。

扫一扫，看视频

❶ 打开表格后，在"插入"选项卡的"文本"组中单击"页眉和页脚"按钮，即可进入页眉编辑状态。

❷ 单击第一个页眉区域，在"页眉和页脚工具 | 设计"选项卡的"页眉和页脚元素"组中单击"图片"按钮（如图 8-23 所示），打开"插入图片"对话框。

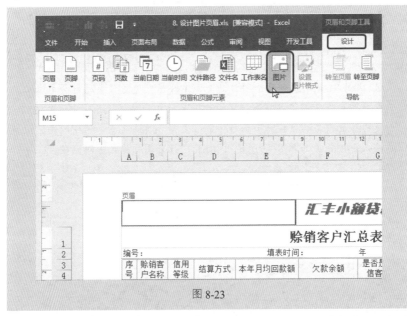

图 8-23

❸ 单击"浏览"按钮（如图 8-24 所示），打开"插入图片"窗口。找到图片文件夹路径后单击选中图片，如图 8-25 所示。

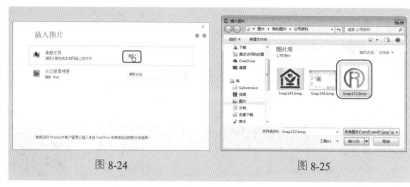

图 8-24   图 8-25

❹ 单击"插入"按钮，完成插入图片后默认显示的是图片的链接，而并不显示真正的图片，如图 8-26 所示。要想查看到图片，则在页眉区以外任意位置单击，即可看到图片页眉，如图 8-27 所示。

图 8-26   图 8-27

❺ 从图 8-27 中看到页眉图片的大小不合适，遮盖了表格部分内容，此时需要对图片进行调整。将光标定位到图片所在的编辑框并选中图片链接，在"页眉和页脚工具 | 设计"选项卡的"页眉和页脚元素"组中单击"设置图片格式"按钮（如图 8-28 所示），打开"设置图片格式"对话框。

图 8-28

❻ 在"大小"选项卡中设置图片的"高度"和"宽度",如图 8-29 所示。

❼ 单击"确定"按钮即可完成图片的调整,最终页眉效果如图 8-30 所示。

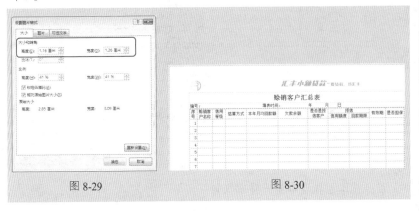

图 8-29   图 8-30

8.2 打印技巧

前面小节介绍了很多打印前的页面设置技巧,完成页面设置之后,下一步就需要对表格执行打印操作了。掌握表格打印技巧可以让学习和工作更高效,比如只打印表格部分区域、将表格打印在一张纸上,以及数据透视表和设置了分类汇总的表格的打印等。

1. 打印指定的页

如果表格页数比较多,执行表格打印后,默认是从第 1 页一直打印到最后一页。如果只想打印指定的页码,可以按照本例介绍的技巧设置打印页码。

扫一扫,看视频

❶ 在 Excel 2016 主界面中,单击"文件"菜单项(如图 8-31 所示)。

❷ 在弹出的下拉菜单中选择"打印"命令,即可进入打印预览界面。在"设置"栏下设置"页数"为"3"至"5"页,如图 8-32 所示。

❸ 设置完毕后,单击"打印"按钮即可打印指定页。

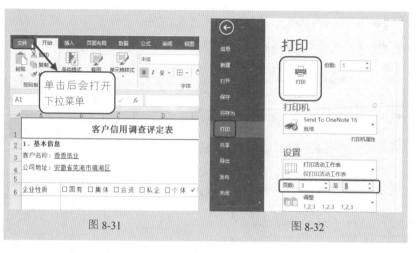

图 8-31　　　　　　　　　　　　　　　　　　　图 8-32

2. 打印工作表中某一特定区域

扫一扫，看视频

执行表格打印时默认是打印整张工作表，如果只需要打印表格中指定区域的数据，可以事先选中要打印的表格区域，然后再设置为打印区域即可。

❶ 选中表格中要打印的单元格区域，在"页面布局"选项卡的"页面设置"组中单击"打印区域"下拉按钮，在打开的下拉列表中选择"设置打印区域"，如图 8-33 所示。

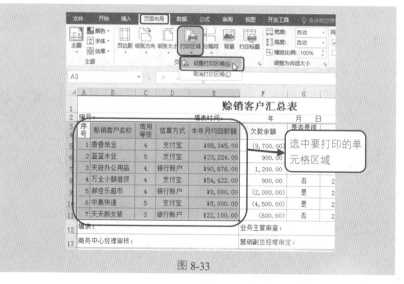

图 8-33

❷ 进入打印预览状态中，可以看到只有被设置的打印区域处于待打印状态，如图 8-34 所示。

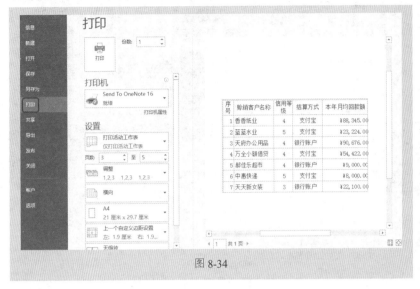

图 8-34

📢 注意：

> 如果要取消打印区域，可以在"打印区域"下拉列表中选择"取消打印区域"。

3. 将多个不连续的区域连接打印

上一技巧中介绍了如何只打印表格中的某一个区域，那么如果想打印的是不连续的单元格区域，而又想将它们连续打印，有没有什么办法呢？要解决这一问题，可以事先将不需要打印的单元格区域隐藏，这样在执行打印时系统就会默认只打印没有隐藏的单元格区域了。

扫一扫，看视频

❶ 按住 Ctrl 键依次单击选中不需要打印的多个不连续的行或列（直接在行号或列标上单击选中整行或整列），然后单击鼠标右键，在弹出的快捷菜单中单击"隐藏"命令（如图 8-35 所示），即可隐藏所有不需打印的单元格区域，如图 8-36 所示。

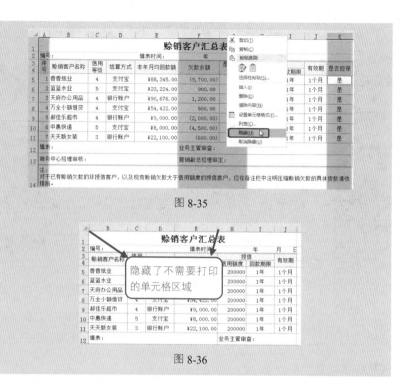

图 8-35

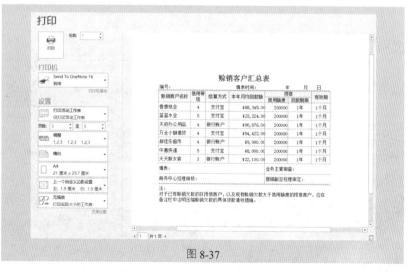

图 8-36

❷ 进入打印预览界面后，可以看到被隐藏的区域未显示，而是将未隐藏的所有单元格连续显示，作为待打印的对象，如图 8-37 所示。

图 8-37

4. 一次性打印多张工作表

在执行打印命令时，默认情况下 Excel 程序只会打印当前活动工作表，即不能打印该工作簿中的其他工作表。但有时需要同时连续打印出所有工作表的内容，此时可以先将所有要打印的表格排好版，然后进行如下的操作。

❶ 在 Excel 2016 主界面中，单击"文件"菜单项，如图 8-38 所示。

❷ 在弹出的下拉菜单中选择"打印"命令，即可进入打印预览界面。在"设置"栏下的"打印活动工作表"下拉列表中选择"打印整个工作簿"，如图 8-39 所示。

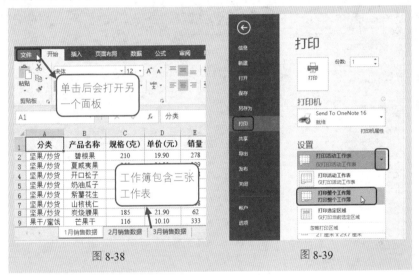

图 8-38　　　　　　　　　　　图 8-39

❸ 此时可以在打印预览界面中看到所有工作表将被执行打印（共 3 张工作表，共打印 3 页），如图 8-40 所示。

5. 将数据缩印在一页内打印

如图 8-41 所示表格在执行打印预览后可以看到，由于表格数据较多，无法打印在一张纸上。如要将该工作表内容全部打印在一张纸上，可以先设置表格的缩放比例，将整张表格的内容显示在一张纸上（建议内容超出不是太多的情况下使用此方法，因为过分缩印会导致内容不清晰）。

图 8-40

图 8-41

❶ 打开表格后，在"页面布局"选项卡的"调整为合适大小"组中将"缩放比例"设置为"80%"，如图 8-42 所示。

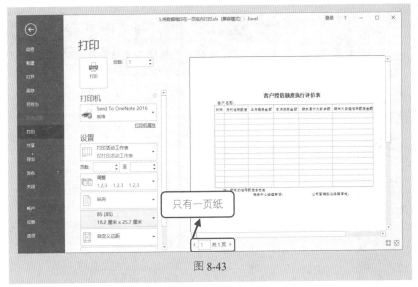

图 8-42

❷ 进入打印预览界面后，可以看到表格被缩放为合适的大小并打印在一张纸上了，效果如图 8-43 所示。

图 8-43

6. 超宽工作表横向打印

默认的工作表打印纸张方向为 A4 纵向纸张，如果表格尺寸过宽，就无法显示出表格的所有数据内容，如图 8-44 所示。此时可以在打印表格之前设置纸张方向为"横向"。

❶ 打开表格后，在"页面布局"选项卡的"页面设置"组中单击"纸张方向"下拉按钮，在打开的下拉列表中选择"横向"，如图 8-45 所示。

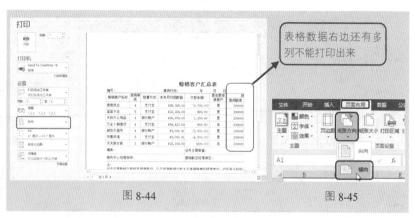

图 8-44　　　　　　　　　　　　　　　　图 8-45

❷ 进入打印预览界面后，可以看到默认的竖向表格更改为横向显示，并能打印出表格中的所有内容，如图 8-46 所示。

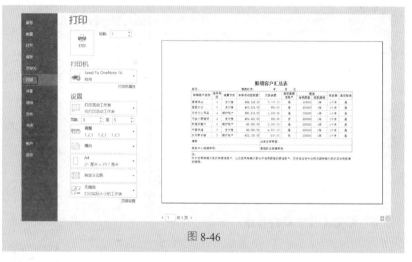

图 8-46

7. 不打印单元格中的颜色和底纹

扫一扫，看视频

　　　　如果表格设置了字体颜色以及单元格底纹填充效果，在执行打印时默认会将这些格式都打印出来。如果表格只是打印出来作为资料对照，可以设置打印效果为单色打印。

❶ 打开表格后，在"页面布局"选项卡的"页面设置"组中单击"对话框启动器"按钮（如图 8-47 所示），打开"页面设置"对话框。

❷ 切换至"工作表"选项卡，在"打印"栏下勾选"单色打印"复选

框，如图 8-48 所示。

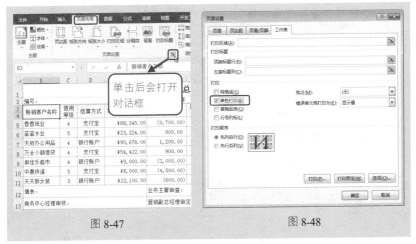

图 8-47   图 8-48

❸ 单击"确定"按钮完成设置，接着进行打印即可。

8. 将工作表上的网格线打印出来

工作表中的网格线起着辅助输入数据的作用，在打印表格时这些网格线不会被打印出来。如果编辑表格后没有额外设置边框线，也可以将这些网格线打印出来，方便查看数据。

扫一扫，看视频

❶ 打开"页面设置"对话框后，切换至"工作表"选项卡，在"打印"栏下勾选"网格线"复选框，如图 8-49 所示。

图 8-49

扫一扫，看视频

❷ 单击"确定"按钮完成设置，接着进行打印即可。

9. 多页时重复打印标题行

如果一张工作表中的数据过多，需要分多页打印，那么默认只会在第一页中显示表格的标题与行、列标识，如图 8-50 所示。如要在每一页中都显示标题行，可以设置多页时重复打印标题行。

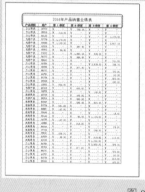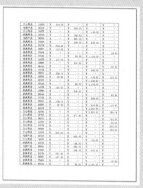

图 8-50

❶ 打开"页面设置"对话框后，切换至"工作表"选项卡，在"打印标题"栏下单击"顶端标题行"文本框右侧的"拾取器"按钮（如图 8-51 所示），进入顶端标题行选取界面。

❷ 按住鼠标左键拖动，在表格中选择第一行和第二行的行号，即可将指定区域选中，如图 8-52 所示。

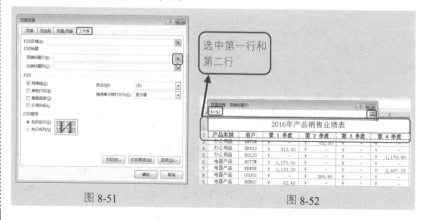

选中第一行和第二行

图 8-51　　　　　　　　　　图 8-52

❸ 再次单击"拾取器"按钮，返回"页面设置"对话框，单击"确定"按钮完成设置。进入表格打印预览界面后，可以看到每一页中都会显示标题行和列标识单元格，如图 8-53 所示。

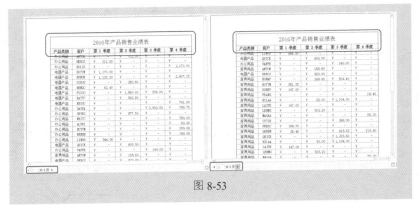

图 8-53

10. 巧妙制作水印效果

在 Word 中可以为文档添加文字水印，比如"绝密文件""禁止复制、传阅"等。如果想要在 Excel 中也添加水印效果，可以使用插入艺术字的方法变向实现。

扫一扫，看视频

❶ 打开表格后，在"插入"选项卡的"文本"组中单击"艺术字"下拉按钮，在打开的下拉列表中选择"渐变填充-水绿色，着色1，反色"，如图 8-54 所示。

❷ 此时即可在表格中插入艺术字输入框，单击"请在此放置您的文字"进入文字编辑状态，输入水印文字"禁止传阅"，如图 8-55 所示。

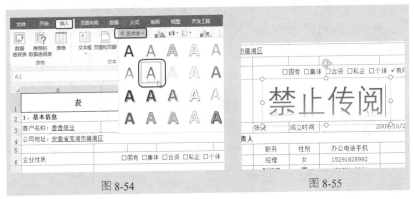

图 8-54　　　　　　图 8-55

❸ 输入完毕后选中艺术字并单击鼠标右键，在弹出的快捷菜单中选择"设置形状格式"命令，打开"设置形状格式"窗格。切换至"文本选项"选项卡，在"文本填充"栏下选中"纯色填充"单选按钮，设置"颜色"为灰色，"透明度"为"88%"，如图 8-56 所示。

❹ 设置完毕后返回表格，可以看到插入的艺术字效果。选中艺术字后，在上方有一个旋转按钮，按住鼠标左键拖动即可实现旋转。然后在"开始"选项卡的"字体"组中分别设置字体大小为"72"，字形为"加粗"，如图 8-57 所示。

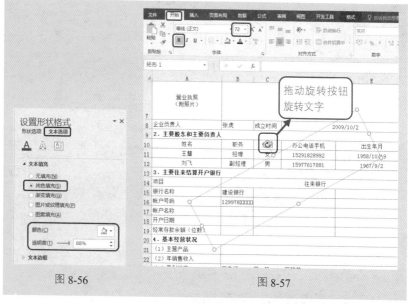

图 8-56　　　　　　　　　　图 8-57

❺ 进入打印预览界面后，即可看到插入的艺术字呈现出水印效果，如图 8-58 所示。

11. 巧妙打印工作表背景

扫一扫，看视频

在为表格添加背景时，正常思路是直接使用"页面布局"中的"背景"功能。但是以此方法添加的背景只能在表格中显示而不能被打印。如果希望打印出的表格能有背景效果，则可以按如下方法设置。

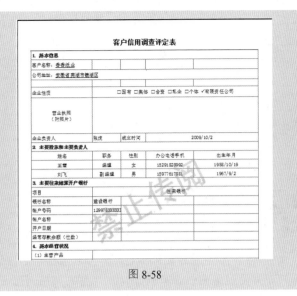

图 8-58

❶ 将光标定位到一个新工作表的起始单元格, 在"插入"选项卡的"插图"组中单击"图片"按钮 (如图 8-59 所示), 打开"插入图片"对话框。

❷ 进入保存图片的文件夹中并选中图片, 如图 8-60 所示。

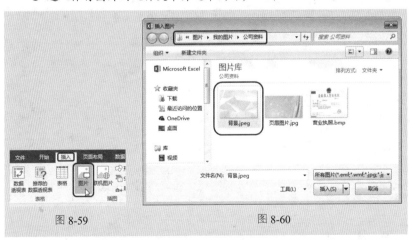

图 8-59   图 8-60

❸ 单击"插入"按钮, 即可插入图片。将图片的大小调节到与待打印表格相匹配的大小。切换至"客户信用调查评定表"工作表 (即待打印的工作表), 选中数据区域并按 Ctrl+C 组合键执行复制, 如图 8-61 所示。

❹ 切换至插入了背景图片的工作表中，单击鼠标右键，在弹出的快捷菜单中选择"粘贴选项"→"粘贴"命令，如图 8-62 所示。

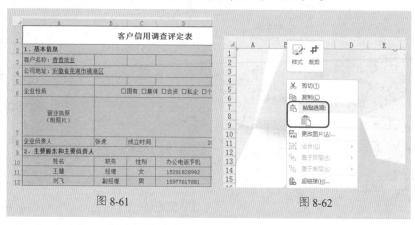

图 8-61   图 8-62

❺ 此时即可看到复制的表格数据以图片格式粘贴到图片上方，如图 8-63 所示。

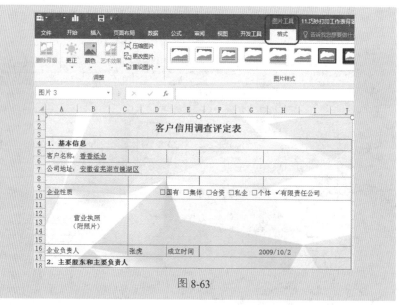

图 8-63

❻ 进入表格打印预览界面，可以看到表格底部的图片也会被打印出来，如图 8-64 所示。

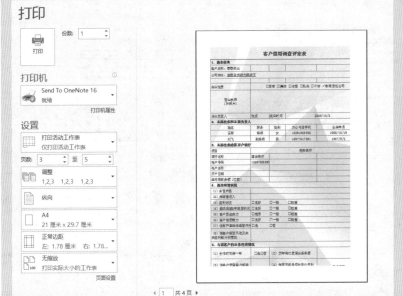

图 8-64

📢 注意：

背景图片建议选择浅色、图案相对单一的图片，总之以能修饰表格又不掩盖表格主体内容为宗旨。

12. 按数据透视表的字段分项打印

前面已经介绍了很多针对普通表格的打印技巧，本例中需要在一张数据透视表中按照字段（产品类别）进行分项打印，即将每个产品类别的汇总数据都分别单独打印在一张纸上。

扫一扫，看视频

❶ 打开数据透视表后，在右侧的"数据透视表字段"窗格中单击"行"区域中的"产品类别"字段下拉按钮，在打开的下拉列表中选择"字段设置"（如图 8-65 所示），打开"字段设置"对话框。

❷ 切换至"布局和打印"选项卡，在"打印"栏下勾选"每项后面插入分页符"复选框，如图 8-66 所示。

图 8-65   图 8-66

❸ 单击"确定"按钮完成设置，进入表格打印预览界面后，可以看到系统将每一项都单独打印在一张纸中，如图 8-67 所示。

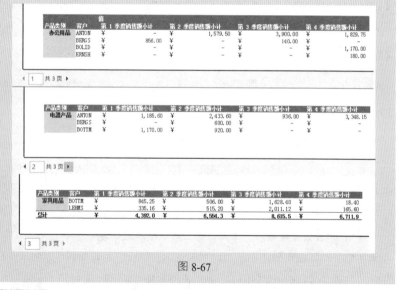

图 8-67

扫一扫，看视频

13. 按数据透视表的筛选字段分项打印

本例中的数据透视表按产品类别字段添加了筛选功能，通过筛选字段的选择可以查看到每一个产品类别的汇总销售数据。本例将介绍如何将这些不同产品类别的汇总数据自动创建为以产品类别名称命名的新工作表，然后执行对这些工作表的打印。

❶ 打开数据透视表后，在"数据透视表工具 | 分析"选项卡的"数据透视表"组中单击"选项"下拉按钮，在打开的下拉列表中选择"显示报表筛选页"（如图 8-68 所示），打开"显示报表筛选页"对话框。

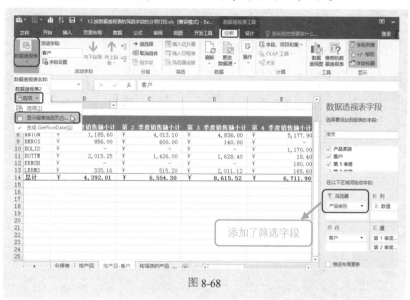

图 8-68

❷ 在"选定要显示的报表筛选页字段"列表框选中要打印的筛选字段，如"产品类别"，如图 8-69 所示。

图 8-69

❸ 单击"确定"按钮完成设置，此时可以看到工作簿中按照不同的产品类别新建了 3 张以产品类别名称命名的新工作表，如图 8-70、图 8-71、图 8-72 所示。

产品类别	办公用品			
	值			
客户	第 1 季度销售额小计	第 2 季度销售额小计	第 3 季度销售额小计	第 4 季度销售额小计
ANTON	¥ —	¥ 1,579.50	¥ 3,900.00	¥ 1,829.75
BERGS	¥ 856.00	¥ —	¥ 140.00	¥ —
BOLID	¥ —	¥ —	¥ —	¥ 1,170.00
ERNSH	¥ —	¥ —	¥ —	180.00
总计	¥ 856.00	¥ 1,579.50	¥ 4,040.00	¥ 3,179.75

业绩表 | 办公用品 | 电器产品 | 家具用品 | 按产品-客户 | 按筛选 … ⊕

图 8-70

产品类别	电器产品			
	值			
客户	第 1 季度销售额小计	第 2 季度销售额小计	第 3 季度销售额小计	第 4 季度销售额小计
ANTON	¥ 1,185.60	¥ 2,433.60	¥ 936.00	¥ 3,348.15
BERGS	¥ —	¥ 600.00	¥ —	¥ —
BOTTM	¥ 1,170.00	¥ 920.00	¥ —	¥ —
总计	¥ 2,355.60	¥ 3,953.60	¥ 936.00	¥ 3,348.15

业绩表 | 办公用品 | 电器产品 | 家具用品 | 按产品-客户 | 按筛选 … ⊕

图 8-71

产品类别	家具用品			
	值			
客户	第 1 季度销售额小计	第 2 季度销售额小计	第 3 季度销售额小计	第 4 季度销售额小计
BOTTM	¥ 845.25	¥ 506.00	¥ 1,628.40	¥ 18.40
LEHMS	¥ 335.16	¥ 515.20	¥ 2,011.12	¥ 165.60
总计	¥ 1,180.41	¥ 1,021.20	¥ 3,639.52	¥ 184.00

业绩表 | 办公用品 | 电器产品 | 家具用品 | 按产品-客户 | 按筛选 … ⊕

图 8-72

❹ 最后依次对这些工作表执行打印。

14. 分页打印分类汇总的结果

在对设置好分类汇总的表格执行打印时，默认是将整页分

扫一扫，看视频

类汇总结果都打印在一起（如图 8-73 所示），如果想将每组数据分别打印到不同的纸张上（即将每个部门的工资汇总结果单独打印在纸张上），可以按照下面的方法操作。

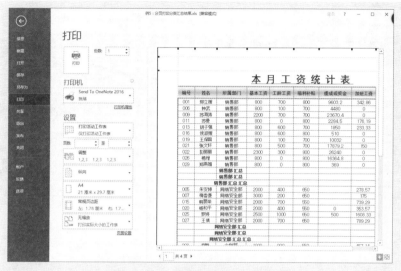

图 8-73

❶ 打开分类汇总后的表格，在"数据"选项卡的"分级显示"组中单击"分类汇总"按钮（如图 8-74 所示），打开"分类汇总"对话框。

❷ 勾选最下方的"每组数据分页"复选框即可，如图 8-75 所示。

图 8-74

图 8-75

❸ 单击"确定"按钮完成设置，进入表格打印预览界面后，可以看到分类汇总结果被分为两页分别打印，如图 8-76 所示。

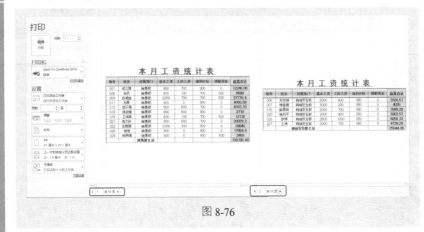

图 8-76

第9章　数据分析——条件格式

9.1　可以应用的格式类型

在分析数据时，经常会遇到如下实际问题，比如这个月谁的销售额超过50000元、员工的总体学历分布情况如何、哪些产品的年收入增长幅度大于10%，以及在应聘人员表中谁的成绩最好、谁的成绩最差等。"条件格式"功能可以帮助解答以上问题，因为"条件格式"可以将特殊的颜色、字体等应用于满足条件的数据，而且条件格式是动态的，它可以根据当前值的改变自动刷新其格式。

可以应用的格式类型有"突出显示单元格规则"（可以设置数据"大于""小于"以及"文本包含"等规则）"项目选取规则"（可以设置数据"前10项""后10项"以及"高于平均值"等规则）。下面就通过一些实例来实际体验条件格式是如何应用的。

1. 设定大于/小于指定值时显示特殊格式

本例中需要将语文成绩在90分以上的记录以特殊格式显示，这里可以使用"突出显示单元格规则"中的"大于"命令。

扫一扫，看视频

❶ 首先选中表格中要设置条件格式的单元格区域，即C2:C18。在"开始"选项卡的"样式"组中单击"条件格式"下拉按钮，在打开的下拉列表中依次选择"突出显示单元格规则"→"大于"（如图9-1所示），打开"大于"对话框。

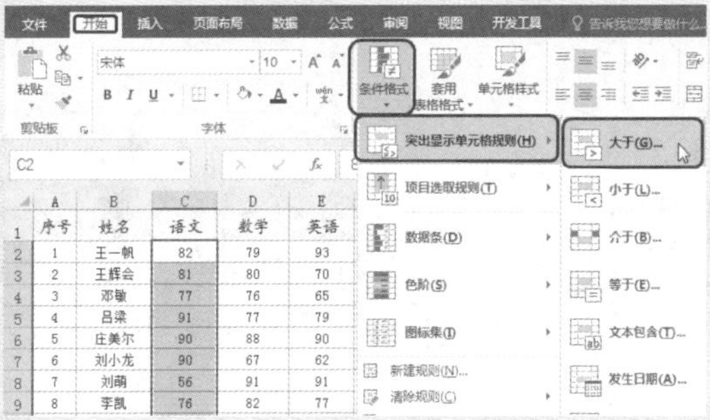

图9-1

❷ 在"为大于以下值的单元格设置格式"栏下的文本框中输入"90"，单击"设置为"右侧的下拉按钮，在打开的下拉列表中选择"绿填充色深绿色文本"，如图 9-2 所示。

❸ 单击"确定"按钮完成设置，此时可以看到分数在 90 分以上的数据显示为绿填充色深绿色文本，如图 9-3 所示。

图 9-2   图 9-3

2. 设定介于指定值时显示特殊格式

扫一扫，看视频

本例中需要将平均分在 85~100 分之间的记录以特殊格式显示，这里可以使用"突出显示单元格规则"中的"介于"命令。

❶ 首先选中表格中要设置条件格式的单元格区域，即 F2:F14。在"开始"选项卡的"样式"组中单击"条件格式"下拉按钮，在打开的下拉列表中依次选择"突出显示单元格规则"→"介于"（如图 9-4 所示），打开"介于"对话框。

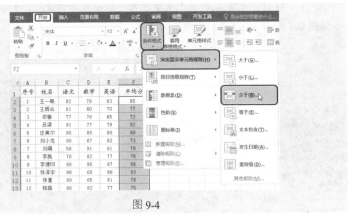

图 9-4

❷ 在"为介于以下值之间的单元格设置格式"栏下的文本框中输入"85"到"100"，显示格式设置为默认的"浅红填充色深红色文本"，如图 9-5 所示。

❸ 单击"确定"按钮完成设置，此时可以看到分数在 85~100 分之间的数据显示为浅红填充色深红色文本，如图 9-6 所示。

图 9-5   图 9-6

3. 设定包含某文本时显示特殊格式

本例中需要将学校名称中包含"桃园"的所有学校名称所在单元格以特殊格式显示，这里可以使用"突出显示单元格规则"中的"文本包含"命令。

扫一扫，看视频

❶ 首先选中表格中要设置条件格式的单元格区域，即 B2:B15，在"开始"选项卡的"样式"组中单击"条件格式"下拉按钮，在打开的下拉列表中依次选择"突出显示单元格规则"→"文本包含"（如图 9-7 所示），打开"文本中包含"对话框。

图 9-7

② 在"为包含以下文本的单元格设置格式"栏下的文本框中输入"桃园"，显示格式设置为默认的"浅红填充色深红色文本"，如图9-8所示。

③ 单击"确定"按钮完成设置，此时可以看到学校名称中包含"桃园"的数据显示为浅红填充色深红色文本，如图9-9所示。

图 9-8   图 9-9

4. 按发生日期显示特殊格式

扫一扫，看视频

为了方便管理者及时看到快要过生日的员工，可以将下周将要过生日的员工生日数据以特殊格式显示。这里可以使用"突出显示单元格规则"中的"发生日期"命令。

① 首先选中表格中要设置条件格式的单元格区域，即C2:C13。在"开始"选项卡的"样式"组中单击"条件格式"下拉按钮，在打开的下拉列表中依次选择"突出显示单元格规则"→"发生日期"（如图9-10所示），打开"发生日期"对话框。

图 9-10

❷ 在"为包含以下日期的单元格设置格式"栏下打开左侧的下拉列表框，从中选择"下周"，其他选项保持默认不变，如图 9-11 所示。

❸ 单击"确定"按钮完成设置，此时可以看到将要在下周过生日的员工生日数据显示为浅红填充色深红色文本，如图 9-12 所示。

图 9-11

	A	B	C	D
1	员工工号	员工姓名	员工生日	所属部门
2	NL-001	王婷婷	2017/12/31	营业部
3	NL-002	李玉峰	2017/2/11	工程部
4	NL-003	张海玉	2017/2/13	财务部
5	NL-004	李晓琪	2017/4/4	工程部
6	NL-005	张风	2017/12/17	财务部
7	NL-006	施耐禹	2017/11/27	营业部
8	NL-007	彭雨菲	2017/12/4	设计部
9	NL-008	张媛	2017/11/8	财务部
10	NL-009	刘慧	2017/10/9	工程部
11	NL-010	王欣	2017/11/10	财务部
12	NL-011	李玉婷	2017/12/9	财务部
13	NL-012	张琳琳	2017/9/12	设计部

图 9-12

📢 注意：

"发生日期"还可以设置"昨天""今天""本月"等格式规则，需要根据实际工作需要设置发生日期。

5. 重复值（唯一值）显示特殊格式

本例中需要在值班表中找到重复值班的有哪些人，此时就可以使用"突出显示单元格规则"中的"重复值"命令。

扫一扫，看视频

❶ 首先选中表格中要设置条件格式的单元格区域，即 B2:B15。在"开始"选项卡的"样式"组中单击"条件格式"下拉按钮，在打开的下拉列表中依次选择"突出显示单元格规则"→"重复值"（如图 9-13 所示），打开"重复值"对话框。

❷ 在"为包含以下类型值的单元格设置格式"栏下设置类型为"重复"（如果要突出唯一值，可以选择"唯一"），保持默认显示格式不变，如图 9-14 所示。

❸ 单击"确定"按钮完成设置，此时可以看到重复的人员姓名显示为浅红填充色深红色文本，如图 9-15 所示。

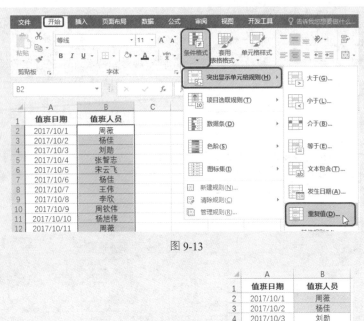

图 9-13

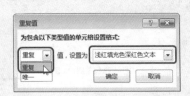

图 9-14

	A	B
1	值班日期	值班人员
2	2017/10/1	周薇
3	2017/10/2	杨佳
4	2017/10/3	刘勋
5	2017/10/4	张智志
6	2017/10/5	宋云飞
7	2017/10/6	杨佳
8	2017/10/7	王伟
9	2017/10/8	李欣
10	2017/10/9	周钦伟
11	2017/10/10	杨旭伟
12	2017/10/11	周薇
13	2017/10/12	李想
14	2017/10/13	杨佳
15	2017/10/14	李婷婷

图 9-15

📢 注意：

如果要统计只值班过一次的员工，在"为包含以下类型值的单元格设置格式"栏下将类型设置为"唯一"即可。

6. 排名靠前/后 N 位显示特殊格式

扫一扫，看视频

本例中需要在成绩统计表中将平均成绩排名前 5 位的记录找出来，这时可以使用"项目选取规则"中的"前 10 项"命令。

❶ 首先选中表格中要设置条件格式的单元格区域，即 D2:D15。在"开始"选项卡的"样式"组中单击"条件格式"

下拉按钮，在打开的下拉列表中依次选择"项目选取规则"→"前 10 项"（如图 9-16 所示），打开"前 10 项"对话框。

图 9-16

❷ 在"为值最大的那些单元格设置格式"栏下设置数值为"5"，保持显示格式的默认设置不变，如图 9-17 所示。

❸ 单击"确定"按钮完成设置，此时可以看到平均分排名前 5 的数据显示为浅红填充色深红色文本，如图 9-18 所示。

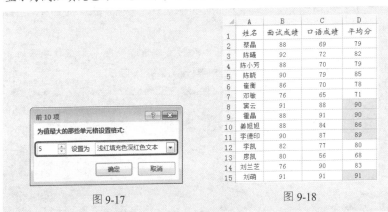

图 9-17   图 9-18

7. 高/低于平均值时显示特殊格式

本例中需要在数据表中将各地区空气质量指数高于平均值的记录找出来，这时可以使用"项目选取规则"中的"高于平

扫一扫，看视频

均值"命令。

❶ 首先选中表格中要设置条件格式的单元格区域，即 C2:C14。在"开始"选项卡的"样式"组中单击"条件格式"下拉按钮，在打开的下拉列表中依次选择"项目选取规则"→"高于平均值"（如图 9-19 所示），打开"高于平均值"对话框。

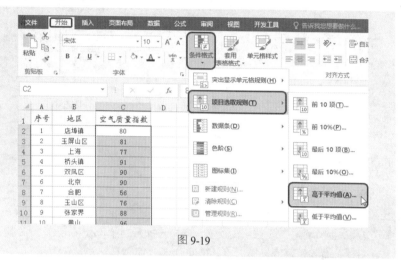

图 9-19

❷ 在"为高于平均值的单元格设置格式"栏下保持默认设置不变，如图 9-20 所示。

❸ 单击"确定"按钮完成设置，此时可以看到空气质量指数在平均分以上的数据显示为浅红填充深红色文本，如图 9-21 所示。

图 9-20   图 9-21

🔊 **注意：**

如果要将低于平均值的数据以特殊格式显示，可以选择"低于平均值"命令。

9.2 创建自己的规则

在 9.1 节中讲解的主要是对格式类型的直接应用，一般是直接使用"突出显示单元格规则"和"项目选取规则"两项规则中的子项。除此之外，用户还可以打开"新建格式规则"对话框创建自己的格式规则，如图 9-22 所示。

"选择规则类型"列表框中显示了可以设置的规则类型，其中的很多规则都可以直接通过"突出显示单元格规则"和"项目选取规则"两项规则中的子项去操作，而无须打开此对话框；但是，如果在"突出显示单元格规则"和"项目选取规则"两项规则的子项中无法找到要用的规则，则可以打开此对话框创建自己的规则。

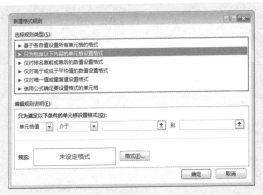

图 9-22

下面通过几个例子来讲解。

1. 设定排除某文本时显示特殊格式

本例中统计了某次比赛中各学生对应的学校，下面需要将学校名称中不是"合肥市"市的记录以特殊格式显示。要达到这一目的，需要使用文本筛选中的排除文本的规则。

扫一扫，看视频

❶ 选中表格中要设置条件格式的单元格区域，即 C2:C11。在"开始"选项卡的"样式"组中单击"条件格式"下拉按钮，在打开的下拉列表中选择"新建规则"（如图 9-23 所示），打开"新建格式规则"对话框。

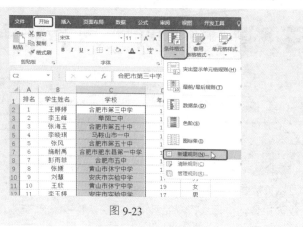

图 9-23

❷ 在"选择规则类型"列表框中选择"只为包含以下内容的单元格设置格式"，在"只为满足以下条件的单元格设置格式"栏下打开左侧的下拉列表框，从中选择"特定文本"，如图 9-24 所示。

❸ 单击"包含"右侧的下拉按钮，在打开的下拉列表框中选择"不包含"，如图 9-25 所示。

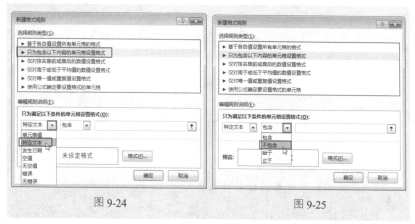

图 9-24 　　　　　　　　　　　　　　图 9-25

❹ 在右侧的文本框内输入不包含的内容"合肥市"，然后单击下方的"格式"按钮（如图 9-26 所示），打开"设置单元格格式"对话框。

❺ 切换至"字体"选项卡，设置"字形"为"倾斜"，"颜色"为白色，如图 9-27 所示。

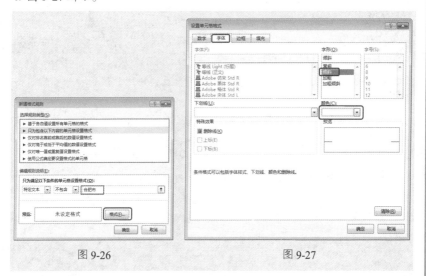

图 9-26   图 9-27

❻ 切换至"填充"选项卡，在"背景色"栏下选择金色（如图 9-28 所示），单击"确定"按钮，返回"新建格式规则"对话框。

❼ 单击"确定"按钮完成设置，此时可以看到不包含"合肥市"的所有学校名称显示为金色底纹填充、白色倾斜字体，如图 9-29 所示。

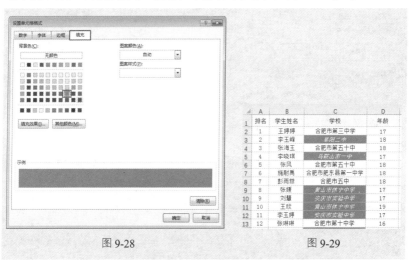

图 9-28   图 9-29

2. 设定以某文本开头时显示特殊格式

上例用排除文本的方式将不包含指定文本的数据以特殊格式显示。沿用上面的例子，如果希望将学校名称中开头是"黄山"的所有记录以特殊格式显示，可以设置数据以特定文本开头时就显示特殊格式。

❶ 首先选中表格中要设置条件格式的单元格区域，然后打开"新建格式规则"对话框。

❷ 在"选择规则类型"列表框中选择"只为包含以下内容的单元格设置格式"命令，在"只为满足以下条件的单元格设置格式"栏下依次设置为"特定文本"→"始于"→"黄山"，如图 9-30 所示。

❸ 单击下方的"格式"按钮，打开"设置单元格格式"对话框。切换至"填充"选项卡，在"背景色"栏下选择黄色，如图 9-31 所示。

图 9-30

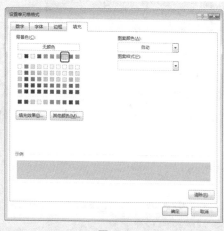

图 9-31

❹ 单击"确定"按钮，返回"新建格式规则"对话框。此时可以看到格式预览效果，如图 9-32 所示。

❺ 单击"确定"按钮完成设置，此时可以看到以"黄山"开头的所有学校名称显示为黄色底纹填充效果，如图 9-33 所示。

3. 让空值特殊格式显示

本例表格统计了学生各科目成绩，有些人的成绩的缺考显示为空值，下面需要将这些空值以特殊格式显示。

	A	B	C	D
1	排名	学生姓名	学校	年龄
2	1	王婷婷	合肥市第三中学	17
3	2	李玉峰	阜阳二中	18
4	3	张海玉	合肥市第五十中	18
5	4	李晓琪	马鞍山市一中	17
6	5	张凤	合肥市第五十中	18
7	6	施雨禹	合肥市肥东县第一中学	18
8	7	彭雨菲	合肥市五中	18
9	8	张媛	黄山市休宁中学	17
10	9	刘慧	安庆市实验中学	17
11	10	王欣	黄山市休宁中学	19
12	11	李王婷	安庆市实验中学	17
13	12	张琳琳	合肥市第十中学	16

图 9-32   图 9-33

❶ 首先选中表格中要设置条件格式的单元格区域，即 C2:F23。在"开始"选项卡的"样式"组中单击"条件格式"下拉按钮，在打开的下拉列表中选择"新建规则"（如图 9-34 所示），打开"新建格式规则"对话框。

❷ 在"选择规则类型"列表框中选择"只为包含以下内容的单元格设置格式"命令，在"只为满足以下条件的单元格设置格式"栏下打开左侧的下拉列表框中，从中选择"空值"，如图 9-35 所示。

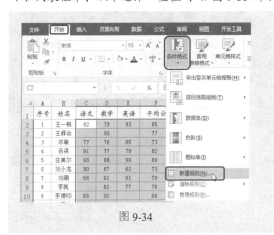

图 9-34

图 9-35

❸ 单击下方的"格式"按钮（如图 9-36 所示），打开"设置单元格格式"对话框。

❹ 切换至"填充"选项卡，在"背景色"栏下选择深蓝色，如图 9-37 所示。

图 9-36   图 9-37

⑤ 单击"确定"按钮，返回"新建格式规则"对话框。此时可以看到格式预览效果，如图 9-38 所示。

⑥ 单击"确定"按钮完成设置，此时可以看到单元格区域中的所有空值显示为指定颜色的填充效果，如图 9-39 所示。

图 9-38   图 9-39

9.3 使用图形的条件格式

"条件格式"中的图形有"数据条""色阶"和"图标集"，本节通过几个例子介绍"数据条"和"图标集"在实际中的应用。

"数据条"可以帮助查看各个单元格相对于其他单元格的值，用数据条的长度代表各单元格中值的大小。在观察大量数据中的较高值和较低值时（如节假日销售报表中最畅销和最滞销的玩具），可以使用"数据条"条件格式。

"图标集"可以实现对数据进行注释，并可以按阈值将数据分为 3~5 个类别。每个图标代表 1 个值的范围。比如"三色灯"图标，通过设置可以让绿色灯表示库存充足，红色灯表示库存紧缺，以起到警示的作用等。

1. 为不同库存量亮起三色灯

本例中统计了一段时间内每日的库存量和出库量，为了能够及时对库存情况进行提醒，可以设置库存量低于 500 时亮起红灯警示，库存大于 1000 时显示绿色安全灯，处于 500~1000 之间时显示黄色灯。

扫一扫，看视频

❶ 首先选中表格中要设置条件格式的单元格区域，即 B2:B15，在"开始"选项卡的"样式"组中单击"条件格式"下拉按钮，在打开的下拉列表中选择"新建规则"（如图 9-40 所示），打开"新建格式规则"对话框。

❷ 在"选择规则类型"列表框中选择"基于各自值设置所有单元格的格式"，在"基于各自值设置所有单元格的格式"栏下单击"格式样式"右侧的下拉按钮，在打开的下拉列表框中选择"图标集"，如图 9-41 所示。

图 9-40

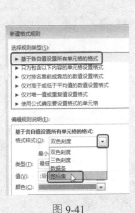

图 9-41

❸ 在"图标"栏下保持默认的第 1 个三色灯为绿色，并在"当值是""≥" 右侧的文本框中输入"1000"，在"类型"下拉列表框中选择"数字"，如 图 9-42 所示。

❹ 继续设置"黄灯"的条件格式为数值大于等于 500 小于 1000，"红 灯"的条件格式为数值小于 500，如图 9-43 所示。

图 9-42

图 9-43

❺ 单击"确定"按钮完成设置，此时可以看到单元格区域中的库存数 值根据具体的数字范围，依次添加不同颜色的三色灯，如图 9-44 所示。

	A	B	C
1	出库日期	库存量	出库量
2	2017/11/23	1200	900
3	2017/11/24	900	450
4	2017/11/25	300	90
5	2017/11/26	1190	900
6	2017/11/27	550	120
7	2017/11/28	680	330
8	2017/11/29	990	420
9	2017/11/30	1100	960
10	2017/12/1	390	300
11	2017/12/2	910	110
12	2017/12/3	860	890
13	2017/12/4	970	90
14	2017/12/5	550	100
15	2017/12/6	480	210

图 9-44

扫一扫，看视频

2. 用数据条展示气温变化

数据条类似于一个条形小图表，较长的条状表示较大的值，较短的条状表示较小的值。本例中需要统计当月的气温高低走向，可以根据数据条的长短来直观判断。

❶ 首先选中表格中要设置条件格式的单元格区域，即 C2:C15。在"开始"选项卡的"样式"组中单击"条件格式"下拉按钮，在打开的下拉列表中依次选择"数据条"→"天蓝色渐变数据条"，如图 9-45 所示。

❷ 经过上述设置，温度的高低情况就可以很直观地利用数据条来查看了，如图 9-46 所示。

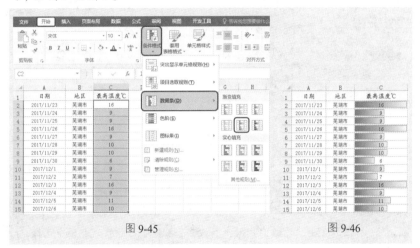

图 9-45 　　　　　　　　　　　　　　图 9-46

3. 给优秀成绩插红旗

本例中统计了各位员工的考核成绩，下面需要通过图标集的设置在优秀成绩旁插上红色旗帜。此例会涉及对无须使用的图标的隐藏。

扫一扫，看视频

本例规定：成绩在 85 分及以上时即可定义为"优秀"。

❶ 首先选中表格中要设置条件格式的单元格区域，即 D2:D17。在"开始"选项卡的"样式"组中单击"条件格式"下拉按钮，在打开的下拉列表中选择"新建规则"（如图 9-47 所示），打开"新建格式规则"对话框。

❷ 在"选择规则类型"列表框中选择"基于各自值设置所有单元格的格式"，在"基于各自值设置所有单元格的格式"栏下打开"格式样式"下拉列表框，从中选择"图标集"，如图 9-48 所示。

图 9-47　　　　　　　　　　　　　图 9-48

❸ 单击"图标样式"右侧的下拉按钮，在打开的下拉列表框中选择"三色旗"，如图 9-49 所示。

❹ 在"图标"栏下保持默认的第 1 个三色旗为红色（如图 9-50 所示），并在"当值是""＞＝"右侧的文本框中输入"85"，在"类型"下拉列表框中选择"数字"，如图 9-51 所示。

❺ 单击第 2 个三色旗右侧的下拉按钮，在打开的下拉列表框中选择"无单元格图标"，如图 9-52 所示。

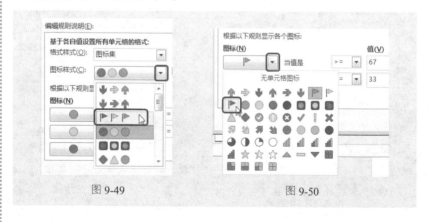

图 9-49　　　　　　　　　　　　图 9-50

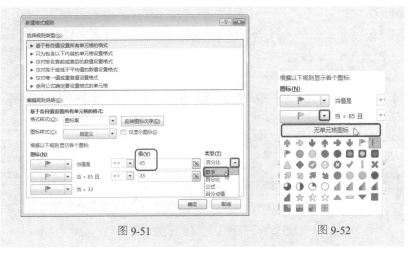

图 9-51　　　　　　　　　　图 9-52

⑥　按相同方法将第 3 个三色旗也设置为"无单元格图标",最终的三色旗格式设置效果如图 9-53 所示。

⑦　单击"确定"按钮完成设置,此时可以看到所选单元格区域中分数在 85 分以上的单元格自动在左边添加了红色旗帜,效果如图 9-54 所示。

图 9-53　　　　　　　　　　图 9-54

图 9-54 表格内容：

	A	B	C	D
1	工号	姓名	分公司	考核成绩
2	NL-001	周蓓	南京分公司	▶ 90
3	NL-002	杨佳	南京分公司	79
4	NL-003	刘勋	南京分公司	66
5	NL-004	张智志	南京分公司	70
6	NL-005	宋云飞	南京分公司	▶ 90
7	NL-002	杨佳	南京分公司	▶ 88
8	NL-007	王伟	南京分公司	62
9	NL-008	李欣	济南分公司	▶ 90
10	NL-009	周钦伟	济南分公司	69
11	NL-010	杨旭伟	济南分公司	▶ 87
12	NL-002	杨佳	济南分公司	80
13	NL-012	张虎	上海分公司	79
14	NL-013	杨佳	上海分公司	81
15	NL-014	王媛媛	上海分公司	83
16	NL-015	陈飞	上海分公司	▶ 88
17	NL-016	杨红	上海分公司	65

4. 用数据条实现旋风图效果

旋风图通常用于两组数据之间的对比,它的展示效果非常直观,两组数据孰强孰弱一眼就能够看出来。本例中统计了最近几年公司的出口额和内销额,下面需要使用 Excel 条件格式实现

扫一扫,看视频

321

旋风图设计。

❶ 首先按照前面介绍的方法为表格的"出口（万元）"列和"内销（万元）"列数据添加渐变数据条效果，然后选中 B2:B9 单元格区域，在"开始"选项卡的"样式"组中单击"条件格式"下拉按钮，在打开的下拉列表中依次选择"数据条"→"其他规则"（如图 9-55 所示），打开"新建格式规则"对话框。

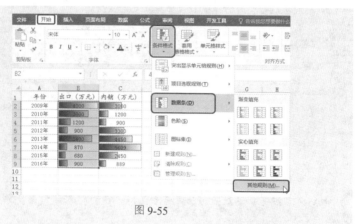

图 9-55

❷ 保持各项默认设置不变，单击"条形图方向"右侧的下拉按钮，在打开的下拉列表框中选择"从右到左"（如图 9-56 所示），即可更改数据条的方向，得到旋风图效果，如图 9-57 所示。

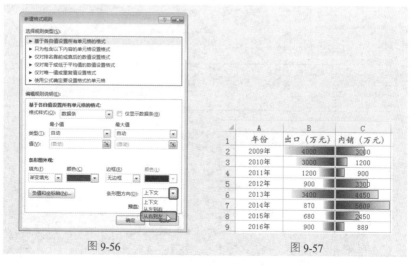

图 9-56

图 9-57

9.4 创建基于公式的规则

通过上面的学习我们知道，条件格式可以简单表达为为满足条件的值设置特殊的格式。那么关键点在于对条件的设置，当无法直接应用 Excel 中提供的条件格式时，可以使用公式进行条件判断。这是一项非常灵活的应用功能，只要你对公式足够了解就可以自定义很多实用的条件判断公式，从而更加灵活地从数据表中标记出符合条件的数据。本节中将会通过几个常用的例子带领读者学习如何创建基于公式的条件格式规则。

1. 自动标识周末日

本例统计了员工的加班日期，下面需要将加班日期为"周末"的数据以特殊格式标记出来。

扫一扫，看视频

❶ 选中表格中要设置条件格式的单元格区域，即 C2:C17，在"开始"选项卡的"样式"组中单击"条件格式"下拉按钮，在打开的下拉列表中选择"新建规则"（如图 9-58 所示），打开"新建格式规则"对话框。

❷ 在"选择规则类型"列表框中选择"使用公式确定要设置格式的单元格"，在"为符合此公式的值设置格式"文本框中输入公式"=WEEKDAY(C2,2)>5"，单击"格式"按钮（如图 9-59 所示），打开"设置单元格格式"对话框。

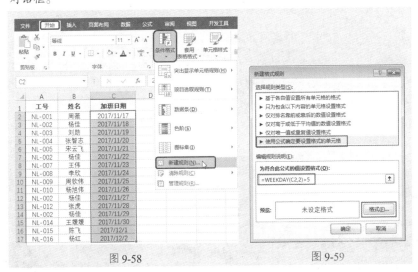

图 9-58　　　　　　　　　图 9-59

323

③ 切换至"填充"选项卡，在"背景色"栏中选择橙色，如图 9-60 所示。

④ 依次单击"确定"按钮完成设置，此时可以看到所有日期为周末的单元格被标记为橙色填充效果，如图 9-61 所示。

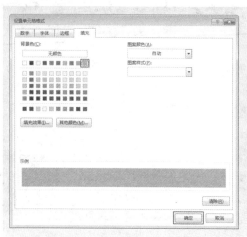

图 9-60

图 9-61

📢 注意：

WEEKDAY 函数用于返回给定日期对应的星期数，返回值用数字 1~7 代表周一至周日，因此用此公式可以判断 C 列中的日期是否大于 5，如果是就是周六或周日。

扫一扫，看视频

2. 指定月份数据特殊显示

本例统计了项目的竣工日期，下面需要将竣工日期为 10 月份的数据以特殊格式标记出来，如图 9-62 所示。

	A	B	C	D
1	竣工日期	项目	面积（万平米）	设计费用
2	2017/1/1	静兰云亭住宅楼	200	89.57
3	2017/1/2	万辉商贸大厦	400	1200.989
4	2017/1/3	市办公大楼	90	900.576
5	2017/1/4	碧海蓝天住宅区	12	45.30
6	2017/10/2	花涧别墅区	3	19.42
7	2017/8/16	县城行政楼	900	340.50
8	2017/10/1	包公故里小镇	2800	10000.54
9	2017/11/8	桂竹园小区	1000	21000.50

图 9-62

❶ 选中表格中要设置条件格式的单元格区域，打开"新建格式规则"对话框（打开此对话框的操作在前面例子中多次介绍，这里不再赘述）。

❷ 在"选择规则类型"列表框中选择"使用公式确定要设置格式的单元格"，在"为符合此公式的值设置格式"文本框中输入公式"=MONTH (A2:A9)=10"，单击"格式"按钮（如图 9-63 所示），打开"设置单元格格式"对话框。

❸ 切换至"填充"选项卡，在"背景色"栏中选择橙色，如图 9-64 所示。

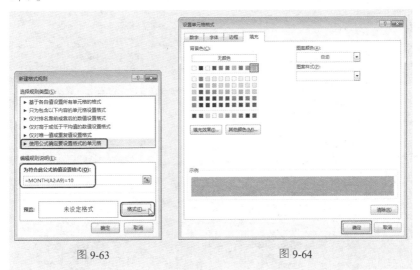

| 图 9-63 | 图 9-64 |

❹ 依次单击"确定"按钮完成设置，此时可以看到所有日期为 10 月份的单元格被标记为橙色填充效果。

📢 注意：

> MONTH 函数用于提取指定日期中的月份数，然后判断返回的结果是否等于 10。

3. 条件格式实现值班自动提醒

本例表格中统计了公司值班员工的时间安排，下面需要设置值班人员在即将值班的前一天给出提醒，以便提醒员工按时值班。

扫一扫，看视频

❶ 选中表格中要设置条件格式的单元格区域，打开"新建格式规则"对话框（打开此对话框的操作在前面例子中多次介绍，这里不再赘述）。

❷ 在"选择规则类型"列表框中选择"使用公式确定要设置格式的单元格"，在"为符合此公式的值设置格式"文本框中输入公式"=TODAY()+1"，单击"格式"按钮（如图 9-65 所示），在打开的"设置单元格格式"对话框中设置单元格的特殊格式。

❸ 设置完成后依次单击"确定"按钮回到表格中，可以看到当前日期的后一天显示了特殊格式，如图 9-66 所示。

图 9-65

图 9-66

📢 注意：

TODAY 函数用来返回系统当前的日期，然后再加上 1，表示当前日期的后 1 天。根据系统日期的自动更新，提醒单元格也自动改变格式。

4. 标记出优秀学生姓名

扫一扫，看视频

本例统计了学生的考试成绩，下面需要在考试成绩优秀的学生姓名后添加"(优秀)"字样，如果学生成绩高于平均分即为优秀，如图 9-67 所示。

❶ 选中 B 列单元格区域，打开"新建格式规则"对话框。

❷ 在"选择规则类型"列表框中选择"使用公式确定要设置格式的单

元格"，在"为符合此公式的值设置格式"文本框内输入公式"=C2>AVERAGE ($C$2:$C$17)"，单击"格式"按钮（如图 9-68 所示），打开"设置单元格格式"对话框。

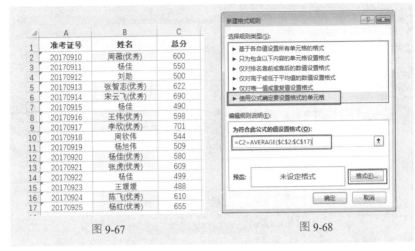

图 9-67　　　　　　　　　　　　图 9-68

❸ 在"数字"选项卡"分类"列表框中选择"自定义"，然后在右侧的"类型"文本框中输入"@(优秀)"，如图 9-69 所示。

❹ 切换至"填充"选项卡，在"背景色"栏中选择黄色，如图 9-70 所示。

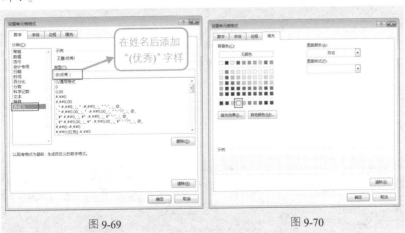

图 9-69　　　　　　　　　　　　图 9-70

❺ 依次单击"确定"完成设置并返回工作表中，此时可以看到指定学

生姓名旁添加了"(优秀)"字样并显示指定特殊格式。

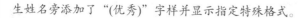

📢 注意:

首先使用 AVERAGE 函数计算 C2:C17 单元格区域的平均值，再将 C2 单元格的值与其比较，然后将大于这个平均值的数据所在单元格进行特殊标记。

5. 满足条件的数据整行突出显示

扫一扫，看视频

通过条件格式的设置可以实现让满足条件的单元格所在的行或列突出显示。在下面的表格中，要求将天气为"多云"的单元格所在的整行都突出显示出来，如图 9-71 所示。

	A	B	C	D
1	日期	天气	气温	风向
2	2017/11/21	阴天	19C°	西北
3	2017/11/22	多云	11C°	西南
4	2017/11/23	多云	15C°	西北
5	2017/11/24	阴天	10C°	北风
6	2017/11/25	多云	8C°	西北
7	2017/11/26	阴天	9C°	西南
8	2017/11/27	阴天	8C°	西南
9	2017/11/28	阴天	9C°	北风
10	2017/11/29	晴天	11C°	北风
11	2017/11/30	多云	7C°	西南
12	2017/12/1	晴天	7C°	东南风
13	2017/12/2	晴天	8C°	东南风
14	2017/12/3	多云	11C°	北风
15	2017/12/4	多云	9C°	北风
16	2017/12/5	晴天	7C°	北风

图 9-71

❶ 选中表格中要设置条件格式的单元格区域，打开"新建格式规则"对话框。

❷ 在"选择规则类型"列表框中选择"使用公式确定要设置格式的单元格"，在"为符合此公式的值设置格式"文本框中输入公式"=OR($B2="多云")"，单击"格式"按钮（如图 9-72 所示），打开"设置单元格格式"对话框。

❸ 切换至"填充"选项卡，在"背景色"栏中选择橙色，如图 9-73 所示。

❹ 依次单击"确定"按钮返回表格，此时可以看到所有天气是多云的单元格所在的整列填充为橙色。

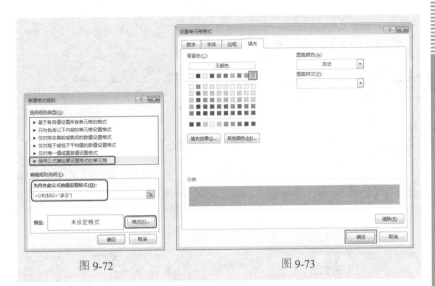

图 9-72   图 9-73

6. 突出显示每行的最大最小值

本例表格中统计了学员各科目的成绩，下面希望突出显示数据区域中每行数据的最大值和最小值（最大值为橙色，最小值为天蓝色），如图 9-74 所示。要实现这一效果，在建立条件格式时需要配合 MIN 和 MAX 函数。

扫一扫，看视频

	A	B	C	D	E	F	G	H	I	J	K
1	廖凯	邓敏	刘小龙	陆路	王辉会	崔衡	张奎	李凯	罗成佳	陈晓	刘晴
2	69	77	90	66	81	78	89	76	71	68	56
3	80	76	67	82	80	86	65	82	77	90	91
4	56	65	62	77	70	70	81	77	88	79	91
5	56	82	91	90	70	96	88	82	91	88	90
6	91	88	77	88	88	68	92	79	88	90	88
7	91	69	79	70	91	86	72	93	84	87	90
8											

图 9-74

❶ 选中表格中要设置条件格式的单元格区域，打开"新建格式规则"对话框。

❷ 在"选择规则类型"列表框中选择"使用公式确定要设置格式的单元格"，在"为符合此公式的值设置格式"下的文本框中输入公式"=A2=MAX ($A2:$K2)"，单击"格式"按钮（如图 9-75 所示），打开"设置单元格格式"对话框。

❸ 切换至"填充"选项卡，在"背景色"栏中选择橙色，如图 9-76 所示。

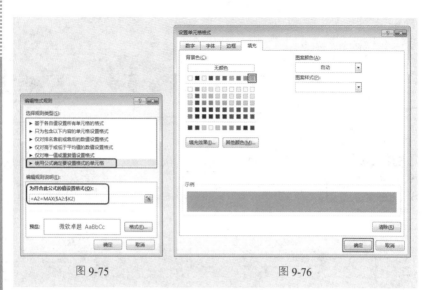

图 9-75   图 9-76

❹ 依次单击"确定"按钮完成设置，即可将每行数据最大值以橙色突出显示。再次打开"新建格式规则"对话框，并设置公式为"=A2=MIN($A2:$K2)"（如图 9-77 所示），单击"格式"按钮打开"设置单元格格式"对话框。

❺ 设置填充色为天蓝色（如图 9-78 所示），依次单击"确定"按钮完成设置，此时可以看到每行数据最小值被标记为天蓝色填充效果。

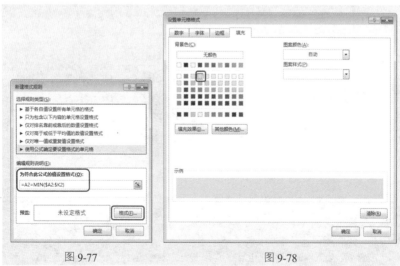

图 9-77   图 9-78

🔊 **注意:**

本例的难点在于绝对引用和相对引用的使用("$"),由于是多行突出显示,所以公式中"A2"的行和列都是相对引用;由于是对比行的最大最小值,所以公式中"$A2:$K2"的列是绝对引用、行是相对引用。

9.5 条件格式规则的管理

当建立了多个条件后,可以通过"条件格式规则管理器"查看、修改、删除或者重新编辑表格中指定的条件格式,也可以复制条件格式规则,避免重复设置的麻烦。

扫一扫,看视频

1. 查看规则管理器

如果想知道一个表格中定义了哪些条件格式规则,则可以打开"条件格式规则管理器"对话框查看指定的条件格式规则。

❶ 打开设置了条件格式规则的表格,在"开始"选项卡的"样式"组中单击"条件格式"下拉按钮,在打开的下拉列表中选择"管理规则"(如图 9-79 所示),打开"条件格式规则管理器"对话框。

❷ 在"显示其格式规则"下拉列表框中选择"当前工作表",在下方展示的条件格式规则列表中即可查看当前工作表中的所有条件格式规则,如图 9-80 所示。

图 9-79   图 9-80

2. 重新编辑规则

如图 9-81 所示表格中建立了让平均分排名前五的记录特殊显示的条件格式规则，如果要重新编辑条件格式规则，将排名前十的记录以特殊格式显示（如图 9-82 所示），无需删除原条件格式再重新建立，只需要对条件格式规则进行修改即可。

▲	A	B	C	D
1	姓名	面试成绩	口语成绩	平均分
2	蔡晶	88	69	79
3	陈曦	92	72	82
4	陈小芳	88	70	79
5	陈晓	90	79	85
6	崔衡	86	70	78
7	邓敏	76	65	71
8	窦云	91	88	90
9	霍晶	88	91	90
10	姜旭旭	88	84	86
11	李德印	90	87	89
12	李凯	82	77	80
13	廖凯	80	56	68
14	刘兰芝	76	90	83
15	刘萌	91	91	91

图 9-81

▲	A	B	C	D
1	姓名	面试成绩	口语成绩	平均分
2	蔡晶	88	69	79
3	陈曦	92	72	82
4	陈小芳	88	70	79
5	陈晓	90	79	85
6	崔衡	86	70	78
7	邓敏	76	65	71
8	窦云	91	88	90
9	霍晶	88	91	90
10	姜旭旭	88	84	86
11	李德印	90	87	89
12	李凯	82	77	80
13	廖凯	80	56	68
14	刘兰芝	76	90	83
15	刘萌	91	91	91

图 9-82

❶ 打开"条件格式规则管理器"对话框后，在下方的条件格式规则列表中选中要修改的条件格式规则，单击"编辑规则"按钮（如图 9-83 所示），打开"编辑格式规则"对话框。

图 9-83

❷ 重新设置"为以下排名内的值设置格式"为前"10"名，单击下方的"格式"按钮（如图 9-84 所示），按前面介绍的设置格式的方法重新设置

一个特殊格式（也可以保持原格式）。

❸ 依次单击"确定"按钮，返回"条件格式规则管理器"对话框，可以看到修改后的条件格式规则，如图 9-85 所示。

图 9-84   图 9-85

3. 删除不需要的规则

如果之前设置的条件格式规则不想再使用了，可以打开"条件格式规则管理器"对话框，对格式规则进行删除。

打开"条件格式规则管理器"对话框后，在下方的条件格式规则列表中选中要删除的条件格式规则，单击"删除规则"按钮（如图 9-86 所示），即可将指定条件格式规则删除。

图 9-86

4. 复制条件格式规则

"格式刷"功能不但可以实现单元格文字格式、边框底纹以及数据验证等格式的快速引用，还可以实现对已设置的条件格式的引用，从而快速把条件格式复制到其他单元格区域中。

❶ 选中已经设置好条件格式的单元格区域（D2:D15），在"开始"选项卡的"剪贴板"组中单击"格式刷"按钮（如图 9-87 所示），进入格式刷取状态。

❷ 此时鼠标指针旁出现一个刷子形状，直接刷取要复制相同条件格式规则的单元格区域（B2:B15）（如图 9-88 所示），释放鼠标左键后完成格式复制，此时可以看到"面试成绩"应用了和"平均分"相同的条件格式规则（即排名前五的成绩显示突出格式），如图 9-89 所示。

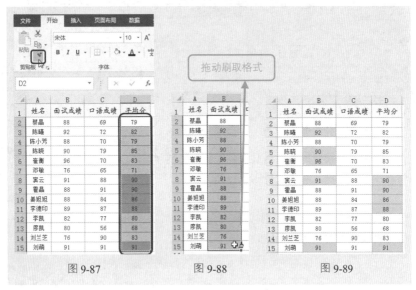

图 9-87　　　　　图 9-88　　　　　图 9-89

第10章 数据分析——数据筛选

10.1 数值筛选

在对表格进行数据分析时，通常需要在庞大的数据集中快速找到所需的那部分数据，这时就要应用到数据的"筛选"功能。要想通过"筛选"功能自如地查看任意目标数据，最重要的是对筛选条件的设置。例如，可以按数字值筛选（筛选出大于、小于指定值等），按文本筛选（筛选出包含指定的文本、不包含指定的文本），按日期筛选（筛选出本月数据、最近一周数据等），还可以按单元格颜色筛选出那些设置了背景色或文本颜色的单元格。因此，"筛选"功能对于大数据的查看与分析可以起相当大的作用。

1. 筛选大于特定值的记录

本例表格统计了学生的各科目成绩，下面需要将数学成绩在 90 分及以上的所有记录筛选出来。

扫一扫，看视频

❶ 打开表格，选中数据区域中的任意单元格，在"数据"选项卡的"排序和筛选"组中单击"筛选"按钮（如图 10-1 所示），为表格列标识添加自动筛选按钮。

❷ 单击"数学"字段右下角的自动筛选按钮，在打开的下拉面板中依次选择"数字筛选"→"大于或等于"选项（如图 10-2 所示），打开"自定义自动筛选方式"对话框。

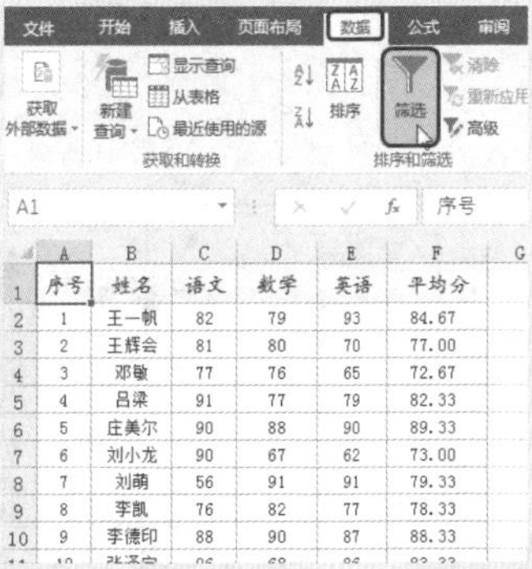

图 10-1

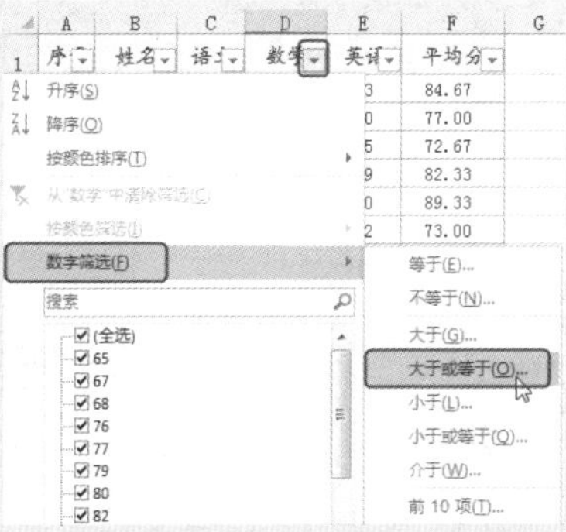

图 10-2

❸ 在"数学"栏下"大于或等于"右侧的组合框中输入"90",如图 10-3 所示。单击"确定"按钮完成设置,此时可以看到数学成绩在 90 分及以上的记录被筛选出来,如图 10-4 所示。

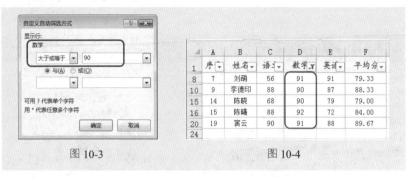

图 10-3　　　　　　　　　　　　　　　　图 10-4

2. 筛选介于指定值之间的记录

扫一扫,看视频

本例中需要将应聘人员的面试成绩在 85~90 分之间的所有记录筛选出来,可以使用"介于"筛选方式。

❶ 首先为表格添加自动筛选按钮,然后单击"面试成绩"字段右下角的自动筛选按钮,在打开的下拉面板中依次选择"数字筛选"→"介于"选项(如图 10-5 所示),打开"自定义自动筛选方式"对话框。

❷ 在"面试成绩"栏下"大于或等于"右侧的组合框中输入"85",选中"与"单选按钮,在"小于或等于"右侧的组合框中输入"90",如图 10-6 所示。

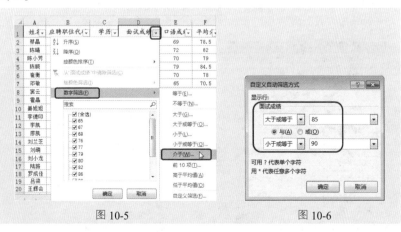

图 10-5　　　　　　　　　　　　　　　　图 10-6

❸ 单击"确定"按钮完成设置，此时可以看到面试成绩在 85~90 分之间的所有记录被筛选出来了，如图 10-7 所示。

	A	B	C	D	E	F
1	姓名	应聘职位代	学历	面试成绩	口语成绩	平均分
2	蔡晶	05资料员	高中	88	69	78.5
4	陈小芳	04办公室主任	研究生	88	70	79
5	陈晓	03出纳员	研究生	90	79	84.5
6	崔衡	01销售总监	研究生	86	70	78
9	霍晶	02科员	专科	88	91	89.5
10	姜旭旭	05资料员	高职	88	84	86
11	李德印	01销售总监	本科	90	87	88.5
25	庄美尔	01销售总监	研究生	88	90	89

图 10-7

3. 筛选小于平均值的记录

在销售业绩统计表中，想找出哪些员工的销售额不达标（此处约定当销售额小于整体平均值时即为不达标），可以使用"低于平均值"的筛选方式。

❶ 首先为如图 10-8 所示"销售业绩统计表"添加自动筛选按钮，然后单击"销售额"字段右下角的自动筛选按钮，在打开的下拉面板中依次选择"数字筛选"→"低于平均值"选项，如图 10-9 所示。

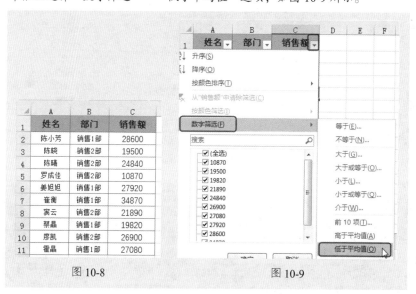

	A	B	C
1	姓名	部门	销售额
2	陈小芳	销售1部	28600
3	陈晓	销售2部	19500
4	陈曦	销售2部	24840
5	罗成佳	销售2部	10870
6	姜旭旭	销售1部	27920
7	崔衡	销售2部	34870
8	窦云	销售2部	21890
9	蔡晶	销售1部	19820
10	廖凯	销售2部	26900
11	霍晶	销售1部	27080

图 10-8

图 10-9

❷ 此时可以看到所有低于平均值的记录都被筛选出来，如图 10-10 所示。

图 10-10

4. 筛选出指定时间区域的记录

本例表格统计了不同人员的来访时间和姓名，下面需要将在午休时间来访的记录筛选出来。

❶ 首先为表格添加自动筛选按钮（如图 10-11 所示），然后单击"来访时间"字段右下角的自动筛选按钮，在打开的下拉面板中依次选择"数字筛选"→"自定义筛选"选项（如图 10-12 所示），打开"自定义自动筛选方式"对话框。

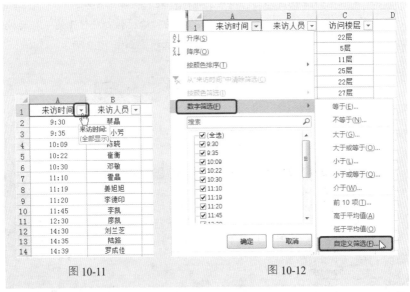

图 10-11　　　　　　　图 10-12

❷ 在"来访时间"栏下打开第 1 个下拉列表框，从中选择"大于或等于"，如图 10-13 所示。然后在其右侧的组合框中输入"11:30"，选中"与"

单选按钮，在"小于或等于"右侧的组合框中输入"14:30"，如图 10-14 所示。

图 10-13　　　　　　　　　　　　图 10-14

❸ 单击"确定"按钮，即可将来访时间在 11:30—14:30 之间的所有来访记录筛选出来，如图 10-15 所示。

	A	B	C
1	来访时间	来访人员	访问楼层
10	11:45	李凯	22层
11	12:30	廖凯	19层
12	14:30	刘兰芝	32层
20			
21			

图 10-15

10.2　文本筛选

文本筛选，顾名思义，是针对文本数据的筛选。该功能可以实现模糊查找某种类型的数据、筛选出包含或者不包含某种文本的指定数据，以及使用搜索筛选器筛选指定数据等。

1. 模糊筛选获取同一类型的数据

本例表格统计了中山市的所有合作企业的名称。下面需要将公司名称中包含"五金"的所有记录筛选出来，可以使用模糊查找功能来完成。

扫一扫，看视频

❶ 首先为表格添加自动筛选按钮（如图 10-16 所示），然后单击"公司名称"字段右下角的自动筛选按钮，在打开的下拉面板中依次选择"文本筛选"→"包含"选项（如图 10-17 所示），打开"自定义自动筛

选方式"对话框。

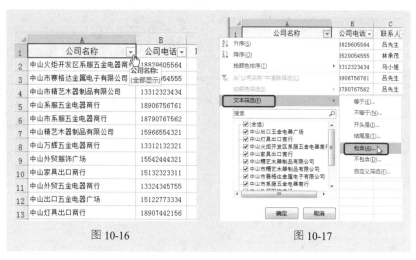

图 10-16　　　　　　　　　　　　图 10-17

❷ 在"公司名称"栏下"包含"右侧的组合框中输入"五金",如图 10-18 所示。单击"确定"按钮完成设置,此时可以看到表格中所有公司名称中包含"五金"的记录被筛选出来,如图 10-19 所示。

图 10-18　　　　　　　　　　　　图 10-19

2. 筛选出开头不包含某文本的所有记录

扫一扫,看视频

本例表格统计了某次竞赛的成绩,下面需要筛选出不是"桃园"学校的所有记录,可以使用"文本筛选"中的"不包含"命令来完成。

❶ 首先为表格添加自动筛选按钮(如图 10-20 所示),然后单击"学校"字段右下角的自动筛选按钮,在打开的下拉面板中依次选

择"文本筛选"→"不包含"选项（如图 10-21 所示），打开"自定义自动筛选方式"对话框。

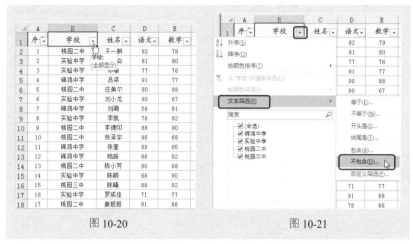

图 10-20　　　　　　　　　　　图 10-21

❷ 在"学校"栏下"不包含"右侧的组合框中输入"桃园"，如图 10-22 所示。单击"确定"按钮完成设置，此时可以看到表格中所有学校名称中不包含"桃园"的记录被筛选出来，如图 10-23 所示。

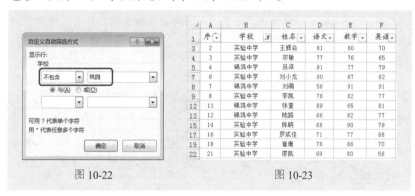

图 10-22　　　　　　　　　　　图 10-23

3. 使用搜索筛选器筛选一类数据

搜索筛选器是文本筛选的利器，可以快速进行包含指定文本的筛选。例如，本例表格统计了各类项目的设计费用，下面需要通过搜索筛选器快速筛选出"办公"类项目的记录。

扫一扫，看视频

❶ 首先为表格添加自动筛选按钮（如图 10-24 所示），然后

单击"项目"字段右下角的自动筛选按钮，在打开的下拉面板中将光标定位到搜索框内，输入"办公"（如图 10-25 所示），即可在下方的列表中搜索到所有包含"办公"的项目名称。

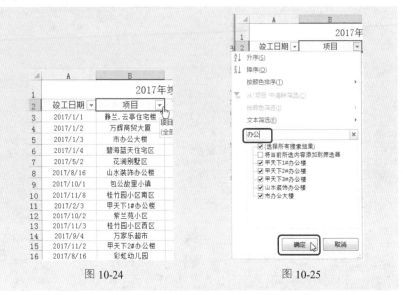

图 10-24

图 10-25

❷ 单击"确定"按钮完成设置，此时可以看到表格中所有项目类型为"办公楼"的记录被筛选出来（包括办公楼，以及办公大楼），如图 10-26 所示。

图 10-26

4. 利用搜索筛选器将筛选结果中某类数据再次排除

扫一扫，看视频

在下面的表格中，想以"杂志名称"为字段筛选出"周刊"类杂志，当搜索到所有"周刊"类杂志后需要再次排除"人物周刊"杂志，可以使用搜索筛选器来完成。

❶ 首先为表格添加自动筛选按钮，然后单击"杂志名称"字段右侧的筛选按钮，在打开的下拉面板中的搜索框内输入"周刊"（如图 10-27 所示），即可搜索出所有包含"周刊"的杂志记录，如图 10-28 所示。

图 10-27　　　　　　　　图 10-28

❷ 再次打开"杂志名称"下拉面板，在搜索框内输入"人物"（即进行二次筛选），注意要取消勾选"选择所有筛选结果"复选框，并单独勾选"将当前所选内容添加到筛选器"复选框，如图 10-29 所示。

❸ 单击"确定"按钮完成设置，此时可以看到表格中筛选出不包括"人物周刊"的所有周刊记录，如图 10-30 所示。

图 10-29　　　　　　　　图 10-30

10.3　日期筛选

利用"日期筛选"功能，可以实现按年、月、日分组筛选，按季度筛选，或者筛选出指定日期范围内的所有数据等。

1. 将日期按年（年、月、周）筛选

本例表格统计了不同项目的竣工日期，下面需要将竣工时间在本年度四月和五月的所有项目记录筛选出来。

❶ 首先为表格添加自动筛选按钮（如图 10-31 所示），然后单击"竣工日期"字段右下角的自动筛选按钮，在打开的下拉面板中取消勾选 2016 复选框，勾选 2017 下的"四月"和"五月"复选框，如图 10-32 所示。

	A	B	C
1	竣工日期	项目	面积（万平米）
2	2016/1/1	静兰·云亭住宅楼	200
3	2017/1/2	万辉商贸大厦	400
4	2017/1/3	市办公大楼	90
5	2017/1/4	碧海蓝天住宅区	12
6	2017/5/2	花润别墅区	3
7	2016/8/16	县城行政院	900
8	2017/10/1	包公故里小镇	2800
9	2017/11/8	桂竹园小区南区	1000
10	2016/2/3	甲天下1#办公楼	65
11	2017/10/2	紫兰苑小区	33
12	2017/11/3	桂竹园小区西区	29
13	2017/9/4	万家乐超市	122
14	2017/11/2	甲天下2#办公楼	4
15	2016/8/16	彩虹幼儿园	90
16	2017/4/1	幸福购物城	400
17	2017/4/8	甲天下3#办公楼	1200

图 10-31

（图 10-32：筛选下拉面板，含"升序""降序""按颜色排序""从'竣工日期'中清除筛选""按颜色筛选""日期筛选""搜索（全部）"，2017 下勾选"四月""五月"，标注"勾选指定月份"，底部"确定""取消"）

图 10-32

❷ 单击"确定"按钮完成设置，此时可以看到表格中 2017 年四月和五月的所有项目记录被筛选出来，如图 10-33 所示。

	A	B	C	D
1	竣工日期	项目	面积（万平米）	设计费用（万元）
6	2017/5/2	花润别墅区	3	19.42
16	2017/4/1	幸福购物城	400	898.00
17	2017/4/8	甲天下3#办公楼	1200	1500.00
18				

图 10-33

📢 注意：

当筛选对象是日期时，程序会默认为日期数据自动分组，因此在进行按年筛选或按月筛选时，直接在列表中选中相应的复选框即可。

如果以当前月份为标准筛选出上个月竣工的所有项目，可以设置"日期筛选"条件为"上月"。

❶ 单击"竣工日期"字段右下角的自动筛选按钮，在打开的下拉面板中依次选择"日期筛选"→"上月"选项，如图10-34所示。

图 10-34

📣 注意：

在"日期筛选"子列表中还可以看到有"上周""昨天""下季度"等选项，它们都是用于以当前日期为基准去筛选出满足条件的数据。在实际工作中按需要选用即可。

❷ 执行上述命令后，即可将所有在上个月竣工（2017年11月份）的项目记录筛选出来，如图10-35所示。

	A	B	C	D
1	2017年竣工项目			
2	竣工日期	项目	面积（万平米）	设计费用（万元）
10	2017/11/8	桂竹园小区南区	1000	90.00
13	2017/11/3	桂竹园小区西区	29	459.00
15	2017/11/2	甲天下2#办公楼	4	120.00
19				

图 10-35

2. 筛选出任意季度的所有记录

之前实现了日期按月筛选、按年筛选或以当前日期为基准筛选出上周、去年、上季度等的记录，但如果想筛选出任意季度的所有记录又该如何实现呢？在"日期筛选"子列表中有一个"期间所有日期"子列表，可以通过它来实现。

❶ 首先为表格添加自动筛选按钮（如图 10-36 所示），然后单击"竣工日期"字段右下角的自动筛选按钮，在打开的下拉面板中依次选择"日期筛选"→"期间所有日期"→"第 3 季度"选项，如图 10-37 所示。

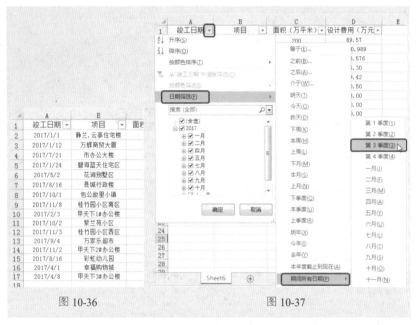

图 10-36　　　　　　　　　图 10-37

❷ 此时即可筛选出所有竣工日期为第 3 季度的项目记录，如图 10-38 所示。

	A	B	C	D
1	竣工日期	项目	面积（万平米）	设计费用（万元）
4	2017/7/21	市办公大楼	90	900.576
7	2017/8/16	县城行政楼	900	340.50
13	2017/9/4	万家乐超市	122	900.00
15	2017/8/16	彩虹幼儿园	90	90.00
18				

图 10-38

3. 筛选出任意日期区间的记录

本例需要将 2017 年上半年竣工的所有项目记录筛选出来，可以设置"日期筛选"条件为"之前"。

❶ 首先为表格添加自动筛选按钮（如图 10-39 所示），然后单击"竣工日期"字段右下角的自动筛选按钮，在打开的下拉面板中依次选择"日期筛选"→"之前"选项（如图 10-40 所示），打开"自定义自动筛选方式"对话框。

扫一扫，看视频

图 10-39

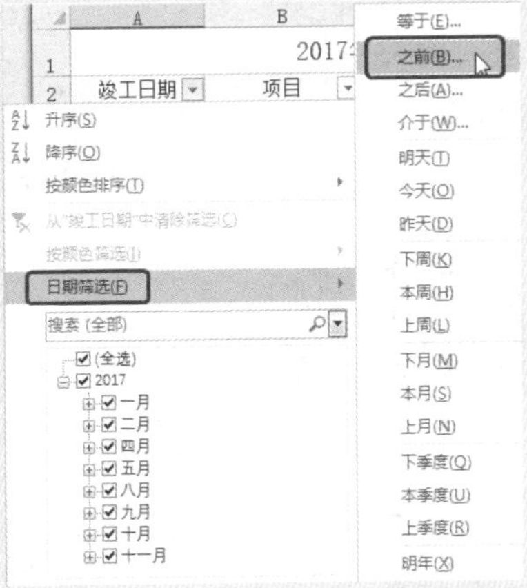

图 10-40

❷ 在"竣工日期"栏下"在以下日期之前"右侧的组合框右侧单击"日期选取器"按钮（也可以直接输入日期）（如图 10-41 所示），选择日期为"2017/7/1"，如图 10-42 所示。

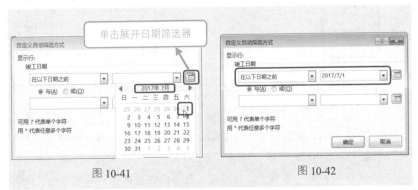

图 10-41

图 10-42

❸ 单击"确定"按钮，即可将所有竣工日期在上半年（2017/7/1 之前）的项目记录筛选出来，如图 10-43 所示。

图 10-43

4. 解决自动筛选日期时不按年月日分组的问题

扫一扫，看视频

在为"竣工日期"添加自动筛选按钮后，将在筛选下拉菜单中显示按年月自动分组的筛选列表（如图 10-44 所示），如果在筛选时发现不再分组显示（如图 10-45 所示），可以按照本例介绍的方法重新显示分组。

图 10-44

图 10-45

❶ 启动 Excel 2016 程序，在 Excel 2016 主界面中选择"文件"→"选项"命令（如图 10-46 所示），打开"Excel 选项"对话框。

❷ 选择"高级"选项卡，在"此工作薄的显示选项"栏下勾选"使用

'自动筛选'菜单分组日期"复选框，如图 10-47 所示。

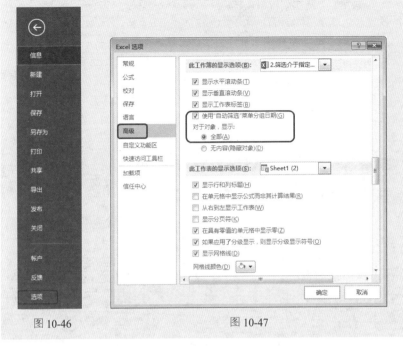

图 10-46   图 10-47

❸ 单击"确定"按钮，即可恢复设置。

10.4 高级筛选

如果筛选数据的条件比较复杂（例如，类型="办公用品"且销售人员 = "李翔"），可以使用"高级筛选"功能。高级筛选的前提是在数据表的空白处设置一个带有列标识的条件区域，在列标识下方的行中输入要匹配的条件。条件区域的建立要注意以下 3 点：

- 条件的列标识要与数据表的原有列标识完全一致。
- 多字段间的条件若为"与"关系，则写在一行。
- 多字段间的条件若为"或"关系，则写在下一行。

1. 高级筛选出同时满足多条件的记录

本例表格统计了各个员工的基本工资、奖金以及满勤奖金，

扫一扫，看视频

下面需要筛选出基本工资大于等于 4000 元、奖金大于等于 600 元并且满勤奖金大于等于 500 元的所有记录。这里的高级筛选条件关键在于"与"条件的设置，也就是要同时满足这 3 个条件。

❶ 在表格的空白处建立条件（注意列标识要与原表格一致，并且 3 个条件写在同一行）。在"数据"选项卡的"排序和筛选"组中单击"高级"按钮（如图 10-48 所示），打开"高级筛选"对话框。

❷ 在"方式"栏下选中"将筛选结果复制到其他位置"单选按钮，保持默认的"列表区域"设置，然后单击"条件区域"右侧的拾取器按钮（如图 10-49 所示），进入单元格拾取状态。

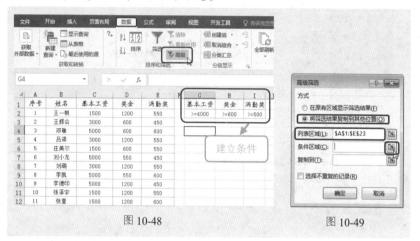

图 10-48   图 10-49

❸ 拾取表格中的条件区域，即 G1:I2 单元格区域（如图 10-50 所示），再单击右侧的拾取器按钮，返回"高级筛选"对话框。

❹ 按相同方法继续拾取"复制到"的单元格区域为 G4 单元格，此时各项参数都设置完毕，如图 10-51 所示。

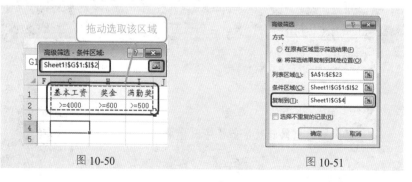

图 10-50   图 10-51

⑤ 单击"确定"按钮，返回表格后可以看到根据设定的条件区域将满足多条件（基本工资大于等于4500、奖金大于等于600、满勤奖大于等于500）的记录都筛选了出来，如图10-52所示。

	A	B	C	D	E	F	G	H	I	J	K
1	序号	姓名	基本工资	奖金	满勤奖		基本工资	奖金	满勤奖		
2	1	王一帆	1500	1200	550		>=4000	>=600	>=500		
3	2	王辉会	3000	600	450						
4	3	邓敏	5000	600	600		序号	姓名	基本工资	奖金	满勤奖
5	4	吕梁	3000	1200	550		3	邓敏	5000	600	600
6	5	庄美尔	1500	600	550		13	陈小芳	4500	1200	550
7	6	刘小龙	5000	550	450		17	姜旭旭	6000	600	600
8	7	刘萌	3000	1200	550		18	崔衡	5000	900	600
9	8	李凯	5000	550	600						
10	9	李德印	5000	1200	450						
11	10	张泽宇	1500	1200	550						
12	11	张董	1500	1200	600						
13	12	陆路	5000	550	450						
14	13	陈小芳	4500	1200	550						
15	14	陈晓	1500	550	450						
16	15	陈曦	5000	1200	450						
17	16	罗成佳	5000	200	550						
18	17	姜旭旭	6000	600	600						
19	18	崔衡	5000	900	600						
20	19	窦云	4500	600	450						
21	20	蔡晶	6000	900	450						
22	21	廖凯	5000	100	550						
23	22	霍晶	5000	800	450						

图 10-52

2. 高级筛选出满足多个条件中一个条件的所有记录

本例表格统计了各个员工的基本工资、奖金以及满勤奖金，下面需要筛选出基本工资大于等于6000元，或者奖金大于等于1000元，或者满勤奖金大于等于600元的所有记录。这里的高级筛选条件关键在于"或"条件的设置，也就是只要满足这3个条件中的一个即可。

扫一扫，看视频

① 在表格的空白处建立条件（注意列标识要与原表格一致，并且3个条件写在不同行）。在"数据"选项卡的"排序和筛选"组中单击"高级"按钮（如图10-53所示），打开"高级筛选"对话框。

② 在"方式"栏下选中"将筛选结果复制到其他位置"单选按钮，保持默认的"列表区域"设置，设置"条件区域"为G1:I4，设置"复制到"为G6，如图10-54所示。

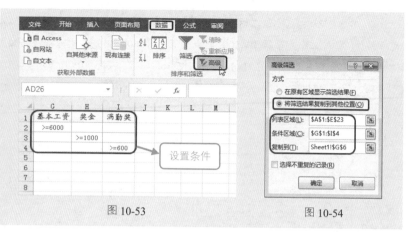

图 10-53   图 10-54

❸ 单击"确定"按钮完成设置，返回表格后可以看到根据设定的条件
区域将满足多条件之一（基本工资大于等于 6000，或者奖金大于等于 1000，
或者满勤奖大于等于 600）的记录都筛选了出来，显示在 G6:K21 单元格区
域中，如图 10-55 所示。

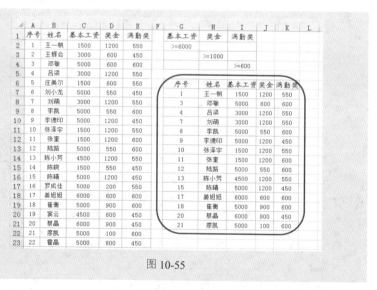

图 10-55

3. 使用高级筛选提取两列相同数据

扫一扫，看视频

利用高级筛选功能还可以辅助对数据进行整理，例如可以
帮助提取两列中的相同数据。本例中记录了两组人员名单，这

两组名单有重复的人员姓名，现在需要将其中相同的姓名提取出来，以方便数据的核对。

❶ 打开表格后，在"数据"选项卡的"排序和筛选"组中单击"高级"按钮（如图 10-56 所示），打开"高级筛选"对话框。

❷ 在"方式"栏下选中"将筛选结果复制到其他位置"单选按钮，设置"列表区域"为 E1:E14，设置"条件区域"为 A1:A14，设置"复制到"为 I1，如图 10-57 所示。

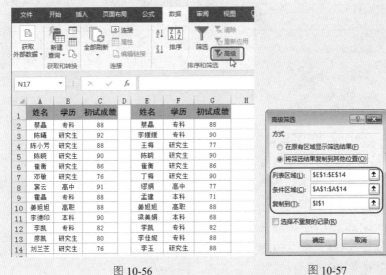

图 10-56　　　　　　　　　　　　　　　图 10-57

❸ 单击"确定"按钮完成设置，返回表格后可以看到 A 列和 E 列中相同的姓名被筛选出来并显示在 I 列，如图 10-58 所示。

	A	B	C	D	E	F	G	H	I
1	姓名	学历	初试成绩		姓名	学历	初试成绩		姓名
2	蔡晶	专科	88		蔡晶	专科	88		蔡晶
3	陈曦	研究生	92		李嫒嫒	专科	90		陈晓
4	陈小芳	研究生	88		王梅	研究生	77		崔衡
5	陈晓	研究生	90		陈晓	研究生	90		美旭旭
6	崔衡	研究生	86		崔衡	研究生	86		李凯
7	邓敏	研究生	76		丁梅	研究生	90		
8	窦云	高中	91		缪娟	高中	77		
9	霍晶	专科	88		孟建	本科	71		
10	美旭旭	高职	88		美旭旭	高职	88		
11	李德印	本科	90		梁美娟	本科	68		
12	李凯	专科	82		李凯	专科	82		
13	廖凯	研究生	80		李佳妮	专科	88		
14	刘兰芝	研究生	76		李玉	研究生	88		

图 10-58

4. 高级筛选条件区域中使用通配符

扫一扫，看视频

在高级筛选条件中使用通配符之前，先要了解表 10-1 所示几种常见的通配符。

表 10-1

用　　法	要　查　找
?（问号）	任意一个字符。例如"sm?th"可找到"smith"和"smyth"
*（星号）	任意数量的字符。例如，"*east"可找到"Northeast"和"Southeast"
~（波浪号）后跟 ?、* 或 ~	在数据中查找问号、星号本身，在问号或星号前加"~"。例如，"fy91~?"可找到"fy91?"

例如，本例中如果输入文本"张"作为条件，则 Excel 将找到所有张姓记录，如"张泽宇""张奎"等。

❶ 打开表格后，首先设置好条件区域（如图 10-59 所示），然后打开"高级筛选"对话框。

❷ 在"方式"栏下选中"将筛选结果复制到其他位置"单选按钮，设置"列表区域"为 A1:E23，设置"条件区域"为 G1:G2，设置"复制到"为 G4，如图 10-60 所示。

图 10-59　　　　　　　　　　　　　图 10-60

❸ 单击"确定"按钮完成设置，返回表格后可以看到系统将所有姓"张"的记录都筛选出来了，如图 10-61 所示。

	A	B	C	D	E	F	G	H	I	J	K
1	序号	姓名	基本工资	奖金	满勤奖		姓名				
2	1	王一帆	1500	1200	550		张*				
3	2	王辉会	3000	600	450						
4	3	邓敏	5000	600	600		序号	姓名	基本工资	奖金	满勤奖
5	4	吕梁	3000	1200	550		10	张泽宇	1500	1200	550
6	5	庄美尔	1500	600	550		11	张奎	1500	1200	600
7	6	刘小龙	5000	550	450		17	张端妮	6000	600	600
8	7	刘萌	3000	1200	550						
9	8	李凯	5000	550	600						
10	9	李德印	5000	1200	450						
11	10	张泽宇	1500	1200	550						
12	11	张奎	1500	1200	600						
13	12	陆路	5000	550	600						
14	13	陈小芳	4500	1200	550						
15	14	陈晓	1500	550	600						
16	15	陈曦	5000	1200	450						
17	16	罗成佳	5000	200	550						
18	17	张端妮	6000	600	600						

图 10-61

5. 筛选出不重复记录

本例表格中统计了各位员工的工资数据，由于统计疏忽出现了一些重复数据，如果使用手动方式逐个查找非常麻烦。此时利用高级筛选功能可以筛选出不重复的记录。

扫一扫，看视频

❶ 打开表格后，在"数据"选项卡的"排序和筛选"组中单击"高级"按钮（如图 10-62 所示），打开"高级筛选"对话框。

❷ 在"方式"栏下选中"在原有区域显示筛选结果"单选按钮，设置"列表区域"为 A1:D23，勾选"选择不重复的记录"复选框，如图 10-63 所示。

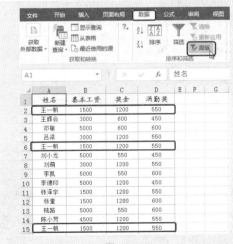

图 10-62

图 10-63

❸ 单击"确定"按钮完成设置，返回表格后可以看到系统自动将所有不重复的记录筛选了出来，如图 10-64 所示。

	A	B	C	D	E
1	姓名	基本工资	奖金	满勤奖	
2	王一帆	1500	1200	550	
3	王辉会	3000	600	450	
4	邓敏	5000	600	600	
5	吕梁	3000	1200	550	
7	刘小龙	5000	550	450	
8	刘萌	3000	1200	550	
9	李凯	5000	550	600	
10	李德印	5000	1200	450	
11	张泽宇	1500	1200	550	
12	张奎	1500	1200	600	
13	陆路	5000	550	600	
14	陈小芳	4500	1200	550	
16	陈曦	5000	1200	450	
17	罗成佳	5000	200	550	

图 10-64

10.5　其他筛选技巧

除了前面介绍的几个常用的筛选技巧，还有其他一些筛选技巧可以帮助大家在日常工作、学习中更加快速地对数据进行筛选，比如"根据目标单元格快速筛选""对双行标题列表进行筛选""筛选奇偶行数据"等。

1. 根据目标单元格进行快速筛选

扫一扫，看视频

在下面的工作表中，如果想要筛选指定学历的所有记录，按照常规的方法是为表格添加自动筛选按钮，然后在"学历"字段下筛选出指定学历的记录。本例介绍一种更快捷的方法，只需要选中要筛选数据所在单元格，然后通过右击，执行"将所选单元格的值筛选"命令即可。

❶ 打开表格后，选中目标单元格 C3（学历为"研究生"）并单击鼠标右键，在弹出的快捷菜单中依次选择"筛选"→"按所选单元格的值筛选"命令，如图 10-65 所示。

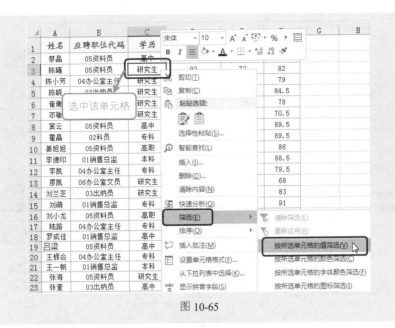

图 10-65

❷ 执行上述命令后，可以看到学历为"研究生"的所有记录被筛选出来，如图 10-66 所示。

姓名	应聘职位代码	学历	面试成绩	口语成绩	平均
陈曦	05资料员	研究生	92	72	82
陈小芳	04办公室主任	研究生	88	70	79
陈晓	03出纳员	研究生	90	70	84.5
崔衡	01销售总监	研究生	86	70	78
邓敏	04办公室主任	研究生	76	65	70.5
廖凯	06办公室文员	研究生	80	56	68
刘兰芝	03出纳员	研究生	76	90	83
张海	05资料员	研究生	77	79	78
张泽宇	05资料员	研究生	68	86	77
庄美尔	01销售总监	研究生	88	90	89

图 10-66

2. 对双行标题列表进行筛选

下面表格中的初试和复试成绩由两行标题组成，并且有的单元格已做合并处理。如果选择数据区域的任意单元格添加自动筛选按钮，可以看到自动筛选按钮会默认显示到第一行，如图 10-67 所示。这会导致无法对成绩进行筛选。那么该如何解决

扫一扫，看视频

双行标题列表的筛选问题呢?

	A	B	C	D	E	F
1	应聘编号	姓名	初试成绩		复试成绩	
2			英语口语	专业考试	面试成绩	综合成绩
3	20171019	蔡晶	88	69	76	90
4	20171020	陈曦	92	72	91	91
5	20171021	陈小芳	88	70	67	62
6	20171022	陈晓	90	79	82	77
7	20171023	崔衡	86	70	77	88
8	20171024	邓敏	76	65	77	79
9	20171025	窦云	91	88	80	70
10	20171026	霍晶	88	91	79	93
11	20171027	姜旭旭	88	84	77	79
12	20171028	李德印	90	87	65	81

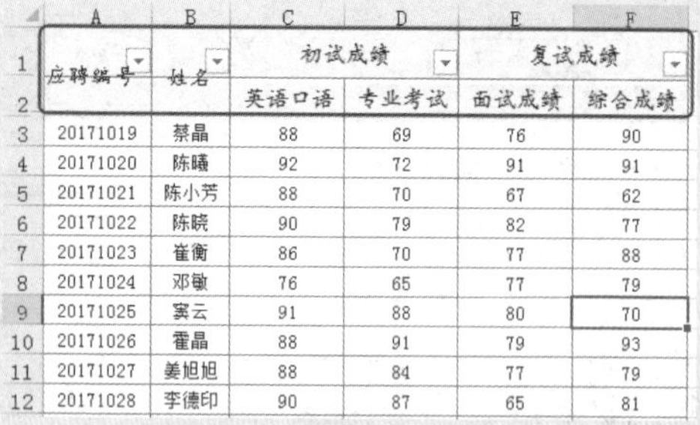

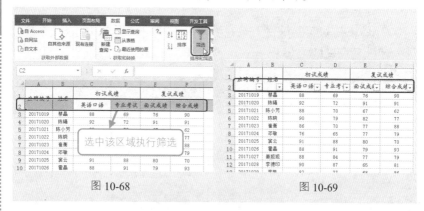

图 10-67

❶ 打开表格，选中第 2 行的行标题（直接单击第二行行号即可），在“数据”选项卡的“排序和筛选”组中单击“筛选”按钮，如图 10-68 所示。

❷ 此时可以看到表格只在选中的区域添加了自动筛选按钮（如图 10-69 所示），然后按照之前介绍的方法对表格进行筛选即可。

图 10-68

图 10-69

3. 自动筛选奇数行或偶数行的数据

扫一扫，看视频

如果想要筛选出表格中奇数行或者偶数行的数据记录，按照常规的筛选方式是无法进行的。此时可以借助函数公式，将奇数行或偶数行的数据记录单独筛选出来。

❶ 打开表格后，选中 F2 单元格并在编辑栏中输入公式“=MOD(ROW(),2)”（如图 10-70 所示），按 Enter 键后再向下复制公式，得

到的是 0 和 1 这样一个序列，如图 10-71 所示。

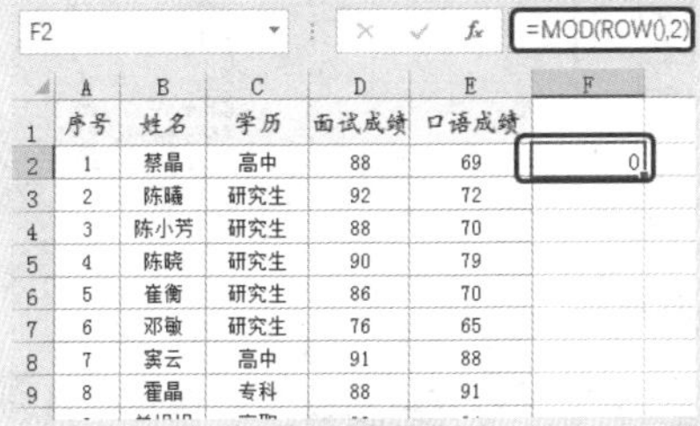

图 10-70 　　　　　　　　　　　　　　图 10-71

❷ 为表格添加自动筛选按钮，然后选中 F2 单元格，单击右侧的自动筛选按钮，在打开的下拉面板中勾选 0 复选框，如图 10-72 所示。单击"确定"按钮，可以看到系统自动将奇数行的数据记录筛选了出来，如图 10-73 所示。

图 10-72　　　　　　　　　　　　　　图 10-73

❸ 选中 F1 单元格，单击右侧的自动筛选按钮，在打开的下拉面板中勾选 1 复选框，如图 10-74 所示。单击"确定"按钮，可以看到系统自动将偶数行的数据记录筛选了出来，如图 10-75 所示。

图 10-74   图 10-75

4. 解决合并单元格不能筛选的问题

扫一扫，看视频

如图 10-76 所示的 C 列单元格被设置了合并，如果对该列执行筛选，可以看到筛选出的数据并不是正确的结果。例如，筛选"济南分公司"，却只得到一条数据，如图 10-77 所示。

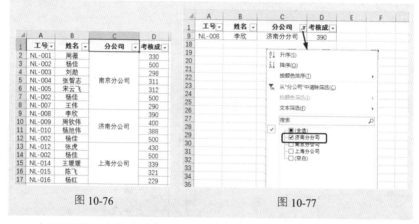

图 10-76   图 10-77

如果想使用这种报表格式又不影响正常的筛选，则可以按如下方法操作。

❶ 在工作表中选中合并单元格区域 C2:C17，在"开始"选项卡的"剪贴板"组中单击"格式刷"按钮（如图 10-78 所示），激活格式刷（鼠标指针旁会出现一个刷子形状）。

❷ 刷取 F2:F17 单元格区域（任一空白的区域均可），即可获取和 C 列相同的合并单元格格式，如图 10-79 所示。

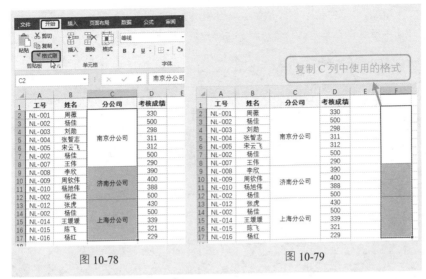

图 10-78   图 10-79

❸ 再次选中 C2:C17 单元格区域，在"开始"选项卡的"对齐方式"组中单击"合并后居中"按钮（如图 10-80 所示），即可取消该单元格区域的合并格式。

❹ 保持 C2:C17 单元格区域的选中状态，在"开始"选项卡的"编辑"组中单击"查找和选择"下拉按钮，在打开的下拉列表中选择"定位条件"选项（如图 10-81 所示），打开"定位条件"对话框。

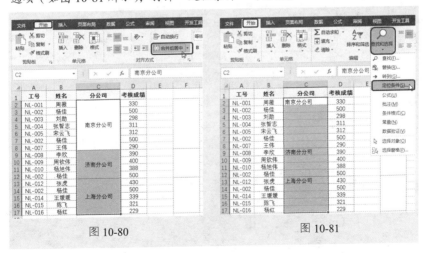

图 10-80   图 10-81

❺ 选中“空值”单选按钮（如图 10-82 所示），单击“确定”按钮，即可选中所有空白单元格。然后在编辑栏中输入公式“=C2”，如图 10-83 所示。

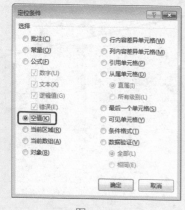

图 10-82

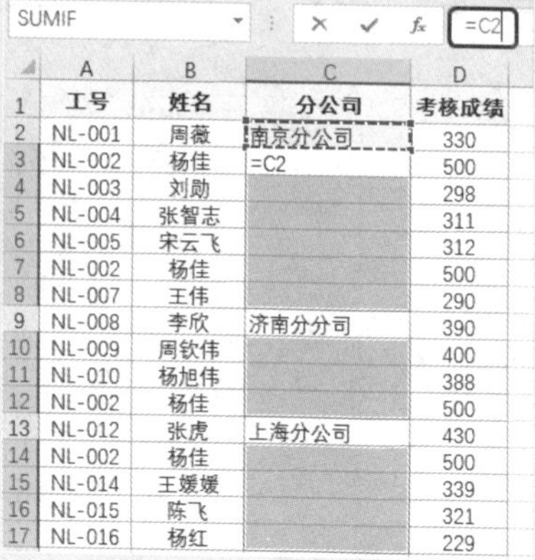

	A	B	C	D
1	工号	姓名	分公司	考核成绩
2	NL-001	周薇	南京分公司	330
3	NL-002	杨佳	=C2	500
4	NL-003	刘勋		298
5	NL-004	张智志		311
6	NL-005	宋云飞		312
7	NL-002	杨佳		500
8	NL-007	王伟		290
9	NL-008	李欣	济南分分司	390
10	NL-009	周钦伟		400
11	NL-010	杨旭伟		388
12	NL-002	杨佳		500
13	NL-012	张虎	上海分公司	430
14	NL-002	杨佳		500
15	NL-014	王媛媛		339
16	NL-015	陈飞		321
17	NL-016	杨红		229

图 10-83

❻ 按 Ctrl+Enter 组合键，即可填充和上一个单元格相同的内容，如图 10-84 所示。

❼ 选中 F2:F17 单元格区域，然后在“开始”选项卡的“剪贴板”组中单击“格式刷”按钮（如图 10-85 所示），激活格式刷。

	A	B	C	D
1	工号	姓名	分公司	考核成绩
2	NL-001	周薇	南京分公司	330
3	NL-002	杨佳	南京分公司	500
4	NL-003	刘勋	南京分公司	298
5	NL-004	张智志	南京分公司	311
6	NL-005	宋云飞	南京分公司	312
7	NL-002	杨佳	南京分公司	500
8	NL-007	王伟	南京分公司	290
9	NL-008	李欣	济南分分司	390
10	NL-009	周钦伟	济南分分司	400
11	NL-010	杨旭伟	济南分分司	388
12	NL-002	杨佳	济南分分司	500
13	NL-012	张虎	上海分公司	430
14	NL-002	杨佳	上海分公司	500
15	NL-014	王媛媛	上海分公司	339
16	NL-015	陈飞	上海分公司	321
17	NL-016	杨红	上海分公司	229

图 10-84

	A	B	C	D	E	F
1	工号	姓名	分公司	考核成绩		
2	NL-001	周薇	南京分公司	330		
3	NL-002	杨佳	南京分公司	500		
4	NL-003	刘勋	南京分公司	298		
5	NL-004	张智志	南京分公司	311		
6	NL-005	宋云飞	南京分公司	312		
7	NL-002	杨佳	南京分公司	500		
8	NL-007	王伟	南京分公司	290		
9	NL-008	李欣	济南分分司	390		
10	NL-009	周钦伟	济南分分司	400		
11	NL-010	杨旭伟	济南分分司	388		
12	NL-002	杨佳	济南分分司	500		
13	NL-012	张虎	上海分公司	430		
14	NL-002	杨佳	上海分公司	500		
15	NL-014	王媛媛	上海分公司	339		
16	NL-015	陈飞	上海分公司	321		
17	NL-016	杨红	上海分公司	229		

图 10-85

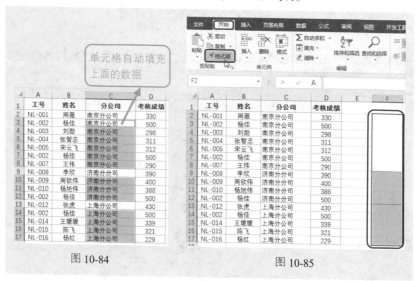

❽ 在 C2:C17 单元格区域上拖动重新刷回格式，如图 10-86 所示。

❾ 完成上述操作后，再次进行筛选时就可以得到正确的结果了。如筛选 "济南分公司"，得到结果如图 10-87 所示。

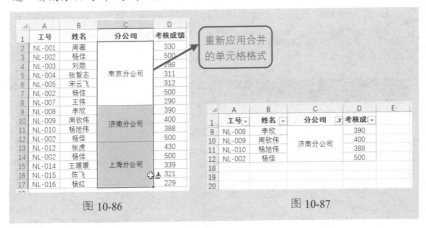

图 10-86

图 10-87

5. 使用 "表" 功能插入切片器辅助筛选

除了使用筛选功能筛选数据外，还可以使用 "切片器" 实现任意类型数据的筛选。切片器主要用于交互条件的筛选，可以筛选出满足任意指定一个或多个条件的数据记录。本例介绍如何通过创建 "表" 再插入切片器来筛选数据。

扫一扫，看视频

❶ 打开表格，在 "插入" 选项卡的 "插图" 组中单击 "表格" 按钮（如图 10-88 所示），打开 "创建表" 对话框。保持默认设置，如图 10-89 所示。

图 10-88

图 10-89

❷ 单击"确定"按钮，即可创建表。继续在"表格工具"下的"设计"选项卡的"工具"组中单击"插入切片器"按钮（如图 10-90 所示），打开"插入切片器"对话框。

❸ 该对话框中显示了当前表格中的所有列标识名称，这里分别勾选"应聘职位代码"和"学历"复选框（也可以根据需要选择一个或者多个选项，选择几个就会出现几个切片器），如图 10-91 所示。

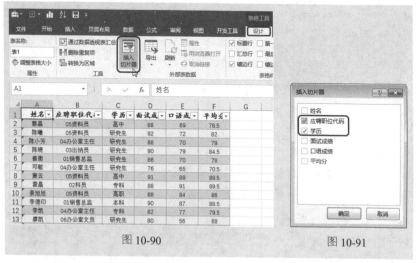

图 10-90   图 10-91

❹ 单击"确定"按钮，即可插入两个切片器。首先在"应聘职位代码"切片器中选择"01 销售总监"，然后选择"学历"切片器中的"本科"，如图 10-92 所示。

❺ 执行上步操作后，可以看到执行的筛选是"01 销售总监"与"本科"这两个条件与的筛选，即筛选出同时满足这两个条件的记录，如图 10-93 所示。

图 10-92   图 10-93

6. 一次性取消当前工作表中的所有自动筛选

如果不再需要表格中的筛选结果，在打开表格后，在"数据"选项卡的"排序和筛选"组中单击"清除"按钮（如图 10-94 所示），即可取消工作表中的所有筛选结果。

图 10-94

第11章 数据分析——排序、分类汇总

11.1 数据排序

　　对数据进行排序是数据分析中不可缺少的操作，有助于快速查看到数据库中的极值。

　　排序功能不仅可以按单关键字快速排序，还可以设置双关键字实现多条件排序。另外还可以按自己创建的自定义排序规则或按单元格的格式进行排序（即将相同格式的排列在一起）。

1. 按汉字笔划从多到少排序

扫一扫，看视频

　　本例中需要将应聘者按姓名的笔划从少到多进行排序，可以设置排序条件为按"笔划排序"。

　　❶ 打开表格，选中数据区域中的任意一个单元格，在"数据"选项卡的"排序和筛选"组中单击"排序"按钮（如图11-1所示），打开"排序"对话框。

图 11-1

　　❷ 设置"主要关键字"为"姓名"，"排序依据"为"单元格值"，"次

序"为"升序",然后单击"选项"按钮（如图11-2所示），打开"排序选项"
对话框。

❸ 在"方法"栏下选中"笔划排序"单选按钮，如图11-3所示。

图 11-2

图 11-3

❹ 单击"确定"按钮，返回"排序"对话框，再次单击"确定"按钮
完成设置，此时可以看到表格中的记录按照姓名笔划从少到多的顺序排列
了，如图11-4所示。

	A	B	C	D	E
1	姓名	应聘职位代码	面试成绩	口语成绩	平均分
2	丁晶晶	02科员	88	91	89.5
3	卫小芳	04办公室主任	88	70	79
4	王秋晓	03出纳员	90	79	84.5
5	邓敏	04办公室主任	76	65	70.5
6	石路	04办公室主任	82	77	79.5
7	吕梁	05资料员	77	79	78
8	庄美尔	01销售总监	88	90	89
9	张泽宇	05资料员	68	86	77
10	陈曦	05资料员	92	72	82
11	罗成佳	01销售总监	77	88	82.5
12	蔡晶	05资料员	88	69	78.5
13	廖凯	06办公室文员	80	56	68

图 11-4

🔊 注意：

如果直接按"姓名"字段排序，默认按姓名首字的字母顺序执行排序。

2. 按多条件排序

本例表格统计了所有应聘人员的各项考核成绩和应聘职位
名称，下面需要将表格中的数据首先按"应聘职位代码"排序，
再将应聘职位代码相同的记录再按平均分从低到高进行排序。

扫一扫，看视频

❶ 打开表格，选中数据区域中的任意一个单元格，在"数据"选项卡的"排序和筛选"组中单击"排序"按钮（如图 11-5 所示），打开"排序"对话框。

❷ 设置"主要关键字"为"应聘职位代码"，排序依据为"数值"，"次序"为"升序"，然后单击"添加条件"按钮（如图 11-6 所示），即可激活"次要关键字"。

图 11-5   图 11-6

❸ 设置"次要关键字"为"平均分"，其他选项保持默认设置不变，如图 11-7 所示。

❹ 单击"确定"按钮完成设置，此时可以看到表格数据先按应聘职位代码排序，应聘职位代码相同时再按平均分从低到高排序，如图 11-8 所示。

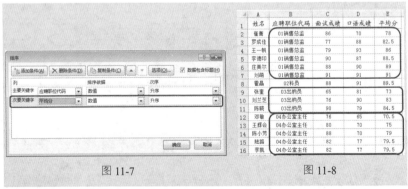

图 11-7   图 11-8

扫一扫，看视频

3. 自定义排序规则

如果想要对表格数据按照指定姓名的顺序、指定部门的顺序、指定学历的顺序进行排序，使用自动排序方式是无法实现的，这时可以使用"自定义序列"功能自定义自己想要的排序规则。

❶ 选中数据区域中的任意单元格，在"数据"选项卡的"排序和筛选"组中单击"排序"按钮，打开"排序"对话框。

❷ 设置"主要关键字"为"学历"，"排序依据"为"数值"，在"次序"下拉列表框中选择"自定义序列"（如图 11-9 所示），打开"自定义序列"对话框。

图 11-9

❸ 在"输入序列"列表框中依次输入"研究生 本科 专科"（注意每一个学历名称输入完毕之后要按 Enter 键另起一行），如图 11-10 所示。

❹ 单击"添加"按钮，即可将输入的自定义序列添加到左侧的"自定义序列"列表框中，如图 11-11 所示。

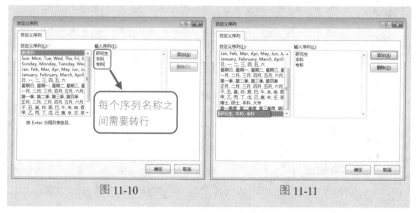

图 11-10　　　　　　　　　图 11-11

❺ 单击"确定"按钮返回"排序"对话框，此时可以看到自定义的序

列，如图 11-12 所示。

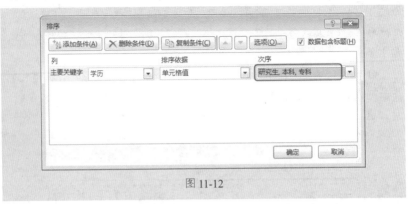

图 11-12

❻ 单击"确定"按钮完成设置，此时可以看到"学历"列按照自定义的序列进行了排序，效果如图 11-13 所示。

	A	B	C	D	E	F
1	姓名	应聘职位代码	学历	面试成绩	口语成绩	平均分
2	庄美尔	01销售总监	研究生	88	90	89
3	崔衡	01销售总监	研究生	86	70	78
4	刘兰芝	03出纳员	研究生	76	90	83
5	张泽宇	05资料员	研究生	68	86	77
6	陈曦	05资料员	研究生	92	72	82
7	廖凯	06办公室文员	研究生	80	56	68
8	王一帆	01销售总监	本科	79	93	86
9	李德印	01销售总监	本科	90	87	88.5
10	刘萌	01销售总监	专科	91	91	91
11	霍晶	02科员	专科	88	91	89.5
12	陈晓	03出纳员	专科	90	79	84.5
13	王辉会	04办公室主任	专科	80	70	75
14	陆路	04办公室主任	专科	82	77	79.5
15	李凯	04办公室主任	专科	82	77	79.5
16	陈小芳	04办公室主任	专科	88	70	79

图 11-13

4. 按行排序数据

扫一扫，看视频

通常情况下，我们都是对数据进行按列排序，但当数据量较大、列数较多的时候，按行排序变得非常有必要，本例会介绍一下按行排序的设置方法。

❶ 打开表格，选中除了行标识之外的所有单元格区域（B1:K5），在"数据"选项卡的"排序和筛选"组中单击"排序"按钮（如图 11-14 所示），打开"排序"对话框。

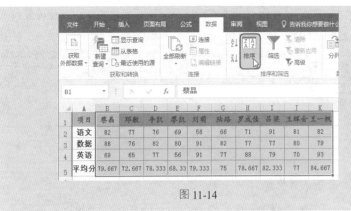

图 11-14

❷ 单击"选项"按钮（如图 11-15 所示），打开"排序选项"对话框。在"方向"栏下选中"按行排序"单选按钮，如图 11-16 所示。

图 11-15　　　　　　　　　　　　　图 11-16

❸ 单击"确定"按钮，返回"排序"对话框。单击"主要关键字"右侧的下拉按钮，在打开的下拉列表框中选择"行 5"（即表格中的平均分所属行），设置"次序"为"升序"，如图 11-17 所示。

图 11-17

④ 单击"确定"按钮完成设置，此时可以看到第五行的分数从低到高排列，如图 11-18 所示。

	A	B	C	D	E	F	G	H	I	J	K
1	项目	廖凯	邓敏	陆路	王辉会	李凯	罗成佳	刘萌	蔡晶	吕梁	王一帆
2	语文	69	77	66	81	76	71	56	82	91	82
3	数据	80	76	82	80	82	77	91	88	77	79
4	英语	56	65	77	70	77	88	91	69	79	93
5	平均分	68.333	72.667	75	77	78.333	78.667	79.333	79.667	82.333	84.667

图 11-18

5. 只排序单列数据

在进行排序操作时，只要选中想排序列中的任意单元格，执行排序时都会自动扩展排序。如果只想对某一列数据排序，其他列不做扩展，则需要选中目标列后再执行排序命令。本例需要将员工分配的编号从大到小排列，而"姓名"列保持不变。

❶ 打开表格，选中要排序的单列（B2:B13），在"数据"选项卡的"排序和筛选"组中单击"降序"按钮（如图 11-19 所示），打开"排序提醒"对话框。

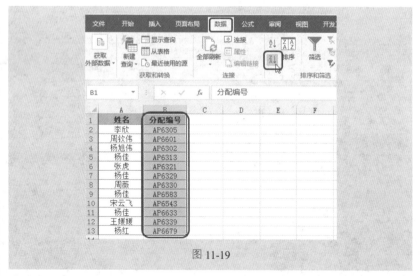

图 11-19

❷ 在"给出排序依据"栏下选中"以当前选定区域排序"单选按钮，如图 11-20 所示。

❸ 单击"排序"按钮完成设置，即可看到分配编号从高到低排列，如图 11-21 所示。

图 11-20   图 11-21

6. 按单元格颜色排序

表格排序，一般都是针对表格中的数据进行的，如果表格中为某些重要数据设置了不同的填充颜色，也可以设置按照指定填充色进行排序。比如下面表格中把应聘过程中给人印象深刻的几个姓名设置了黄色底纹填充，通过如下排序可以将这些数据排序到前面。

扫一扫，看视频

❶ 选中数据区域中的任意单元格，在"数据"选项卡的"排序和筛选"组中单击"排序"按钮（如图 11-22 所示），打开"排序"对话框。

❷ 默认"主要关键字"为"姓名"，在"排序依据"下拉列表框中选择"单元格颜色"，如图 11-23 所示。

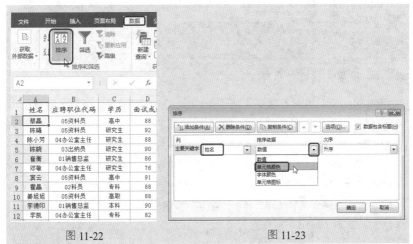

图 11-22   图 11-23

❸ 在"次序"下拉列表框中选择"黄色"（如图 11-24 所示），其右侧保持默认的"在顶端"选项。

图 11-24

❹ 单击"确定"按钮完成设置，此时可以看到表格中的"姓名"列中，黄色底纹填充效果的姓名显示在最顶端，如图 11-25 所示。

	A	B	C	D	E	F
1	姓名	应聘职位代码	学历	面试成绩	口语成绩	平均分
2	蔡晶	05资料员	高中	88	69	78.5
3	窦云	05资料员	高中	91	88	89.5
4	霍晶	02科员	专科	88	91	89.5
5	罗成佳	01销售总监	高中	77	88	82.5
6	王辉会	04办公室主任	专科	80	70	75
7	庄美尔	01销售总监	研究生	88	90	89
8	陈曦	05资料员	研究生	92	72	82
9	陈小芳	04办公室主任	研究生	88	70	79
10	陈晓	03出纳员	研究生	90	79	84.5
11	崔衡	01销售总监	研究生	86	70	78
12	邓敏	04办公室主任	研究生	76	65	70.5
13	姜旭旭	05资料员	高职	88	84	86

图 11-25

7. 按单元格图标排序

扫一扫，看视频

本例表格事先使用条件格式规则对库存量进行了设置，将不同区间的库存量设置不同颜色的三色灯，其中红色灯代表库存将要告急。为了让库存告急的数据更加直观地显示，可以将有红色灯图标的数据记录全部显示在表格顶端。

❶ 打开表格，选中数据区域中的任意单元格，在"数据"选项卡的"排序和筛选"组中单击"排序"按钮（如图 11-26 所示），打开"排序"对话框，并设置"主要关键字"为"库存量"。

❷ 在"排序依据"下拉列表框中选择"单元格图标",如图 11-27 所示。

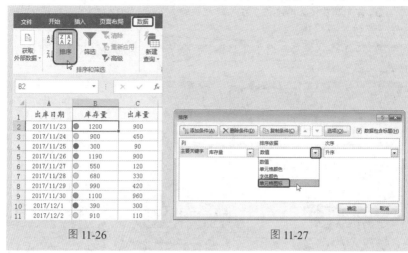

图 11-26   图 11-27

❸ 依次设置"次序"的格式为默认的红色圆点和"在顶端",如图 11-28 所示。

❹ 单击"确定"按钮完成设置,此时可以看到表格中所有红色圆点图标的数据显示在最顶端,以便突出显示库存量比较低的记录,如图 11-29 所示。

图 11-28   图 11-29

8. 将数据随机重新排序

在某些情况下需要对原始排列有序的数据随机打乱顺序,本例主要介绍如何利用 RAND 随机数产生函数和基本排序操作方法实现一列或多列数据随机排列。本例中需要对值班人员进

扫一扫,看视频

375

行随机排序，但是值班日期保持不变。

❶ 首先选中 C2 单元格，在编辑栏内输入公式"=RAND()"，如图 11-30 所示。

❷ 按 Enter 键后再向下复制公式，依次得到其他随机数，如图 11-31 所示。

图 11-30 图 11-31

❸ 选中 C2:C14 单元格区域，按 Ctrl+C 组合键执行复制，然后选中 C2 单元格，在"开始"选项卡的"剪贴板"组中单击"粘贴"下拉按钮，在打开的下拉列表中选择"值和数字"选项（如图 11-32 所示），即可将得到的随机数粘贴为数值格式（是为了得到一组随机数，否则这组辅助随机数会不断发生刷新）。

❹ 选中 B2:C14 单元格区域，在"数据"选项卡的"排序和筛选"组中单击"排序"按钮（如图 11-33 所示），打开"排序"对话框。

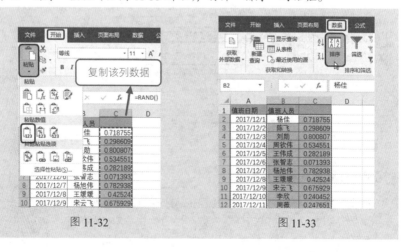

图 11-32 图 11-33

❺ 设置"主要关键字"为"（列 C）"，并保持"排序依据"和"次序"的默认设置不变，如图 11-34 所示。

❻ 单击"确定"按钮完成设置，此时可以看到表格中的"值班人员"已按照 C 列的辅助随机数实现随机重新排序（值班日期保持不变），如图 11-35 所示。

图 11-34   图 11-35

📢 注意：

如果想再次随机重排数据，则可以使用 RAND 函数重新获取随机数，用得到的随机数序列排序即可。

9. 恢复排序前的数据

Excel 本身是没有恢复表格之前顺序的功能，如果在排序之前没有做任何辅助的步骤，只能通过快速访问工具栏中的"撤销"按钮逐步后退，但如果关闭过工作表或者操作的步骤过多的话，撤销操作是无法帮助恢复到表格的原始顺序的。如果是

扫一扫，看视频

比较重要的表格，可以在进行排序前为表格添加辅助列来记录数据的原始顺序，有了这列数据无论任何时候想恢复表格都可以快速实现。

❶ 首先分别在 G2、G3 单元格内输入数字"1"和"2"，然后拖动右下角的填充柄向下填充连续的序号，如图 11-36 所示。

❷ 当数据排序后，再次选中辅助列中的任意单元格，在"数据"选项卡的"排序和筛选"组中单击"升序"按钮，如图 11-37 所示。

图 11-36

图 11-37

❸ 执行上述操作后，表格数据又恢复了原来的显示顺序，如图 11-38 所示。

图 11-38

10. 解决合并单元格不能排序问题

扫一扫，看视频

本例表格使用的是报表形式的布局，因为其中有合并单元格，所以在执行排序时会弹出如图 11-39 所示的提示对话框，提示无法排序。下面介绍如何解决合并单元格的排序问题。

图 11-39

❶ 选中工作表中的合并单元格区域，然后在"开始"选项卡的"剪贴板"组中单击"格式刷"按钮，此时即可激活格式刷，鼠标指针旁会出现一个刷子形状，然后在 F2:F17 单元格区域上刷取（如图 11-40 所示），此操作表示将 A 列中的格式复制下来备用。

❷ 选中 A 列和 D 列中的合并单元格区域，在"开始"选项卡的"对齐方式"组中单击"合并后居中"按钮（如图 11-41 所示），即可取消单元格合并。

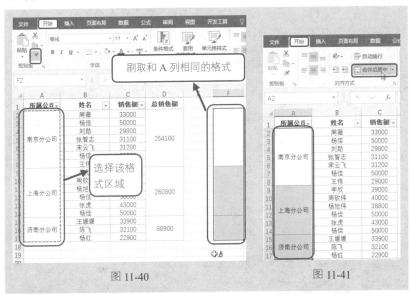

图 11-40   图 11-41

❸ 再次选中 A 列和 D 列取消合并后的单元格区域，按 F5 键打开"定位条件"对话框。选中"空值"单选按钮（如图 11-42 所示），单击"确定"

按钮，即可选中区域中的所有空白单元格。然后在编辑栏内输入公式"=A2"（如图 11-43 所示），按 Ctrl+Enter 组合键，即可填充和上一个单元格相同的内容。

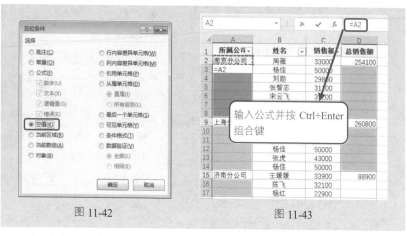

图 11-42   图 11-43

❹ 选中要排序列中的 D2 单元格，在"数据"选项卡的"排序和筛选"组中单击"降序"按钮（如图 11-44 所示），即可将总销售额从高到低排序。

❺ 选中 F2:F17 单元格区域，启用格式刷，重新为 A 列和 D 列刷取合并单元格的样式即可，如图 11-45 所示为排序后的数据。

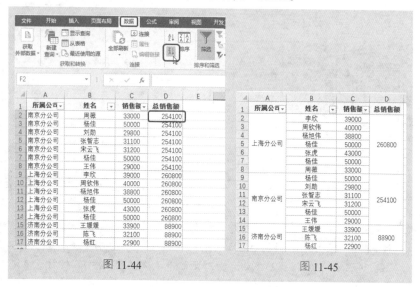

图 11-44   图 11-45

11.2 分类汇总

分类汇总可以为同一类别的记录自动添加合计或小计，如计算同一类数据的总和、平均值、最大值等，从而得到分散记录的合计数据，因此这项功能是数据分析（特别是大数据分析）中的常用的功能之一。

1. 更改汇总的统计方式

默认的分类汇总统计方式为"求和"，如果想要更改为其他统计方式（如求最大值产品），可以按照下面的方法进行。

扫一扫，看视频

❶ 打开求和分类汇总结果的表格（如图 11-46 所示），在"数据"选项卡的"分级显示"组中单击"分类汇总"按钮，打开"分类汇总"对话框。

	A	B	C
	2016年产品销售业绩表		
2	产品类别	产品编号	销售金额
3	办公用品	PNTON	￥ 2,392.00
4	办公用品	BERAP	￥ 5,312.00
5	办公用品	BOLID	￥ 10,870.00
6	办公用品	ALFKI	￥ 9,060.00
7	办公用品	BOCC	￥ 9,649.00
8	办公用品	ERNSH	￥ 2,180.00
9	办公用品	LINOD	￥ 8,214.00
10	办公用品	VAFFE	￥ 2,408.00
11	办公用品 汇总		￥ 50,085.00
12	电器产品	GODOS	￥ 4,280.80
13	电器产品	HUNGC	￥ 2,062.40
14	电器产品	PICCO	￥ 2,496.00
15	电器产品	RATTC	￥ 9,592.80
16	电器产品	REGGC	￥ 12,741.00
17	电器产品	QUIPT	￥ 2,600.00
18	电器产品	BERGS	￥ 2,010.00
19	电器产品 汇总		￥ 35,783.00
20	家居用品	ANTON	￥ 8,255.60

对各类别产品销售金额进行求和汇总

图 11-46

❷ 设置"分类字段"为"产品类别"，在"汇总方式"下拉列表框中选择"最大值"（默认的分类汇总方式为"求和"），如图 11-47 所示。

❸ 单击"确定"按钮完成设置，此时可以看到汇总方式更改为求最大值，如图 11-48 所示。

图 11-47

1 2 3		A	B	C
	1	2016年产品销售业绩表		
	2	产品类别	产品编码	销售金额
	3	办公用品	PNTON	￥ 2,392.00
	4	办公用品	BERAP	￥ 5,312.00
	5	办公用品	BOLID	￥ 10,870.00
	6	办公用品	ALFKI	￥ 9,060.00
	7	办公用品	BOCC	￥ 9,649.00
	8	办公用品	ERNSH	￥ 2,180.00
	9	办公用品	LINOD	￥ 8,214.00
	10	办公用品	VAFFE	￥ 2,408.00
	11	办公用品 最大值		￥ 10,870.00
	12	电器产品	GODOS	￥ 4,280.80
	13	电器产品	HUNGC	￥ 2,062.40
	14	电器产品	PICCO	￥ 2,496.00
	15	电器产品	RATTC	￥ 9,592.80
	16	电器产品	REGGC	￥ 12,741.00
	17	电器产品	QUIPT	￥ 2,600.00
	18	电器产品	BERGS	￥ 2,010.00
	19	电器产品 最大值		￥ 12,741.00
	20	家居用品	ANTON	￥ 8,255.60

图 11-48

📢 **注意:**

本例中的"产品类别"中的数据提前执行了"排序"(降序、升序皆可)。
如果拿到一张表格未排序就进行分类汇总,其分类汇总结果是不准确的,因
为相同的数据未排到一起,程序无法自动分类。所以,一定要先按想分类汇
总统计的那个字段执行排序再进行分类汇总。

2. 创建多种统计结果的分类汇总

扫一扫,看视频

多种统计结果的分类汇总指的是同时显示多种统计结果,
如同时显示求和值、最大值、平均值等。如本例中要想同时显
示出分类汇总的求和值与最大值,沿用上例已统计出的最大值,
接着进行如下的操作。

❶ 打开上例中操作的工作表,再次打开"分类汇总"对话框,在"汇
总方式"下拉列表框中选择"求和",取消勾选下方的"替换当前分类汇总"
复选框,如图 11-49 所示。

❷ 单击"确定"按钮完成设置,此时可以看到表格中分类汇总的结果
是两项数据,如图 11-50 所示。

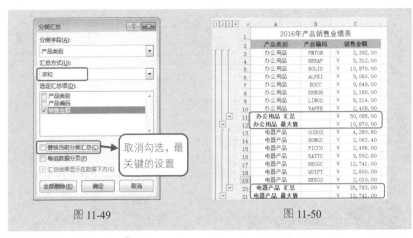

图 11-49　　　　　　　　　　　　　　　图 11-50

3. 创建多级分类汇总

多级分类汇总指的是对一级数据汇总后，再对其下级数据也按类别进行汇总。例如，下面数据中"产品类别"为第一级分类，在同一"产品类别"下对应的"销售员"为二级分类。在创建多级分类汇总之前，首先要进行双字段的排序（即 11.1 节技巧 2 中介绍的方法）。

扫一扫，看视频

❶ 打开表格后，在"数据"选项卡的"排序和筛选"组中单击"排序"按钮（如图 11-51 所示），打开"排序"对话框。

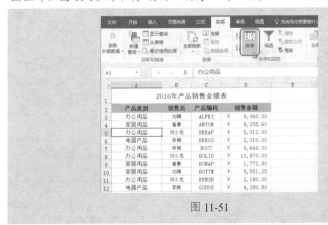

图 11-51

❷ 设置"主要关键字"为"产品类别"，其他保持默认设置，然后单击"添加条件"按钮（如图 11-52 所示），即可添加"次要关键字"。

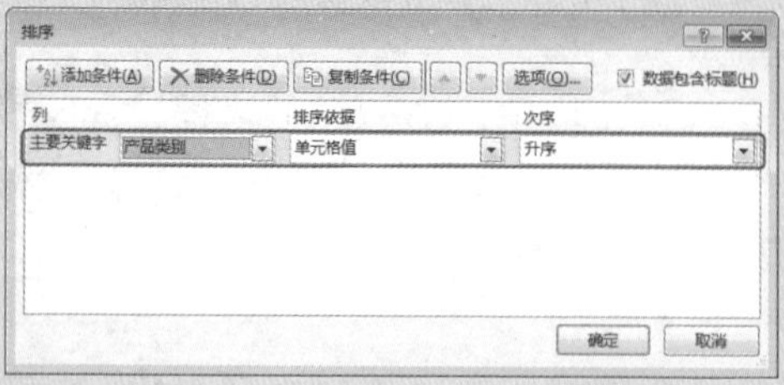

图 11-52

❸ 在"次要关键字"下拉列表框中选择"销售员",其他保持默认设置,如图 11-53 所示。

图 11-53

❹ 单击"确定"按钮,完成"产品类别"和"销售员"字段的排序,如图 11-54 所示。

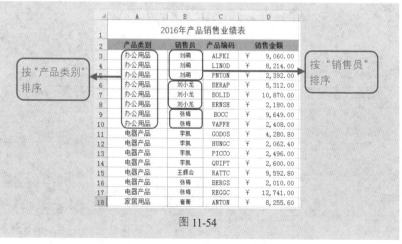

图 11-54

❺ 在"数据"选项卡的"分级显示"组中单击"分类汇总"按钮,打

开"分类汇总"对话框。设置"分类字段"为"产品类别","汇总方式"为"求和",在"选定汇总项"列表框中勾选"销售金额"复选框,如图 11-55 所示。

❻ 单击"确定"按钮完成设置,此时可以看到表格按照"产品类别"进行了求和汇总,如图 11-56 所示。

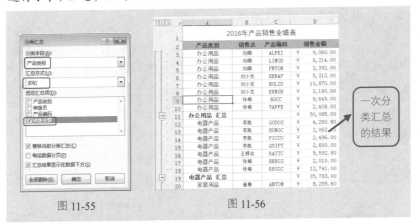

图 11-55   图 11-56

❼ 再次打开"分类汇总"对话框,设置"分类字段"为"销售员","汇总方式"为"求和",取消勾选下方的"替换当前分类汇总"复选框,如图 11-57 所示。

❽ 单击"确定"按钮完成设置,此时可以看到表格按照"销售员"进行了第二次求和汇总,如图 11-58 所示。

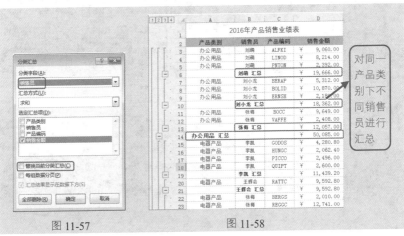

图 11-57   图 11-58

注意：

无论是多种统计的分类汇总还是多级分类汇总，在完成第一次分类汇总之后，一定要注意在之后的操作中取消勾选“分类汇总”对话框中的“替换当前分类汇总”复选框。

4. 制作带页小计的工作表

扫一扫，看视频

在日常工作中，有些表格数据量非常大。在对这些表格执行打印时，如果能实现在每一页的最后加上本页的小计，并在最后一页加上总计，这样的表格会更具可读性。利用分类汇总功能可以制作出带页小计的表格，如本例要求将数据每隔 8 行就自动进行小计。

❶ 首先在“商品”列前面建立新列并命名为“辅助数字”，然后依次在 A2:A9 单元格区域输入数字“1”，如图 11-59 所示。

❷ 继续在 A10:A17 单元格区域输入数字“2”，如图 11-60 所示。

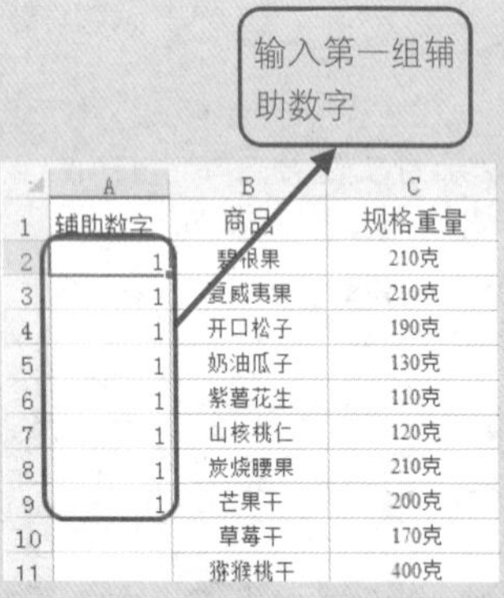

图 11-59

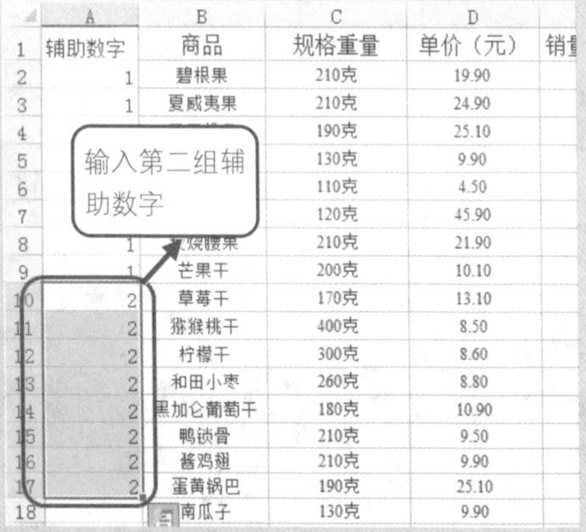

图 11-60

❸ 选中 A2:A17 单元格区域（如图 11-61 所示），拖动 A17 单元格右下角的填充柄向下填充至 A25 单元格，单击右下角的“复制”按钮，在打开的下拉列表中选择“复制单元格”（如图 11-62 所示），即可完成数据复制。

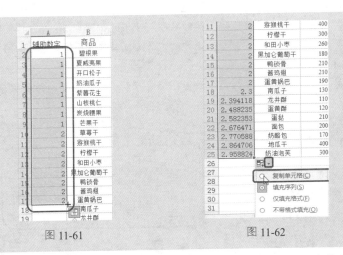

図 11-61

図 11-62

选中任意单元格，在"数据"选项卡的"分级显示"组中单击"分类汇总"按钮（如图 11-63 所示），打开"分类汇总"对话框。

图 11-63

第 11 章 数据分析——排序、分类汇总

❺ 设置"分类字段"为"辅助数字","汇总方式"为"求和","选定汇总项"为"销量（克）",勾选下方的"每组数据分页"复选框,如图 11-64 所示。

❻ 单击"确定"按钮完成设置,此时可以看到分类汇总结果被分为 3 页显示,每一页有 8 条明细记录,如图 11-65 所示。

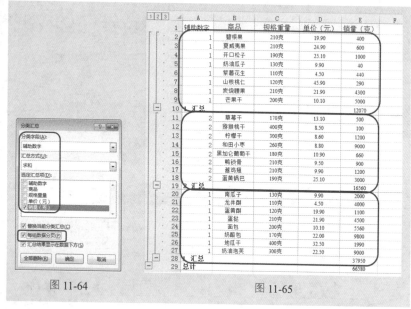

图 11-64　　　　　　　　　图 11-65

❼ 将 A 列隐藏,执行打印时就可以分页打印表格了。

5. 只显示分类汇总的结果

扫一扫,看视频

为表格数据创建分类汇总之后,默认会有 4 个分类汇总明细结果。下面具体介绍这 4 种分类汇总结果,用户可以根据实际数据分析需要选择相应的分类汇总结果进行查看。

❶ 打开创建了分类汇总的表格,在左上角有4个数字按钮,默认是数字"4"按钮（显示各类数据的明细项以及汇总结果）。单击数字"1"按钮（如图 11-66 所示）,即可显示总计汇总结果,如图 11-67 所示。

❷ 单击数字"2"按钮,即可显示各产品类别的第4季度求和汇总结果,如图 11-68 所示。

❸ 单击数字"3"按钮,即可显示各产品类别的第4季度求和汇总以及最大值的汇总结果,如图 11-69 所示。

	A	B	C	D	E	F
	2016年产品销售业绩表					
1						
2	产品类别	客户	第1季度	第2季度	第3季度	第4季度
3	办公用品	ANTON	￥ 800.00	￥ 702.00	￥ 890.00	￥ –
4	办公用品	BERGS	￥ 312.00	￥ –	￥ –	￥ –
5	办公用品	BOLID	￥ –	￥ –	￥ 9,700.00	￥ 1,170.00
6	办公用品	SAVEA	￥ –	￥ –	￥ 3,900.00	￥ 789.75
7	办公用品	SEVES	￥ –	￥ 877.50	￥ –	￥ –
8	办公用品	WHITC	￥ 7,800.00	￥ –	￥ –	￥ 780.00
9	办公用品	ALFKI	￥ –	￥ –	￥ –	￥ 60.00
10	办公用品	BOTTM	￥ –	￥ 449.00	￥ 9,000.00	￥ 200.00
11	办公用品	ERNSH	￥ –	￥ –	￥ –	￥ 180.00
12	办公用品	LINOD	￥ 544.00	￥ 870.00	￥ –	￥ 6,800.00
13	办公用品	VAFFE	￥ –	￥ –	￥ 140.00	￥ 2,268.00
14	办公用品 最大值					￥ 6,800.00
15	办公用品 汇总					￥ 12,247.75

图 11-66

	A	B	C	D	E	F
	2016年产品销售业绩表					
1						
2	产品类别	客户	第1季度	第2季度	第3季度	第4季度
42	总计最大值					￥ 6,800.00
43	总计					￥ 21,319.90
44						
45						
47						

图 11-67

	A	B	C	D	E	F
	2016年产品销售业绩表					
1						
2	产品类别	客户	第1季度	第2季度	第3季度	第4季度
15	办公用品 汇总					￥ 12,247.75
26	电器产品 汇总					￥ 4,438.15
41	家具用品 汇总					￥ 4,634.00
42	总计最大值					￥ 6,800.00
43	总计					￥ 21,319.90
44						
45						

图 11-68

	A	B	C	D	E	F
	2016年产品销售业绩表					
1						
2	产品类别	客户	第1季度	第2季度	第3季度	第4季度
14	办公用品 最大值					￥ 6,800.00
15	办公用品 汇总					￥ 12,247.75
25	电器产品 最大值					￥ 2,607.15
26	电器产品 汇总					￥ 4,438.15
40	家具用品 最大值					￥ 4,450.00
41	家具用品 汇总					￥ 4,634.00
42	总计最大值					￥ 6,800.00
43	总计					￥ 21,319.90

图 11-69

6. 只复制使用分类汇总的统计结果

默认情况下，在对分类汇总结果数据进行复制粘贴时，会自动将明细数据全部粘贴过来。如果只想把汇总结果复制下来当作统计报表使用，可以按照本例介绍的方法进行。

❶ 打开创建了分类汇总的表格，选中要复制的所有单元格区域，如图 11-70 所示。

图 11-70

❷ 按 F5 键，打开"定位条件"对话框，选中"可见单元格"单选按钮，如图 11-71 所示。

图 11-71

❸ 单击"确定"按钮，即可将所选单元格区域中的所有可见单元格选中，然后按 Ctrl+C 组合键执行复制命令，如图 11-72 所示。

❹ 打开新工作表后按 Ctrl+V 组合键执行粘贴命令，即可实现只将分类汇总结果粘贴到新表格中，如图 11-73 所示。

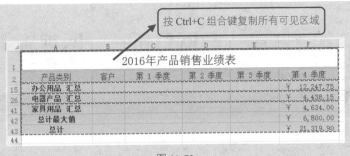

图 11-72

	A	B	C	D	E	F
1	2016年产品销售业绩表					
2	产品类别	客户	第 1 季度	第 2 季度	第 3 季度	第 4 季度
3	办公用品 汇总					¥ 12,247.75
4	电器产品 汇总					¥ 4,438.15
5	家具用品 汇总					¥ 4,634.00
6	总计最大值					¥ 6,800.00
7	总计					¥ 21,319.90
8						

图 11-73

7. 取消分类汇总

如果要取消表格中的分类汇总结果,在"分类汇总"对话框中直接单击"全部删除"按钮即可,如图 11-74 所示。

扫一扫,看视频

图 11-74

第12章　数据分析——透视表

12.1　创建数据透视表

　　数据透视表是汇总、分析、浏览和呈现数据的好工具，它可以按所设置的字段对数据表进行快速汇总统计与分析，并根据分析目的的不同，可以任意更改字段位置重新获取统计结果。另外，数据透视表可以进行的数据计算方式也是多样的，如求和、求平均值、最大值以及计数等，不同的数据分析需求可以选择相应的汇总方式。

1. 适用于数据透视表的数据

　　数据透视表的功能虽然非常强大，但使用之前需要规范数据源表格，否则会给后期创建和使用数据透视表带来层层阻碍，甚至无法创建数据透视表。很多新手不懂得如何规范数据源，下面介绍一些适于创建数据透视表的表格应当避免的误区。

- 不能包含多层表头，如图 12-1 所示表格的第一行和第二行都是表头信息，这让程序无法为数据透视表创建字段。

	A	B	C	D	E	F	G	H	I
1	员工基本工资记录表								
2		员工基本信息					工资		
3	编号	姓名	部门	职务	入公司时间	工龄	基本工资	岗位工资	工龄工资
4	JX001	蔡瑞暖	销售部	经理	2002/3/1	15	2200	1400	1040
5	JX002	陈家玉	财务部	总监	1994/2/14	23	1500	200	1680
6	JX003	王莉	企划部	职员	2002/2/1	15	1500	200	1040
7	JX004	吕从英	企划部	经理	2004/3/1	13	2000	1400	880
8	JX005	邱路平	网络安全部	职员	1998/5/5	19	1500	200	1360
9	JX006	岳书焕	销售部	职员	2004/8/6	13	800	100	880

图 12-1

- 数据记录中不能带空行，如果数据源表格包含空行，数据中断，程序无法获取完整的数据源，统计结果也将不正确。如果表格包含空行，可以按照本书第 6 章介绍的批量删除空行的办法整理好数据源。

- 不能输入不规范日期，不规范的日期数据会造成程序无法识别，自然也不能按年、月、日进行分组统计（如何批量规范日期的方法可参照第 6 章中的技巧）。

- 数据源中不能包含重复记录（处理重复值和重复记录的办法在第 6 章也有详细介绍）。

- 列字段不要重复，名称要唯一，也就是当表格中多列数据使用同一个名称时，会造成数据透视表的字段混淆，无法分辨数据属性。

- 尽量不要将数据放在多个工作表中，比如说将各个季度的销售数据分别建立四个工作表，虽然可以引用多表数据创建数据透视表，但毕竟操作步骤过多，因此可以将数据复制粘贴到一张表格中再创建数据透视表。

2. 两步创建数据透视表

本例中将介绍如何根据准备好的数据源快速创建数据透视表。创建数据透视表时默认会在新工作表中显示，但也可以根据需要将数据透视表放在源数据表格中。

扫一扫，看视频

❶ 打开表格并选中数据区域中的任意单元格，在"插入"选项卡的"表格"组中单击"数据透视表"按钮（如图 12-2 所示），打开"创建数据透视表"对话框。

❷ 保持各项默认设置不变（包括选定的表区域，默认会选中整个表数据区域；如果想将透视表放在当前表格，可以选中"现有工作表"，再设置放置的位置），如图 12-3 所示。

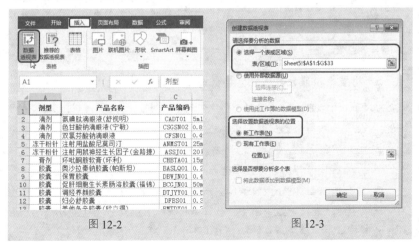

图 12-2   图 12-3

❸ 单击"确定"按钮完成设置，此时可以看到在新工作表中新建了空白的数据透视表（同时激活"数据透视表工具"选项卡，并在窗口右侧显示"数据透视表字段"窗格），如图 12-4 所示。

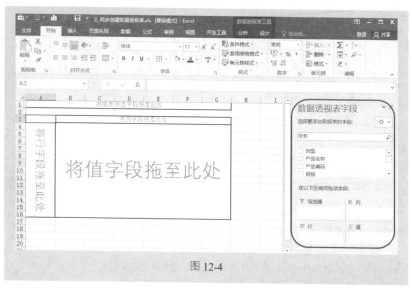

图 12-4

🔊 **注意：**

默认情况下，文本字段可添加到"行"区域，日期和时间字段可添加到"列"区域，数值字段可添加到"值"区域。也可将字段手动拖放到任意区域中，不需要时取消选中复选框或直接拖出即可。
在设置字段的同时数据透视表会显示相应的统计结果，若不是想要的结果，任意重新调整字段即可。

3. 用表格中部分数据建立数据透视表

扫一扫，看视频

如果只需要对表格中的部分数据进行分析，可以只选择部分数据来创建数据透视表。比如本例中统计了医院各类药剂的产品名称、规格以及价格和箱数，如果只想对各剂型的数量进行统计分析，可以只选择"剂型"字段并插入数据透视表。

❶ 首先选取表格中的 A1:A17 单元格区域（要分析的数据源），在"插入"选项卡的"表格"组中单击"数据透视表"按钮（如图 12-5 所示），在打开的对话框中保持各项默认设置不变。

❷ 创建空白数据透视表之后，在"数据透视表字段"窗格下方的"选择要添加到报表的字段"列表框中将"剂型"字段分别拖动到"行"和"值"区域中即可。此时可以看到每种剂型的数量汇总，如图 12-6 所示。

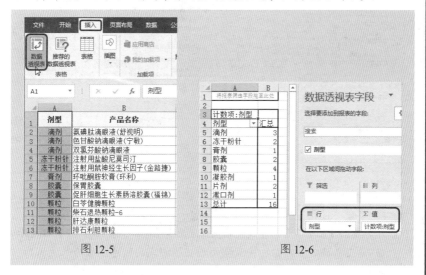

图 12-5　　　　　　　　　　　图 12-6

📢注意：

选择表格中部分数据区域创建数据透视表时，可以只选择单列，也可以是连续的几列，不能选择不连续的几列。

4. 用外部数据建立数据透视表

除了使用当前的工作表数据创建数据透视表外，如果要创建数据透视表的源数据表格保存在其他文件中，也可以直接使用外部数据来建立数据透视表。

❶ 打开"创建数据透视表"对话框后，选中"使用外部数据源"单选按钮并单击"选择连接"按钮（如图 12-7 所示），打开"现有连接"对话框。

❷ 选择列表中的"客户信息表"选项（如果选择的工作簿中包含多张工作表，还需要选择用哪一张工作表数据作为数据源创建数据透视表。如果列表中没有显示可选择的外部数据源表格，可以单击"浏览更多"按钮，在打开的对话框中定位要使用工作簿的保存位置并选中），如图 12-8 所示。

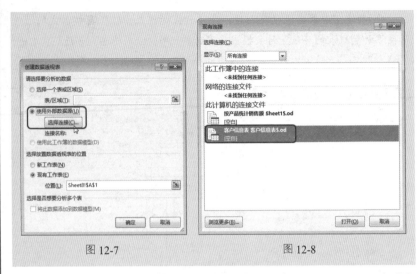

图 12-7   图 12-8

❸ 单击"打开"按钮，返回"创建数据透视表"对话框，即可看到选择的外部数据源表格名称，并设置放置位置为"现有工作表"，如图 12-9 所示。

❹ 单击"确定"按钮，完成空白数据透视表的创建，然后依次添加相应的字段即可，如图 12-10 所示。

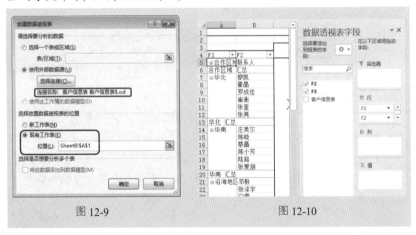

图 12-9   图 12-10

📢 注意：

如果要使用的外部数据保存在默认的"我的数据源"文件夹中，打开"现有连接"对话框后就会直接显示在列表中；否则就需要单击"浏览更多"按钮，在打开的对话框中定位要使用工作簿的保存位置并选中。

5. 重新更改数据透视表的数据源

如果需要重新选择表格中新的数据源创建数据透视表，只需要打开"更改数据透视表数据源"对话框即可更改，不需要重新创建。

扫一扫，看视频

❶ 打开数据透视表，在"数据透视表工具 | 分析"选项卡的"数据"组中单击"更改数据源"按钮（如图 12-11 所示），打开"更改数据透视表数据源"对话框。

❷ 重新更改"表/区域"的引用范围为 A1:G33（可单击右侧的拾取器返回到数据源表中重新选择），如图 12-12 所示。

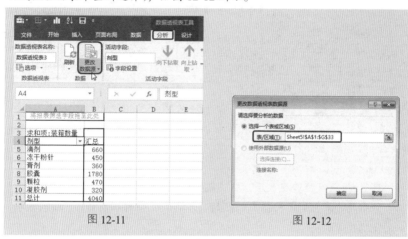

图 12-11   图 12-12

❸ 单击"确定"按钮，返回数据透视表，此时可以看到数据透视表引用了新的数据源，如图 12-13 所示。

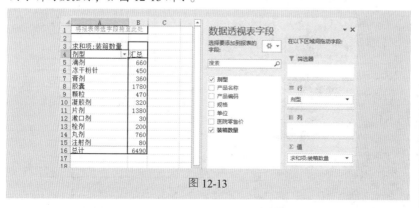

图 12-13

6. 更新数据时要刷新数据透视表

创建数据透视表之后，如果需要重新修改数据源表格中的数据，可以在更改数据之后刷新数据透视表，实现数据透视表中统计数据的同步更新。

❶ 如图 12-14 所示原始表格中的"滴剂"箱数为"60"，在数据透视表中显示汇总数额为"660"，如图 12-15 所示。重新在原始表格中更改"滴剂"箱数为"100"，如图 12-16 所示。

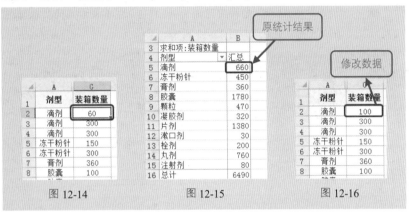

图 12-14　　　　图 12-15　　　　图 12-16

❷ 切换至数据透视表后，在"数据透视表工具 | 分析"选项卡的"数据"组中单击"刷新"按钮（如图 12-17 所示），即可刷新数据透视表数据，如图 12-18 所示。

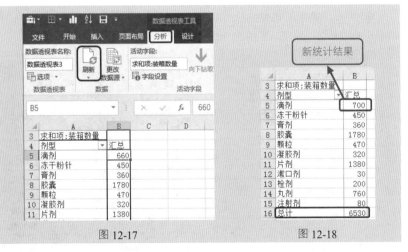

图 12-17　　　　　　图 12-18

7. 创建自动更新的数据透视表

创建数据透视表之后，如果数据源表格中有新行或者新列增加，直接在透视表里面单击"刷新"按钮是无法实现数据更新的。此时需要更改数据源或者重新选择新数据源创建数据透视表。如果当前的数据表时常需要添加新的记录，为了避免总是更改数据源的麻烦，可以事先将源数据以表格形式存放，则可以实现数据透表的数据源及时刷新。

扫一扫，看视频

❶ 首先选中表格中任意数据单元格，在"插入"选项卡的"表格"组中单击"表格"按钮（如图 12-19 所示），打开"创建表"对话框。保持默认设置，如图 12-20 所示。

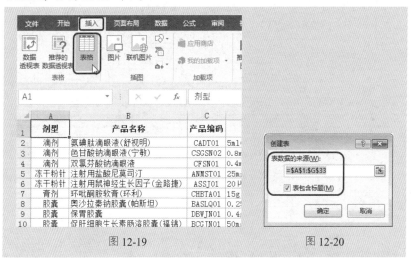

图 12-19　　　　　　　　　　　图 12-20

❷ 单击"确定"按钮，即可创建整张表。选择表中的任意数据所在单元格，在"插入"选项卡的"表格"组中单击"数据透视表"按钮（如图 12-21 所示），打开"创建数据透视表"对话框。此时可以看到选择的"表/区域"名称为"表 1"（这是一个动态的区域，会随着新增数据而自动扩展），如图 12-22 所示。

❸ 单击"确定"按钮，然后添加字段到相应的字段区域，即可创建数据透视表。切换至原始数据表格后，在表中直接插入新行并输入数据，如图 12-23 所示。

❹ 再次切换至数据透视表后，在"数据"选项卡中单击"全部刷新"按钮（如图 12-24 所示），即可刷新数据透视表数据，如图 12-25 所示。

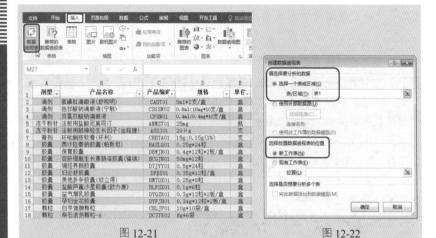

图 12-21   图 12-22

插入新行

图 12-23

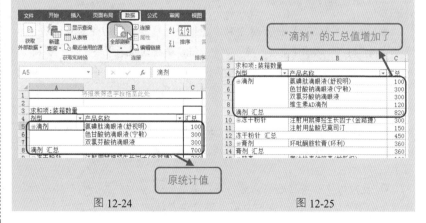

"滴剂"的汇总值增加了

原统计值

图 12-24   图 12-25

12.2 数据透视表的示例

本节会通过几个实用的例子具体介绍数据透视表在实际工作中的应用。这些实例中应用到了很多知识点，在后面的技巧中会介绍到。

1. 统计应聘者中各学历有多少人

如图 12-26 所示的表格中统计了公司某次招聘中应聘者的相关数据，下面需要分析员工的学历层次，了解不同学历对应的人数。通过更改"学历"字段的值显示方式（默认是"无计算"），可以了解哪个学历占比最高。

扫一扫，看视频

	A	B	C	D	E	F
1	员工	职位代码	学历	专业考核	业绩考核	平均分
2	蔡晶	05资料员	高中	88	69	78.5
3	陈曦	05资料员	研究生	92	72	82
4	陈小芳	04办公室主任	研究生	88	70	79
5	陈晓	03出纳员	研究生	90	79	84.5
6	崔衡	01销售总监	研究生	86	70	78
7	邓敏	04办公室主任	研究生	76	65	70.5
8	窦云	05资料员	高中	91	88	89.5
9	霍晶	02科员	专科	88	91	89.5
10	姜旭旭	05资料员	高职	88	84	86
11	李德印	01销售总监	本科	90	87	88.5
12	李凯	04办公室主任	专科	82	77	79.5
13	廖凯	06办公室文员	研究生	80	56	68
14	刘兰芝	03出纳员	研究生	76	90	83
15	刘萌	01销售总监	专科	91	91	91

图 12-26

❶ 打开表格，按 12.1 节中的技巧 2 创建空白的数据透视表。

❷ 在右侧的"数据透视表字段"窗格中单击选中"学历"字段，然后按住鼠标左键不放（如图 12-27 所示），将其拖动到左侧的"将行字段拖至此处"区域即可，如图 12-28 所示。

图 12-27   图 12-28

❸ 此时即可将行标签字段添加至相应位置。按照相同的方法拖动"员工"字段至左侧的"将值字段拖至此处"区域，如图 12-29 所示。

❹ 设置完毕后，即可看到左侧数据透视表得到的数据分析结果，从中可以看到不同学历的人数汇总，在下方"总计"行还可以看到总人数汇总，如图 12-30 所示。

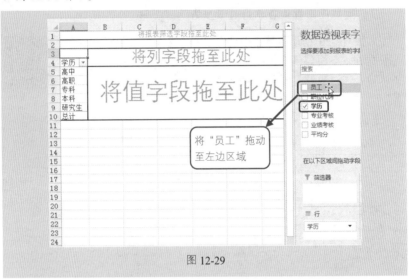

图 12-29

❺ 重新设置"学历"字段的值显示方式为"列汇总的百分比"（12.4 节会介绍如何更改值显示方式），即可得到各学历人数占比，从中可以看到"研究生"学历占比最高，"本科"和"高职"占比最低，如图 12-31 所示。

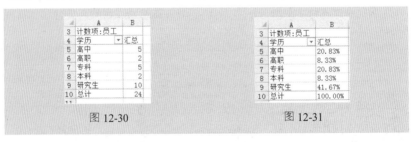

图 12-30　　　　　　　　　　　图 12-31

📢 注意：

在拖动添加字段时，也可以直接将字段拖到下方的字段设置区域中。

2. 统计各类别产品的总销量

如图 12-32 所示表格统计了各类别产品在各个季度的销售数据，如果要统计各类别产品在各个季度的销售额汇总，可以分别将"产品类别"字段以及"第 1 季度""第 2 季度""第 3 季度""第 4 季度"字段添加到相应的字段设置区域中。

扫一扫，看视频

	A	B	C	D	E	F
1	2016年产品销售业绩表					
2	产品类别	客户	第 1 季度	第 2 季度	第 3 季度	第 4 季度
3	办公用品	ANTON	¥　800.00	¥　702.00	¥　890.00	¥　－
4	办公用品	BERGS	¥　312.00	¥　－	¥　－	¥　－
5	办公用品	BOLID	¥　－	¥　－	¥9,700.00	¥1,170.00
6	电器产品	BOTTM	¥　1,170.00	¥　－	¥　－	¥　－
7	电器产品	ERNSH	¥　1,123.20	¥　－	¥　650.00	¥2,607.15
8	电器产品	GODOS	¥　－	¥　280.80	¥　－	¥　－
9	电器产品	HUNGC	¥　62.40	¥　－	¥　－	¥　－
10	电器产品	PICCO	¥　－	¥1,560.00	¥　936.00	¥　－
11	电器产品	RATTC	¥　－	¥　592.80	¥　－	¥　－
12	电器产品	REGGC	¥　12,000.00	¥　－	¥　－	¥　741.00
13	办公用品	SAVEA	¥　－	¥　－	¥3,900.00	¥　789.75
14	办公用品	SEVES	¥　－	¥　877.50	¥　－	¥　－
15	办公用品	WHITC	¥　7,800.00	¥　－	¥　－	¥　780.00
16	办公用品	ALFKI	¥　－	¥　－	¥　－	¥　60.00

图 12-32

❶ 打开表格，按 12.1 节中的技巧 2 创建空白的数据透视表。

❷ 勾选"产品类别"字段复选框，将其添加至"行"区域（如图 12-33 所示）。依次勾选"第 1 季度""第 2 季度""第 3 季度""第 4 季度"字段复选框（如图 12-34 所示），将其添加至"值"区域。

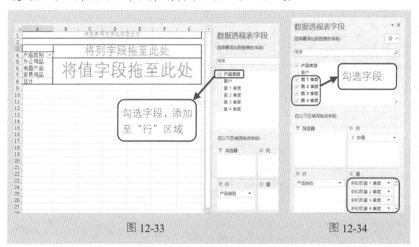

图 12-33　　　　　图 12-34

❸ 设置完毕后，即可看到左侧数据透视表得到的数据分析结果，从表中可以看到不同产品类别在各个季度的销售总额，如图 12-35 所示。

图 12-35

3. 查看哪些物流订单未发货

本例表格是一张仓库订单发货数据表（如图 12-36 所示），现在需要统计各个订单的发货情况。

	A	B	C	D
1	物流单号	数量	是否发出	创建日期
2	GR1090222	88	否	2017/4/11
3	GR1090223	92	是	2017/4/12
4	GR1090224	88	否	2017/4/13
5	GR1090225	90	是	2017/4/14
6	GR1090226	86	否	2017/4/15
7	GR1090227	76	否	2017/4/16
8	GR1090228	91	是	2017/4/17
9	GR1090229	88	是	2017/6/8

图 12-36

❶ 打开表格，按 12.1 节中技巧 2 创建空白的数据透视表。

❷ 在右侧"数据透视表字段"窗格中将"是否发出"和"物流单号"字段添加至"行"区域，即可得到如图 12-37 所示数据透视表。从报表中可以轻松查看发货情况。

图 12-37

4. 统计员工的薪酬分布

如图 12-38 所示为某月的工资表，下面需要按部门统计最高工资、最低工资、人数以及各部门的平均工资。

扫一扫，看视频

编号	姓名	所属部门	基本工资	工龄工资	福利补贴	提成或奖金	加班工资	满勤奖金	应发合计
001	郑立媛	销售部	800	1100	800	9603.2	380.95	0	12684.15
002	艾羽	财务部	2500	1600	500		740.48	500	5840.48
003	章晔	企划部	1800	1300	550		495.24	0	4145.24
004	钟文	企划部	2500	900	550	0	748.81	0	4698.81
005	朱安婷	网络安全部	2000	800	650		316.67	0	3766.67
006	钟武	销售部	800	500	700	4480		500	6980
007	梅香菱	网络安全部	3000	600	650		175	0	4425
008	李霞	行政部	1500	400	500		642.86	0	3042.86
009	苏海涛	销售部	2200	1100	700	23670.4	0	500	28170.4
010	喻可	财务部	1500	1100	500	200	742.86	0	4042.86
011	苏曼	销售部	800	400	800	2284.5	214.29	0	4498.79
012	蒋苗苗	企划部	1800	1000	650	1000	325	0	4775
013	胡子强	销售部	800	1000	700	1850	271.43	0	4621.43

本 月 工 资 统 计 表

图 12-38

❶ 打开表格，按 12.1 节中的技巧 2 创建空白的数据透视表。

❷ 在右侧"数据透视表字段"窗格中将"所属部门"添加至"行"区域；将"应发合计"字段添加至"值区域"窗格 4 次，得到如图 12-39 所示数据透视表。

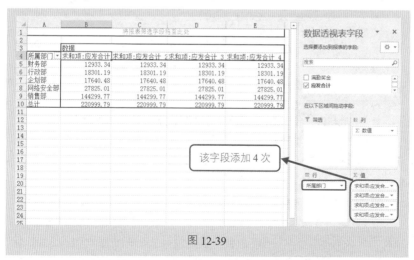

图 12-39

❸ 将第一个"求和项：应发合计"字段的值汇总方式改为"计数"并

更改名称为"人数",然后按照相同的方法依次修改其他值字段的汇总方式和名称（12.4 节中会介绍如何更改值的汇总方式），依次得到各部门人数、最高工资、最低工资以及平均工资，如图 12-40 所示。

	A	B	C	D	E
4	所属部门 ▼	人数	最高工资	最低工资	平均工资
5	财务部	3	5840.48	3050	4311.113333
6	行政部	6	3732.14	2400	3050.198333
7	企划部	4	4775	4021.43	4410.12
8	网络安全部	6	6810.71	3741.67	4637.501667
9	销售部	11	30040	2869	13118.16091
10	总计	30	30040	2400	7366.659667

图 12-40

5. 分析业务员的目标达成率

实际工作中经常需要分析业务员的目标达成率，本例需要分析公司两名业务员实际和目标业绩的达标情况，如果达标则高出多少，如果不达标则低多少。如图 12-41 所示为数据源表格。

	A	B	C	D
1	类别	业务员	月份	业绩
2	目标	李晓楠	12	3200
3	实际	李晓楠	12	6000
4	目标	刘海玉	12	2100
5	实际	刘海玉	12	4365
6	目标	李晓楠	11	6735
7	实际	李晓楠	11	2000
8	目标	刘海玉	11	4000
9	实际	刘海玉	11	9000

图 12-41

❶ 打开表格，按 12.1 节中的技巧 2 创建空白的数据透视表。

❷ 在右侧"数据透视表字段"窗格中将"业务员"字段添加至"列"，将"类别"和"月份"字段添加至"行"，将"业绩"字段添加至"值"字段，得到如图 12-42 所示数据透视表。

❸ 重新更改"业绩"字段的值显示方式为"差异"，如图 12-43 所示。

❹ 单击"确定"按钮，得到以两名业务员每个月的目标业绩为基准，实际完成业绩跟目标业绩相比较的结果，如图 12-44 所示。如果只比较 11 月份的目标与实际就看第 9 行数据；如果只比较 12 月份的目标与实际就看第 10 行数据；如果比较两个月的合计情况就看第 8 行的数据。正数表示实

际完成业绩大于目标业绩，负数表示实际完成业绩小于目标业绩，例如业务员"李晓楠"，11 月份实际完成业绩比目标业绩少 4735 元；业务员"刘海玉"，11 月份实际完成业绩比目标业绩多 5000 元。

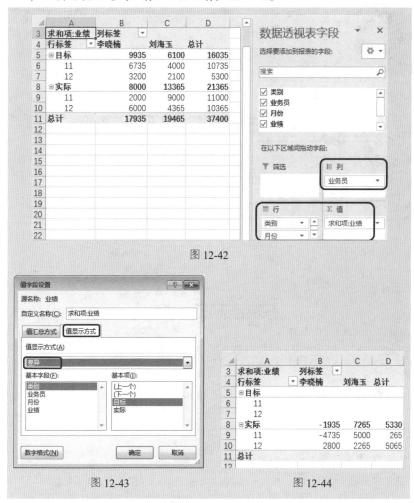

图 12-42

图 12-43　　　　　　　图 12-44

12.3　数据透视表显示效果

更改默认数据透视表的显示效果，可以帮助用户更好地理解数据分析结果，比如在汇总行添加空行、为透视表一键套用样式、重命名字段名称等。

1. 重设数据的显示格式

数据透视表中的数值默认显示为普通数字格式，可以通过设置让其显示为货币格式。

❶ 选中要设置数字格式的单元格区域并单击鼠标右键，在弹出的快捷菜单中选择"值字段设置"命令（如图 12-45 所示），打开"值字段设置"对话框。

❷ 单击左下角的"数字格式"按钮（如图 12-46 所示），打开"设置单元格格式"对话框。

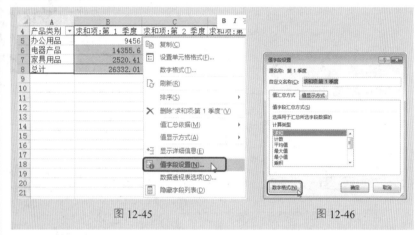

图 12-45　　　　　　　　　　　　　　　　图 12-46

❸ 在"数字"选项卡的"分类"列表框中选择"货币"，在右侧的"小数位数"数值框中输入"2"，将"货币符号（国家/地区）"设置为"￥"，如图 12-47 所示。

❹ 单击"确定"按钮完成设置，返回表格后可以看到第 1 季度的销售额数值显示为两位小数的货币格式，如图 12-48 所示。

2. 重命名数据透视表的字段

默认的数据透视表字段名称为数据源表格中的列标识名称，并且当添加值字段时会显示"求和项：*""计数项：*"，这时可以通过重命名字段将名称更改得更加直观易读。

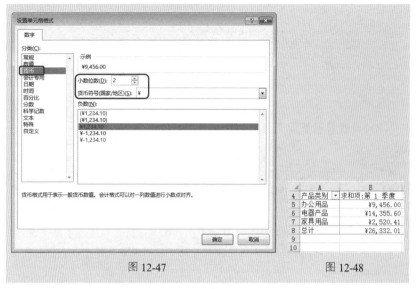

图 12-47   图 12-48

❶ 首先双击要重命名的字段所在单元格，即"求和项：第一季度"所在的B4单元格（如图 12-49 所示），打开"值字段设置"对话框。

❷ 在"自定义名称"文本框内输入"第 1 季度销售总额"即可，如图 12-50 所示。

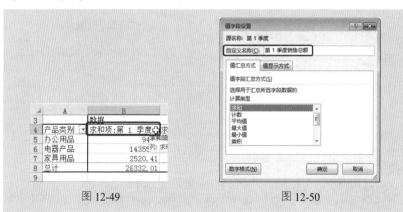

图 12-49   图 12-50

❸ 单击"确定"按钮完成设置，此时可以看到原先的"求和项：第一季度"被重命名为"第 1 季度销售总额"，如图 12-51 所示。按照相同的方法依次重命名其他字段名称。

图 12-51

3. 设置数据透视表以表格形式显示

扫一扫，看视频

数据透视表建立后其默认的布局为压缩形式，这种布局下如果设置了两个行标签，其列标识的名称不能完整显示出来，如果把布局更改为表格形式，则可以让字段的名称清晰显示，更便于查看。

❶ 打开数据透视表后，在"数据透视表工具 | 设计"选项卡的"布局"组中单击"报表布局"下拉按钮，在打开的下拉列表中选择"以表格形式显示"选项，如图 12-52 所示。

❷ 此时可以看到原先的压缩形式显示为表格形式，"剂型"和"产品名称"两个行标签字段都完整显示出来了，如图 12-53 所示。

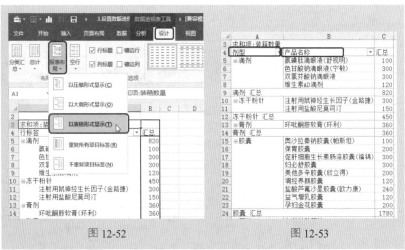

图 12-52   图 12-53

4. 在每个分级之间用空白行间隔

扫一扫，看视频

创建数据透视表后默认每个分级之间是连续的，为了方便查看数据，可以在每个汇总行下方都添加一行空行。

❶ 打开数据透视表后，在"数据透视表工具 | 设计"选项

卡的"布局"组中单击"空行"下拉按钮，在打开的下拉列表中选择"在每个项目后插入空行"选项，如图 12-54 所示。

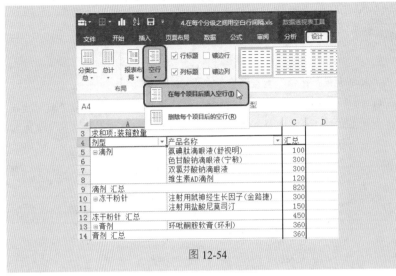

图 12-54

❷ 此时可以看到在每一行汇总项下方都会插入一行空行，如图 12-55 所示。

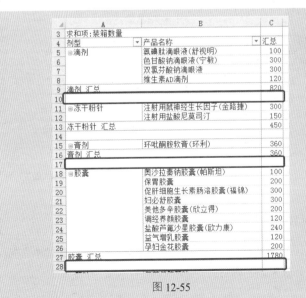

图 12-55

5. 设置数据透视表中空值与错误值的显示方式

　　如果数据透视表中包含错误值和空值，可以设置这些值的显示方式，下面介绍具体设置办法。

　　❶ 打开数据透视表后，在"数据透视表工具 | 分析"选项卡的"数据透视表"组中单击"选项"按钮（如图 12-56 所示），打开"数据透视表选项"对话框。

　　❷ 切换至"布局和格式"选项卡，在"格式"栏中分别勾选"对于错误值，显示"和"对于空单元格，显示"复选框，并分别在其后的文本框内输入要显示的内容即可，如图 12-57 所示。

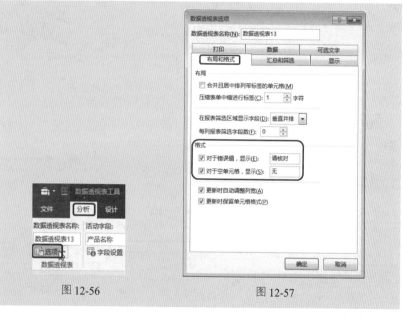

图 12-56　　　　　　　　　　　　　　图 12-57

　　❸ 单击"确定"按钮，完成数据透视表中的空值和错误值显示方式的设置。

6. 套用数据透视表样式，一键美化数据透视表

　　为数据透视表一键套用样式，可以一次性更改透视表的填充效果、字体格式、边框效果等。

❶ 打开数据透视表后，在"数据透视表工具 | 设计"选项卡的"数据透视表样式"组中单击"其他"下拉按钮，在打开的下拉列表中选择"数据透视表样式中等深浅 11"，如图 12-58 所示。

❷ 此时可以看到数据透视表应用了指定的样式（包括边框、底纹以及字体格式等），如图 12-59 所示。

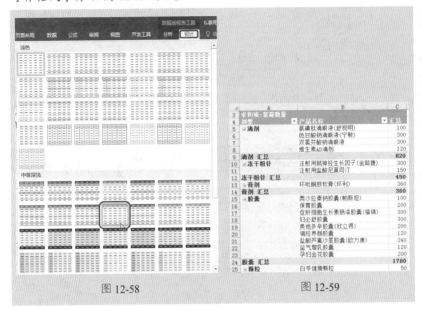

图 12-58

图 12-59

7. 设置默认的数据透视表样式

如果需要经常使用某个数据透视表样式，可以将其指定为透视表样式默认值，在创建数据透视表时会自动套用该样式。

扫一扫，看视频

❶ 打开数据透视表后，在"数据透视表工具 | 设计"选项卡的"数据透视表样式"组中单击"其他"下拉按钮，在打开的下拉列表中将鼠标指针指向要设为默认值的样式缩略图，单击鼠标右键，在弹出的快捷菜单中选择"设为默认值"命令，如图 12-60 所示。

❷ 再次创建数据透视表后，可以看到它显示为刚才设置的默认样式，如图 12-61 所示。

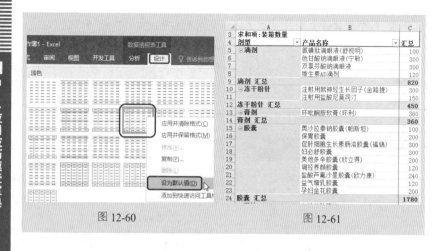

图 12-60

图 12-61

12.4 值字段的设置

  数据透视表中数据的呈现方式有很多，包括以汇总的方式呈现、以计数的方式呈现，或者是计算数据中的最大值、平均值以及所占百分比等，分为值汇总方式和值显示方式两大类。值汇总方式就是在添加了数值字段后使用不同的统计方式，如求和、计数、平均值、最大值、最小值、乘积、方差等；值显示方式则是用来设置统计数据如何呈现，如呈现占行汇总的百分比、占列汇总的百分比、占总计的百分比、数据累积显示等。

1. 更改默认的汇总方式

扫一扫，看视频

  如果将文本字段添加到值字段中，默认的值汇总方式是"计数"；如果将数值字段添加到值字段中，默认的值汇总方式是"求和"。另外还有"平均值""最大值"等不同汇总方式，用户可以根据自己的统计目的去更改汇总方式。例如，下面表格中要汇总出各个剂型医院零售价的最大值。

  ❶ 打开数据透视表，在右侧的"数据透视表字段"窗格中单击"求和项:医院零售价"字段右侧的下拉按钮，在弹出的下拉列表中选择"值字段设置"（如图 12-62 所示），打开"值字段设置"对话框。

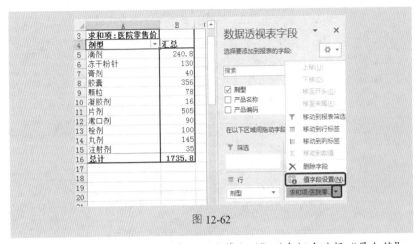

图 12-62

❷ 在"值汇总方式"选项卡的"计算类型"列表框中选择"最大值"，如图 12-63 所示。

❸ 此时可以看到默认的求和汇总方式更改为求各个剂型医院零售价的最大值，如图 12-64 所示。

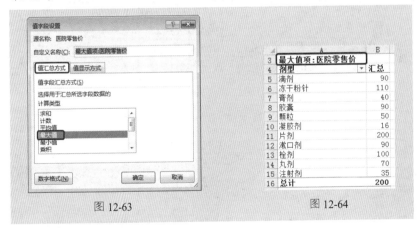

图 12-63   图 12-64

2. 同时显示多种汇总方式

本例表格统计了各个班级多名学生的各科目成绩和总分，下面需要统计各个班级学生的最高分、最低分以及平均分，可以对"总分"字段应用不同的汇总方式。

❶ 首先创建数据透视表，将"班级"设置为"行"标签，

再添加3次"总分"字段至"值"区域，然后双击要更改汇总方式的字段所在单元格，即 B4 单元格（求和项：总分）（如图 12-65 所示），打开"值字段设置"对话框。

❷ 首先在"值汇总方式"选项卡的"计算类型"列表框中选择"最大值"，然后在"自定义名称"文本框内输入"最高分"，如图 12-66 所示。

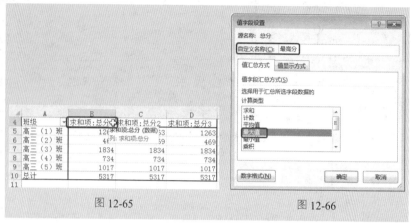

图 12-65　　　　　　　　　　　图 12-66

❸ 单击"确定"按钮，即可汇总各班级学生总分的最高分。然后按照相同的方法依次设置另外两个"总分"值字段的名称为"最低分"和"平均分"，并分别设置值字段的汇总方式为"最小值"和"平均值"，如图 12-67、图 12-68 所示。

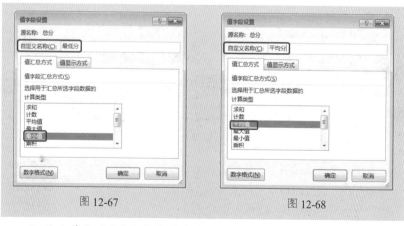

图 12-67　　　　　　　　　　　图 12-68

❹ 依次单击"确定"按钮完成设置，此时可以看到各个班级总分的最

高分、最低分和平均分数，如图 12-69 所示。

	A	B	C	D
3		数据		
4	班级 ▼	最高分	最低分	平均分
5	高三（1）班	269	225	252.6
6	高三（2）班	238	231	234.5
7	高三（3）班	250	205	229.25
8	高三（4）班	248	239	244.6666667
9	高三（5）班	268	235	254.25

图 12-69

3. 更改值的显示方式——各类别产品占总和的百分比

本例中需要将各类产品销售额和总销售额进行对比，即显示出类别产品占总和的百分比，从而直观地了解哪一种产品的销售额最高。可以设置"总计的百分比"值显示方式。

扫一扫，看视频

❶ 打开数据透视表，在右侧的"数据透视表字段"窗格中单击"求和项:合计"字段右侧的下拉按钮，在弹出的下拉菜单中选择"值字段设置"命令（如图 12-70 所示），打开"值字段设置"对话框。

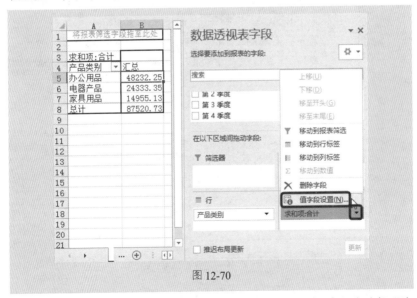

图 12-70

❷ 切换至"值显示方式"选项卡，在"值显示方式"列表框中选择"总计的百分比"，如图 12-71 所示。

❸ 单击"确定"按钮完成设置，此时可以看到各类别产品的销售额按百分比汇总，如图 12-72 所示。

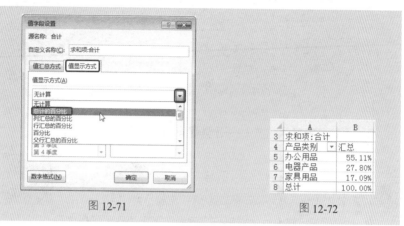

图 12-71   图 12-72

4. 更改值的显示方式——各店铺中各系列占比

扫一扫，看视频

本例将各店铺中各个系列的销售额进行了汇总，下面需要按行汇总百分比，得到每个系列在各个店铺的百分比数据。可以设置"行汇总的百分比"值显示方式。

❶ 在数据透视表中双击"求和项：销售额"单元格（即 A3）（如图 12-73 所示），打开"值字段设置"对话框。

❷ 切换至"值显示方式"选项卡，在"值显示方式"列表中选择"行汇总的百分比"，如图 12-74 所示。

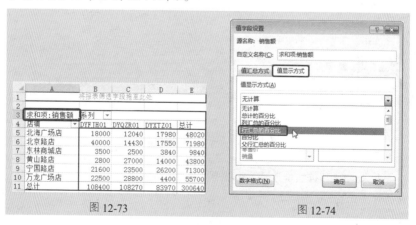

图 12-73   图 12-74

❸ 单击"确定"按钮完成设置，此时可以看到各个店铺中各系列的销售额按行汇总的百分比数据，如图 12-75 所示。

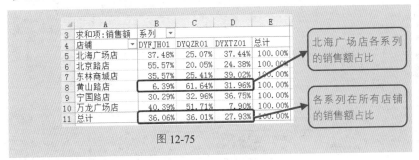

图 12-75

5. 更改值的显示方式——统计销售额占分类汇总的百分比

本例中统计了不同店铺各种商品的销售额（数据表如图 12-76 所示），下面需要统计各个商品的销售额占本店铺的百分比情况，同时查看各个店铺的销售额占总销售额的百分比。可以设置"父行汇总的百分比"的值显示方式。

扫一扫，看视频

❶ 在数据透视表中双击"求和项:销售额"单元格（即 A3）（如图 12-76 所示），打开"值字段设置"对话框。

❷ 切换至"值显示方式"选项卡，在"值显示方式"列表中选择"父行汇总的百分比"，如图 12-77 所示。

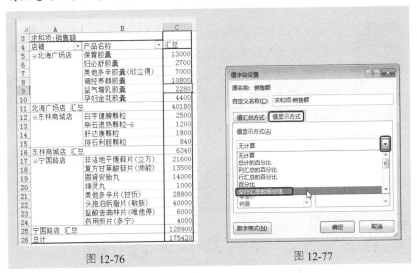

图 12-76

图 12-77

❸ 单击"确定"按钮完成设置，此时可以看到各个店铺中各产品的销售额按父行汇总的百分比数据，如图 12-78 所示。

	A	B	C
3	求和项:销售额		
4	店铺 ▼	产品名称 ▼	汇总
5	⊟北海广场店	保胃胶囊	32.35%
6		妇必舒胶囊	6.72%
7		美他多辛胶囊(欣立得)	17.42%
8		调经养颜胶囊	26.88%
9		益气增乳胶囊	5.67%
10		孕妇金花胶囊	10.95%
11	北海广场店 汇总		22.91%
12	⊟东林商城店	白芍健脾颗粒	39.43%
13		柴石退热颗粒-6	18.93%
14		肝达康颗粒	28.39%
15		排石利胆颗粒	13.25%
16	东林商城店 汇总		3.61%
17	⊟宁国路店	非洛地平缓释片(立方)	16.76%
18		复方甘草酸苷片(帅能)	10.47%
19		固肾安胎丸	10.86%
20		坤灵丸	0.78%
21		美他多辛片(甘忻)	22.34%
22		头孢泊肟脂片(敏新)	31.03%
23		盐酸舍曲林片(唯他停)	4.65%
24		药用炭片(多宁)	3.10%
25	宁国路店 汇总		73.48%
26	总计		100.00%

北海广场店各产品销售额占比

各店铺销售额占总销售额的百分比

图 12-78

6. 更改值的显示方式——按日累计注册量

扫一扫，看视频

本例透视表按日统计了某网站的注册量，下面需要将每日的注册量逐个相加，得到按日累计注册量数据。

❶ 创建数据透视表后，在"值"字段列表中分别添加两次"注册量"，如图 12-79 所示。然后更改第 2 个"注册量"字段名称为"累计注册量"。

❷ 单击"累计注册量"字段下方任意单元格并单击鼠标右键，在弹出的菜单中依次选择"值显示方式"→"按某一字段汇总"命令（如图 12-80 所示），打开"值显示方式（累计注册量）"对话框。

❸ 保持默认设置的基本字段为"统计日期"即可，如图 12-81 所示。

❹ 单击"确定"按钮完成设置，此时可以看到"累计注册量"字段下方的数据逐一累计相加，得到每日累计注册量，如图 12-82 所示。

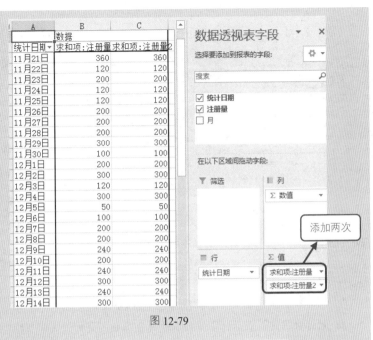

图 12-79

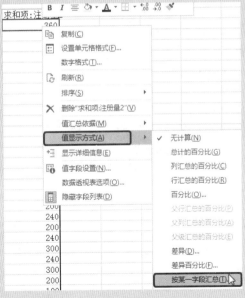

图 12-80

图 12-81   图 12-82

7. 自定义公式求解各销售员奖金

扫一扫，看视频

当前数据透视表中统计了每名销售员的销售额总计值，本例中规定：当总销售额在 10000 元以下时，提成率为 8%；总销售额大于 10000 元时，提成率为 15%。使用"计算字段"功能可以自定义公式为数据透视表添加"销售提成"求和项。

❶ 打开数据透视表后，在"数据透视表工具 | 分析"选项卡的"计算"组中单击"字段、项目和集"下拉按钮，在打开的下拉列表中选择"计算字段"选项（如图 12-83 所示），打开"插入计算字段"对话框。

❷ 在"名称"文本框内输入"销售提成"，在下方的"公式"文本框内输入"=IF(销售额<=10000,销售额*0.08,销售额*0.15)"（也可以通过下方的"字段"列表框输入公式），如图 12-84 所示。

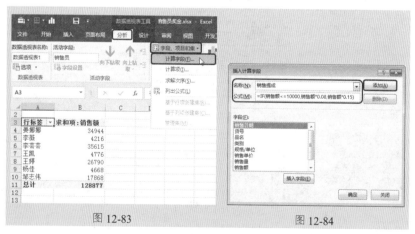

图 12-83   图 12-84

❸ 单击"添加"按钮，即可将"销售提成"添加至"字段"列表框中，如图 12-85 所示。单击"确定"按钮，即可在透视表中添加"销售提成"，如图 12-86 所示。

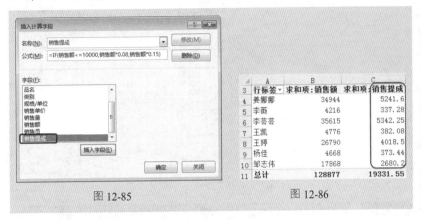

图 12-85 　　　　　　　　　　　　　　图 12-86

8. 自定义公式求解各类别商品利润率

商品的利润率为"毛利/销售额"。当前数据透视表中已经统计了商品的毛利和销售额（如图 12-87 所示），下面需要设置自定义公式，为其添加"利润率"字段。

扫一扫，看视频

❶ 按上一技巧的步骤❶打开"插入计算字段"对话框。

❷ 在"名称"文本框内输入"利润率"，在下方的"公式"文本框内输入"=毛利/销售额"（也可以通过下方的"字段"列表框输入公式），如图 12-88 所示。

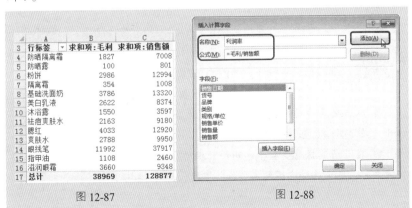

图 12-87 　　　　　　　　　　　　　　图 12-88

423

❸ 单击"添加"按钮即可将"利润率"添加至字段列表，如图 12-89 所示。单击"确定"按钮即可在透视表中添加"利润率"，如图 12-90 所示。

图 12-89   图 12-90

12.5 报表数据的查看

完成数据透视表的创建之后，下一步需要对数据进行查看。让报表数据查看起来更直观的两大利器是"筛选"和"分组"功能。在数据透视表中能够像普通表格中一样进行自动筛选，从而查看满足条件的数据，同时还能使用"切片器"实现任意字段数据的筛选等。数据透视表中的"分组"功能可以将分散的数据按组统计，从而查看总结性的结果。例如，将庞大的日期数据按月份、季度或半年分组，将学生分数按指定分数段分组等。

1. 显示项的明细数据

扫一扫，看视频

数据透视表根据所设置的字段显示统计结果，一般不会所有字段都添加到透视表中。但在数据透视表中可以通过显示明细数据来查看任意项的明细数据，比如查看"胶囊"剂型下的所有"产品名称"，查看某名称产品的零售价格等。

❶ 双击要查看明细数据的某一项，比如 A8 单元格（如图 12-91 所示），打开"显示明细数据"对话框。

❷ 在"请选择待要显示的明细数据所在的字段"列表框内显示了所有字段名称，从中选择"医院零售价"字段，如图 12-92 所示。

图 12-91   图 12-92

❸ 单击"确定"按钮完成设置，返回数据透视表后可以看到显示了"胶囊"的明细数据，如图 12-93 所示。

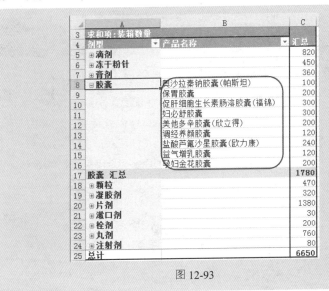

图 12-93

❹ 显示明细数据后，可以单击明细数据中的项显示下一级明细数据。例如想查看"保胃胶囊"的"医院零售价"，则双击 B9 单元格，在打开的对话框中选择"医院零售价"，单击"确定"按钮，即可查看到"保胃胶囊"的"医院零售价"明细数据，如图 12-94 所示。

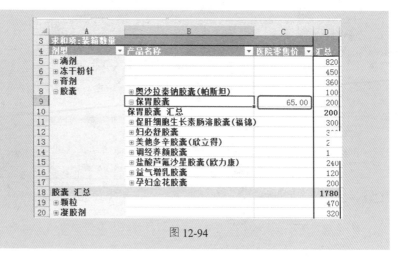

图 12-94

📢 注意：

如果要隐藏报表中的明细数据，可以单击指定字段前面的 □ 按钮即可。

2. 查看某一汇总项的明细数据

扫一扫，看视频

数据透视表中的汇总项是所有该类别数据汇总的结果，一般都是多条数据的汇总值，因此可以查看某一汇总项的明细数据。

❶ 双击要查看明细数据的汇总项，比如 B8 单元格（如图 12-95 所示），即"胶囊"剂型。

图 12-95

❷ 此时可以看到工作簿新建了一个新的工作表，在表格中显示了"胶囊"的所有明细项目数据，如图 12-96 所示。

	A	B	C	D	E	F	G
1	剂型	产品名称	产品编码	规格	单位	医院零售价	装箱数量
2	胶囊	孕妇金花胶囊	DYFJH01	0.34g*12粒*2板/盒	盒	22	200
3	胶囊	益气增乳胶囊	DYQZR01	0.3g*12粒*2板/盒	盒	19	120
4	胶囊	盐酸芦氟沙星胶囊(欧力康)	BLFSX01	0.1g*6粒	盒	21	240
5	胶囊	美他多辛胶囊(欣立得)	BMTDX01	0.25g*8粒	盒	35	200
6	胶囊	妇必舒胶囊	DFBS01	0.35g*12粒/盒	盒	9	300
7	胶囊	调经养颜胶囊	DTJYY01	0.5g*24粒	盒	90	120
8	胶囊	促肝细胞生长素肠溶胶囊(福锦)	BCCJN01	50mg*12粒/盒	盒	60	300
9	胶囊	奥沙拉秦钠胶囊(帕斯坦)	BASLQ01	0.25g*24粒	盒	35	100
10	胶囊	保胃胶囊	DBWJN01	0.4g*12粒*2板/盒	盒	65	200

图 12-96

3. 制作业绩前 5 名的销售报表（值筛选）

数据透视表中也具有"筛选"功能，可以根据需要设置筛选条件，实现数据查看的目的。本例中需要筛选出业绩在前 5 名的所有记录，可以使用"值筛选"。

扫一扫，看视频

❶ 打开数据透视表，并单击"业务员"字段右侧的筛选按钮（如图 12-97 所示），在打开的筛选列表中依次选择"值筛选"→"前 10 项"命令（如图 12-98 所示），打开"前 10 个筛选（业务员）"对话框。

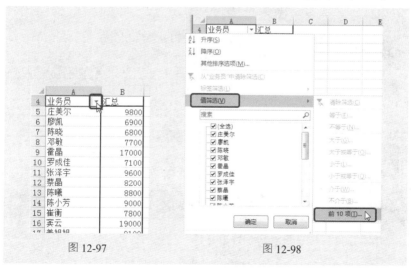

图 12-97   图 12-98

❷ 设置显示的最大项为前 5 项即可（如图 12-99 所示），单击"确定"

按钮完成筛选，此时可以看到透视表中只显示业绩排名前五的数据记录，如图 12-100 所示。

图 12-99   图 12-100

4. 筛选本月支出汇总值（日期筛选）

本例数据透视表中按日期统计了销售额，下面需要对日期列执行筛选，将本月的所有销售记录筛选出来，可以使用"日期筛选"。

❶ 打开数据透视表，单击"行标签"字段右侧的筛选按钮（如图 12-101 所示），在打开的筛选列表中依次选择"日期筛选"→"本月"，如图 12-102 所示。

❷ 此时可以看到透视表中将本月（12 月份）的所有销售记录筛选出来，并汇总了本月的总销售额，如图 12-103 所示。

图 12-101   图 12-102   图 12-103

5. 添加切片器快速实现数据筛选

在数据透视表中可以通过插入切片器实现数据筛选。

❶ 打开数据透视表，在"数据透视表工具 | 分析"选项卡的"筛选"

组中单击"插入切片器"按钮（如图 12-104 所示），打开"插入切片器"对话框。

❷ 在列表框中根据需要勾选字段前面的复选框，这里勾选"剂型"复选框，如图 12-105 所示。

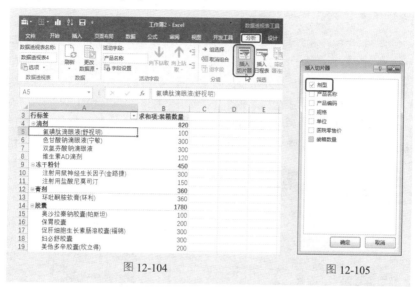

图 12-104　　　　　　　　　　　　　　图 12-105

❸ 单击"确定"按钮，即可插入切片器。在该切片器中显示了所有"剂型"名称，如图 12-106 所示。选中需要统计的剂型，即可得到筛选统计结果。如果要查看某几个剂型的统计结果，则按住 Ctrl 键依次单击选中，如图 12-107 所示即为"滴剂""片剂"和"漱口剂"3 种剂型的汇总数据。

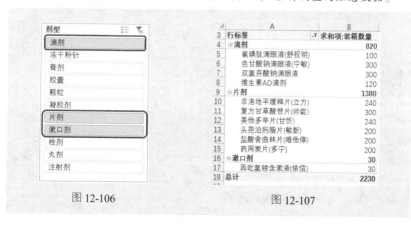

图 12-106　　　　　　　　　　　　　　图 12-107

6. 将费用支出金额按月汇总

数据透视表中的"组选择"功能可以使数据按规则执行分组统计，比如日期数据可以按月、按年进行分组；常规数据可以按设定的步长分组等。本例需要将支出额按照月份汇总，系统会自动识别所有相同月份的支出额，并执行分组汇总计算。

❶ 打开数据透视表并选中要分组的字段（这里选择"日期"字段所在单元格），在"数据透视表工具 | 分析"选项卡的"分组"组中单击"组选择"按钮（如图 12-108 所示），打开"组合"对话框。

❷ 在"步长"栏下的列表框中选择"月"即可，如图 12-109 所示。

❸ 单击"确定"按钮完成分组，此时可以看到数据透视表按月对支出额进行了汇总统计，如图 12-110 所示。

图 12-108　　　　　图 12-109　　　　　图 12-110

7. 按周分组汇总产量

如果要将产量按周分组，而在"步长"列表中没有"周"选项，即程序未预置这一选项。此时可以设置步长为"日"，然后将天数设置为"7"，即 1 周，就可以变向实现按周分组。

❶ 选中"日期"字段所在单元格，在"数据透视表工具 | 分析"选项卡的"分组"组中单击"组选择"按钮，打开"组合"对话框。在"步长"栏下的列表框中选择"日"，然后在下方的"天数"数值框内输入数字"7"（表示每 7 日一组，即一周），如图 12-111 所示。

❷ 单击"确定"按钮完成分组，此时可以看到数据透视表按周（每 7 日）对产量进行了汇总统计，如图 12-112 所示。

图 12-111

	A	B
3	求和项:产量	
4	日期	汇总
5	2017/11/1 - 2017/11/7	2119
6	2017/11/8 - 2017/11/14	3780
7	2017/11/15 - 2017/11/21	3861
8	2017/11/22 - 2017/11/25	2240
9	总计	12000
10		
11		

图 12-112

8. 统计指定分数区间的人数

如图 12-113 所示的数据透视表统计的是学生的语文成绩，统计结果即分散又零乱。可以通过如下设置将分数按每 5 分分成一组，即可直观统计出不同分数区间的总人数。

扫一扫，看视频

❶ 选中"语文"字段所在单元格，在"数据透视表工具 | 分析"选项卡的"分组"组中单击"组选择"按钮，打开"组合"对话框。

❷ 分别设置"起始于"和"终止于"的分数为"60"和"80"（也可以保持默认分数值不变），并设置"步长"为"5"，如图 12-114 所示。

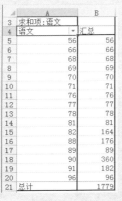

	A	B
3	求和项:语文	
4	语文	汇总
5	56	56
6	66	66
7	68	68
8	69	69
9	70	70
10	71	71
11	76	76
12	77	77
13	78	78
14	81	81
15	82	164
16	88	176
17	89	89
18	90	360
19	91	182
20	96	96
21	总计	1779

图 12-113

图 12-114

❸ 单击"确定"按钮完成分组，然后在数据透视表中双击"求和项：语文"单元格（即 A3），打开"值字段设置"对话框，如图 12-115 所示。

❹ 首先在"值汇总方式"选项卡的"计算类型"列表框中选择"计数"，然后在"自定义名称"标签右侧的文本框内重命名为"人数"，如图 12-116 所示。

❺ 单击"确定"按钮完成分组，此时可以看到对不同分数区间的人数进行了汇总，如图 12-117 所示。

图 12-115　　　　　　图 12-116　　　　　　图 12-117

📢 注意：

如果保持默认分数的起始值（56）和终止值（96）不变，得到的分组将不会以"<60"和"<80"进行划分。

9. 按分数区间将成绩分为"优、良、差"等级

扫一扫，看视频

如果要根据不同的分数将成绩依次划分为"优""良""差"3 个等级，使用自动分组是无法实现的，这时可以手动创建组。本例中规定：70 分以下的为"差"；70~90 分之间的为"良"；90 分以上的为"优"，将各个成绩区间的人数统计出来。

❶ 选中数据透视表中的 A5:A8 单元格区域并单击鼠标右键，在弹出的快捷菜单中选择"创建组"命令（如图 12-118 所示），即可创建"数据 1"组。

❷ 按照相同的办法选中 A9:A17 单元格区域并单击鼠标右键，在弹出的快捷菜单中选择"创建组"命令（如图 12-119 所示），即可创建"数据 2"组。

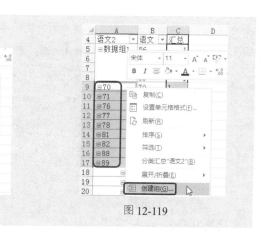

图 12-118 · 图 12-119

❸ 再选中 A18:A20 单元格区域并单击鼠标右键，在弹出的快捷菜单中选择"创建组"命令（如图 12-120 所示），即可创建"数据 3"组。依次选择 A5、A9 和 A18 单元格，直接在编辑栏中将它们的名称依次修改为"差""良"和"优"，如图 12-121 所示。再单击各个分组字段前的 ▬ 按钮将各个分组字段折叠起来，效果如图 12-122 所示。

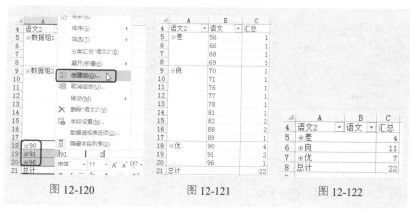

图 12-120 · · · · · · · · · · · · · · · 图 12-121 · · · · · · · · · · · · · · · 图 12-122

10. 将支出金额按半年汇总

本例中按日期统计了支出额，下面需要将数据按半年汇总总支出额。因为程序并未为日期数据提供"半年"分组的选项，因此需要使用手动分组来实现按半年分组汇总。

❶ 选中数据透视表中的 A4:A17 单元格区域（2017 年上半

年的日期）并单击鼠标右键，在弹出的快捷菜单中选择"创建组"命令（如图 12-123 所示），即可创建"数据 1"组，如图 12-124 所示。

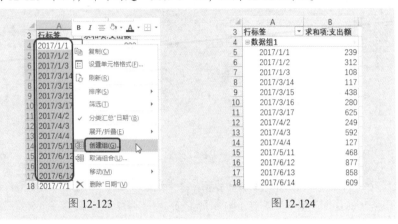

图 12-123   图 12-124

❷ 按照相同的办法选中 A5:A24 单元格区域（2017 年下半年的日期）并单击鼠标右键，在弹出的快捷菜单中选择"创建组"命令（如图 12-125 所示），即可创建"数据 2"组。

❸ 依次选择 A4 和 A5 单元格（如图 12-126 所示），将它们的名称分别更改为"上半年"和"下半年"，可得到如图 12-127 所示的统计结果。

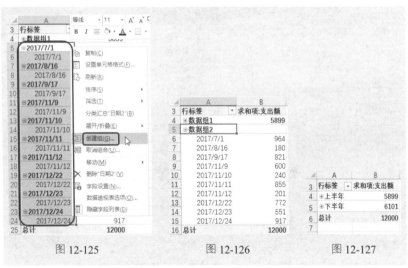

图 12-125   图 12-126   图 12-127

12.6 创建数据透视图

数据透视表可以汇总、分析、浏览和呈现汇总数据。数据透视图是通过对数据透视表中的汇总数据添加可视化效果来对其进行补充，以便用户轻松查看比较数据。借助数据透视表和数据透视图，用户可对企业中的关键数据做出明智决策。数据透视图也是交互式的，创建数据透视图时会显示数据透视图筛选窗格。可使用此筛选窗格对数据透视图的基础数据进行排序和筛选。

数据透视图显示数据系列、类别、数据标记和坐标轴（与标准图表相同）。也可以更改图表类型和其他选项，例如标题、图例的位置、数据标签、图表位置等。

1. 选用合适的数据透视图

本例中统计了各种类型药品的数量，下面需要根据已知数据透视表创建饼图图表，查看各类型药品数量所占的比重。

扫一扫，看视频

❶ 选中数据透视表中的任意单元格，在"数据透视表工具 | 分析"选项卡的"工具"组中单击"数据透视图"按钮（如图 12-128 所示），打开"插入图表"对话框。

❷ 在左侧的图表类型中选择"饼图"，然后在右侧选择饼图类型为"饼图"，如图 12-129 所示。

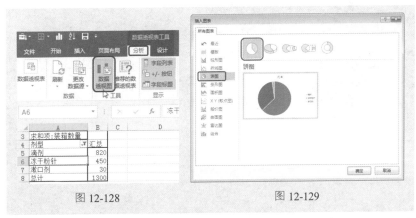

图 12-128　　　　　　　　　　图 12-129

❸ 单击"确定"按钮完成设置，此时即可在数据透视表中插入饼图图表，然后依次添加标题和数据标签即可（数据标签的添加方法会在本节技巧

3 中介绍），如图 12-130 所示。

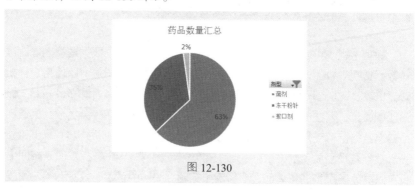

图 12-130

2. 重新更改数据透视图的类型

扫一扫，看视频

在建立图表后，如果感觉图表类型不合适或是想查看另一种图表展示效果，可以快速更改图表的类型。

❶ 选择数据透视图并单击鼠标右键，在弹出的快捷菜单中选择"更改图表类型"命令（如图 12-131 所示），打开"更改图表类型"对话框。

❷ 在左侧的图表类型中选择"柱形图"，然后在右侧选择柱形图类型为"簇状柱形图"，如图 12-132 所示。

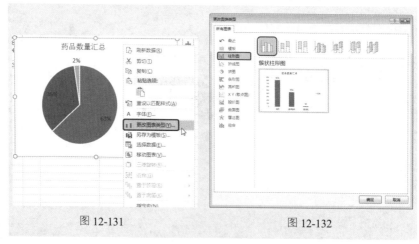

图 12-131   图 12-132

❸ 单击"确定"按钮完成设置，此时可以看到饼图图表已更改为簇状柱形图图表（根据柱子的高度来判断数量的多少），如图 12-133 所示。

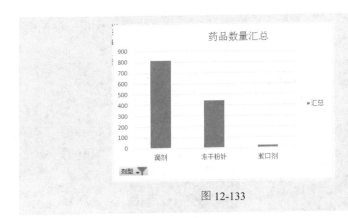

图 12-133

3. 添加数据标签

在数据透视图中添加数据标签是为了让系列的值更直观地显示在图表上。本例中需要在饼图图表中添加百分比数据标签。

扫一扫，看视频

❶ 打开数据透视图，在"数据透视图工具 | 设计"选项卡的"图表布局"组中单击"添加图表元素"下拉按钮，在打开的下拉列表中依次选择"数据标签"→"其他数据标签选项"选项（如图 12-134 所示），打开"设置数据标签格式"窗格。

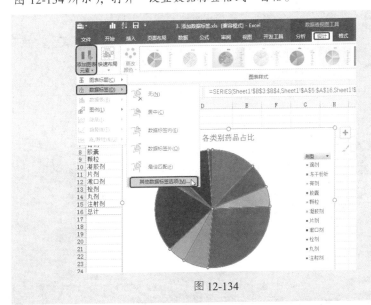

图 12-134

❷ 在"标签选项"栏下，分别勾选"类别名称"和"百分比"复选框，如图 12-135 所示。

❸ 此时可以看到数据透视图被添加了类别名称和百分比数据标签，从而可以直观了解不同药品数量的占比，如图 12-136 所示。

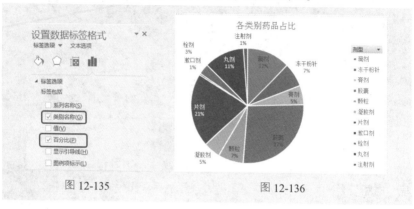

图 12-135　　　　　　　　　　　图 12-136

4. 美化数据透视图

扫一扫，看视频

创建数据透视图后，可以重新为图表一键应用图表样式。应用图表样式是一种极速美化方式，一般建议先应用图表样式，然后有个别对象需要着重设置时，可以单独补充设置。

❶ 选中数据透视图并单击右侧的"图表样式"按钮，在弹出的样式列表中单击"样式 8"，如图 12-137 所示。

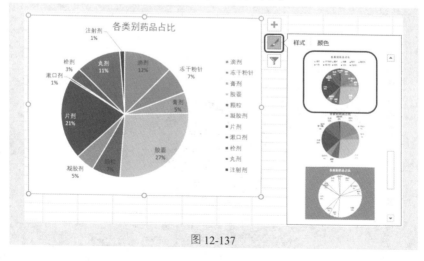

图 12-137

② 此时可以看到图表一键应用指定样式（包括数据标签格式、系列填充色和轮廓效果等）。选中"胶囊"数据点（单击 1 次可以选中整个图表中的所有数据点，再单击 1 次"胶囊"数据点即可单独选中）并按住鼠标左键不放向外拖动，将该数据点分离出来，如图 12-138 所示。

③ 保持该数据点的选中状态，在"数据透视图工具 | 格式"选项卡的"形状样式"组中单击"形状填充"下拉按钮，在打开的下拉列表中选择白色（如图 12-139 所示），即可重新设置该对象的填充色。

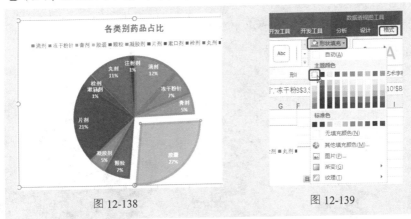

图 12-138　　　　　　　　　　图 12-139

④ 保持该数据点的选中状态，并单击选中其中的数据标签，在"开始"选项卡的"字体"组中单击"字体颜色"下拉按钮，在打开的下拉列表中选择黑色（如图 12-140 所示），即可将文字更改为黑色字体，如图 12-141 所示。

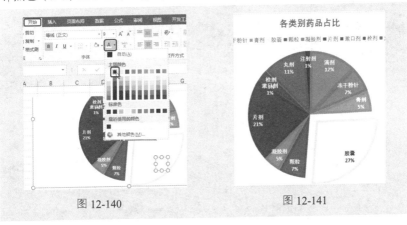

图 12-140　　　　　　　　　　图 12-141

5. 在数据透视图中筛选查看部分数据

在 Excel 2016 中还提供了"图表筛选器"按钮,通过该按钮可以在数据透视图中筛选查看数据,即让数据透视图只绘制想查看的那部分数据。

❶ 选中数据透视图后,单击其右侧的"图表筛选器"按钮,在弹出的下拉面板中分别勾选"滴剂""冻干粉针""膏剂"和"漱口剂"前面的复选框(如果数据过多,可以先勾选"全选",然后依次取消勾选不需要查看的数据),如图 12-142 所示。

❷ 单击"应用"按钮完成筛选,此时可以看到数据透视图中只显示筛选出来的 4 个数据系列饼图,如图 12-143 所示。

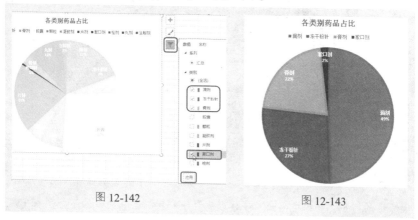

图 12-142　　　　　　　　　　　图 12-143

6. 在数据透视图中查看明细数据

在数据透视图中,可以展开或折叠到数据明细的任意甚至所有级别,也可以展开或折叠到下一级别以外的明细级别。在数据透视图中显示明细数据有以下两种方法。

- 在关联的数据透视表中将明细数据显示出来,显示出的明细数据会直接反映在数据透视图中。
- 可以直接在数据透视图中设置让明细数据显示出来(下面会做介绍)。

❶ 打开数据透视图后单击柱形图 1,然后在需要显示明细数据的数据系列柱形图上再单击 1 次,即可单独选中"片剂"数据系列。单击鼠标右键,在弹出的快捷菜单中依次选择"展开/折叠"→"展开"命令,如图 12-144

所示。

❷ 此时即可看到数据透视图中将"片剂"数据系列的各项明细数据（所有产品名称）显示出来了，如图 12-145 所示。

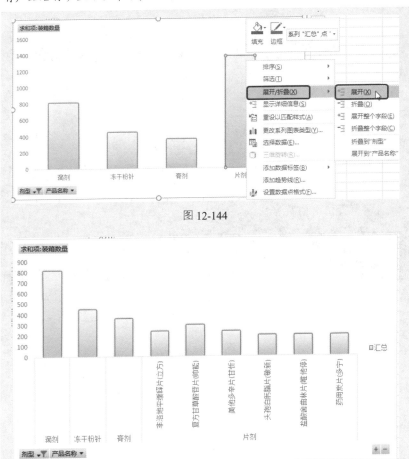

图 12-144

图 12-145

第13章　数据分析——图表

按分析目的选图表

图表可以为表格数据提供一种图形化的表现形式，让数据分析更加容易。常见的图表类型有"柱形图""条形图""折线图""饼图"等，每种图表类型对数据表现的侧重都有所不同，用户需要根据数据源的特点选择合适的图表，比如表达员工业绩占比数据，使用饼图图表更贴切。

本节会通过一些实例介绍不同类型的图表，用户需要按照不同的数据分析目的选择匹配的图表类型。

1. 整理图表的数据源

扫一扫，看视频

为了创建出合理规范的图表，应当事先整理好数据源表格。如果图表数据来源于大数据，可以先将数据提取出来单独放置。另外，不要输入与表格无关的内容。日常学习工作中千万不要轻视数据源的整理与规范，如果在制作图表的过程中犯错，很可能会让正确的数据传达出错误的信息。下面介绍整理图表数据源表格的一些基本规则。

- 表格行、列标识要清晰，如果数据源未使用单位，在图表中一定要补充标注。例如，如图 13-1 所示的图表，一没标题，不明白它想表达什么；二没图例，分不清不同颜色的柱子指的是什么项目；三没金额单位，试想"元"与"万元"差别可就大了。

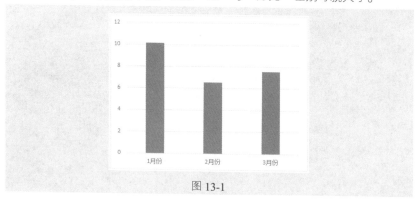

图 13-1

- 不同的数据系列要分行、分列输入，避免混淆在一起。如图 13-2 所示图表数据源表格中既有季度名称又有部门名称，虽然可以创建图表，但是得到的图表分析结果意义不大，因为不同部门在不同季度的支出额是无法比较的。

图 13-2

如果按图 13-3 所示整理图表数据源表格，将"设计 1 部"和"设计 2 部"按照不同季度的支出额进行汇总，就可以得到这两个设计分部门在各个季度的支出额比较。

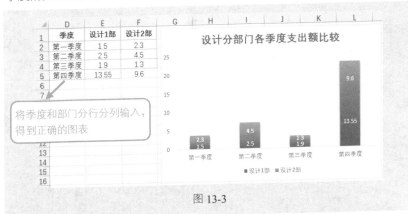

图 13-3

- 数据变化趋势不明显的数据源不适合创建图表。图表最终的目的就是为了分析比较数据，既然每种数据大小都差不多，那么就没有必要使用图表比较了。如图 13-4 所示的图表中展示了应聘人员的面试成绩，可以看到这一组数据变化微小，通过建立图表比较数据是没有任何意义的。

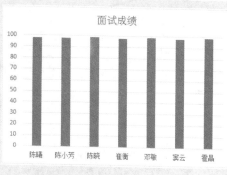

图 13-4

● 不要把毫无关联的数据放在一起创建图表。如图 13-5 所示的"医疗零售价"和"装箱数量"是两种毫无关系的数据，没有可比性。因此，在创建图表时需要将同样是价格或者同样是数量的同类型数据放在一起创建图表并比较。

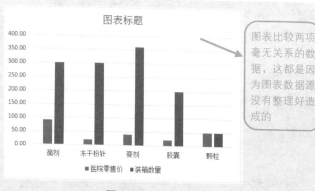

图 13-5

● 创建图表的数据不亦过多，图表本身不具有数据分析的功能，它只是服务于数据的，因此要学会提炼分析数据，将数据分析的结果用图表来展现才是最终目的。如图 13-6 所示，原始数据表格中带有数据明细表，创建的图表由于数据过多而没有分析重点，如图 13-7 所示。

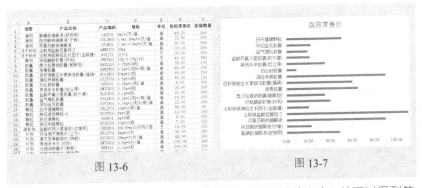

图 13-6   图 13-7

如果把药品按剂型分类，把相同剂型的总箱数计算出来，就可以得到简洁的表格数据源，用图表展示数据分析结果时就会更清晰明了，如图 13-8 所示。

图 13-8

2. 为初学者推荐的常用图表

不同的数据源和数据分析目的需要选择合适的图表。初学者拿到一份表格数据后，面对各式各样的图表类型有时无法确定该用哪种图表。在 Excel 2016 版本中提供了一个"推荐的图表"功能，程序会根据当前选择的数据推荐一些可用图表类型，

扫一扫，看视频

用户可以根据自己的分析目的去选择。比如本例数据源表格中即包含数值又包括百分比数据，根据这两种不同的数据类型程序会推荐复合型图表。

❶ 打开数据源表格并选中任意数据单元格，在"插入"选项卡的"图表"组中单击"推荐的图表"按钮（如图 13-9 所示），打开"插入图表"对话框。

❷ 在该对话框的左侧显示了所有推荐的图表类型，选择"簇状柱形图-次坐标轴上的折线图"类型即可，如图 13-10 所示。

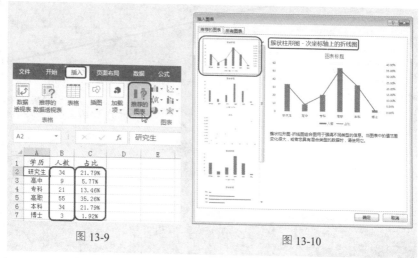

图 13-9   图 13-10

❸ 单击"确定"按钮即可创建图表，系统将百分比数据创建为次坐标轴上的折线图，如图 13-11 所示。

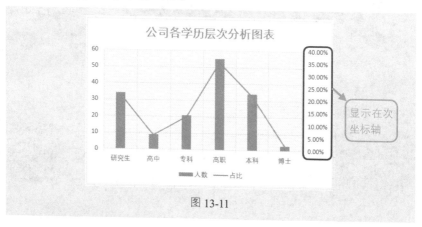

图 13-11

3. 数据大小比较的图表

柱形图和条形图都是用来比较数据大小的图表，当数据源表格中的数据较多而且相差不大时，为了直观比较这些数据的大小，可以创建"柱形图"图表，通过柱子的高低判断数据大

扫一扫，看视频

小和数据的整体趋势走向。

❶ 打开数据源表格后，选中表格中所有单元格区域，在"插入"选项卡的"图表"组中单击"插入柱形图或条形图"下拉按钮，在打开的下拉列表中选择"簇状柱形图"，如图 13-12 所示。

❷ 此时可以看到系统根据选定的数据源创建了簇状柱形图，每位销售员的上半年和下半年销售业绩数据展示为高低不同的柱形，通过柱子高度的不同来比较数据就非常直观了，如图 13-13 所示。

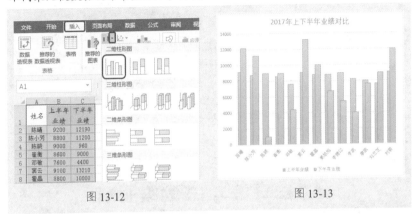

图 13-12　　　　　　　　　　　　　　　　　图 13-13

4. 部分占整体比例的图表

要实现对部分占整体比例的分析，最常用的就是"饼图"，不同的扇面代表不同数据占整体的比值。本例表格统计了企业员工中各学历的人数，下面需要对公司的学历层次进行分析，了解哪一个学历占的总人数最多。

❶ 打开数据源表格后，选中"学历"列和"人数"列单元格区域，在"插入"选项卡的"图表"组中单击"插入饼图或圆环图"下拉按钮，在打开的下拉列表中选择"饼图"，如图 13-14 所示。

❷ 通过创建的饼图，可以直观地看到哪些学历占比较高，如图 13-15 所示。

5. 显示随时间波动、变动趋势的图表

表达随时间变化的波动、变动趋势的图表一般采用折线图。折线图是以时间序列为依据，表达一段时间里事物的走势情况。本例中需要统计本年度 12 月份网站每日注册量的发展趋势。

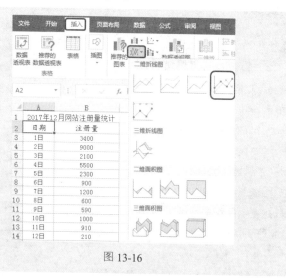

图 13-14

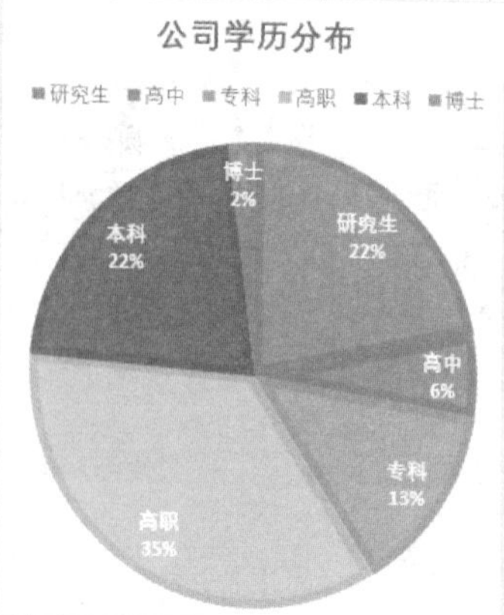

图 13-15

❶ 打开数据源表格后，选中任意单元格，在"插入"选项卡的"图表"组中单击"插入折线图或面积图"下拉按钮，在打开的下拉列表中选择"带数据标记的折线图"，如图 13-16 所示。

图 13-16

❷ 此时可以看到系统根据选定的数据源创建了折线图图表，对本月每日的注册量进行了统计，可以看到从 1 日到 31 日注册量整体呈下降趋势，2 日的注册量达到最高，如图 13-17 所示。

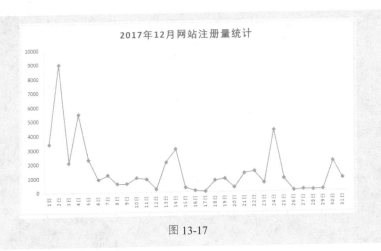

图 13-17

6. 展示数据二级分类的旭日图

Excel 2016 中还有一种图表类型，即专门用于展现数据二级分类的旭日图（二级分类是指在大的一级的分类下，还有下级的分类，甚至更多级别，当然级别过多也会影响图表的表达效果）。当面对层次结构不同的数据源时，我们可以选择创建 扫一扫，看视频
旭日图。旭日图与圆环图类似，是个同心圆环，最内层的圆表示层次结构的顶级，往外是下一级分类。如图 13-18 所示是公司 1—4 月份的支出金额，其中 4 月份记录了各个项目的明细支出，现在根据这张数据源表格创建柱形图。如图 13-19 所示的柱形图也能体现二级分类的数据，但是却无法直观地展示 4 月份总支出金额的大小。

那么用哪种类型的图表既能比较各项支出金额的大小，又能比较 4 个月的总支出金额大小呢？旭日图就能很好地实现这个目标。

图 13-18

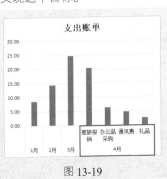

图 13-19

❶ 选中所有数据单元格区域，在"插入"选项卡的"图表"组中单击"插入层次结构图表"下拉按钮，在打开的下拉列表中选择"旭日图"，如图 13-20 所示。

❷ 从图表中既可以比较 1 月到 4 月中支出金额的大小，也可以比较 4 月份中各项支出金额的大小，即达到了二级分类的效果，如图 13-21 所示。

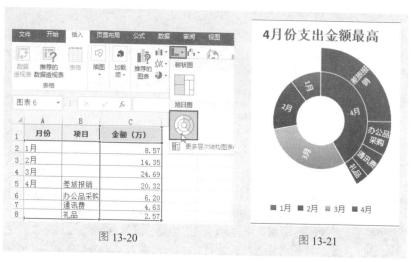

图 13-20　　　　　　　　　　图 13-21

7. 展示数据累计的瀑布图

扫一扫，看视频

瀑布图的名称来源是因为其外观看起来像瀑布。瀑布图可以直观地显示数据增加与减少后的累计情况。瀑布图是柱形图的变形，可以通过悬空的柱子比较数据大小。

❶ 打开数据源表格后，选中所有数据单元格区域，在"插入"选项卡的"图表"组中单击"插入瀑布图或股价图"下拉按钮，在打开的下拉列表中选择"瀑布图"，如图 13-22 所示。

❷ 此时可以创建默认格式的瀑布图，如图 13-23 所示。

❸ 选中数据系列，然后在目标数据点"补助总额"上单击鼠标右键，在弹出的快捷菜单中选择"设置为总计"命令（如图 13-24 所示），可以更直观地看到数据变化后的总计值，如图 13-25 所示。

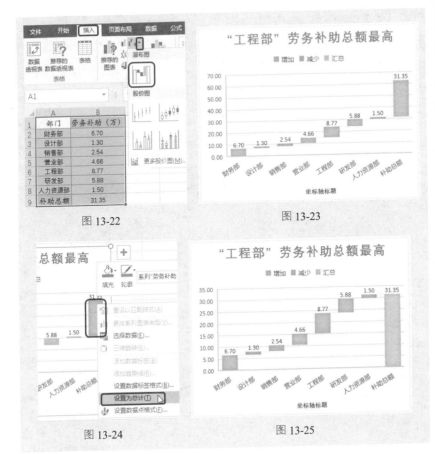

图 13-22

图 13-23

图 13-24

图 13-25

8. 瞬间分析数据分布区域的直方图

直方图是分析数据分布比重和分布频率的利器。为了更加简便地分析数据的分布区域，Excel 2016 新增了直方图。利用此图表可以让看似找寻不到规律的数据在瞬间得出分析图表，从图表中可以很直观地看到这批数据的分布区间。

扫一扫，看视频

本例中需要根据学生成绩表创建分析整体分布区间的直方图。

❶ 打开数据源表格后，选中所有数据单元格区域，在"插入"选项卡的"图表"组中单击"插入统计图表"下拉按钮，在打开的下拉列表中选择"直方图"，如图 13-26 所示。

❷ 此时即可建立如图 13-27 所示的直方图。选中水平轴并双击，即可打

开"设置坐标轴格式"窗格。

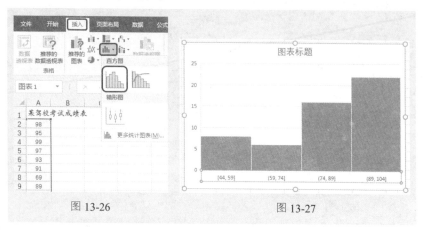

图 13-26　　　　　　　　　　　　　　　　图 13-27

❸ 在"坐标轴选项"栏下选中"箱宽度"单选按钮，并在后面的文本框内输入"20"（表示每一段相隔 20 分，此时下面的"箱数"会自动显示为"3"，表示将所有学员成绩分为 3 个分数段），如图 13-28 所示。

❹ 此时即可得到 3 个分数区间的人数统计。从图表可知，84~104 分之间的人数最多，44~64 分之间的人数最少，如图 13-29 所示。

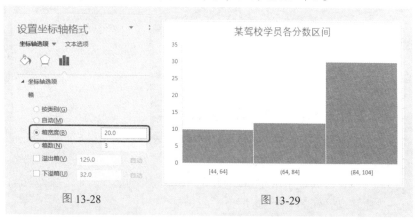

图 13-28　　　　　　　　　　　　　　　　图 13-29

9. 分析数据中最重要因素的排列图

排列图主要用来找出影响产品质量的各种因素中的主要因素。本例中对收集来的某 APP 使用情况调查表进行了统计，从中可以看到各种不选择下载 APP 的原因和对应的人数，下面需

扫一扫，看视频

452

要找出影响该 APP 销售的最重要因素。

❶ 打开数据源表格后，选中所有数据单元格区域，在"插入"选项卡的"图表"组中单击"插入统计图表"下拉按钮，在打开的下拉列表中选择"排列图"，如图 13-30 所示。

❷ 执行上述操作后可以瞬间建立图表，通过此图表能直观查看到最主要的因素是"收费太贵"导致 APP 下载量不高，其次原因是"手机内存占用太多"，如图 13-31 所示。

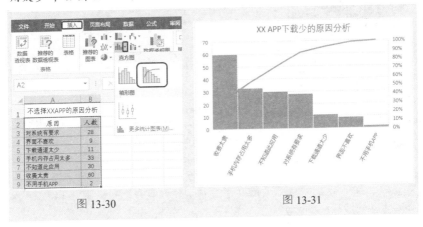

图 13-30　　　　　　　图 13-31

10. 一键创建漏斗图

在业务流程比较规范、周期长、环节多的流程分析中，通常情况下，数值逐渐减小，从而使条形图呈现出漏斗形状。通过漏斗各环节业务数据的比较，能够直观地发现问题所在。在过去的版本中，要想创建漏斗图需要多步创建辅助数据才能变向实现，而在 Excel 2016 版本中内置了此图表，可以一步创建。

本例中需要将招聘中每一环节的总数量进行汇总，得到招聘各环节的数据比较。

❶ 打开数据源表格后，选中 A2:B8 单元格区域，在"插入"选项卡的"图表"组中单击"插入瀑布图或股价图"下拉按钮，在打开的下拉列表中选择"漏斗图"，如图 13-32 所示。

❷ 重命名图表为"秋季人材储备漏斗图"，从图表中可以清晰了解招聘中各个环节的数量，如图 13-33 所示。

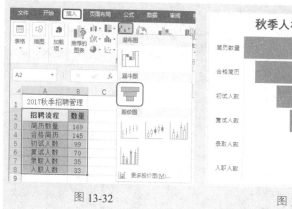

图 13-32

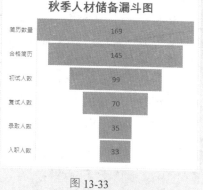

图 13-33

11. 创建复合型图表

扫一扫，看视频

　　一个图表中使用两种不同类型的图表时称为复合型图表。两种图表的组合使用要配合特定的数据源，同时也要选用合理的图表类型。Excel 2016 中提供了三种复合型图表，分别是"簇状柱形图-折线图""簇状柱形图-次坐标轴上的折线图"和"堆积面积图-簇状柱形图"。本例中需要将近五年的总业绩额创建为柱形图，将增长率创建为折线图图表。

　❶ 打开数据源表格后，选中任意数据单元格，在"插入"选项卡的"图表"组中单击"插入组合图"下拉按钮，在打开的下拉列表中选择"簇状柱形图-次坐标轴上的折线图"，如图 13-34 所示。

　❷ 此时可以插入指定格式的组合图表，如图 13-35 所示。从图表可以直观看到每年的业绩基本呈增长趋势。

图 13-34

图 13-35

12. 选用任意目标数据建立图表

如果统计表中有较多数据，在建立图表时只想对部分数据进行图形化展示，则可以选用任意目标数据来建立图表。

❶ 打开数据源表格后，按 Ctrl 键的同时选取 A1:B1 和 A5:B7 单元格区域，在"插入"选项卡的"图表"组中单击"插入柱形图或条形图"下拉按钮，在打开的下拉列表中选择"簇状条形图"，如图 13-36 所示。

❷ 此时可以只用选中的数据创建出簇状条形图，如图 13-37 所示。

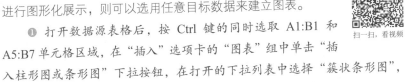

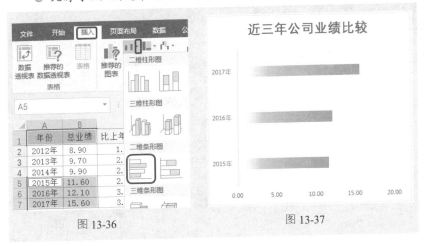

图 13-36

图 13-37

13. 快速更改图表为另一类型

本例创建的簇状柱形图可以直观比较各个业务员上半年和下半年的业绩数据高低，如果想要比较每位业务员 2017 年全年的总业绩高低，可以重新修改"簇状柱形图"为"堆积柱形图"图表，根据堆积条形图的长度，就能直观比较数据大小。

❶ 选中簇状柱形图，在"图表工具 | 设计"选项卡的"类型"组中单击"更改图表类型"按钮（如图 13-38 所示），打开"更改图表类型"对话框，在右侧选择"堆积柱形图"，如图 13-39 所示。

❷ 单击"确定"按钮完成设置，此时图表被更改为堆积柱形图，从图表中可以看到"陈曦"在 2017 年全年的销售业绩最高，如图 13-40 所示。

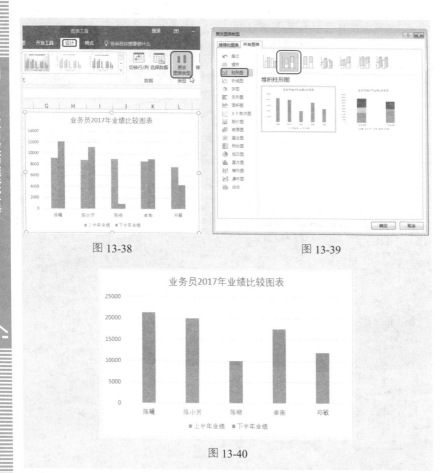

图 13-38

图 13-39

图 13-40

14. 快速向图表中添加新数据

扫一扫，看视频

创建图表后，如果有新数据添加，不需要重新创建图表，可以按如下方法直接将新数据添加到图表中。

将新数据连接原数据输入，选中图表后可以看到数据表中显示框线，这表示的是创建图表的数据范围，将鼠标指针指向 C6 单元格右下角，此时鼠标指针变成双向对拉箭头（如图 13-41 所示）。按住鼠标左键不放并向下拖动至新数据所在的 C9 单元格，即可快速为图表添加新数据，如图 13-42 所示。

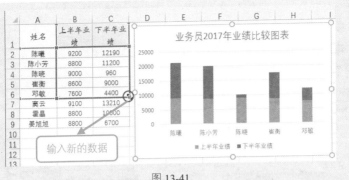

输入新的数据

图 13-41

向下扩展选区

图 13-42

13.2 迷你图的应用

迷你图是放入单个单元格中的小型图，每个迷你图绘制的是所选的一组数据。从迷你图中可以看出一组数据中的最大值和最小值，以及数值的走势等信息。

迷你图有 3 种类型：折线迷你图、柱形迷你图、盈亏迷你图。

1. 快速创建"迷你图"

根据已知数据源表格内容可以一次性建立单个迷你图，也可以一次性建立多个迷你图。关键在于迷你图数据范围和迷你图放置的位置范围的设置。

扫一扫，看视频

❶ 打开表格并选中 B2:D2 单元格区域，在"插入"选项卡的"迷你图"组中单击"柱形图"按钮（如图 13-43 所示），打开"创建迷

你图"对话框。

❷ 在"选择所需的数据"栏下设置"数据范围"为 B2:D2（默认为上一步中选取的单元格区域），在"选择放置迷你图的位置"栏下设置"位置范围"为$E$2，如图 13-44 所示。

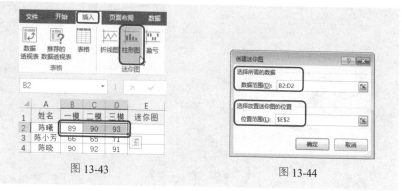

图 13-43

图 13-44

❸ 单击"确定"按钮，即可创建单个迷你图。如果要创建一组迷你图，可以在"创建迷你图"对话框中设置"数据范围"为 B2:D8，"位置范围"为 E2:E8，如图 13-45 所示。

❹ 单击"确定"按钮完成创建，此时可以看到一次性创建好的多个迷你图，如图 13-46 所示。

图 13-45

图 13-46

2. 填充获取多个迷你图

扫一扫，看视频

要创建多个迷你图时，除了按上一技巧一次选取多行（列）数据来创建外，还可以在创建单个迷你图后利用填充柄如同填充公式一样批量建立迷你图。

❶ 选中创建好迷你图的单元格（E2），将鼠标指针指向右下角的填充柄，如图 13-47 所示。

② 按住鼠标左键拖动填充柄向下填充至E8单元格，释放鼠标左键即可创建成组迷你图，如图13-48所示。

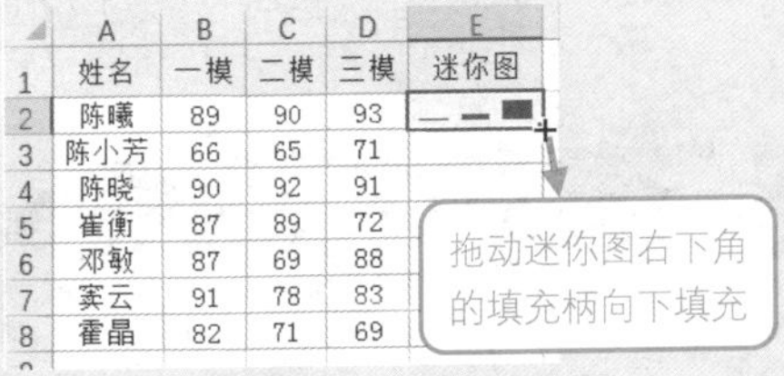

图 13-47

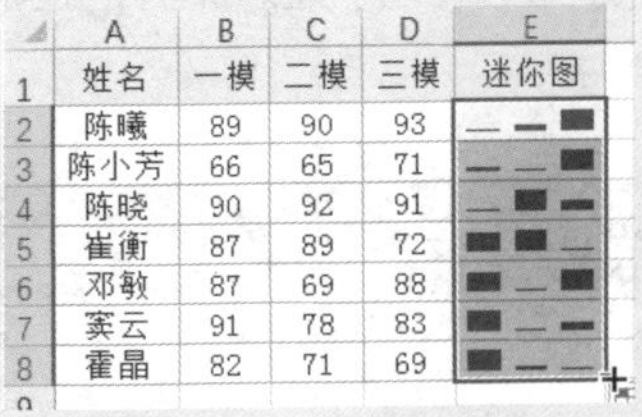

图 13-48

3. 更改迷你图的类型和样式

如果感觉已创建的迷你图的分析效果不好，可以快速修改迷你图类型。本例需要将"柱形图"更改为"折线图"。

① 选中迷你图后，在"迷你图工具 | 设计"选项卡的"类型"组中单击"折线图"按钮，如图13-49所示。

② 此时可以看到更改为折线图的效果，如图13-50所示。

扫一扫，看视频

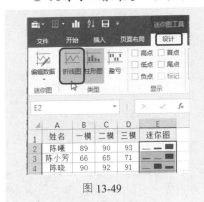

图 13-49

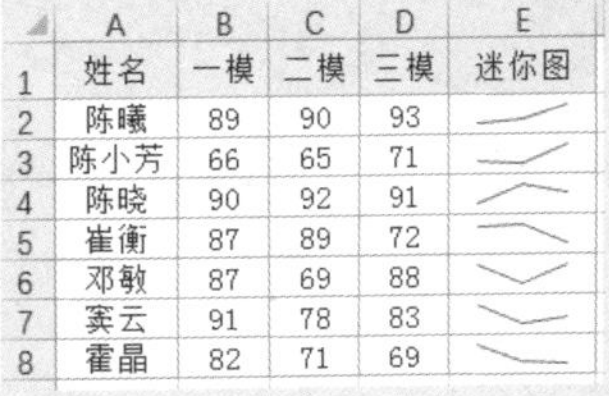

图 13-50

4. 特殊标记数据点

创建折线图迷你图后，一般需要特殊标记出高低点，从而让折线图的显示效果更加直观。此外，也可特殊标记高点、低点、首点、尾点等。本例中需要标记出高点与低点。

① 选中迷你图后，在"迷你图工具 | 设计"选项卡的"样式"组中单击"标记颜色"下拉按钮，在打开的下拉列表中依次选择"高点"

扫一扫，看视频

→ "红色"，如图 13-51 所示。

❷ 继续在"迷你图工具 | 设计"选项卡的"样式"组中单击"标记颜色"下拉按钮，在打开的下拉列表中依次选择"低点"→"黑色"，如图 13-52 所示。

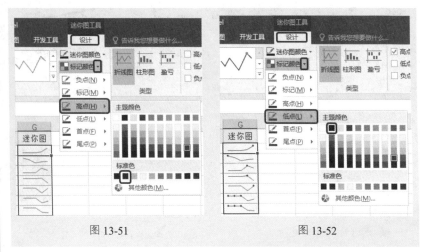

图 13-51   图 13-52

❸ 此时可以看到迷你图的最高点和最低点都以特殊格式突出标记，如图 13-53 所示。

	A	B	C	D	E	F	G
1	股价	2017/5/23	2017/6/26	2017/8/1	2017/9/23	2017/11/9	迷你图
2	RGQ	89	89	89	90	93	
3	GSG	120	90	43	65	71	
4	QAA	90	90	90	92	91	
5	YUU	87	87	87	89	72	
6	ITH	87	87	87	69	88	
7	GFD	91	91	91	78	83	
8	CFI	82	82	82	71	69	

图 13-53

13.3 编辑图表对象

图表中包含多个元素对象，比如标题、坐标轴、数据标签、网格线等，通过编辑这些对象格式可以优化图表效果。比如调整坐标轴的显示位置、设置数据系列分离效果、添加数据标签等。

1. 图表中对象的显示与隐藏

太过复杂的图表会造成信息读取上的障碍，所以商务图表在美化时首先要遵从的就是简约原则，越简单的图表越容易理解，越能让人快速易懂，因此图表中的元素对象该隐藏的可以隐藏起来。例如下面的图表中可以隐藏网格线，当添加了值数据标签后还可以隐藏垂直轴。

扫一扫，看视频

❶ 选中图表，单击右侧的"图表元素"按钮，在打开的列表中取消勾选"网格线"复选框（如图 13-54 所示），可以看到网格线被隐藏了，如图 3-55 所示。

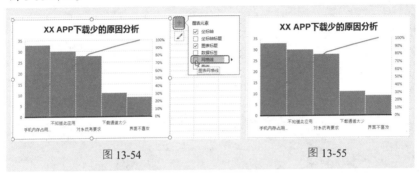

图 13-54　　　　　　　　　　　图 13-55

❷ 继续单击"图表元素"按钮，将鼠标指针指向"坐标轴"，在子列表中取消勾选"主要纵坐标轴"复选框，即可隐藏纵坐标轴，如图 13-56 所示。

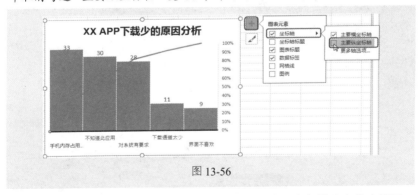

图 13-56

对于隐藏的元素，要想重新显示出来，只要恢复它们的选中状态即可。

2. 切换行列改变图表表达重点

如果图表的源表格数据中既包含列数据又包含行数据，建立图表后可以通过切换行、列的顺序得到不同的数据分析结果。本例中原图表统计了电费和燃气费在全年四个季度中的比较，如果切换行、列则可以得到在每个季度中电费与燃气费的比较图表。

❶ 选中图表后，在"图表工具 | 设计"选项卡的"数据"组中单击"切换行/列"按钮，如图 13-57 所示。

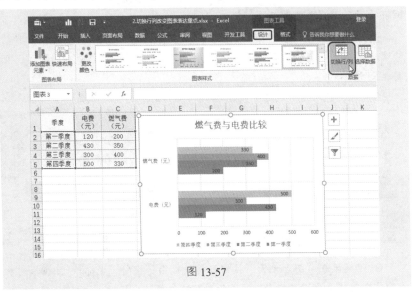

图 13-57

❷ 此时可以看到原先显示在横坐标轴的季度系列显示在垂直轴，展示了不同季度电费和燃气费的对比，如图 13-58 所示。

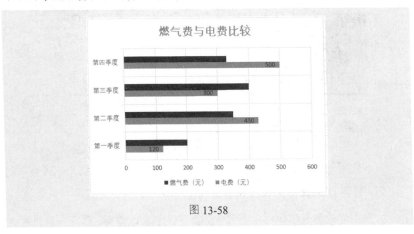

图 13-58

462

3. 重设坐标轴标签的位置

有时创建的图表数据中包含负值，而数据标签默认都是显示在坐标轴旁边的，因此导致数据标签显示到图表内部了。这时需要按如下操作将数据标签移到图外显示。

❶ 选中图表中的横坐标轴并单击鼠标右键，在弹出的快捷菜单中选择"设置坐标轴格式"命令（如图 13-59 所示），打开"设置坐标轴格式"窗格。

❷ 单击"标签位置"右侧的下拉按钮，在弹出的下拉列表中选择"低"，如图 13-60 所示。

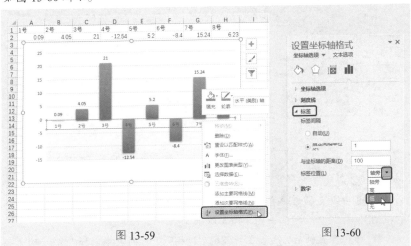

图 13-59   图 13-60

❸ 执行上述操作后可以看到原来显示在中间的横坐标轴标签移到图外了，清晰地显示了负值柱形图，如图 13-61 所示。

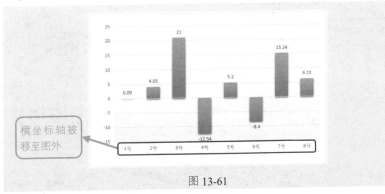

图 13-61

463

4. 用垂直轴分割图表

图表的垂直轴默认显示在最左侧，如果当前的数据源具有明显的期间性，则可以通过操作将垂直轴移到分隔点显示，以得到分割图表的效果，这样的图表对比效果会很强烈。本例中需要将两个年度的升学率分割为两部分，此时可将垂直轴移至两个年份之间。

❶ 首先根据表格数据源创建柱形图，如图 13-62 所示。双击水平轴后打开"设置坐标轴格式"对话框。在"分类编号"标签右侧的文本框内输入"6"（因为第 6 个分类后就是 2017 年的数据了），如图 13-63 所示。

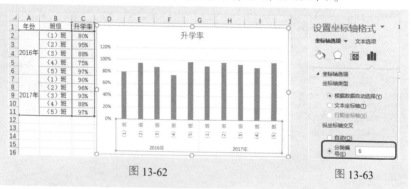

图 13-62   图 13-63

❷ 选中垂直轴后单击鼠标右键，在弹出的快捷菜单中选择"边框"→"粗细"→"2.25 磅"，如图 13-64 所示。

❸ 加粗垂直轴后，继续在打开的"边框"下拉列表中选择"深红色"（如图 13-65 所示），即可为垂直轴添加轮廓颜色。

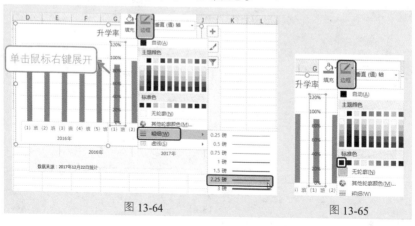

图 13-64   图 13-65

④ 保持垂直轴数值标签的选中状态并双击打开"设置坐标轴格式"窗格，单击"标签位置"右侧的下拉按钮，在打开的下拉列表中选择"低"，如图 13-66 所示（这项操作同上面技巧 3 中类似，是将垂直轴的标签移至图外显示）。

⑤ 依次为图表添加标题和副标题并设置样式，最终效果如图 13-67 所示。

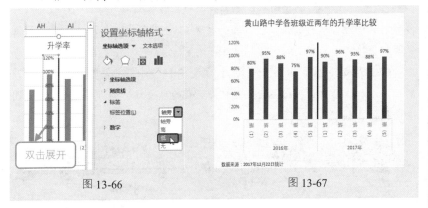

图 13-66　　　　　　　　　　　　　　　图 13-67

5. 快速添加系列的数据标签

数据标签指的是数据系列的值，默认情况下是通过坐标轴上的值来查看系列的值。如果为图表添加上数据标签，即使隐藏坐标轴也不影响图表的查看。

❶ 选中图表，单击右侧的"图表元素"按钮，在打开的列表中勾选"数据标签"复选框，如图 13-68 所示。

❷ 此时即可在数据系列的上方显示出"值"数据标签，如图 13-69 所示。

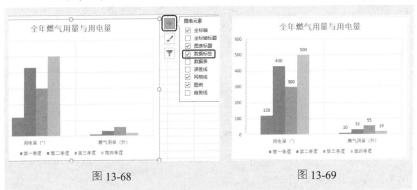

图 13-68　　　　　　　　　　　　　　图 13-69

6. 添加除值标签以外的其他数据标签

除了添加值标签之外，还可以根据图表类型添加"类别名称""系列名称"。下面介绍如何添加除值标签之外的其他数据标签。

❶ 选中图表，单击右侧的"图表元素"按钮，在打开的列表中依次选择"数据标签"→"更多选项"（如图 13-70 所示），打开"设置数据标签格式"窗格。

❷ 在"标签包括"下方分别勾选"类别名称"和"值"复选框，如图 13-71 所示。添加这两种数据标签后，可以将图表的水平轴和垂直轴都删除，让图表更简洁，如图 13-72 所示。

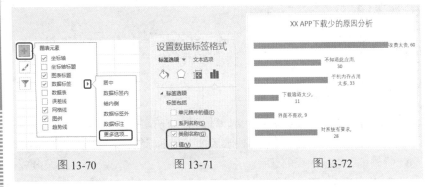

图 13-70　　　　　图 13-71　　　　　图 13-72

7. 让百分比数据标签显示两位小数

在饼图中，一般会添加百分比数据标签，添加方法可按上例技巧操作。但默认添加的百分比数据标签不包含小数，如果想显示出两位小数，则需要再次进行设置。

❶ 选中图表中的数据标签并单击鼠标右键，在弹出的快捷菜单中选择"设置数据标签格式"命令（如图 13-73 所示），打开"设置数据标签格式"窗格。

❷ 折叠"标签选项"栏，展开"数字"栏，设置"类别"为"百分比"，在"小数位数"文本框内输入"2"（如图 13-74 所示），此时可以看到百分比显示两位小数，如图 13-75 所示。

图 13-73 图 13-74 图 13-75

8. 为大数值刻度设置显示单位

默认的图表数值刻度是没有单位的。本例图表中的全年支出额比较庞大，而垂直轴的标签不够简洁，此时可以设置数值的显示单位。

扫一扫，看视频

❶ 选中图表中的垂直轴并单击鼠标右键，在弹出的快捷菜单中选择"设置坐标轴格式"命令（如图 13-76 所示），打开"设置坐标轴格式"窗格。

❷ 单击"显示单位"右侧的下拉按钮，在弹出的下拉列表中选择"千"，如图 13-77 所示。

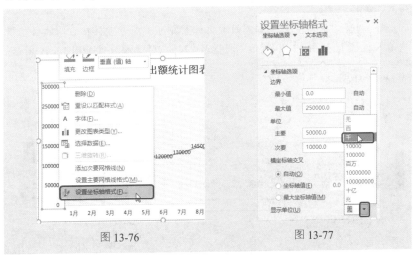

图 13-76 图 13-77

❸ 关闭"设置坐标轴格式"窗格返回图表，可以看到图表左侧添加了单位"千"，并将数值重新显示为以"千"为单位的数据，如图 13-78 所示。

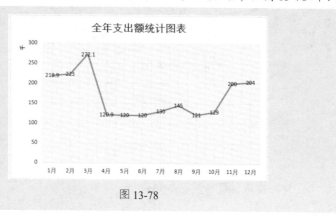

图 13-78

9. 设置数据系列分离（重叠）显示

扫一扫，看视频

在柱形图或条形图中，各个不同系列用不同颜色的柱子表示。柱子在默认情况下是无空隙连接显示的，但图表设计过程中经常要使用分离显示或重叠显示的效果，可以按照下面的方法设置。

❶ 选中图表中的任意数据系列后单击鼠标右键，在弹出的快捷菜单中选择"设置数据系列格式"命令（如图 13-79 所示），打开"设置数据系列格式"窗格。

❷ 调整"系列重叠"右侧的滑块位置即可（或者直接在右侧的数值框内输入数值），如图 13-80 所示。调整至"74%"的重叠效果如图 13-81 所示。

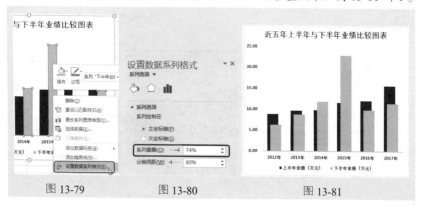

图 13-79　　　图 13-80　　　图 13-81

10. 调整默认的分类间距

分类间距是指图表中各个分类之间的距离。这个距离也是可以调整的，如单个系列时可以通过减小分类间距让柱子变宽，如果无分类间距柱子就连接在一起了。

❶ 打开"设置数据系列格式"窗格后，调整"分类间距"右侧的滑块位置即可（此处调整为"0%"），如图 13-82 所示。

❷ 此时可以看到每一个柱形图之间的空隙被消除，如图 13-83 所示。

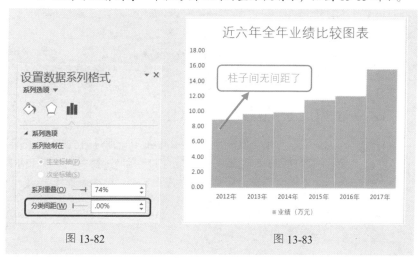

图 13-82   图 13-83

11. 解决条形图显示时间分类总是次序颠倒问题

在 Excel 中制作条形图时，默认生成的条形图的日期标签总是与数据源顺序相反，从而造成了时间顺序的颠倒。这种情况下一般按如下操作进行调整。

❶ 选中图表中的垂直轴（日期）并单击鼠标右键，在弹出的快捷菜单中选择"设置坐标轴格式"命令（如图 13-84 所示），打开"设置坐标轴格式"窗格。

❷ 在"坐标轴位置"栏下勾选"逆序类别"复选框（如图 13-85 所示），此时可以看到条形图垂直轴上的日期按照原始表格中的日期顺序显示了，如图 13-86 所示。

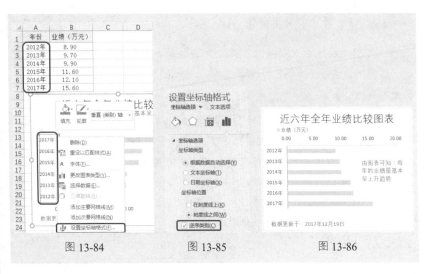

图 13-84　　　　　　图 13-85　　　　　　图 13-86

12. 不连续日期如何得到连续的柱状图

扫一扫，看视频

　　某工厂对用电量进行抽查，由于抽取日期是随机的，并不连续，在建立图表时导致图表中间的用电量产生空白，如图 13-87 所示。本例会介绍如何跳过这些空白日期，让图表连续显示。

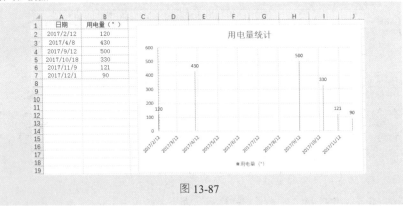

图 13-87

　　❶ 选中图表中的横坐标轴（不连续日期）并单击鼠标右键，在弹出的快捷菜单中选择"设置坐标轴格式"命令（如图 13-88 所示），打开"设置坐标轴格式"窗格。

　　❷ 在"坐标轴类型"栏下选中"文本坐标轴"单选按钮（如图 13-89 所示），即可实现连续绘制柱形图，如图 13-90 所示。

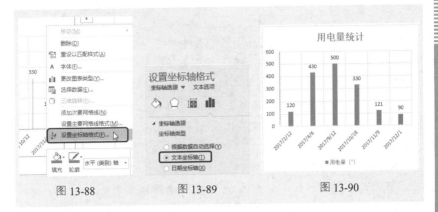

图 13-88 图 13-89 图 13-90

13. 添加趋势线

如果要在创建的图表中显示数据趋势或移动平均值，可以添加趋势线。

扫一扫，看视频

选中图表并单击右侧的"图表元素"按钮，在打开的列表中依次选择"趋势线"→"线性"，此时可以看到图表中添加了一条趋势线，如图 13-91 所示。

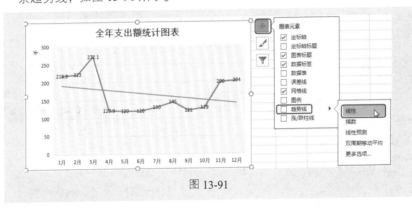

图 13-91

📢 注意：

趋势线的类型还有"指数""线性预测""双周期移动平均"等；也可以选择"更多选项"，在打开的右侧窗格中进行更详细的参数设置。

可以添加趋势线的图表类型包括散点图和气泡图的二维图表；其他像三维图表、雷达图、饼图、曲面图或圆环图都不能添加趋势线。

14. 添加误差线

误差值表示数据所允许的潜在误差量，在建立图表时可以通过添加误差线将所允许的误差体现出来。例如，下面例子中要求在科学实验结果中显示正负 5%的潜在误差量。

❶ 选中图表并单击右侧的"图表元素"按钮，在打开的列表中依次选择"误差线"→"更多选项"（如图 13-92 所示），打开"设置误差线格式"窗格。

❷ 在"方向"栏下选中"正负偏差"单选按钮，在"误差量"栏下选中"百分比"单选按钮，设置值为"5.0"（表示误差量在正负 5%），如图 13-93 所示。此时图表即被添加了误差线，如图 13-94 所示。

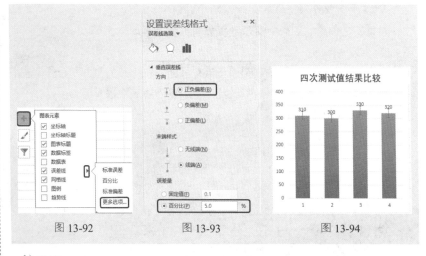

图 13-92   图 13-93   图 13-94

📢 注意：

可以向二维面积图、条形图、柱形图、折线图、股价图、xy 散点图或气泡图中的数据系列添加误差线。对于 xy 散点图和气泡图，既可以显示 X 值或 Y 值的误差线，也可以同时显示这两者的误差线。

13.4 图表美化

完成图表的基础操作后，对图表的合理美化也必不可少。图表的美化，就是对各种元素的合理设计，包含元素的位置、填充轮廓效果、图形、图片装饰等。

1. 图表要具有完整的构图要素

我们强调图表应该布局简洁，在准确体现数据的同时能够让人一眼明白图表所要表达的意思，所以专业的图表必须包含齐全的必要元素。根据图 13-95 所示的图表，我们总结出商务图表应该具备如下一些基本构图要素，分别是主标题、副标题（可视情况而定）、图例（多系列时）、金额单位（不是以"元"为单位时）、绘图和脚注信息。

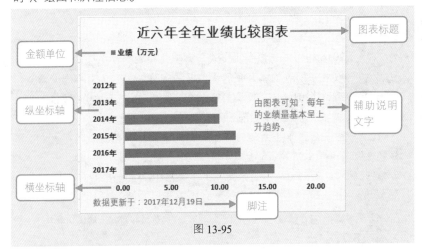

图 13-95

图表的标题与文档、表格的标题一样，是用来阐明图表重要信息的。对图表标题有两方面要求：一是图标标题要设置的足够鲜明；二是要注意一定要把图表想表达的信息写入标题，因为通常标题明确的图表，能够更快速地引导阅读者理解图表意思，读懂分析目的。可以使用例如"会员数量持续增加""A、B 两种产品库存不足""新包装销量明显提升"等类似直达主题的标题。

脚注一般表明数据来源等信息；图例是在两个或以上数据系列的图表中出现的，一般在单数据系列的图表中不需要图例。

2. 图表以简约整洁为美化宗旨

新手在创建图表时切忌追求过于花哨和颜色太过丰富的设计，而应尽量遵循简约整洁的设计原则，因为太过复杂的图表会直接造成使用者在信息读取上的障碍。简洁的图表不但美观，而且展示数据也更加直观。下面介绍一些简约整洁的美化宗旨，可以按照这些规则设计图表。

- 背景填充色因图而异，需要时用淡色。
- 网格线有时不需要，需要时使用淡色。
- 坐标轴有时不需要，需要时使用淡色。
- 图例有时不需要。
- 慎用渐变色（涉及颜色搭配技巧，新手不容易掌握）。
- 不需要应用 3D 效果。
- 注意对比强烈（在弱化非数据元素的同时增强和突出数据元素）。

3. 套用样式一键美化

扫一扫，看视频

创建图表后，图表应用的是最常规无特色的样式，在 Excel 2016 中可以通过套用样式一键美化图表。套用样式后不仅仅是改变了图表的填充颜色、边框线条等，同时也有布局的修整。

Excel 2016 中的图有样式效果一般都很不错，因此建议用户可以先套用图表样式，然后再进行局部补充修整。

❶ 选中图表后，单击右侧的"图表样式"按钮，在打开的列表中选择"样式 2"，如图 13-96 所示。

❷ 此时可以看到图表应用了新样式，如图 13-97 所示。

图 13-96　　　　　　　　　　图 13-97

4. 对象的填色设置

图表中的对象都可以进行填充色的设置，只要准确选中对象进行即可。

例如本例中为了突出图表中的一项重要的数据系列，可以为单个对象设置与其他数据系列不同的颜色填充效果。

❶ 选中数据系列后，在"12190"这个数据点上再单击 1次，即可单独选中该数据点。在"图表工具 | 格式"选项卡的"形状样式"组中单击"形状填充"下拉按钮，在打开的下拉列表中选择"黑色"，如图 13-98 所示。

❷ 执行操作后，可以看到目标对象被重新设置了填充色，如图 13-99 所示。

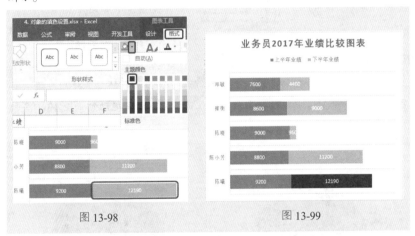

图 13-98   图 13-99

5. 对象的边框或线条设置

除了为指定对象设置填色效果，还可以为指定单个对象设置边框和线条。例如本例中要将饼图中占比最高的扇面分离出来并重新设置边框线条。

❶ 选中数据系列后，在"高职"所在数据系列上再单击 1次，即可单独选中该对象。在"图表工具 | 格式"选项卡"形状样式"组中单击"形状轮廓"下拉按钮，在打开的下拉列表中依次选择"粗细"→"1.5磅"，如图 13-100 所示。

❷ 继续单击"形状轮廓"下拉按钮，在打开的下拉列表中选择"黑色"，如图 13-101 所示。

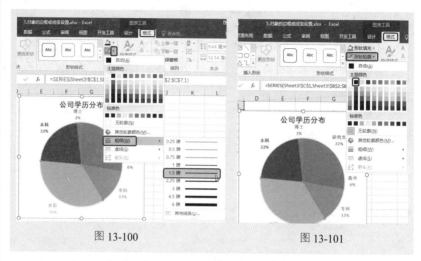

图 13-100　　　　　　　　　　图 13-101

❸ 此时可以看到"高职"数据系列被设置为加粗的黑色轮廓效果，如图 13-102 所示。选中该数据系列并按住鼠标左键向下拖动到如图 13-103 所示位置即可。

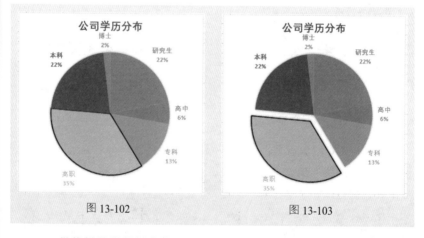

图 13-102　　　　　　　　　　图 13-103

6. 折线图数据标记点的设置

扫一扫，看视频

设计 Excel 折线图表时，默认插入的折线图数据标记点是蓝色实心圆点效果。为了突出显示数据标记点，可以重新为其设置颜色、填充以及外观样式等。

❶ 双击图表中的折线图（如图 13-104 所示），打开"设置

数据系列格式"窗格。

❷ 在"标记"选项卡下的"数据标记选项"栏中设置"内置"类型为
"圆形标注"（如图 13-105 所示），再设置大小为"5"即可。切换至"填充"
栏，设置纯色填充颜色为深红色即可，如图 13-106 所示。

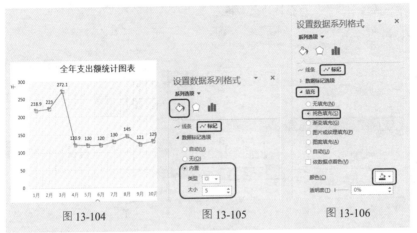

图 13-104　　　　图 13-105　　　　图 13-106

❸ 返回折线图图表后，即可看到折线图图表上的数据标记点显示为深
红色填充圆形效果，如图 13-107 所示。

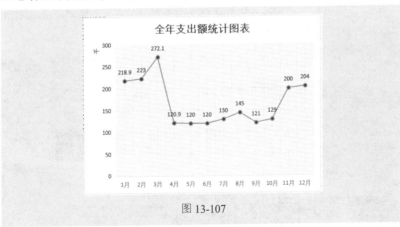

图 13-107

7. 图形、图片、文本框辅助设计

设计图表时还可以使用一些外部元素，比如文本框、图形
及图片等。文本框一般是用来添加副标题、数据来源等信息的；

扫一扫，看视频

图形/图片可以用来修饰图表，让图表数据表达更清晰直观。

❶ 打开图表，在"插入"选项卡的"文本"组中单击"文本框"下拉按钮，在打开的下拉列表中选择"横排文本框"，如图 13-108 所示。

❷ 此时即可进入文本框绘制状态，按住鼠标左键不放在如图 13-109 所示位置绘制一个大小合适的文本框。

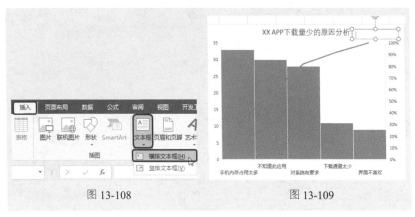

图 13-108　　　　　　　　　　图 13-109

❸ 在文本框内输入文本，然后将其移至任意需要的位置上显示。

❹ 在"插入"选项卡的"插图"组中单击"图片"按钮（如图 13-110 所示），在弹出的"插入图片"对话框中打开图片所在文件夹路径并选中所需图片，如图 13-111 所示。

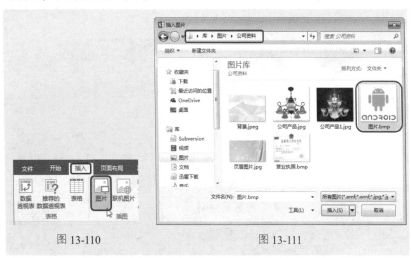

图 13-110　　　　　　　　　　图 13-111

⑤ 单击"插入"按钮，即可插入图片。通过拖动图片拐角控点可调节图片到合适的大小，然后移至合适的位置，如图 13-112 所示。

⑥ 继续在"插入"选项卡的"插图"组中单击"形状"下拉按钮，在打开的下拉列表中选择"梯形"，如图 13-113 所示。

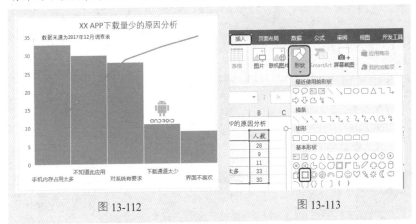

图 13-112　　　　　　　　　　　图 13-113

⑦ 在合适的位置绘制一个大小合适的梯形（默认会盖住图表）。选中梯形后单击鼠标右键，在弹出的快捷菜单中选择"置于底层"命令（如图 13-114 所示），即可让梯形显示在图表的下方。

⑧ 依次单击选中所有对象（图表、文本框、图形和图片）并单击鼠标右键，在弹出的快捷菜单中选择"组合"→"组合"命令（如图 13-115 所示），将多个对象组合成一个整体，效果如图 13-116 所示。

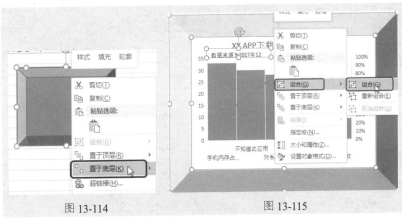

图 13-114　　　　　　　　　　　图 13-115

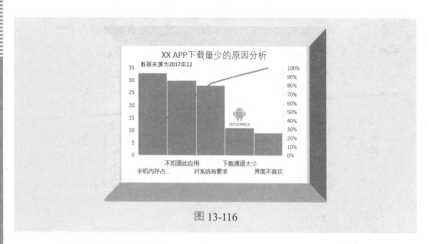

图 13-116

8. 复制使用图表样式

扫一扫，看视频

为图表设计好样式后，可以使用"选择性粘贴"功能快速为其他图表应用相同的样式（包括标题格式、绘图区格式、数据系列以及数据标签格式等）。

❶ 打开图表并选中，按 Ctrl+C 组合键执行复制（如图 13-117 所示），再打开需要应用相同样式的图表，在"开始"选项卡的"剪贴板"组中单击"粘贴"下拉按钮，在打开的下拉列表中选择"选择性粘贴"（如图 13-118 所示），打开"选择性粘贴"对话框。

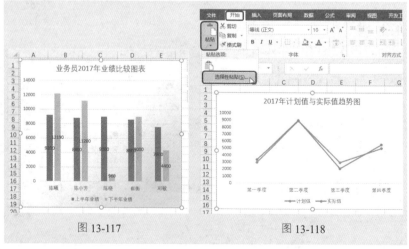

图 13-117

图 13-118

❷ 在"粘贴"栏下选中"格式"单选按钮，如图 13-119 所示。

❸ 单击"确定"按钮，此时可以看到新图表应用了复制来的图表样式，如图 13-120 所示。

图 13-119　　　　　　　　图 13-120

9. 图表存为模板方便以后使用

复制图表格式需要事先打开设置好的图表再执行格式应用。如果用户在别人的电脑或者网上下载了好看的图表，可以将其保存为"模板"，方便下次直接套用该图表样式。

扫一扫，看视频

❶ 选中设计好的图表并单击鼠标右键，在弹出的快捷菜单中选择"另存为模板"命令（如图 13-121 所示），打开"保存图表模板"对话框。

❷ 保持默认的保存路径不变，并设置文件名为"自定义模板 1"，如图 13-122 所示。

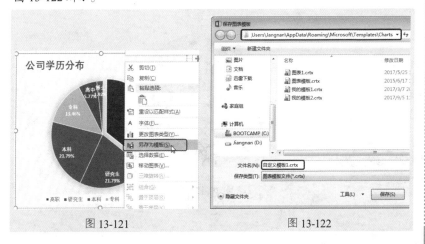

图 13-121　　　　　　　　图 13-122

❸ 单击"保存"按钮，即可将其保存为图表模板。打开需要应用模板样式的图表并单击鼠标右键，在弹出的快捷菜单中选择"更改图表类型"命令（如图 13-123 所示），打开"更改图表类型"对话框。

❹ 在左侧列表中选择"模板"，在右侧选择"自定义模板1"类型即可，如图 13-124 所示。

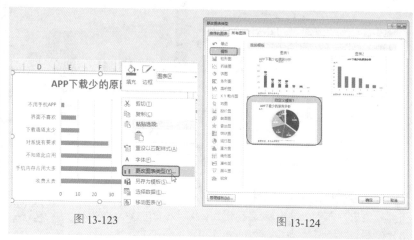

图 13-123   图 13-124

❺ 单击"确定"按钮完成设置，此时可以看到选中的图表应用了指定的模板样式（包括标题、绘图区格式、图表类型等），对图表简单调整即可得到如图 13-125 所示效果。

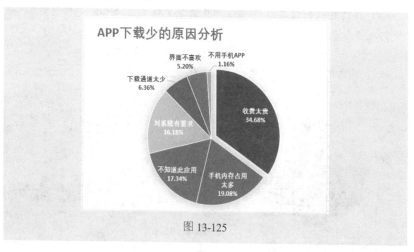

图 13-125

13.5 图表的应用实例

前面的三个小节已经介绍了很多图表创建及优化设置的技巧，本节会活学活用这些技巧，帮助大家创建自定义图表，得到与众不同的图表效果，让数据比较更加直观。

1. 显示汇总的数据标签

在建立堆积柱形图时，显示的数据标签都是各个系列的值，如果将总计值的标签也同时显示会有更好的效果。要达到这一效果就需要使用辅助列数据，具体操作如下。

扫一扫，看视频

❶ 使用已知的 4 个季度的销量数据创建堆积柱形图，然后在表格中建立"合计"辅助列，使用 SUM 函数在 F2 单元格内输入公式"=SUM(B2:E2)"，按 Enter 键，然后向下复制公式，依次得到其他产品的总销量，如图 13-126 所示。

❷ 选中 F2:F5 单元格区域，按 Ctrl+C 组合键复制，选中图表后按 Ctrl+V 组合键粘贴，即可将"合计"数据系列添加到图表中，如图 13-127 所示（向图表中添加新系列也可以按 13.1 节中的技巧 14 进行操作）。

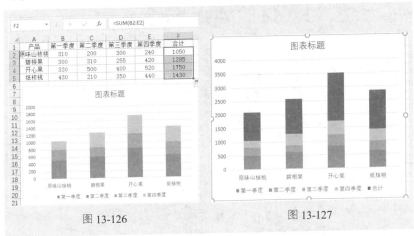

图 13-126　　　　　　　　　　图 13-127

❸ 选中图表汇总的"合计"数据系列并单击鼠标右键，在弹出的快捷菜单中选择"更改系列图表类型"命令（如图 13-128 所示），打开"更改图表类型"对话框。

④ 单击"合计"系列右侧的下拉按钮,在打开的下拉列表中选择"折线图"即可,如图 13-129 所示。

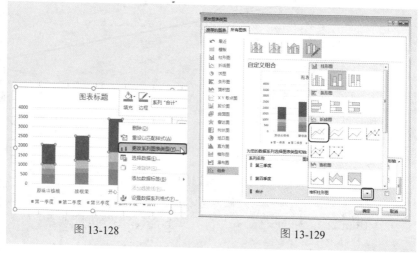

图 13-128   图 13-129

⑤ 选中折线图图表并单击右侧的"图表元素"按钮,在打开的列表中依次选择"数据标签"→"上方"(如图 13-130 所示),即可添加数据标签。

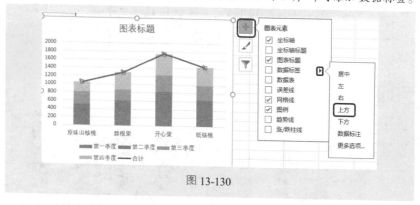

图 13-130

⑥ 继续选中折线图图表并单击鼠标右键,在弹出的快捷菜单中选择"边框"→"无轮廓"命令(如图 13-131 所示),即可隐藏折线图。

⑦ 添加图表主标题和副标题,并对图表进一步美化,最终效果如图 13-132 所示。

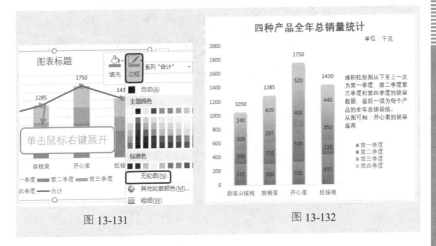

图 13-131

图 13-132

2. 在图表中显示极值标签

本例中需要创建图表查看全年用电量最高和最低的月份，可以先建立辅助列分别返回最低值和最高值，再创建图表标记出最小值和最大值。

扫一扫，看视频

❶ 首先在表格 C 列建立"最低"辅助列，在 C2 单元格内输入公式"=IF(B2=MIN(B$2:B$13),B2,NA())"，按 Enter 键后向下复制公式，依次返回最低值，如图 13-133 所示。

❷ 继续在表格 D 列建立"最高"辅助列，在 D2 单元格内输入公式"=IF(B2=MAX(B$2:B$13),B2,NA())"，按 Enter 键后向下复制公式，依次返回最高值，如图 13-134 所示。

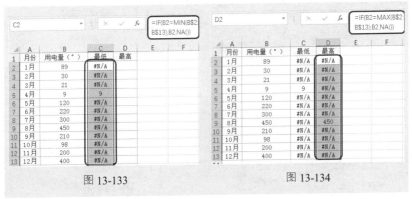

图 13-133

图 13-134

❸ 创建折线图后，因为默认折线图没有数据点（"最高"系列与"最低"

485

系列都只有一个值），所以暂时看不到任何显示效果。单击图表右侧的"图表样式"按钮，在打开的样式列表中选择"样式 2"（如图 13-135 所示），即可在套用样式的同时自动将"最高"系列与"最低"系列的数据点显示出来。

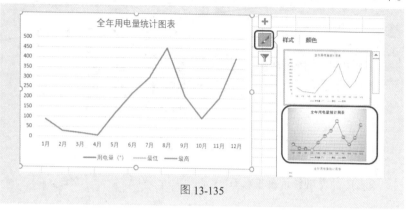

图 13-135

❹ 选中折线图中的"最高"数据系列并单击鼠标右键，在弹出的快捷菜单中选择"设置数据标签格式"命令（如图 13-136 所示），打开"设置数据标签格式"窗格。

❺ 在"标签包括"栏下勾选"系列名称""类别名称"和"值"复选框，如图 13-137 所示。关闭"设置数据标签格式"窗格后，即可显示"最高"的数据标签，按照相同的办法设置"最低"数据系列的数据标签即可，最终效果如图 13-138 所示。

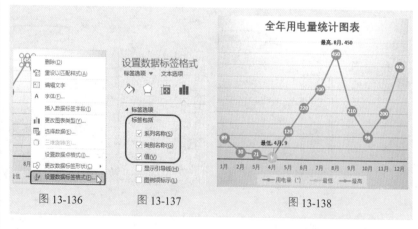

图 13-136　　　　图 13-137　　　　图 13-138

3. 左右对比的条形图

常规的条形图都是统一显示在垂直轴的左侧或者右侧，根据实际数据分析需要，可以将不同数据系列的条形图显示在垂直轴的两端，得到左右对比的条形图效果。本例中需要比较男性和女性的离职原因。

扫一扫，看视频

❶ 首先为数据源表格创建条形图图表，选中图表中的"男性"数据系列（也可以选择女性）并双击，即可打开右侧的"设置数据系列格式"窗格。在"系列绘制在"栏下选中"次坐标轴"单选按钮，如图 13-139 所示。

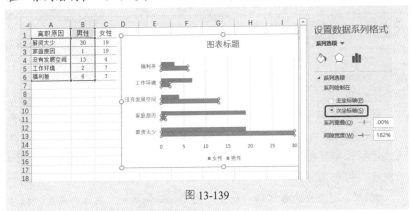

图 13-139

❷ 此时可以看到两个数据系列条形图重叠在一起（如图 13-140 所示）。双击水平坐标轴，打开"设置坐标轴格式"窗格。

❸ 在"坐标轴选项"栏下设置"最小值"和"最大值"分别为"-40.0"和"40.0"，如图 13-141 所示。

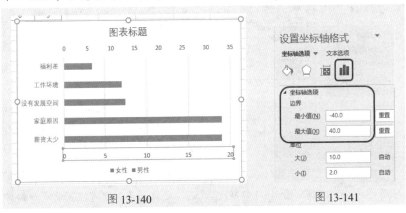

图 13-140   图 13-141

④ 此时可以看到如图 13-142 所示的图表效果。双击图表上方的水平坐标轴，打开"设置坐标轴格式"窗格。按照和步骤❸相同的方法设置"最大值"和"最小值"分别为"-40.0"和"40.0"（如图 13-143 所示），并勾选"逆序刻度值"复选框，如图 13-144 所示。

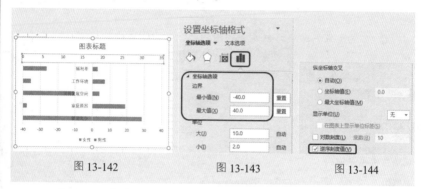

图 13-142　　　　　　　　图 13-143　　　　　　　　图 13-144

⑤ 此时可以看到两个数据系列的图表分别显示在垂直轴的两侧。双击"女性"数据系列，打开"设置数据系列格式"窗格，将"间隙宽度"调整为"61%"，如图 13-145 所示。然后按相同方法设置"男性"数据系列的"间隙宽度"也为"61%"。

⑥ 双击图表中的垂直轴，打开"设置坐标轴格式"窗格，单击"标签位置"右侧的下拉按钮，在打开的下拉列表中选择"低"，如图 13-146 所示。

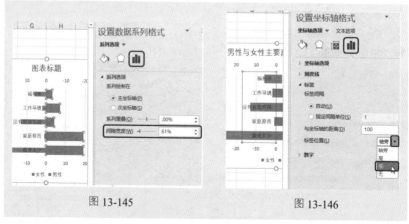

图 13-145　　　　　　　　　　　图 13-146

⑦ 此时即可将垂直轴移动到图表最左侧显示。添加图表标题并为图表应用样式后，得到如图 13-147 所示效果。由双向条形图可以直观地看到男

性离职的主要原因是薪资太低，女性离职的主要原因是家庭因素。

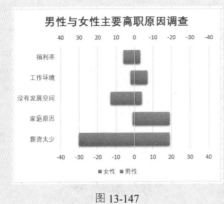

图 13-147

4. 显示平均线的柱形图

在用柱状图进行数据展示的时候，有时需要将数据与平均值进行比较。此时可以在图表中添加平均值线条，以增强数据的对比效果。首先添加平均值辅助数据，然后将其绘制到图表中。

❶ 首先在表格 C 列建立辅助列"平均值"，并在 C2 单元格内输入公式"=AVERAGE($B$2:$B$11)"，按 Enter 键后再向下复制公式，依次得到平均值数据，如图 13-148 所示。

❷ 选中平均值数据系列（柱形图）并单击鼠标右键，在弹出的快捷菜单中选择"更改系列图表类型"命令（如图 13-149 所示），打开"更改图表类型"对话框。

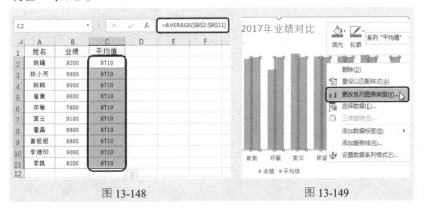

图 13-148　　　　　　　　图 13-149

❸ 单击"平均值"右侧的下拉按钮，在打开的下拉列表中选择"折线图"，如图 13-150 所示。

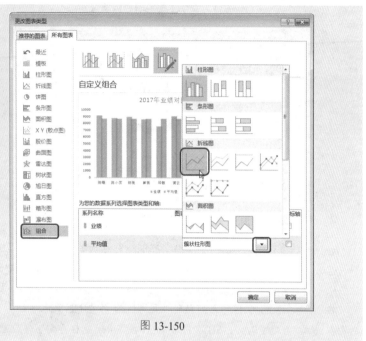

图 13-150

❹ 单击"确定"按钮，可以看到"平均值"系列变成一条直线（因为这个系列的所有值都相同），超出这条线的表示业绩高于平均值，低于这条线的表示业绩低于平均值，如图 13-151 所示。

图 13-151

5. 两项指标比较的温度计图

温度计图常用于表达实际与预测、今年与往年等数据的对比效果。例如，在本例中可以通过温度计图直观查看哪一月份营业额没有达标（实际值低于计划值）。

扫一扫，看视频

❶ 建立柱形图后，选中图表中的"实际值"数据系列（如图 13-152 所示），单击鼠标右键，在弹出的快捷菜单中选择"设置数据系列格式"命令，打开"设置数据系列格式"窗格。

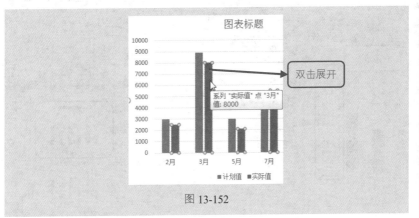

图 13-152

❷ 在"系列绘制在"栏下选中"次坐标轴"单选按钮，并设置"系列重叠"和"间隙宽度"分别为"-27%"和"400%"，如图 13-153 所示。

❸ 按照相同的设置方法设置"计划值"数据系列的"间隙宽度"为"110%"，如图 13-154 所示。

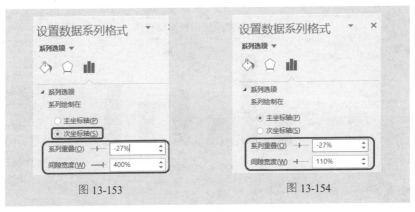

图 13-153   图 13-154

❹ 关闭"设置数据系列格式"窗格，即可看到"实际值"数据系列显示在"计划值"数据系列的内部。双击图表中的垂直轴数值标签，打开"设置坐标轴格式"窗格，在"坐标轴选项"栏下设置边界"最大值"为"10000"（如果左侧的垂直轴数值标签刻度和右侧不一致，一定要重新设置一致的最大值和最小值），如图 13-155 所示。

❺ 选中图表并单击右侧的"图表样式"按钮，在打开的样式列表中选择"样式 4"，如图 13-156 所示。

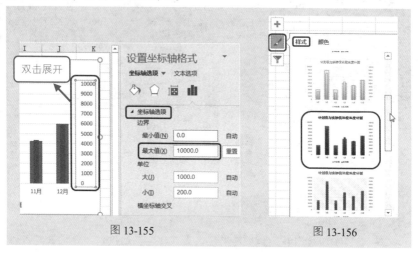

图 13-155　　　　　　　　　图 13-156

❻ 此时即可应用指定图表样式，重新输入图表标题并局部美化，添加必要的元素即可，最终效果如图 13-157 所示。从温度计图中可以直观地看到计划值和实际值是否相符。

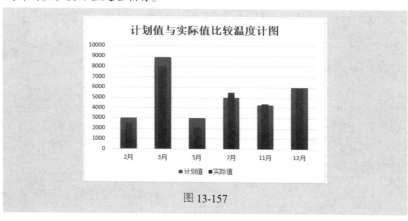

图 13-157

第14章　数据分析——高级分析工具

　　"模拟运算表"是一个单元格区域，它可以显示一个或多个公式中替换不同值时的结果，即尝试以可变值产生不同的计算结果。比如根据不同的贷款金额或贷款利率模拟每期的应偿还额。模拟运算表根据行、列变量的个数可分为两种类型，即单变量模拟运算表和双变量模拟运算表。

　　"单变量求解"是解决假定一个公式要取的某一结果值，其中变量的引用单元格应取值为多少的问题。

1. 单变量模拟运算示例

　　本例中统计了贷款买房的各项基本情况，包括贷款金额、贷款利率以及贷款年限等，现在需要使用单变量模拟运算表来计算出不同的贷款年限下每月应偿还的金额。

扫一扫，看视频

　　❶ 分别选中 B6、B9 单元格，并在公式编辑栏中输入公式"=PMT(B4/12,B5*12,B3,0,0)"（PMT 函数是基于固定利率及等额分期付款方式，返回贷款的每期付款额。"=PMT(B4/12,B5*12,B3,0,0)"表示根据贷款每月的利率（B4/12）、贷款的期限（B5*12）和贷款金额（B3）计算出每月应偿还的金额），按 Enter 键，依次得出结果，如图 14-1 和图 14-2 所示。

B6			f_x	=PMT(B4/12,B5*12,B3,0,0)	
	A	B	C	D	E
1	**月偿还额单变量模拟运算**				
2	**贷款金额基本信息**				
3	贷款金额	700000			
4	贷款年利率	6.65%			
5	贷款期限	20			
6	月偿还金额	¥-5,281.01			

图 14-1

❷ 在 A9:A14 单元格区域中输入想模拟的不同的贷款年限，然后选中 A9:B14 单元格区域，在"数据"选项卡的"预测"组中单击"模拟分析"下拉按钮，在打开的下拉列表中选择"模拟运算表"（如图 14-3 所示），打开"模拟运算表"对话框。

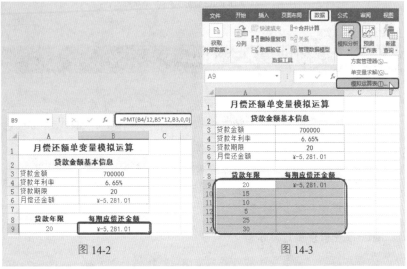

图 14-2   图 14-3

❸ 设置"输入引用列的单元格"为 B5 单元格（因为模拟的不同年限显示在列中（A9:A14 单元格区域），所以这时设置引用列的单元格。如果不同的年限显示在行中，则要设置引用行的单元格），如图 14-4 所示。

❹ 单击"确定"按钮完成设置并返回表格，此时可以看到根据 A 列中给出的不同贷款年限，计算出每期应偿还的金额，如图 14-5 所示。

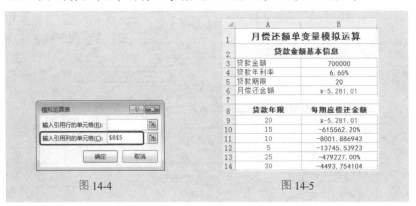

图 14-4   图 14-5

2. 双变量模拟运算示例

在双变量模拟运算表中可以对两个变量输入不同的值，从而查看其对一个公式的影响。例如，根据销售提成率来查看不同的销售金额所对应的业绩奖金，这里有销售金额与销售提成率两个变量。

扫一扫，看视频

❶ 在表格中输入相关的销售金额、销售提成率数据，并对单元格进行初始化设置。分别在 B4 和 A7 单元格中输入公式 "=B2*B3"，按 Enter 键，即可计算出当销售提成率为 8% 时，销售金额为 98000 元的业绩奖金，如图 14-6 所示。

❷ 选中 A7:E12 单元格区域，在"数据"选项卡的"预测"组中单击"模拟分析"下拉按钮，在打开的下拉列表中选择"模拟运算表"（如图 14-7 所示），打开"模拟运算表"对话框。

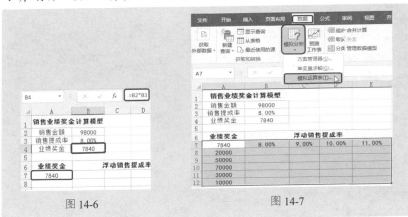

图 14-6   图 14-7

❸ 拾取 B3 单元格作为"输入引用行的单元格"，拾取 B2 单元格作为"输入引用列的单元格"，如图 14-8 所示。

❹ 单击"确定"按钮完成设置，此时即可求解出不同销售金额对应的业绩奖金，如图 14-9 所示。

图 14-8   图 14-9

3. 单变量求解示例

本例表格中统计了各区域的销量并给出了产品单价，下面需要使用单变量求解预测如果总销售额达到300000元，"上海"地区的销售量应该达到多少。

❶ 首先在 C13 单元格内输入总销量的计算公式"=SUM(C5:C12)*B2"，按 Enter 键后得到结果。选中 C13 单元格，在"数据"选项卡的"预测"组中单击"模拟分析"下拉按钮，在打开的下拉列表中选择"单变量求解"（如图 14-10 所示），打开"单变量求解"对话框。

❷ 默认"目标单元格"为"C13"，设置"目标值"为"300000"，"可变单元格"为"$C$5"，如图 14-11 所示。

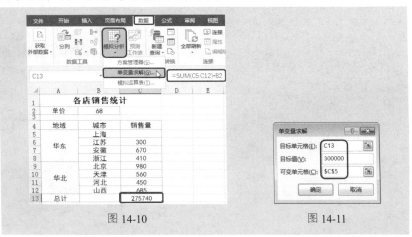

图 14-10　　　　　　　　　　　　　图 14-11

❸ 单击"确定"按钮，弹出"单变量求解状态"对话框（如图 14-12 所示），单击"确定"按钮完成求解，得到上海的销量为"356.76"时总销售额为"300000"，如图 14-13 所示。

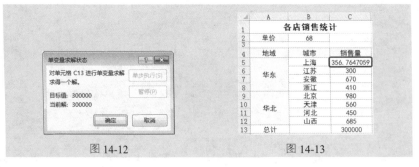

图 14-12　　　　　　　　　　　　　图 14-13

14.2　规划求解

　　"规划求解"用于调整决策变量单元格中的值，以满足限制单元格的限制条件，并为目标单元格生成所需的结果，即找出基于多个变量的最佳值，也就是满足所设定的限制条件的同时查找一个单元格（称为目标单元格）中公式的优化（最大或最小）值。

1.　适用于规划求解的问题范围

　　"规划求解"是 Microsoft Excel 加载项程序，可用于模拟分析。"规划求解"调整决策变量单元格中的值以满足约束单元格上的限制，并产生用户对目标单元格期望的结果。适用于规划求解的问题范围如下：

- 使用"规划求解"可以从多个方案中得出最优方案，比如最优生产方案、最优运输方案、最佳值班方案等。
- 使用规划求解确定资本预算。
- 使用规划求解进行财务规划。

　　在使用"规划求解"前，需要在 Excel 2016 中加载"规划求解"工具才可以正常使用。下面介绍加载办法。

　　❶ 打开工作簿后，选择"文件"→"选项"命令（如图 14-14 所示），打开"Excel 选项"对话框。

　　❷ 切换至"加载项"选项卡，单击"管理"下拉列表框右侧的"转到"按钮（如图 14-15 所示），打开"加载宏"对话框。

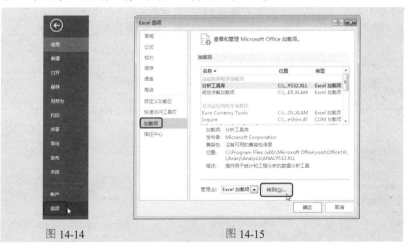

图 14-14　　　　　　　　　　　　图 14-15

❸ 勾选"规划求解加载项"复选框（如图14-16所示），单击"确定"按钮即可完成加载。此时在"数据"选项卡的"分析"组中可以看到加载的"规划求解"按钮，如图14-17所示。

<table>
<tr><td>图 14-16</td><td>图 14-17</td></tr>
</table>

2. 最小化运输成本

假设某公司拥有2个处于不同地理位置的生产工厂和5个位于不同地理位置的客户，现在需要将产品从2个工厂运往5个客户所在地，已知2个工厂的最大产能均为60000，5个客户的需求总量分别为30000、23000、15000、32000、16000，要求计算出使总成本最小的运输方案。

❶ 首先在A1:F4单元格区域建立条件区域，然后在下方的A8:H12单元格区域建立规划求解标识数据。再选中 B11 单元格并输入公式"=SUM(B9:B10)"（这里计算出的是每个客户从2个工厂进货需求量的合计值，当然这个值都会与第12行中显示的需求值相等，但在2个工厂中的分配值有待规划求解的结果)，按Enter键后拖动填充柄向右填充到F11单元格，计算出各客户需求合计总量，如图14-18所示。

B11			fx	=SUM(B9:B10)			
⊿	A	B	C	D	E	F	G	H
1	单位产品运输成本							
2	规格	客户1	客户2	客户3	客户4	客户5		
3	工厂A	1.75	2.25	1.50	2.00	1.50		
4	工厂B	2.00	2.50	2.50	1.50	1.00		
5								
6								
7	运输方案							
8		客户1	客户2	客户3	客户4	客户5	合计	产能
9	工厂A							60000
10	工厂B							60000
11	合计	0	0	0	0	0		
12	需求	30000	23000	15000	32000	16000		
13	运输总成本							

图 14-18

❷ 选中 G9 单元格并输入公式"=SUM(B9:F9)",按 Enter 键后拖动填充柄向下填充到 G10 单元格,计算出 2 个工厂的合计总量,如图 14-19 所示。

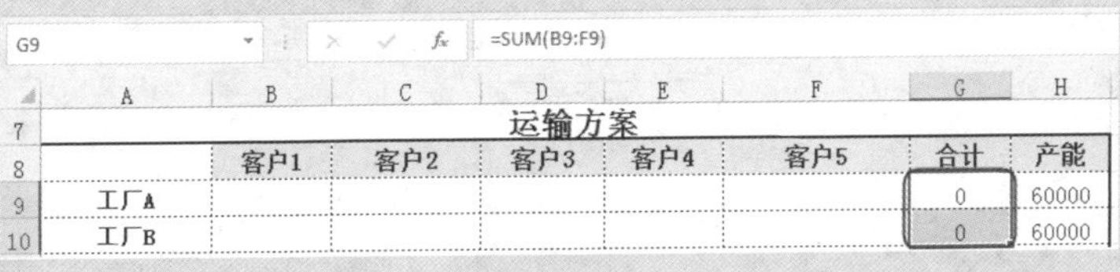

图 14-19

❸ 继续选中 B13 单元格并输入公式"=SUMPRODUCT(B3:F4,B9:F10)"(将不同的运输成本与不同的运输量逐一相乘再相加,得到最终的运输成本),按 Enter 键,计算出运输总成本,如图 14-20 所示。

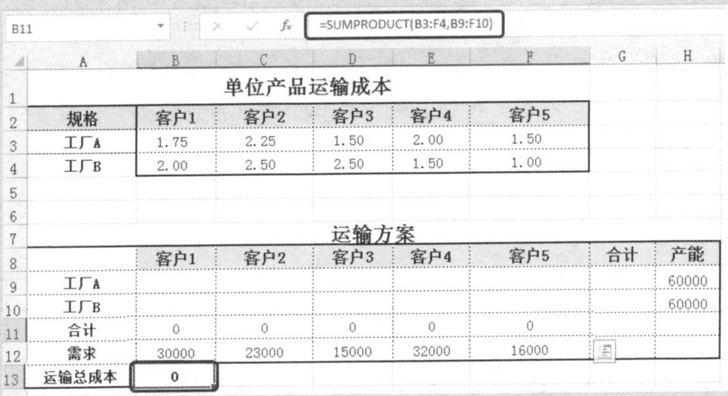

图 14-20

❹ 保持 B13 单元格选中状态,打开"规划求解参数"对话框,设置"通过更改可变单元格"为"B9:F10",如图 14-21 所示。单击"添加"按钮,打开"添加约束"对话框。

❺ 设置第一个约束条件为"B9:F10""＞=""0"(该单元格区域中的数值必须为正值)(如图 14-22 所示),然后单击"添加"按钮,进入第二个约束条件设置对话框。

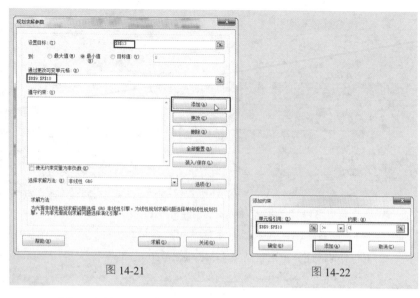

图 14-21   图 14-22

❻ 继续设置第二个约束条件为"B11:F11""=""B12:F12"(如图 14-23 所示),然后单击"添加"按钮,进入第三个约束条件设置对话框。继续设置第三个约束条件为"G9:G10""<=""H9:H10",如图 14-24 所示。

图 14-23   图 14-24

❼ 单击"确定"按钮,返回"规划求解参数"对话框,可以看到设置好的所有约束条件(如图 14-25 所示);单击"求解"按钮,打开"规划求解选项"对话框,如图 14-26 所示。

❽ 保持各项默认设置,单击"确定"按钮,即可得到规划求解结果,如图 14-27 所示。从结果可知当使用 B9:F10 单元格中的运输方案时,可以让运输成本达到最小。

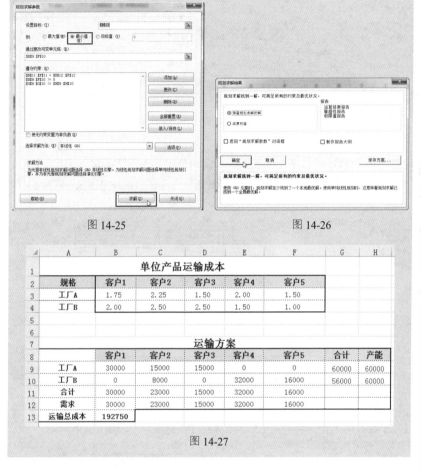

图 14-25   图 14-26

	A	B	C	D	E	F	G	H
1	单位产品运输成本							
2	规格	客户1	客户2	客户3	客户4	客户5		
3	工厂A	1.75	2.25	1.50	2.00	1.50		
4	工厂B	2.00	2.50	2.50	1.50	1.00		
5								
6								
7	运输方案							
8		客户1	客户2	客户3	客户4	客户5	合计	产能
9	工厂A	30000	15000	15000	0	0	60000	60000
10	工厂B	0	8000	0	32000	16000	56000	60000
11	合计	30000	23000	15000	32000	16000		
12	需求	30000	23000	15000	32000	16000		
13	运输总成本	192750						

图 14-27

3. 建立合理的生产方案

在生产或销售策划过程中，需要考虑最低成本以及最大利润问题。使用"规划求解"功能可以实现科学指导生产或销售。本例中给出了三个车间生产 A、B、C 三种产品所消耗的时间，以及每种产品的利润，同时还给出了每个车间完成三种产品的

扫一扫，看视频

时间限制，比如第一车间完成指定量的三种产品的总耗费时间不得大于 200 小时，如图 14-28 所示。

	J	K	L	M	N
4	车间	A用品	B用品	C用品	完成时间
5	第一车间	2小时	1小时	1小时	200小时以内
6	第二车间	1小时	2小时	1小时	240小时以内
7	第三车间	1小时	1小时	2小时	280小时以内

图 14-28

本例中就需要根据已知的条件判断出如何分配生产各产品的数量才可以达到最大利润值。

❶ 选中 D1 单元格并输入公式 "=$B$6*$B$8+$C$6*$C$8+$D$6*$D$8"，按 Enter 键后得到最大利润（参数引用数据为空所以返回 0 值），如图 14-29 所示。

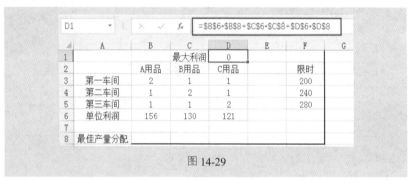

图 14-29

❷ 选中 E3 单元格并输入公式 "B3*$B$8+C3*$C$8+D3*$D$8"，按 Enter 键后向下复制公式到 E5 单元格即可得到数据，如图 14-30 所示。

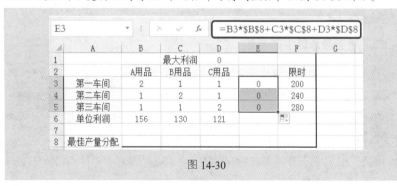

图 14-30

❸ 打开"规划求解参数"对话框，设置"设置目标"为"D1"，"通过

更改可变单元格"为"B8:D8",如图 14-31 所示。单击"添加"按钮,打开"添加约束"对话框。

❹ 设置第一个约束条件为"B8:D8"">=""0"(该单元格区域中的数值必须为正值)(如图 14-32 所示),然后单击"添加"按钮,进入第二个约束条件设置对话框。

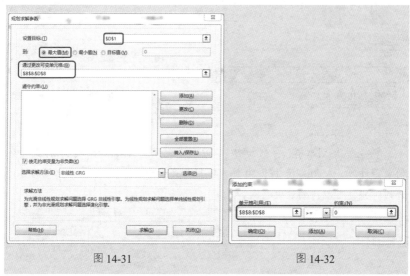

图 14-31   图 14-32

❺ 继续设置第二个约束条件为"E3""<="" F3"(如图 14-33 所示),然后单击"添加"按钮,进入第三个约束条件设置对话框。继续设置第三个约束条件为"E4""<="" F4"(如图 14-34 所示),单击"添加"按钮,进入第四个约束条件设置对话框。

图 14-33   图 14-34

❻ 继续设置第四个约束条件为"E5""<="" F5"(如图 14-35 所示),然后单击"确定"按钮,返回"规划求解参数"对话框,可以看到设置好的所有约束条件,如图 14-36 所示。

图 14-35   图 14-36

❼ 完成规划求解，得到如图 14-37 所示结果。从结果可知：在满足所有约束条件时，A 用品产量为 20 件、B 用品产量为 60 件、C 用品产量为 100 件的时候，可以得到最大利润。

	A	B	C	D	E	F
1			最大利润	23020		
2		A用品	B用品	C用品		限时
3	第一车间	2	1	1	200	200
4	第二车间	1	2	1	240	240
5	第三车间	1	1	2	280	280
6	单位利润	156	130	121		
7						
8	最佳产量分配	20	60	100		

图 14-37

14.3 分析工具库

在 Excel "加载项"中除了可以加载使用"规划求解"工具，还可以加载使用"数据分析"工具库，包括方差、标准差、协方差、相关系数、统计图形、随机抽样、参数点估计、区间估计、假设检验、方差分析、移动平均、指数平滑、回归分析等分析工具。

"数据分析"工具库的加载方法和"规划求解"的加载办法是一样的，加载之后可以在"分析"组中单击"数据分析"按钮（如图 1-438 所示），打开"数据分析"对话框。

图 14-38

1. 单因素方差分析——分析学历层次对综合考评能力的影响

某企业对员工进行综合考评后，需要分析员工学历层次对综合考评能力的影响。此时可以使用"方差分析：单因素方差分析"来进行分析。

扫一扫，看视频

❶ 如图 14-39 所示是学历与综合考评能力的统计表，可以将数据整理成 E2:G9 单元格区域的样式（即先按学历筛选再复制数据，后面会对这组数据的相关性进行分析）。

	A	B	C	D	E	F	G
1	学历与综合考评能力分析						
2	序号	学历	综合考评能力		大专	大学	研究生
3	1	大学	95.50		79.50	95.50	99.50
4	2	大学	94.50		75.00	94.50	98.00
5	3	大专	79.50		76.70	91.00	96.00
6	4	大学	91.00		77.50	91.00	97.00
7	5	大专	75.00		74.50	76.50	
8	6	研究生	99.50		71.50	99.50	
9	7	研究生	98.00			92.50	
10	9	大专	76.70				
11	9	大专	77.50				
12	10	大学	72.50				
13	11	大学	91.00				
14	12	大专	74.50				
15	13	研究生	96.00				
16	14	研究生	97.00				
17	15	大专	71.50				
18	16	大学	76.50				
19	17	大学	99.50				
20	19	大学	92.50				

图 14-39

❷ 首先打开"数据分析"对话框，然后选择"分析工具"列表框中的"方差分析：单因素方差分析"（如图 14-40 所示），单击"确定"按钮，打开"方差分析：单因素方差分析"对话框。

❸ 设置"输入区域"为"E3:G9"，勾选"标志位于第一行"复选框，并设置"输出区域"为"A22"，如图 14-41 所示。

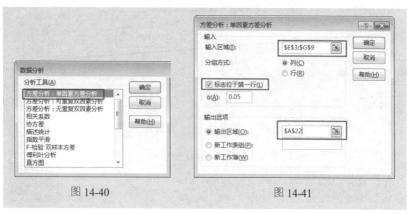

图 14-40   图 14-41

❹ 单击"确定"按钮，即可得到方差分析结果，如图 14-42 所示。从中可以看出"P"值为"0.000278"，且小于 0.05，说明方差在 a=0.05 水平上有显著差异，即说明员工学历层次对综合考评能力有影响。

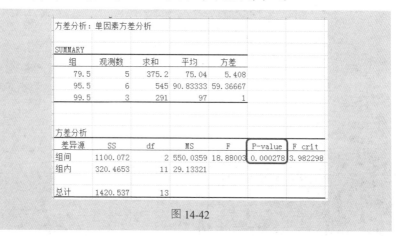

图 14-42

2. 双因素方差分析——分析何种因素对生产量有显著性影响

扫一扫，看视频

双因素方差分析是指分析两个因素，即行因素和列因素。当两个因素对试验结果的影响是相互独立的，且可以分别判断出行因素和列因素对试验数据的影响时，可使用双因素方差分析中的无重复双因素分析，即无交互作用的双因素方差分析方法。当这两个因素不仅会对试验数据单独产生影响,还会因二者搭配而对结果产生新的影响时,则可使用可重复双因素分析,即有交互作用的双因素方差分析方法。下面介绍一个可重复双因素分析的实例。

假设某企业用 2 种工艺生产 3 种不同类型的产品,想了解 2 种工艺(因素 1)生产不同类型(因素 2)产品的生产量情况。分别用 2 种工艺生产各种样式的产品,现在各提取 5 天的生产量数据,要求分析不同样式、不同工艺,以及二者相交互分别对生产量的影响。

❶ 首先建立如图 14-43 所示数据表格,打开"数据分析"对话框,选择"方差分析:可重复双因素分析"(如图 14-44 所示),单击"确定"按钮,打开"方差分析:可重复双因素分析"对话框。

❷ 分别设置输入区域为"A1:D11","每一样本的行数"为"5","输出区域"为"F1",如图 14-45 所示。

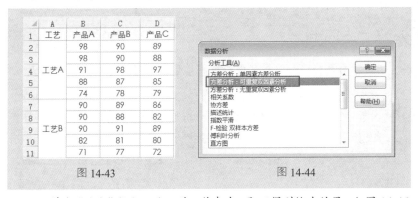

图 14-43　　　　　　　　　　图 14-44

❸ 单击"确定"按钮,返回到工作表中,即可得到输出结果,如图 14-46 所示。在分析结果第一部分的 SUMMARY 中,可看到两种工艺对应各样式的样本观测数、求和、平均数、样本方差等数据。在第二部分的"方差分析"中可看到,分析结果不但有样本行因素(因素 2)和列因素(因素 1)的 F 统计量和 F 临界值,也有交互作用的 F 统计量和 F 临界值。对比 3 项 F 统计量和各自的 F 临界值,样本、列、交互的 F 统计量都小于 F 临界值,说明工艺、样式都对生产量没有显著影响。此外,结果中 3 个 P-value 值都大于 0.05,也说明了工艺和样式以及二者之间的交互作用对生产量是没有显著影响的,所以,该公司在制定后续的生产决策时,可以不考虑这些因素。

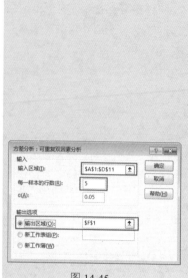

方差分析：可重复双因素分析

SUMMARY	产品A	产品B	产品C	总计
工艺A				
观测数	5	5	5	15
求和	423	426	409	1258
平均	84.6	85.2	81.8	83.86667
方差	69.8	35.2	42.2	44.40952
工艺B				
观测数	5	5	5	15
求和	449	443	438	1330
平均	89.8	88.6	87.6	88.66667
方差	97.2	51.8	42.8	55.66667
总计				
观测数	10	10	10	
求和	872	869	847	
平均	87.2	86.9	84.7	
方差	81.73333	41.87778	47.12222	

方差分析

差异源	SS	df	MS	F	P-value	F crit
样本	172.8	1	172.8	3.058407	0.093101	4.259677
列	37.26667	2	18.63333	0.329794	0.72228	3.402826
交互	7.8	2	3.9	0.069027	0.933486	3.402826
内部	1356	24	56.5			
总计	1573.867	29				

图 14-45　　　　　　　　　　　　　　图 14-46

3. 相关系数——分析产量和施肥量是否有相关性

扫一扫，看视频

　　相关系数是描述两组数据集（可以使用不同的度量单位）之间的关系。本例中需要分析某作物的产量和施肥量是否存在关系或具有怎样程度的相关性。本例中统计了某作物几年中产量与施肥量的实验数据，下面需要使用相关系数分析这二者之间的相关性。

❶ 如图 14-47 所示统计了某作物在连续年份中的产量和施肥量统计。打开"数据分析"对话框，然后选择"相关系数"（如图 14-48 所示），单击"确定"按钮，打开"相关系数"对话框。

图 14-47　　　　　　　　　　　　　　图 14-48

❷ 设置“输入区域”为“A2:C10”，“分组方式”为“逐列”，勾选“标志位于第一行”复选框，设置“输出区域”为“A12”，如图 14-49 所示。

❸ 单击“确定”按钮，返回到工作表中，即可得到输出结果，如图 14-50 所示。C15 单元格的值表示产量与施肥量之间的关系，这个值为“0.0981”，表示施肥量与产量基本无相关性（一般来说，“0-0.09”为没有相关性，“0.1-0.3”为弱相关，“0.3-0.5”为中等相关，“0.5-1.0”为强相关）。

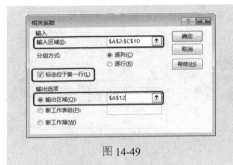

图 14-49

	A	B	C	D
12		年份	产量	施肥量
13	年份	1		
14	产量	0.63279	1	
15	施肥量	-0.18181	0.0981	1
16				

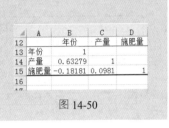

图 14-50

4. 协方差——分析数据的相关性

在概率论和统计学中，协方差用于衡量两个变量的总体误差。如果结果为正值，则说明两者是正相关的；结果为负值，说明是负相关的；结果为 0，也就是统计上说的相互独立。

扫一扫，看视频

本例中将分析 15 个调查地点的地方性患病与含钾量是否存在显著关系。

❶ 如图 14-51 所示统计了各个地方的患病数据。打开“数据分析”对话框，选择“协方差”（如图 14-52 所示），单击“确定”按钮，打开“协方差”对话框。

	A	B	C
1	序号	患病量	含钾量
2	1	169	0.1
3	2	181	0.05
4	3	160	1.8
5	4	187	0.2
6	5	78	1.19
7	6	178	2.1
8	7	172	0.9
9	8	175	0.28
10	9	99	0.35
11	10	318	3.54
12	11	254	0.99
13	12	80	1.9
14	13	327	2.03
15	14	311	3.44
16	15	295	0.98

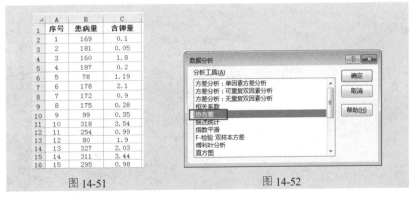

图 14-51

图 14-52

❷ 设置"输入区域"为"B1:C16","分组方式"为"逐列",勾选"标志位于第一行"复选框,设置"输出"选项为"新工作表组"并命名为"协方差分析结果",如图 14-53 所示。

❸ 单击"确定"按钮,返回工作表中,即可看到数据分析结果,如图 14-54 所示。图中的输出表为"患病量""含钾量"两个变量的协方差矩阵,这两组数据的协方差为"43.96822"。根据此值得出结论为:甲状腺肿患病量与钾食用量为正相关,即含钾量越多,其相应的患病量越高。

图 14-53   图 14-54

5. 描述统计——分析学生成绩的稳定性

扫一扫,看视频

在数据分析时,一般首先要对数据进行描述性统计分析以便发现其内在的规律,再选择进一步分析的方法。高级分析工具中的"描述统计"工具可以进行均值、中位数、众数、方差、标准差等的统计。本例中需要根据 3 位学生 10 次模拟考试的成绩(如图 14-55 所示)来分析他们成绩的稳定性,了解哪次模拟考试的成绩最好。

数学十次模考成绩统计			
模考	李旭阳	王慧	刘婷婷
一模	98	90	88
二模	91	98	97
三模	88	92	85
四模	74	87	79
五模	68	77	65
六模	77	79	69
七模	65	81	70
八模	90	88	83
九模	87	78	90
十模	77	76	71

图 14-55

❶ 打开"数据分析"对话框后，选择"分析工具"列表框中的"描述统计"（如图 14-56 所示），单击"确定"按钮，打开"描述统计"对话框。

❷ 设置"输入区域"为"B2:D12"，"分组方式"为"逐列"，"输出选项"为"新工作表组"，再勾选下方的"汇总统计"复选框，勾选"平均数置信度"复选框并设置为 95%勾选"第 K 大值"复选框并设置为 1，勾选"第 K 小值"复选框并设置为 1，如图 14-57 所示。

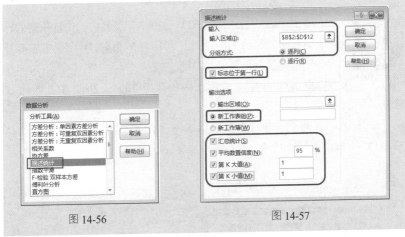

图 14-56   图 14-57

❸ 单击"确定"按钮，即可得到描述统计结果，效果如图 14-58 所示。

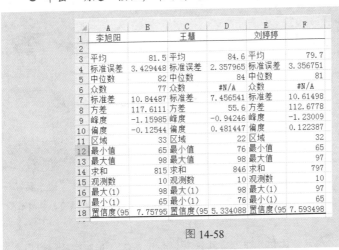

▲	A	B	C	D	E	F
1	李旭阳		王慧		刘婷婷	
2						
3	平均	81.5	平均	84.6	平均	79.7
4	标准误差	3.429448	标准误差	2.357965	标准误差	3.356751
5	中位数	82	中位数	84	中位数	81
6	众数	77	众数	#N/A	众数	#N/A
7	标准差	10.84487	标准差	7.456541	标准差	10.61498
8	方差	117.6111	方差	55.6	方差	112.6778
9	峰度	-1.15985	峰度	-0.94246	峰度	-1.23009
10	偏度	-0.12544	偏度	0.481447	偏度	0.122387
11	区域	33	区域	22	区域	32
12	最小值	65	最小值	76	最小值	65
13	最大值	98	最大值	98	最大值	97
14	求和	815	求和	846	求和	797
15	观测数	10	观测数	10	观测数	10
16	最大(1)	98	最大(1)	98	最大(1)	97
17	最小(1)	65	最小(1)	76	最小(1)	65
18	置信度(95	7.75795	置信度(95	5.334088	置信度(95	7.593498

图 14-58

在数据输出的工作表中，可以看到对三名学生十次模拟考试成绩的分析。其中第 3 行至第 18 行分别为：平均值、标准误差、中位数、众数、标准差、方差、峰值、偏度等。

选取中位数进行分析则是王慧在 10 次模拟考试中的成绩最高,为 84 分。平均值也是王慧的模拟考试成绩最佳,为 84.6 分。总体而言,王慧的成绩是最好的。

6. 移动平均——使用移动平均预测销售量

扫一扫,看视频

本例中统计了某公司 2006—2017 年产品的销售量预测值,现在需要使用移动平均预测出 2018 年的销量,并创建图表查看实际销量与预测值之间的差别。

❶ 如图 14-59 所示表格统计了 2006—2017 年产品的销售量。

❷ 打开"数据分析"对话框后,选择"分析工具"列表框中的"移动平均"(如图 14-60 所示),单击"确定"按钮,打开"移动平均"对话框。

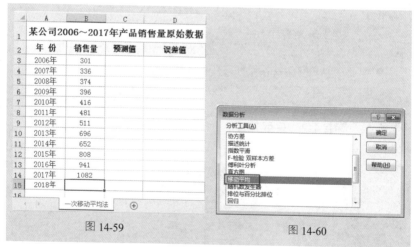

图 14-59   图 14-60

❸ 设置"输入区域"为"B3:B14","间隔"为"3",拾取"输出区域"为"C3:D14",再勾选下方的"图表输出"和"标准误差"复选框,如图 14-61 所示。

❹ 单击"确定"按钮,即可得到预测值和误差值,并创建折线图图表,如图 14-62 所示。

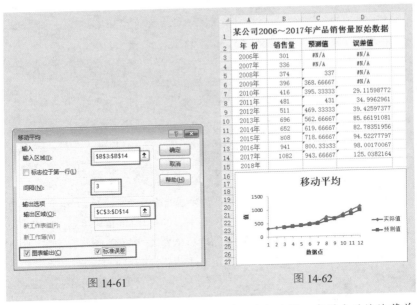

图 14-61

图 14-62

❺ 选中图表中的实际值数据系列并单击鼠标右键，在弹出的快捷菜单中选择"选择数据"命令，如图 14-63 所示。

❻ 打开"选择数据源"对话框，单击"水平（分类）轴标签"下方的"编辑"按钮，如图 14-64 所示。

图 14-63

图 14-64

❼ 打开"轴标签"对话框，设置"轴标签区域"为"A3:A15"，如图 14-65 所示。单击"确定"按钮，返回"选择数据源"对话框，此时可以看到水平轴显示为年份，如图 14-66 所示。

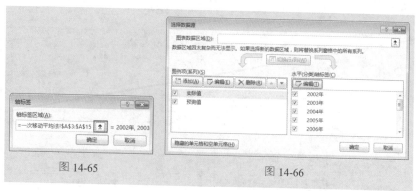

图 14-65　　　　　　　　　　　图 14-66

❽ 美化图表后的效果如图 14-67 所示。进行移动平均后，C14 单元格的值就是对下一期的预测值，即本例中预测的 2018 的销售量约为"943"。如果再想预测下一期，则需要对 B13、B14、C14 三个值进行求平均值，即使用公式"=AVERAGE(B13:B14,C14)"求平均值，如图 14-68 所示。

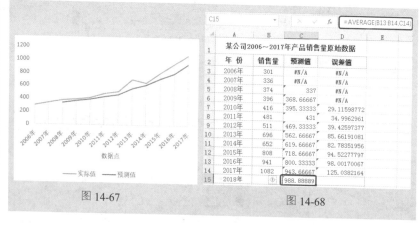

图 14-67　　　　　　　　　　　图 14-68

7. 移动平均——指数平滑法预测产品的生产量

扫一扫，看视频

对于不含趋势和季节成分的时间序列（即平稳时间序列），由于这类序列只含随机成分，只要通过平滑就可以消除随机波动，因此这类预测方法也称为平滑预测法。指数平滑使用以前全部数据来决定一个特别时间序列的平滑值，将本期的实际值与期前对本期预测值的加权平均作为本期的预测值。

　　根据情况的不同，其指数平滑预测的指数也不一样，下面举例讲一下指数平滑预测。

❶ 如图 14-69 所示为 2017 年 1—12 月份的生产量数据。

❷ 打开"数据分析"对话框后，选择"指数平滑"（如图 14-70 所示），单击"确定"按钮，打开"指数平滑"对话框。

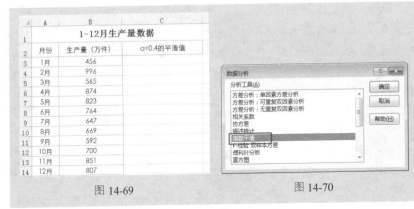

图 14-69   图 14-70

❸ 设置"输入区域"为"B3:B14"，"阻尼系数"为"0.6"，"输出区域"为"C3"，如图 14-71 所示。

❹ 单击"确定"按钮，返回工作表中，即可得出一次指数预测结果，如图 14-72 所示，C14 单元格的值即为下期的预测值。

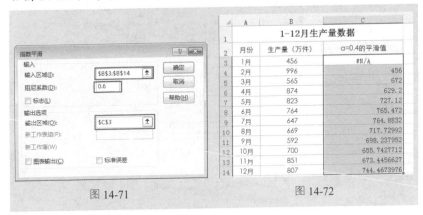

图 14-71   图 14-72

8. 回归——一元线性回归预测

回归分析是将一系列影响因素和结果进行拟合，找出哪些影响因素对结果造成影响。如果在回归分析中只包括一个自变量和一个因变量，且二者的关系可用一条直线近似表示，这种

扫一扫，看视频

回归分析称为一元线性回归分析。

本例表格中统计了各个不同的生产数量对应的单个成本，下面需要使用回归工具来分析生产数量与单个成本之间有无依赖关系，同时也可以对任意生产数量的单个成本进行预测。

❶ 如图 14-73 所示表格统计了生产数量和单个成本。打开"数据分析"对话框后，在"分析工具"列表框中选择"回归"（如图 14-74 所示），单击"确定"按钮，打开"回归"对话框。

图 14-73   图 14-74

❷ 设置"Y 值输入区域"为"B1:B10"，"X 值输入区域"为"A1:A10"，勾选"标志"复选框，设置"输出区域"为"D1"，如图 14-75 所示。

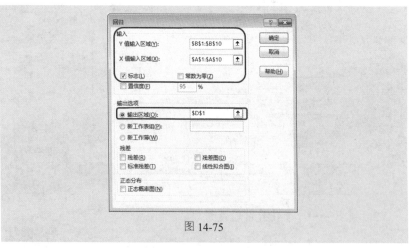

图 14-75

❸ 单击"确定"按钮返回工作表中，即可看到表中添加的回归统计和图表，如图 14-76 所示。

（1）第一张表是"回归统计表"。

● Multiple 对应的是相关系数，值为"0.976813"。

● R Square 对应的是测定系数（或称拟合优度），它是相关系数的平方，值为"0.954164"。

● Adjusted R Square 对应的是校正测定系数，值为"0.947616"。

这几项的值都接近于"1"，说明生产数量与单个成本之间存在直接的线性相关关系。

（2）第二张表是"方差分析表"，主要作用是通过 F 检验来判定回归模型的回归效果。Significance F（F 显著性统计量）的 P 值远小于显著性水平"0.05"，所以说该回归方程回归效果显著。

（3）第三张表是"回归参数表"。

A 列和 B 列对应的线性关系式为"y=ax+b"，根据 E17:E18 单元格的值得出估算的回归方程为"y=-0.2049x+41.4657"。有了这个公式，就可以实现对任意生产数量进行单位成本的预测了。例如：

● 预测当生产数量为 70 件时的单位成本，使用公式"y=-0.80387*70+108.9622"。

● 预测当生产数量为 150 件时的单位成本，使用公式"y=-0.80387*150+108.9622"。

图 14-76

9. 回归——多元线性回归预测

如果回归分析中包括两个或两个以上的自变量，且因变量和自变量之间是线性关系，则称为多重线性回归分析。本例中需要分析完成数量、合格数和奖金之间的关系。

❶ 如图 14-77 所示表格统计了完成数量、合格数以及奖金。按前面介绍的方法打开"回归"对话框后，拾取"Y 值输入区域"为"C1:C9"，拾取"X 值输入区域"为"A1:B9"，勾选"标志"复选框，拾取"输出区域"为 D1，如图 14-78 所示。

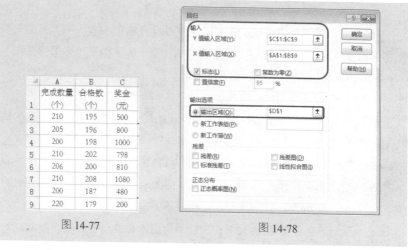

图 14-77   图 14-78

❷ 单击"确定"按钮，返回工作表中，即可看到表中添加的回归统计和图表，如图 14-79 所示。

（1）第一张表是"回归统计表"。

● Multiple 对应的是相关系数，值为"0.939133"。

● R Square 对应的是测定系数（或称拟合优度），它是相关系数的平方，值为"0.881971"。

● Adjusted R Square 对应的是校正测定系数，值为"0.834759"。

这几项的值都接近于"1"，说明奖金与合格数存在直接的线性相关关系。

（2）第二张表是"方差分析表"，主要作用是通过 F 检验来判定回归模型的回归效果。Significance F（F 显著性统计量）的 P 值远小于显著性水平"0.05"，所以说该回归方程回归效果显著。

（3）第三张表是"回归参数表"。

A 列和 B 列对应的线性关系式为"z=ax+by+c"，根据 E17:E19 单元格的值得出估算的回归方程为"z=-10.8758x+27.29444y+(-2372.89)"。有了这个公式，就可以实现对任意完成数量、合格数进行奖金的预测了。例如：

● 预测当完成量为 70 件、合格数为 50 件时的奖金，使用公式"z=-10.8758*70+27.29444*50+(-2372.89)"。

● 预测当完成量为 300 件、合格数为 280 件时的奖金，使用公式"z=-10.8758*300+27.29444*280+(-2372.89)"。

再看表格中合格数的 t 统计量的 P 值为"0.00345"，远小于显著性水平"0.05"，因此合格数与奖金相关。

完成数量的 t 统计量的 P 值为"0.195227"，大于显著性水平"0.05"，因此完成数量与奖金关系不大。

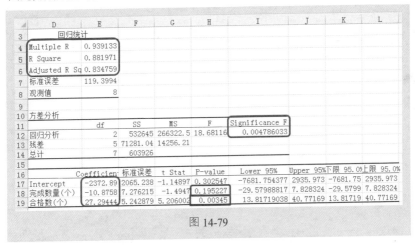

图 14-79

10. 排位与百分比排位——对学生成绩进行排位

班级期中考试进行后，除了公布成绩外，还要求统计出每位学生的排名情况以方便学生通过成绩查询到自己的排名，并同时得到该成绩位于班级的百分比排名（即该同学是排名位于前"X%"的学生）。

扫一扫，看视频

❶ 如图 14-80 所示为"学生成绩表"工作表，打开"数据分析"对话框后，选择"排位与百分比排位"，单击"确定"按钮，如图 14-81 所示。

❷ 打开"排位与百分比排位"对话框，设置"输入区域"为"B2:B14"，勾选"标志位于第一行"复选框，设置"输出区域"为"D2"，如图 14-82 所示。

❸ 单击"确定"按钮，完成数据排位分析，如图 14-83 所示。F 列显示
了成绩的排名。

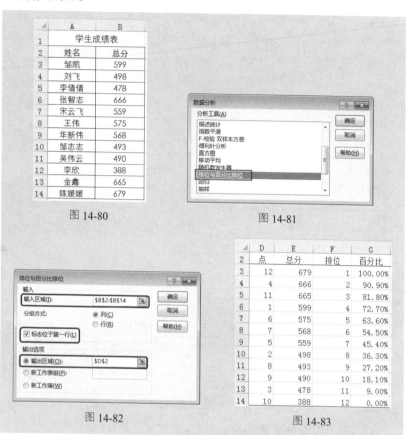

图 14-80　　　　　　　　　　　　图 14-81

图 14-82　　　　　　　　　　　　图 14-83

11. 抽样——从数据库中快速抽取样本

扫一扫，看视频

抽样分析工具以数据源区域为总体，从而为其创建一个样
本。实际工作中如果当数据太多无法处理时，一般会进行抽样
处理。

　　本例中统计了调查者的所有联系方式，下面需要使用抽样
工具在一列庞大的手机号码数据中随机抽取 8 个数据。

❶ 打开"数据分析"对话框，在"分析工具"列表框中选择"抽样"（如

图 14-84 所示），单击"确定"按钮，打开"抽样"对话框。

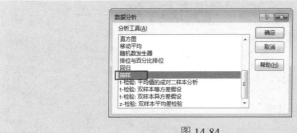

图 14-84

❷ 设置"输入区域"为"A2:A18"，"抽样方法"为"随机"，并设置"样本数"为"8"，最后设置"输出区域"为"B2:B15"，如图 14-85 所示。

❸ 单击"确定"按钮完成抽样，此时可以看到随机抽取的 8 位调查人员的手机号码，如图 14-86 所示。

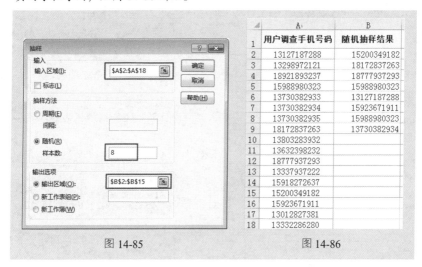

图 14-85   图 14-86

📢 注意：

抽样工具分为"周期抽样"和"随机抽样"，"周期抽样"需要输入间隔周期，"随机抽样"是指直接输入样本数，计算机自行进行抽样，不用受间隔的规律限制。

第 15 章 数据计算——"合并计算"功能

1. 按位置合并计算

扫一扫，看视频

当数据在多表分散记录时，可以利用"合并计算"功能把每个工作表中的数据，按指定的计算方式放在单独的工作表中汇总并报告结果。按位置进行合并计算，指的是每个源工作表上的数据区域采用完全相同的标签与相同的顺序。

本例需要将使用统一模板创建的各部门费用支出工作表数据进行合并计算，统计出各项费用总预算金额（事先已经建立了三个不同部门的支出额汇总工作表）。

❶ 打开"统计表"工作表，选中 B3:E9 单元格区域。在"数据"选项卡的"数据工具"组中单击"合并计算"按钮（如图 15-1 所示），打开"合并计算"对话框。

❷ 设置"函数"为"求和"，单击"引用位置"文本框右侧的拾取器按钮（如图 15-2 所示），进入表格区域选取状态。

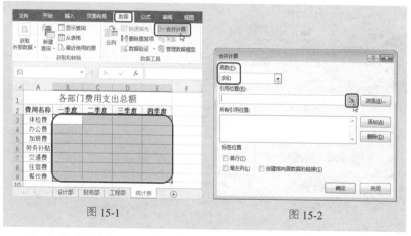

图 15-1   图 15-2

❸ 拾取"设计部"工作表中的 B3:E9 单元格区域（如图 15-3 所示），再

次单击拾取器按钮返回"合并计算"对话框。单击"添加"按钮，即可将选定区域添加至"所有引用位置"列表框中，如图15-4所示。

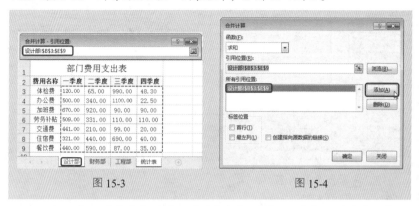

图 15-3　　　　　　　　　　　　　　图 15-4

❹ 按照相同的方法分别搭取"财务部"和"工程部"工作表中的相应区域，将其显示在"引用位置"文本框中，如图15-5、图15-6所示。

图 15-5　　　　　　　　　　　　　　图 15-6

❺ 每次拾取后都单击一次"添加"按钮，将所有要计算的区域都添加到"所有引用位置"列表中，如图15-7所示。

❻ 单击"确定"按钮完成设置，返回"统计表"工作表后，可以看到统计出了各费用类别下所有部门在各个季度的总支出额，如图15-8所示。

◀))注意：

使用按位置合并计算需要确保每个数据区域都采用列表格式，以便每列的第一行都有一个标签，列中包含相似的数据，并且列表中没有空白的行或列，确保每个区域都具有相同的布局。

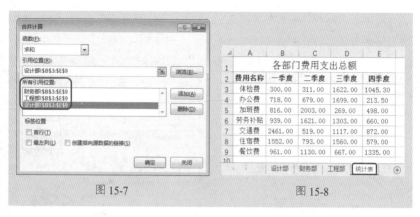

图 15-7   图 15-8

2. 按类别合并计算

扫一扫，看视频

当源区域中的数据不以相同的顺序排列但具有相同的标签时，可以使用按类别合并计算。本例中需要统计两个大药房中各种药剂的总箱数，注意两个表格中的"剂型"有相同的也有不同的，顺序也不一定保持一致。

❶ 打开"统计表"工作表并选中 A1 单元格。在"数据"选项卡的"数据工具"组中单击"合并计算"按钮（如图 15-9 所示），打开"合并计算"对话框。

❷ 设置"函数"为"求和"，单击"引用位置"文本框右侧的拾取器按钮（如图 15-10 所示），进入表格区域选取状态。

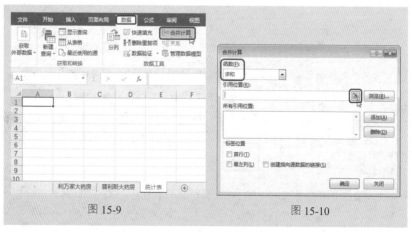

图 15-9   图 15-10

❸ 拾取"利万家大药房"工作表中的 A2:B12 单元格区域并添加至"所

有引用位置"列表框中（如图 15-11 所示），然后再添加"普利斯大药房"工作表中的 A2:B11 单元格区域并添加至"所有引用位置"列表框中，如图 15-12 所示。

图 15-11   图 15-12

❹ 返回"合并计算"对话框后，勾选"首行"和"最左列"复选框，如图 15-13 所示。

❺ 单击"确定"按钮完成设置，返回"统计表"工作表后，可以看到统计出了所有剂型的总箱数，如图 15-14 所示。

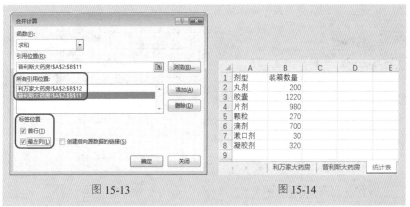

图 15-13   图 15-14

3. 多分部分户销售额汇总

本例统计了各个分部的各产品的销售额，下面需要将各个

扫一扫，看视频

分部的销售额汇总在一张表格中显示（也就是既显示各分部名称，又显示对应的销售额）。因为表格具有相同的列标识（如图 15-15、图 15-16 所示），如果直接合并，就会将多个表格的数据按最左侧数据直接合并出金额。想显示出多分部分户销售额的汇总，需要对原表数据的列标识进行处理。

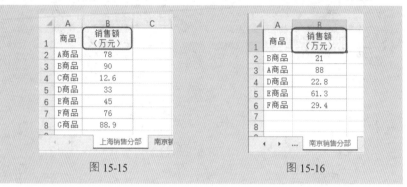

图 15-15   图 15-16

可依次将各个表中 B1 单元格的列标识更改为"上海-销售额""南京-销售额""合肥-销售额"，再进行合并计算时就可以正确实现了。具体操作如下。

❶ 首先在"统计表"中选中 A1 单元格，并打开"合并计算"对话框后。设置第一个引用位置为"上海销售分部"工作表的 A1:B8 单元格区域（如图 15-17 所示），继续设置第二个引用位置为"南京销售分部"工作表的 A1:B6 单元格区域，如图 15-18 所示。

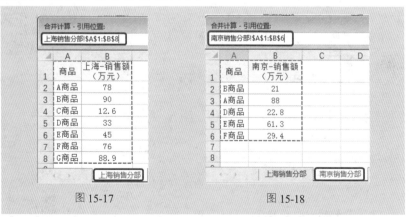

图 15-17   图 15-18

❷ 设置最后一个引用位置为"合肥销售分部"工作表的 A1:B7 单元格区域（如图 15-19 所示），即可得到所有合并计算需要引用的区域。

❸ 返回"合并计算"对话框后，勾选"首行"和"最左列"复选框，如图 15-20 所示。

图 15-19　　　　　　　　　图 15-20

❹ 单击"确定"按钮完成合并计算，在"统计表"中可以看到各产品在各分部的总销售额，如图 15-21 所示。

	A	B	C	D
1	商品	合肥-销售额 （万元）	南京-销售额 （万元）	上海-销售额 （万元）
2	B商品	77	21	90
3	F商品	45.9	29.4	76
4	G商品	55		88.9
5	C商品	80		12.6
6	A商品		88	78
7	D商品	90.5	22.8	33
8	E商品	22.8	61.3	45

上海销售分部　南京销售分部　合肥销售分部　统计表　　⊕

图 15-21

4. 巧用合并计算快速提取多列数据

例如，当前数据统计如图 15-22 所示，现要从数据表中快速提取 1 月、3 月、5 月的数据，可以按如下步骤进行操作。

扫一扫，看视频

	A	B	C	D	E	F
1	姓名	1月	2月	3月	4月	5月
2	王慧	600	800	300	580	540
3	刘婷婷	660	710	440	340	600
4	童琴	300	450	600	490	400
5	李开颜	500	900	560	400	990
6	王媛	290	650	220	800	490
7	王婷婷	330	190	390	890	100
8	王超宁	540	650	630	190	300

图 15-22

❶ 首先删除 C1 和 E1 单元格内的列标识名称（2 月、4 月），再打开"合并计算"对话框并拾取表格的 B1:F8 做为引用区域，最后勾选"首行"复选框，如图 15-23 所示。

❷ 单击"确定"按钮完成数据合并，此时可以看到表格中的月份和对应的数据（不包括 2 月和 4 月的数据），再添加"姓名"列并为表格设置格式，得到如图 15-24 所示的合并结果（巧妙提取了 1 月、3 月和 5 月的销售数据）。

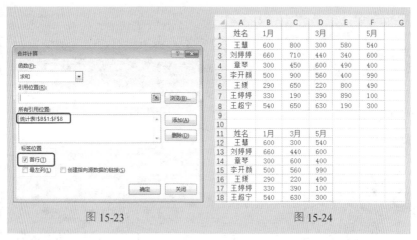

图 15-23　　　　　　　　　　　　　　　　　图 15-24

5. 巧用合并计算统计数量

扫一扫，看视频

　　本例表格统计了各类商品当日的销售量，但是并没有统一将相同的商品进行销量汇总。下面介绍如何使用"合并计算"将所有相同商品的销量进行统计求和计算。

❶ 首先选中 C2 单元格，然后打开"合并计算"对话框，设置"引用位置"为当前工作表的 A1:B15 单元格区域，如图 15-25 所示。

❷ 在"合并计算"对话框中，勾选"首行"和"最左列"复选框，如图 15-26 所示。

❸ 单击"确定"按钮完成合并计算，即可看到统计了每种商品的总销量，如图 15-27 所示。

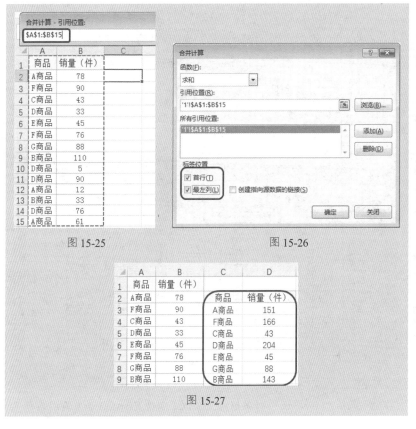

图 15-25　　　　　　　　　　　　　　　　　图 15-26

图 15-27

6. 巧用合并计算统计成绩平均分

本例工作簿分别统计了每位学生 3 次模拟考试的分数，并且显示在 3 张不同的工作表中。下面需要统计每位学生在 3 次模拟考试中的平均分。由于 3 张表格中的学生姓名和顺序是完全一致的，可以先在汇总表中建立学生姓名列。

扫一扫，看视频

❶ 打开"平均分"工作表，选中 B2 单元格（如图 15-28 所示）。打开"合并计算"对话框，设置"函数"为"平均值"，如图 15-29 所示。

❷ 分别拾取"一模"工作表中的 B2:B10、"二模"工作表中的 B2:B10、"三模"工作表中的 B2:B10，如图 15-30、图 15-31、图 15-32 所示。

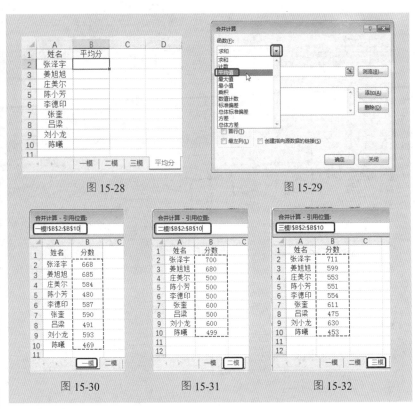

图 15-28

图 15-29

图 15-30

图 15-31

图 15-32

❸ 返回"合并计算"对话框后,可以看到设置的函数和所有引用位置,如图 15-33 所示。

❹ 单击"确定"按钮完成设置,返回"平均分"工作表后,可以看到每一位学生 3 次模拟考试的平均分,如图 15-34 所示。

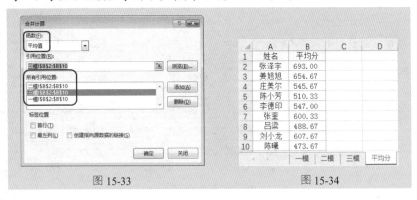

图 15-33

图 15-34

7. 巧用合并计算统计重复次数

本例表格统计了 10 月份员工的值班情况，下面需要统计每位员工的总值班次数。

扫一扫，看视频

❶ 首先选中 D2 单元格，然后打开"合并计算"对话框，设置"引用位置"为当前工作表的 A1:B13 单元格区域，如图 15-35 所示。

❷ 返回"合并计算"对话框后，设置"函数"为"计数"，勾选"最左列"复选框，如图 15-36 所示。

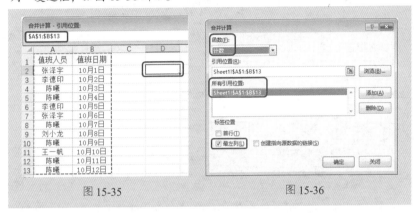

图 15-35　　　　　　　　　　　　　　　图 15-36

❸ 单击"确定"按钮完成合并计算，即可看到表格统计了每位值班人员的值班次数，如图 15-37 所示。

图 15-37

8. 巧用合并计算统计各商品的最高售价

本例工作簿中统计了一些同品质的商品在 3 家超市的销售

扫一扫，看视频

单价（抽取部分），在这 3 张以超市名称命名的工作表中，记录的商品名称和显示顺序是完全一致的。可使用"合并计算"统计各种商品的最高单价是多少。这里有专门用于合并计算的"最大值"函数。

❶ 打开"统计表"工作表并选中 A1 单元格。在"数据"选项卡的"数据工具"组中单击"合并计算"按钮（如图 15-38 所示），打开"合并计算"对话框，设置"函数"为"最大值"，如图 15-39 所示。

图 15-38   图 15-39

❷ 依次设置 3 个引用位置为"人人家超市"工作表中的 A1:B14 单元格区域（如图 15-40 所示）、"幸福超市"工作表中的 A1:B14 单元格区域（如图 15-41 所示）、"万辉超市"工作表中的 A1:B14 单元格区域，如图 15-42 所示。

图 15-40   图 15-41   图 15-42

❸ 返回"合并计算"对话框后，分别勾选"首行"和"最左列"复选框，如图 15-43 所示。

❹ 单击"确定"按钮完成设置，此时可以看到最终统计出的商品价格为每种商品的最高价，如图 15-44 所示。

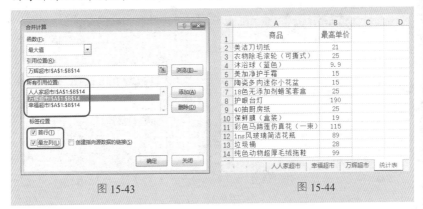

图 15-43　　　　　　　　　　　　图 15-44

📢 注意：

由于本例中所有表格商品的名称和顺序是完全一致的，如果事先在"统计表"中建立了商品列并输入了名称，可以取消勾选"首行"和"最左列"复选框；当商品名称不完全相同或顺序不完全一致时，一定要勾选"首行"和"最左列"复选框。

9. 巧用合并计算检验数据差异

工作中经常需要比对两组数据的差异，比如一份是手工表，另一份是系统导出的，如果想知道二者的差异，在众多数据中一个个查找既不现实也容易出错。使用"合并计算"功能也可以实现数据差异的检验，下面来看具体的操作过程。

扫一扫，看视频

❶ 打开"数据差异统计"工作表并选中 A1 单元格。在"数据"选项卡的"数据工具"组中单击"合并计算"按钮（如图 15-45 所示），打开"合并计算"对话框。

❷ 设置"函数"为"求和"，然后设置第一个引用位置为"电脑导入"工作表中的 A1:B14 单元格区域，如图 15-46 所示。

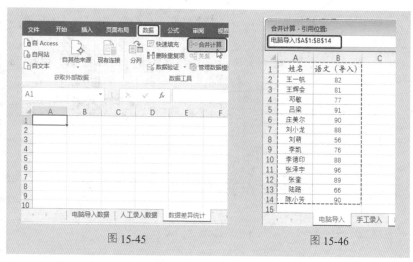

图 15-45   图 15-46

❸ 再设置第二个引用位置为"手工录入"工作表中的 A1:B19 单元格区域，如图 15-47 所示。返回"合并计算"对话框，勾选"首行"和"最左列"复选框，如图 15-48 所示。

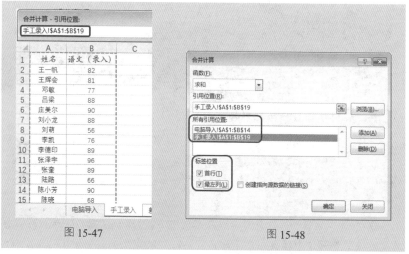

图 15-47   图 15-48

❹ 单击"确定"按钮完成设置，此时可以看到最终统计出的两列数据。选中 D2 单元格并输入公式"=IF(B2=C2,"相同","不同")"，如图 15-49 所示。

❺ 按 Enter 键后再向下复制公式，依次判断出每组数据是否相同，如图 15-50 所示。

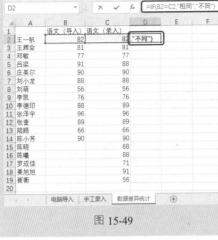

图 15-49

图 15-50

10. 理清多组清单的公有私有项目

本例中汇总了 1—3 月（根据实际情况表格可能会更多）店铺的流量来源，下面需要设置一张汇总表查看每一个流量来源是在几月份。

扫一扫，看视频

❶ 分别在"1 月""2 月""3 月"工作表设置如图 15-51、图 15-52、图 15-53 所示辅助列数据（即使用添加的辅助列进行分类汇总）。

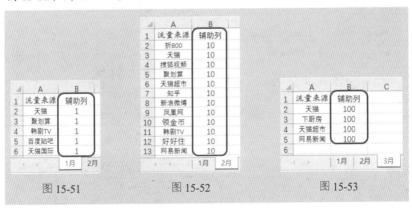

图 15-51   图 15-52   图 15-53

❷ 设置"函数"为"求和"，并分别设置"引用位置"为"1 月"工作表中的 A1:B6 单元格区域、"2 月"工作表中的 A1:B13、"3 月"工作表中的 A1:B5 单元格区域，勾选"首行"和"最左列"复选框，如图 15-54 所示。

❸ 单击"确定"按钮，即可得到数据合并结果。为了让数据显示更清晰，可以修改 B 列的数字格式。选中 B2:B16 单元格区域后单击鼠标右键，在弹出的快捷菜单中选择"设置单元格格式"命令（如图 15-55 所示），打开"设置单元格格式"对话框。

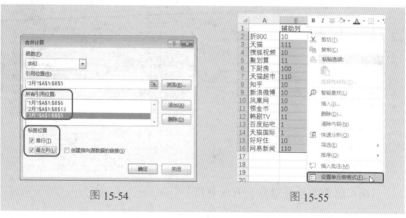

图 15-54   图 15-55

❹ 在"分类"列表框中选择"自定义"，在右侧的"类型"文本框中输入"000"，如图 15-56 所示。

❺ 单击"确定"按钮完成设置，返回"分析表"工作表后，可以看到"001"表示该流量来源是 1 月份，"010"表示该流量来源是 2 月份，"100"表示该流量来源是 3 月份，"111"表示在 3 个月中都出现过该流量来源，如图 15-57 所示。

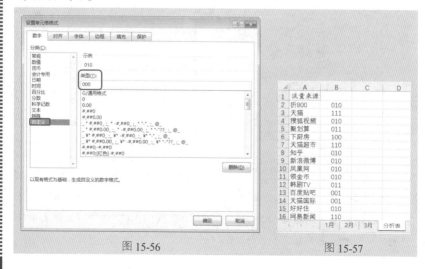

图 15-56   图 15-57

第16章　数据计算——初学公式

16.1　公式的作用及基本编辑

公式是为了解决某个计算问题而建立的计算式。公式以等号开头，中间使用运算符相连接，例如 "=15+22-9" 是公式，"=(22+8)×4" 也是公式。不过，若公式只是用于常量间的运算，那与使用计算器便没什么区别了。在 Excel 中进行的数据计算会涉及对数据源的引用，当数据源变动时，计算结果能自动发生变化；同时为了完成一些特殊的数据运算或数据统计分析，还会在公式中引入函数。因此公式计算是 Excel 中的一项非常重要的功能，并且函数在公式中扮演着最重要的角色。

1. 手动编辑公式

公式要以等号 "=" 开始，等号后面的计算式可以包括函数、引用区域、运算符和常量。例如公式 "=IF(E2>5,2000+100,2000)" 中，IF 是函数，括号内都是该函数的参数，其中 "E2" 是对单元格的引用，"E2>5" 与 "2000+100" 是表达

扫一扫，看视频

式，"2000" 是常量，">" 和 "+" 则是运算符。在 Excel 中要进行数据运算、统计、查询，编辑公式的操作必不可少，我们先来学习简易的公式编辑方法，在后面的函数讲解章节中会大量运用公式。

❶ 选中要输入公式的单元格，如本例中选中 F2 单元格，在编辑栏中输入 "="，如图 16-1 所示。

	A	B	C	D	E	F
1	产品	瓦数	产地	单价	采购盒数	金额
2	白炽灯	200	南京	¥　4.50	5	=
3	日光灯	100	广州	¥　8.80	6	
4	白炽灯	80	南京	¥　2.00	12	
5	白炽灯	100	南京	¥　3.20	8	

图 16-1

❷ 在 D2 单元格上单击鼠标，即可引用 D2 单元数据进行运算，如图 16-2 所示。

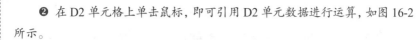
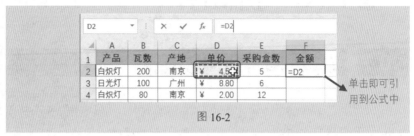

单击即可引用到公式中

图 16-2

❸ 当需要输入运算符时，手工输入运算符，如图 16-3 所示。

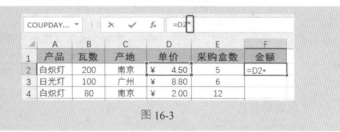

图 16-3

❹ 在要参与运算的单元格上单击，如单击 E2 单元格，如图 16-4 所示。

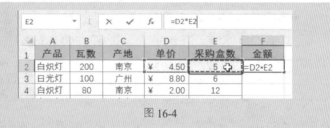

图 16-4

❺ 按 Enter 键即可计算出结果，如图 16-5 所示。

	A	B	C	D	E	F
1	产品	瓦数	产地	单价	采购盒数	金额
2	白炽灯	200	南京	¥ 4.50	5	¥ 22.50
3	日光灯	100	广州	¥ 8.80	6	
4	白炽灯	80	南京	¥ 2.00	12	
5	白炽灯	100	南京	¥ 3.20	8	

图 16-5

注意:

❶ 在选择参与运算的单元格时,如果需要引用的是单个单元格,直接在它上面单击即可;如果是单元格区域,则在起始单元格上单击然后按住鼠标左键不放拖动即可选中单元格区域。

❷ 要想修改或重新编辑公式,只要选中目标单元格,将光标定位到编辑栏中直接重新更改即可。

❸ 如果公式中未使用函数,操作方法比较简单,只要按上面的方法在编辑栏中输入公式即可,遇到要引用的单元格时用鼠标点选即可。如果公式中使用函数,那么应该先输入函数名称,然后按照该函数的参数设定规则为函数设置参数即可。在输入函数的参数时,同样的运算符与常量采用手工输入,当引用单元格区域时可以用鼠标点选。在16.2节中会讲解函数的应用。

2. 复制公式完成批量计算

在 Excel 中进行数据运算时通常不只是想得到一个计算结果,很多时候想通过公式的复制完成批量运算。例如上面的例子中在完成了 F2 单元格公式的建立后,很显然我们并不只是想计算出这一个产品的金额,而是需要依次计算出所有产品的金额,这种情况下需要逐一再去建立公式吗?当然不需要,只要通过复制公式即可完成批量运算。

扫一扫,看视频

方法一:用填充柄填充

❶ 选中 F2 单元格,将鼠标指针指向此单元格右下角的填充柄,直至出现黑色十字型,如图 16-6 所示。

❷ 按住鼠标左键向下拖动(如图 16-7 所示),松开鼠标后拖动过的单元格即可实现公式的复制并显示出计算结果,如图 16-8 所示。

准确定位

| F2 | | × ✓ fx | =D2*E2 |

	A	B	C	D	E	F
1	产品	瓦数	产地	单价	采购盒数	金额
2	白炽灯	200	南京	¥ 4.50	5	¥ 22.50
3	日光灯	100	广州	¥ 8.80	6	
4	白炽灯	80	南京	¥ 2.00	12	
5	白炽灯	100	南京	¥ 3.20	8	

图 16-6

	E	F
	采购盒数	金额
	5	¥ 22.50
	6	
	12	
	8	
	10	
	6	
	10	
	10	

图 16-7

▲	A	B	C	D	E	F
1	产品	瓦数	产地	单价	采购盒数	金额
2	白炽灯	200	南京	¥ 4.50	5	¥ 22.50
3	日光灯	100	广州	¥ 8.80	6	¥ 52.80
4	白炽灯	80	南京	¥ 2.00	12	¥ 24.00
5	白炽灯	100	南京	¥ 3.20	8	¥ 25.60
6	2d灯管	5	广州	¥ 12.50	10	¥ 125.00
7	2d灯管	10	南京	¥ 18.20	6	¥ 109.20
8	白炽灯	100	广州	¥ 3.80	10	¥ 38.00
9	白炽灯	40	广州	¥ 1.80	10	¥ 18.00

完成批量运算

图 16-8

方法二：用 Ctrl+D 组合键填充

❶ 设置 F2 单元格的公式后，选中包含 F2 单元格在内的想填充公式的单元格区域，如图 16-9 所示。

❷ 按 Ctrl+D 组合键即可快速填充，如图 16-10 所示。

fx =D2*E2   准确选中

A	B	C	D	E	F
产品	瓦数	产地	单价	采购盒数	金额
白炽灯	200	南京	¥ 4.50	5	¥ 22.50
日光灯	100	广州	¥ 8.80	6	
白炽灯	80	南京	¥ 2.00	12	
白炽灯	100	南京	¥ 3.20	8	
2d灯管	5	广州	¥ 12.50	10	
2d灯管	10	南京	¥ 18.20	6	
白炽灯	100	广州	¥ 3.80	10	
白炽灯	40	广州	¥ 1.80	10	

图 16-9

D	E	F
单价	采购盒数	金额
¥ 4.50	5	¥ 22.50
¥ 8.80	6	¥ 52.80
¥ 2.00	12	¥ 24.00
¥ 3.20	8	¥ 25.60
¥ 12.50	10	¥ 125.00
¥ 18.20	6	¥ 109.20
¥ 3.80	10	¥ 38.00
¥ 1.80	10	¥ 18.00

图 16-10

3. 将公式复制到不连续的单元格

扫一扫，看视频

如果不是在连接的单元格中使用公式，就不能使用连续填充的方法，需要采用复制粘贴的方法来实现公式的复制。

如图 16-11 所示，F4 单元格中使用了公式 "=SUM(E2:E4)"（连续 3 个单元格计算），选中 F4 单元格，按 Ctrl+C 组合键复制，接着选中 F7 单元格，按 Ctrl+V 组合键粘贴，即可将公式 "=SUM(E5:E7)" 填入 F7 单元格（仍然是连续 3 个单元格计算），如图 16-12 所示。

| F4 | | ▼ | : | × | ✓ | f_x | =SUM(E2:E4) | ← |

公式引用3个
单元格计算

▲	A	B	C	D	E	F
1	产品	瓦数	产地	单价	采购盒数	数量合计
2	日光灯	80	南京	¥　2.00	12	
3	日光灯	100	广州	¥　8.80	6	
4	日光灯	200	南京	¥　4.50	5 ⓘ	23
5	白炽灯	100	南京	¥　3.20	8	
6	白炽灯	100	广州	¥　3.80	10	
7	白炽灯	40	广州	¥　1.80	10	
8	2d灯管	5	广州	¥　12.50	10	

图 16-11

| F7 | | ▼ | : | × | ✓ | f_x | =SUM(E5:E7) | ← |

复制后公式
向下顺延3个
单元格

▲	A	B	C	D	E	F
1	产品	瓦数	产地	单价	采购盒数	数量合计
2	日光灯	80	南京	¥　2.00	12	
3	日光灯	100	广州	¥　8.80	6	
4	日光灯	200	南京	¥　4.50	5	23
5	白炽灯	100	南京	¥　3.20	8	
6	白炽灯	100	广州	¥　3.80	10	
7	白炽灯	40	广州	¥　1.80	10	28
8	2d灯管	5	广州	¥　12.50	10	

图 16-12

4. 超大范围公式复制的办法

如果是小范围内公式的复制可以使用在前面技巧 2 的操作
方法进行复制，但是当在超大范围进行复制时（如几百上千条）
通过拖动填充柄既浪费时间又容易出错，此时可以按如下方法
进行填充（为方便显示，本例假设有 50 余条记录）。

扫一扫，看视频

❶ 选中 E2 单元格，在名称框中输入要填充公式的单元格地址
"E2:E54"，如图 16-13 所示。

❷ 按 Enter 键选中 E2:E54 单元格区域，如图 16-14 所示。

❸ 按 Ctrl+D 组合键，即可一次性将 E2 单元格的公式填充至 E54 单元
格，如图 16-15、图 16-16 所示。

图 16-13

图 16-14

图 16-15

图 16-16

5. 跳过非空单元格批量建立公式

扫一扫，看视频

在复制公式时一般会在连续的单元格中进行，但是在实际工作中有时也需要在不连续的单元格中批量建立公式，此时需要按如下操作实现跳过非空单元格批量建立公式进行计算。例如在如图 16-17 所示的表格中要在 E 列中计算利润率，但要排除显示"促销"文字的商品。

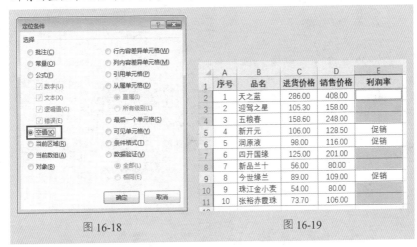

图 16-17

图 16-18 　　　　　　　　　　　　　　　　图 16-19

❶ 选中 E2:E11 单元格区域，按 F5 键，打开"定位"对话框。单击"定位条件"按钮，打开"定位条件"对话框，选中"空值"单选按钮，如图 16-18 所示。

❷ 单击"确定"按钮，返回工作表中，即可看到 E2:E11 单元格区域中所有的空值单元格都被选中，如图 16-19 所示。

❸ 在公式编辑栏中输入公式"=(D2-C2)/C2"，如图 16-20 所示。

❹ 按 Ctrl+Enter 组合键，即可为空单元格批量建立公式完成计算，如图 16-21 所示。

图 16-20 图 16-21

6. 暂时保留没有输入完整的公式

扫一扫，看视频

　　在输入公式时经常会遇到以下情况：公式输入一半时，由于未考虑成熟无法完整编辑，想查看函数参数后再来继续编辑，但是当公式没有输入完整时无法直接退出（退出时会弹出错误提示，如图 16-22 所示），除非将公式全部删除才能退出，但这会导致之前所有的输入工作都浪费，此时可按如下方法暂时保留没有输入完整的公式。

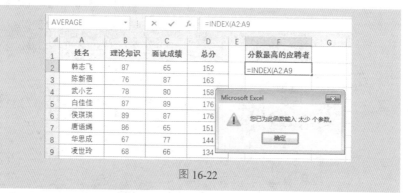

图 16-22

　　❶ 在未完成的公式前输入一个空格（如图 16-23 所示），公式即可以文本形式保存下来，退出编辑后公式依然显示在单元格中，如图 16-24 所示。

　　❷ 如果想继续编辑公式，只需要选中这个单元格并在公式编辑栏中将"="前的空格删除即可。

F2		× ✓ fx	=INDEX(A2:A9		
	A	B	C	D	E	F

（图 16-23 表格）

	A	B	C	D	E	F
1	姓名	理论知识	面试成绩	总分		分数最高的应聘者
2	韩志飞	87	65	152		=INDEX(A2:A9
3	陈新蓓	76	87	163		
4	武小艺	78	80	158		
5	白佳佳	87	89	176		
6	侯琪琪	89	87	176		
7	唐语嫣	86	65	151		
8	华思成	67	77	144		
9	凌世玲	68	66	134		

图 16-23

		=INDEX(A2:A9		
D	E	F
总分		分数最高的应聘者
152		=INDEX(A2:A9
163		
158		
176		
176		
151		
144		
134		

图 16-24

16.2 在公式中应用函数

只用表达式的公式只能解决简单的计算，要想完成特殊的计算或进行更针对性的数据整理、计算、统计、查找等都必须使用函数。Excel 之所以具有强大数据计算与分析能力，其中很大一部分归结于函数的功劳。本节中先简易了解函数，在后面的章节中将会介绍如何利用各种类型的函数去辅助数据的管理与计算。

1. 函数的作用

加、减、乘、除等运算只需要以"="号开头，然后将运算符号和单元格地址结合就能执行。如图 16-25 所示，使用单元格依次相加的办法可以进行求和运算。

扫一扫，看视频

F10		× ✓ fx	=F2+F3+F4+F5+F6+F7+F8+F9		

	A	B	C	D	E	F
1	产品	瓦数	产地	单价	采购盒数	金额
2	白炽灯	200	南京	¥ 4.50	5	¥ 22.50
3	日光灯	100	广州	¥ 8.80	6	¥ 52.80
4	白炽灯	80	南京	¥ 2.00	12	¥ 24.00
5	白炽灯	100	南京	¥ 3.20	8	¥ 25.60
6	2d灯管	5	广州	¥ 12.50	10	¥ 125.00
7	2d灯管	10	南京	¥ 18.20	6	¥ 109.20
8	白炽灯	100	广州	¥ 3.80	10	¥ 38.00
9	白炽灯	40	广州	¥ 1.80	10	¥ 18.00
10						¥ 415.10

图 16-25

但试想一下，如果用户的数据多达几百上千条，还是要这样一个个加吗？显然不方便，甚至是不现实的。这时可以使用一个函数来解决这样的问题，如图 16-26 所示。

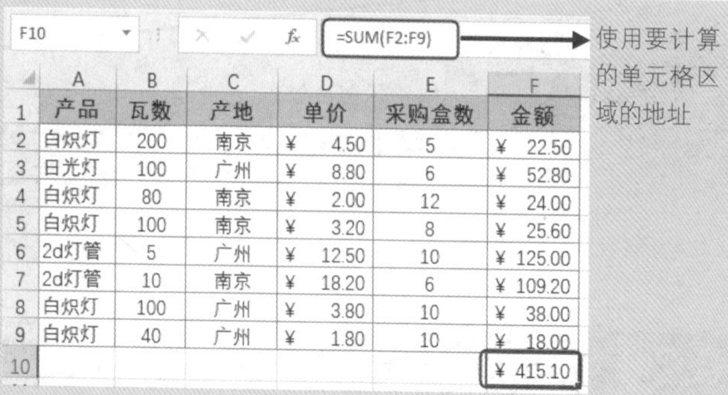

图 16-26

这样无论有多少个单元格，只需要将函数参数中的单元格地址写清楚即可实现快速求和，如输入"=SUM(B2:B1005)"则会对 B2~B1005 间的所有单元格进行求和运算。

除此之外，有些函数能解决的问题用普通数学表达式是无法完成的。例如，IF 函数可以对条件进行判断，当满足条件是返回什么值，不满足时又返回什么值，MID 函数可以从一个文本字符串中提取部分需要的文本等，类似这样的运算或统计无法为其设计数学表达式，只能通过函数来完成。如图 16-27 所示的工作表中需要根据员工的销售额返回其销售排名，使用的是专业的排位函数，针对这样的统计需求，如果不使用函数而只使用表达式，显然无法得到想要的结果。

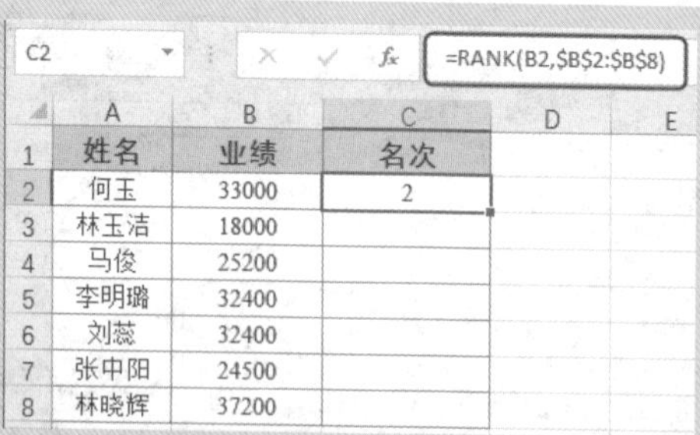

图 16-27

所以要想完成各种复杂的计算、数据统计、文本处理、数据查找等就必须使用函数。函数是公式运算中非常重要的元素，如果能学好函数，可以利用函数的嵌套来解决众多办公难题。当然函数的学习非一朝一夕之功，选择一本好书，多看多练，应用得多了，使用起来才有可能更加自如。

2. 了解函数的结构

函数的结构以函数名称开始，后面是左括号、以逗号分隔的参数、接着则是标志函数结束的右括号。

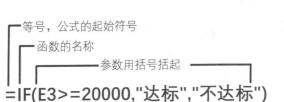

函数必须要在公式中使用才有意义，单独的函数是没有意义的。在单元格中只输入函数，返回的是一个文本而不是计算结果，如图 16-28 所示中因为没有使用"="号开头，所以返回的是一个文本。

图 16-28

另外，函数的参数设定必须满足相应的规则，否则也会返回错误值。如图 16-29 所示因为"合格"与"不合格"是文本，应用于公式中时必须要使用双引号，因当前未使用双引号，所以参数不符合规则。

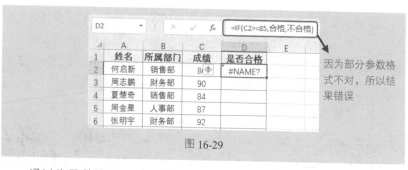

因为部分参数格式不对，所以结果错误

图 16-29

通过为函数设置不同的参数，可以解决多种不同问题。举例如下：

- 公式 "=SUM（B2:E2）"中，括号中的 "B2:E2" 就是函数的参数，且是一个变量值。

- 公式 " =RANK(C2,$C$2:$C$8) " 中，括号中 " C2 "、"$C$2:$C$8" 分别为 RANK 函数的两个参数，该公式用于求解一个数值在一个数组中的排名情况。

- 公式 "=LEFT(A5,FIND("-",A5)-1)" 中，除了使用了变量值作为参数外，还使用了函数表达式 "FIND("-",A5)-1" 作为参数（以该表达式返回的值作为 LEFT 函数的参数），这个公式是函数嵌套使用的例子。

3. 启用"插入函数"对话框编写函数参数

扫一扫，看视频

利用函数运算时一般有两种方式，一种是利用"函数参数"对话框逐步设置参数；二是当对函数的参数设置较为熟练时，可以直接在编辑栏中完成公式的写入。

❶ 选中目标单元格，单击公式编辑栏前的 f_x 按钮（如图 16-30 所示），弹出"插入函数"对话框，在"选择函数"列表中选择 SUMIF 函数，如图 16-31 所示。

❷ 单击"确定"按钮，弹出"函数参数"设置对话框，将光标定位到第一个参数设置框中，在下方可看到关于此参数的设置说明（此说明可以帮助我们对参数的理解），如图 16-32 所示。

可以先在这里确
定函数的类型以
缩小查找范围

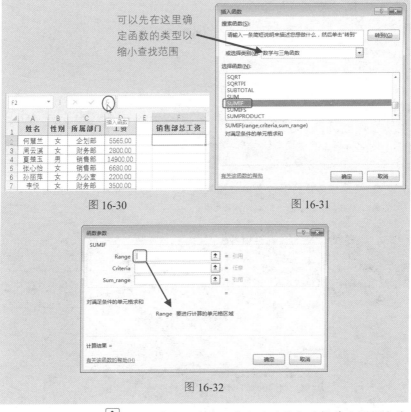

图 16-30　　　　　　　　　　　图 16-31

图 16-32

❸ 单击右侧的 按钮，在数据表中用鼠标左键拖曳选择单元格区域作
为参数（如图 16-33 所示），释放鼠标左键后单击 按钮返回，即可得到第
一个参数（也可以直接手工输入），如图 16-34 所示。

图 16-33

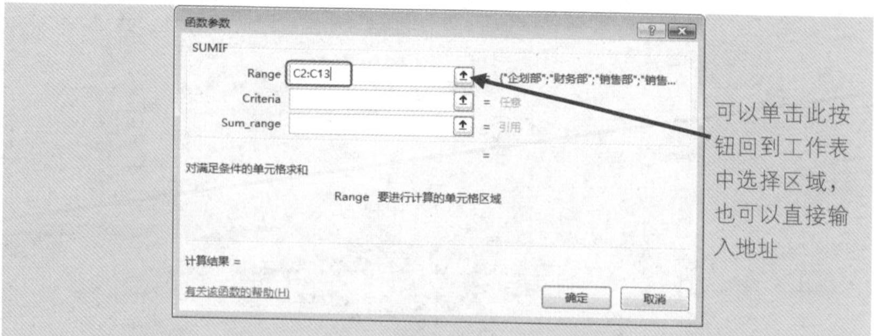

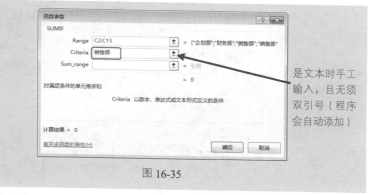

可以单击此按
钮回到工作表
中选择区域，
也可以直接输
入地址

图 16-34

❹ 将光标定位到第二个参数设置框中，可看到相应的设置说明，手动
输入第二个参数，如图 16-35 所示。

是文本时手工
输入，且无须
双引号（程序
会自动添加）

图 16-35

❺ 接着再将光标定位到第三个参数设置框中，按步骤❸的方法去工作
表中选择单元格区域或手工输入单元格区域，如图 16-36 所示。

图 16-36

❻ 单击"确定"按钮后，即可得到公式的计算结果，如图 16-37 所示。并且可以看到编辑栏中显示了完整公式。

F2			×	✓	fx	=SUMIF(C2:C13,"销售部",D2:D13)	
▲	A	B	C	D	E	F	G
1	姓名	性别	所属部门	工资		销售部总工资	
2	何慧兰	女	企划部	5565.00		45880	
3	周云溪	女	财务部	2800.00			
4	夏楚玉	男	销售部	14900.00			
5	张心怡	女	销售部	6680.00			
6	孙丽萍	女	办公室	2200.00			
7	李悦	女	财务部	3500.00			
8	苏洋	男	销售部	7800.00			
9	张文涛	男	销售部	5200.00			
10	吴若晨	女	销售部	5800.00			
11	周保国	男	办公室	2280.00			
12	崔志飞	男	企划部	6500.00			
13	李梅	女	销售部	5500.00			

图 16-37

📢 注意：

如果对要使用的函数的参数已经了解了，则不必打开"函数参数"向导对话框，可以直接在编辑栏中输入即可，编辑时注意参数间的逗号要手工输入，参数是文本的其双引号也要手工输入，当需要引用单元格或单元格区域时利用鼠标拖动选取即可。

如果是嵌套函数，使用手工输入的方式比"函数参数"向导更加方便一些。当然要灵活地用好嵌套函数的公式，需要多用多练才能应用自如。

4. 学习函数，用好 Excel 自带的帮助文件

Excel 中函数众多，要把每个函数用好也绝非一朝一夕之功。因此，对于初学者来说，当不了解某个函数的用法时可以使用 Excel 帮助来辅助学习。在 Excel 2016 版本中提供了一个"告诉我你想做什么"的功能项，只要在搜索框中输入函数名称即可找寻该函数的帮助信息。

扫一扫，看视频

例如在"告诉我你想要做什么"搜索框中输入"COUNTIF"，在弹出的下拉列表中依次单击"获取有关'COUNTIF'的帮助"→"COUNTIF 函数"（如图 16-38 所示），即可弹出"帮助"窗格，其中罗列了 COUNTIF 函数所有的信息，包括功能、结构、用法等，并且举例说明如何正确地使用该函数，如图 16-39 所示。

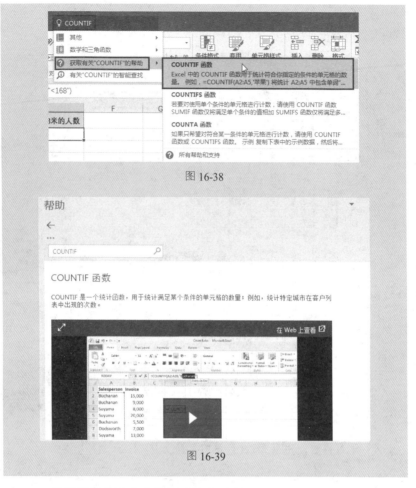

图 16-38

图 16-39

5. 不记得函数全称也能正确输入函数

扫一扫，看视频

初学函数时经常有不记得函数全称的问题发生。有一些初学者只能记得函数前面几个字母，无法完整拼写出函数，此时还可以使用"函数自动完成"功能来帮助输入。例如，在公式编辑栏中输入"=C"，会自动显示出以字母 C 开头的函数列表。下面的例子中要使用 COUNTIF 函数。

❶ 选中 E2 单元格，在公式编辑栏中输入"=COU"，即可看到下方提示的函数信息，如图 16-40 所示。

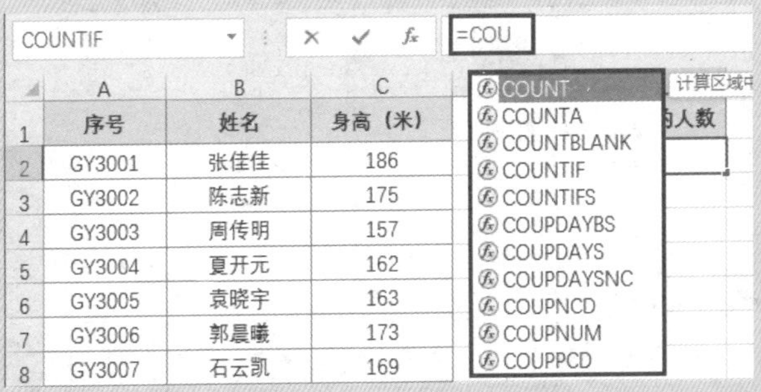

图 16-40

❷ 双击提示的 COUNTIF 函数，即可输入 "=COUNTIF(" 到公式编辑栏中，如图 16-41 所示。

图 16-41

❸ 输入函数后，在公式编辑栏下侧还显示出函数的参数，当前要设置的参数加粗显示。可依次设置函数的参数，参数间使用逗号间隔即可。

6. 嵌套函数，让公式威力大增

为解决一些复杂的数据计算问题，很多时候并不仅限于使用单个函数，经常需要嵌套使用函数，让一个函数的返回值作为另一个函数的参数，并且有些函数的返回值就是为了配合其他函数而使用的。下面举一个嵌套函数的例子，在后面各个章节中随处可见嵌套函数的用法。

扫一扫，看视频

例如在如图 16-42 所示的表格中要求对产品调价，调价规则是：如果是打印机就提价 200 元，其他产品均保持原价。思考一下，对于这一需求，只使用 IF 函数是否能判断呢？

	A	B	C	D
1	产品名称	颜色	价格	
2	打印机TM0241	黑色	998	
3	传真机HHL0475	白色	1080	
4	扫描仪HHT02453	白色	900	
5	打印机HHT02476	黑色	500	
6	打印机HT02491	黑色	2590	
7	传真机YDM0342	白色	500	
8	扫描仪WM0014	黑色	400	

图 16-42

这时就要使用另一个函数来辅助 IF 函数了。可以用 LEFT 函数提取产品名称的前 3 个字符并判断是否是"打印机",如果是返回一个结果,不是则返回另一个结果。

因此将公式设计为 "=IF(LEFT(A2,3)="打印机",C2+200,C2)", 即 "LEFT(A2,3)="打印机"" 这一部分作为 IF 函数的第一个参数了,如图 16-43 所示。

作为 IF 的第一参数,表示从 A2 的最左侧提取3个字符,并判断是不是"打印机",如果是返回 TRUE,不是则返回 FALSE

图 16-43

向下复制 D2 单元格的公式,可以看到能逐一对 A 列的产品名称进行判断,并且自动返回调整后的价格,如图 16-44 所示。

	A	B	C	D
1	产品名称	颜色	价格	调价
2	打印机TM0241	黑色	998	1198
3	传真机HHL0475	白色	1080	1080
4	扫描仪HHT02453	白色	900	900
5	打印机HHT02476	黑色	500	700
6	打印机HT02491	黑色	2590	2790
7	传真机YDM0342	白色	500	500
8	扫描仪WM0014	黑色	400	400

图 16-44

7. 学会"分步求值"理解公式

使用"公式求值"功能可以分步求出公式的计算结果（根据计算的优先级求取），如果公式有错误，可以方便、快速地找出导致错误的发生具体是在哪一步；如果公式没有错误，使用该功能可以便于我们对公式的理解，辅助对公式的学习。

扫一扫，看视频

❶ 选中显示公式的单元格，在"公式"选项卡的"公式审核"组中单击 公式求值 按钮（如图 16-45 所示），打开"公式求值"对话框。

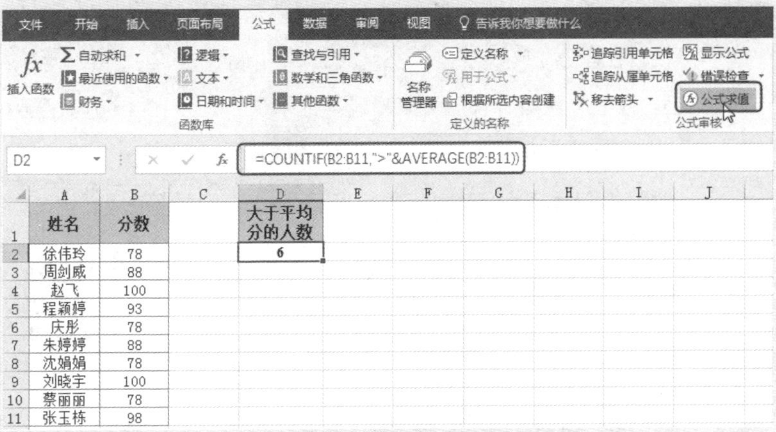

图 16-45

❷ 求值的部分以下划线效果显示（如图 16-46 所示），单击"求值"按钮即可对下划线的部分求得平均值，如图 16-47 所示。

图 16-46

有下划线
的部分是
要求值的
部分

图 16-47

❸ 单击"求值"按钮再接着对下划线部分求值，如图 16-48 所示；再单击"求值"按钮即可求出最终结果，如图 16-49 所示。

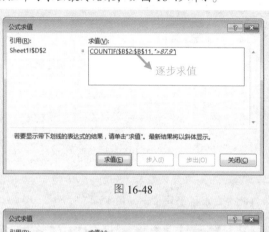

逐步求值

图 16-48

最终结果

图 16-49

16.3 公式中数据源的引用

在使用公式进行数据运算时，除了将一些常量运用到公式中外，最主要的是引用单元格中的数据来进行计算，我们称之为对数据源的引用。在引用数据源计算时可以采用相对引用方式、也可以采用绝对引用方式、还可以引用其他工作表或工作簿中的数据。不同的引用方式将满足不同的应用需求，在不同的应用场合需要使用不同的应用方式。

1. 引用相对数据源

在编辑公式时，当单击单元格或选取单元格区域参与运算时，其默认的引用方式是相对引用方式，其显示为"A1、A2:B2"这种形式。采用相对方式引用的数据源，当将公式复制到其他位置时公式中的单元格地址会随着改变。

扫一扫，看视频

选中 C2 单元格，公式编辑栏中输入公式"=IF(B2>=30000,"达标","不达标")"，按 Enter 键返回第 1 项结果，然后按照 16.1 节中介绍的方法复制公式，得到批量结果，如图 16-50 所示。

C2				f_x	=IF(B2>=30000,"达标","不达标")		
	A	B	C	D	E	F	
1	姓名	业绩	是否达标				
2	何玉	33000	达标				
3	林玉洁	18000	不达标				
4	马俊	25200	不达标				
5	李明璐	32400	达标				
6	刘蕊	32400	达标				
7	张中阳	26500	不达标				
8	林晓辉	37200	达标				

图 16-50

下面我们来看复制公式后单元格的引用情况。选中 C3 单元格，在公式编辑栏显示该单元格的公式为：=IF(B3>=30000,"达标","不达标")，如图 16-51 所示（即对 B3 单元格中的值进行判断）。 选中 C6 单元格，在公式编辑栏显示该单元格的公式为：=IF(B6>=30000,"达标","不达标")，如图 16-52 所示（即对 B6 单元格中的值进行判断）。

| | C3 | | | ▼ | : | × | ✓ | f_x | =IF(B3>=30000,"达标","不达标") |

▲	A	B	C	D	E	F
1	姓名	业绩	是否达标			
2	何玉	33000	达标			
3	林玉洁	18000	不达标			
4	马俊	25200	不达标			
5	李明璐	32400	达标			
6	刘蕊	32400	达标			
7	张中阳	26500	不达标			
8	林晓辉	37200	达标			

相对引用

图 16-51

| | C6 | | | ▼ | : | × | ✓ | f_x | =IF(B6>=30000,"达标","不达标") |

▲	A	B	C	D	E	F
1	姓名	业绩	是否达标			
2	何玉	33000	达标			
3	林玉洁	18000	不达标			
4	马俊	25200	不达标			
5	李明璐	32400	达标			
6	刘蕊	32400	达标			
7	张中阳	26500	不达标			
8	林晓辉	37200	达标			

自动变动

图 16-52

通过对比 C2、C3、C6 单元格的公式可以发现，当建立了 C2 单元格的公式并向下复制公式时，数据源自动发生相应的变化，这也正是对其他销售员业绩进行判断所需要的正确公式，因此在这种情况下，用户需要使用相对引用的数据源。

2. 引用绝对数据源

扫一扫，看视频

绝对引用是指把公式移动或复制到其他单元格中，公式的引用位置保持不变。绝对引用的单元格地址前会使用 "$" 符号。"$" 符号表示 "锁定"，添加了 "$" 符号的就是绝对引用。

如图 16-53 所示的表格中，对 B2 单元格使用了绝对引用，向下复制公式时可以看到的结果是每个返回值完全相同（如图 16-54 所示），这是因为无论你将公式复制到哪里，永远是 "=IF($B$2>=30000,"达标","不达标")" 这个公式，所以返回值是不会有任何变化的。

図 16-53

	A	B	C
1	姓名	业绩	是否达标
2	何玉	33000	达标
3	林玉洁	18000	达标
4	马俊	25200	达标
5	李明璐	32400	达标
6	刘蕊	32400	达标
7	张中阳	26500	达标
8	林晓辉	37200	达标

全部相同的值

图 16-54

通过上面的分析，似乎相对引用才是我们真正需要的引用方式，其实并非如此，绝对引用也有其必须要使用的场合。

在如图 16-55 所示的表格中，我们要对各位销售员的业绩排名次，首先在 C2 单元格中输入公式 "=RANK(B2,B2:B8)"，得出的是第 1 销售员的销售业绩，目前公式是没有什么错误的。

C2		▼	:	×	✓	fx	=RANK(B2,B2:B8)

	A	B	C	D	E
1	姓名	业绩	名次		
2	何玉	39000	1		
3	林玉洁	38700			
4	马俊	25200			
5	李明璐	32400			
6	刘蕊	32960			
7	张中阳	24500			
8	林晓辉	37200			

相对引用

图 16-55

向下复制公式到 C3 单元格时得到的就是错误的结果了（因为用于排名的数值区域发生了变化，已经不是整个数据区域），如图 16-56 所示。

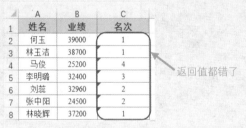

C3 | ✕ ✓ fx | =RANK(B3,B3:B9)

	A	B	C	D	E
1	姓名	业绩	名次		
2	何玉	39000	1		
3	林玉洁	387⚠	1		
4	马俊	25200			
5	李明璐	32400			
6	刘蕊	32960			
7	张中阳	24500			
8	林晓辉	37200			

此区域本该不变的，但因为是相对引用所以自动变动了

图 16-56

继续向下复制公式，可以看到返回的名次都是错的，如图 16-57 所示。

	A	B	C
1	姓名	业绩	名次
2	何玉	39000	1
3	林玉洁	38700	1
4	马俊	25200	4
5	李明璐	32400	3
6	刘蕊	32960	2
7	张中阳	24500	2
8	林晓辉	37200	1

返回值都错了

图 16-57

显然 RANK 函数中用于排名的数值区域这个数据源是不能发生变化的，必须对其绝对引用。因此将公式更改为 "=RANK(B2,$B$2:$B$8)"，然后向下复制公式，即可得到正确的结果，如图 16-58 所示。

C2 | ✕ ✓ fx | =RANK(B2,$B$2:$B$8)

	A	B	C	D	E
1	姓名	业绩	名次		
2	何玉	39000	1		
3	林玉洁	38700	2		
4	马俊	25200	6		
5	李明璐	32400	5		
6	刘蕊	32960	4		
7	张中阳	24500	7		
8	林晓辉	37200	3		

绝对引用方式

图 16-58

选中公式区域中的任意单元格，可以看到只有相对引用的单元格发生了变化，绝对引用的单元格不发生任何变化，如图 16-59 所示。

C5			f_x	=RANK(B5,$B$2:$B$8		

	A	B	C	D	E
1	姓名	业绩	名次		
2	何玉	39000	1		
3	林玉洁	38700	2		
4	马俊	25200	6		
5	李明璐	32400	5		
6	刘蕊	32960	4		
7	张中阳	24500	7		
8	林晓辉	37200	3		

绝对引用方式
下单元格地址
始终不变

图 16-59

3. 引用当前工作表之外的单元格

日常工作中会不断产生众多数据，并且数据会根据性质不同记录在不同的工作表中。而在进行数据计算时，相关联的数据则需要进行合并计算或引用判断等，这自然就造成建立公式时通常要引用其他工作表中的数据进行判断或计算。

在引用其他工作表中的数据进行计算时，需要按如下格式来引用："工作表名！数据源地址"。下面通过一个例子来介绍如何引用其他工作表中的数据进行计算。

当前的工作簿中有两张表格，如图 16-60 所示的表格为"员工培训成绩表"，用于对成绩数据的记录与计算总成绩；如图 16-61 所示的表格为"平均分统计表"，用于对成绩按分部求平均值。显然求平均值的运算需要引用"员工培训成绩表"中的数据。

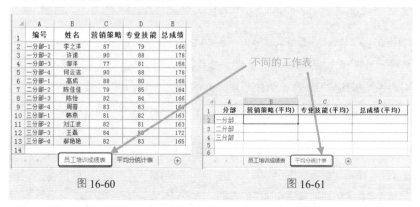

图 16-60   图 16-61

❶ 在"平均分统计表"中选中目标单元格，在公式编辑栏中输入"=AVERAGE("，将光标定位到括号中，如图 16-62 所示。

图 16-62

❷ 在"员工培训成绩表"工作表标签上单击，切换到"员工培训成绩表"中，选中要参与计算的数据区域，此时可以看到编辑栏中同步显示，如图 16-63 所示。

C2			×	✓	f_x	=AVERAGE(员工培训成绩表!C2:C5

AVERAGE(**number1**, [number2], ...)

▲	A	B	C	专业技能	总成绩	
1	编号	姓名	营销策略			
2	一分部-1	李之洋	87	79	166	
3	一分部-2	许诺	90	88	178	
4	一分部-3	邹洋	77	81	158	
5	一分部-4	何云洁	90	88	178	
6	二分部-1	高成	88	80	168	
7	二分部-2	陈佳佳	79	85	164	
8	二分部-3	陈怡	82	84	166	
9	二分部-4	周蓓	83	83	166	
10	三分部-1	韩燕	81	82	163	
11	三分部-2	刘丁波	82	81	163	

员工培训成绩表　平均分统计表

切换到目标表中，选择要使用的单元格区域

图 16-63

❸ 如果此时公式输入完成了，则按 Enter 键结束输入（如图 16-64 所示已得出计算值）。如果公式还未建立完成，则该手工输入的手工输入。当要引用单元格区域时，就先切换到目标工作表中，然后选择目标区域即可。

B2		▼	:	×	✓	f_x	=AVERAGE(员工培训成绩表!C2:C5)

▲	A	B	C	D
1	分部	营销策略（平均）	专业技能（平均）	总成绩（平均）
2	一分部	86		
3	二分部			
4	三分部			
5				

图 16-64

📢 **注意：**

> 在需要引用其他工作表中的单元格时，也可以直接在公式编辑栏中输入，但注意使用"工作表名!单元格地址"数据源地址格式。

4. 定义名称方便数据引用

定义名称是指将一个单元格区域指定为一个特有的名称，当公式中要使用这一个单元格区域时，只要输入这个名称代替即可。当经常需要引用其他工作表的数据区域时定义名称是很有必要的，它既可以避免来回切换选取的麻烦，也可以避免选择出错。

扫一扫，看视频

如图 16-65 所示的表格是一个产品的"单价一览表"，而在如图 16-66 所示的表格中计算金额时需要先使用 VLOOKUP 函数返回指定产品编号的单价（用返回的单价乘以数量才是最终金额），因此设置公式时需要引用"单价一览表!A1:B13"这样一个数据区域。

	A	B	C	D
1	产品编号	单价		
2	A001	45.8		
3	A002	20.4		
4	A003	20.1		
5	A004	68		
6	A005	12.4		
7	A006	24.6		
8	A007	14		
9	A008	12.3		
10	A009	5.4		
11	A010	6.8		
12	A011	14.5		
13	A012	13.5		

单价一览表　　销售记录表　　Sheet3

图 16-65

在"单价一览表"中选中数据区域，在左上角的名称框中输入一个名称，此处定义为"单价表"（如图 16-67 所示），按 Enter 键即可完成名称的定义。

右侧竖排：第 16 章　数据计算——初学公式

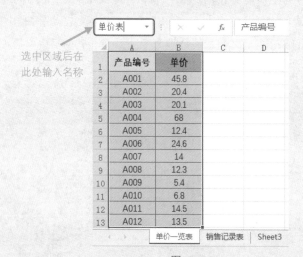

	A	B	C	D	E	F	G
1	销售日期	产品编号	数量	金额			
2	2017/11/1	A001	35	1603			
3	2017/11/2	A003	23	462.3			
4	2017/11/3	A002	15	306			
5	2017/11/4	A012	17	229.5			
6	2017/11/5	A004	31	2108			
7	2017/11/6	A005	35	434			
8	2017/11/7	A007	80	1120			
9	2017/11/8	A010	64	435.2			
10	2017/11/9	A012	18	243			
11	2017/11/10	A009	25	135			
12							

D2 单元格公式：=VLOOKUP(B2,单价一览表!A1:B13,2,FALSE)*C2

引用其他工作表中的单元格区域

单价一览表 | 销售记录表 | Sheet3

图 16-66

单价表 产品编号

选中区域后在此处输入名称

	A	B	C	D
1	产品编号	单价		
2	A001	45.8		
3	A002	20.4		
4	A003	20.1		
5	A004	68		
6	A005	12.4		
7	A006	24.6		
8	A007	14		
9	A008	12.3		
10	A009	5.4		
11	A010	6.8		
12	A011	14.5		
13	A012	13.5		

单价一览表 | 销售记录表 | Sheet3

图 16-67

 注意：

使用名称框定义名称是最方便的一种定义方式。如果当前工作簿中定义了多个名称，想查看具体有哪些，可以在 "公式" 选项卡的 "定义的名称" 组中选择 "名称管理器" 命令，打开 "名称管理器" 对话框，如图 16-68 所示。

图 16-68

定义名称后，就可以使用公式"=VLOOKUP(B2,单价表,2,FALSE)*C2"了，即在公式中使用"单价表"名称来替代"单价一览表!A1:B13"这个区域，如图 16-69 所示。

	A	B	C	D	E	F
1	销售日期	产品编号	数量	金额		
2	2017/11/1	A001	35	1603		
3	2017/11/2	A003	23	462.3		
4	2017/11/3	A002	15	306		
5	2017/11/4	A012	17	229.5		
6	2017/11/5	A004	31	2108		
7	2017/11/6	A005	35	434		
8	2017/11/7	A007	80	1120		
9	2017/11/8	A010	64	435.2		
10	2017/11/9	A012	18	243		
11	2017/11/10	A009	25	135		

D2 的公式栏：=VLOOKUP(B2,单价表,2,FALSE)*C2

用名称代替单元格区域

图 16-69

16.4 数组运算

了解数组公式需要首先大致了解什么是数组，所谓数组有三种不同的类型，分别是常量数组、区域数组和内存数组。

● 构成常量数组的元素有数字、文本、逻辑值和错误值等，用一对大括号"{}"括起来，并使用分号或半角逗号间隔，如{1;2;3}或{0,"E";60,"D";70,"C";80,"B";90,"A"}等（下面例子中会给出常量数组）。

- 区域数组是通过对一组连续的单元格区域进行引用而得到的数组（下面例子中会给出区域数组）。
- 内存数组是通过公式计算返回的结果在内存中临时构成，且可以作为一个整体直接嵌入其他公式中继续参与计算的数组（下面例子中会给出内存数组）。

数组公式在输入结束后要按 Ctrl+Shift+Enter 组合键进行数据计算，计算后公式两端自动添加上"{}"。

数组公式可以返回多个结果（返回多结果时在建立公式前需要一次性选中多个单元格），也可返回一个结果（调用多数据计算返回一个结果）。下面分别讲解一下这两种数组公式。

1. 多单元格数组公式

扫一扫，看视频

如图 16-70 所示的表格中要一次性返回前 3 名的金额，显然这是要求一次性返回多个结果，属于多单元格数组公式。

❶ 首先选中 E2:E4 单元格区域，然后在编辑栏中输入公式"=LARGE(B2:C7,{1;2;3})"，如图 16-70 所示。

| | SUMIF | ▼ | ⋮ | × | ✓ | fx | =LARGE(B2:C7,{1;2;3}) |

	A	B	C	D	E
1	月份	店铺1	店铺2		前3名金额
2	1月	21061	31180		2:C7,{1;2;3})
3	2月	21169	41176		
4	3月	31080	51849		
5	4月	21299	31280		
6	5月	31388	11560		
7	6月	51180	8000		
8					

一次性选中多个单元格

图 16-70

❷ 按 Ctrl+Shift+Enter 组合键，即可一次性在 E2:E4 单元格区域中返回 3 个值，即最大的 3 个值，如图 16-71 所示。

	A	B	C	D	E
E2			f_x	{=LARGE(B2:C7,{1;2;3})}	
1	月份	店铺1	店铺2		前3名金额
2	1月	21061	31180		51849
3	2月	21169	41176		51180
4	3月	31080	51849		41176
5	4月	21299	31280		
6	5月	31388	11560		
7	6月	51180	8000		

数组公式返回
多个值

图 16-71

其计算原理是在选中的 E2:E4 单元格区域中依次返回第 1 个、第 2 个和第 3 个最大值，其中的{1;2;3}是常量数组。

2. 单个单元格数组公式

如图 16-72 所示的表格中统计了各个销售分部的销售员的销售额，要求统计出"1 分部"的最高销售额。

❶ 首先选中 F2 单元格，然后在编辑栏中输入公式"=MAX(IF(B2:B11="1 分部",D2:D11))"，如图 16-72 所示。

扫一扫，看视频

	A	B	C	D	E	F
SUMIF				f_x	=MAX(IF(B2:B11="1分部",D2:D11))	
1	编号	分部	姓名	销售额		1分部最高销售额
2	001	1分部	李之洋	￥60,160.00		=MAX(IF(B2:B11="1
3	002	1分部	许诺	￥41,790.00		
4	003	2分部	邹洋	￥71,580.00		
5	004	1分部	何云洁	￥9,780.00		
6	005	1分部	高成	￥81,680.00		
7	006	2分部	陈佳佳	￥81,640.00		
8	007	2分部	陈怡	￥41,660.00		
9	008	2分部	周蓓	￥51,660.00		
10	009	1分部	韩燕	￥61,630.00		
11	010	2分部	王磊	￥71,750.00		

图 16-72

❷ 按 Ctrl+Shift+Enter 组合键，即可求解出"1 分部"的最高销售额，如图 16-73 所示。

图 16-73

我们对上述公式进行分步解析：

❶ 选中 "IF(B2:B11="1 分部""" 这一部分，在键盘上按 F9 功能键，可以看到会依次判断 B2:B11 单元格区域的各个值是否等于 "1 分部"，如果是返回 TRUE，不是则返回 FALSE，构建的是一个数组，同时也是上面讲到的内存数组，如图 16-74 所示。

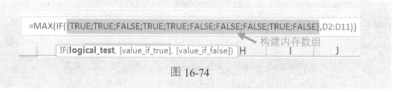

图 16-74

❷ 选中 "D2:D11" 这一部分，在键盘上按 F9 功能键，可以看到返回的是 D2:D11 单元格区域中的各个单元格的值，这是一个区域数组，如图 16-75 所示。

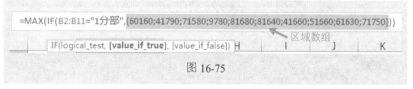

图 16-75

❸ 选中 "IF(B2:B11="1 分部",D2:D11)" 这一部分，在键盘上按 F9 功能键，可以看到会把❶步数组中的 TRUE 值对应在❷步上的值取下，这仍然是一个构建内存数组的过程，如图 16-76 所示。

=MAX({60160;41790;FALSE;9780;81680;FALSE;FALSE;FALSE;61630;FALSE})

构建内存数组

E	F	G	H	I

图 16-76

❹ 最终再使用 MAX 函数判断数组中的最大值。

📢 **注意:**

在公式中选中部分（注意是要解计算的一个完整部分），按键盘上的 F9 功能键即可查看此步的返回值，这也是对公式的分步解析过程，便于我们对复杂公式的理解。

关于数组公式，在后面函数实例中会有多处范例体现，同时也会给出公式解析，读者可不断巩固学习。

16.5 逻辑判断函数

逻辑函数最常用的有 3 个，一是用于"与"条件表示判断的 AND 函数（多个条件同时满足时返回辑值 TRUE，否则返回逻辑值 FALSE）；二是用于"或"条件表示判断的 OR 函数（多个条件是否有一个条件满足时返回辑值 TRUE，否则返回逻辑值 FALSE）；三是根据给定的条件判断其"真""假"，从而返回其相对应的内容的 IF 函数。

由于 AND 与 OR 这两个函数都是返回的逻辑值，其最终结果表达会不太直观，因此会通常配合 IF 函数做一个判断，让其返回更加易懂的中文文本结果，如"达标""合格"等文字。

1. "与"判断函数

【函数功能】AND 函数用来检验一组条件判断是否都为"真"，即当所有条件均为"真"（TRUTE）时，返回的运算结果为"真"（TRUE）；反之，返回的运算结果为"假"（FALSE）。因此，该函数一般用来检验一组数据是否都满足条件。

扫一扫，看视频

【函数语法】AND(logical1,logical2,logical3…)

logical1,logical2,logical3…：表示测试条件值或表达式，不过最多有 30

个条件值或表达式。

【用法解析】

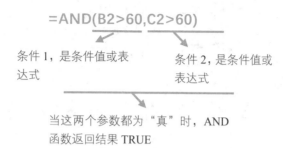

在如图 16-77 所示的表格中可以看到，D2 单元格中返回的是 TRUE，原因是"B2>30000"与"C2>5"这两个条件同时为"真"；D3 单元格中返回的是 FALSE，原因是"B3>30000"与"C3>5"这两个条件中有一个不为"真"。

图 16-77

由于返回的逻辑值效果不直观，可以把"AND(B2>30000,C2>5)"这一部分嵌套进 IF 函数中，当"AND(B2>30000,C2>5)"的结果为 TRUE 时，返回"发放"，否则返回空值。

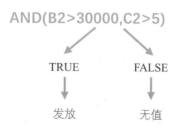

因此，可以将公式整理为如图 16-78 所示的样式就可以按要求返回需要的值了。

	A	B	C	D	E	F
1	姓名	业绩	工龄	是否发放奖金		
2	何玉	33000	7	发放		
3	林玉洁	18000	9			
4	马俊	25200	2			
5	李明璐	32400	5			
6	刘蕊	32400	11	发放		

D2 单元格公式：=IF(AND(B2>30000,C2>5),"发放","")

将 AND 函数返回值作为 IF 函数的第一个参数

图 16-78

【公式解析】

①IF 的第一个参数，返回的结果为 TRUE 或 FALSE

②IF 的第二个参数，当①为真时返回该结果

= IF(AND(B2>30000,C2>5),"发放","")

③IF 的第三个参数，当①为假时返回空值

2. "或"判断函数

【函数功能】OR 函数当其参数中任意一个参数逻辑值为 TRUE，即返回 TRUE；当所有参数的逻辑值均为 FALSE，即返回 FALSE。

扫一扫，看视频

【函数语法】OR(logical1, [logical2], ...)

logical1, logical2 ...：是必需的，后续逻辑值是可选的。这些是 1~255 个需要进行测试的条件，测试结果可以为 TRUE 或 FALSE。

【用法解析】

=OR(B2>85,C2="优")

条件 1，是条件值或表达式

条件 2，是条件值或表达式

当这两个参数中只要有一个为"真"时，OR 函数返回结果 TRUE

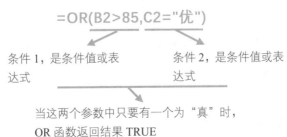

与 AND 函数一样，OR 函数的最终返回结果只能是 TRUE 或 FALSE 这样的逻辑值，如果想让最终返回的结果更加直观，可以在 OR 函数的外层嵌套使用 IF 函数。

如图 16-79 所示，表格统计了公司部分老员工的年龄和工龄情况，公司规定：年龄达到 59 岁或者工龄达到 30 年的即可申请退休，现在需要使用公式判断员工是否可以申请退休。

❶ 选中 D2 单元格，在编辑栏中输入公式（如图 16-79 所示）：

`=IF(OR(B2>=59,C2>=30),"是","否")`

按 Enter 键即可依据 B2 和 C2 的年龄和工龄情况判断是否可以申请退休，如图 16:79 所示。

❷ 将 D2 单元格的公式向下填充，可一次得到批量判断结果，如图 16-80 所示。

姓名	年龄	工龄	是否可以申请退休
何志新	59	35	是

图 16-79

姓名	年龄	工龄	是否可以申请退休
何志新	59	35	是
周志鹏	53	27	否
夏楚奇	56	30	是
周金星	57	33	是
张明宇	49	25	否
赵思飞	58	35	是
韩佳人	59	27	是
刘莉莉	55	28	否

图 16-80

【公式解析】

②若①为 TRUE，则返回"是"

=IF(OR(B2>=59,C2>=30),"是","否")

①判断"B2>=59"和"C2>=30"两件条件，这两件条件中只要有一个为真，结果返回为 TRUE，否则返回 FALSE。当前这项判断返回的是 TRUE

③若①为 FALSE，则返回"否"

3. IF 函数

【函数功能】IF 函数用于根据指定的条件来判断其"真"（TRUE）"假"

（FALSE），从而返回其相对应的内容。

【函数语法】IF(logical_test,value_if_true,value_if_false)

- logical_test：表示逻辑判断表达式。
- value_if_true：当表达式 logical_test 为"真"（TRUE）时，显示该参数所表达的内容。
- value_if_false：当表达式 logical_test 为"假"（FALSE）时，显示该参数表达的内容。

【用法解析】

第 1 个参数是逻辑判断表达式，返回
结果为 TRUE 或 FLSE

↑

=IF(B2<50,"补货","充足")

↙   ↘

第 2 个参数为函数返回值，当
第 1 个参数返回 TRUE 时，公
式最终返回这个值。如果是文
本要使用双引号

第 3 个参数为函数返回值，当第
1 个参数返回 FALSE 时，公式最
终返回这个值。如果是文本要使
用双引号

◁》注意：

在使用 IF 函数进行判断时，其参数的设置必须遵循规则进行，要按顺序输入，即：第 1 个参数为判断条件，第 2 个参数和第 3 个参数为函数返回值。颠倒顺序或格式不对时都不能让公式返回正确的结果。

例 1：根据销售额返回提成率（IF 函数嵌套）

当进行多层条件判断时，IF 函数可以嵌套使用，最多可达到 7 层。如图 16-81 所示表格中给出了每位员工本月的销售额，公司约定不同的销售额区间有不同的提成率。当销售金额小于 8000 元时，提成率为 5%；当销售金额在 8000~10000 元之间时，提成率为 8%；当销售金额大于 10000 元时，提成率为 10%（在下面的公式解析中可对此用法进一步了解）。

扫一扫，看视频

❶ 选中 D2 单元格，在编辑栏中输入公式（如图 16-81 所示）：

```
=IF(C2>10000,10%,IF(C2>8000,8%,5%))
```

❷ 按 Enter 键即可依据 C2 的销售额判断其提成率，如图 16-82 所示。将 D2 单元格的公式向下填充，可一次得到批量判断结果。

	A	B	C	D	E	F
D2			fx	=IF(C2>10000,10%,IF(C2>8000,8%,5%))		

	A	B	C	D
1	姓名	所属部门	销售额	提成率
2	何启新	销售1部	8600	0.08
3	周志鹏	销售3部	9500	
4	夏奇	销售2部	4840	
5	周金星	销售1部	10870	
6	张明宇	销售3部	7920	
7	赵飞	销售2部	4870	
8	韩玲玲	销售1部	11890	
9	刘莉	销售2部	9820	

图 16-81

	A	B	C	D
1	姓名	所属部门	销售额	提成率
2	何启新	销售1部	8600	0.08
3	周志鹏	销售3部	9500	0.08
4	夏奇	销售2部	4840	0.05
5	周金星	销售1部	10870	0.1
6	张明宇	销售3部	7920	0.05
7	赵飞	销售2部	4870	0.05
8	韩玲玲	销售1部	11890	0.1
9	刘莉	销售2部	9820	0.08

图 16-82

【公式解析】

①判断 C2 单元格中值是否大于 10000，如果是返回 10%，如果不是则执行第二层 IF

②判断 C2 单元格中值是否大于 8000，如果是返回 8%，如果不是返回 5%（整体作为前一 IF 的第 3 个参数）

= IF(C2>10000,10%,IF(C2>8000,8%,5%))

③经过①与②的两层判断，就可以界定值数据的范围，并返回相应的百分比

例 2：只为满足条件的产品提价（IF 函数嵌套其他函数）

扫一扫，看视频

IF 函数的的第 1 个参数并非只能是一个表达式，它还可以是嵌套其他函数的表达式（如上面介绍"与"函数与"或"函数时，范例中都是将 AND 与 OR 函数的返回值来作为 IF 函数的第 1 个参数）。例如下面的表格中统计的是一系列产品的定价，现在需要对部分产品进行调价，具体规则为：当产品是"十年陈"时，价格上调 50 元，其他产品保持不变。

要完成这项自动判断，需要公式能自动找出"十年陈"这几个文字，从而实现当满足条件时进行提价运算。由于"十年陈"文字都显示在产品名称的后面，因此可以使用 RIGHT 这个文本函数实现提取。

❶ 选中 D2 单元格，在编辑栏中输入公式（如图 16-83 所示）：

=IF(RIGHT(A2,5)="（十年陈）",C2+50,C2)

❷ 按 Enter 键即可根据 A2 单元格中的产品名称判断其是否满足"十年陈"这个条件，从图 16-84 中可以看到当前是满足的，因此计算结果是"C2+50"的值。将 D2 单元格的公式向下填充，可一次得到批量判断结果。

	A	B	C	D
				fx =IF(RIGHT(A2,5)="（十年陈）", C2+50,C2)
	产品	规格	定价	调后价格
1				
2	咸亨太雕酒(十年陈)	5L	320	370
3	绍兴花雕酒	5L	128	
4	绍兴会稽山花雕酒	5L	215	
5	绍兴会稽山花雕酒(十年陈)	5L	420	
6	大越雕酒	5L	187	
7	大越雕酒(十年陈)	5L	398	
8	古越龙山花雕酒	5L	195	
9	绍兴黄酒女儿红	5L	358	
10	绍兴黄酒女儿红(十年陈)	5L	440	
11	绍兴塔牌黄酒	5L	228	

图 16-83

	A	B	C	D
	产品	规格	定价	调后价格
1				
2	咸亨太雕酒(十年陈)	5L	320	370
3	绍兴花雕酒	5L	128	128
4	绍兴会稽山花雕酒	5L	215	215
5	绍兴会稽山花雕酒(十年陈)	5L	420	470
6	大越雕酒	5L	187	187
7	大越雕酒(十年陈)	5L	398	448
8	古越龙山花雕酒	5L	195	195
9	绍兴黄酒女儿红	5L	358	358
10	绍兴黄酒女儿红(十年陈)	5L	440	490
11	绍兴塔牌黄酒	5L	228	228

图 16-84

【公式解析】

RIGHT 是一个文本函数，它用于从给定字符串的右侧开始提取字符，提取字符的数量用第 2 个参数来指定

=IF(RIGHT(A2,5)="（十年陈）",C2+50,C2)

该项是此公式的关键，表示从 A2 单元格中数据的右侧开始提取，共提取 5 个字符。提取后判断其是否是"(十年陈)"，如果是，则返回"C2+50"；否则只返回 C2 的值，即不调价

🔊 注意：

"RIGHT(A2,5)="（十年陈）""中，注意"（十年陈）"前后的括号是区分全半角的，即如果在单元格中使用的是全角括号，那么公式中也需要使用全角括号，否则会导致公式错误。

第17章 数据计算——数学函数

17.1 求和及按条件求和运算

　　求和运算是最常用的运算之一，不仅包括简单的基础求和还包括按条件求和。使用 SUMIF 函数可以按指定条件求和，如统计各部门工资之和、对某一类数据求和等。使用 SUMIFS 函数可按多重条件求和，如统计指定店面中指定品牌的销售总额、按月汇总出库量、多条件对某一类数据求和等。另外本节还重点介绍一个既可以按条件求和又可以计数的函数，即 SUMPRODUCT 函数。

1. SUM（对给定的数据区域求和）

　　【函数功能】SUM 将指定为参数的所有数字相加。每个参数都可以是区域、单元格引用、数组、常量、公式或另一个函数的结果。

　　【函数语法】SUM(number1,[number2],...)

- number1：必需。想要相加的第 1 个数值参数。
- number2,...：可选。想要相加的第 2~255 个数值参数。

　　【用法解析】

　　SUM 函数参数的写法有以下几种形式：

　　　　　　参数间用逗号分隔，参数个数最少是 1 个，最多只能设置 255
　　　　　　个。当前公式的计算结果等同于 "=1+2+3"

=SUM（1,2,3)

共 3 个参数，因为单元格区域是不连续的，所以必须分别使用各自的
单元格区域，中间用逗号间隔。公式计算结果等同于将这几个单元格
区域中的所有值相加

=SUM(D2:D3,D9:D10,Sheet2!A1:A3)

　　　　　　　　　　　　也可引用其他工作表中的单元格区域

除了引用单元格和数值，SUM 函数的参数还可以是其他公式的计算结果。

第 1 个参数是常量　　　　第 2 个参数是公式

=SUM（4,MAX(B2:B20),A1)

第 3 个参数是单元格引用

📢 注意：

> 将单元格引用设置为 SUM 函数的参数，如果单元格中包含非数值类型的数据，聪明的 SUM 函数会忽略它们，只计算其中的数值。但 SUM 函数不会忽略错误值，参数中如果包含错误，公式将返回错误值

例 1：用"自动求和"按钮快速求和

"自动求和"是程序内置的一个用于快速计算的按钮，它除了包含求和函数外，还包括平均值、最大值、最小值以及计数等几个常用的快速计算的函数。它将这几个常用的函数集成到此处，是为了更加方便用户使用。例如下面求每位销售员在一季度中的总销售额，可以用"自动求和"一键实现。

扫一扫，看视频

❶ 选中 F2 单元格，在"公式"选项卡的"函数库"选项组中单击"自动求和"按钮，即可在 F2 单元格自动输入求和的公式（如图 17-1 所示）：
=SUM(C2:E2)

所属部门	姓名	1月	2月	3月	总销售额
销售1部	何志新	12900	13850		=SUM(C2:E2)
销售1部	周志鹏	16780	9790	10760	
销售1部	夏楚奇	9800	11860	12900	
销售2部	周金星	8870	9830	9600	
销售2部	张明宇	9860	10800	11840	

图 17-1

② 按 Enter 键即可根据 C2、D2、E2 中的数值求出一季度的总销售额，如图 17-2 所示。将 F2 单元格的公式向下填充，可一次性得到批量计算结果，如图 17-3 所示。

	B	C	D	E	F
	姓名	1月	2月	3月	总销售额
	何志新	12900	13850	9870	36620
	周志鹏	16780	9790	10760	
	夏楚奇	9800	11860	12900	
	周金星	8870	9830	9600	
	张明宇	9860	10800	11840	
	赵思飞	9790	11720	12770	
	韩佳人	8820	9810	8960	
	刘莉莉	9879	12760	10790	
	吴世芳	11860	9849	10800	
	王淑芬	10800	9870	12880	

图 17-2

	A	B	C	D	E	F
1	所属部门	姓名	1月	2月	3月	总销售额
2	销售1部	何志新	12900	13850	9870	36620
3	销售1部	周志鹏	16780	9790	10760	37330
4	销售1部	夏楚奇	9800	11860	12900	34560
5	销售2部	周金星	8870	9830	9600	28300
6	销售2部	张明宇	9860	10800	11840	32500
7	销售2部	赵思飞	9790	11720	12770	34280
8	销售3部	韩佳人	8820	9810	8960	27590
9	销售3部	刘莉莉	9879	12760	10790	33429
10	销售3部	吴世芳	11860	9849	10800	32509
11	销售3部	王淑芬	10800	9870	12880	33550

图 17-3

在单击"自动求和"按钮时，程序会自动判断当前数据源的情况，填入默认参数，一般连续的数据区域都会被默认作为参数，如果并不是想对默认的参数进行计算，这时可以对参数进行修改。

例如，在图 17-4 所示的单元格中要计算销售 1 部 1 月的总销售额，使用自动求和功能计算时默认参与计算的单元格区域为 C2:C12。

	A	B	C	D	E
1	所属部门	姓名	1月	2月	3月
2	销售1部	何志新	12900	13850	9870
3	销售1部	周志鹏	16780	9790	10760
4	销售1部	夏楚奇	9800	11860	12900
5	销售2部	周金星	8870	9830	9600
6	销售2部	张明宇	9860	10800	11840
7	销售2部	赵思飞	9790	11720	12770
8	销售3部	韩佳人	8820	9810	8960
9	销售3部	刘莉莉	9879	12760	10790
10	销售3部	吴世芳	11860	9849	10800
11	销售3部	王淑芬	10800	9870	12880
12					
13	销售1部1月		=SUM(C2:C12)		
14			SUM(**number1**, [number2], ...)		

图 17-4

此时只需要用鼠标拖动的方式重新选择 C2:C4 单元格区域即可改变函数的参数（如图 17-5 所示），然后按 Enter 键返回计算结果即可，如图 17-6 所示。

图 17-5 (left table)

	A 所属部门	B 姓名	C 1月	D 2月	E 3月
1	所属部门	姓名	1月	2月	3月
2	销售1部	何志新	12900	13850	9870
3	销售1部	周志鹏	16780	9790	10760
4	销售1部	夏楚奇	9800	11860	12900
5	销售2部	周金星	8870	9830	9600
6	销售2部	张明宇	9860	10800	11840
7	销售2部	赵思飞	9790	11720	12770
8	销售3部	韩佳人	8820	9810	8960
9	销售3部	刘莉莉	9879	12760	10790
10	销售3部	吴世芳	11860	9849	10800
11	销售3部	王淑芬	10800	9870	12880
12					
13	销售1部1月	=SUM(C2 C4)			
14		SUM(**number1**, [number2], ...)			

C2 =SUM(C2:C4)

用鼠标拖动选择

图 17-5

图 17-6 (right table)

	A 所属部门	B 姓名	C 1月	D 2月	E 3月	F 总销售额
1	所属部门	姓名	1月	2月	3月	总销售额
2	销售1部	何志新	12900	13850	9870	36620
3	销售1部	周志鹏	16780	9790	10760	37330
4	销售1部	夏楚奇	9800	11860	12900	34560
5	销售2部	周金星	8870	9830	9600	28300
6	销售2部	张明宇	9860	10800	11840	32500
7	销售2部	赵思飞	9790	11720	12770	34280
8	销售3部	韩佳人	8820	9810	8960	27590
9	销售3部	刘莉莉	9879	12760	10790	33429
10	销售3部	吴世芳	11860	9849	10800	32509
11	销售3部	王淑芬	10800	9870	12880	33550
12						
13	销售1部1月总销售额	39480				

图 17-6

📢 注意：

单击"自动求和"下拉按钮，在弹出的下拉列表中还可以看到"平均值""最大值""最小值"以及"计数"等几个选项，当要进行这几种数据运算时，可以从这里快速选择。

例2：对一个数据块一次性求和

在进行求和运算时，并不是只能对一列或一行数据求和，一个数据块也可以一次性求和。例如在下面的表格中，要计算出第一季度的总销售额。

扫一扫，看视频

❶ 选中 F2 单元格，在编辑栏中输入公式（如图 17-7 所示）：

=SUM(B2:D7)

❷ 按 Enter 键即可依据 B2:D7 单元格区域的数据进行求和计算，如图 17-8 所示。

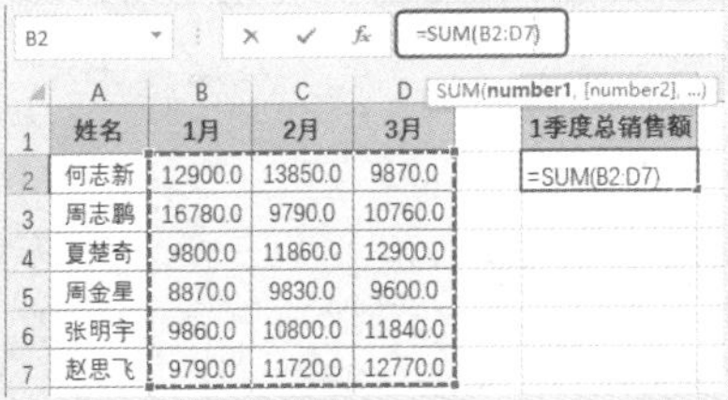

图 17-7 (left)

B2 =SUM(B2:D7)

	A 姓名	B 1月	C 2月	D 3月	E 1季度总销售额
1	姓名	1月	2月	3月	1季度总销售额
2	何志新	12900.0	13850.0	9870.0	=SUM(B2:D7)
3	周志鹏	16780.0	9790.0	10760.0	
4	夏楚奇	9800.0	11860.0	12900.0	
5	周金星	8870.0	9830.0	9600.0	
6	张明宇	9860.0	10800.0	11840.0	
7	赵思飞	9790.0	11720.0	12770.0	

SUM(number1, [number2], ...)

图 17-7

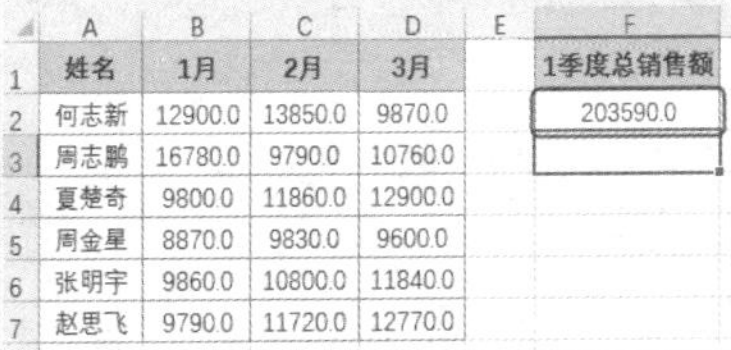

图 17-8 (right)

	A 姓名	B 1月	C 2月	D 3月	E	1季度总销售额
1	姓名	1月	2月	3月		1季度总销售额
2	何志新	12900.0	13850.0	9870.0		203590.0
3	周志鹏	16780.0	9790.0	10760.0		
4	夏楚奇	9800.0	11860.0	12900.0		
5	周金星	8870.0	9830.0	9600.0		
6	张明宇	9860.0	10800.0	11840.0		
7	赵思飞	9790.0	11720.0	12770.0		

图 17-8

例3：对多表数据一次性求和

扫一扫，看视频

如图 17-9、图 17-10 所示是第一季度与第二季度的每位工人的产值表（第三季度与第四季度表格相同，图略去），现在需要计算全年的总产值。这种情况下就需要对多个表格的数据进行求和运算。

	A	B	C	D	E	F
1	所属车间	姓名	性别	1月	2月	3月
2	一车间	何志新	男	129	138	97
3	二车间	周志鹏	男	167	97	106
4	二车间	夏楚奇	男	96	113	129
5	一车间	周金星	女	85	95	96
6	二车间	张明宇	男	79	104	115
7	一车间	赵思飞	男	97	117	123
8	二车间	韩佳人	女	86	91	88
9	一车间	刘莉莉	女	98	126	102

1季度　2季度　3季度　4季度　⊕

图 17-9

	A	B	C	D	E	F
1	所属车间	姓名	性别	4月	5月	6月
2	一车间	何志新	男	130	124	130
3	二车间	周志鹏	男	14	131	121
4	二车间	夏楚奇	男	110	101	124
5	一车间	周金星	女	112	125	108
6	二车间	张明宇	男	104	131	117
7	一车间	赵思飞	男	124	135	103
8	二车间	韩佳人	女	131	102	91
9	一车间	刘莉莉	女	102	106	105

1季度　2季度　3季度　4季度　⊕

图 17-10

此公式的计算原理是先要建立工作组，建立工作组后选中参与计算的单元格区域时，表示选中了工作组内所有表中相同位置的单元格区域（关于建立工作组的方法在第 1 章就有相关介绍）。

❶ 在"4 季度"工作表（也可以新建一个汇总表）中选中 H2 单元格，在编辑栏中输入公式前部分"=SUM()"，将光标定位在括号中，如图 17-11 所示。

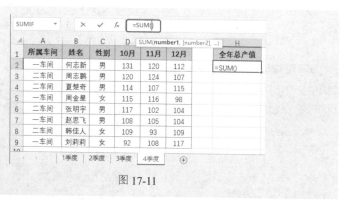

图 17-11

❷ 按住 Shift 键，在"1 季度"工作表标签上单击（此时，这 4 张工作表形成了一个工作组），然后利用鼠标拖动的方法选中 D2:F9 单元格区域，如图 17-12 所示。

❸ 按 Enter 键即可将"1 季度""2 季度""3 季度"和"4 季度"工作表中 D2:F9 单元格区域的数值求和，得出全年的总产值，如图 17-13 所示。

图 17-12

图 17-13

📢 注意：

如果要用于计算的工作表不是连续的，则按住 Ctrl 键不放，依次在需要计算的工作表的标签上单击。

例 4：求排名前三的产量总和

如图 17-14 所示，表格中统计了每个车间每位员工一季度 3 个月每月的产值，需要找到 3 个月中前三名的产值并求和。这个公式的设计需要使用 LARER 函数提取前三名的值，然后再在外层嵌套 SUM 函数进行求和运算。

扫一扫，看视频

图 17-14

❶ 选中 G2 单元格，在编辑栏中输入公式：
=SUM(LARGE(C2:E8,{1,2,3}))

❷ 按 Ctrl+Shift+Enter 组合键即可依据 C2:E8 单元格区域中的数值求出前三名的总产值，如图 17-15 所示。

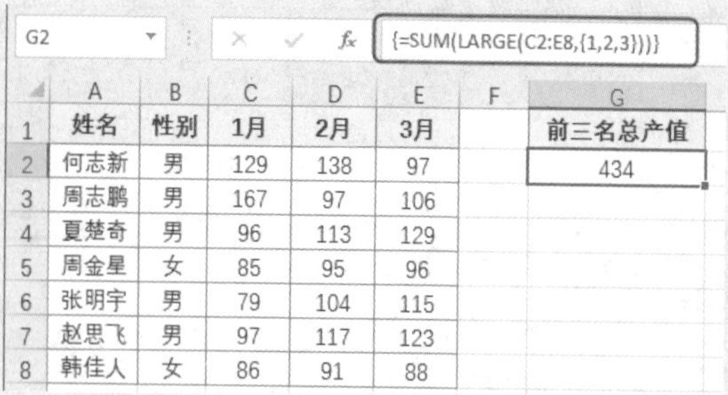

G2 {=SUM(LARGE(C2:E8,{1,2,3}))}

	A	B	C	D	E	F	G
1	姓名	性别	1月	2月	3月		前三名总产值
2	何志新	男	129	138	97		434
3	周志鹏	男	167	97	106		
4	夏楚奇	男	96	113	129		
5	周金星	女	85	95	96		
6	张明宇	男	79	104	115		
7	赵思飞	男	97	117	123		
8	韩佳人	女	86	91	88		

图 17-15

【公式解析】

①从 C2:E8 区域的数据中返回排名前 1、2、3 位的 3 个数，返回值组成的是一个数组

=SUM(LARGE(C2:E8,{1,2,3}))

②对①步中的数组进行求和运算

LARGE 函数是返回某一数据集中的某个最大值。返回排名第几的那个值，需要用第 2 个参数指定，如 LARGE(C2:E8,1)，表示返回第 1 名的值；LARGE(C2:E8,3) ，表示返回第 3 名的值。我们这里想一次性返回前 3 名的值，所以在公式中使用了一个{1,2,3}这样一个常量数组

2. SUMIF（按照指定条件求和）

【函数功能】SUMIF 函数可以对区域中符合指定条件的值求和。

【函数语法】SUMIF(range, criteria, [sum_range])

- range：必需。用于条件判断单元格区域。
- criteria：必需。用于确定对哪些单元格求和的条件，其形式可以为数字、表达式、单元格引用、文本或函数。
- sum_range：可选。表示根据条件判断的结果要进行计算的单元格区域。

【用法解析】

第 1 个参数是用于条件判断区域，必须是单元格引用

第 3 参数是用于求和区域。行、列数应与第 1 参数相同

= SUMIF($A$2:$A$5,E2,$C$2:$C$5)

第 2 参数是求和条件，可以是数字、文本、单元格引用或公式等。如果是文本，必须使用双引号

📢 注意：

在使用 SUMIF 函数时，其参数的设置必须要按以下顺序输入。第 1 参数和第 3 参数中的数据区域是一一对应关系，行数与列数必须保持相同。

如果用于条件判断的区域（第 1 参数）与用于求和的区域（第 3 参数）是同一单元格区域，则可以省略第 3 参数。

如图 17-16 所示，F2 单元格的公式为 "=SUMIF($A$2:$A$5,E2, $C$2:$C$5)"，用于条件判断的区域为 "$A$2:$A$5"；判断条件为 "E2"；用于求和的区域为 "$C$2:$C$5"。在 "$A$2:$A$5" 中满足 "E2" 的单元格指定的条件后对应在 "$C$2:$C$5" 中的数值是 "12900" 和 "9800"，对它们进行求和运算，因此公式返回的结果是 "22700"。

F2			✕ ✓ fx	=SUMIF($A$2:$A$5,E2,$C$2:$C$5)		
▲	A	B	C	D	E	F	G
1	所属部门	姓名	销售额		销售部门	总销售额	
2	销售1部	何志新	12900		销售1部	22700	
3	销售2部	周志鹏	16780		销售2部		
4	销售1部	夏楚奇	9800				
5	销售2部	周金星	8870				

图 17-16

例 1：统计各销售员的销售业绩总和

销售记录表中统计了销售员的销售额，根据销售的产品编号的不同，一名销售员有多条销售记录，现在需要分别统计出每位销售员在本月的总销售额。

扫一扫，看视频

❶ 选中 F2 单元格，在编辑栏中输入公式：

=SUMIF($B$2:$B$13,E2,$C$2:$C$13)

按 Enter 键即可依据 B2:B13 和 C2:C13 单元格区域的数值计算出 E2 单元格中销售员"林雪儿"的总销售额，如图 17-17 所示。

❷ 将 F2 单元格的公式向下填充，可一次性得到每位销售员的总销售额，如图 17-18 所示。

	F2	▼	× ✓ fx	=SUMIF($B$2:$B$13,E2,$C$2:$C$13)

	A	B	C	D	E	F
1	编号	销售员	销售额		销售员	总销售额
2	YWSP-030301	林雪儿	10900		林雪儿	40750
3	YWSP-030302	侯致远	1670		侯致远	
4	YWSP-030501	李洁	9800		李洁	
5	YWSP-030601	林雪儿	12850			
6	YWSP-030901	侯致远	11200			
7	YWSP-030902	李洁	9500			
8	YWSP-031301	林雪儿	7900			
9	YWSP-031401	侯致远	20200			
10	YWSP-031701	李洁	18840			
11	YWSP-032001	林雪儿	9100			
12	YWSP-032202	侯致远	9600			
13	YWSP-032501	李洁	7900			

图 17-17

	A	B	C	D	E	F
1	编号	销售员	销售额		销售员	总销售额
2	YWSP-030301	林雪儿	10900		林雪儿	40750
3	YWSP-030302	侯致远	1670		侯致远	42670
4	YWSP-030501	李洁	9800		李洁	46040
5	YWSP-030601	林雪儿	12850			
6	YWSP-030901	侯致远	11200			
7	YWSP-030902	李洁	9500			
8	YWSP-031301	林雪儿	7900			
9	YWSP-031401	侯致远	20200			
10	YWSP-031701	李洁	18840			
11	YWSP-032001	林雪儿	9100			
12	YWSP-032202	侯致远	9600			
13	YWSP-032501	李洁	7900			

图 17-18

【公式解析】

①在条件区域 B2:B13 中找 E2 中指定销售员所在的单元格

如果只是对某一个销售员的总销售额计算，如"林雪儿"，可以将这个参数直接设置为"林雪儿"（注意要使用双引号）

=SUMIF($B$2:$B$13,E2,$C$2:$C$13)

②将①步中找到的满足条件的对应在 C2:C13 单元格区域上的销售额进行求和运算

◀» 注意：

在本例公式中，条件判断区域"$B$2:$B$13"和求和区域"$C$2:$C$13"使用了数据源的绝对引用，因为在公式填充过程中，这两部分需要保持不变；而判断条件区域"E2"则需要随着公式的填充做相应的变化，所以使用了数据源的相对引用。

如果只在单个单元格中应用公式，而不进行复制填充，数据源使用相对引用与绝对引用可返回相同的结果。

例 2：统计指定时段的销售业绩总金额

数据表是按销售日期（当前月份为 3 月）记录的各条销售记录，现在需要统计出 3 月份上半月的总销售额。

❶ 选中 E2 单元格，在编辑栏中输入公式：

=SUMIF(A2:A13,"<=2017/3/15",C2:C13)

❷ 按 Enter 键即可依据 A2:A13 和 C2:C13 单元格区域的数值计算出日期 "<=2017/3/15" 的总销售额，如图 17-19 所示。

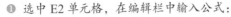

	A	B	C	D	E	F
1	销售日期	产品系列	销售额		上半月总销售额	
2	2017/3/3	灵芝保湿	12900		56200	
3	2017/3/2	日夜修复	12000			
4	2017/3/10	日夜修复	7900			
5	2017/3/21	灵芝保湿	9100			
6	2017/3/19	美白防晒	8870			
7	2017/3/10	灵芝保湿	13600			
8	2017/3/23	恒美紧致	11020			
9	2017/3/28	恒美紧致	11370			
10	2017/3/11	灵芝保湿	9800			
11	2017/3/29	恒美紧致	9500			
12	2017/3/17	日夜修复	8900			
13	2017/3/27	灵芝保湿	7900			

E2 单元格公式栏：=SUMIF(A2:A13,"<=2017/3/15",C2:C13)

图 17-19

【公式解析】

①用于条件判断的区域   ②用于求和的区域

=SUMIF(A2:A13,"<=2017/3/15",C2:C13)

③条件区域是日期值，所以一定要使用双引号。如果是求下旬的合计值，则只要将此条件更改为 ">2017/3/15" 即可

例 3：用通配符对某一类数据求和

表格统计了本月公司所有零食产品的订单日期及金额等，其中包括各种口味薯片、饼干和奶糖等，需要计算出奶糖类产品的总销售额。奶糖类产品有一个特征就是全部以"奶糖"结尾，但前面的各口味不能确定，因此可以在设置判断条件时使

用通配符。

❶ 选中 F2 单元格，在编辑栏中输入公式：

=SUMIF(C2:C15,"*奶糖",D2:D15)

❷ 按 Enter 键即可依据 C2:C15 和 D2:D15 单元格区域的产品名称和销售金额计算出奶糖类食品的总销售额，如图 17-20 所示。

	A	B	C	D	E	F
						=SUMIF(C2:C15,"*奶糖",D2:D15)
1	订单编号	签单日期	产品名称	销售额		"奶糖"类总销售额
2	HYMS030301	2017/3/3	香橙奶糖	1765		7426
3	HYMS030302	2017/3/3	奶油夹心饼干	867		
4	HYMS030501	2017/3/5	芝士蛋糕	980		
5	HYMS030502	2017/3/5	巧克力奶糖	887		
6	HYMS030601	2017/3/6	草莓奶糖	1200		
7	HYMS030901	2017/3/9	奶油夹心饼干	1120		
8	HYMS031302	2017/3/13	草莓奶糖	1360		
9	HYMS031401	2017/3/14	原味薯片	1020		
10	HYMS031701	2017/3/17	黄瓜味薯片	890		
11	HYMS032001	2017/3/20	原味薯片	910		
12	HYMS032202	2017/3/22	哈蜜瓜奶糖	960		
13	HYMS032501	2017/3/25	原味薯片	790		
14	HYMS032801	2017/3/28	黄瓜味薯片	1137		
15	HYMS033001	2017/3/30	巧克力奶糖	1254		

图 17-20

【公式解析】

= SUMIF(C2:C15,"*奶糖",D2:D15)

公式的关键点是对第 2 个参数的设置，其中使用了 "*" 号通配符。"*" 号可以代替任意字符，如 "*奶糖" 等同于表格中的 "巧克力奶糖""草莓奶糖" 等，以 "奶糖" 结尾的都为满足条件的记录。通配符除了 "*" 以外，还有 "?"。它用于代替任意单个字符，如 "吴?"即代表 "吴三""吴四" 和 "吴有" 等，但不能代替 "吴有才"，因为 "有才" 是两个字符

例 4：用通配符求所有车间人员的工资和

扫一扫，看视频

表格统计了工厂各部门员工的基本工资，其中既包括行政人员也包括 "一车间" 和 "二车间" 的工人，现在需要计算出车间工人的工资总和。

❶ 选中 G2 单元格，在编辑栏中输入公式（如图 17-21 所示）：

```
=SUMIF(A2:A14,"?车间",E2:E14)
```

❷ 按 Enter 键即可依据 A2:A14 和 E2:E14 单元格区域的部门名称和基本工资金额计算出车间工人的工资总和，如图 17-21 所示。

	A	B	C	D	E	F	G
						fx	=SUMIF(A2:A14,"?车间",E2:E14)
1	所属部门	姓名	性别	职位	基本工资		车间工人工资和
2	一车间	何志新	男	高级技工	3880		25260
3	二车间	周志鹏	男	技术员	4500		
4	财务部	吴思兰	女	会计	3500		
5	一车间	周金星	女	初级技工	2600		
6	人事部	张明宇	男	人事专员	3200		
7	一车间	赵思飞	男	中级技工	3200		
8	财务部	赵新芳	女	出纳	3000		
9	一车间	刘莉莉	女	初级技工	2600		
10	二车间	吴世芳	女	中级技工	3200		
11	后勤部	杨传霞	女	主管	3500		
12	二车间	郑嘉新	男	初级技工	2600		
13	后勤部	顾心怡	女	文员	3000		
14	二车间	侯诗奇	男	初级技工	2680		

图 17-21

【公式解析】

=SUMIF(A2:A14,"?车间",E2:E14)

这个公式与上一公式相似，只是在"车间"前使用"?"通配符来代替一个文字，因为"车间"前只有一个字，所以使用代表单个字符的"?"通配符即可

3. SUMIFS（对满足多重条件的单元格求和）

【函数功能】SUMIFS 函数用于对某一区域（两个或多于两个单元格的区域，可以是相邻或不相邻的）满足多重条件的单元格求和。

【函数语法】SUMIFS(sum_range, criteria_range1,criteria1,[criteria_range2, criteria2], ...)

- sum_range：必需。对一个或多个单元格求和，包括数字或包含数字的名称、区域或单元格引用。空值和文本值将被忽略。只有当每一单元格满足为其指定的所有关联条件时，才对这些单元格进行求和。
- criteria_range1, criteria_range2…：必需。在其中计算关联条件的区

域。至少有一个关联条件的区域，最多可有 127 个关联条件区域。

● criteria1, criteria2……：必需参数。条件的形式为数字、表达式、单元格或文本。至少有一个条件，最多可有 127 个条件。

📢 **注意：**

在条件中使用通配符问号（?）和星号（*）时，问号匹配任意单个字符；星号匹配任意多个字符序列。另外，SUMIFS 函数中 criteria_range 参数包含的行数和列数必须与 sum_range 参数相同。

【用法解析】

=SUMIFS（❶用于求和的区域，❷用于条件判断的区域，❸条件，❹用于条件判断的区域，❺条件……）

条件可以是数字、文本、单元格引用或公式等。如果是文本，必须使用双引号

例 1：统计指定店面中指定品牌的销售总金额

扫一扫，看视频

表格统计了公司 11 月份中各品牌产品在各门店的销售额，为了对销售数据进行进一步分析，需要计算"新都汇店"中各个品牌产品的总销售额，即要同时满足店铺与品牌两个条件。

❶ 选中 G2 单元格，在编辑栏中输入公式（如图 17-22 所示）：

=SUMIFS($D$2:$D$14,$B$2:$B$14,"新都汇店",$C$2:$C$14,F2)

	A	B	C	D	E	F	G	H
	销售日期	店面	品牌	销售额		品牌	新都汇店汇总	
2	2017/11/4	新都汇店	贝莲娜	8870		玉肌	18000	
3	2017/11/4	沙湖街区店	玉肌	7900		贝莲娜		
4	2017/11/4	新都汇店	玉肌	9100		薇姿薇可		
5	2017/11/5	沙湖街区店	玉肌	12540				
6	2017/11/11	沙湖街区店	薇姿薇可	9600				
7	2017/11/11	新都汇店	玉肌	8900				
8	2017/11/12	沙湖街区店	贝莲娜	12000				
9	2017/11/18	新都汇店	贝莲娜	11020				
10	2017/11/18	圆融广场店	玉肌	9500				
11	2017/11/19	圆融广场店	薇姿薇可	11200				
12	2017/11/25	新都汇店	薇姿薇可	8670				
13	2017/11/26	新都汇店	玉肌	13600				
14	2017/11/26	圆融广场店	玉肌	12000				

图 17-22

按 Enter 键，即可同时满足店面要求与品牌要求，利用 D2:D14 单元格区域中的值求和。

❷ 将 G2 单元格的公式向下填充，可一次性得到"新都汇店"中各个品牌产品的总销售额，如图 17-23 所示。

	A	B	C	D	E	F	G
1	销售日期	店面	品牌	销售额		品牌	新都汇店汇总
2	2017/11/4	新都汇店	贝莲娜	8870		玉肌	18000
3	2017/11/4	沙湖街区店	玉肌	7900		贝莲娜	19890
4	2017/11/4	新都汇店	玉肌	9100		薇姿薇可	8670
5	2017/11/5	沙湖街区店	玉肌	12540			
6	2017/11/11	沙湖街区店	薇姿薇可	9600			
7	2017/11/11	新都汇店	玉肌	8900			
8	2017/11/12	沙湖街区店	贝莲娜	12000			
9	2017/11/18	新都汇店	贝莲娜	11020			
10	2017/11/18	圆融广场店	玉肌	9500			
11	2017/11/19	圆融广场店	薇姿薇可	11200			
12	2017/11/25	新都汇店	薇姿薇可	8670			
13	2017/11/26	圆融广场店	贝莲娜	13600			
14	2017/11/26	圆融广场店	玉肌	12000			

图 17-23

【公式解析】

④将同时满足②和③的记录对应在①中的销售额进行求和运算，返回的计算结果即为新都会店玉肌牌护肤品的总销售额

②用于条件判断的区域和第一个条件

=SUMIFS($D$2:$D$14,$B$2:$B$14,"新都汇店",
$C$2:$C$14,F2)

①用于求和的区域

③用于条件判断的区域和第二个条件

例 2：按月汇总出库数量

如图 17-24 所示，表格统计了 3 月、4 月份公司各品牌各类别产品的出库量，由于录入的数据较粗糙，没有经过详细地整理，并且是按产品类别顺序登记的，导致时间顺序较乱。现在

扫一扫，看视频

需要使用函数分别计算这两个月的产品的总出库量。

	A	B	C	D	E	F	G
1	日期	品牌	产品类别	出库		月份	出库量
2	2017/4/4	玉肌	保湿	79		3	744
3	2017/4/7	贝莲娜	保湿	91		4	598
4	2017/3/19	薇姿薇可	保湿	112			
5	2017/4/26	贝莲娜	保湿	136			
6	2017/3/4	贝莲娜	防晒	88			
7	2017/3/5	玉肌	防晒	125			
8	2017/4/11	薇姿薇可	防晒	96			
9	2017/4/18	贝莲娜	紧致	110			
10	2017/3/18	玉肌	紧致	95			
11	2017/4/25	薇姿薇可	紧致	86			
12	2017/3/11	玉肌	修复	99			
13	2017/3/12	贝莲娜	修复	120			
14	2017/3/26	玉肌	修复	105			

图 17-24

❶ 选中 G2 单元格，在编辑栏中输入公式（如图 17-25 所示）：

=SUMIFS(D2:D14,A2:A14,">=17-3-1",A2:A14,"<17-4-1")

IF			✕ ✓ fx	=SUMIFS(D2:D14,A2:A14,">=17-3-1",A2:A14,"<17-4-1")			
	A	B	C	D	E	F	G	H
1	日期	品牌	产品类别	出库		月份	出库量	
2	2017/4/4	玉肌	保湿	79		3	4,"<17-4-1")	
3	2017/4/7	贝莲娜	保湿	91		4		
4	2017/3/19	薇姿薇可	保湿	112				
5	2017/4/26	贝莲娜	保湿	136				
6	2017/3/4	贝莲娜	防晒	88				
7	2017/3/5	玉肌	防晒	125				
8	2017/4/11	薇姿薇可	防晒	96				
9	2017/4/18	贝莲娜	紧致	110				
10	2017/3/18	玉肌	紧致	95				
11	2017/4/25	薇姿薇可	紧致	86				
12	2017/3/11	玉肌	修复	99				
13	2017/3/12	贝莲娜	修复	120				
14	2017/3/26	玉肌	修复	105				

图 17-25

❷ 按 Enter 键即可依据 A2:A14 和 D2:D14 单元格区域的日期和数值计算出 3 月的出库量。选中 G3 单元格，在编辑栏中输入公式（如图 17-26 所示）：

=SUMIFS(D2:D14,A2:A14,">=17-4-1",A2:A14,"<17-5-1")

按 Enter 键即可依据 A2:A14 的日期和 D2:D14 单元格区域的数值计算出 4 月的出库量。

IF			× ✓ fx	=SUMIFS(D2:D14,A2:A14,">=17-4-1",A2:A14,"<17-5-1")		

	A	B	C	D	E	F	G	H
1	日期	品牌	产品类别	出库		月份	出库量	
2	2017/4/4	玉肌	保湿	79		3	744	
3	2017/4/7	贝莲娜	保湿	91		4	4,"<17-5-1")	
4	2017/3/19	薇姿薇可	保湿	112				
5	2017/4/26	贝莲娜	保湿	136				
6	2017/3/4	贝莲娜	防晒	88				
7	2017/3/5	玉肌	防晒	125				
8	2017/4/11	薇姿薇可	防晒	96				
9	2017/4/18	贝莲娜	紧致	110				
10	2017/3/18	玉肌	紧致	95				
11	2017/4/25	薇姿薇可	紧致	86				
12	2017/3/11	玉肌	修复	99				
13	2017/3/12	贝莲娜	修复	120				
14	2017/3/26	玉肌	修复	105				

图 17-26

【公式解析】

④将同时满足②和③的记录对应在①中的出库量进行求和运算,返回的计算结果即为两个日期区间的总出库量

=SUMIFS(D2:D14,A2:A14,">=17-3-1",A2:A14,"<17-4-1")

①用于求和的区域　　②用于条件判断的区域和第一个条件　　③用于条件判断的区域和第二个条件

4. SUMPRODUCT(将数组间对应的元素相乘,并返回乘积之和)

【函数功能】SUMPRODUCT 函数是指在给定的几组数组中,将数组间对应的元素相乘并返回乘积之和。

【函数语法】SUMPRODUCT(array1, [array2], [array3], ...)

● array1:必需。其相应元素需要进行相乘并求和的第一个数组参数。

● array2, array3,...:可选。第 2~255 个数组参数,其相应元素需要进行相乘并求和。

【用法解析】

SUMPRODUCT 函数是一个数学函数,其最基本的用途是将数组间对应的元素相乘,并返回乘积之和。

= SUMPRODUCT（A2*A4,B2:B4,C2:C4）

执行的运算是："A2*B2*C2+A3*B3*C3+ A4*B4*C4"，即将各个数组中的数据一一对应相乘再相加

如图 17-27 所示，可以理解 SUMPRODUCT 函数实际是进行了"1*3+8*2"的计算结果。

B5 | =SUMPRODUCT(A2:A3,B2:B3)

	A	B	C	D	E	F
1	数据1	数据2				
2	1	3				
3	8	2				
4						
5	求和	19				
6						

图 17-27

实际上 SUMPRODUCT 函数的作用非常强大，它可以代替 SUMIF 和 SUMIFS 函数进行条件求和，也可以代替 COUNTIF 和 COUNTIFS 函数进计数运算。当需要判断一个条件或双条件时，用 SUMPRODUCT 进行求和、计数与使用 SUMIF、SUMIFS、COUNTIF、COUNTIFS 没有什么差别。

例如图 17-28 所示的公式，是沿用 SUMIFS 函数例 1 的数据源，使用 SUMPRODUCT 函数来设计公式，可见二者得到了相同的计算结果（下面通过标注给出了此公式的计算原理）。

①第一个判断条件。满足条件的返回 TRUE，否则返回 FALSE。返回数组

=SUMPRODUCT(($B$2:$B$14="新都汇店")*($C$2:$C$14=F2)*($D$2:$D$14))

②第二个判断条件。满足条件的返回 TRUE，否则返回 FALSE。返回数组

③将①数组与②数组相乘，同为 TRUE 的返回 1，否则返回 0 返回数组，再将此数组与 D2:D14 单元格区域依次相乘，之后再将乘积求和

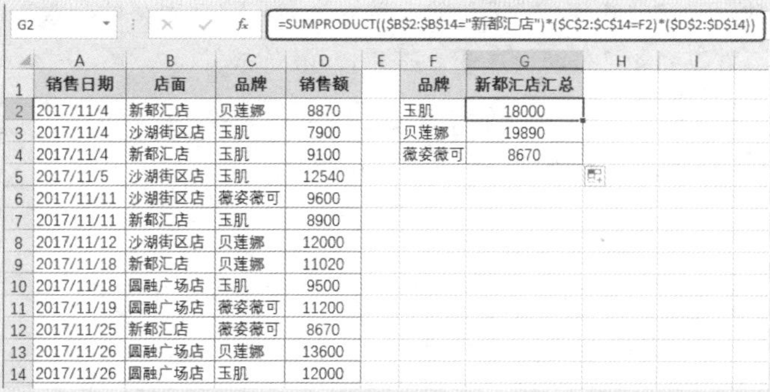

图 17-28

使用 SUMPRODUCT 函数进行按条件求和的语法如下：

=SUMPRODUCT（（❶条件 1 表达式）*（（❷条件 2 表达式）
（❸条件 3 表达式）（❹条件 4 表达式）……）

通过上面的分析可以看到在这种情况下使用 SUMPRODUCT 与使用 SUMIFS 可以达到相同的统计目的。但 SUMPRODUCT 却有着 SUMIFS 无可替代的作用：首先，在 Excel 2010 之前的老版本中是没有 SUMIFS 这个函数的，因此要想实现双条件判断，则必须使用 SUMPRODUCT 函数；其次，SUMIFS 函数求和时只能对单元格区域进行求和或计数，即对应的参数只能设置为单元格区域，不能设置为返回结果、非单元格的公式，但是 SUMPRODUCT 函数没有这个限制，也就是说它对条件的判断更加灵活。下面通过一例子来说明。

如图 17-28 所示的表格中，要分月份统计出库总量。

❶ 选中 F2 单元格，输入公式（如图 17-29 所示）：
=SUMPRODUCT（（MONTH($A$2:$A$8)=E2)*($C$2:$C$8)）

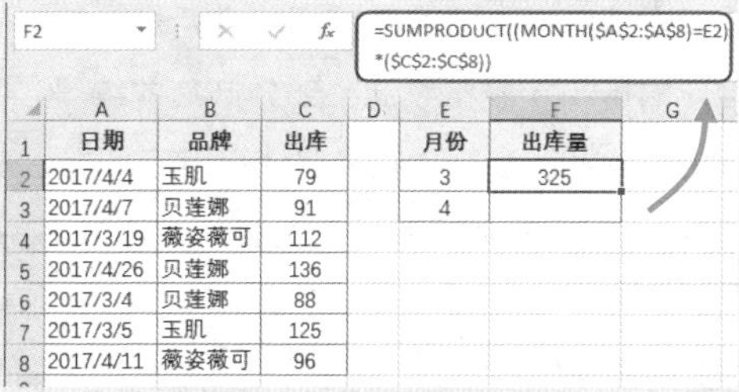

图 17-29

❷ 按 Enter 键统计出 3 月份的出库总量，将 F2 单元格的公式复制到 F3 单元格，可得到 4 月份的出库量，如图 17-30 所示。

	A	B	C	D	E	F	G
	F3			× ✓ fx	=SUMPRODUCT((MONTH($A$2:$A$8)=E3)*($C$2:$C$8))		
1	日期	品牌	出库		月份	出库量	
2	2017/4/4	玉肌	79		3	325	
3	2017/4/7	贝莲娜	91		4	402	
4	2017/3/19	薇姿薇可	112				
5	2017/4/26	贝莲娜	136				
6	2017/3/4	贝莲娜	88				
7	2017/3/5	玉肌	125				
8	2017/4/11	薇姿薇可	96				

图 17-30

【公式解析】

① 使用 MONTH 函数将 A2:A8 单元格区域中各日期的月份数提取出来，返回的是一个数组，然后判断数组中各值是否等于 E2 中指定的 "3"，如果等于返回 TRUE，不等于则返回 FALSE，得到的还是一个数组

$$=SUMPRODUCT((MONTH(\$A\$2:\$A\$8)=E2)*(\$C\$2:\$C\$8))$$

② 将①数组与 C2:C8 单元格区域中的值依次相乘，TURE 乘以数值返回数值本身，FALSE 乘以数值返回 0，对最终数组求和

例 1：计算商品的折后总金额

扫一扫，看视频

近期公司进行了产品促销酬宾活动，针对不同的产品给出了相应的折扣。表格统计了部分产品的编号、名称、单价、本次的折扣以及销量，现在需要计算出产品折后的总销售金额。

❶ 选中 G2 单元格，在编辑栏中输入公式：

`=SUMPRODUCT(C2:C8,D2:D8,E2:E8)`

❷ 按 Enter 键即可依据 C2:C8、D2:D8 和 E2:E8 单元格区域的数值计算出本次促销活动中所有产品折后的总金额，如图 17-31 所示。

| G2 | : | × | ✓ | fx | =SUMPRODUCT(C2:C8,D2:D8,E2:E8) | |

	A	B	C	D	E	F	G
1	产品编号	产品名称	单价	销售数量	折扣		折后总销售额
2	MYJH030301	灵芝柔肤水	129	150	0.8		79874.65
3	MYJH030502	美白防晒乳	88	201	0.75		
4	MYJH030601	日夜修复精华	320	37	0.9		
5	MYJH030901	灵芝保湿面霜	240	49	0.8		
6	MYJH031301	白芍美白乳液	158	76	0.95		
7	MYJH031401	恒美紧致精华	350	23	0.75		
8	MYJH031701	白芍美白爽肤水	109	147	0.85		

图 17-31

【公式解析】

=SUMPRODUCT(C2:C8,D2:D8,E2:E8)

公式依次将 C2:C8、D2:D8 和 E2:E8 区域上的值一一对应相乘，
即：依次计算 C2*D2*E2、C3*D3*E3、C4*D4*E4……，返回的
结果依次为 15480、13266、10656……，形成一个数组，然后公
式将返回的结果进行求和运算，得到的结果即为折后总金额

例2：满足多条件时求和运算

表格统计了 3 月份两个店铺各类别产品的销售额，需要计
算出指定店铺指定类别产品的总利润额。

扫一扫，看视频

❶ 选中 G2 单元格，在编辑栏中输入公式：

=SUMPRODUCT((C2:C13="紧致")*(D2:D13=2)*(E2:E13))

❷ 按 Enter 键即可依据 C2:C13、D2:D13 和 E2:E13 单元格区域的数值
计算出 2 店铺紧致类产品的总利润，如图 17-32 所示。

| G2 | : | × | ✓ | fx | =SUMPRODUCT((C2:C13="紧致")*(D2:D13=2)*(E2:E13)) | |

	A	B	C	D	E	F	G
1	产品编号	产品名称	产品类别	店面	利润		2店紧致类总利润
2	MYJH030301	灵芝保湿柔肤水	保湿	1	19121		84216
3	MYJH030901	灵芝保湿面霜	保湿	1	27940		
4	MYJH031301	白芍美白乳液	美白	1	23450		
5	MYJH031301	白芍美白乳液	美白	2	34794		
6	MYJH031401	恒美紧致精华	紧致	1	31467		
7	MYJH031401	恒美紧致精华	紧致	1	28900		
8	MYJH031701	白芍美白爽肤水	美白	1	18451		
9	MYJH032001	灵芝保湿乳液	保湿	1	31474		
10	MYJH032001	灵芝保湿乳液	保湿	2	17940		
11	MYJH032801	恒美紧致柔肤水	紧致	1	14761		
12	MYJH032801	恒美紧致柔肤水	紧致	2	20640		
13	MYJH033001	恒美紧致面霜	紧致	2	34676		

图 17-32

【公式解析】

=SUMPRODUCT((C2:C13="紧致")*(D2:D13=2)*(E2:E13))

两个条件，需要同时满足。同时满足时返回 TRUE，否则返回 FALSE，返回的是一个数组

前面数组与 E2:E13 单元格中数据依次相乘，TRUE 乘以数值等于原值，FALSE 乘以数据等于 0，然后对相乘的结果求和

例 3：统计周末的营业额合计金额

扫一扫，看视频

表格中统计了商场 11 月份的销售记录，其中包括工作日和周末的销售业绩，现在需要统计周末的营业额合计金额。

❶ 选中 E2 单元格，在编辑栏中输入公式：
=SUMPRODUCT((MOD(B2:B15,7)<2)*C2:C15)

❷ 按 Enter 键即可依据 B2:B15 的日期和 C2:C15 单元格区域数值计算出周末的总营业额，如图 17-33 所示。

| E2 | ▼ | ： | × | ✓ | fx | =SUMPRODUCT((MOD(B2:B15,7)<2)*C2:C15) |

▲	A	B	C	D	E	I
1	编号	销售日期	营业额		周末总营业额	
2	YWSP-030301	2017/11/4	11500		76360	
3	YWSP-030302	2017/11/4	8670			
4	YWSP-030501	2017/11/5	9800			
5	YWSP-030502	2017/11/5	8870			
6	YWSP-030601	2017/11/6	5000			
7	YWSP-030901	2017/11/9	11200			
8	YWSP-031101	2017/11/11	9500			
9	YWSP-031201	2017/11/12	7900			
10	YWSP-031301	2017/11/13	3600			
11	YWSP-031401	2017/11/14	5200			
12	YWSP-031701	2017/11/17	8900			
13	YWSP-031801	2017/11/18	9100			
14	YWSP-031901	2017/11/19	11020			
15	YWSP-032202	2017/11/22	8600			

图 17-33

【公式解析】

MOD 函数是求两个数值相除后的余数。

=SUMPRODUCT((MOD(B2:B15,7)<2)*C2:C15)

①依次提取 B2:B15 单元格区域中的日期，然后依次求取与 7 相除的余数，并判断余数是否小于 2，如果是返回 TRUE，否则返回 FALSE

②将①数组与 C2:C15 单元格区域各值相乘，TRUE 乘以数值等于原值，FALSE 乘以数值等于 0，然后对相乘的结果求和

例 4：汇总某两种产品的销售额

表格中统计了商场 3 月份的销售记录，现要需要对两种产品的总销售额进行汇总计算。

❶ 选中 F2 单元格，在编辑栏中输入公式（如图 17-34 所示）：

=SUMPRODUCT(((C2:C12="柔肤水")+(C2:C12="乳液"))*D2:D12)

	A	B	C	D	E	F	G
				fx	=SUMPRODUCT(((C2:C12="柔肤水")+(C2:C12="乳液"))*D2:D12)		
1	销售日期	产品系列	产品名称	销售额		乳液与柔肤水总销售额	
2	2017/11/3	高保湿系列	乳液	13500		95210	
3	2017/11/3	日夜修复系列	柔肤水	12900			
4	2017/11/5	男士系列	乳液	13800			
5	2017/11/7	高保湿系列	日霜	14100			
6	2017/11/7	男士系列	洁面膏	14900			
7	2017/11/10	高保湿系列	柔肤水	13700			
8	2017/11/15	男士系列	乳液	13850			
9	2017/11/18	日夜修复系列	日霜	13250			
10	2017/11/18	高保湿系列	乳液	15420			
11	2017/11/20	男士系列	洁面膏	14780			
12	2017/11/21	高保湿系列	柔肤水	12040			

图 17-34

❷ 按 Enter 键即可对 C2:C12 单元格区域中的产品名称进行判断，并对满足条件的产品的"销售额"字段进行求和运算。

【公式解析】

$$=SUMPRODUCT(((C2:C12="柔肤水")+(C2:C12="乳液"))*$$
$$D2:D12)$$

这一处的设置是公式的关键点，首先当 C2:C12 单元格区域中是 "柔肤水" 时返回 TRUE，否则返回 FALSE；接着依次判断 C2:C12 单元区域中是否是 "乳液"，如果是返回 TRUE，否则返回 FALSE。两个数组相加将会取所有 TRUE，即 TRUE 加 FALSE 也返回 TRUE。这样就找到了 "柔肤水" 与 "乳液"。然后取 D2:D12 单元格区域上满足条件的值，再进行求和运算

◀)) 注意：

以此公式扩展，如果要统计更多个产品只要使用 "+" 号连接即可。同理如果要统计某几个地区、某几位销售员的销售额等都可以使用类似公式。

例 5：统计大于 12 个月的账款

扫一扫，看视频

表格按时间统计了借款金额，要求分别统计出 12 个月内的账款与超过 12 个月的账款。

❶ 选中 F2 单元格，在编辑栏中输入公式（如图 17-35 所示）：
=SUMPRODUCT((DATEDIF(B2:B12,TODAY(),"M")<=12)*
C2:C12)

	F2		fx	=SUMPRODUCT((DATEDIF(B2:B12,TODAY(),"M")<=12)*C2:C12)		
▲	A	B	C	D	E	F	G
1	公司名称	开票日期	应收金额		账龄	金额	
2	通达科技	16/7/4	¥ 5,000.00		12月以内	¥ 208,700.00	
3	中汽出口贸易	17/1/5	¥ 10,000.00		12月以上		
4	兰苑包装	16/7/8	¥ 22,800.00				
5	安广彩印	17/1/10	¥ 8,700.00				
6	弘扬科技	17/2/20	¥ 25,000.00				
7	灵运商贸	17/1/22	¥ 58,000.00				
8	安广彩印	17/4/30	¥ 5,000.00				
9	兰苑包装	16/5/5	¥ 12,000.00				
10	兰苑包装	17/5/12	¥ 23,000.00				
11	华宇包装	17/7/12	¥ 29,000.00				
12	通达科技	17/5/17	¥ 50,000.00				

图 17-35

Excel 应用技巧速查宝典

❷ 按 Enter 键即可对 B2:B12 单元格区域中的日期进行判断，并计算出 12 个月以内的账款合计值。

❸ 选中 F3 单元格，在编辑栏中输入公式（如图 17-36 所示）：
=SUMPRODUCT((DATEDIF(B2:B12,TODAY(),"M")>12)*C2:C12)

	A	B	C	D	E	F	G
	公司名称	开票日期	应收金额		账龄	金额	
1							
2	通达科技	16/7/4	¥ 5,000.00		12月以内	¥ 208,700.00	
3	中汽出口贸易	17/1/5	¥ 10,000.00		12月以上	¥ 39,800.00	
4	兰苑包装	16/7/8	¥ 22,800.00				
5	安广彩印	17/1/10	¥ 8,700.00				
6	弘扬科技	17/2/20	¥ 25,000.00				
7	灵运商贸	17/1/22	¥ 58,000.00				
8	安广彩印	17/4/30	¥ 5,000.00				
9	兰苑包装	16/5/5	¥ 12,000.00				
10	兰苑包装	17/5/12	¥ 23,000.00				
11	华宇包装	17/7/12	¥ 29,000.00				
12	通达科技	17/5/17	¥ 50,000.00				

F3 单元格编辑栏：=SUMPRODUCT((DATEDIF(B2:B12,TODAY(),"M")>12)*C2:C12)

图 17-36

❹ 按 Enter 键即可对 B2:B12 单元格区域中的日期进行判断，并计算出 12 个月以上的账款合计值。

【公式解析】

DATEDIF 函数是日期函数，用于计算两个日期之间的年数、月数和天数（用不同的参数指定）

TODAY 函数是日期函数，用于返回特定日期的序列号

=SUMPRODUCT((DATEDIF(B2:B12,TODAY(),"M")>12)*C2:C12)

①依次返回 B2:B12 单元格区域日期与当前日期相差的月数。返回结果是一个数组

②依次判断①数组是否大于 12，如果是返回 TRUE，否则返回 FALSE。返回 TRUE 的就是满足条件的值

③将②步返回数组 C2:C12 单元格区域值依次相乘，即将满足条件的取值，然后进行求和运算

例6：统计指定班级中大于指定分值的人数

如图 17-37 所示的表格统计了某次竞赛中两个班中各参赛学生的总分数，要求统计出各班总分高于 300 分的人数。

	准考证号	姓名	班级	总分		班级	分数高于300的人数
1							
2	2017070101	何志新	7(1)班	364		7(1)班	3
3	2017070201	周志鹏	7(2)班	330		7(2)班	2
4	2017070102	夏楚奇	7(1)班	338			
5	2017070202	周金星	7(2)班	276			
6	2017070103	张明宇	7(1)班	298			
7	2017070203	赵思飞	7(2)班	337			
8	2017070104	韩佳人	7(1)班	265			
9	2017070204	刘莉莉	7(2)班	296			
10	2017070105	吴世芳	7(1)班	316			
11	2017070205	王淑芬	7(2)班	299			

图 17-37

❶ 选中 G2 单元格，在编辑栏中输入公式：

=SUMPRODUCT((C\$2:C\$11=F2)*(D\$2:D\$11>300))

按 Enter 键即可依据 C2:C11 和 D2:D11 区域中的班级信息和数值计算出 7（1）班分数高于 300 的人数，如图 17-38 所示。

图 17-38

❷ 将 G2 单元格的公式向下填充得到 7（2）班分数高于 300 的人数，如图 17-39 所示。

G3		:	✕ ✓	fx	=SUMPRODUCT((C$2:C$11=F3)*(D$2:D$11>300))	

▲	A	B	C	D	E	F	G
1	准考证号	姓名	班级	总分		班级	分数高于300的人数
2	2017070101	何志新	7(1)班	364		7(1)班	3
3	2017070201	周志鹏	7(2)班	330		7(2)班	2
4	2017070102	夏楚奇	7(1)班	338			
5	2017070202	周金星	7(2)班	276			
6	2017070103	张明宇	7(1)班	298			
7	2017070203	赵思飞	7(2)班	337			
8	2017070104	韩佳人	7(1)班	265			
9	2017070204	刘莉莉	7(2)班	296			
10	2017070105	吴世芳	7(1)班	316			
11	2017070205	王淑芬	7(2)班	299			

图 17-39

【公式解析】

①依次判断 C2:C11 单元格区域中的值是否为 F2 单元格中的班级 "7(1)班",是返回 TRUE,否则返回 FALSE。形成一个数组

②依次判断 D2:D11 单元格区域中的数值是否大于 300,是返回 TRUE,否则返回 FALSE。形成一个数组

=SUMPRODUCT((C$2:C$11=F2)*(D$2:D$11>300))

③将①和②返回的结果先相乘再相加。在相乘时,逻辑值 TRUE 为 1,FALSE 为 0

📢 注意:

这是一个满足多条件计数的例子,此处使用 COUNTIFS 函数也可以完成公式的设计,这种情况下使用 SUMPRODUCT 与 COUNTIFS 函数可以获取相同的统计效果。与 SUMIFS 函数一样,SUMPRODUCT 函数的参数设置更加灵活,因此可以实现满足更多条件的求和与计数统计。

17.2 数据的舍入

顾名思义,数据的舍入指的是对数据进行舍入处理,但数据的舍入并不

第 17 章 数据计算——数学函数

仅限于四舍五入，还可以向下舍入、向上舍入、截尾取整等。要实现不同的舍入结果，需要使用不同的函数。

1. INT（将数字向下舍入到最接近的整数）

【函数功能】INT 将数字向下舍入到最近的整数。

【函数语法】INT(number)

number：必需。需要向下舍入到取整的实数。

【用法解析】

$$=\text{INT（A2）}$$

唯一参数，表示要进行舍入的目标数据。可以是常数、单元格引用或公式返回值

如图 17-40 所示中，以 A 列中各值为参数，根据参数为正数或负数返回值有所不同。

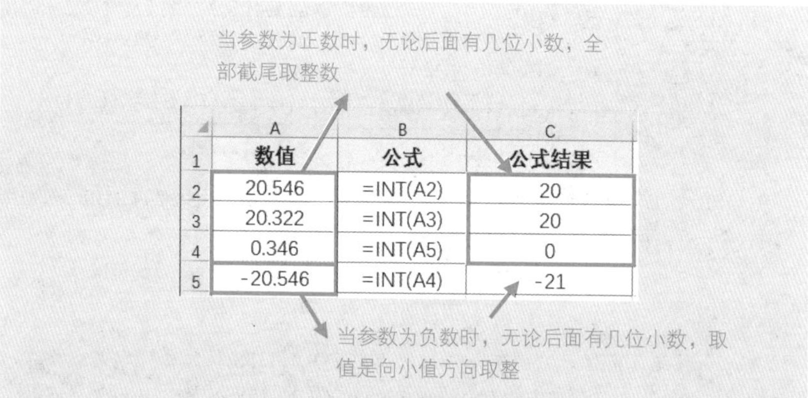

当参数为正数时，无论后面有几位小数，全部截尾取整数

	A	B	C
1	**数值**	**公式**	**公式结果**
2	20.546	=INT(A2)	20
3	20.322	=INT(A3)	20
4	0.346	=INT(A5)	0
5	-20.546	=INT(A4)	-21

当参数为负数时，无论后面有几位小数，取值是向小值方向取整

图 17-40

例：对平均产量取整

扫一扫，看视频

如图 17-41 所示，计算平均销量时经常会出现多个小数位，现在希望平均销量保持整数，可以在原公式的外层使用 INT 函数。

❶ 选中 E2 单元格，在编辑栏中输入公式（如图 17-42 所示）：
=INT(AVERAGE(C2:C10))

❷ 按 Enter 键即可根据 C2:C10 区域中的数值计算出平均销量，如

图 17-42 所示。

	A	B	C	D	E
	所属部门	销售员	销量(件)		平均销量(件)
1					
2	销售2部	何慧兰	4469		5640.777778
3	销售1部	周云溪	5678		
4	销售2部	夏楚玉	4698		
5	销售1部	吴若晨	4840		
6	销售1部	周小琪	7953		
7	销售1部	韩佳欣	6790		
8	销售2部	吴思兰	4630		
9	销售1部	孙倩新	4798		
10	销售1部	杨淑霞	6911		

图 17-41

	A	B	C	D	E
	所属部门	销售员	销量(件)		平均销量(件)
1					
2	销售2部	何慧兰	4469		5640
3	销售1部	周云溪	5678		
4	销售2部	夏楚玉	4698		
5	销售1部	吴若晨	4840		
6	销售1部	周小琪	7953		
7	销售1部	韩佳欣	6790		
8	销售2部	吴思兰	4630		
9	销售1部	孙倩新	4798		
10	销售1部	杨淑霞	6911		

图 17-42

【公式解析】

=INT(AVERAGE(C2:C10))

将 AVERAGE 函数的返回值作为 INT 函数的参数，可见此
参数可以是单元格的引用，也可以是其他函数的返回值

2. ROUND（对数据进行四舍五入）

【函数功能】ROUND 函数可将某个数字四舍五入为指定的位数。

【函数语法】ROUND(number,num_digits)

● number：必需。要四舍五入的数字。

● num_digits：必需。位数，按此位数对 number 参数进行四舍五入。

【用法解析】

必需参数，表示要进行舍入的目标数据。可以是常数、
单元格引用或公式返回值

=ROUND（A2，2)

四舍五入后保留的小数位数

● 大于 0，则将数字四舍五入到指定的小数位。

● 等于 0，则将数字四舍五入到最接近的整数。

● 小于 0，则在小数点左侧进行四舍五入。

如图 17-43 所示中 A 列中各值为参数 1，当为参数 2 指定不同值时，可以返回不同的结果。

	A	B	C
1	数值	公式	结果
2	20.346	=ROUND(A2,0)	20
3	20.346	=ROUND(A3,2)	20.35
4	20.346	=ROUND(A4,-1)	20
5	-20.346	=ROUND(A5,2)	-20.35
6			

除了第2个参数为负值，其他都是四舍五入的结果

图 17-43

例：为超出完成量的计算奖金

扫一扫，看视频

如图 17-44 所示，表格中统计了每一位销售员的完成量（B1 单元格中的达标值为 80%）。要求通过设置公式实现根据完成量自动计算奖金，在本例中计算奖金以及扣款的规则如下：当完成量大于等于达标值 1 个百分点时给予 200 元奖励（向上累加），大于 1 个百分点按 2 个百分点算，大于 2 个百分点按 3 个百分点算，以此类推。

	A	B	C
1	达标值	80.00%	
2	销售员	完成量	奖金
3	何慧兰	86.65%	
4	周云溪	88.40%	
5	夏楚玉	81.72%	
6	吴若晨	84.34%	
7	周小琪	89.21%	
8	韩佳欣	81.28%	
9	吴思兰	83.64%	
10	孙倩新	81.32%	
11	杨淑霞	87.61%	

图 17-44

❶ 选中 C3 单元格，在编辑栏中输入公式：

```
=ROUND(B3-$B$1,2)*100*200
```

按 Enter 键即可根据 B3 单元格的完成量和 B1 单元格的达标值得出奖金金额，如图 17-45 所示。

❷ 将 C3 单元格的公式向下填充，可一次性得到批量结果，如图 17-46 所示。

| C3 | | | ✕ ✓ ƒx | =ROUND(B3-$B$1,2)*100*200 |

▲	A	B	C	D	E
1	达标值	80.00%			
2	销售员	完成量	奖金		
3	何慧兰	86.65%	1400		
4	周云溪	88.40%			
5	夏楚玉	81.72%			
6	吴若晨	84.34%			
7	周小琪	89.21%			
8	韩佳欣	81.28%			
9	吴思兰	83.64%			
10	孙倩新	81.32%			
11	杨淑霞	87.61%			

▲	A	B	C
1	达标值	80.00%	
2	销售员	完成量	奖金
3	何慧兰	86.65%	1400
4	周云溪	88.40%	1600
5	夏楚玉	81.72%	400
6	吴若晨	84.34%	800
7	周小琪	89.21%	1800
8	韩佳欣	81.28%	200
9	吴思兰	83.64%	800
10	孙倩新	81.32%	200
11	杨淑霞	87.61%	1600

图 17-45　　　　　　　　　　　图 17-46

【公式解析】

$$=ROUND(B3-\$B\$1,2)*100*200$$

① 计算 B3 单元格中值与 B1 单元格中值的差值，并保留两位小数

② 将①返回值乘以 100 表示将小数值转换为整数值，表示超出的百分点。再乘以 200 表示计算奖金总额

3. ROUNDUP（远离零值向上舍入数值）

【函数功能】ROUNDUP 函数返回朝着远离 0（零）的方向将数字进行向上舍入。

【函数语法】ROUNDUP (number,num_digits)

- number：必需。需要向上舍入的任意实数 。
- num_digits：必需。要将数字舍入到的位数。

【用法解析】

必需参数，表示要进行舍入的目标数据。可以是常数、单元格引用或公式返回值

=ROUNDUP（A2,2）

必需参数，表示要舍入到的位数

- 大于 0，则将数字向上舍入到指定的小数位。
- 等于 0，则将数字向上舍入到最接近的整数。
- 小于 0，则在小数点左侧向上进行舍入。

如图 17-47 所示，以 A 列中各值为参数 1，参数 2 的设置不同时可返回不同的值。

当参数 2 为正数时，则按指定保留的小数位数总是向前进一位即可

	A	B	C
1	数值	公式	公式返回值
2	20.246	=ROUNDUP(A2.0)	21
3	20.246	=ROUNDUP(A3.2)	20.25
4	-20.246	=ROUNDUP(A5.1)	-20.3
5	20.246	=ROUNDUP(A4,-1)	30

当参数 2 为负数时，则按远离 0 的方向向上舍入

图 17-47

例 1：计算材料长度（材料只能多不能少）

扫一扫，看视频

如图 17-48 所示表格中统计了花圃半径,现需要计算所需材料的长度，由于在计算周长时出现多位小数位（如图中 C 列显示），而所需材料只可多不能少，因此可以使用 ROUNDUP 函数向上舍入。

	A	B	C
1	花圃编号	半径（米）	周长
2	01	10	31.415926
3	02	15	47.123889
4	03	18	56.5486668
5	04	20	62.831852
6	05	17	53.4070742

图 17-48

❶ 选中 D2 单元格，在编辑栏中输入公式：

```
=ROUNDUP(C2,1)
```

按 Enter 键即可根据 C2 单元格中的值计算所需材料的长度，如图 17-49 所示。

❷ 将 C2 单元格的公式向下填充，可一次性得到批量结果，如图 17-50 所示。

D2		× ✓ fx	=ROUNDUP(C2,1)

	A	B	C	D
1	花圃编号	半径（米）	周长	需材料长度
2	01	10	31.415926	31.5
3	02	15	47.123889	
4	03	18	56.5486668	
5	04	20	62.831852	
6	05	17	53.4070742	

图 17-49

B	C	D
半径（米）	周长	需材料长度
10	31.415926	31.5
15	47.123889	47.2
18	56.5486668	56.6
20	62.831852	62.9
17	53.4070742	53.5

图 17-50

【公式解析】

$$=ROUNDUP(C2,1)$$

保留 1 位小数，向上舍入。即只保留 1 位小数，无论什么情况都向前进一位

例 2：计算物品的快递费用

表格中统计当天所收每一件快递的物品重量，需要计算快递费用。收费规则：首重 1 公斤（注意是每公斤）为 8 元；续重每斤（注意是每斤）为 2 元。

扫一扫，看视频

❶ 选中 C2 单元格，在编辑栏中输入公式：

`=IF(B2<=1,8,8+ROUNDUP((B2-1)*2,0)*2)`

按 Enter 键即可根据 B2 单元格中的重量计算出费用，如图 17-51 所示。

❷ 将 C2 单元格的公式向下填充，可一次得到批量结果，如图 17-52 所示。

C2		× ✓ fx	=IF(B2<=1,8,8+ROUNDUP((B2-1)*2,0)*2)

	A	B	C	D
1	单号	物品重量	费用	
2	2017041201	5.23	26	
3	2017041202	8.31		
4	2017041203	13.64		
5	2017041204	85.18		
6	2017041205	12.01		
7	2017041206	8		
8	2017041207	1.27		
9	2017041208	3.69		
10	2017041209	10.41		

图 17-51

	A	B	C
1	单号	物品重量	费用
2	2017041201	5.23	26
3	2017041202	8.31	38
4	2017041203	13.64	60
5	2017041204	85.18	346
6	2017041205	12.01	54
7	2017041206	8	36
8	2017041207	1.27	10
9	2017041208	3.69	20
10	2017041209	10.41	46

图 17-52

【公式解析】

①判断 B2 单元格的值是否小于等于 1，如果是，返回 8；否则进行后面的运算

$$=IF(B2<=1,8,8+ROUNDUP((B2-1)*2,0)*2)$$

②B2 中重量减去首重重量，乘以 2 表示将公斤转换为斤，将这个结果向上取整（即如果计算值为 1.34，向上取整结果为 2；计算值为 2.188，向上取整结果为 3……）

③将②步结果乘以 2 再加上首重费用 8 表示此物件的总物流费用金额

4. ROUNDDOWN（靠近零值向下舍入数值）

【函数功能】ROUNDDOWN 朝着 0 方向将数字进行向下舍入。

【函数语法】ROUNDDOWN (number,num_digits)

- number：必需。需要向下舍入的任意实数。
- num_digits：必需。要将数字舍入到的位数。

【用法解析】

必需参数，表示要进行舍入的目标数据。可以是常数、单元格引用或公式返回值

$$=ROUNDDOWN（A2,2)$$

必需参数，表示要舍入到的位数
- 大于 0，则将数字向下舍入到指定的小数位。
- 等于 0，则将数字向下舍入到最接近的整数。
- 小于 0，则在小数点左侧向下进行舍入。

如图 17-53 所示，以 A 列中各值为参数 1，当参数 2 设置不同时可返回不同的结果。

当参数 2 为正数时，则按指定保留的小数位数总是直接截去后面部分

	A	B	C
1	数值	公式	公式返回值
2	20.256	=ROUNDDOWN(A2,0)	20
3	20.256	=ROUNDDOWN(A3,1)	20.2
4	-20.256	=ROUNDDOWN(A4,1)	-20.2
5	20.256	=ROUNDDOWN(A5,-1)	20
6			

当参数 2 为负数时，向下舍入到小数点左边的相应位数

图 17-53

例：购物金额舍尾取整

表格中在计算购物订单的金额时给出 0.88 折扣，计算折扣后出现小数（如图 17-54 所示），现在希望折后应收金额能舍去小数金额。

	A	B	C	D
1	单号	金额	折扣金额	折后应收
2	2017041201	523	460.24	460
3	2017041202	831	731.28	731
4	2017041203	1364	1200.32	1200
5	2017041204	8518	7495.84	7495
6	2017041205	1201	1056.88	1056
7	2017041206	898	790.24	790
8	2017041207	1127	991.76	991
9	2017041208	369	324.72	324
10	2017041209	1841	1620.08	1620

图 17-54

❶ 选中 D2 单元格，在编辑栏中输入公式：

=ROUNDDOWN(C2,0)

❷ 按 Enter 键即可根据 C2 单元格中的数值计算出折后应收金额。将 D2 单元格的公式向下填充，可一次得到批量结果，如图 17-55 所示。

| D2 | ▼ | : | × | ✓ | fx | =ROUNDDOWN(C2,0) |

▲	A	B	C	D
1	单号	金额	折扣金额	折后应收
2	2017041201	523	460.24	460
3	2017041202	831	731.28	731
4	2017041203	1364	1200.32	1200
5	2017041204	8518	7495.84	7495
6	2017041205	1201	1056.88	1056
7	2017041206	898	790.24	790
8	2017041207	1127	991.76	991
9	2017041208	369	324.72	324
10	2017041209	1841	1620.08	1620

图 17-55

5. CEILING.PRECISE（向上舍入到最接近指定数字的某个值的倍数值）

【函数功能】将参数 number 向上舍入（正向无穷大的方向）为最接近的 significance 的倍数。无论该数字的符号如何，该数字都向上舍入。但是，如果该数字或有效位为 0，则将返回 0。

【函数语法】CEILING.PRECISE(number, [significance])

● number：必需。要进行舍入计算的值。

● significance：可选。要将数字舍入的倍数。

【用法解析】

$$= CEILING.PRECISE（A2,2）$$

必需参数，表示要进行舍入的目标数据。可以是常数、单元格引用或公式返回值

必需参数，表示要舍入的倍数。省略时默认为 1

📢 注意：

由于使用倍数的绝对值，无论数字或指定基数的符号如何，返回值的符号和 number 的符号一致（即无论 significance 参数是正数还是负数，最终结果的符号都由 number 的符号决定）且返回值永远大于或等于 number 值。

CEILING.PRECISE 与 ROUNDUP 同为向上舍入函数，但二者是不同的。ROUNDUP 与 ROUND 一样是对数据按指定位数舍入，只是不考虑四舍五入情况总是向前进一位。而 CEILING.PRECISE 函数是将数据向上舍入（绝对

值增大的方向）为最接近基数的倍数。

例：按指定计价单位计算总花费

下面通过基本公式及其返回值来具体看看 CEILING.PRECISE 是如何返回值的。如图 17-56 所示中可以看到数值及指定不同的 significance 值时所返回的结果。

扫一扫，看视频

返回最接近 5 的 2 的倍数。最接近 5 的整数有 "4" 和 "6"，由于是向上舍入，所以目标值是 6

	A	B	C
1	数值	公式	返回结果
2	5	=CEILING.PRECISE(A2,2)	6
3	5	=CEILING.PRECISE(A3,3)	6
4	5	=CEILING.PRECISE(A4,-2)	6
5	5.4	=CEILING.PRECISE(A5,1)	6
6	5.4	=CEILING.PRECISE(A6,2)	6
7	5.4	=CEILING.PRECISE(A7,0.2)	5.4
8	-6.8	=CEILING.PRECISE(A8,2)	-6
9	-2.5	=CEILING.PRECISE(A9,1)	-2

最接近 5 的（向上）3 的倍数

"-2" 取绝对值，所以仍然是最接近 5 的（向上）2 的倍数

最接近 5.4 的（向上）0.2 的倍数

图 17-56

例如，有一个实例要求根据停车分钟数来计算停车费用，停车 1 小时 4 元，不足 1 小时按 1 小时计算。使用 ROUNDUP 函数与 CEILING.PRECISE 函数均可以实现。

使用 CEILINGG.PPRECISE 函数的公式为：=CEILING.PRECISE (B2/60,1)*4，如图 17-57 所示。

C2		▼	:	×	✓	fx	=CEILING.PRECISE(B2/60,1)*4

	A	B	C
1	车牌号	停车分钟数	费用（元）
2	20170329082	40	4
3	20170329114	174	12
4	20170329023	540	36
5	20170329143	600	40
6	20170329155	273	20
7	20170329160	32	4

参数为 "1"，表示将 "B2/60"（将分钟数转换为小时数）向上取整，只保留整数

图 17-57

📢 **注意：**

> CEILING.PRECISE 函数的参数为 1 时，当 number 为整数时，返回结果始终是 number；当 number 为小数时，始终是向整数上进 1 位并舍弃小数位。

使用 ROUNDUP 函数的公式为：=ROUNDUP(B2/60,0)*4，如图 17-58 所示。

	A	B	C
1	车牌号	停车分钟数	费用(元)
2	20170329082	40	4
3	20170329114	174	12
4	20170329023	540	36
5	20170329143	600	40
6	20170329155	273	20
7	20170329160	32	4

C2 编辑栏：=ROUNDUP(B2/60,0)*4

参数为 "0"，表示将 "B2/60"（将分钟数转换为小时数）向上取整，只保留整数

图 17-58

例：按指定计价单位计算总话费

扫一扫，看视频

表格中统计了多项国际长途的通话时间，现在要计算通话费用，计价规则为：每 6 秒计价一次，不足 6 秒按 6 秒计算，第 6 秒费用为 0.07 元。

❶ 选中 C2 单元格，在编辑栏中输入公式：

=CEILING.PRECISE(B2,6)/6*0.07

❷ 按 Enter 键即可根据 B2 单元格中的通话时间计算通话费用，如图 17-59 所示。将 C2 单元格的公式向下填充，可一次得到批量计算结果，如图 17-60 所示。

C2 编辑栏：=CEILING.PRECISE(B2,6)/6*0.07

	A	B	C	D
1	电话编号	通话时长(秒)	费用	
2	20170329082	640	7.49	
3	20170329114	9874		
4	20170329023	7540		
5	20170329143	985		
6	20170329155	273		
7	20170329160	832		

图 17-59

	A	B	C
1	电话编号	通话时长(秒)	费用
2	20170329082	640	7.49
3	20170329114	9874	115.22
4	20170329023	7540	87.99
5	20170329143	985	11.55
6	20170329155	273	3.22
7	20170329160	832	9.73

图 17-60

【公式解析】

$$=CEILING.PRECISE(B2,6)/6*0.07$$

①用 CEILING . PRECISE 向上舍入表示返回
最接近通话秒数的 6 的倍数（向上舍入可以达
到不足 6 秒按 6 秒计算的目的）。用结果除以
6 表示计算出共有多少个计价单位

②用①的结果乘以每 6 秒
的费用，得到总费用

6. FLOOR.PRECISE（向下舍入到最接近指定数字的某个值的倍数值）

【函数功能】将参数 number 向下舍入（正向无穷大的方向）为最接近
的 significance 的倍数。无论该数字的符号如何，该数字都向下舍入。但是，
如果该数字或有效位为 0，则将返回 0。

【函数语法】FLOOR.PRECISE(number, [significance])

● number：必需。要进行舍入计算的值。

● significance：可选。要将数字舍入的倍数。

【用法解析】

$$= FLOOR.PRECISE（A2,2)$$

必需参数，表示要进行舍入的目标数据。可
以是常数、单元格引用或公式返回值

必需参数，表示要舍入的倍
数。省略时默认为 1。

📢 注意：

由于使用倍数的绝对值，无论数字或指定基数的符号如何，返回值的
符号都和 number 的符号一致（即无论 significance 参数是正数还是负
数，最终结果的符号都由 number 的符号决定），且返回值永远大于或
等于 number 值。

FLOOR.PRECISE 与 ROUNDDOWN 同为向下舍入函数，但二者是不
同的。

ROUNDDOWN 是对数据按指定位数舍入，只是不考虑四舍五入的情
况，总是不向前进位，而是直接将剩余的小数位截去。而 FLOOR.PRECISE
函数是将数据向下舍入（绝对值增大的方向）为最近基数的倍数。

下面通过基本公式及其返回值来具体看看 FLOOR.PRECISE 是如何返回值的（学习这个函数可与上面的 CEILING . PRECISE 函数用法解析对比。如图 17-61 所示，使用的数值及 significance 参数的设置与 CEILING . PRECISE 函数中完全一样，通过对比可以看到返回值却不同）。

返回最接近 5 的 2 的倍数。最接近 5 的整数有 "4" 和 "6"，由于是向下舍入，所以目标值是 4

	A	B	C
1	数值	公式	返回结果
2	5	=FLOOR.PRECISE(A2,2)	4
3	5	=FLOOR.PRECISE(A3,3)	3
4	5	=FLOOR.PRECISE(A4,-2)	4
5	5.4	=FLOOR.PRECISE(A5,1)	5
6	5.4	=FLOOR.PRECISE(A6,2)	4
7	5.4	=FLOOR.PRECISE(A7,0.2)	5.4
8	-6.8	=FLOOR.PRECISE(A8,2)	-8
9	-2.5	=FLOOR.PRECISE(A9,1)	-3

最接近 5 的（向下）3 的倍数

"-2" 取绝对值，所以仍然是最接近 5 的（向下）2 的倍数

最接近 5.4 的（向下）2 的倍数

图 17-61

例：计算计件工资中的奖金

扫一扫，看视频

表格中统计了车间工人 4 月份的产值，需要根据产值计算月奖金，奖金发放规则：生产件数小于 300 件无奖金；生产件数大于等于 300 件奖金为 300 元，并且每增加 10 件奖金增加 50 元。

❶ 选中 E2 单元格，在编辑栏中输入公式：
=IF(D2<300,0,FLOOR.PRECISE(D2-300,10)/10*50+300)

❷ 按 Enter 键即可根据 D2 单元格中的数值计算奖金，如图 17-62 所示。将 E2 单元格的公式向下填充，可一次得到批量结果，如图 17-63 所示。

E2　fx =IF(D2<300,0,FLOOR.PRECISE(D2-300,10)/10*50+300)

	A	B	C	D	E	F
1	姓名	性别	职位	生产件数	奖金	
2	何志新	男	高级技工	351	550	
3	周志鹏	男	技术员	367		
4	夏楚奇	男	初级技工	386		
5	周金星	女	初级技工	291		
6	张明宇	男	技术员	401		
7	赵思飞	男	中级技工	305		
8	韩佳人	女	高级技工	384		
9	刘莉莉	女	初级技工	289		
10	王淑芬	女	初级技工	347		
11	郑嘉新	男	初级技工	290		
12	张盼盼	女	技术员	450		
13	侯诗奇	男	初级技工	312		

图 17-62

	A	B	C	D	E
1	姓名	性别	职位	生产件数	奖金
2	何志新	男	高级技工	351	550
3	周志鹏	男	技术员	367	600
4	夏楚奇	男	初级技工	386	700
5	周金星	女	初级技工	291	0
6	张明宇	男	技术员	401	800
7	赵思飞	男	中级技工	305	300
8	韩佳人	女	高级技工	384	700
9	刘莉莉	女	初级技工	289	0
10	王淑芬	女	初级技工	347	500
11	郑嘉新	男	初级技工	290	0
12	张盼盼	女	技术员	450	1050
13	侯诗奇	男	初级技工	312	350

图 17-63

【公式解析】

①D2 小于 300 表示无奖金。如果大于 300 则进入后面的计算判断

②D2 减 300 为去除 300 后还剩多少件，使用 FLOOR.PRECISE 向下舍入表示返回最接近剩余件数的 10 的倍数。即满 10 件的计算在内，不满 10 件的舍去

=IF(D2<300,0,FLOOR.PRECISE(D2-300,10)/10*50+300)

③用②的结果除以 10 表示计算出共有几个 10 件，即能获得 50 元奖金的次数

④用计算得到的可获得 50 元奖金的次数乘以 50 表示除 300 元外所获取的资金额

7. MROUND（舍入到最接近指定数字的某个值的倍数值）

【函数功能】MROUND 函数用于返回舍入到指定倍数最接近 number 的数字。

【函数语法】MROUND(number,multiple)

- number：必需。需要舍入的值。
- multiple：必需。要将数值 number 舍入到的倍数。

【用法解析】

= MROUND（A2,2)

必需参数，表示要进行舍入的目标数据。可以是常数、单元格引用或公式返回值

必需参数，表求要舍入到的倍数。如果省略此参数则必须输入逗号占位

📢 注意:

参数 number 和 multiple 的正负符号必须一致，否则 MROUND 函数将返回 #NUM!错误值。

如图 17-64 所示，以 A 列中各值为参数 1，参数 2 的设置不同时可返回不同的值。

表示返回最接近 10 的 3 的倍数，3 的 3 倍是 9，3 的 4 倍是 12，
因此最接近 10 的是 9

	A	B	C
1	数值	公式	公式返回值
2	10	=MROUND(A2,3)	9
3	13.25	=MROUND(A3,3)	12
4	15	=MROUND(A4,2)	16
5	-3.5	=MROUND(A5,-2)	-4

图 17-64

例：计算商品运送车次

扫一扫，看视频

本例将根据运送商品总数量与每车可装箱数量来计算运送
车次。具体规定如下：

● 每 45 箱商品装 1 辆车。

● 如果最后剩余商品数量大于半数（即 23 箱），可以再
装 1 车运送 1 次，否则剩余商品不使用车辆运送。

❶ 选中 B4 单元格，在编辑栏中输入公式：

=MROUND(B1,B2)

按 Enter 键得出最接近 1000 的 45 的倍数，如图 17-65 所示。

❷ 选中 B5 单元格，在编辑栏中输入公式：

=B4/B2

按 Enter 键计算出需要运送的车次，如图 17-66 所示（运送 22 次后还乘
10 箱，所以不再运送一次）。

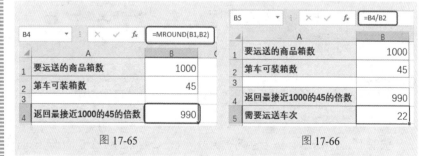

图 17-65   图 17-66

❸ 假如商品总箱数为 1020，运送车次变成了 23，因为运送 22 车后，

还有 30 箱，所以需要再运送一次，即总运送车次为 23 次，如图 17-67 所示。

▲	A	B	C
1	要运送的商品箱数	1020	
2	第车可装箱数	45	
3			
4	返回最接近1000的45的倍数	1035	
5	需要运送车次	23	
6			

图 17-67

【公式解析】

公式中 MROUND(B1,B2)这一部分的原理就是返回 45 的倍
数，并且这个倍数的值最接近 B1 单元格中的值。"最接近"
这 3 个字非常重要，它决定了不过半数少装 1 车，过半数就
多装 1 车

第18章 数据计算——统计函数

18.1 求平均值及按条件求平均值计算

求平均值运算是数据统计分析中一项最常用的运算。简单的求平均值运算包括对一组数据求平均值，如求某一时段的日平均销售额；根据员工考核成绩求平均分。除了常规的平均值运算外，还可以实现只对满足条件的数据求平均值，即使用 AVERAGEIF 函数与 AVERAGEIFS 函数，它们在数据统计中都发挥着极为重要的作用。

1. AVERAGE（计算算术平均值）

【函数功能】AVERAGE 函数用于计算所有参数的算术平均值。

【函数语法】AVERAGE(number1,number2,...)

number1,number2,...：表示要计算平均值的 1～255 个参数。

【用法解析】

AVERAGE 函数参数的写法有以下几种形式：

当前有 3 个参数，参数间用逗号分隔，参数个数最少是 1 个，最多只能设置 255 个。当前公式的计算结果等同于 "=（1+2+3）/3"

=AVERAGE（1,2,3)

共 3 个参数，可以是不连续的区域。因为单元格区域是不连续的，所以必须分别使用各自的单元格区域，中间用逗号间隔

= AVERAGE (D2:D3,D9:D10,Sheet2!A1:A3)

也可引用其他工作表中的单元格区域

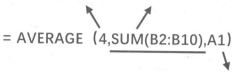

第 1 个参数是常量　　除了单元格引用和数值，参数还可以是其他公式的计算结果

= AVERAGE（4,SUM(B2:B10),A1)

第 3 个参数是单元格引用

📣 注意：

> 同 SUM 函数一样，AVERAGE 函数最多可以设置 255 个参数。并且如果参数是单元格引用，函数只对其中数值类型的数据进行运算，文本、逻辑值、空单元格都会被函数忽略。

值得注意的是，如果单元格包含零值则计算在内。图 18-1 中求解 A1:A5 单元格区域值的平均值，结果为"497"；图 18-2 中求解 A1:A6 单元格区域值的平均值，结果为"414.167"，表示 A3 单元格的 0 值也计算在内了；而图 18-3 中求解 A1:A6 单元格区域值的平均值，结果为"497"，表示 A3 单元格的空值不计算在内。

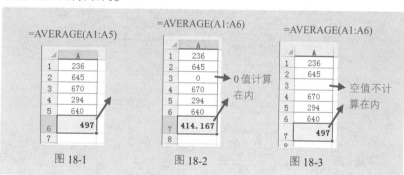

图 18-1　　　　图 18-2　　　　图 18-3

例 1：计算月平均支出费用

表格中统计了公司全年每月的支出金额，需要统计出全年中月平均支出金额，可以使用 AVERAGE 函数来实现。

扫一扫，看视频

❶ 选中 D2 单元格，在"公式"选项卡的"函数库"组中单击"自动求和"下拉按钮，在打开的列表中选择"平均值"，（如图 18-4 所示），即可在 D2 单元格自动输入求平均值的公式，但默认的数据源区域并不正确，重新选择 B2:B13 单元格区域作为参数，如图 18-5 所示。

图 18-4   图 18-5

❷ 按 Enter 键即可得出求平均值的结果，如图 18-6 所示。

图 18-6

例 2：计算平均成绩（将空白单元格计算在内）

扫一扫，看视频

在计算平均值时空值不被计算在内，但如果计算平均值想包含空格，可通过如下两种方法实现。

一是补 0 法，即将所有空白单元格都补 0，但这种方法影响视觉效果，因此在填表时往往没有数量的都是空着。

二是使用求和再除此条目数的方法，具体操作如下。

❶ 选中 E2 单元格，在编辑栏中输入公式（如图 18-7 所示）：
```
=SUM(C2:C11)/ROWS(A2:A11)
```
按 Enter 键即可依据 C2:C11 单元格区域中的数值求出平均成绩，空值也被计算在内，如图 18-7 所示。

❷ 对比空值不计算在内的结果，如图 18-8 所示（直接使用 AVERAGE 函数计算时默认空值不计算在内）。

	A	B	C	D	E	F	
1	序号	姓名	考核成绩		平均成绩		
2	1	柳丽晨	98		71.4		
3	2	黄永明	90				
4	3	苏竟					
5	4	何阳	88				
6	5	杜云美	92				
7	6	李丽芳	91				
8	7	徐萍丽					
9	8	唐晓霞	87				
10	9	张鸣	88				
11	10	肖菲儿	80				

空值计算在内

图 18-7

	A	B	C	D	E	J
1	序号	姓名	考核成绩		平均成绩	
2	1	柳丽晨	98		89.25	
3	2	黄永明	90			
4	3	苏竟				
5	4	何阳	88			
6	5	杜云美	92			
7	6	李丽芳	91			
8	7	徐萍丽				
9	8	唐晓霞	87			
10	9	张鸣	88			
11	10	肖菲儿	80			

空值不计算在内

图 18-8

【公式解析】

①对 C2:C11 区域的数据求和运算

ROWS 是返回行数的函数，不用直接去数有几行，只要看行标就能返回当前数据条目数

$$=SUM(C2:C11)/ROWS(A2:A11)$$

②返回 A2:A11 这个区域共有多少行，即返回当前的数据共有多少条

例 3：实现平均分数的动态计算

实现数据动态计算这一需求很多时候都需要应用到，例如销售记录随时添加时可以即时更新平均值、总和值等。下面的例子中要求实现平均分数的动态计算，即有新条目添加时平均值能自动重算。要实现平均分能动态计算要借助"表格"功能，此功能相当于将数据转换为动态区域，具体操作如下。

扫一扫，看视频

❶ 在当前表格中选中任意单元格，在"插入"选项卡的"表格"组中

单击"表格"按钮（如图 18-9 所示），弹出"创建表"对话框，勾选"表包含标题"复选框，单击"确定"按钮，如图 18-10 所示。

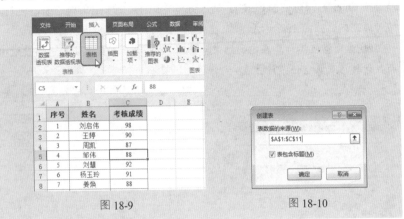

图 18-9　　　　　　　图 18-10

❷ 选中 E2 单元格，输入公式：

=AVERAGE(C2:C11)

按 Enter 键计算出平均成绩，如图 18-11 所示。当添加了一行新数据时，平均成绩也自动计算，如图 18-12 所示。

图 18-11　　　　　　　图 18-12

📢 注意：

将数据区域转换为"表格"后，使用其他函数引用数据区域进行计算时都可以实现计算结果的自动更新，而并不只局限于本例中介绍的 AVERAGE 函数。

2. AVERAGEIF（返回满足条件的平均值）

【函数功能】AVERAGEIF 函数返回某个区域内满足给定条件的所有单

元格的平均值（算术平均值）。

【函数语法】AVERAGEIF(range,criteria,average_range)

- range：是要计算平均值的一个或多个单元格，其中包括数字或包含数字的名称、数组或引用。
- criteria：是数字、表达式、单元格引用或文本形式的条件，用于定义要对哪些单元格计算平均值。例如：条件可以表示为 32、"32" ">32" "apples"或 b4。
- average_range：是要计算平均值的实际单元格集。如果忽略，则使用 range。

【用法解析】

第 1 个参数是用于条件判断区域，必须是单元格引用

第 3 个参数是用于求和区域。行、列数应与第 1 参数相同

= AVERAGEIF ($A$2:$A$5,E2,$C$2:$C$5)

第 2 个参数是求和条件，可以是数字、文本、单元格引用或公式等。如果是文本，必须使用双引号

🔊 注意：

在使用 AVERAGEIF 函数时，其参数的设置必须要按以下规则输入。第 1 个参数和第 3 个参数中的数据是一一对应关系，行数与列数必须保持相同。如果用于条件判断的区域（第 1 个参数）与用于求和的区域（第 3 个参数）是同一单元格区域，则可以省略第 3 个参数。

例 1：统计指定车间职工的平均工资

表格对不同车间职工的工资进行了统计，现在想计算出"服装车间"的平均工资。

❶ 选中 G2 单元格，在编辑栏中输入公式：

= AVERAGEIF(C2:C13,"服装车间",E2:E13)

❷ 按 Enter 键即可依据 C2:C13 和 E2:E13 单元格区域的数据计算出"服装车间"的平均工资，如图 18-13 所示。

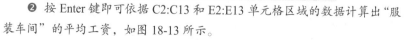

图 18-13

【公式解析】

①在条件区域 C2:C13 中找 "服装车间"

如果要求 "鞋包车间" 的平均工资,只要将此处条件更改为 "鞋包车间" 即可

= AVERAGEIF(C2:C13,"服装车间",E2:E13)

③对所取的值进行 求平均值运算

②将①中找到的满足条件的对应在 E2:E13 单元格区域上 的值取出来,对所取的值进行求平均值运算

扫一扫,看视频

例 2:按班级统计平均分数

如图 18-14 所示的表格中统计的是某次竞赛的成绩统计表, 其中包含有三个班级,现在需要分别统计出各个班级的平均分。

	A	B	C	D	E	F	G
1	姓名	性别	班级	成绩		班级	平均分
2	张轶煊	男	二(1)班	95		二(1)班	84.6
3	王华均	男	二(2)班	76		二(2)班	81
4	李成杰	男	二(3)班	82		二(3)班	83
5	夏正霏	女	二(2)班	90			
6	万文锦	男	二(2)班	87			
7	刘岚轩	男	二(3)班	79			
8	孙悦	女	二(1)班	85			
9	徐梓瑞	男	二(2)班	80			
10	许宸浩	男	二(2)班	88			
11	王颂彦	男	二(1)班	75			
12	姜美	女	二(2)班	98			
13	蔡浩轩	男	二(3)班	88			
14	王晓蝶	女	二(1)班	78			
15	刘雨	女	二(2)班	87			
16	王佑琪	女	二(3)班	92			

图 18-14

❶ 选中 G2 单元格，在编辑栏中输入公式：

=AVERAGEIF($C$2:$C$16,F2,$D$2:$D$16)

❷ 按 Enter 键即可依据 C2:C16 和 D2:D16 单元格区域的数值计算出 F2 单元格中指定班级"二(1)班"的平均成绩，如图 18-15 所示。

❸ 将 G2 单元格的公式向下填充，可一次得到每个班级的平均分，如图 18-16 所示。

	A	B	C	D	E	F	G
1	姓名	性别	班级	成绩		班级	平均分
2	张轶煊	男	二(1)班	95		二(1)班	84.6
3	王华均	男	二(2)班	76		二(2)班	
4	李成杰	男	二(3)班	82		二(3)班	
5	夏正霏	女	二(1)班	90			
6	万文锦	男	二(2)班	87			
7	刘岚轩	男	二(3)班	79			
8	孙悦	女	二(1)班	85			
9	徐梓瑞	男	二(2)班	80			
10	许宸浩	男	二(3)班	88			
11	王硕彦	男	二(1)班	75			
12	姜美	女	二(2)班	98			
13	蔡浩轩	男	二(3)班	88			
14	王晓蝶	女	二(1)班	78			
15	刘雨	女	二(2)班	87			
16	王佑琪	女	二(3)班	92			

图 18-15

	A	B	C	D	E	F	G
1	姓名	性别	班级	成绩		班级	平均分
2	张轶煊	男	二(1)班	95		二(1)班	84.6
3	王华均	男	二(2)班	76		二(2)班	85.6
4	李成杰	男	二(3)班	82		二(3)班	85.8
5	夏正霏	女	二(1)班	90			
6	万文锦	男	二(2)班	87			
7	刘岚轩	男	二(3)班	79			
8	孙悦	女	二(1)班	85			
9	徐梓瑞	男	二(2)班	80			
10	许宸浩	男	二(3)班	88			
11	王硕彦	男	二(1)班	75			
12	姜美	女	二(2)班	98			
13	蔡浩轩	男	二(3)班	88			
14	王晓蝶	女	二(1)班	78			
15	刘雨	女	二(2)班	87			
16	王佑琪	女	二(3)班	92			

图 18-16

【公式解析】

①在条件区域 C2:C16 中找 F2 中指定班级所在的单元格

如果只是对某一个班级计算平均分，可以把此参数直接指定为文本，如"二(1)班"

=AVERAGEIF($C$2:$C$16,F2,$D$2:$D$16)

②将①中找到的满足条件的对应在 D2:D16 单元格区域上的成绩进行求平均值运算

📢 注意：

在本例公式中，条件判断区域"$C$2:$C$16"和求和区域"$D$2:$D$16"使用了数据源的绝对引用，因为在公式填充过程中，这两部分需要保持不变；而判断条件区域"F2"则需要随着公式的填充做相应的变化，所以使用了数据源的相对引用。

如果只在单个单元格中应用公式，而不进行复制填充，数据源使用相对引用与绝对引用可返回相同的结果。

例3：计算平均值时排除0值

本例表格是一张面试成绩表，要求计算出此批面试人员的平均分数。其中成绩表中有两个是 0 分，计算平均值时需要排除这两个 0 值。

❶ 选中 G2 单元格，在编辑栏中输入公式：

=AVERAGEIF(D2:D11,"<>0")

❷ 按 Enter 键即可排除 D2:D11 单元格区域的 0 值计算出平均值，如图 18-17 所示。

序号	姓名	性别	面试成绩		科目	平均分
1	周佳怡	女	92		面试成绩	85.1
2	韩志飞	男	91			
3	陈夏云	女	0			
4	杨冰冰	女	81			
5	肖诗雨	女	86			
6	田心贝	女	0			
7	吴秀梅	女	78			
8	蔡天茹	男	80			
9	秦可昕	女	83			
10	袁俊业	男	90			

图 18-17

【公式解析】

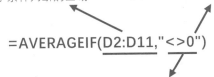

此公式省略了第 3 个参数，因为此处用于条件判断的区域与用于求和的区域是同一区域，这种情况下可以省略第 3 个参数

①用于条件判断的区域

=AVERAGEIF(D2:D11,"<>0")

②判断条件使用双引号

例4：使用通配符对某一类数据求平均值

表格统计了本月店铺各电器商品的销量数据，现在只想统计出电视类产品的平均销量。要找出电视类商品，其规则是只要商品名称中包含有"电视"文字就为符合条件，因此可以在设置判断条件时使用通配符，具体方法如下。

❶ 选中 D2 单元格，在编辑栏中输入公式：

=AVERAGEIF(A2:A11,"*电视*",B2:B11)

❷ 按 Enter 键即可依据 A2:A11 和 B2:B11 单元格区域的商品名称和销量计算出电视类商品的平均销量，如图 18-18 所示。

	A	B	C	D	E
	商品名称	销量		电视的平均销量	
1					
2	三星手机	31		29	
3	Haier电冰箱	29			
4	长虹电视机	40			
5	TCL平板电视机	28			
6	手机索尼SONY	104			
7	创维电视机3D	30			
8	三星智能电视	29			
9	海尔电视机57寸	19			
10	美的电饭锅	270			
11	电冰箱长虹品牌	21			

D2 单元格公式：=AVERAGEIF(A2:A11,"*电视*",B2:B11)

图 18-18

【公式解析】

=AVERAGEIF(A2:A11,"*电视*",B2:B11)

公式的关键点是对第 2 个参数的设置，其中使用了 "*" 号通配符。"*" 号可以代替任意字符，如 "*电视*" 等同于 "长虹电视机" "海尔电视机 57寸" 等，都为满足条件的记录。除了 "*" 号是通配符以外，"?" 号也是通配符，它用于代替任意单个字符，如 "张?" 即代表 "张三" "张四" 和 "张有" 等，但不能代替 "张有才"，因为 "有才" 是两个字符

📢 注意：

在本例中如果将 AVERAGEIF 更改为 SUMIF 函数则可以实现求出任意某类商品的总销售量，这也是日常工作中很实用的一项操作。

例 5：排除部分数据计算平均值

某游乐城全年中有两个月是部分机器维护时间，因此只开放部分项目。现在想根据全年的利润额计算月平均利润，但要求除去维护机器的那两个月。

扫一扫，看视频

❶ 选中 D2 单元格，在编辑栏中输入公式（如图 18-19 所示）：

```
=AVERAGEIF(A2:A13,"<>*(维护)",B2:B13)
```

❷ 按 Enter 键即可排除掉维护的月份后计算出月平均利润，如图 18-20 所示。

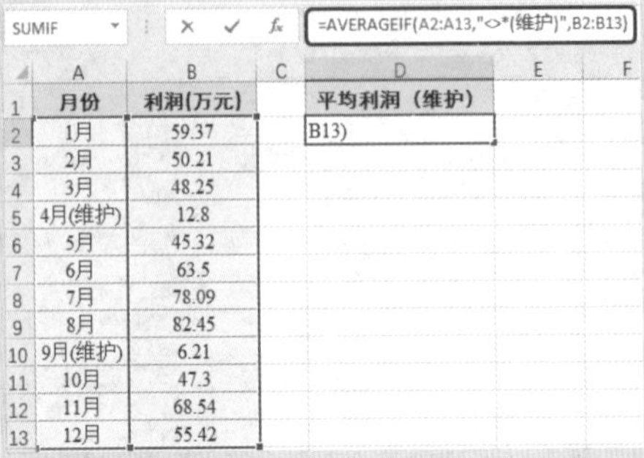

	A	B	C	D	E	F
1	月份	利润(万元)		平均利润（维护）		
2	1月	59.37		B13)		
3	2月	50.21				
4	3月	48.25				
5	4月(维护)	12.8				
6	5月	45.32				
7	6月	63.5				
8	7月	78.09				
9	8月	82.45				
10	9月(维护)	6.21				
11	10月	47.3				
12	11月	68.54				
13	12月	55.42				

图 18-19

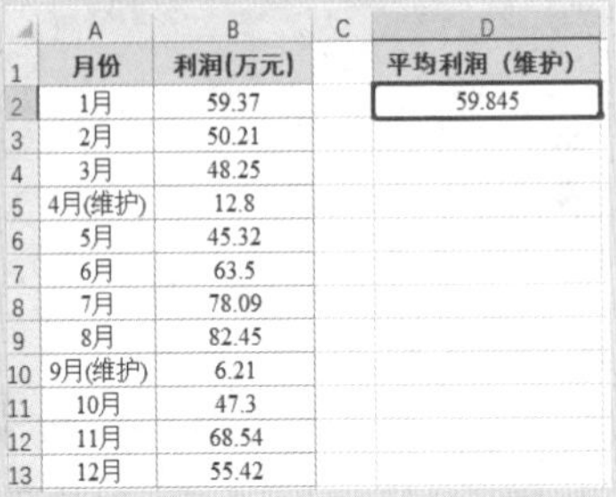

	A	B	C	D
1	月份	利润(万元)		平均利润（维护）
2	1月	59.37		59.845
3	2月	50.21		
4	3月	48.25		
5	4月(维护)	12.8		
6	5月	45.32		
7	6月	63.5		
8	7月	78.09		
9	8月	82.45		
10	9月(维护)	6.21		
11	10月	47.3		
12	11月	68.54		
13	12月	55.42		

图 18-20

【公式解析】

=AVERAGEIF(A2:A13,"<>*(维护)",B2:B13)

“*(维护)”表示只要以“(维护)”结尾的记录，前面加上“<>”表示要满足的条件是所有不以“(维护)”结尾的记录，把所有找到的满足这个条件的对应在 B2:B13 单元格上的值取下，然后对这些值求平均值

3. AVERAGEIFS（返回满足多重条件的平均值）

【函数功能】AVERAGEIFS 函数返回满足多重条件的所有单元格的平均值（算术平均值）。

【函数语法】AVERAGEIFS(average_range,criteria_range1,criteria1,criteria_range2,criteria2,…)

- average_range：表示是要计算平均值的一个或多个单元格，其中包括数字或包含数字的名称、数组或引用。
- criteria_range1,criteria_range2,…：表示用于进行条件判断的区域。
- criteria1,criteria2,…：表示判断条件，即用于指定有哪些单元格参与求平均值计算。

【用法解析】

= AVERAGEIFS（❶用于求平均值的区域，❷用于条件判断的区域，❸条件，❹用于条件判断的区域，❺条件……）

条件可以是数字、文本、单元格引用或公式等，如果是文本，必须使用双引号。其用于定义要对哪些单元格求平均值。例如：条件可以表示为 32、"32" ">32" "电视"或 B4。当条件是文本时一定要使用双引号

例 1：统计指定车间指定性别职工的平均成绩

沿用 AVERAGEIF 函数中例 1 所介绍的例子，当判断条件并不仅仅是车间，同时还需要对性别进行判断时，则使用 AVERAGEIF 函数就无法实现了，它需要使用 AVERAGEIFS 函数来设置公式。

扫一扫，看视频

❶ 选中 G2 单元格，在编辑栏中输入公式：

= AVERAGEIFS(E2:E13,C2:C13,"服装车间",D2:D13,"女")

❷ 按 Enter 键即可分别在 C2:C13 和 D2:D13 单元格区域中进行双条件判断，对"服装车间"的"女"性职工计算平均工资，结果如图 18-21 所示。

G2			fx	= AVERAGEIFS(E2:E13,C2:C13,"服装车间",D2:D13,"女")			
▲	A	B	C	D	E	F	G	H
1	职工工号	姓名	车间	性别	基本工资		服装车间女性平均工资	
2	RCH001	张佳佳	服装车间	女	3500		3060	
3	RCH002	周传明	鞋包车间	男	2900			
4	RCH003	陈秀月	鞋包车间	女	2800			
5	RCH004	杨世奇	服装车间	男	3100			
6	RCH005	袁晓宇	鞋包车间	男	2900			
7	RCH006	夏甜甜	服装车间	女	2700			
8	RCH007	吴晶晶	鞋包车间	女	3850			
9	RCH008	蔡天放	服装车间	男	3050			
10	RCH009	朱小琴	鞋包车间	女	3120			
11	RCH010	袁庆元	服装车间	男	2780			
12	RCH011	张芯瑜	鞋包车间	女	3400			
13	RCH012	李慧珍	服装车间	女	2980			

图 18-21

【公式解析】

①用于求平均值的区域

②第一个判断条件的区域
与判断条件

= AVERAGEIFS(E2:E13,C2:C13,"服装车间",D2:D13,"女")

④对同时满足两个条件
的求平均值

③第二个判断条件的区域与
判断条件

例2：计算指定班级指定科目的平均分

在某次竞赛中两个班级共选择取 10 名学生参加，并同时有语文和数学两门科目。表格统计方式如图 18-22 所示，要求能分别统计出各班级各个科目的平均分。

扫一扫，看视频

	A	B	C	D	E	F
1	姓名	性别	班级	科目	成绩	
2	张轶煊	男	二(1)班	语文	95	
3	张轶煊	男	二(1)班	数学	98	
4	王华均	男	二(2)班	语文	76	
5	王华均	男	二(2)班	数学	85	
6	李成杰	男	二(1)班	语文	82	
7	李成杰	男	二(1)班	数学	88	
8	夏正霏	女	二(2)班	语文	90	
9	夏正霏	女	二(2)班	数学	87	
10	万文锦	男	二(1)班	语文	87	
11	万文锦	男	二(1)班	数学	87	
12	刘岚轩	男	二(2)班	语文	79	
13	刘岚轩	男	二(2)班	数学	89	
14	孙悦	女	二(1)班	语文	85	
15	孙悦	女	二(1)班	数学	85	
16	徐梓瑞	男	二(2)班	语文	80	
17	徐梓瑞	男	二(2)班	数学	92	

图 18-22

❶ 选中 I2 单元格，在编辑栏中输入公式（如图 18-23 所示）：
=AVERAGEIFS($E$2:$E$17,$C$2:$C$17,G2,$D$2:$D$17,H2)

❷ 按 Enter 键即可同时判断班级与科目两个条件，对"二(1)班"的"语文"成绩计算平均分，如图 18-24 所示。将 I2 单元格的公式向下填充，可分别计算出各班级各科目的平均分。

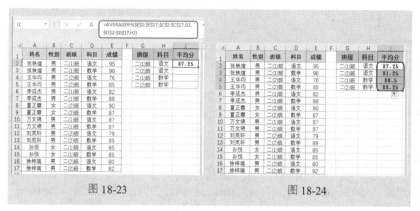

图 18-23　　　　　　　　　　　　　图 18-24

【公式解析】

②第一个判断条件的区域与判断条件

①用于求平均值的区域

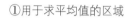

=AVERAGEIFS($E$2:$E$17,$C$2:$C$17,G2,$D$2:$D$17,H2)

④对同时满足两个条件的求平均值

③第二个判断条件的区域与判断条件

📢 注意：

由于对条件的判断都是采用引用单元格的方式，并且建立后的公式需要向下复制，所以公式中对条件的引用采用相对方式，而对其他用于计算的区域与条件判断区域则采用绝对引用方式。

4. GEOMEAN（返回几何平均值）

【函数功能】GEOMEAN 函数用于返回正数数组或数据区域的几何平均值。

【函数语法】GEOMEAN(number1,number2,...)

number1,number2,...：表示为需要计算其平均值的 1~30 个参数。也可以不使用这种用逗号分隔参数的形式，而用单个数组或数组引用的形式。

【用法解析】

参数必须是数字且不能有任意一个为 0。其他类型值都
将被该函数忽略不计

= GEOMEAN（A1:A5）

计算平均数，有两种方式，一种是算术平均数，还有一种是几何平均数。算术平均数就是前面我们使用 AVERAGE 函数得到的计算结果，它的计算原理是"(a+b+c+d+……)/n"这种方式。这种计算方式下每个数据之间不具有相互影响关系，是独立存在的。

那么，什么是几何平均数呢？几何平均数是指 n 个观察值连续乘积的 n 次方根。它的计算原理是"$\sqrt[n]{x_1 \times x_2 \times x_3 \cdots x_n}$"。计算几何平均数要求各观察值之间存在连乘积关系，它的主要用途是对比率、指数等进行平均；计算平均发展速度等。

例：判断两组数据的稳定性

扫一扫，看视频

例如，如图 18-25 所示的表格是对某两人 6 个月中工资的统计。利用求几何平均值的方法可以判断出谁的收入比较稳定。

	A	B	C
1	月份	小张	小李
2	1月	3980	4400
3	2月	7900	5000
4	3月	3600	4600
5	4月	3787	5000
6	5月	6400	5000
7	6月	4210	5100
8	合计	29877	29100

图 18-25

❶ 选中 E2 单元格，在编辑栏中输入公式：

```
= GEOMEAN(B2:B7)
```

按 Enter 键即可得到"小张"的月工资几何平均值，如图 18-26 所示。

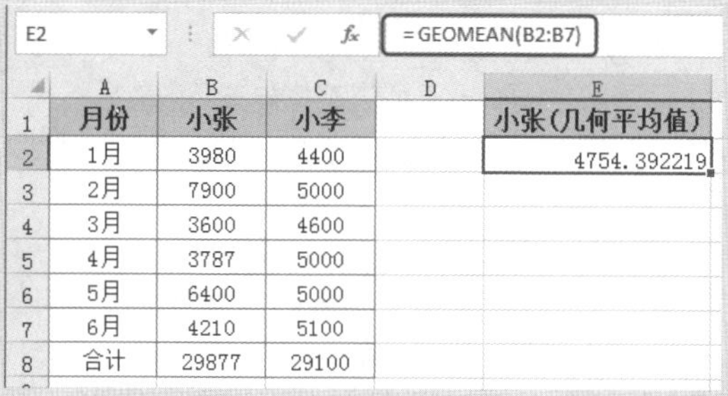

图 18-26

❷ 选中 F2 单元格，在编辑栏中输入公式：

= GEOMEAN(C2:C7)

按 Enter 键即可得到"小李"的月工资几何平均值，如图 18-27 所示。

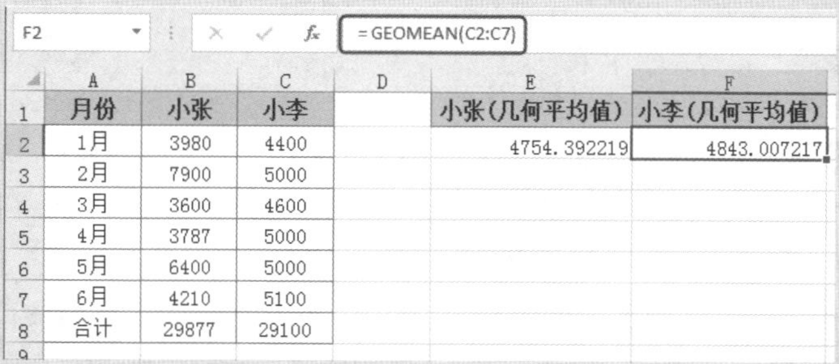

图 18-27

【公式解析】

从统计结果可以看到小张的合计工资大于小李的合计工资，但小张的月工资几何平均值却小于小李的月工资几何平均值。几何平均值越大表示其值更加稳定，因此小李的收入更加稳定。

5. HARMEAN（返回数据集的调和平均值）

【函数功能】HARMEAN 函数返回数据集合的调和平均值（调和平均值与倒数的算术平均值互为倒数）。

【函数语法】HARMEAN(number1,number2,...)

number1,number2,...：表示需要计算其平均值的 1～30 个参数。

【用法解析】

参数必须是数字。其他类型值都将被该函数忽略不计。参数包含有小于 0 的数字时，HARMEAN 函数将会返回#NUM!错误值

$$= HARMEAN（A1:A5）$$

计算原理是：　n/(1/a+1/b+1/c+……)，a、b、c 都要求大于 0。

调和平均数具有以下几个主要特点。

- 调和平均数易受极端值的影响，且受极小值的影响比受极大值的影响更大。
- 只要有一个标志值为 0，就不能计算调和平均数。

例：计算固定时间内几位学生平均解题数

扫一扫，看视频

　　　在实际应用中，往往由于缺乏总体单位数的资料而不能直接计算算术平均数，这时需要用调和平均法来求得平均数。例如 5 名学生分别在一个小时内解题数分别为 4、4、5、7、6，要求计算出平均解题速度。我们可以使用公式 "=5/(1/4+1/4+1/5+1/7+1/6)" 计算出结果等于 4.95。但如果数据众多，使用这种公式显然是不方便的，因此可以使用 HARMEAN 函数快速求解。

❶ 选中 D2 单元格，在编辑栏中输入公式：

=HARMEAN(B2:B6)

❷ 按 Enter 键即可计算出平均解题数，如图 18-28 所示。

图 18-28

6. TRIMMEAN（截头尾返回数据集的平均值）

【函数功能】TRIMMEAN 函数用于返回数据集的内部平均值。先从数据集的头部和尾部除去一定百分比的数据点后，再求该数据集的平均值。当希望在分析中剔除一部分数据的计算时，可以使用此函数。

【函数语法】TRIMMEAN(array,percent)

- array：为需要进行整理并求平均值的数组或数据区域。
- percent：表示为计算时所要除去的数据点的比例。当 percent=0.2 时，在 10 个数据中去除 2 个数据点（10*0.2=2）。

【用法解析】

目标数据区域　　　要去除的数据点比例

= TRIMMEAN（A1:A30，0.1）

将除去的数据点数目向下舍入为最接近的 2 的倍数。例如当前参数中 A1:A30 有 30 个数，30 个数据点的 10% 等于 3 个数据点。函数 TRIMMEAN 将对称地在数据集的头部和尾部各除去一个数据

例：通过 10 位评委打分计算选手的最后得分

在进行某技能比赛中，10 位评委分别为进入决赛的 3 名选手进行打分，通过 10 位的打分结果计算出 3 名选手的最后得分。要求是去掉最高分与最低分再求平均分，因此可以使用 TRIMMEAN 函数来求解。

扫一扫，看视频

❶ 选中 B13 单元格，在编辑栏中输入公式：

= TRIMMEAN（B2:B11,0.2）

❷ 按 Enter 键即可去除 B2:B11 单元格区域中的最大值与最小值求出平均值，如图 18-29 所示。

❸ 将 B13 单元格的公式向右填充，可得到其他选手的平均分，如图 18-30 所示。

B13		× ✓ fx	=TRIMMEAN(B2:B11,0.2)	
▲	A	B	C	D	E
1		刘琳	王半成	郭心怡	
2	评委1	9.67	8.99	9.35	
3	评委2	9.22	8.78	9.25	
4	评委3	10	8.35	9.47	
5	评委4	8.35	8.95	9.54	
6	评委5	8.95	10	9.29	
7	评委6	8.78	9.35	8.85	
8	评委7	9.25	9.65	8.75	
9	评委8	9.45	8.93	8.95	
10	评委9	9.23	8.15	9.05	
11	评委10	9.25	8.35	9.15	
12					
13	最后得分	9.23			

图 18-29

▲	A	B	C	D
1		刘琳	王半成	郭心怡
2	评委1	9.67	8.99	9.35
3	评委2	9.22	8.78	9.25
4	评委3	10	8.35	9.47
5	评委4	8.35	8.95	9.54
6	评委5	8.95	10	9.29
7	评委6	8.78	9.35	8.85
8	评委7	9.25	9.65	8.75
9	评委8	9.45	8.93	8.95
10	评委9	9.23	8.15	9.05
11	评委10	9.25	8.35	9.15
12				
13	最后得分	9.23	8.92	9.17

图 18-30

【公式解析】

从 10 个数中提取 20%，即提取两个数，因此是去除首尾两个数再求平均值

=TRIMMEAN(B2:B11,0.2)

18.2 统计符合条件的数据条目数

在 Excel 中对数据处理的方式除了求和、求平均值等运算比较常用以外，计数统计也是经常使用的一项运算，即统计条目数或满足条件的条目数。例如，在进行员工学历分析时可以统计各学历的人数；通过统计即将退休的人数制订人材编制计划；通过统计男女职工人数分析公司员工性别分布状况等都需要进行计数运算。

1. COUNT（统计含有数字的单元格个数）

【函数功能】COUNT 函数用于返回数字参数的个数，即统计数组或单元格区域中含有数字的单元格个数。

【函数语法】COUNT(value1,value2,...)

value1,value2,...：表示包含或引用各种类型数据的参数（1～30 个），其中只有数字类型的数据才能被统计。

【用法解析】

统计该区域中数字的个数。非数字不统计。时间、日期也属于数字

=COUNT（A2:A10）

例 1：统计出席会议的人数

扫一扫，看视频

下面是某项会议的签到表，有签到时间的表示参与会议，没有签到时间表示没有参与会议。在这张表格中可以通过对"签到时间"列中数字个数的统计来变向统计出席会议的人数。

636

❶ 选中 E2 单元格，在编辑栏中输入公式：

`=COUNT(B2:B14)`

❷ 按 Enter 键即可统计出 B2:B14 单元格区域中数字的个数，如图 18-31 所示。

	A	B	C	D	E
					=COUNT(B2:B14)
1	姓名	签到时间	部门		出席人数
2	张佳佳		财务部		9
3	周传明	8:58:01	企划部		
4	陈秀月		财务部		
5	杨世奇	8:34:14	后勤部		
6	袁晓宇	8:50:26	企划部		
7	夏甜甜	8:47:21	后勤部		
8	吴晶晶		财务部		
9	蔡天放	8:29:58	财务部		
10	朱小琴	8:41:31	后勤部		
11	袁庆元	8:52:36	企划部		
12	周亚楠	8:43:20	人事部		
13	韩佳琪		企划部		
14	肖明远	8:47:49	人事部		

图 18-31

例 2：统计一月份获取交通补助的总人数

如图 18-32 所示为"销售部"交通补贴统计表，如图 18-33 所示为"企划部"交通补贴统计表（相同格式的还有"售后部"），要求统计出获取交通补贴的总人数，具体操作方法如下。

扫一扫，看视频

	A	B	C	D
1	姓名	性别	交通补助	
2	刘菲	女	无	
3	李艳池	女	300	
4	王斌	男	600	
5	李慧慧	女	900	
6	张德海	男	无	
7	徐一鸣	男	无	
8	赵魁	男	100	
9	刘晨	男	200	
10				

销售部　企划部　售后部　统计表

图 18-32

	A	B	C	D
1	姓名	性别	交通补助	
2	张嫒	女	700	
3	胡菲菲	女	无	
4	李欣	男	无	
5	刘强	女	400	
6	王婷	男	无	
7	周围	男	无	
8	柳柳	男	100	
9	梁惠娟	男	无	
10				

销售部　企划部　售后部　统计表

图 18-33

❶ 在"统计表"中选中要输入公式的单元格，首先输入前半部分公式"=COUNT("，如图 18-34 所示。

❷ 在第一个统计表标签上单击鼠标，然后按住 Shift 键，在最后一个统计表标签上单击鼠标，即选中所有要参加计算的工作表"销售部:售后部"（3张统计表）。

❸ 再用鼠标选中参与计算的单元格或单元格区域，此例为 C2:C9，接着输入右括号完成公式的输入，按 Enter 键得到统计结果，如图 18-35 所示。

图 18-34　　　　　　图 18-35

【公式解析】

建立工作组，即这些工作表中的 C2:C9
单元格区域都是被统计的对象

=COUNT(销售部:售后部!C2:C9)

例 3：统计出某一项成绩为满分的人数

扫一扫，看视频

表格中统计了 11 位学生的成绩，要求得出的统计结果是某一项成绩为满分的人数，即只要有一科为 100 分就被作为统计对象。

❶ 选中 E2 单元格，在编辑栏中输入公式：

=COUNT(0/((B2:B9=100)+(C2:C9=100)))

❷ 按 Shift+Ctrl+Enter 组合键即可统计出 B2:C9 单元格区域中数值为 100 的个数，如图 18-36 所示。

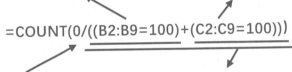

图 18-36

【公式解析】

①判断 B2:B9 单元格区域有哪些是等于 100 的，并返回一个数组。等于 100 的显示 TRUE，其余的显示 FALSE

②判断 C2:C9 单元格区域有哪些是等于 100 的，并返回一个数组。等于 100 的显示 TRUE，其余的显示 FALSE

=COUNT(0/((B2:B9=100)+(C2:C9=100)))

④0 起到辅助的作用（也可以用 1 等其他数字），当③的返回值为 1 时，除法得出一个数字；当③的返回值为 0 时，除法返回#DIV/0!错误值（因为 0 作为被除数时都会返回错误值）

③将①返回数组与②返回数组相加，有一个为 TRUE 时，返回结果为 1，其他的返回结果为 0

最后使用 COUNT 统计④返回数组中数字的个数。这个公式实际是一个 COUNT 函数灵活运用的例子

2. COUNTA（统计包括文本和逻辑值的单元格数目）

【函数功能】COUNTA 函数功能是返回参数列表中非空的单元格个数。数字、文本、逻辑值等只要单元格不是空的都被作为满足条件的统计对象。

【函数语法】COUNTA(value1,value2,...)

value1,value2,...：表示包含或引用各种类型数据的参数（1~30 个），其中参数可以是任何类型。

第 18 章　数据计算——统计函数

639

【用法解析】

统计该区域中非空单元格的个数。有任何内容（无论是什么值）都被统计。如果单元格中看似空的，实际有空格则也会被统计

=COUNTA（A2:A10）

COUNTA 与 COUNT 的区别是，COUNT 统计数字的个数（如图 18-37 所示），而 COUNTA 是统计除空值外所有值的个数（如图 18-38 所示）。

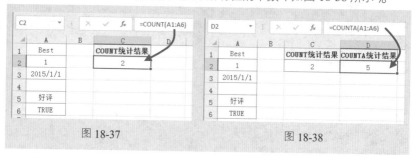

图 18-37　　　　　　　　　　　　　　图 18-38

例：统计出非正常出勤的人数

扫一扫，看视频

本例表格统计了各个部门人员的出勤情况，其中非正常出勤的有文字记录，如"病假""事假"等。要求用公式统计出非正常出勤的人数。

❶ 选中 F2 单元格，在编辑栏中输入公式：

=COUNTA(D2:D14)

❷ 按 Enter 键即可统计出 D2:D14 单元格区域中显示文字的条目数，如图 18-39 所示。

图 18-39

3. COUNTIF（统计满足给定条件的单元格的个数）

【函数功能】COUNTIF 函数计算区域中满足给定条件的单元格的个数。

【函数语法】COUNTIF(range,criteria)

- range：表示为需要计算其中满足条件的单元格数目的单元格区域。
- criteria：表示为确定哪些单元格将被计算在内的条件，其形式可以为数字、表达式或文本。

【用法解析】

> 形式可以为数字、表达式或文本，文本必须使用双引号。也可以使用通配符

=COUNTIF（❶计数区域，❷计数条件）

与 COUNT 函数的区别为：COUNT 无法进行条件判断，COUNTIF 可以进行条件判断，不满足条件的不被统计

例 1：统计指定学历的人数

表格统计了公司员工的姓名、性别、部门、年龄及学历信息，需要统计本科学历员工的人数。

扫一扫，看视频

❶ 选中 G2 单元格，在编辑栏中输入公式：

=COUNTIF(E2:E14,"本科")

❷ 按 Enter 键即可统计出 E2:E14 单元格区域中显示"本科"的人数，如图 18-40 所示。

	A	B	C	D	E	F	G
	姓名	性别	部门	年龄	学历		本科学历员工人数
1							
2	查志芳	女	财务部	29	本科		8
3	张健竹	男	企划部	32	本科		
4	常娜娜	女	财务部	27	研究生		
5	左强	男	后勤部	26	专科		
6	孙梦强	男	企划部	30	本科		
7	许悦	女	后勤部	27	本科		
8	冯义寻	女	财务部	29	研究生		
9	刘志伟	男	财务部	35	专科		
10	王聚	女	后勤部	25	本科		
11	汪潮	男	企划部	34	本科		
12	代言泽	男	人事部	27	研究生		
13	杨德周	女	企划部	30	本科		
14	肖明远	男	人事部	28	本科		

图 18-40

【公式解析】

用于数据判断的区域　　　　判断条件，文本使用双引号

=COUNTIF(E2:E14,"本科")

例2：统计加班超过指定时长的人数

本例表格统计了某段时间的加班时长，现在想统计出加班达到 3 小时及 3 小时以上的人数。

❶ 选中 F2 单元格，在编辑栏中输入公式（如图 18-41 所示）：
=COUNTIF(D2:D13,">=3:00:00")

	F2		× ✓ fx	=COUNTIF(D2:D13,">=3:00:00")		
▲	A	B	C	D	E	F
1	姓名	开始时间	结果时间	加班时长		加班达到三小时的人数
2	马永远	12:00:00	14:30:00	2:30:00		4
3	李洋洋	17:00:00	20:00:00	3:00:00		
4	查志芳	10:00:00	16:00:00	6:00:00		
5	张健竹	14:30:00	18:00:00	3:30:00		
6	常娜娜	19:00:00	21:00:00	2:00:00		
7	左强	20:00:00	22:30:00	2:30:00		
8	李珊珊	19:00:00	21:00:00	2:00:00		
9	许悦	18:00:00	21:00:00	3:00:00		
10	冯义寻	20:00:00	22:00:00	2:00:00		
11	刘志伟	19:00:00	21:00:00	2:00:00		
12	王燊	19:00:00	21:30:00	2:30:00		
13	张梦梦	20:00:00	22:00:00	2:00:00		

图 18-41

❷ 按 Enter 键即可统计出 D2:D13 单元格区域中值大于"3:00:00"的条目数。

【公式解析】

判断条件，是一个判断时间值的表达式

用于数据判断的区域

=COUNTIF(D2:D13,">=3:00:00")

例3：统计成绩表中分数大于 90 分的人数

本例表格是某次竞赛的成绩统计表，现在想统计出大于 90 分的共有多少人。

❶ 选中 F2 单元格，在编辑栏中输入公式：

=COUNTIF(D2:D16,">90")

❷ 按 Enter 键即可统计出 D2:D16 单元格区域中成绩大于 90 分的条目数，如图 18-42 所示。

	A	B	C	D	E	F
						大于90分的人数
1	姓名	性别	班级	成绩		
2	冯义寻	男	二(1)班	95		5
3	刘志伟	男	二(2)班	76		
4	王鲢	男	二(3)班	82		
5	张梦梦	女	二(1)班	90		
6	刘英	男	二(3)班	87		
7	杨德周	男	二(1)班	79		
8	黄孟莹	女	二(1)班	92		
9	张倩倩	男	二(2)班	91		
10	石影	男	二(3)班	88		
11	罗静	男	二(1)班	75		
12	徐瑶	女	二(2)班	98		
13	马敏	男	二(3)班	88		
14	付斌	女	二(1)班	78		
15	陈斌	女	二(2)班	87		
16	戚文娟	女	二(3)班	92		

F2　=COUNTIF(D2:D16,">90")

图 18-42

【公式解析】

用于数据判断的区域　　　判断条件，是一个判断表达式

=COUNTIF(<u>D2:D16</u>,<u>">90"</u>)

例 4：统计大于各指定分值的人数

本例表格是销售部员工的考核成绩统计表，现在想分别统计出大于 90 分、大于 80 分和大于 70 分有多少人。设置这个公式可以同上例一样将判断条件直接写入公式，但为了避免逐一设置公式的麻烦，也可以采用建立一个公式然后复制的办法。

扫一扫，看视频

❶ 选中 F2 单元格，在编辑栏中输入公式：

=COUNTIF($C$2:$C$14,">="&E2)

按 Enter 键即可统计出 C2:C14 单元格区域中值大于 90 分的条目数，如图 18-43 所示。

❷ 复制 F2 单元格的公式到 F4 单元格，可以分别求出不同分数界定所对应的人数，如图 18-44 所示。

图 18-43 图 18-44

【公式解析】

> 公式此处设置是关键，COUNTIF 函数中的参数条件使用单元格地址时，要使用连接符 "&" 把关系符 ">" 和单元格地址连接起来。这是公式设置的一个规则，需要读者记住

$$=COUNTIF(\$C\$2:\$C\$14,">="\&E2)$$

4. COUNTIFS（统计同时满足多个条件的单元格的个数）

【函数功能】COUNTIFS 函数计算某个区域中满足多重条件的单元格数目。

【函数语法】COUNTIFS(range1, criteria1,range2, criteria2…)

- range1,range2,…：表示计算关联条件的 1 ~ 127 个区域。每个区域中的单元格必须是数字或包含数字的名称、数组或引用。空值和文本值会被忽略。

- criteria1,criteria2,…：表示数字、表达式、单元格引用或文本形式的 1 ~ 127 个条件，用于定义要对哪些单元格进行计算。例如：条件可以表示为 32、"32" ">32" "apples"或 b4。

【用法解析】

> 参数的设置与 COUNTIF 函数的要求一样，只是 COUNTIFS 可以进行多层条件判断，依次按 "条件 1 区域，条件 1，条件 2 区域，条件 2" 的顺序写入参数即可

$$=COUNTIFS(❶条件 1 区域,条件 1,❷条件 2 区域,条件 2……)$$

例1：统计指定部门销量达标人数

表格中分部门对每位销售人员的季度销量进行了统计，现在需要统计出指定部门销量达标的人数。例如统计出"一部"销量大于300件（约定大于300件为达标）的人数。

❶ 选中 E2 单元格，在编辑栏中输入公式：

=COUNTIFS(B2:B11,"一部",C2:C11,">300")

❷ 按 Enter 键即可统计出既满足"一部"条件又满足">300"条件的记录条数，如图 18-45 所示。

	A	B	C	D	E	F
1	员工姓名	部门	季销量		一部销量达标的人数	
2	卢忍	一部	234		4	
3	许燕	一部	352			
4	代言泽	二部	226			
5	戴李园	一部	367			
6	纵岩	二部	527			
7	乔华彬	二部	109			
8	薛慧娟	一部	446			
9	葛俊媛	一部	305			
10	章玉红	二部	537			
11	王丽萍	一部	190			

E2 = COUNTIFS(B2:B11,"一部",C2:C11,">300")

图 18-45

【公式解析】

第一个条件判断区域与判断条件　　　　第二个条件判断区域与判断条件

=COUNTIFS(B2:B11,"一部",C2:C11,">300")

例2：统计指定产品每日的销售记录数

表格中按日期统计了销售记录（同一日期可能有多条销售记录），要求通过建立公式批量统计出每一天中指定名称的商品的销售记录数。例如要统计"圆钢"这种产品的每日销售笔数。

❶ 在表格的空白区域中建立分日显示的标识，选中 G2 单元格，在编辑栏中输入公式：

=COUNTIFS(B$2:B$15,"圆钢",A$2:A$15,"2017/10/"&ROW(A1))

❷ 按 Enter 键即可统计出"圆钢"在"17/10/1"这个日期中的记录条数，

如图 18-46 所示。

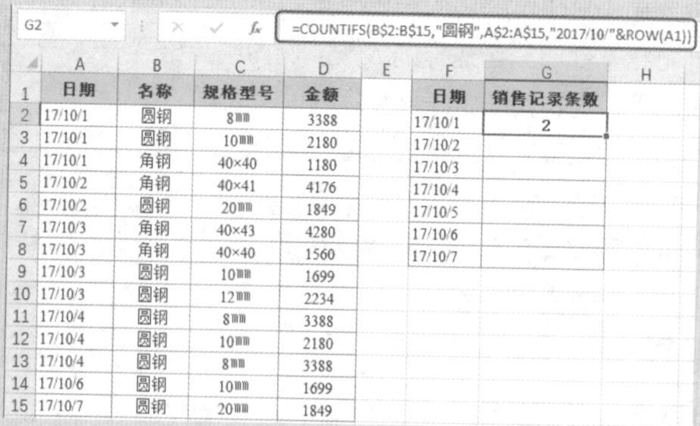

G2　=COUNTIFS(B$2:B$15,"圆钢",A$2:A$15,"2017/10/"&ROW(A1))

	A	B	C	D	E	F	G	H
1	日期	名称	规格型号	金额		日期	销售记录条数	
2	17/10/1	圆钢	8㎜	3388		17/10/1	2	
3	17/10/1	圆钢	10㎜	2180		17/10/2		
4	17/10/1	角钢	40×40	1180		17/10/3		
5	17/10/2	角钢	40×41	4176		17/10/4		
6	17/10/2	圆钢	20㎜	1849		17/10/5		
7	17/10/3	角钢	40×43	4280		17/10/6		
8	17/10/3	角钢	40×40	1560		17/10/7		
9	17/10/3	圆钢	10㎜	1699				
10	17/10/3	圆钢	12㎜	2234				
11	17/10/4	圆钢	8㎜	3388				
12	17/10/4	圆钢	10㎜	2180				
13	17/10/4	圆钢	8㎜	3388				
14	17/10/6	圆钢	10㎜	1699				
15	17/10/7	圆钢	20㎜	1849				

图 18-46

❸ 选中 G2 单元格，向下复制到 G8 单元格中（根据实际工作中数据的不同可以要统计的日期有更多，因此公式复制到哪个位置可根据实现际情况而定），如图 18-47 所示。

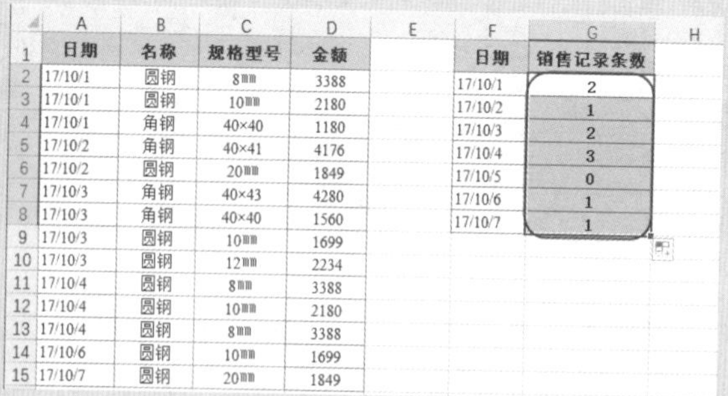

	A	B	C	D	E	F	G	H
1	日期	名称	规格型号	金额		日期	销售记录条数	
2	17/10/1	圆钢	8㎜	3388		17/10/1	2	
3	17/10/1	圆钢	10㎜	2180		17/10/2	1	
4	17/10/1	角钢	40×40	1180		17/10/3	2	
5	17/10/2	角钢	40×41	4176		17/10/4	3	
6	17/10/2	圆钢	20㎜	1849		17/10/5	0	
7	17/10/3	角钢	40×43	4280		17/10/6	1	
8	17/10/3	角钢	40×40	1560		17/10/7	1	
9	17/10/3	圆钢	10㎜	1699				
10	17/10/3	圆钢	12㎜	2234				
11	17/10/4	圆钢	8㎜	3388				
12	17/10/4	圆钢	10㎜	2180				
13	17/10/4	圆钢	8㎜	3388				
14	17/10/6	圆钢	10㎜	1699				
15	17/10/7	圆钢	20㎜	1849				

图 18-47

【公式解析】

第一个条件判断区域与判断条件

ROW 函数属于查找函数类型，用于返回引用的行号

=COUNTIFS(B$2:B$15,"圆钢",A$2:A$15,"2017/10/"&ROW(A1))

返回 A1 单元格的行号，返回的值为 1。将这个返回值与“2017/10/”合并，得到“2017/10/1”这个日期。用这个日期作为第二个条件

◀)) 注意：

这个公式中最重要的部分就是需要统计日期的自动返回，用 "ROW(A1)" 来
指定当公式复制到 G3 单元格时可以自动返回日期 "2017/10/2"；复制到 G4
单元格时可以自动返回日期 "2017/10/3"，以此类推。

5. COUNTBLANK（计算空白单元格的数目）

【函数功能】COUNTBLANK 函数计算某个单元格区域中空白单元格
的数目。

【函数语法】COUNTBLANK(range)

range：表示为需要计算其中空白单元格数目的区域。

【用法解析】

即使单元格中含有公式返回的空值（使用公式 "="" "
就会返回空值），该单元格也会计算在内，但包含零值
的单元格不计算在内

= COUNTBLANK（A2:A10）

COUNTBLANK 与 COUNTA 的区别是，COUNTA 统计除空值外的所有值
的个数，而 COUNTBLANK 是统计空单元格的个数

例：检查应聘者填写信息是否完整

在如图 18-48 应聘人员信息汇总表中，由于统计时出现缺
漏，有些数据未能完整填写，此时需要对各条信息进行检测，
如果有缺漏就显示 "未完善" 文字。

扫一扫，看视频

	A	B	C	D	E	F	G	H	I
1	员工姓名	性别	年龄	学历	招聘渠道	招聘编号	应聘岗位	初试时间	是否完善
2	陈波	女	21	专科	招聘网站		销售专员	2016/12/13	未完善
3	刘文水	男	26	本科	现场招聘	R0050	销售专员	2016/12/13	
4	郝志文	男	27	高中	现场招聘	R0050	销售专员	2016/12/14	
5	徐瑶瑶	女	33	本科		R0050	销售专员	2016/12/14	未完善
6	个梦玲	女	33	本科	校园招聘	R0001	客服	2017/1/5	
7	崔大志	男	32		校园招聘	R0001	客服	2017/1/5	未完善
8	方刚名	男	27	专科	校园招聘	R0001	客服	2017/1/5	
9	刘楠楠	女	21	本科	招聘网站	R0002	助理	2017/2/15	
10	张宇		28	本科	招聘网站	R0002		2017/2/15	未完善
11	李想	男	31	硕士	猎头招聘	R0003	研究员	2017/3/8	
12	林成洁	女	29	本科	猎头招聘	R0003	研究员	2017/3/9	

图 18-48

❶ 选中 I2 单元格，在编辑栏中输入公式：

`=IF(COUNTBLANK(A2:H2)=0,"","未完善")`

按 Enter 键根据 A2:H2 单元格是有空单元格来变向判断信息填写是否完善，如图 18-49 所示。

I2			× ✓ fx	=IF(COUNTBLANK(A2:H2)=0,"","未完善")				
	A	B	C	D	E	F	G	H	I
1	员工姓名	性别	年龄	学历	招聘渠道	招聘编号	应聘岗位	初试时间	是否完善
2	陈波	女	21	专科	招聘网站		销售专员	2016/12/13	未完善
3	刘文水	男	26	本科	现场招聘	R0050	销售专员	2016/12/13	
4	郝志文	男	27	高中	现场招聘	R0050	销售专员	2016/12/14	
5	徐瑶瑶	女	33	本科		R0050	销售专员	2016/12/14	

图 18-49

❷ 向下复制 I2 单元格的公式可得出批量判断结果。

【公式解析】

①统计 A2:H2 单元格区域中空值的数量

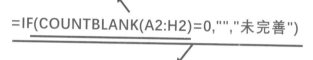

$$=IF(COUNTBLANK(\underline{A2:H2})=0,"","未完善")$$

②如果①的结果等于 0 表示没有空单元格，返回空值；如果①的结果不等于 0 表示有空单元格，返回"未完善"文字

18.3 最大最小值统计

求最大值与最小值是进行数据分析的一个重要方式。本例要讲解的用于求最大最小值的函数分别为 MAX、MIN、DMAX 等。在人事管理领域，它可以用于统计考核最高分和最低分，方便分析员工的业务水平；在财务领域，它可以用于计算最高与最低利润额，从而掌握公司产品的市场价值。

1. MAX（返回数据集的最大值）

【函数功能】 MAX 函数用于返回数据集中的最大数值。

【函数语法】MAX(number1,number2,...)

number1,number2,...：表示要找出最大数值的 1～30 个数值。

【用法解析】

返回这个数据区域中的最大值

$$=MAX（A2:B10）$$

例 1：返回最高销量

表格中统计了各个商品在本月的销售数量，要求统计出最高销量。

❶ 选中 E2 单元格，在编辑栏中输入公式：
=MAX(C2:C11)

❷ 按 Enter 键即可统计出即 C2:C11 单元格区域中的最大值，如图 18-50 所示。

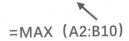

E2		:	× ✓	fx	=MAX(C2:C11)	
	A	B	C	D	E	
1	序号	品名	销售量		最高销量	
2	1	老百年	435		690	
3	2	三星迎驾	427			
4	3	五粮春	589			
5	4	新月亮	243			
6	5	新地球	320			
7	6	四开国缘	690			
8	7	新品兰十	362			
9	8	珠江金小麦	391			
10	9	今世缘兰地球	383			
11	10	张裕赤霞珠	407			

图 18-50

例 2：求指定班级的最高分

表格是某次竞赛的成绩统计表，其中包含有三个班级，现在需要分别统计出各个班级的最高分。

❶ 选中 G2 单元格，在编辑栏中输入公式：
=MAX(IF($C$2:$C$16=F2,$D$2:$D$16))

按 Ctrl+Shift+Enter 组合键即可统计出"二(1)班"的的最高分，如图 18-51 所示。

❷ 将 G2 单元格的公式向下填充，可一次得到每个班级的最高分，如图 18-52 所示。

图 18-51   图 18-52

【公式解析】

①因为是数组公式，所以用 IF 函数依次判断 C2:C16 单元格区域中的各个值是否等于 F2 单元格的值，如果等于返回 TRUE，否则返回 FALSE。返回的是一个数组

=MAX(IF($C$2:$C$16=F2,$D$2:$D$16))

③对②返回数组中的值取最大值

②将①返回数组依次对应 D2:D16 单元格区域取值，①返回数组中为 TRUE 的返回其对应的值，①返回数组为 FALSE 的返回 FALSE。结果还是一个数组

📢 注意：

在本例公式中，MAX 函数本身不具备按条件判断的功能，因此要实现按条件判断则需要如同本例一样利用数组公式实现。条件判断区域"$C$2:$C$16"和最大值判断区域"$D$2:$D$16"使用了数据源的绝对引用，因为在公式填充过程中，这两部分需要保持不变；而判断条件"F2"则需要随着公式的填充做相应的变化，所以使用了数据源的相对引用。

如果只在单个单元格中应用公式，而不进行复制填充，数据源使用相对引用与绝对引用可返回相同的结果。

例3：计算出单日最高的销售额

表格中是按日期显示的销售记录，其中单日有多条销售记录，现在想达到的统计结果是对单日销售记录合并计算并返回单日最高销售额。要完成这一统计目的，需使用 MAX 并配合 SUMIF 函数，并且需要使用数组公式。

❶ 选中 E2 单元格，在编辑栏中输入公式（如图 18-53 所示）：

=MAX(SUMIF(A2:A12,A2:A12,C2:C12))

❷ 按 Ctrl+Shift+Enter 组合键即可对日期进行判断并统计出单日销售额合计值，最终返回最大值。

	A	B	C	D	E
	日期	商品	金额		单日最高销售金额
2	17/10/1	宝来扶手箱	1200		A12,C2:C12))
3	17/10/1	捷达扶手箱	567		
4	17/10/2	捷达扶手箱	267		
5	17/10/2	宝来嘉丽布座套	357		
6	17/10/3	捷达亚麻脚垫	100		
7	17/10/3	宝来亚麻脚垫	201.5		
8	17/10/3	索尼喇叭6937	432		
9	17/10/4	索尼喇叭S-60	2482		
10	17/10/4	兰宝6寸套装喇叭	4022		
11	17/10/4	灿晶800伸缩彩显	1837		
12	17/10/5	灿晶遮阳板显示屏	630		

SUMIF 栏中 =MAX(SUMIF(A2:A12,A2:A12,C2:C12))

图 18-53

【公式解析】

①因为是数组公式，所以 SUMIF 函数是依次将 A2:A12 单元格区域中的各个日期作为条件，将满足条件的对应在 C2:C12 单元格区域中的值进行求和运算，最终得到的是一个对各个日期进行了汇总计算后的数组

=MAX(SUMIF(A2:A12,A2:A12,C2:C12))

②从①返回数组中提取最大值

2. MIN（返回数据集的最小值）

【函数功能】MIN 函数用于返回数据集中的最小值。

【函数语法】MIN(number1,number2,...)

number1,number2,...：表示要找出最小数值的 1 ~ 30 个数值。

【用法解析】

返回这个数据区域中的最小值

$$=MIN（A2:B10）$$

基本用法与 MAX 一样，只是 MAX 是返回最大值，MIN 是返回最小值。如图 18-54 所示，在 F2 单元格中使用公式 "=MIN(C2:C11)" 可以得出 C2:C11 单元格区域中的最小值。

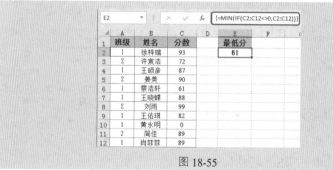

图 18-54

例 1：忽略 0 值求出最低分数

扫一扫，看视频

在求最小值时，如果数据区域中包括 0 值，那么 0 值将会是最小值，那么有没有办法实现忽略 0 值返回最小值呢？要达到这种统计结果需要使用 MIN+IF 函数的数组公式实现。

❶ 选中 E2 单元格，在编辑栏中输入公式：

=MIN(IF(C2:C12<>0,C2:C12))

❷ 按 Ctrl+Shift+Enter 组合键即可忽略 0 值求出最小值，如图 18-55 所示。

图 18-55

【公式解析】

①因为是数组公式，所以用 IF 函数依次判断 C2:C12 单元格区域中的各个值是否不等于 0，如果不等于 0 返回其值，等于 0 的返回 FALSE，返回的是一个数组

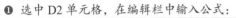

=MIN(IF(C2:C12<>0,C2:C12))

②从①返回数组中提取最小值

例 2：返回多次测试中用时最短的次数编号

表格中统计了 200 米跑中 10 次测试的成绩，要求快速判断出哪一次的成绩最好（即用时最短的那一次）。

扫一扫，看视频

❶ 选中 D2 单元格，在编辑栏中输入公式：

="第"&MATCH(MIN(B2:B11),B2:B11,0)&"次"

❷ 按 Enter 键即可判断出哪一次的用时最短，并返回其对应的次数，如图 18-56 所示。

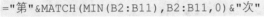

图 18-56

【公式解析】

MATCH 函数属于查找函数类型，用于返回在指定方式下与指定数值匹配的数组中元素的相应位置

①在 B2:B11 单元格区域中取最小值

="第"&MATCH(MIN(B2:B11),B2:B11,0)&"次"

②使用 MATCH 函数返回①中找到的最小值在 B2:B11 单元格区域中的位置

③最前面的"第"与最后的"次"起到与②返回结果相连接的作用

3. LARGE（返回表格或区域中的值或值的引用）

【函数功能】LARGE 函数返回某一数据集中的某个最大值。

【函数语法】LARGE(array,k)

- array：表示为需要从中查询第 k 个最大值的数组或数据区域。
- k：表示为返回值在数组或数据单元格区域里的位置，即名次。

【用法解析】

可以为数组或单元格 的引用

指定返回第几名的值（从大 到小）

=LARGE（A2:B10，1）

◀)) 注意：

> 如果 LARGE 函数中的 array 参数为空，或参数 k 小于等于 0 或大于数组或区域中数据点的个数，则该函数会返回#NUM!错误值。

例 1：返回排名前三的销售额

扫一扫，看视频

表格中统计了 1~6 月份中两个店铺的销售金额，现在需要查看排名前 3 位的销售金额分别为多少。

❶ 选中 F2 单元格，在编辑栏中输入公式：

`=LARGE($B$2:$C$7,E2)`

按 Enter 键即可统计出 B2:C7 单元格区域中的最大值，如图 18-57 所示。

❷ 将 F2 单元格的公式向下复制到 F5 单元格，可一次性返回第 2 名和第 3 名的金额，如图 18-58 所示。

	A	B	C	D	E	F
	月份	店铺1	店铺2		前3名	金额
2	1月	21061	31180		1	51849
3	2月	21169	41176		2	
4	3月	31080	51849		3	
5	4月	21299	31280			
6	5月	31388	11560			
7	6月	51180	8000			

F2 单元格编辑栏：=LARGE($B$2:$C$7,E2)

图 18-57

	A	B	C	D	E	F
	月份	店铺1	店铺2		前3名	金额
2	1月	21061	31180		1	51849
3	2月	21169	41176		2	51180
4	3月	31080	51849		3	41176
5	4月	21299	31280			
6	5月	31388	11560			
7	6月	51180	8000			

图 18-58

【公式解析】

指定返回第几位的参数使用的是单元格引用,当公式向下复制时,会依次变为 E3、E4,即依次返回第 2 名、第 3 名的金额

=LARGE($B$2:$C$7,E2)

例 2:分班级统计各班级的前三名成绩

要同时返回 1~3 名的成绩,就需要用到数组的部分操作。需要一次性选中要返回结果的三个单元格,然后配合 IF 函数对班级进行判断,具体公式设置如下。

扫一扫,看视频

❶ 选中 F2:F4 单元格区域,在编辑栏中输入公式:

=LARGE(IF($A$2:$A$12=F1,$C$2:$C$12),{1;2;3})

按 Ctrl+Shift+Enter 组合键即可对班级进行判断并返回对应班级前 3 名的成绩,如图 18-59 所示。

F2		▼	:	×	✓	fx	{=LARGE(IF($A$2:$A$12=F1,$C$2:$C$12),{1;2;3})}
▲	A	B	C	D	E	F	G	H
1	班级	姓名	成绩			1班	2班	
2	1班	赵小玉	94		第一名	95		
3	2班	卓廷廷	93		第二名	94		
4	1班	袁梦莉	95		第三名	92		
5	2班	董清波	82					
6	1班	王莹莹	85					
7	1班	吴敏红	92					
8	2班	孙梦强	92					
9	2班	胡婷婷	77					
10	1班	梁梦	87					
11	2班	汪潮	97					
12	1班	韩昊权	91					

图 18-59

❷ 选中 G2:G4 单元格区域,在编辑栏中输入公式:

=LARGE(IF($A$2:$A$12=G1,$C$2:$C$12),{1;2;3})

按 Ctrl+Shift+Enter 组合键即可对班级进行判断并返回对应班级前 3 名的成绩,如图 18-60 所示。

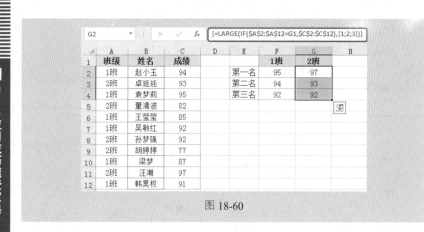

图 18-60

①因为是数组公式，所以用 IF 函数依次判断 A2:A12 单元格区域中的各个值是否等于 F1 单元格的值，如果等于返回 TRUE，否则返回 FALSE。返回的是一个数组

要想一次性返回连续几名的数据，则需要将此参数写成这种数组形式

$$=LARGE(IF(\$A\$2:\$A\$12=F1,\$C\$2:\$C\$12),\{1;2;3\})$$

③一次性从②返回数组中提取前三名的值

②将①返回数组依次对应 C2:C12 单元格区域取值，①返回数组中为 TRUE 的返回其对应的值，①返回数组为 FALSE 的返回 FALSE。结果还是一个数组

4. SMALL（返回某数据集的某个最小值）

【函数功能】SMALL 函数返回某一数据集中的某个最小值。

【函数语法】SMALL (array,k)

- array：表示为需要从中查询第 k 个最小值的数组或数据区域。
- k：表示为返回值在数组或数据单元格区域里的位置，即名次。

【用法解析】

可以为数组或单元格的引用   指定返回第几名的值（从小到大）

$$= SMALL（A2:B10, 1）$$

例：返回倒数第一名的成绩与对应姓名

SMALL 函数可以返回数据区域中的第几个最小值，因此可以从成绩表返回任意指定的第几个最小值，并且通过搭配其他函数使用还可以返回这个指定最小值对应的姓名。下面来看具体的公式设计与分析。

扫一扫，看视频

❶ 选中 D2 单元格，在编辑栏中输入公式使用公式：

=SMALL(B2:B12,1)

按 Enter 键即可得出 B2:B12 单元格的最低分，如图 18-61 所示。

❷ 选中 E2 单元格，在编辑栏中输入公式使用公式：

=INDEX(A2:A12,MATCH(SMALL(B2:B12,1),B2:B12,))

按 Enter 键即可得出最低分对应的姓名，如图 18-62 所示。

图 18-61　　　　　　　　　　　　图 18-62

【用法解析】

如果只是返回最低分对应的姓名，则 MIN 函数也能代替 SMALL 函数使用。在公式编辑栏中输入公式（如图 18-63 所示）：

=INDEX(A2:A12,MATCH(MIN(B2:B12),B2:B12,))

图 18-63

第 18 章 数据计算——统计函数

657

但如果返回的不是最低分，而是要求返回倒数第 2 名、第 3 名等则必须要使用 SMALL 函数，公式的修改也很简单，只需要将公式中 SMALL 函数的第 2 个参数重新指定一下即可，如图 18-64 所示。

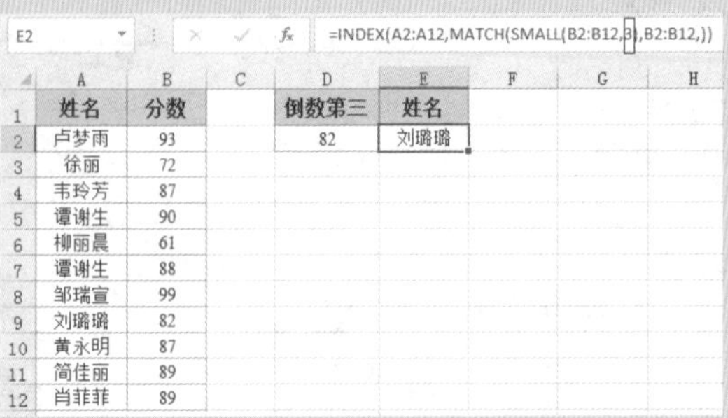
E2
=INDEX(A2:A12,MATCH(SMALL(B2:B12,3),B2:B12,))

	A	B	C	D	E
1	姓名	分数		倒数第三	姓名
2	卢梦雨	93		82	刘璐璐
3	徐丽	72			
4	韦玲芳	87			
5	谭谢生	90			
6	柳丽晨	61			
7	谭谢生	88			
8	邹瑞宣	99			
9	刘璐璐	82			
10	黄永明	87			
11	简佳丽	89			
12	肖菲菲	89			

图 18-64

这是一个多函数嵌套使用的例子，INDEX 与 MATCH 函数都属于查找函数的范畴。在后面的查找函数章节中会着重介绍这两个函数。

【公式解析】

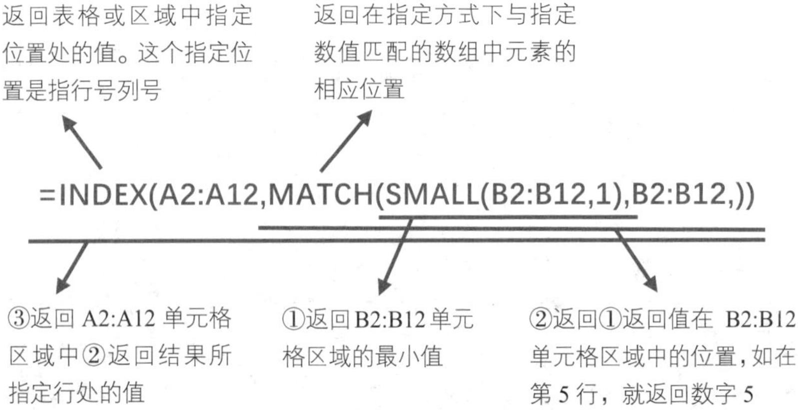
返回表格或区域中指定位置处的值。这个指定位置是指行号列号
返回在指定方式下与指定数值匹配的数组中元素的相应位置
=INDEX(A2:A12,MATCH(SMALL(B2:B12,1),B2:B12,))
③返回 A2:A12 单元格区域中②返回结果所指定行处的值
①返回B2:B12单元格区域的最小值
②返回①返回值在 B2:B12 单元格区域中的位置，如在第 5 行，就返回数字 5

18.4 排位统计

顾名思义，排位统计就是对数据进行排列次序，当然衍生出的函数并非只有对数据排名次，如返回一组数据的四分位数、返回一组数据的第 k 个百

分点值、返回一组数据的百分比排位等。

在 Excel 2010 版本后，统计函数变化比较大，排位统计函数中 RANK、PERCENTILE、QUARTILE、PERCENTRANK 几个函数都做了改进。RANK 分出了 RANK.EQ(equal)，它等同于原来的 RANK 函数，另一个是 RANK.AVG(average)。PERCENTILE、QUARTILE、PERCENTRANK 这三个均分出了 .INC(include) 和 .EXC(exclude)。在后面会具体介绍这些改进函数间的区别。

1. MEDIAN（返回中位数）

【函数功能】MEDIAN 函数返回给定数值的中值，中值是在一组数值中居于中间的数值。如果参数集合中包含偶数个数字，函数 MEDIAN 将返回位于中间的两个数的平均值。

【函数语法】MEDIAN(number1,number2,...)

number1,number2,...：表示要找出中位数的 1~30 个数字参数。

【用法解析】

$$= MEDIAN（A2:B10）$$

- 参数可以是数字或者是包含数字的名称、数组或引用。
- 如果数组或引用参数包含文本、逻辑值或空白单元格，则这些值将被忽略；但包含零值的单元格将计算在内。
- 如果参数为错误值或为不能转换为数字的文本，将会导致错误。

MEDIAN 函数用于计算趋中性，趋中性是统计分布中一组数中间的位置。3 种最常见的趋中性计算方法如下：

（1）平均值。平均值是算术平均数，由一组数相加然后除以这些数的个数计算得出。例如，2、3、3、5、7 和 10 的平均数是 30 除以 6，结果是 5。

（2）中值。中值是一组数中间位置的数，即一半数的值比中值大，另一半数的值比中值小。例如，2、3、3、5、7 和 10 的中值是 4。

（3）众数。众数是一组数中最常出现的数。例如，2、3、3、5、7 和 10 的众数是 3。

对于对称分布的一组数来说这三种趋中性计算方法是相同的。对于偏态分布的一组数来说这 3 种趋中性计算方法可能不同。

例：返回一个数据序列的中间值

扫一扫，看视频

表格中给出了一组学生的身高，可求出这一组数据的中位数。

❶ 选中 D2 单元格，在编辑栏中输入公式（如图 18-65 所示）：

`=MEDIAN(B2:B12)`

▲	A	B	C	D	E
1	姓名	身高		中位数	
2	卢梦雨	1.45		1.53	
3	徐丽	1.6			
4	韦玲芳	1.54			
5	谭谢生	1.44			
6	柳丽晨	1.48			
7	谭谢生	1.52			
8	邹瑞宣	1.53			
9	刘璐璐	1.55			
10	黄永明	1.58			
11	简佳丽	1.45			
12	肖菲	1.61			

D2 的编辑栏内容为 `=MEDIAN(B2:B12)`

图 18-65

❷ 按 Enter 键即可求出中位数。

2. RANK.EQ（返回数组的最高排位）

【函数功能】RANK.EQ 函数表示返回一个数字在数字列表中的排位，其大小相对于列表中的其他值。如果多个值具有相同的排位，则返回该组数值的最高排位。

【函数语法】RANK.EQ(number,ref,[order])

● number：表示要查找其排位的数字。

● ref：表示数字列表数组或对数字列表的引用。ref 中的非数值型值将被忽略。

● order：可选。一个指定数字的排位方式的数字。

【用法解析】

$$= RANK.EQ（A2，A2:A12，0）$$

当此参数为 0 时表示按降序排名，即最大的数值排名值为 1；当此参数为非 1 时表示按升序排名，即最小的数值排名为值 1。此参数可省略，省略时默认为 0

例 1：对销售业绩进行排名

表格中给出了本月销售部员工的销售额统计数据，现在要求对销售额数据进行排名次，以直观查看每位员工的销售排名情况，如图 18-66 所示。

扫一扫，看视频

	A	B	C
1	姓名	销售额	名次
2	林晨洁	43000	4
3	刘美汐	15472	10
4	苏竟	25487	6
5	何阳	39806	5
6	杜云美	54600	1
7	李丽芳	45309	3
8	徐萍丽	45388	2
9	唐晓霞	19800	9
10	张鸣	21820	8
11	简佳	21890	7

图 18-66

❶ 选中 C2 单元格，在编辑栏中输入公式：

=RANK.EQ(B2,$B$2:$B$11,0)

按 Enter 键即可返回 B2 单元格中数值在 B2:B11 单元格区域中的排位名次是多少，如图 18-67 所示。

❷ 将 C2 单元格的公式向下填充，可分别统计出每位销售员的销售业绩在全体销售员中的排位情况，如图 18-68 所示。

C2	▼ : × ✓ fx	=RANK.EQ(B2,$B$2:$B$11,0)

	A	B	C	D	E	F
1	姓名	销售额	名次			
2	柳丽晨	49880	2			
3	黄永明	25470				
4	苏竟	29480				
5	何阳	42806				
6	杜云美	54600				
7	李丽芳	45309				
8	徐萍丽	45388				
9	唐晓霞	19800				
10	张鸣	29820				
11	肖菲儿	21890				

图 18-67

	A	B	C
1	姓名	销售额	名次
2	柳丽晨	49880	2
3	黄永明	25470	8
4	苏竟	29480	7
5	何阳	42806	5
6	杜云美	54600	1
7	李丽芳	45309	4
8	徐萍丽	45388	3
9	唐晓霞	19800	10
10	张鸣	29820	6
11	肖菲儿	21890	9

图 18-68

【公式解析】

①用于判断其排位的目标值

$$=RANK.EQ(B2,\$B\$2:\$B\$11,0)$$

②目标列表区域，即在这个区域中判断参数1指定值的排位。此单元格区域使用绝对引用是因为公式是需要向下复制的，当复制公式时只有参数1发生变化，而用于判断的这个区域是始终不能发生改变的

例2：对不连续的数据进行排名

扫一扫，看视频

表格中按月份统计了销售额，其中包括季度小计。要求通过公式返回指定季度的销售额在4个季度中的名次。

❶ 选中E2单元格，在编辑栏中输入公式（如图18-69所示）：
=RANK.EQ(B9,(B5,B9,B13,B17))

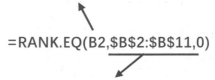

E2			× ✓ fx	=RANK.EQ(B9,(B5,B9,B13,B17))		
▲	A	B	C	D	E	F
1	月份	销售量		季度	排名	
2	1月	510		2季度	1	
3	2月	490				
4	3月	480				
5	1季度合计	1480				
6	4月	625				
7	5月	507				
8	6月	587				
9	2季度合计	1719				
10	7月	490				
11	8月	552				
12	9月	480				
13	3季度合计	1522				
14	10月	481				
15	11月	680				
16	12月	490				
17	4季度合计	1651				

图 18-69

❷ 按 Enter 键即可在 B5、B9、B13、B17 这几个值中判断 B9 的名次。

【公式解析】

$$=RANK.EQ(B9,(B5,B9,B13,B17))$$

参数 2 不仅仅是可以是一个数据区域，也可以写成这种形式，注意要使用括号，并使用逗号间隔

3. RANK.AVG（返回数字列表中的排位）

【函数功能】RANK.AVG 函数表示返回一个数字在数字列表中的排位，其大小相对于列表中的其他值。如果多个值具有相同的排位，则将返回平均排位。

【函数语法】RANK.AVG(number,ref,[order])

● number：表示要查找其排位的数字。

● ref：表示数字列表数组或对数字列表的引用。ref 中的非数值型值将被忽略。

● order：可选。一个指定数字的排位方式的数字。

【用法解析】

$$= RANK.AVG（A2，A2:A12，0)$$

当此参数为 0 时表示按降序排名，即最大的数值排名值为 1；当此参数为非 1 时表示按升序排名，即最小的数值排名为值 1。此参数可省略，省略时默认为 0

🔊 注意：

RANK.AVG 函数是 Excel 2010 版本中的新增函数，属于 RANK 函数的分支函数。原 RANK 函数在 2010 版本中更新为 RANK.EQ，作用与用法都与 RANK 函数相同。RANK.AVG 函数的不同之处在于，对于数值相等的情况，返回该数值的平均排名，而作为对比，原 RANK 函数对于相等的数值返回其最高排名。如 A 列中有两个最大值数值同为 37，原有的 RANK 函数返回他们的最高排名同时为 1，而 RANK.AVG 函数则返回他们平均的排名，即 (1+2)/2=1.5。

例：对员工考核成绩排名次

表格中给出了员工某次考核的成绩表，现在要求对考核成绩进行排名次。注意名次出现 4.5 表示 94 分是第 4 名且有两个

扫一扫，看视频

94 分，因此取平均排位，如图 18-70 所示。

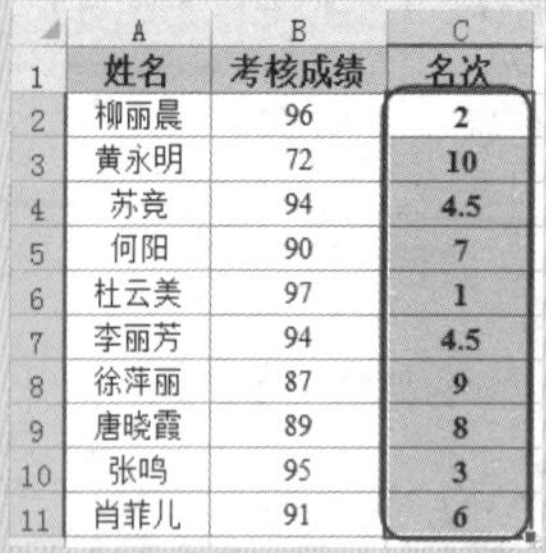

	A	B	C
1	姓名	考核成绩	名次
2	柳丽晨	96	2
3	黄永明	72	10
4	苏竟	94	4.5
5	何阳	90	7
6	杜云美	97	1
7	李丽芳	94	4.5
8	徐萍丽	87	9
9	唐晓霞	89	8
10	张鸣	95	3
11	肖菲儿	91	6

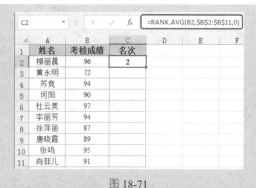

图 18-70

❶ 选中 C2 单元格，在编辑栏中输入公式：

```
=RANK.AVG(B2,$B$2:$B$11,0)
```

按 Enter 键即可返回 B2 单元格中数值在 B2:B11 单元格区域中的排位名次是多少，如图 18-71 所示。

C2 =RANK.AVG(B2,$B$2:$B$11,0)

	A	B	C	D	E	F
1	姓名	考核成绩	名次			
2	柳丽晨	96	2			
3	黄永明	72				
4	苏竟	94				
5	何阳	90				
6	杜云美	97				
7	李丽芳	94				
8	徐萍丽	87				
9	唐晓霞	89				
10	张鸣	95				
11	肖菲儿	91				

图 18-71

❷ 将 C2 单元格的公式向下填充，可分别统计出每位员工的考核成绩在全体员工成绩中的排位情况。

【公式解析】

①用于判断其排位的目标值

=RANK.AVG(B2,$B$2:$B$11,0)

②目标列表区域，即在这个区域中判断参数 1 指定值的排位

4. QUARTILE.INC（返回四分位数）

【函数功能】根据 0~1 之间的百分点值（包含 0 和 1）返回数据集的四分位数。

【函数语法】QUARTILE.INC(array,quart)

- array：表示为需要求得四分位数值的数组或数字引用区域。
- quart：表示决定返回哪一个四分位值。

【用法解析】

$$= QUARTILE.INC（A2:A12，1）$$

决定返回哪一个四分位值。有 5 个值可选，"0" 表示最小值，"1" 表示第 1 个四分位数（25%处），"2" 表示第 2 个四分位数（50%处），"3" 表示第 3 个四分位数（75%处），"4" 表示最大值

QUARTILE 函数在 Excel 2010 版本中分出了.INC(include)和.EXC(exclude)，上面讲了 QUARTILE.INC 函数的作用，而 QUARTILE .EXC 与 QUARTILE.INC 的区别在于，前者无法返回边值，即无法返回最大值与最小值。

如图 18-72 所示，使用 QUARTILE.INC 函数可以设置 quart 为 0（返回最小值）和 4（返回最大值），而 QUARTILE .EXC 函数无法使用这两个参数，如图 18-73 所示。

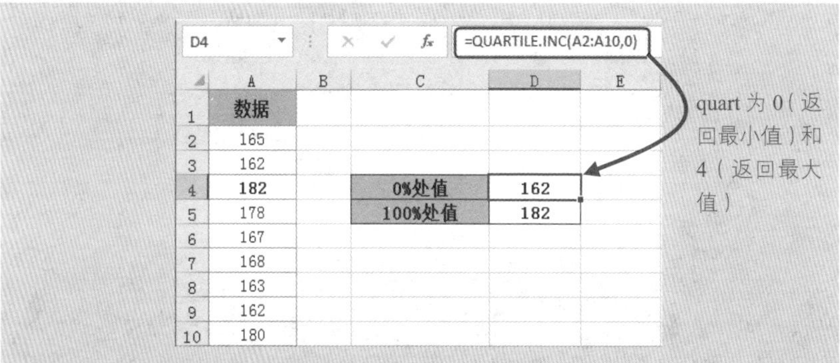

图 18-72

quart 无法指定为 0（返回最小值）和 4（返回最大值），即无法返回边值

图 18-73

例：四分位数偏度系数

扫一扫，看视频

处于数据中间位置的观测值被称为中位数（Q2），而处于 25% 和 75% 位置的观测值分别被称为低四分位数（Q1）和高四分位数（Q3）。在统计分析中，通过计算出的中位数、低四分位数、高四分位数可以计算出四分位数偏度系数，四分位偏度系数也是度量偏度的一种方法。

❶ 选中 F6 单元格，在编辑栏中输入公式：

=QUARTILE.INC(C3:C14,1)

按 Enter 键即可统计出即 C3:C14 单元格区域中 25% 处的值，如图 18-74 所示。

图 18-74

❷ 选中 F7 单元格，在编辑栏中输入公式：

=QUARTILE.INC(C3:C14,2)

按 Enter 键即可统计出即 C3:C14 单元格区域中 50%处的值（等同于公式"=MEDIAN (C3:C14)"的返回值），如图 18-75 所示。

F7 =QUARTILE.INC(C3:C14,2)

	A	B	C	D	E	F
1	参赛选手身高对比表					
2	姓名	性别	身高			
3	林晨洁	女	165			
4	刘美汐	女	162			
5	苏竞	男	182			
6	何阳	男	178		25%处值(Q_1)	164.5
7	杜云美	女	167		50%处值(Q_2)	167
8	李丽芳	女	168		75%处值(Q_3)	
9	徐萍	女	163			
10	唐晓霞	女	162			
11	张鸣	男	180			
12	吴越	男	178			
13	张茹	女	167			
14	冯菲菲	女	165			

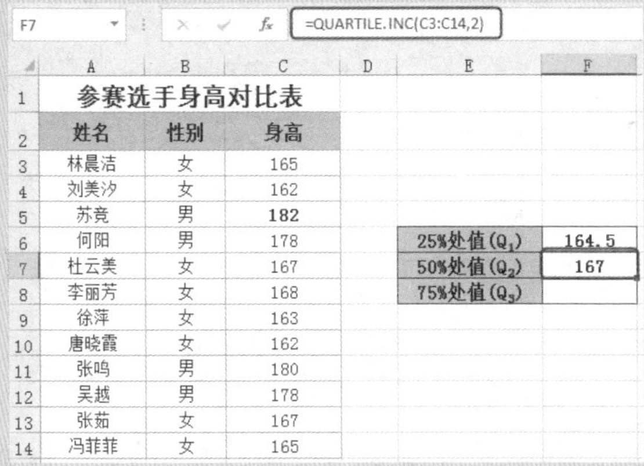

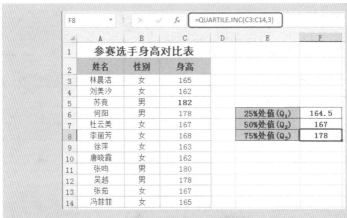

图 18-75

❸ 选中 F8 单元格，在编辑栏中输入公式：

```
=QUARTILE.INC(C3:C14,3)
```

按 Enter 键即可统计出即 C3:C14 单元格区域中 75%处的值，如图 18-76 所示。

F8 =QUARTILE.INC(C3:C14,3)

	A	B	C	D	E	F
1	参赛选手身高对比表					
2	姓名	性别	身高			
3	林晨洁	女	165			
4	刘美汐	女	162			
5	苏竞	男	182			
6	何阳	男	178		25%处值(Q_1)	164.5
7	杜云美	女	167		50%处值(Q_2)	167
8	李丽芳	女	168		75%处值(Q_3)	178
9	徐萍	女	163			
10	唐晓霞	女	162			
11	张鸣	男	180			
12	吴越	男	178			
13	张茹	女	167			
14	冯菲菲	女	165			

图 18-76

❹ 选中 C16 单元格，在编辑栏中输入公式：

```
=(F8-(2*F7)+F6)/(F8-F6)
```

按 Enter 键即可计算出四分位数的偏度系数，如图 18-77 所示。

图 18-77

🔊 注意：

四分位数的偏度系数的计算公式为：

$$\frac{Q_3 - 2Q_2 + Q_1}{Q_3 - Q_1}$$

5. PERCENTILE.INC（返回第 k 个百分点值）

【函数功能】返回区域中数值的第 k 个百分点的值，k 为 0~1 之间的百分点值，包含 0 和 1。

【函数语法】PERCENTILE.INC(array,k)

● array：表示用于定义相对位置的数组或数据区域。

● k：表示 0~1 之间的百分点值，包含 0 和 1。

【用法解析】

= PERCENTILE.INC（A2:A12，0.5）

指定返回哪个百分点处的值，值为 0~1，参数为 0 时表示
最小值，参数为 1 时表示最大值

🔊 注意：

PERCENTILE 函数在 Excel 2010 版本中分出了 .INC(include) 和 .EXC(exclude)。
PERCENTILE.INC 与 PERCENTILE.EXC 二者间的区别同 QUARTILE.INC 函
数"用法解析"小节中的介绍。

668

例：返回一组数据 k 百分点处的值

要求根据表格中给出的身高数据返回指定的 k 百分点处的值。

扫一扫，看视频

❶ 选中 F1 单元格，在编辑栏中输入公式：

=PERCENTILE.INC(C2:C10,0)

按 Enter 键即可统计出即 C2:C10 单元格区域中最低身高（等同于公式"= MIN(C2:C10)"的返回值），如图 18-78 所示。

❷ 选中 F2 单元格，在编辑栏中输入公式：

=PERCENTILE.INC(C2:C10,1)

按 Enter 键即可统计出即 C2:C10 单元格区域中最高身高（等同于公式"= MAX (C2:C10)"的返回值），如图 18-79 所示。

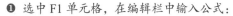

图 18-78   图 18-79

❸ 选中 F3 单元格，在编辑栏中输入公式：

=PERCENTILE.INC(C2:C10,0.8)

按 Enter 键即可统计出 C2:C10 单元格区域中身高值的 80%处的值，如图 18-80 所示。

图 18-80

第19章 数据计算——文本处理函数

19.1 查找字符在字符串中的位置

查找字符在字符串中的位置一般用于辅助对数据的提取，即只有先准确判断字符的所在位置，才能实现准确提取。因此，这些函数常要搭配提取文本的函数使用，如果单独使用，我们体会不到其存在的价值。

1. FIND（查找指定字符在字符串中的位置）

【函数功能】函数 FIND 用于查找指定字符串在另一个字符串中第一次出现的位置。函数总是从指定位置开始，返回找到的第一个匹配字符串的位置，而不管其后是否还有相匹配的字符串。

【函数语法】FIND(find_text, within_text, [start_num])

- find_text：必需。要查找的文本。
- within_text：必需。包含要查找文本的文本。
- start_num：可选。指定要从哪个位置开始搜索。

【用法解析】

$$=FIND("怎么",A1,5)$$

在 A1 单元格中查找"怎么"，并返回其在 A1 单元格中的起始位置。如果在文本中找不到结果，返回#VALUE!错误值

可以用这个参数指定从哪个位置开始查找。一般会省略，省略时表示从头开始查找

例1：找出指定文本所在位置

扫一扫，看视频

FIND 函数用于返回一个字符串在另一个字符串中的起始位置，通过下面的例子可以更加清晰地了解其用法。

❶ 选中 C2 单元格，在编辑栏中输入公式：

```
=FIND(":",A2)
```

按 Enter 键即可返回 A2 单元格中":"的起始位置，如图 19-1 所示。

❷ 将 C2 单元格的公式向下填充，即可依次返回 A 列各单元格字符串中

":" 的起始位置, 如图 19-2 所示。

| C2 | | : | × | ✓ | fx | =FIND(":",A2) |

▲	A	B	C
1	姓名	测试成绩	":" 号位置
2	Jinan:徐梓瑞	95	6
3	Jinan:许宸浩	76	
4	Jinan:王硕彦	82	
5	Qingdao:姜美	90	
6	Qingdao:陈义	87	
7	Qingdao:李祥	79	
8	Hangzhou:李成杰	85	
9	Hangzhou:夏正霏	80	
10	Hangzhou:万文锦	88	

图 19-1

▲	A	B	C
1	姓名	测试成绩	":" 号位置
2	Jinan:徐梓瑞	95	6
3	Jinan:许宸浩	76	6
4	Jinan:王硕彦	82	6
5	Qingdao:姜美	90	8
6	Qingdao:陈义	87	8
7	Qingdao:李祥	79	8
8	Hangzhou:李成杰	85	9
9	Hangzhou:夏正霏	80	9
10	Hangzhou:万文锦	88	9

图 19-2

例 2: 查找位置是为了辅助提取(从公司名称中提取姓名)

FIND 函数用于返回一个字符串在另一个字符串中的起始位置,但只返回位置并不能辅助对文本进行整理或格式修正,因此更多的时候查找位置是为了辅助文本提取。例如,沿用上一例要从 "姓名" 列中提取姓名,由于姓名有三个字的也有两个字的,因此无法直接使用 LEFT 函数提取,此时需要使用 LEFT 与 FIND 相合提取。

扫一扫,看视频

❶ 选中 C2 单元格,在编辑栏中输入公式:

=LEFT(A2,FIND(":",A2)-1)

按 Enter 键即可从 A2 单元格中提取姓名,如图 19-3 所示。

❷ 将 C2 单元格的公式向下填充,即可一次性从 A 列提取其他姓名,如图 19-4 所示。

| C2 | | : | × | ✓ | fx | =LEFT(A2,FIND(":",A2)-1) |

▲	A	B	C	D
1	姓名	测试成绩	提取姓名	
2	徐梓瑞:Jinan	95	徐梓瑞	
3	许宸浩:Jinan	76		
4	王硕彦:Jinan	82		
5	姜美:Qingdao	90		
6	陈义:Qingdao	87		
7	李祥:Qingdao	79		
8	李成杰:Hangzhou	85		
9	夏正霏:Hangzhou	80		
10	万文锦:Hangzhou	88		

图 19-3

▲	A	B	C
1	姓名	测试成绩	提取姓名
2	徐梓瑞:Jinan	95	徐梓瑞
3	许宸浩:Jinan	76	许宸浩
4	王硕彦:Jinan	82	王硕彦
5	姜美:Qingdao	90	姜美
6	陈义:Qingdao	87	陈义
7	李祥:Qingdao	79	李祥
8	李成杰:Hangzhou	85	李成杰
9	夏正霏:Hangzhou	80	夏正霏
10	万文锦:Hangzhou	88	万文锦

图 19-4

【公式解析】

LEFT 函数用于返回从文本左侧开始指定个数的字符。19.2 小节中会再次介绍此函数

①返回 ":" 号在 A2 单元格中的位置

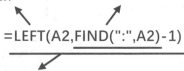

$$=LEFT(A2,FIND(":",A2)-1)$$

②从 A2 单元格中字符串的最左侧开始提取，提取的字符数是①返回结果减 1。因为①返回结果是 ":" 号的位置，而要提取的数目是 ":" 号前的字符，所以进行减 1 处理

例 3：查找位置是为了辅助提取（从产品名称中提取规格）

扫一扫，看视频

如图 19-5 所示的表格中，"产品名称"列中包含规格信息，要求从产品名称中提取规格数据。产品的规格虽然都位于右侧，但其字符数并不一样，如"200g"是 4 个字符、"3p"是两个字符，因此也无法直接使用 RIGHT 函数提取。

	A	B	C
1	产品编码	产品名称	规格
2	VOa001	VOV绿茶面膜-200g	200g
3	VOa002	VOV樱花面膜-200g	200g
4	B011213	碧欧泉矿泉爽肤水-100ml	100ml
5	B011214	碧欧泉美白防晒霜-30g	30g
6	B011215	碧欧泉美白面膜-3p	3p
7	HO201312	水之印美白乳液-100g	100g
8	HO201313	水之印美白隔离霜-20g	20g
9	HO201314	水之印绝配无瑕粉底-15g	15g

图 19-5

❶ 选中 C2 单元格，在编辑栏中输入公式：

```
=RIGHT(B2,LEN(B2)-FIND("-",B2))
```

按 Enter 键即可从 B2 单元格中提取规格，如图 19-6 所示。

❷ 将 C2 单元格的公式向下填充，即可一次性从 B 列中提取规格，如图 19-7 所示。

	A	B	C
1	产品编码	产品名称	规格
2	VOa001	VOV绿茶面膜-200g	200g
3	VOa002	VOV樱花面膜-200g	
4	B011213	碧欧泉矿泉爽肤水-100ml	
5	B011214	碧欧泉美白防晒霜-30g	
6	B011215	碧欧泉美白面膜-3p	
7	H0201312	水之印美白乳液-100g	
8	H0201313	水之印美白隔离霜-20g	
9	H0201314	水之印绝配无瑕粉底-15g	

图 19-6

	A	B	C
1	产品编码	产品名称	规格
2	VOa001	VOV绿茶面膜-200g	200g
3	VOa002	VOV樱花面膜-200g	200g
4	B011213	碧欧泉矿泉爽肤水-100ml	100ml
5	B011214	碧欧泉美白防晒霜-30g	30g
6	B011215	碧欧泉美白面膜-3p	3p
7	H0201312	水之印美白乳液-100g	100g
8	H0201313	水之印美白隔离霜-20g	20g
9	H0201314	水之印绝配无瑕粉底-15g	15g

图 19-7

【公式解析】

RIGHT 函数用于返回从文本右侧开始指定个数的字符。19.2 小节中会再次介绍此函数

①统计 B2 单元格中字符串的长度

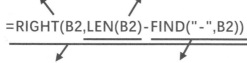

=RIGHT(B2,LEN(B2)-FIND("-",B2))

③从 B2 单元格的右侧开始提取，提取字符数为①减去②的值

②在 B2 单元格中返回"-"的位置。①减去②的值作为 RIGHT 函数的第 2 个参数

2. SEARCH（查找字符串的起始位置）

【函数功能】SEARCH 函数返回指定的字符串在原始字符串中首次出现的位置，从左到右查找，忽略英文字母的大小写。

【函数语法】SEARCH(find_text,within_text,[start_num])

● find_text：必需。要查找的文本。

● within_text：必需。要在其中搜索 find_text 参数的值的文本。

● start_num：可选。指定在 within_text 参数中从哪个位置开始搜索。

【用法解析】

= SEARCH ("VO",A1)

在 A1 单元格中查找"VO"，并返回其在 A1 单元格中的起始位置。如果在文本中找不到结果，返回#VALUE!错误值

📢 **注意：**

SEARCH 和 FIND 函数的区别主要有以下两点。

（1）FIND 函数区分大小写，而 SEARCH 函数则不区分（如图 19-8 所示）。

	A	B	C
1	**文本**	**使用公式**	**返回值**
2	JINAN:徐梓瑞	=SEARCH("n",A2)	3
3		=FIND("n",A2)	#VALUE!
4			

查找的是小写的 "n"，SEARCH 函数不区分，FIND 函数区分，所以找不到

图 19-8

（2）SEARCH 函数支持通配符，而 FIND 函数不支持（如图 19-9 所示）。例如公式"=SEARCH("VO?",A2)"，返回的则是以"VO"开头的三个字符组成的字符串第一次出现的位置。

	A	B	C
1	**文本**	**使用公式**	**返回值**
2	JINAN:徐梓瑞	=SEARCH("n?",A2)	3
3		=FIND("n?",A2)	#VALUE!
4			

查找对象中使用了通配符，SEARCH 函数可以包含，FIND 函数不能包含

图 19-9

例：从产品名称中提取品牌名称

扫一扫，看视频

产品名称中包含有品牌名称，要求将品牌批量提取出来。

❶ 选中 D2 单元格，在编辑栏中输入公式（如图 19-10 所示）：

`=MID(B2,SEARCH("vov",B2),3)`

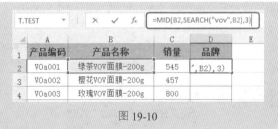

图 19-10

❷ 按 Enter 键，然后将 D2 单元格的公式向下复制，可以得到如图 19-11 所示的提取效果。

D2	▼ : × ✓ fx	=MID(B2,SEARCH("vov",B2),3)		
⊿	A	B	C	D	E
1	产品编码	产品名称	销量	品牌	
2	VOa001	绿茶VOV面膜-200g	545	VOV	
3	VOa002	樱花VOV面膜-200g	457	VOV	
4	VOa003	玫瑰VOV面膜-200g	800	VOV	
5	VOa004	芦荟VOV面膜-200g	474	VOV	
6	VOa005	火山泥VOV面膜-200g	780	VOV	
7	VOa006	红景天VOV面膜-200g	550	VOV	
8	VOa007	珍珠VOV面膜-200g	545	VOV	

图 19-11

【公式解析】

MID 返回文本字符串中从指定 ①查找 "vov" 在 B2 单元格字
位置开始的特定数目的字符   符串中的位置

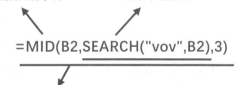

=MID(B2,SEARCH("vov",B2),3)

②使用 MID 函数从 B2 单元格中提取字符，从①的
返回值处提取，提取长度为 3 个字符

19.2 提取文本

提取文本是指从文本字符串中提取部分文本。例如，可以用 LEFT 函数
从左侧提取，使用 RIGHT 函数从右侧提取，使用 MID 函数从任意指定位置
提取等。无论哪种方式的提取，如果要实现批量提取，都要找寻字符串中的
相关规律，从而准确的提取有用数据。

1. LEFT（按指定字符数从最左侧提取字符串）

【函数功能】LEFT 函数用于从字符串左侧开始提取指定个数的字符。

【函数语法】LEFT(text, [num_chars])

- text：必需。包含要提取字符的文本字符串。
- num_chars：可选。指定要提取字符的数量。

【用法解析】

$$=LEFT(A1,3)$$

表示要提取的内容   表示要提取多少内容（从最
左侧开始提）

例1：提取分部名称

扫一扫，看视频

    如果要提取的字符串在左侧，并且要提取的字符宽度一致，可以直接使用 LEFT 函数提取。例如下面表格中要从 B 列中提取分部名称。

❶ 选中 D2 单元格，在编辑栏中输入公式：

`=LEFT(B2,5)`

按 Enter 键，可提取 B2 单元格中字符串的前 5 个字符，如图 19-12 所示。

❷ 将 D2 单元格的公式向下复制，可以实现批量提取，如图 19-13 所示。

图 19-12   图 19-13

例2：从商品全称中提取产地

扫一扫，看视频

    如果要提取的字符串虽然是从最左侧开始，但长度不一，则无法直接使用 LEFT 函数提取，需要配合 FIND 函数从字符串中找寻统一规律，利用 FIND 的返回值来确定提取的字符串的长度。如图 19-14 所示的数据表中，商品全称中包含有产地信息，但产地有 3 个字也有 4 个字，所以可以利用 FIND 函数先找"产"字的位置，然后将此值作为 LEFT 函数的第 2 个参数。

	A	B	C	D
1	商品编码	商品全称	库存数量	产地
2	TM0241	印度产紫檀	15	印度
3	HHL0475	海南产黄花梨	25	海南
4	HHT02453	东非产黑檀	10	东非
5	HHT02476	巴西产黑黄檀	17	巴西
6	HT02491	南美洲产黄檀	15	南美洲
7	YDM0342	非洲产崖豆木	26	非洲
8	WM0014	菲律宾产乌木	24	菲律宾

图 19-14

❶ 选中 D2 单元格，在编辑栏中输入公式：

= LEFT(B2,FIND("产",B2)-1)

按 Enter 键，可提取 B2 单元格中字符串中"产"字前的字符，如图 19-15 所示。

❷ 将 D2 单元格的公式向下复制，可以实现批量提取。

| D2 | ▼ | : | × | ✓ | f_x | =LEFT(B2,FIND("产",B2)-1) |

	A	B	C	D
1	商品编码	商品全称	库存数量	产地
2	TM0241	印度产紫檀	15	印度
3	HHL0475	海南产黄花梨	25	
4	HHT02453	东非产黑檀	10	
5	HHT02476	巴西产黑黄檀	17	
6	HT02491	南美洲产黄檀	15	
7	YDM0342	非洲产崖豆木	26	
8	WM0014	菲律宾产乌木	24	

图 19-15

【公式解析】

①返回"产"字在 B2 单元格中的位置，然后进行减 1 处理。因为要提取的字符串是"产"字之前的所有字符串，因此要进行减 1 处理

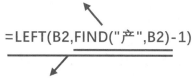

=LEFT(B2,FIND("产",B2)-1)

②从 B2 单元格中字符串的最左侧开始提取，提取的字符数是①返回结果

例3：根据商品的名称进行一次性调价

扫一扫，看视频

表格中统计了公司各种产品的价格，需要将打印机的价格都上调 200 元，其他产品统一上调 100 元。

❶ 选中 D2 单元格，在编辑栏中输入公式：

=IF(LEFT(A2,3)="打印机",C2+200,C2+100)

按 Enter 键，即可判断 A1 单元格中的产品名称是否为打印机，然后按指定规则进行调价，如图 19-16 所示。

❷ 将 D2 单元格的公式向下复制，可以实现批量判断并进行调价，如图 19-17 所示。

| D2 | | × ✓ fx | =IF(LEFT(A2,3)="打印机",
C2+200,C2+100) | |

	A	B	C	D	E
1	产品名称	颜色	原价	调价	
2	打印机TM0241	黑色	998	1198	
3	传真机HHL0475	白色	1080		
4	扫描仪HHT02453	白色	900		
5	打印机HHT02476	黑色	500		
6	打印机HT02491	黑色	2590		
7	传真机YDM0342	白色	500		
8	扫描仪WM0014	黑色	400		

图 19-16

	A	B	C	D
1	产品名称	颜色	原价	调价
2	打印机TM0241	黑色	998	1198
3	传真机HHL0475	白色	1080	1180
4	扫描仪HHT02453	白色	900	1000
5	打印机HHT02476	黑色	500	700
6	打印机HT02491	黑色	2590	2790
7	传真机YDM0342	白色	500	600
8	扫描仪WM0014	黑色	400	500

图 19-17

【公式解析】

①从 A2 单元格的左侧提取，共提取 3 个字符

=IF(LEFT(A2,3)="打印机",C2+200,C2+100)

②如果①返回结果是 TRUE，返回"C2+200"；否则返回"C2+100"

2. RIGHT（按指定字符数从最右侧提取字符串）

【函数功能】RIGHT 函数用于从字符串右侧开始提取指定个数的字符。

【函数语法】RIGHT(text,[num_chars])

- text：必需。包含要提取字符的文本字符串。
- num_chars：可选。指定要提取字符的数量。

【用法解析】

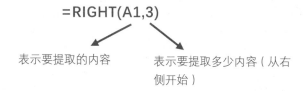

=RIGHT(A1,3)

表示要提取的内容　　　表示要提取多少内容（从右侧开始）

例1：提取商品的产地

如果要提取字符串在右侧，并且要提取的字符宽度一致，可以直接使用 RIGHT 函数提取。例如，在下面的表格中要从商品全称中提取产地。

❶ 选中 D2 单元格，在编辑栏中输入公式（如图 19-18 所示）:
=RIGHT(B2,4)

	A	B	C	D
	T.TEST	✕ ✓ *fx*	=RIGHT(B2,4)	
1	商品编码	商品全称	库存数量	产地
2	TM0241	紫檀（印度）		=RIGHT(B2,4)
3	HHL0475	黄花梨（海南）	45	
4	HHT02453	黑黄檀（东非）	24	
5	HHT02476	黑黄檀（巴西）	27	

图 19-18

❷ 按 Enter 键，可提取 B2 单元格中字符串的最后 4 个字符，即产地信息，如图 19-19 所示。然后将 D2 单元格的公式向下复制，可以实现批量提取。

	A	B	C	D
	D2	✕ ✓ *fx*	=RIGHT(B2,4)	
1	商品编码	商品全称	库存数量	产地
2	TM0241	紫檀（印度）	23	（印度）
3	HHL0475	黄花梨（海南）	45	（海南）
4	HHT02453	黑黄檀（东非）	24	（东非）
5	HHT02476	黑黄檀（巴西）	27	（巴西）
6	HT02491	黄檀（非洲）	41	（非洲）

图 19-19

例 2：从文字与金额合并显示的字符串中提取金额数据

如果要提取的字符串虽然是从最右侧开始，但长度不一，则无法直接使用 RIGHT 函数提取，此时需要配合其他的函数来确定提取的长度。如图 19-20 所示表格中，由于"燃油附加费"填写方式不规则，导致无法计算总费用，此时可以使用 RIGHT 函数实现对燃油附加费金额的提取。

	A	B	C	D
1	城市	配送费	燃油附加费	总费用
2	北京	500	燃油附加费45.5	
3	上海	420	燃油附加费29.8	
4	青岛	400	燃油附加费30	
5	南京	380	燃油附加费32	
6	杭州	380	燃油附加费42.5	
7	福州	440	燃油附加费32	
8	芜湖	350	燃油附加费38.8	

图 19-20

❶ 选中 D2 单元格，在编辑栏中输入公式：

`=B2+RIGHT(C2,LEN(C2)-5)`

按 Enter 键，可提取 C2 单元格中金额数据，并实现总费用的计算，如图 19-21 所示。

❷ 然后将 D2 单元格的公式向下复制，可以实现批量计算，如图 19-22 所示。

D2		× ✓ fx	=B2+RIGHT(C2,LEN(C2)-5)

	A	B	C	D
1	城市	配送费	燃油附加费	总费用
2	北京	500	燃油附加费45.5	545.5
3	上海	420	燃油附加费29.8	
4	青岛	400	燃油附加费30	
5	南京	380	燃油附加费32	
6	杭州	380	燃油附加费42.5	
7	福州	440	燃油附加费32	
8	芜湖	350	燃油附加费38.8	

图 19-21

	A	B	C	D
1	城市	配送费	燃油附加费	总费用
2	北京	500	燃油附加费45.5	545.5
3	上海	420	燃油附加费29.8	449.8
4	青岛	400	燃油附加费30	430
5	南京	380	燃油附加费32	412
6	杭州	380	燃油附加费42.5	422.5
7	福州	440	燃油附加费32	472
8	芜湖	350	燃油附加费38.8	388.8

图 19-22

【公式解析】

①求取 C2 单元格中字符串的总长度，减 5 处理是因为 "燃油附加费" 共 5 个字符，减去后的值为去除 "燃油附加费" 文字后剩下的字符数

=B2+RIGHT(C2,LEN(C2)-5)

②从 C2 单元格中字符串的最右侧开始提取，提取的字符数是①返回结果

3. MID（从任意位置提取指定字符数的字符）

【函数功能】MID 函数用于从一个字符串中按指定位置开始，提取指定字符数的字符串。

【函数语法】MID(text, start_num, num_chars)

- text：必需。包含要提取字符的文本字符串。
- start_num：必需。文本中要提取的第一个字符的位置。文本中第一个字符的 start_num 为 1，以此类推。
- num_chars：必需。指定希望返回字符的个数。

【用法解析】

=MID(❶在哪里提取，❷指定提取位置，❸提取的字符数量)

MID 函数的应用范围比 LEFT 和 RIGHT 函数要大，它可从任意位置开始提取，并且通常也会嵌套 LEN、FIND 函数辅助提取

例 1：从产品名称中提取货号

如果要提取的字符串在原字符串中起始位置相同，且想提取的长度也相同，可以直接使用 MID 函数进行提取。如图 19-23 所示的数据表，"产品名称" 列中从第 2 位开始的共 10 位数字

扫一扫，看视频

表示货号，想将货号提取出来，操作如下。

	A	B	C	D
1	货号	产品名称	品牌	库存数量
2	2017030119	W2017030119-JT	伊美堂	305
3	2017030702	D2017030702-TY	美佳宜	158
4	2017031003	Q2017031003-UR	兰馨	298
5	2017031456	Y2017031456-GF	伊美堂	105
6	2017031894	R2017031894-BP	兰馨	164
7	2017032135	X2017032135-JA	伊美堂	209
8	2017032617	N2017032617-VD	美佳宜	233

图 19-23

❶ 选中 A2 单元格，在编辑栏中输入公式：

=MID(B2,2,10)

按 Enter 键，可从 B2 单元格字符串的第 2 位开始提取，共提取 10 个字符，如图 19-24 所示。

❷ 然后将 A2 单元格的公式向下复制，可以实现批量提取，如图 19-25 所示。

A2		× ✓ fx	=MID(B2,2,10)	
	A	B	C	D
1	货号	产品名称	品牌	库存数量
2	2017030119	W2017030119-JT	伊美堂	305
3		D2017030702-TY	美佳宜	158
4		Q2017031003-UR	兰馨	298
5		Y2017031456-GF	伊美堂	105
6		R2017031894-BP	兰馨	164
7		X2017032135-JA	伊美堂	209
8		N2017032617-VD	美佳宜	233

图 19-24

	A	B	C
1	货号	产品名称	品牌
2	2017030119	W2017030119-JT	伊美堂
3	2017030702	D2017030702-TY	美佳宜
4	2017031003	Q2017031003-UR	兰馨
5	2017031456	Y2017031456-GF	伊美堂
6	2017031894	R2017031894-BP	兰馨
7	2017032135	X2017032135-JA	伊美堂
8	2017032617	N2017032617-VD	美佳宜

图 19-25

例 2：提取括号内的字符串

扫一扫，看视频

　　如果要提取的字符串在原字符串中起始位置不固定，则无法直接使用 MID 函数提取。如图 19-26 所示的数据表中，要提取公司名称中括号内的文本（括号位置不固定），所以可以利用 FIND 函数先找 "（" 的位置，然后将此值作为 MID 函数的第 2 个参数。

	A	B	C
1	公司名称	订购数量	地市
2	达尔利精密电子（南京）有限公司	2200	
3	达尔利精密电子（济南）有限公司	3350	
4	信瑞精密电子（德州）有限公司	2670	
5	信华科技集团精密电子分公司（杭州）	2000	
6	亚东科技机械有限责任公司（台州）	1900	

图 19-26

❶ 选中 C2 单元格，在编辑栏中输入公式：

```
=MID(A2,FIND("（",A2)+1,2)
```

按 Enter 键，可提取 A2 单元格字符串中括号内的字符，如图 19-27 所示。

❷ 然后将 C2 单元格的公式向下复制，可以实现批量提取，如图 19-28 所示。

C2　=MID(A2,FIND("（",A2)+1,2)

	A	B	C
1	公司名称	订购数量	地市
2	达尔利精密电子（南京）有限公司	2200	南京
3	达尔利精密电子（济南）有限公司	3350	
4	信瑞精密电子（德州）有限公司	2670	
5	信华科技集团精密电子分公司（杭州）	2000	
6	亚东科技机械有限责任公司（台州）	1900	

图 19-27

	A	B	C
1	公司名称	订购数量	地市
2	达尔利精密电子（南京）有限公司	2200	南京
3	达尔利精密电子（济南）有限公司	3350	济南
4	信瑞精密电子（德州）有限公司	2670	德州
5	信华科技集团精密电子分公司（杭州）	2000	杭州
6	亚东科技机械有限责任公司（台州）	1900	台州

图 19-28

【公式解析】

①返回“（”在 A2 单元格中的位置，然后进行加 1 处理。因为要提取的字符串起始位置在“（”之后，因此要进行加 1 处理
=MID(A2,FIND("（",A2)+1,2)
②从 A2 单元格中字符串的①返回值为起始，共提取两个字符

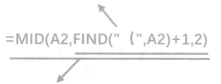

19.3 文本新旧替换

文本新旧替换是指使用新文本替换旧文本，使用这类函数的目的是可以实现数据的批量更改。但要真正实现找寻数据规律实现批量更改，很多时候都需要配合多个函数来确定替换位置。在下面的 SUBSTITUTE 函数的范例中可以学习到相关的设计技巧。

1. REPLACE（用指定的字符和字符数替换文本字符串中的部分文本）

【函数功能】REPLACE 函数使用其他文本字符串并根据所指定的字符数替换某文本字符串中的部分文本。

【函数语法】REPLACE(old_text, start_num, num_chars, new_text)

- old_text：必需。要替换其部分字符的文本。
- start_num：必需。要用 new_text 替换的 old_text 中字符的位置。
- num_chars：必需。希望使用 new_text 替换 old_text 中字符的个数。
- new_text：必需。将用于替换 old_text 中字符的文本。

【用法解析】

=REPLACE（❶要替换的字符串，❷开始位置，❸替换个数，
❹新文本）

如果是文本，要加上引号。此参数可以只保留前面的逗号，后面保持空白不设置，其意义是用空白来替换旧文本

例：对产品名称批量更改

扫一扫，看视频

在下面的表格中，需要将"产品名称"中的"水之印"文本都替换为"水 Z 印"，可以使用 REPLACE 函数一次性替换。

❶ 选中 C2 单元格，在编辑栏中输入公式：

`=REPLACE(B2,1,3,"水 Z 印")`

按 Enter 键，可提取 B2 单元格中指定位置处的字符替换为指定的新字符，如图 19-29 所示。

❷ 然后将 C2 单元格的公式向下复制，可以实现批量替换，如图 19-30 所示。

图 19-29 图 19-30

【公式解析】

$$=REPLACE(B2,1,3,"水 Z 印")$$

使用新文本"水 Z 印"替换 B2 单元格中第 1 个字符开始的 3 个字符

2. SUBSTITUTE（替换旧文本）

【函数功能】SUBSTITUTE 函数用于在文本字符串中用指定的新文本替代旧文本。

【函数语法】SUBSTITUTE(text,old_text,new_text,instance_num)

- text：表示需要替换其中字符的文本，或对含有文本的单元格的引用。
- old_text：表示需要替换的旧文本。
- new_text：用于替换 old_text 的新文本。
- instance_num：可选。用来指定要以 new_text 替换第几次出现的 old_text。

【用法解析】

=SUBSTITUTE（❶要替换的文本，❷旧文本，❸新文本，❹第 N 个旧文本）

可选。如果省略，会将 text 中出现的每一处 old_text 都更改为 new_text。如果指定了，则只有指定的第几次出现的 old_text 才被替换

685

例 1：快速批量删除文本中的多余空格

由于数据输入不规范或是复制得来而存在很多空格。通过 SUBSTITUTE 函数可以一次性删除空格。

❶ 选中 B2 单元格，在编辑栏中输入公式：

`=SUBSTITUTE(A2," ","")`

按 Enter 键，即可得到删除 A2 单元格中空格后的数据，如图 19-31 所示。

❷ 然后将 B2 单元格的公式向下复制，可以实现批量删除空单元格，如图 19-32 所示。

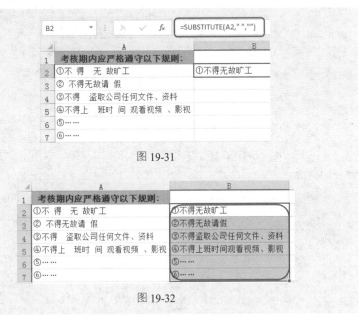

图 19-31

图 19-32

【公式解析】

$$=SUBSTITUTE(A2," ","")$$

第 1 个双引号中有一个空格，第 2 个双引号中无空格，即用无空格替换空格，以达到删除空格的目的

例 2：规范参会人员名称填写格式

在如图 19-33 所示的表格中，原数据如 A 列数据，想将数据更改为如 B 列的格式。即删除第 1 个 "-" 符号，第 2 个 "-"

符号替换为 "："（这个公式是一个 SUBSTITUTE 与 REPLACE 嵌套的例子，读者可注意查看对此公式的解析）。

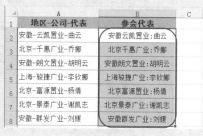

图 19-33

❶ 选中 B2 单元格，在编辑栏中输入公式：

=SUBSTITUTE(REPLACE(A2,3,1,""),"-",":")

按 Enter 键，即可得到更改格式后的数据，如图 19-34 所示。

❷ 然后将 B2 单元格的公式向下复制，可以实现批量更改格式，如图 19-35 所示。

图 19-34   图 19-35

【公式解析】

①将 A2 单元格字符串的第 3 个字符替换为空白，即删除

=SUBSTITUTE(REPLACE(A2,3,1,""),"-",":")

②将①返回值作为目标字符串，然后使用 SUBSTITUTE 函数将其中的 "-" 替换为 "："

例 3：根据报名学员统计人数

如图 19-36 所示的表格中统计了各个课程报名的学员姓名（在日常工作中很多人会使用这种统计方式），在这种统计方式下要求将实际人数统计出来，即根据 C 列数据得到 D 列数据。

	A	B	C	D
1	课程	满员人数	报名学员	已报人数
2	少儿中国舞	12	何晴洁,夏雨菲,朱苹,李春琳,林夏,秦雯,高珊珊	
3	少儿围棋（初）	8	刘瑞轩,方嘉禾,徐瑞,曾浩煊,李杰	
4	少儿硬笔书法	12	周伊伊,周正洋,龚梦莹,侯娜	
5	少儿卡漫	8	崔小蝶,毛少林,黄中洋,刘瑞	

图 19-36

❶ 选中 D2 单元格，在编辑栏中输入公式：

=LEN(C2)-LEN(SUBSTITUTE(C2,",",""))+1

按 Enter 键，即可统计出 C2 单元格中学员人数，如图 19-37 所示。

图 19-37

❷ 然后将 D2 单元格的公式向下复制，可以实现对其他课程人数的统计，如图 19-38 所示。

	A	B	C	D
1	课程	满员人数	报名学员	已报人数
2	少儿中国舞	12	何晴洁,夏雨菲,朱苹,李春琳,苏萌萌,林夏,秦雯,高珊珊	8
3	少儿围棋（初）	8	刘瑞轩,方嘉禾,徐瑞,曾浩煊,李杰	5
4	少儿硬笔书法	12	周伊伊,周正洋,龚梦莹,侯娜	4
5	少儿卡漫	8	崔小蝶,毛少林,黄中洋,刘瑞	4

图 19-38

【公式解析】

①统计 C2 单元格中字符串的长度　②将 C2 单元格中的逗号替换为空

$$=LEN(C2)-LEN(SUBSTITUTE(C2,",",""))+1$$

③统计取消了逗号后 C2 单元格中字符串的长度

④将①总字符串的长度减去③的统计结果，得到的就是逗号数量，逗号数量加 1 为姓名的数量

例 4：查找特定文本且将第一次出现的删除，其他保留

当前数据表如图 19-39 所示，要求将 B 列中的第 1 个 "-"
替换掉或直接删除，而第 2 个 "-" 需要保留，此时使用
SUBSTITUTE 函数时需要指定第 4 个参数，即得到 C 列结果。

扫一扫，看视频

	A	B	C
1	名称	类别	类别
2	武汉黄纸	CM-111114-04	CM111114-04
3	武汉黄纸	CM-111114-19	CM111114-19
4	赤壁白纸	CMPQ-111107-42	CMPQ111107-42
5	赤壁白纸	CM-111107-44	CM111107-44
6	黄塑纸	CAPS-111116-05	CAPS111116-05
7	牛硅纸	SB-111123-07	SB111123-07
8	白硅纸	CBA-111112-03	CBA111112-03
9	黄硅纸	SBA-111120-01	SBA111120-01

图 19-39

❶ 选中 C2 单元格，在编辑栏中输入公式：

`=SUBSTITUTE(B2,"-",,1)`

按 Enter 键即可返回对 B2 单元格字符中的替换后字符串，如图 19-40 所示。

C2		× ✓ fx	=SUBSTITUTE(B2,"-",,1)
	A	B	C	D
1	名称	类别	类别	
2	武汉黄纸	CM-111114-04	CM111114-04	
3	武汉黄纸	CM-111114-19		
4	赤壁白纸	CMPQ-111107-42		

图 19-40

❷ 然后将 C2 单元格的公式向下复制，可以实现对其他字符串的批量替换。

【公式解析】

$$=SUBSTITUTE(B2,"-",,1)$$

指定此能数，表示只替换第 1 个 "-"，其他的不替换

🔊 **注意：**

> 如果需要在某一文本字符串中替换指定位置处的任意文本，使用函数 REPLACE。如果需要在某一文本字符串中替换指定的文本，使用函数 SUBSTITUTE。因此是按位置还是按指定字符替换，这是 REPLACE 函数与 SUBSTITUTE 函数的区别。

19.4 文本格式转换

　　文本格式转换函数用于更改文本字符串的显示方式，如显示$格式、英文字符大小写转换、全半角转换等。最常用的是 TEXT 函数，它可以通过设置数字格式改变其显示外观。

1. TEXT（设置数字格式并将其转换为文本）

【函数功能】TEXT 函数是将数值转换为按指定数字格式表示的文本。

【函数语法】TEXT(value,format_text)

- value：表示数值、计算结果为数字值的公式，或对包含数值的单元格的引用。
- format_text：是作为用引号括起的文本字符串的数字格式。format_text 不能包含星号（＊）。

【用法解析】

=TEXT（❶数据，❷想更改为的文本格式）

第 2 个参数是格式代码，用来告诉 TEXT 函数应该将第 1 个参数的数据更改成什么样子。多数自定义格式的代码都可以直接用在 TEXT 函数中。如果不知道怎样给 TEXT 函数设置格式代码，可以打开"设置单元格格式"对话框，在"分类"列表框中选择"自定义"，可以在"类型"列表框中参考 Excel 已经准备好的自定义数字格式代码，如图 19-41 所示

图 19-41

如图 19-42 所示，使用公式 "=TEXT(A2,"0 年 00 月 00 日")" 可以将 A2 单元格的数据转换为 C3 单元格的样式。

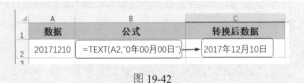

图 19-42

如图 19-43 所示，使用公式 "=TEXT(A2,"上午/下午 h 时 mm 分")" 可以将 A 列中单元格的数据转换为 C 列中对应的样式。

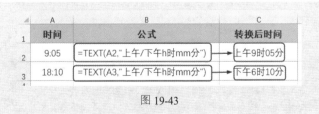

图 19-43

例 1：返回值班日期对应的星期数

本例表格为员工值班表，显示了每位员工的值班日期，为了查看方便，需要显示出各日期对应的星期数。

❶ 选中 B2 单元格，在编辑栏中输入公式：

`=TEXT(A2,"AAAA")`

按 Enter 键即可返回 A2 单元格中日期对应的星期数，如图 19-44 所示。

❷ 将 B2 单元格的公式向下复制，可以实现一次性返回各值班日期对应的星期数，如图 19-45 所示。

B2		fx	=TEXT(A2,"AAAA")
	A	B	C	D
1	值班日期	星期数	值班人员	
2	2017/12/1	星期五	丁洪英	
3	2017/12/2		丁德波	
4	2017/12/3		马丹	
5	2017/12/4		马娅瑞	
6	2017/12/5		罗昊	
7	2017/12/6		冯仿华	
8	2017/12/7		杨雄涛	
9	2017/12/8		陈安祥	
10	2017/12/9		王家连	
11	2017/12/10		韩启云	
12	2017/12/11		孙祥鹏	

图 19-44

	A	B	C
1	值班日期	星期数	值班人员
2	2017/12/1	星期五	丁洪英
3	2017/12/2	星期六	丁德波
4	2017/12/3	星期日	马丹
5	2017/12/4	星期一	马娅瑞
6	2017/12/5	星期二	罗昊
7	2017/12/6	星期三	冯仿华
8	2017/12/7	星期四	杨雄涛
9	2017/12/8	星期五	陈安祥
10	2017/12/9	星期六	王家连
11	2017/12/10	星期日	韩启云
12	2017/12/11	星期一	孙祥鹏

图 19-45

【公式解析】

$$=TEXT(A2,"\underline{AAAA}")$$

中文星期对应的格式编码

例 2：计算加班时长并显示为"*时*分"形式

在计算时间差值时，默认会得到如图 19-46 所示的效果。

E2		fx	=D2-C2
	A	B	C	D	E
1	姓名	部门	签到时间	签退时间	加班时长
2	张佳佳	财务部	18:58:01	20:35:19	1:37:18
3	周传明	企划部	18:15:03	20:15:00	
4	陈秀月	财务部	19:23:17	21:27:19	
5	杨世奇	后勤部	18:34:14	21:34:12	

图 19-46

如果想让计算结果显示为"*小时*分"的形式（如图 19-47 所示 E 列数据），则可以使用 TEXT 函数来设置公式，具体操作步骤如下。

	A	B	C	D	E
1	姓名	部门	签到时间	签退时间	加班时长
2	张佳佳	财务部	18:58:01	20:35:19	1小时37分
3	周传明	企划部	18:15:03	20:15:00	1小时59分
4	陈秀月	财务部	19:23:17	21:27:19	2小时4分
5	杨世奇	后勤部	18:34:14	21:34:12	2小时59分
6	袁晓宇	企划部	18:50:26	20:21:18	1小时30分
7	夏甜甜	后勤部	18:47:21	21:27:09	2小时39分
8	吴晶晶	财务部	19:18:29	22:31:28	3小时12分
9	蔡天放	财务部	18:29:58	19:23:20	0小时53分
10	朱小琴	后勤部	18:41:31	20:14:06	1小时32分
11	袁庆元	企划部	18:52:36	21:29:10	2小时36分

图 19-47

❶ 选中 E2 单元格，在编辑栏中输入公式：

=TEXT(D2-C2,"h 小时 m 分")

按 Enter 键即可将"D2-C2"的值转换为"*小时*分"的形式，如图 19-48 所示。

E2			✕ ✓	fx	=TEXT(D2-C2,"h小时m分")	
	A	B	C	D	E	
1	姓名	部门	签到时间	签退时间	加班时长	
2	张佳佳	财务部	18:58:01	20:35:19	1小时37分	
3	周传明	企划部	18:15:03	20:15:00		
4	陈秀月	财务部	19:23:17	21:27:19		
5	杨世奇	后勤部	18:34:14	21:34:12		
6	袁晓宇	企划部	18:50:26	20:21:18		

图 19-48

❷ 将 E2 单元格的公式向下复制，可以实现其他时间数据的计算并转换为"*小时*分"的形式。

【公式解析】

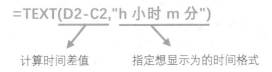

=TEXT(D2-C2,"h 小时 m 分")

计算时间差值　　　指定想显示为的时间格式

例3：解决日期计算返回日期序列号问题

在进行日期数据的计算时，默认会显示为日期对应的序列号值，如图 19-49 所示。常规的处理办法，需要重新设置单元格的格式为日期格式才能正确显示出标准日期。

E2			f_x	=EDATE(C2,D2)
	A	B	C	D	E
1	产品编码	产品名称	生产日期	保质期(月)	到期日期
2	WQQI98-JT	保湿水	2017/1/18	30	43664
3	DHIA02-TY	保湿面霜	2017/1/24	18	
4	QWP03-UR	美白面膜	2017/2/9	12	

图 19-49

除此之外可以使用 TEXT 函数将计算结果一次性转换为标准日期，即得到如图 19-50 所示 E 列中的数据。

	A	B	C	D	E
1	产品编码	产品名称	生产日期	保质期（月）	到期日期
2	WQQI98-JT	保湿水	2017/1/18	30	2019-07-18
3	DHIA02-TY	保湿面霜	2017/1/24	18	2018-07-24
4	QWP03-UR	美白面膜	2017/2/9	12	2018-02-09
5	YWEA56-GF	抗皱日霜	2017/2/16	24	2019-02-16
6	RYIW94-BP	抗皱晚霜	2017/2/23	6	2017-08-23
7	XCHD35-JA	保湿洁面乳	2017/3/4	18	2018-09-04
8	NCIS17-VD	美白乳液	2017/3/10	36	2020-03-10

图 19-50

❶ 选中 E2 单元格，在编辑栏中输入公式：

`=TEXT(EDATE(C2,D2),"yyyy-mm-dd")`

按 Enter 键，即可进行日期计算并将计算结果转换为标准日期格式，如图 19-51 所示。

E2			f_x	=TEXT(EDATE(C2,D2),"yyyy-mm-dd")
	A	B	C	D	E
1	产品编码	产品名称	生产日期	保质期（月）	到期日期
2	WQQI98-JT	保湿水	2017/1/18	30	2019-07-18
3	DHIA02-TY	保湿面霜	2017/1/24	18	
4	QWP03-UR	美白面膜	2017/2/9	12	
5	YWEA56-GF	抗皱日霜	2017/2/16	24	

图 19-51

❷ 将 E2 单元格的公式向下复制，即可实现批量转换。

【公式解析】

$$=TEXT(EDATE(C2,D2),"yyyy-mm-dd")$$

①EDATE 函数用于计算出所指定月数之前或之后的日期。此步求出的是根据产品的生产日期与保质期（月数）计算出到期日期，但返回结果是日期序列号

②将①返回结果转换为标准的日期格式

例 4：从身份证号码中提取性别

身份证号码中包含了员工的性别信息，根据第 17 位的奇偶性可判断性别，奇数（单数）为男性，偶数（双数）为女性。可以通过 MID、MOD、TEXT 几个函数相配合，实现从身份证号码中提取性别信息。

扫一扫，看视频

❶ 选中 C2 单元格，在编辑栏中输入公式：

=TEXT(MOD(MID(B2,17,1),2),"[=1]男;[=0]女")

按 Enter 键，即可对 B2 单元格的身份证号码进行判断，并返回其对应的性别，如图 19-52 所示。

❷ 将 C2 单元格的公式向下复制即可返回批量结果，如图 19-53 所示。

C2	▼ : × ✓ fx	=TEXT(MOD(MID(B2,17,1),2), "[=1]男;[=0]女")		

▲	A	B	C	D
1	姓名	身份证号码	性别	
2	张佳佳	340123199007210123	女	
3	韩心怡	341123198709135644		
4	王淑芬	341131199790927091		
5	徐明明	325120198706307114		
6	周志清	342621199801107242		
7	吴恩思	317141199003250121		
8	夏铭博	328120199201140253		
9	陈新明	341231199761230451		

图 19-52

▲	A	B	C
1	姓名	身份证号码	性别
2	张佳佳	340123199007210123	女
3	韩心怡	341123198709135644	女
4	王淑芬	341131199790927091	男
5	徐明明	325120198706307114	男
6	周志清	342621199801107242	女
7	吴恩思	317141199003250121	女
8	夏铭博	328120199201140253	男
9	陈新明	341231199761230451	男

图 19-53

【公式解析】

①从 B2 单元格的第 17 位开始提取，共提取 1 位数

=TEXT(MOD(MID(B2,17,1),2),"[=1]男;[=0]女")

②判断①提取的数字是否能被 2 整除，如果能整除返回 0，不能整除的返回 1

③将②返回 1 的显示为"男"，②返回 0 的显示为"女"

2. DOLLAR（四舍五入数值，并添加千分位符号和$符号）

【函数功能】DOLLAR 函数是依照货币格式将小数四舍五入到指定的位数并转换成美元货币格式文本。使用的格式为"($#,##0.00_);($#,##0.00)"。

【函数语法】DOLLAR (number,decimals)

- number：表示数字、包含数字的单元格引用，或是计算结果为数字的公式。
- decimals：表示十进制数的小数位数。如果 decimals 为负数，则 number 在小数点左侧进行舍入。如果省略 decimals，则假设其值为 2。

【用法解析】

= DOLLAR (A1,2)

可省略，省略时默认保留两位小数

例：将金额转换为美元格式

如图 19-54 所示，要求将 B 列中的销售金额都转换为 C 列

中的带美元货币符号的格式。

	A	B	C
1	姓名	销售额	转换为$（美元）货币形式
2	周志成	4598.6593	$4,598.66
3	江晓丽	3630.652	$3,630.65
4	叶文静	4108.4	$4,108.40
5	刘霜	2989.23	$2,989.23
6	邓晓兰	3217	$3,217.00
7	陈浩	4532.263	$4,532.26

图 19-54

❶ 选中 C2 单元格，在编辑栏中输入公式：

```
=DOLLAR(B2,2)
```

按 Enter 键即可将 B2 单元格的金额转换为美元（如图 19-55 所示）。

C2　=DOLLAR(B2,2)

	A	B	C
1	姓名	销售额	转换为$（美元）货币形式
2	周志成	4598.6593	$4,598.66
3	江晓丽	3630.652	
4	叶文静	4108.4	

图 19-55

❷ 向下复制 C2 单元格的公式即可实现批量转换。

3. RMB（四舍五入数值，并添加千分位符号和￥符号）

【函数功能】RMB 函数是依照货币格式将小数四舍五入到指定的位数并转换成文本。使用的格式为“(￥#,##0.00_);(￥#,##0.00)”。

【函数语法】RMB(number, [decimals])

- number：必需。数字、对包含数字的单元格的引用或是计算结果为数字的公式。
- decimals：可选。小数点右边的位数。如果 decimals 为负数，则 number 从小数点往左按相应位数四舍五入。如果省略 decimals，则假设其值为 2。

【用法解析】

= RMB (A1,2)

可省略，省略时默认保留两位小数

例：将金额转换为人民币格式

如图 19-56 所示，要求将 B 列中的销售金额都转换为 C 列中的带人民币符号的格式。

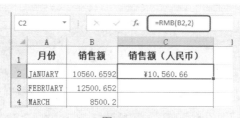

	A	B	C	I
1	月份	销售额	销售额（人民币）	
2	JANUARY	10560.6592	¥10,560.66	
3	FEBRUARY	12500.652	¥12,500.65	
4	MARCH	8500.2	¥8,500.20	
5	APRIL	8800.24	¥8,800.24	
6	MAY	9000	¥9,000.00	
7	JUNE	10400.265	¥10,400.27	

图 19-56

❶ 选中 C2 单元格，在编辑栏中输入公式：

=RMB(B2,2)

按 Enter 键即可将 B2 单元格的金额转换为带人民币符号的格式（如图 19-57 所示）。

C2		✕ ✓ fx	=RMB(B2,2)	
	A	B	C	I
1	月份	销售额	销售额（人民币）	
2	JANUARY	10560.6592	¥10,560.66	
3	FEBRUARY	12500.652		
4	MARCH	8500.2		

图 19-57

❷ 向下复制 C2 单元格的公式即可实现批量转换。

4. UPPER（将文本转换为大写形式）

【函数功能】UPPER 函数是将文本转换成大写形式。

【函数语法】UPPER(text)

text：必需。需要转换成大写形式的文本。text 可以为引用或文本字符串。

例：将文本转换为大写形式

要求将 A 列的小写英文文本转换为大写，即得到 B 列的显示效果，如图 19-58 所示。

	A	B	C	D
1	月份	月份	销售额	
2	january	JANUARY	10560.6592	
3	february	FEBRUARY	12500.652	
4	march	MARCH	8500.2	
5	april	APRIL	8800.24	
6	may	MAY	9000	
7	june	JUNE	10400.265	

图 19-58

❶ 选中 B2 单元格，在编辑栏中输入公式：

=UPPER(A2)

按 Enter 键即可将 A2 单元格的小写英文转换为大写英文（如图 19-59 所示）。

B2		× ✓	fₓ	=UPPER(A2)	
	A	B	C	D
1	月份	月份	销售额	
2	january	JANUARY	10560.6592	
3	february		12500.652	
4	march		8500.2	

图 19-59

❷ 向下复制 B2 单元格的公式即可实现批量转换。

📢 注意：

与 UPPER 函数相反的是 LOWER 函数，即将文本转换为小写形式，用法相同。另外还有 PROPER 函数，用于将文本字符串的首字母转换成大写。

5. VALUE（将文本数字转换成数值）

【函数功能】VALUE 函数是将代表数字的文本字符串转换成数字。

【函数语法】VALUE(text)

text：必需。带引号的文本，或对包含要转换文本的单元格的引用。

例：将文本型数字转换为可计算的数值

在表格中计算总金额时，由于单元格的格式被设置成文本格式，从而导致总金额无法计算，如图 19-60 所示。

扫一扫，看视频

图 19-60

❶ 选中 C2 单元格，在编辑栏中输入公式：

=VALUE(B2)

按 Enter 键，然后向下复制 C2 单元格的公式即可实现将 B 列中的文本数字转换为数值数据并填入 C 列中对应的位置，如图 19-61 所示。

❷ 转换后可以看到，在 C8 单元格中使用公式进行求和运算时即可得到正确结果，如图 19-62 所示。

图 19-61   图 19-62

6. ASC（将全角字符转换为半角字符）

【函数功能】ASC 函数将全角（双字节）字符转换成半角（单字节）字符。

【函数语法】ASC(text)

text：表示为文本或包含文本的单元格引用。如果文本中不包含任何全角字母，则文本不会更改。

扫一扫，看视频

例：修正全半角字符不统一导致数据无法统计问题

在如图 19-63 所示表格中，可以看到"中国舞"报名人数有两条记录，但使用 SUMIF 函数（关于 SUMIF 函数的应用操作详见第 17 章）统计时只统计出总数为 2。

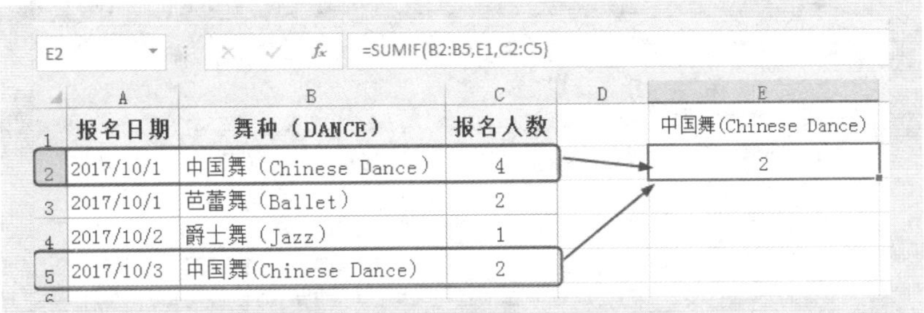

E2			f_x	=SUMIF(B2:B5,E1,C2:C5)	
	A	B		C	D	E

	A	B	C	D	E
1	报名日期	舞种（DANCE）	报名人数		中国舞(Chinese Dance)
2	2017/10/1	中国舞（Chinese Dance）	4		2
3	2017/10/1	芭蕾舞（Ballet）	2		
4	2017/10/2	爵士舞（Jazz）	1		
5	2017/10/3	中国舞(Chinese Dance)	2		

图 19-63

出现这种情况是因为 SUMIF 函数以 E1 中的"中国舞（Chinese Dance）"为查找对象，这其中的英文字符是半角状态的，而 B 列中的英文字符有半角的也有全角的，这就造成了格式不匹配而无法找到，所以不被作为统计对象。这时候就可以使用 ASC 函数先一次性将数据源中的字符格式统一起来，然后再进行数据统计。

❶ 选中 D2 单元格，在编辑栏中输入公式：

=ASC(B2)

按 Enter 键，然后向下复制 D2 单元格的公式进行批量转换，如图 19-64 所示。

D2			f_x	=ASC(B2)	

	A	B	C	D
1	报名日期	舞种（DANCE）	报名人数	
2	2017/10/1	中国舞（Chinese Dance）	4	中国舞(Chinese Dance)
3	2017/10/1	芭蕾舞（Ballet）	2	芭蕾舞(Ballet)
4	2017/10/2	爵士舞（Jazz）	1	爵士舞(Jazz)
5	2017/10/3	中国舞(Chinese Dance)	2	中国舞(Chinese Dance)

图 19-64

❷ 选中 D 列中转换后的数据，按 Ctrl+C 组合键复制，然后再选中 B2 单元格，在"开始"选项卡的"剪贴板"组中单击"粘贴"下拉按钮，在下拉列表中选择"值"，实现数据的覆盖粘贴，如图 19-65 所示。

图 19-65

❸ 完成数据格式的重新修正后，可以看到 E2 单元格中可以得到正确的计算结果了，如图 19-66 所示。

图 19-66

📢 注意：

与 ASC 函数相反的是 WIDECHAR 函数，即将半角字符转换为全角字符，用法相同。

19.5 其他常用文本函数

在文本函数类型中还有几个较为常用的函数。用于统计字符串长度的 LEN 函数（常配合其他函数使用）、用于合并两个或多个文本字符串的 CONCATENATE 函数、字符串比较函数 EXACT 函数、删除空格的 TRIM 函数。

1. CONCATENATE（合并两个或多个文本字符串）

【函数功能】CONCATENATE 函数可将最多 255 个文本字符串连接成一个文本字符串。

【函数语法】CONCATENATE(text1, [text2], ...)

- text1：必需。要连接的第一个文本项。
- text2…：可选。其他文本项，最多为 255 项。项与项之间必须用逗号隔开。

【用法解析】

$$=CONCATENATE("销售","-",B1)$$

连接项可以是文本、数字、单元格引用或这些项的组合。文本、符号等要使用双引号

📢》**注意：**

与 CONCATENATE 函数用法相似的还有"&"符号，如使用"="销售"&"-"&B1"可以得到与"=CONCATENATE("销售","-",B1)"相同的效果。

例 1：将分散两列的数据合并为一列

当前表格中在填写班级时没有带上"年级"信息，现在想将所有学生的班级前都补充"二"（年级）。

❶ 选中 E2 单元格，在编辑栏中输入公式：
`=CONCATENATE("二",C2)`

按 Enter 键即可合并得到新数据，如图 19-67 所示。

扫一扫，看视频

▲	A	B	C	D	E	F
1	姓名	性别	班级	成绩	班级	
2	张铁煊	男	(1)班	95	二(1)班	
3	王华均	男	(2)班	76		
4	李成杰	男	(3)班	82		
5	夏正霏	女	(1)班	90		
6	万文锦	男	(2)班	87		
7	刘岚轩	男	(3)班	79		
8	孙悦	女	(1)班	85		
9	徐梓瑞	男	(2)班	80		
10	许宸浩	男	(3)班	88		
11	王硕彦	男	(1)班	75		
12	姜美	女	(2)班	98		
13	蔡浩轩	男	(3)班	88		

编辑栏：`=CONCATENATE("二",C2)`

图 19-67

❷ 将 E2 单元格的公式向下填充，可一次性得到合并后的数据，如图 19-68 所示。

	A	B	C	D	E
1	姓名	性别	班级	成绩	班级
2	张铁煊	男	(1)班	95	二(1)班
3	王华均	男	(2)班	76	二(2)班
4	李成杰	男	(3)班	82	二(3)班
5	夏正霍	女	(1)班	90	二(1)班
6	万文锦	男	(2)班	87	二(2)班
7	刘岚轩	男	(3)班	79	二(3)班
8	孙悦	女	(1)班	85	二(1)班
9	徐梓瑞	男	(2)班	80	二(2)班
10	许宸浩	男	(3)班	88	二(3)班
11	王硕彦	男	(1)班	75	二(1)班
12	姜美	女	(2)班	98	二(2)班
13	蔡浩轩	男	(3)班	88	二(3)班

图 19-68

例 2：合并面试人员的总分数与录取情况

扫一扫，看视频

CONCATENATE 函数不仅只能合并单元格引用的数据、文字等，还可以将函数的返回结果也进行连接。在图 19-69 所示的表格中，可以对成绩进行判断（这里规定面试成绩和笔试成绩在 120 分及以上的人员即可给予录取），并将总分数与录取情况合并。

	A	B	C	D
1	姓名	面试成绩	笔试成绩	是否录取
2	徐梓瑞	60	60	120/录取
3	许宸浩	50	60	110/未录取
4	王硕彦	69	78	147/录取
5	姜美	55	66	121/录取
6	陈义	32	60	92/未录取
7	李祥	80	50	130/录取

图 19-69

❶ 选中 D2 单元格，在编辑栏中输入公式：

=CONCATENATE(SUM(B2:C2),"/",IF(SUM(B2:C2)>=120,"录取","未录取"))

按 Enter 键即可得出第一位面试人员总成绩与录取结果的合并项，如图 19-70 所示。

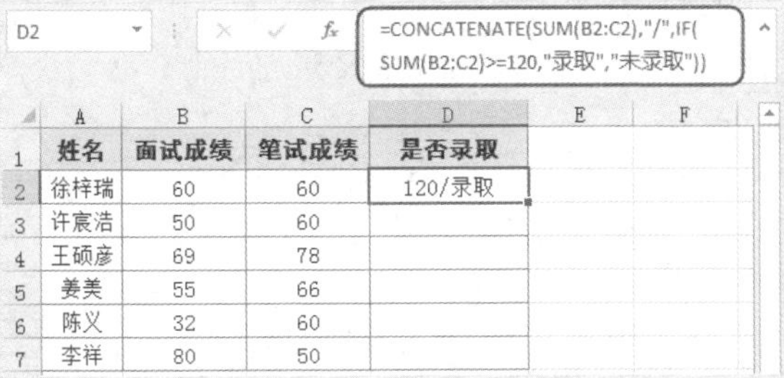

	A	B	C	D	E	F
1	姓名	面试成绩	笔试成绩	是否录取		
2	徐梓瑞	60	60	120/录取		
3	许宸浩	50	60			
4	王硕彦	69	78			
5	姜美	55	66			
6	陈义	32	60			
7	李祥	80	50			

D2 单元格公式: =CONCATENATE(SUM(B2:C2),"/",IF(SUM(B2:C2)>=120,"录取","未录取"))

图 19-70

❷ 将 D2 单元格的公式向下填充，即可将其他面试人员的合计分数与录取情况进行合并。

【公式解析】

①对 B2:C2 单元格中的各项成绩进行求和运算

=CONCATENATE(SUM(B2:C2),"/",IF(SUM(B2:C2)>=120,
"录取","未录取"))

③将①返回值与②返回值在 D 列单元格中以"/"连接符相连接　②判断①的总分，如果总分>=120 则返回"录取"，否则返回"未录取"

2. LEN（返回文本字符串的字符数量）

【函数功能】LEN 返回文本字符串中的字符数。

【函数语法】LEN(text)

text：必需。要查找其长度的文本。空格将作为字符进行计数。

【用法解析】

=LEN(B1)

参数为任何有效的字符串表达式

例：检测培训编码位数是否正确

如图 19-71 所示表格是企业近期的培训计划表，培训编码都是 14 位编码。要求检验培训编码位数是否正确，如果位数正确则返回空格，否则返回

"错误编码"文字。

❶ 选中 D2 单元格,在编辑栏中输入公式:

=IF(LEN(A2)=14,"","错误编码")

按 Enter 键即可检验出第一项培训编码是否正确,如图 19-71 所示。

❷ 将 D2 单元格的公式向下填充,即可批量判断其他培训编码是否正确,如图 19-72 所示。

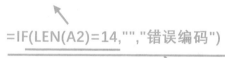

	A	B	C	D	E
1	培训编号	课程名称	培训时间	检验编码	
2	GT-HR-17-T0001	产品测试	2017/11/6		
3	GT-HR-17-T002	合同管理	2017/11/10		
4	GT-HR-17-T0003	研发管理	2017/12/8		
5	GT-HR-17-T0004	顾问式销售	2017/12/8		
6	GT-HR-17-T0005	财务会计	2017/12/8		
7	GT-H-17-T0006	成本控制	2017/12/9		
8	GT-HR-17-T0007	培训开发管理	2017/12/24		

图 19-71

	A	B	C	D
1	培训编号	课程名称	培训时间	检验编码
2	GT-HR-17-T0001	产品测试	2017/11/6	
3	GT-HR-17-T002	合同管理	2017/11/10	错误编码
4	GT-HR-17-T0003	研发管理	2017/12/8	
5	GT-HR-17-T0004	顾问式销售	2017/12/8	
6	GT-HR-17-T0005	财务会计	2017/12/8	
7	GT-H-17-T0006	成本控制	2017/12/9	错误编码
8	GT-HR-17-T0007	培训开发管理	2017/12/24	

图 19-72

【公式解析】

①统计 A2 单元格中数据的字符长度是否等于 14

=IF(LEN(A2)=14,"","错误编码")

②如果①结果为真,就返回空白,否则返回"错误编码"文字

📢 注意:

LEN 函数常用于配合其他函数使用,在后面介绍 MID 函数、FIND 函数、LEFT 函数时会介绍此函数嵌套在其他函数中使用的例子。

3. EXACT(比较两个文本字符串是否完全相同)

【函数功能】EXACT 函数用于比较两个字符串:如果它们完全相同,则返回 TRUE;否则,返回 FALSE。

【函数语法】EXACT(text1, text2)

● text1:必需。第 1 个文本字符串。

- text2：必需。第 2 个文本字符串。

【用法解析】

$$= EXACT\ (text1,\ text2)$$

EXACT 要求必须是两个字符串完全一样，内容中有空格，大小写也有所区分，即必须完全一致才判断为 TRUE，否则就是 FALSE 。但注意格式上的差异会被忽略

例：比较两次测试数据是否完全一致

表格中统计了两次抗压测试的结果数据，想快速判断两次抗压测试的结果是否一样，可以使用 EXACT 函数快速判断。

扫一扫，看视频

❶ 选中 D2 单元格，在编辑栏中输入公式：

=EXACT(B2,C2)

按 Enter 键即可得出第 1 条测试的对比结果，如图 19-73 所示。

❷ 将 D2 单元格的公式向下填充，即可将一次性得到其他测试结果的对比，如图 19-74 所示。

| D2 | fx | =EXACT(B2,C2) |

	A	B	C	D
1	抗压测试	一次测试	二次测试	测试结果
2	1	125	125	TRUE
3	2	128	125	
4	3	120	120	
5	4	119	119	
6	5	120	120	
7	6	128	125	
8	7	120	120	
9	8	119	119	
10	9	122	122	
11	10	120	120	

图 19-73

	A	B	C	D
1	抗压测试	一次测试	二次测试	测试结果
2	1	125	125	TRUE
3	2	128	125	FALSE
4	3	120	120	TRUE
5	4	119	119	TRUE
6	5	120	120	TRUE
7	6	128	125	FALSE
8	7	120	120	TRUE
9	8	119	119	TRUE
10	9	122	122	TRUE
11	10	120	120	TRUE

图 19-74

【公式解析】

$$=EXACT(B2,C2)$$

①二者相等时返回 TRUE，不等时返回 FALSE。如果在公式外层嵌套一个 IF 函数则可以返回更为直观的文字结果，如 "相同" "不同"。使用 IF 函数可将公式优化为 "=IF(EXACT(B2,C2),"相同","不同")"

4. TRIM（删除文本中的多余空格）

【函数功能】TRIM 函数用来删除字符串前后的单元格，但是会在字符串中间保留一个作为连接用途。

【函数语法】TRIM(text)

text：必需。需要删除其中空格的文本。

【用法解析】

$$=TRIM(A1)$$

仅可去除字符串首尾空格，且中间会保留一位空格

例：删除产品名称中多余的空格

在下面的表格中，B 列的产品名称前后及规格前有多个空格，使用 TRIM 函数可一次性删除产品名称前后空格且在规格的前面保留一个空格作为间隔。

❶ 选中 C2 单元格，在编辑栏中输入公式（如图 19-75 所示）：
=TRIM(B2)

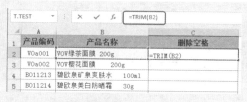

图 19-75

❷ 按 Enter 键，然后将 C2 单元格的公式向下复制，可以看到 C 列中返回的是对 B 列数据优化后的效果，如图 19-76 所示。

图 19-76

5. CLEAN（删除文本中不能打印的字符）

【函数功能】CLEAN 函数用于删除文本中不能打印的字符，即用于删除文本中的换行符。

【函数语法】CLEAN(text)

text：必需。表求要删除非打印字符的文本。

【用法解析】

$$= CLEAN (A1)$$

函数 TRIM 用于删除单词或字符间多余的空格，仅保留一个空格。函数 CLEAN 则用于删除文本中的换行符。两个函数都是用于规范文本书写的函数，就是对单元格中的数据文本进行的格式的修正

例：删除产品名称中的换行符

如果数据中存在换行符也会不便于后期对数据的分析，可以使用 CLEAN 函数一次性删除文本中的换行符。

扫一扫，看视频

❶ 选中 C2 单元格，在编辑栏中输入公式（如图 19-77 所示）：

`= CLEAN(B2)`

❷ 按 Enter 键，然后将 C3 单元格的公式向下复制，可以看到 C 列中返回的是删除 B 列数据中换行符后的结果，如图 19-78 所示。

图 19-77　　　　　　　　图 19-78

第20章 数据计算——日期处理函数

20.1 返回当前日期

在 Excel 函数中 NOW 函数与 TODAY 函数是用于返回当前日期的两个函数。NOW 函数返回的结果由日期和时间两部分组成，而 TODAY 函数只返回不包含时间的当前系统日期。

1. NOW（返回当前日期与时间）

【函数功能】NOW 函数返回计算机设置的当前日期和时间的序列号。
【函数语法】NOW()
NOW 函数语法没有参数。
【用法解析】

$$=NOW()$$

无参数。NOW 函数的返回值与当前计算机设置的日期和时间一致，所以只有当前计算机的日期和时间设置正确，NOW 函数才返回正确的日期和时间

例：计算活动剩余时间

扫一扫，看视频

NOW 函数可以返回当前的日期与时间值，因此利用此函数可以用于对活动精确的倒计时统计。

❶ 选中 B2 单元格，在编辑栏中输入公式：
`=TEXT(B1-NOW(),"h:mm:ss")`

❷ 按 Enter 键即可计算出 B1 单元格时间与当前时间的差值，并使用 TEXT 函数将时间转换为正确的格式，如图 20-1 所示。

图 20-1

📢 **注意:**

由于当前时间是即时更新的，因此通过按 F9 键即可实现倒计时的重新更新。

【公式解析】

$$=TEXT(B1-NOW(),"h:mm:ss")$$

如果只是使用 B1 单元格中的值与 NOW 函数的差值，返回的结果是时间差值对应的小数值。也可以通过重新设置单元格格式显示出正确时间值，此处是用 TEXT 函数将时间小数值转换为更便于我们查看的正规时间显示格式。关于 TEXT 函数的学习可参见第 19 章

2. TODAY（返回当前的日期）

【函数功能】TODAY 返回当前日期的序列号。
【函数语法】TODAY()
TODAY 函数语法没有参数。
【用法解析】

$$=TODAY()$$

无参数。TODAY 函数返回与系统日期一致的当前日期。也可以作为参数嵌套在其他函数中使用

例 1：计算展品陈列天数
某展馆约定某个展架上展品的上架天数不能超过 30 天，根据上架日期可以快速求出已陈列天数，从而方便对展品陈列情

扫一扫，看视频

况的管理。

❶ 选中 C2 单元格，在编辑栏中输入公式：

`=TEXT(TODAY()-B2,"0")`

按 Enter 键即可根据 B2 单元格上架日期计算出至今日已陈列的天数，如图 20-2 所示。

❷ 向下复制 C2 单元格的公式可批量求取各展品的已陈列天数，如图 20-3 所示。

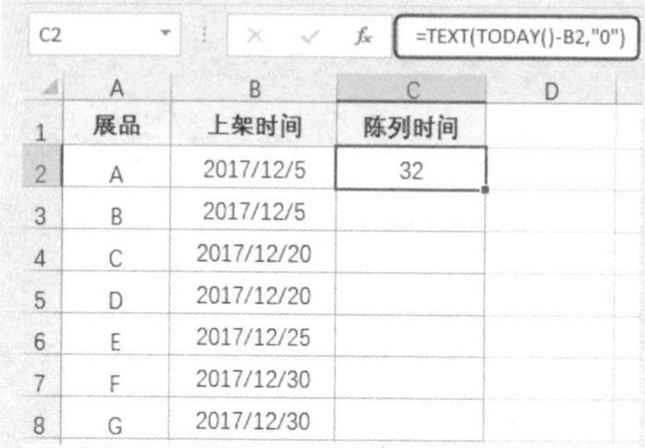

C2	▼	:	×	✓	fx	=TEXT(TODAY()-B2,"0")

▲	A	B	C	D
1	展品	上架时间	陈列时间	
2	A	2017/12/5	32	
3	B	2017/12/5		
4	C	2017/12/20		
5	D	2017/12/20		
6	E	2017/12/25		
7	F	2017/12/30		
8	G	2017/12/30		

图 20-2

▲	A	B	C
1	展品	上架时间	陈列时间
2	A	2017/12/5	32
3	B	2017/12/5	32
4	C	2017/12/20	17
5	D	2017/12/20	17
6	E	2017/12/25	12
7	F	2017/12/30	7
8	G	2017/12/30	7

图 20-3

【公式解析】

$$=TEXT(TODAY()-B2,"0")$$

如果只是使用"TODAY()-B2"求取差值，默认会显示为日期值，要想查看天数值，需要重新将单元格的格式更改为"常规"。为了省去此步操作，可在外层嵌套 TEXT 函数，将计算结果直接转换为数值

例 2：判断会员是否升级

扫一扫，看视频

表格中显示了公司会员的办卡日期，按公司规定，会员办卡时间达到一年（365 天）即可升级为银卡用户。现在需要根据系统当前日期判断出每一位客户是否可以升级。

❶ 选中 C2 单元格，在编辑栏中输入公式：

`=IF(TODAY()-B2>365,"升级","不升级")`

按 Enter 键即可根据 B2 单元格的日期判断是否满足升级的条件，如

图 20-4 所示。

➂ 向下复制 C2 单元格的公式可批量判断各会员是否可以升级，如图 20-5 所示。

图 20-4　　　　　　　　　　　图 20-5

【公式解析】

=IF(TODAY()-B2>365,"升级","不升级")

①判断当前日期与 B2 单元格日期的差值是否大于 365，如果是返回 TRUE，不是返回 FALSE

②如果①结果为 TRUE，返回 "升级"，否则返回 "不升级"

20.2　构建与提取日期

构建日期是指将年份、月份、日数组合在一起形成标准的日期数据，构建日期的函数是 DATE 函数。提取日期的函数有 YEAR、MONTH、DAY 等，用于从给定的日期数据中提取年、月、日等信息，并且提取后的数据还可以进行数据计算。

1. DATE（构建标准日期）

【函数功能】DATE 函数返回表示特定日期的序列号。

【函数语法】DATE(year,month,day)

● year：表示指定的年份数值。

- month：一个正整数或负整数，表示一年中从 1 月至 12 月的各个月。
- day：一个正整数或负整数，表示一月中从 1 日到 31 日的各天。

【用法解析】

用 4 位数指定年份

=DATE (❶年份,❷月份,❸日期)

第 2 个参数是月份。可以是正整数或负整数，如果参数大于 12，则从指定年份的 1 月开始累加该月份数。如果参数值小于 1，则从指定年份的 1 月份开始递减该月份数，然后再加上 1，就是要返回的日期的月数

第 3 个参数是日数。可以是正整数或负整数，如果参数值大于指定月份的天数，则从指定月份的第 1 天开始累加该天数。如果参数值小于 1，则从指定月份的第 1 天开始递减该天数，然后再加上 1，就是要返回的日期的号数

如图 20-6 所示，参数显示在 A、B、C 三列中，通过 D 列中显示的公式，可得到 E 列的结果。

	A	B	C	D	E
1	参数1	参数2	参数3	公式	返回日期
2	2017	6	5	=DATE(A2,B2,C2)	→ 2017/6/5
3	2017	13	5	=DATE(A3,B3,C3)	→ 2018/1/5
4	2017	5	40	=DATE(A4,B4,C4)	→ 2017/6/9
5	2017	5	-5	=DATE(A5,B5,C5)	→ 2017/4/25

图 20-6

例：将不规范日期转换为标准日期

扫一扫，看视频

由于数据来源不同或输入不规范，经常会出现将日期录入为如图 20-7 所示 B 列中的样式。为了方便后期对数据的分析，可以将其一次性转换为标准日期。

	A	B	C
1	值班人员	加班日期	加班时长
2	刘长城	20171003	2.5
3	李岩	20171003	1.5
4	高雨馨	20171005	1
5	卢明宇	20171005	2
6	郑淑娟	20171008	1.5
7	左卫	20171011	3
8	庄美尔	20171011	2.5
9	周彤	20171012	2.5
10	杨飞云	20171012	2
11	夏晓辉	20171013	2

图 20-7

❶ 选中 D2 单元格，在编辑栏中输入公式：

`=DATE(MID(B2,1,4),MID(B2,5,2),MID(B2,7,2))`

按 Enter 键，即可将 B2 单元格中数据转换为标准日期，如图 20-8 所示。

❷ 将 D2 单元格的公式向下复制，可以实现对 B 列中日期的一次性转换，如图 20-9 所示。

D2		× ✓ fx	=DATE(MID(B2,1,4),MID(B2,5,2),MID(B2,7,2))

	A	B	C	D
1	值班人员	加班日期	加班时长	标准日期
2	刘长城	20171003	2.5	2017/10/3
3	李岩	20171003	1.5	
4	高雨馨	20171005	1	
5	卢明宇	20171005	2	
6	郑淑娟	20171008	1.5	
7	左卫	20171011	3	
8	庄美尔	20171011	2.5	
9	周彤	20171012	2.5	

图 20-8

	A	B	C	D
1	值班人员	加班日期	加班时长	标准日期
2	刘长城	20171003	2.5	2017/10/3
3	李岩	20171003	1.5	2017/10/3
4	高雨馨	20171005	1	2017/10/5
5	卢明宇	20171005	2	2017/10/5
6	郑淑娟	20171008	1.5	2017/10/8
7	左卫	20171011	3	2017/10/11
8	庄美尔	20171011	2.5	2017/10/11
9	周彤	20171012	2.5	2017/10/12
10	杨飞云	20171012	2	2017/10/12
11	夏晓辉	20171013	2	2017/10/13

图 20-9

【公式解析】

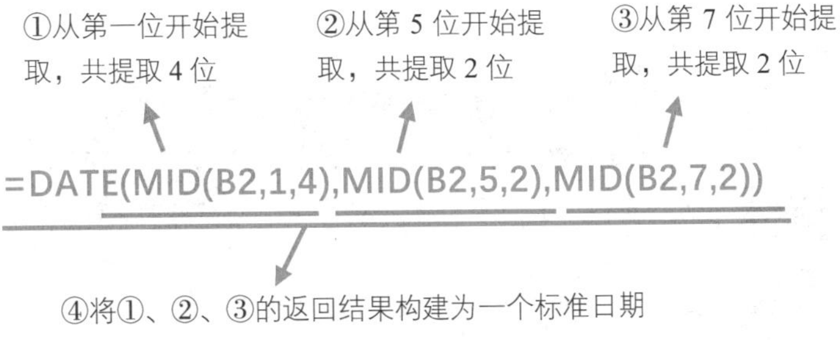

①从第一位开始提取，共提取 4 位　②从第 5 位开始提取，共提取 2 位　③从第 7 位开始提取，共提取 2 位

`=DATE(MID(B2,1,4),MID(B2,5,2),MID(B2,7,2))`

④将①、②、③的返回结果构建为一个标准日期

2. YEAR（返回某日对应的年份）

【函数功能】YEAR 函数返回某日期对应的年份，返回值为 1900~9999 之间的整数。

【函数语法】YEAR(serial_number)

serial_number：表示要提取其中年份的一个日期。

【用法解析】

=YEAR(A1)

↙

应使用标准格式的日期或使用 DATE 函数来构建标准日期。如果日期以文本形式输入，则无法提取

例 1：从固定资产新增日期中提取新增年份

在固定资产统计列表中统计了各项固定资产的新增日期，现在想从新增日期中提取新增年份。

❶ 选中 C2 单元格，在编辑栏中输入公式：

`=YEAR(B2)`

按 Enter 键，即可从 B2 单元格的日期中提取年份，如图 20-10 所示。

❷ 将 C2 单元格的公式向下复制，可以实现批量提取年份，如图 20-11 所示。

C2	▼	:	× ✓ fx	=YEAR(B2)

	A	B	C
1	固定资产名称	新增日期	新增年份
2	空调	14.06.05	2014
3	冷暖空调机	14.06.22	
4	饮水机	15.06.05	
5	uv喷绘机	14.05.01	
6	印刷机	15.04.10	
7	覆膜机	15.10.01	
8	平板彩印机	16.02.02	

图 20-10

	A	B	C
1	固定资产名称	新增日期	新增年份
2	空调	14.06.05	2014
3	冷暖空调机	14.06.22	2014
4	饮水机	15.06.05	2015
5	uv喷绘机	14.05.01	2014
6	印刷机	15.04.10	2015
7	覆膜机	15.10.01	2015
8	平板彩印机	16.02.02	2016
9	亚克力喷绘机	16.10.01	2016

图 20-11

例 2：计算出员工的工龄

表格中显示了员工入职日期，现在要求计算出每一位员工的工龄。

❶ 选中 D2 单元格，在编辑栏中输入公式：

```
=YEAR(TODAY())-YEAR(C2)
```

按 Enter 键后可以看到显示的是一个日期值，如图 20-12 所示。

❷ 选中 D2 单元格，向下复制公式，返回值如图 20-13 所示。

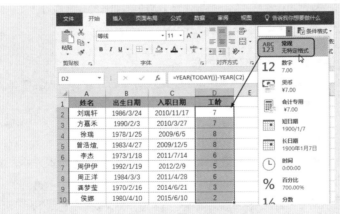

图 20-12　　　　　　　　　　图 20-13

❸ 选中 D 列中返回的日期值，在"开始"选项卡的"数字"组中重新设置单元格的格式为"常规"即可正确显示工龄，如图 20-14 所示。

图 20-14

【公式解析】

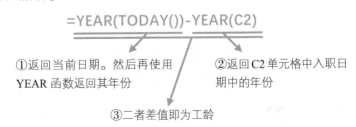

=YEAR(TODAY())-YEAR(C2)

①返回当前日期。然后再使用
YEAR 函数返回其年份

②返回 C2 单元格中入职日
期中的年份

③二者差值即为工龄

◀》 注意：

> 在进行日期计算时很多时间都会默认返回日期，当想查看序列号值时，只要重新设置单元格的格式为"常规"即可。在后面的实例中再次遇到此类情况时则不再赘述。

3. MONTH（返回日期中的月份）

【函数功能】MONTH 函数表示返回以序列号表示的日期中的月份。月份是介于 1（一月）到 12（十二月）之间的整数。

【函数语法】MONTH(serial_number)

serial_number：表示要提取其中月份的一个日期。

【用法解析】

$$=MONTH (A1)$$

应使用标准格式的日期或使用 DATE 函数来构建标准日期。如果日期以文本形式输入，则无法提取

例 1：判断是否是本月的应收账款

扫一扫，看视频

表格对公司往来账款的应收账款进行了统计，现在需要快速找到本月的账款。

❶ 选中 D2 单元格，在编辑栏中输入公式：

`=IF(MONTH(C2)=MONTH(TODAY()),"本月","")`

按 Enter 键，返回结果为空表示 C2 单元格中的日期不是本月的，如图 20-15 所示。

❷ 向下复制 D2 单元格的公式可以得到批量的判断结果，如图 20-16 所示。

	A	B	C	D
	款项编码	金额	借款日期	是否是本月账款
2	KC-RE001	¥ 22,000.00	2017/9/24	
3	KC-RE012	¥ 25,000.00	2017/9/3	
4	KC-RE021	¥ 39,000.00	2018/1/25	
5	KC-RE114	¥ 85,700.00	2017/10/27	
6	KC-RE015	¥ 62,000.00	2017/10/8	
7	KC-RE054	¥124,000.00	2018/1/19	
8	KC-RE044	¥ 58,600.00	2017/12/12	
9	KC-RE011	¥ 8,900.00	2017/12/20	
10	KC-RE012	¥ 78,900.00	2018/1/15	

图 20-15

	A	B	C	D
	款项编码	金额	借款日期	是否是本月账款
2	KC-RE001	¥ 22,000.00	2017/9/24	
3	KC-RE012	¥ 25,000.00	2017/9/3	
4	KC-RE021	¥ 39,000.00	2018/1/25	本月
5	KC-RE114	¥ 85,700.00	2017/10/27	
6	KC-RE015	¥ 62,000.00	2017/10/8	
7	KC-RE054	¥124,000.00	2018/1/19	本月
8	KC-RE044	¥ 58,600.00	2017/12/12	
9	KC-RE011	¥ 8,900.00	2017/12/20	
10	KC-RE012	¥ 78,900.00	2018/1/15	本月

图 20-16

【公式解析】

①提取 C2 单元格中日期的月份数

②提取当前日期的月份数

=IF(MONTH(C2)=MONTH(TODAY()),"本月","")

③当①与②结果相等时返回"本月"文字，否则返回空值

例 2：统计指定月份的销售额

销售报表按日期记录了 10 月份与 11 月份的销售额，数据显示次序混乱，如果要想对月总销额统计会比较麻烦，此时可以使用 MONTH 函数自动对日期进行判断，快速统计出指定月份的销售额。

扫一扫，看视频

❶ 选中 E2 单元格，在编辑栏中输入公式：

=SUM(IF(MONTH(A2:A15)=11,C2:C15))

❷ 按 Ctrl+Shift+Enter 组合键，即可返回 11 月份总销售额，如图 20-17 所示。

E2			f_x	{=SUM(IF(MONTH(A2:A15)=11,C2:C15))}	
	A	B	C	D	E
1	销售日期	导购	销售额		11月份总销售额
2	2017/10/7	方嘉禾	16900		115360
3	2017/10/12	龚梦莹	13700		
4	2017/10/15	方嘉禾	13850		
5	2017/10/18	周伊伊	15420		
6	2017/10/20	方嘉禾	13750		
7	2017/11/11	方嘉禾	18500		
8	2017/11/5	周伊伊	15900		
9	2017/10/7	周伊伊	13800		
10	2017/11/10	龚梦莹	14900		
11	2017/11/15	方嘉禾	13250		
12	2017/11/18	龚梦莹	14780		
13	2017/11/20	龚梦莹	12040		
14	2017/11/21	周伊伊	11020		
15	2017/11/17	方嘉禾	14970		

图 20-17

【公式解析】

①依次提取 A2:A15 单元格区域中各日期的月份数，并依次判断是否等于 11，如果是返回 TRUE，否则返回 FALSE。返回的是一个数组

=SUM(IF(MONTH(A2:A15)=11,C2:C15))

③对②返回数组进行求和运算

②将①返回数组中是 TRUE 值的，对应在 C2:C15 单元格区域上取值。返回的是一个数组

4. DAY（返回日期中的天数）

【函数功能】DAY 函数返回以序列号表示的某日期的天数，用整数 1~31 表示。

【函数语法】DAY(serial_number)

serial_number：表示要提取其中天数的一个日期。

【用法解析】

=DAY(A1)

应使用标准格式的日期或使用 DATE 函数来构建标准日期。如果日期以文本形式输入，则无法提取

例 1：计算本月上旬的出库数量

表格中按日期统计了本月中商品的出库记录，现在要求统计出上旬的出库总量。可以使用 DAY 函数配合 SUM 求取。

❶ 选中 E2 单元格，在编辑栏中输入公式：

`=SUM(C2:C16*(DAY(A2:A16)<=10))`

❷ 按 Ctrl+Shift+Enter 组合键，即可统计出上旬的出库总量，如图 20-18 所示。

E2 {=SUM(C2:C16*(DAY(A2:A16)<10))}

	A	B	C	D	E
1	销售日期	经办人	出库量		本月上旬出库量
2	2017/3/3	方嘉禾	115		513
3	2017/3/5	龚梦莹	109		
4	2017/3/7	方嘉禾	148		
5	2017/3/7	龚梦莹	141		
6	2017/3/10	曾帆	149		
7	2017/3/12	方嘉禾	137		
8	2017/3/15	龚梦莹	145		
9	2017/3/15	曾帆	125		
10	2017/3/18	方嘉禾	154		
11	2017/3/18	曾帆	147		
12	2017/3/21	龚梦莹	124		
13	2017/3/21	方嘉禾	120		
14	2017/3/21	曾帆	110		
15	2017/3/27	方嘉禾	150		
16	2017/3/29	曾帆	151		

图 20-18

【公式解析】

①依次提取 A2:A16 单元格区域中各日期的日数，并依次判断是否小于等于 10，如果是返回 TRUE，否则返回 FALSE。返回的是一个数组

=SUM(C2:C16*(DAY(A2:A16)<=10))

③对②返回数组进行求和运算

②将①返回数组中是 TRUE 值的，对应在 C2:C16 单元格区域上取值。返回的是一个数组

例 2：按本月缺勤天数计算缺勤扣款

表格中统计了 10 月份现场客服人员缺勤天数，要求计算每位人员应扣款金额。要达到此统计需要根据当月天数求出单日工资（假设月工资为 3000）。

扫一扫，看视频

❶ 选中 C3 单元格，在编辑栏中输入公式：

```
=B3*(3000/(DAY(DATE(2017,11,0))))
```

按 Enter 键，即可求出第一位人员的扣款金额，如图 20-19 所示。

❷ 向下复制 C3 单元格的公式可得到批量计算结果，如图 20-20 所示。

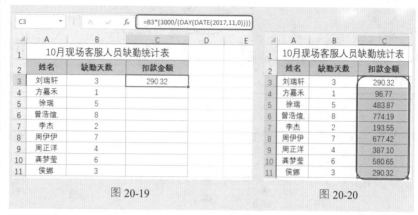

图 20-19　　　　　　　　　　　　　图 20-20

【公式解析】

①构建 "2017-11-0" 这个日期，注意当指定日期为 0 时，实际获取的日期就是上月的最后一天。因为不能确定上月的最后一天是 30 天还是 31 天，使用此方法指定，就可以让程序自动获取最大日期

$$=B3*(3000/(DAY(DATE(2017,11,0))))$$

③获取单日工资后，用缺勤天数相乘即可得到扣款金额

②提取①日期中的天数，即 10 月的最后一天。用 3000 除以天数获取单日工资

5. WEEKDAY（返回指定日期对应的星期数）

【函数功能】WEEKDAY 函数表示返回某日期为星期几。默认情况下，其值为 1（星期天）~7（星期六）之间的整数。

【函数语法】WEEKDAY(serial_number,[return_type])

● serial_number：必需。表示要返回星期数的日期。

● return_type：可选。为确定返回值类型的数字。

【用法解析】

$$=WEEKDAY (A1，2)$$

有多种输入方式：带引号的文本串（如"2001/02/26"）、序列号（如42797 表示 2017 年 3 月 3 日）或其他公式或函数的结果（如DATEVALUE ("2017/10/30")）

数字 1 或省略时，则 1~7 代表星期天到星期六；当指定为数字 2 时，则 1~7 代表星期一到星期天；当指定为数字 3 时，则 0~6 代表星期一到星期天

例 1：快速返回值班日期对应星期几

在建立值班表时，通常只会填写值班日期，如果将值班日期对应的星期数也显示出来则更加便于查看。

扫一扫，看视频

❶ 选中 B2 单元格，在编辑栏中输入公式：
`=WEEKDAY(A2,2)`
按 Enter 键即可返回 A2 单元格中日期对应的星期数，如图 20-21 所示。

❷ 向下复制 B2 单元格的公式可以批量返回 A 列中各值班日期对应的星期数，如图 20-22 所示。

B2	▼	:	× ✓ fx	=WEEKDAY(A2,2)

▲	A	B	C
1	值班日期	星期数	值班员工
2	2017/10/10	2	甄新蓓
3	2017/10/11		吴晓宇
4	2017/10/12		夏子玉
5	2017/10/13		周志毅
6	2017/10/16		甄新蓓
7	2017/10/17		周志毅
8	2017/10/18		夏子玉
9	2017/10/19		吴晓宇
10	2017/10/20		甄新蓓
11	2017/10/23		周志毅

图 20-21

▲	A	B	C
1	值班日期	星期数	值班员工
2	2017/10/10	2	甄新蓓
3	2017/10/11	3	吴晓宇
4	2017/10/12	4	夏子玉
5	2017/10/13	5	周志毅
6	2017/10/16	1	甄新蓓
7	2017/10/17	2	周志毅
8	2017/10/18	3	夏子玉
9	2017/10/19	4	吴晓宇
10	2017/10/20	5	甄新蓓
11	2017/10/23	1	周志毅

图 20-22

【公式解析】

$$=WEEKDAY(A2,2)$$

指定此参数表示用 1~7 代表星期一到星期天，这种显示方式更加符合我们的查看习惯

例 2：判断值班日期是工作日还是双休日

扫一扫，看视频

表格中统计了员工的加班日期与加班时数，因为平时加班与双休日加班的加班费有所不同，因此要根据加班日期判断各条加班记录是平时加班还是双休日加班。

❶ 选中 D2 单元格，在编辑栏中输入公式：

=IF(OR(WEEKDAY(A2,2)=6,WEEKDAY(A2,2)=7),"双休日加班","平时加班")

按 Enter 键即可根据 A2 单元格的日期判断加班类型，如图 20-23 所示。

❷ 向下复制 D2 单元格的公式可以批量返回加班类型，如图 20-24 所示。

| D2 | | | fx | =IF(OR(WEEKDAY(A2,2)=6,WEEKDAY(A2,2)=7),"双休日加班","平时加班") |

	A	B	C	D	E
1	加班日期	员工姓名	加班时数	加班类型	
2	2017/11/3	徐梓瑞	5	平时加班	
3	2017/11/5	林澈	8		
4	2017/11/7	夏夏	3		
5	2017/11/10	何萧阳	6		
6	2017/11/12	徐梓瑞	4		
7	2017/11/15	何萧阳	7		
8	2017/11/18	夏夏	5		
9	2017/11/21	林澈	1		
10	2017/11/27	徐梓瑞	3		
11	2017/11/29	何萧阳	6		

图 20-23

	A	B	C	D
1	加班日期	员工姓名	加班时数	加班类型
2	2017/11/3	徐梓瑞	5	平时加班
3	2017/11/5	林澈	8	双休日加班
4	2017/11/7	夏夏	3	平时加班
5	2017/11/10	何萧阳	6	平时加班
6	2017/11/12	徐梓瑞	4	双休日加班
7	2017/11/15	何萧阳	7	平时加班
8	2017/11/18	夏夏	5	双休日加班
9	2017/11/21	林澈	1	平时加班
10	2017/11/27	徐梓瑞	3	平时加班
11	2017/11/29	何萧阳	6	平时加班

图 20-24

【公式解析】

①判断 A2 单元格的星期数是否为 6

②判断 A2 单元格的星期数是否为 7

=IF(OR(WEEKDAY(A2,2)=6,WEEKDAY(A2,2)=7),
"双休日加班","平时加班")

③当①与②结果有一个为真时，就返回"双休日加班"，否则返回"平时加班"

扫一扫，看视频

例 3：对周日的销售金额汇总

在销售统计表中，按销售日期记录了销售额，现在想分析周日的销售情况，因此需要只对周日的总销售额进行汇总统计。

要进行此项统计需要先对日期进行判断，只提取各个周日的销售额再进行汇总统计。

❶ 选中 E2 单元格，在编辑栏中输入公式：

`=SUM((WEEKDAY(A2:A14,2)=7)*C2:C14)`

❷ 按 Ctrl+Shift+Enter 组合键，即可得到周日的总销售额，如图 20-25 所示。

	A	B	C	D	E
	销售日期	导购	销售额		周日总销售额
1	销售日期	导购	销售额		周日总销售额
2	2017/10/7	方嘉禾	13500		28580
3	2017/10/12	龚梦莹	12900		
4	2017/10/15	方嘉禾	13800		
5	2017/10/18	周伊伊	14100		
6	2017/10/20	方嘉禾	14900		
7	2017/10/11	方嘉禾	13700		
8	2017/10/5	周伊伊	13850		
9	2017/10/7	周伊伊	13250		
10	2017/10/10	龚梦莹	15420		
11	2017/10/15	方嘉禾	14780		
12	2017/10/18	龚梦莹	13750		
13	2017/10/20	龚梦莹	12040		
14	2017/10/21	周伊伊	11020		

E2 单元格编辑栏：{=SUM((WEEKDAY(A2:A14,2)=7)*C2:C14)}

图 20-25

【公式解析】

①依次提取 A2:A14 单元格区域中各日期的星期数，并依次判断是否等于 7，如果是返回 TRUE，否则返回 FALSE。返回的是一个数组

=SUM((WEEKDAY(A2:A14,2)=7)*C2:C14)

③对②返回数组进行求和运算

②将①返回数组中是 TRUE 值的，对应在 C2:C14 单元格区域上取值。返回的是一个数组

6. WEEKNUM（返回日期对应 1 年中的第几周）

【函数功能】WEEKNUM 函数返回 1 个数字，该数字代表 1 年中的第

几周。

【函数语法】WEEKNUM(serial_number,[return_type])

- serial_number：必需。表示一周中的日期。
- return_type：可选。确定星期从哪一天开始。

【用法解析】

$$=WEEKNUM (A1，2)$$

WEEKNUM 函数将 1 月 1 日所在的星期定义为 1 年中的第 1 个星期

数字 1 或省略时，表示从星期日开始，星期内的天数为 1（星期日）~7（星期六）；如果指定为数字 2 表示从星期一开始，星期内的天数为 1（星期一）~7（星期日）

例：计算每次活动共进行了几周

扫一扫，看视频

表格中给出了几次促销活动的开始日期与结束日期，使用 WEEKNUM 函数可以计算出每次活动共经历了几周。

❶ 选中 C2 单元格，在编辑栏中输入公式：
=WEEKNUM(B2,2)-WEEKNUM(A2,2)+1

按 Enter 键即可计算出 A2 单元格日期到 B2 单元格日期中间共经历了几周，如图 20-26 所示。

❷ 向下复制 C2 单元格的公式可以批量返回各活动共经历了几周，如图 20-27 所示。

| C2 | | fx | =WEEKNUM(B2,2)-WEEKNUM(A2,2)+1 |

	A	B	C
1	开始日期	结束日期	共几周
2	2017/1/10	2017/2/15	6
3	2017/3/10	2017/3/31	
4	2017/5/10	2017/6/10	
5	2017/7/10	2017/8/5	
6	2017/9/10	2017/10/1	
7	2017/11/10	2017/12/31	

图 20-26

	A	B	C
1	开始日期	结束日期	共几周
2	2017/1/10	2017/2/15	6
3	2017/3/10	2017/3/31	4
4	2017/5/10	2017/6/10	5
5	2017/7/10	2017/8/5	4
6	2017/9/10	2017/10/1	4
7	2017/11/10	2017/12/31	8

图 20-27

【公式解析】

$$=WEEKNUM(B2,2)-WEEKNUM(A2,2)+1$$

①计算结束日期在
一年中的第几周

②计算开始日期在一年
中的第几周

③二者差值再加 1 即为总周数。因为无论第一周是周几都
会占 1 周，所以进行加 1 处理

7. EOMONTH（返回指定月份前(后)几个月最后一天的序列号）

【函数功能】EOMONTH 函数用于返回某个月份最后一天的序列号，
该月份与 start_date 相隔（之前或之后）指定月份数。可以计算正好在特定
月份中最后一天到期的到期日。

【函数语法】EOMONTH(start_date, months)

● start_date：表示开始的日期。

● months：表示 start_date 之前或之后的月份数。

【用法解析】

=EOMONTH (❶起始日期,❷指定之前或之后的月份)

使用标准格式的日期或使用 DATE
函数来构建标准日期。如果是非有
效日期，将返回错误值

此参数为正值将生成未来日期；
为负值将生成过去日期。如果
months 不是整数，将截尾取整

如图 20-28 所示，参数显示在 A、B 两列中，通过 C 列中显示的公式可
得到 D 列的结果。

▲	A	B	C	D
1	日期	间隔月份数	公式	返回日期
2	2017/6/5	5	=EOMONTH(A2,B2) ➝	2017/11/30
3	2017/10/10	-2	=EOMONTH(A3,B3) ➝	2017/8/31
4	2017/5/12	15	=EOMONTH(A4,B4) ➝	2018/8/31
5				

图 20-28

例1：根据促销开始时间计算促销天数

如图 20-29 所示表格给出了各项产品开始促销的具体日期，并计划全部活动到月底结束，现在需要根据开始日期计算促销天数。

❶ 选中 C2 单元格，在编辑栏中输入公式（如图 20-29 所示）：
=EOMONTH(B2,0)-B2

按 Enter 键返回一个日期值，注意将单元格的格式更改为"常规"格式即可正确显示促销天数。

❷ 向下复制 C2 单元格的公式可以批量返回各促销产品的促销天数，如图 20-30 所示。

C2	▼ : × ✓ fx	=EOMONTH(B2,0)-B2		
▲	A	B	C	D
1	促销产品	开始日期	促销天数	
2	灵芝生机水	2017/11/3	27	
3	白芍美白精华	2017/11/5		
4	雪耳保湿柔肤水	2017/11/10		
5	雪耳保湿面霜	2017/11/15		
6	虫草美白眼霜	2017/11/20		
7	虫草紧致晚霜	2017/11/22		

图 20-29

▲	A	B	C
1	促销产品	开始日期	促销天数
2	灵芝生机水	2017/11/3	27
3	白芍美白精华	2017/11/5	25
4	雪耳保湿柔肤水	2017/11/10	20
5	雪耳保湿面霜	2017/11/15	15
6	虫草美白眼霜	2017/11/20	10
7	虫草紧致晚霜	2017/11/22	8

图 20-30

【公式解析】

=EOMONTH(B2,0)-B2

①返回的是 B2 单元格日期所在月份的最后一天日期　　②最后一天日期减去开始日期即为促销天数

例2：计算优惠券有效期的截止日期

某商场发放的优惠券的使用规则是：在发出日期起的特定几个月的最后一天内使用有效，现在要在表格中返回各种优惠券的有效截止日期。

❶ 选中 D2 单元格，在编辑栏中输入公式（如图 20-31 所示）：
=EOMONTH(B2,C2)

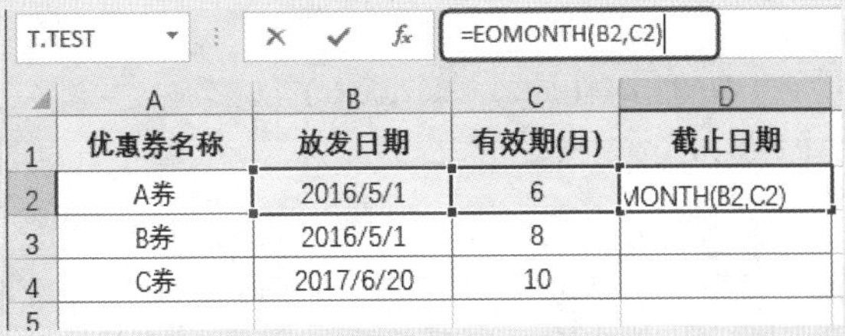

T.TEST | =EOMONTH(B2,C2)

	A	B	C	D
1	优惠券名称	放发日期	有效期(月)	截止日期
2	A券	2016/5/1	6	MONTH(B2,C2)
3	B券	2016/5/1	8	
4	C券	2017/6/20	10	
5				

图 20-31

❷ 按 Enter 键返回一个日期的序列号，注意将单元格的格式更改为“日期”格式即可正确显示日期。然后向下复制 D2 单元格的公式可以批量返回各优惠券的截止使用日期，如图 20-32 所示。

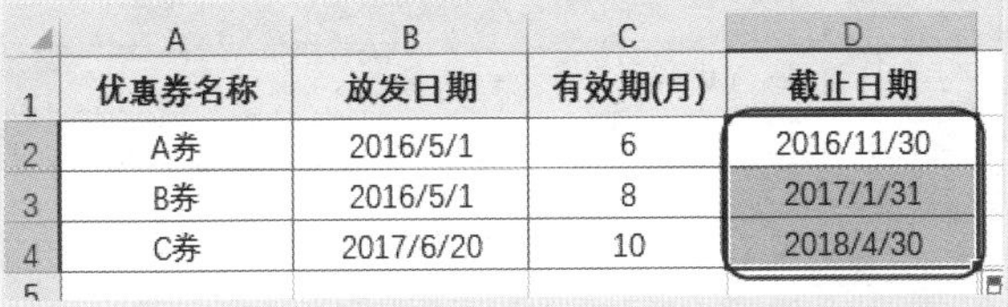

	A	B	C	D
1	优惠券名称	放发日期	有效期(月)	截止日期
2	A券	2016/5/1	6	2016/11/30
3	B券	2016/5/1	8	2017/1/31
4	C券	2017/6/20	10	2018/4/30
5				

图 20-32

【公式解析】

=EOMONTH(B2,C2)

返回的是 B2 单元格日期间隔 C2 中指定月份后那一月最后一天的日期

20.3 日期计算

日期计算用于计算两个日期间隔的年数、月数、天数等。在日期数据的处理中，日期计算是一种很常用的操作。

1. DATEDIF（用指定的单位计算起始日和结束日之间的天数）

【函数功能】DATEDIF 函数用于计算两个日期之间的年数、月数和天数。

【函数语法】DATEDIF(date1,date2,code)

- date1：表示起始日期。
- date2：表示结束日期。
- code：表示指定要返回两个日期之间数值的参数代码。

DATEDIF 函数的 code 参数与返回值参见表 20-1。

表 20-1

code 参数	DATEDIF 函数返回值
Y	返回两个日期之间的年数。
M	返回两个日期之间的月数。
D	返回两个日期之间的天数。
YM	返回参数 1 和参数 2 的月数之差，忽略年和日。
YD	返回参数 1 和参数 2 的天数之差，忽略年。按照月、日计算天数。
MD	返回参数 1 和参数 2 的天数之差，忽略年和月。

【用法解析】

注意第 2 个参数的日期值不能小于第 1 个
参数的日期值

=DATEDIF(A2,B2,"d")

第 3 个参数为 "d"，DATEDIF 函数将求两
个日期值间隔的天数，等同于公式=B2-A2。
但还有多种形式可以指定

如果为函数设置适合的第 3 个参数，还可以让 DATEDIF 函数在计算间
隔天数时忽略两个日期值中的年或月信息，如图 20-33 所示。

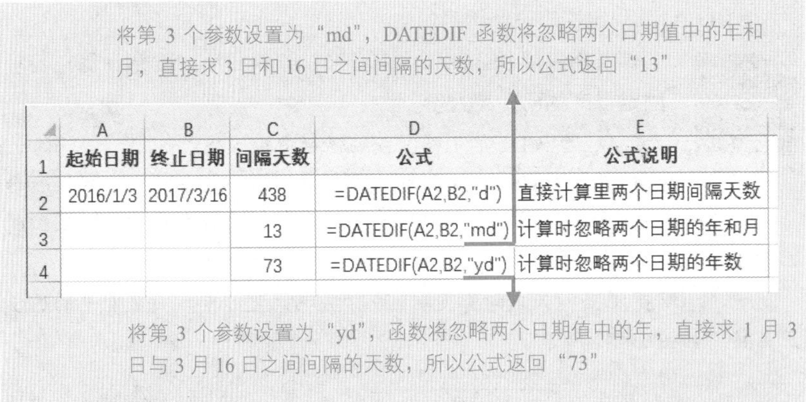

将第 3 个参数设置为"md"，DATEDIF 函数将忽略两个日期值中的年和月，直接求 3 日和 16 日之间间隔的天数，所以公式返回"13"

	A	B	C	D	E
1	起始日期	终止日期	间隔天数	公式	公式说明
2	2016/1/3	2017/3/16	438	=DATEDIF(A2,B2,"d")	直接计算里两个日期间隔天数
3			13	=DATEDIF(A2,B2,"md")	计算时忽略两个日期的年和月
4			73	=DATEDIF(A2,B2,"yd")	计算时忽略两个日期的年数

将第 3 个参数设置为"yd"，函数将忽略两个日期值中的年，直接求 1 月 3 日与 3 月 16 日之间间隔的天数，所以公式返回"73"

图 20-33

如果计算两个日期值间隔的月数，就将 DATEDIF 函数的第 3 个参数设置时为"m"，如图 20-34 所示。

两个日期值间隔 14 个月多 5 天，5 天不足 1 月，所以公式返回"14"

C2			f_x	=DATEDIF(A2,B2,"m")
	A	B	C	D	E
1	起始日期	终止日期	间隔月数	公式	
2	2016/1/3	2017/3/8	14	=DATEDIF(A2,B2,"m")	

图 20-34

将 DATEDIF 函数的第 3 个参数设置为"y"，函数将返回两个日期值间隔的年数，如图 20-35 所示。

两个日期值间隔 2 年 2 个月 5 天，其中 2 个月 5 天不足 1 年，所以公式返回"2"

C2			f_x	=DATEDIF(A2,B2,"y")
	A	B	C	D
1	起始日期	终止日期	间隔年数	公式
2	2015/1/3	2017/3/8	2	=DATEDIF(A2,B2,"y")

图 20-35

例 1：计算固定资产已使用月份

表格中显示的部分固定资产的新增日期，要求计算出每项固定资产的已使用月份。

❶ 选中 D2 单元格，在编辑栏中输入公式：

`=DATEDIF(C2,TODAY(),"m")`

按 Enter 键，即可根据 C2 单元格中的新增日期计算出第一项固定资产已使用月数，如图 20-36 所示。

❷ 将 D2 单元格的公式向下复制，可以实现批量计算各固定资产的已使用月数，如图 20-37 所示。

D2		:	× ✓ fx	=DATEDIF(C2,TODAY(),"m")	
▲	A	B	C	D	E
1	序号	物品名称	新增日期	使用时间(月)	
2	A001	空调	14.06.05	43	
3	A002	冷暖空调机	14.06.22		
4	A003	饮水机	15.06.05		
5	A004	uv喷绘机	14.05.01		
6	A005	印刷机	15.04.10		
7	A006	覆膜机	15.10.01		
8	A007	平板彩印机	16.02.02		
9	A008	亚克力喷绘机	16.10.01		

图 20-36

▲	A	B	C	D
1	序号	物品名称	新增日期	使用时间(月)
2	A001	空调	14.06.05	43
3	A002	冷暖空调机	14.06.22	42
4	A003	饮水机	15.06.05	31
5	A004	uv喷绘机	14.05.01	44
6	A005	印刷机	15.04.10	32
7	A006	覆膜机	15.10.01	27
8	A007	平板彩印机	16.02.02	23
9	A008	亚克力喷绘机	16.10.01	15

图 20-37

【公式解析】

①返回当前日期

=DATEDIF(C2,TODAY(),"m")

②返回 C2 单元格日期与当前日期相差的月份数

例 2：计算员工工龄

一般在员工档案表中会记录员工的入职日期，根据入职日期可以使用 DATEDIF 函数计算员工的工龄。

❶ 选中 D2 单元格，在编辑栏中输入公式：

`=DATEDIF(C2,TODAY(),"y")`

按 Enter 键，即可根据 C2 单元格中的入职日期计算出其工龄，如

图 20-38 所示。

❷ 将 D2 单元格的公式向下复制，可以实现批量获取各员工的工龄，如图 20-39 所示。

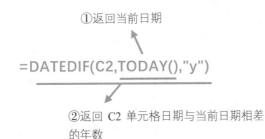

图 20-38　　　　　　　　　　　　　　图 20-39

【公式解析】

①返回当前日期

$$=DATEDIF(C2,TODAY(),"y")$$

②返回 C2 单元格日期与当前日期相差的年数

例 3：设计动态生日提醒公式

为达到人性化管理的目的，人事部门需要在员工生日之时派送生日贺卡，因此需要在员工生日前几日进行准备工作。在员工档案表中可建立公式实现让 3 日内过生日的能自动提醒。

❶ 选中 E2 单元格，在编辑栏中输入公式：

=IF(DATEDIF(D2-3,TODAY(),"YD")<=3,"提醒","")

按 Enter 键即可判断 D2 单元格的日期与当前日期的距离是否在 3 日或 3 日内，如是返回"提醒"，如果不是返回空值，如图 20-40 所示。

❷ 向下复制 E2 单元格的公式可以批量返回判断结果，如图 20-41 所示。

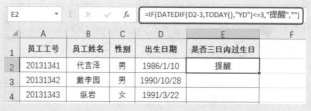

图 20-40

图 20-41

【公式解析】

①忽略两个日期之间的年数，求相差的天数并判断差是否小于等于 3

=IF(DATEDIF(D2-3,TODAY(),"YD")<=3,"提醒","")

②如果①步结果为真，返回"提醒"，否则返回空值

2. DAYS360（按照一年 360 天的算法计算两日期间相差的天数）

【函数功能】DAYS360 按照 1 年 360 天的算法（每个月以 30 天计，一年共计 12 个月），返回两日期间相差的天数。

【函数语法】DAYS360(start_date,end_date,[method])

● start_date：表示计算期间天数的起始日期。

● end_date：表示计算的终止日期。如果 start_date 在 end_date 之

后，则 days360 将返回一个负数。

● method：可选。一个逻辑值，它指定在计算中是采用欧洲方法还是美国方法。

【用法解析】

与 DATEDIF 函数的区别在于：DAYS360 无论当月是 31 天还是 28 天，全部都以 30 天计算；DATEDIF 函数是以实际天数计算的

=DAYS360 (A2,B2)

使用标准格式的日期或 DATE 函数来构建标准日期，否则函数将返回错误值

📢 注意：

计算两个日期之间相差的天数，要"算尾不算头"，即起始日当天不算作 1 天，终止日当天要算作 1 天。

例：计算应付账款的还款倒计时天数

表格统计了各项账款的借款日期与账期，通过这些数据可以快速计算各项账款的还款剩余天数，结果为负数表示已过期的天数。

扫一扫，看视频

❶ 选中 E2 单元格，在编辑栏中输入公式：

=DAYS360(TODAY(),C2+D2)

按 Enter 键即可判断第一项借款的还款剩余天数，如图 20-42 所示。

❷ 向下复制 E2 单元格的公式可以批量返回计算结果，如图 20-43 所示。

E2		▼	⋮	×	✓	fx	=DAYS360(TODAY(),C2+D2)

▲	A	B	C	D	E
1	发票号码	借款金额	借款日期	账期	还款剩余天数
2	12023	20850.00	2017/9/30	60	33
3	12584	5000.00	2017/9/30	15	
4	20596	15600.00	2017/8/10	20	

图 20-42

图 20-43

【公式解析】

①二者相加为借款的到期日期

$$=DAYS360(TODAY(),C2+D2)$$

②按照一年 360 天的算法计算当前日期
与①返回结果间的差值

3. EDATE（计算间隔指定月份数后的日期）

【函数功能】EDATE 函数返回表示某个日期的序列号，该日期与指定日期（start_date）相隔（之前或之后）指示的月份数。

【函数语法】EDATE(start_date, months)

- start_date：表示一个代表开始日期的日期。应使用 date 函数输入日期，或者将日期作为其他公式或函数的结果输入。
- months：表示 start_date 之前或之后的月份数。months 为正值将生成未来日期；为负值将生成过去日期。

【用法解析】

使用标准格式的日期或 DATE 函数来构建标准日期，否则函数将返回错误值

$$=EDATE (A2,3)$$

如果指定为正值，将生成起始日之后的日期；如果指定为负值，将生成起始日之前的日期

例1：计算应收账款的到期日期

表格统计了各项账款的借款日期与账龄，账龄是按月记录的，现在需要返回每项账款的到期日期。

❶ 选中 E2 单元格，在编辑栏中输入公式：

`=EDATE(C2,D2)`

按 Enter 键即可判断第 1 项借款的到期日期，如图 20-44 所示。

❷ 向下复制 E2 单元格的公式可以批量返回各条借款的到期日期，如图 20-45 所示。

E2				fx	=EDATE(C2,D2)

⊿	A	B	C	D	E
1	发票号码	借款金额	账款日期	账龄(月)	到期日期
2	12023	20850.00	2017/9/30	8	2018/5/30
3	12584	5000.00	2017/9/30	10	
4	20596	15600.00	2017/8/10	3	
5	23562	120000.00	2017/10/25	4	
6	63001	15000.00	2017/10/20	5	
7	125821	20000.00	2017/10/1	6	
8	125001	9000.00	2017/4/28	3	

图 20-44

B	C	D	E
借款金额	账款日期	账龄(月)	到期日期
20850.00	2017/9/30	8	2018/5/30
5000.00	2017/9/30	10	2018/7/30
15600.00	2017/8/10	3	2017/11/10
120000.00	2017/10/25	4	2018/2/25
15000.00	2017/10/20	5	2018/3/20
20000.00	2017/10/1	6	2018/4/1
9000.00	2017/4/28	3	2017/7/28

图 20-45

例2：根据出生日期与性别计算退休日期

企业有接近于退休年龄的员工，人力资源部门建立表格予以统计，可以根据出生日期与性别计算退休日期。假设男性退休年龄为 55 岁；女性退休年龄为 50 岁，可按如下方法建立公式。

❶ 选中 E2 单元格，在编辑栏中输入公式：

`=EDATE(D2,12*((C2="男")*5+50))+1`

按 Enter 键即可计算出第 1 位员工的退体日期，如图 20-46 所示。

E2				fx	=EDATE(D2,12*((C2="男")*5+50))+1

⊿	A	B	C	D	E	F
1	所属部门	姓名	性别	出生日期	退休日期	
2	行政部	卓延廷	男	1964/2/13	2019/2/14	
3	人事部	赵小玉	女	1962/3/17		
4	人事部	袁宏飞	男	1964/10/16		
5	行政部	董清波	女	1968/10/16		
6	销售部	孙梦强	男	1963/2/17		
7	研发部	吴敏江	男	1964/3/24		
8	人事部	孙梦菲	女	1969/5/16		
9	销售部	胡婷婷	女	1968/3/17		

图 20-46

❷ 向下复制 E2 单元格的公式可以批量返回各位员工的退休日期，如图 20-47 所示。

	A	B	C	D	E
1	所属部门	姓名	性别	出生日期	退休日期
2	行政部	卓延廷	男	1964/2/13	2019/2/14
3	人事部	赵小玉	女	1962/3/17	2012/3/18
4	人事部	袁宏飞	男	1964/10/16	2019/10/17
5	行政部	董清波	女	1968/10/16	2018/10/17
6	销售部	孙梦强	男	1963/2/17	2018/2/18
7	研发部	吴敏江	男	1964/3/24	2019/3/25
8	人事部	孙梦菲	女	1969/5/16	2019/5/17
9	销售部	胡婷婷	女	1968/3/17	2018/3/18

图 20-47

【公式解析】

①如果 C2 单元格显示为男性，"C2="男""返回 1，然后退休年龄为"1*5+50"；如果 C2 单元格显示为女性，返回 0，然后退休年龄为"1*0+50"；乘以 12 的处理是将前面返回的年龄转换为月份数

$$=EDATE(D2,12*((C2="男")*5+50))+1$$

②使用 EDATE 函数返回与出生日期相隔①返回的月份数的日期值

20.4 关于工作日的计算

顾名思义，关于工作日的计算是指求解目标与工作日相关，如获取若干工作日后的日期、计算两个日期间的工作日等。

1. WORKDAY（获取间隔若干工作日后的日期）

【函数功能】WORKDAY 函数表示返回在某日期（起始日期）之前或之后、与该日期相隔指定工作日的某一日期的日期值。工作日不包括周末和专门指定的假日。

【函数语法】WORKDAY(start_date, days, [holidays])

● start_date：表示开始日期。

● days：表示 start_date 之前或之后不含周末及节假日的天数。

● holidays：可选。一个可选列表，其中包含需要从工作日历中排除的一个或多个日期。

【用法解析】

正值表示未来日期；负值表示过去日期；零值表示开始日期

=WORKDAY (❶起始日期,❷往后计算的工作日数,
❸节假日)

可选的。除去周末之外，另外指定的不计算在内的日期。应是一个包含相关日期的单元格区域，或者是一个由表示这些日期的序列值构成的数组常量。holidays 中的日期或序列值的顺序可以是任意的

例：根据项目开始日期计算项目结束日期

当已知项目开始日期并且需要在预计的工作日内完成时，可以使用 WORKDAY 函数快速计算项目的结束日期。

❶ 选中 D2 单元格，在编辑栏中输入公式（如图 20-48 所示）：

`=WORKDAY(B2,C2)`

按 Enter 键即可计算出第一个项目的结束日期。

❷ 向下复制 D2 单元格的公式可以批量返回各项目的结束日期，如图 20-49 所示。

YEARFRAC	× ✓	fx	=WORKDAY(B2,C2)
	A	B	C	D
1	项目编号	项目开始日期	预计天数	结束日期
2	WS_VR012	2017/8/1	15	.DAY(B2,C2)
3	WS_VR002	2017/8/21	22	
4	WS_VR017	2017/9/1	35	

图 20-48

	A	B	C	D
1	项目编号	项目开始日期	预计天数	结束日期
2	WS_VR012	2017/8/1	15	2017/8/22
3	WS_VR002	2017/8/21	22	2017/9/20
4	WS_VR017	2017/9/1	35	2017/10/20
5	WS_VR004	2017/10/22	20	2017/11/17

图 20-49

【公式解析】

$$=WORKDAY(B2,C2)$$

以 B2 单元格日期为起始，返回 C2 个工作日后的日期

2. WORKDAY.INTL 函数

【函数功能】WORKDAY.INTL 函数返回指定的若干个工作日之前或之后的日期的序列号（使用自定义周末参数）。周末参数指明周末有几天以及是哪几天。工作日不包括周末和专门指定的假日。

【函数语法】WORKDAY.INTL(start_date, days, [weekend], [holidays])

- start_date：表示开始日期（将被截尾取整）。
- days：表示 start_date 之前或之后的工作日的天数。
- weekend：可选。一个可选列表，其指示一周中属于周末的日子和不作为工作日的日子。
- holidays：可选。中包含需要从工作日历中排除的一个或多个日期。

【用法解析】

正值表示未来日期；负值表示过去日期；零值表示开始日期

=WORKDAY.INTL (❶起始日期,❷往后计算的工作日数, ❸指定周末日的参数, ❹节假日)

与 WORKDAY 所不同的在于此参数可以自定义周末日，详见表 20-2

WORKDAY.INTL 函数的 weekend 参数与返回值参见表 20-2。

表 20-2

weekend 参数	WORKDAY.INTL 函数返回值
1 或省略	星期六、星期日
2	星期日、星期一
3	星期一、星期二
4	星期二、星期三
5	星期三、星期四
6	星期四、星期五
7	星期五、星期六
11	仅星期日
12	仅星期一
13	仅星期二
14	仅星期三
15	仅星期四
16	仅星期五
17	仅星期六
自定义参数 0000011	周末日为：星期六、星期日（周末字符串值的长度为 7 个字符，从周一开始，分别表示 1 周的 1 天。1 表示非工作日，0 表示工作日）

例：根据项目各流程所需要工作日计算项目结束日期

一个项目的完成在各个流程上需要一定的工作日,并且该企业约定每周只有周日是非工作日,周六算正常工作日。要求根据整个流程计算项目的大概结束时间。

扫一扫，看视频

❶ 选中 C3 单元格，在编辑栏中输入公式（如图 20-50 所示）：

`=WORKDAY.INTL(C2,B3,11,$E$2:$E$6)`

| YEARFRAC | ▼ | : | × | ✓ | fx | =WORKDAY.INTL(C2,B3,11,$E$2:$E$6) |

▲	A	B	C	D	E
1	流程	所需工作日	执行日期		中秋节、国庆
2	设计		2017/9/20		2017/10/1
3	确认设计	2	$E$2:$E$6)		2017/10/2
4	材料采购	3			2017/10/3
5	装修	30			2017/10/4
6	验收	2			2017/10/5
7					

图 20-50

❷ 按 Enter 键即可计算出的是执行日期为"2017/9/20"，间隔工作日为 2 日后的日期，如果此日期间含有周末日期，则只把周日当周末日。然后向下复制 C3 单元格的公式可以依次返回间隔指定工作日后的日期，如图 20-51 所示。

图 20-51

❸ 查看 C4 单元格的公式，可以看到当公式向下复制到 C4 单元时，起始日期变成了 C3 中的日期，而指定的节假日数据区域是不变的（因为使用了绝对引用方式），如图 20-52 所示。

C4		✕ ✓ fx	=WORKDAY.INTL(C3,B4,11,$E$2:$E$6)			
▲	A	B	C	D	E	I
1	流程	所需工作日	执行日期		中秋节、国庆	
2	设计		2017/9/20		2017/10/1	
3	确认设计	2	2017/9/22		2017/10/2	
4	材料采购	3	2017/9/26		2017/10/3	
5	装修	30	2017/11/4		2017/10/4	
6	验收	2	2017/11/7		2017/10/5	

图 20-52

【公式解析】

=WORKDAY.INTL(C3,B4,11,$E$2:$E$6)

用此参数指定仅周日为周末日　　　　除周末日之外要排除的日期

3. NETWORKDAYS（计算两个日期间的工作日）

【函数功能】NETWORKDAYS 函数表示返回参数 start_date 和 end_date 之间完整的工作日数值。工作日不包括周末和专门指定的假期。

【函数语法】NETWORKDAYS(start_date, end_date, [holidays])

- start_date：表示一个代表开始日期的日期。
- end_date：表示一个代表终止日期的日期。
- holidays：可选。在工作日中排除的特定日期。

【用法解析】

=NETWORKDAYS (❶起始日期,❷终止日期,❸节假日)

可选的。除去周末之外，另外指定的不计算在内的日期。应是一个包含相关日期的单元格区域，或者是一个由表示这些日期的序列值构成的数组常量。holidays 中的日期或序列值的顺序可以是任意的

例：计算临时工的实际工作天数

假设企业在某一段时间使用一批零时工，根据开始日期与结束日期可以计算每位人员的实际工作日天数，以方便对他们工资的核算。

❶ 选中 D2 单元格，在编辑栏中输入公式（如图 20-53 所示）：

```
=NETWORKDAYS (B2,C2,$F$2)
```

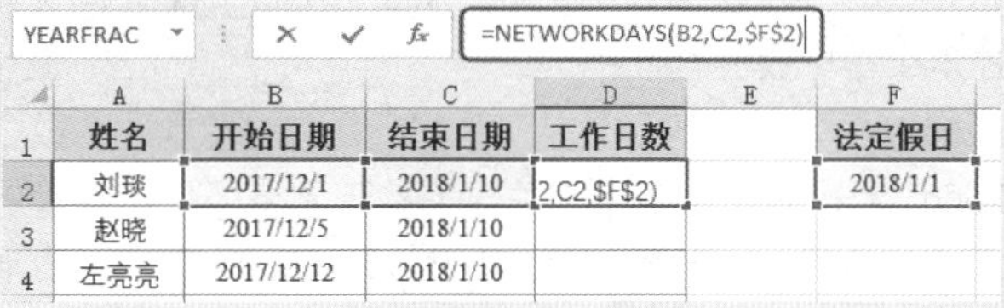

	A	B	C	D	E	F
1	姓名	开始日期	结束日期	工作日数		法定假日
2	刘琰	2017/12/1	2018/1/10	2,C2,$F$2)		2018/1/1
3	赵晓	2017/12/5	2018/1/10			
4	左亮亮	2017/12/12	2018/1/10			

图 20-53

❷ 按 Enter 键，即可计算出开始日期为“2017/12/1”，结束日期为“2018/1/10”之间的工作日数。然后向下复制 D2 单元格的公式，可以一次性返回各位人员的工作日数，如图 20-54 所示。

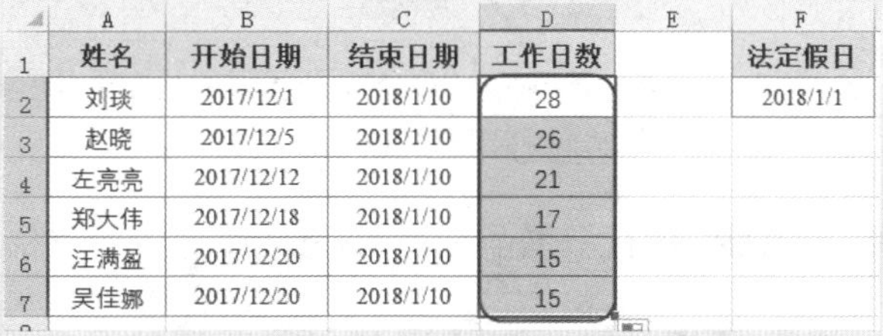

	A	B	C	D	E	F
1	姓名	开始日期	结束日期	工作日数		法定假日
2	刘琰	2017/12/1	2018/1/10	28		2018/1/1
3	赵晓	2017/12/5	2018/1/10	26		
4	左亮亮	2017/12/12	2018/1/10	21		
5	郑大伟	2017/12/18	2018/1/10	17		
6	汪满盈	2017/12/20	2018/1/10	15		
7	吴佳娜	2017/12/20	2018/1/10	15		

图 20-54

【公式解析】

$$=NETWORKDAYS\ (B2,C2,\$F\$2)$$

指定的法定假日在公式复制过程中始终
不变，所以使用绝对引用

4. NETWORKDAYS.INTL 函数

【函数功能】NETWORKDAYS.INTL 函数表示返回两个日期之间的所
有工作日数，使用参数指示哪些天是周末，以及有多少天是周末。工作日不
包括周末和专门指定的假日。

【函数语法】NETWORKDAYS.INTL(start_date, end_date, [weekend],
[holidays])

- start_date 和 end_date：表示要计算其差值的日期。 start_date 可
  以早于或晚于 end_date，也可以与它相同。
- weekend：可选。表示介于 start_date 和 end_date 之间但又不包括在
  所有工作日数中的周末日。
- holidays：可选。表示要从工作日日历中排除的一个或多个日期。
  holidays 应是一个包含相关日期的单元格区域，或者是一个由表
  示这些日期的序列值构成的数组常量。holidays 中的日期或序列值
  的顺序可以是任意的。

【用法解析】

=NETWORKDAYS.INTL (❶起始日期,❷结束日期,
❸指定周末日的参数,❹节假日)

与 NETWORKDAYS 所不同的是在于此参数，此
参数可以自定义周末日，详见表 20-3

NETWORKDAYS.INTL 函数的 weekend 参数与返回值参见表 20-3。

表 20-3

weekend 参数	NETWORKDAYS.INTL 函数返回值
1 或省略	星期六、星期日
2	星期日、星期一
3	星期一、星期二
4	星期二、星期三
5	星期三、星期四
6	星期四、星期五
7	星期五、星期六
11	仅星期日
12	仅星期一
13	仅星期二
14	仅星期三
15	仅星期四
16	仅星期五
17	仅星期六
自定义参数 0000011	周末日为：星期六、星期日（周末字符串值的长度为 7 个字符，从周一开始，分别表示 1 周的 1 天。1 表示非工作日，0 表示工作日）

例：计算临时工的实际工作天数（指定只有周一为休息日）

沿用上面的例子，要求根据临时工的开始工作日期与结束日期计算工作日数，但要求指定每周只有周一为周末日，此时可以使用 NETWORKDAYS.INTL 函数来建立公式。

扫一扫，看视频

❶ 选中 D2 单元格，在编辑栏中输入公式（如图 20-55 所示）：

`=NETWORKDAYS.INTL(B2,C2,12,$F$2)`

	A	B	C	D	E	F
	YEARFRAC ▾	⋮	✕ ✓	fx	=NETWORKDAYS.INTL(B2,C2,12,$F$2)	
1	姓名	开始日期	结束日期	工作日数		法定假日
2	刘琰	2017/12/1	2018/1/10	=NETWORK		2018/1/1
3	赵晓	2017/12/5	2018/1/10			
4	左亮亮	2017/12/12	2018/1/10			
5	郑大伟	2017/12/18	2018/1/10			

图 20-55

❷ 按 Enter 键，计算出的是开始日期为"2017/12/1"，结束日期为"2018/1/10"之间的工作日数（这期间只有周一为周末日）。然后向下复制 D2 单元格的公式可以一次性返回满足指定条件的工作日数，如图 20-56 所示。

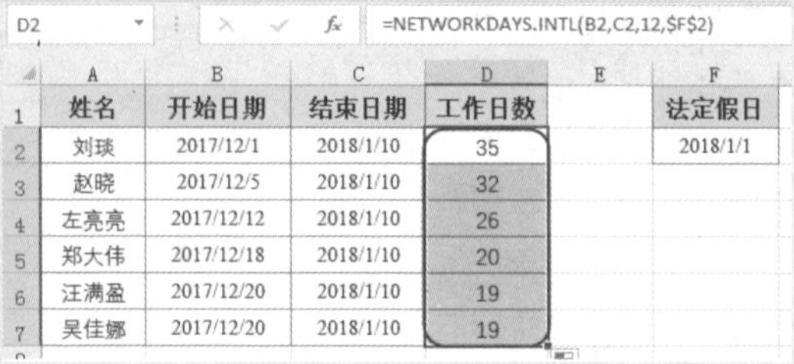

	A	B	C	D	E	F
	姓名	开始日期	结束日期	工作日数		法定假日
1						
2	刘瑛	2017/12/1	2018/1/10	35		2018/1/1
3	赵晓	2017/12/5	2018/1/10	32		
4	左亮亮	2017/12/12	2018/1/10	26		
5	郑大伟	2017/12/18	2018/1/10	20		
6	汪满盈	2017/12/20	2018/1/10	19		
7	吴佳娜	2017/12/20	2018/1/10	19		

图 20-56

【公式解析】

=NETWORKDAYS.INTL(B2,C2,12,$F$2)

指定仅周一为周末日　　　除周末日之外要排除的日期

20.5　时间函数

时间函数是用于时间提取、计算等的函数，主要有 HOUR、MINUTE、SECOND 几个函数。

1. HOUR（返回时间值的小时数）

【函数功能】HOUR 函数表示返回时间值的小时数。

【函数语法】HOUR(serial_number)

serial_number：表示一个时间值，其中包含要查找的小时。

【用法解析】

=HOUR (A2)

可以是单元格的引用或使用 TIME 函数构建的标准时间序列号。如公式"=HOUR(8:10:00)"不能返回正确值，需要使用公式"=HOUR(TIME(8,10,0))"

如果使用单元格的引用作为参数，可参见图 20-57，其中也显示了

MINUTE 函数（用于返回时间中的分钟数）与 SECOND 函数（用于返回时间中的秒数）的返回值。

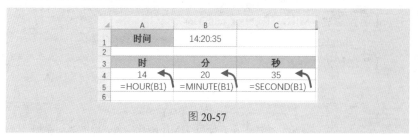

图 20-57

例：界定进入停车场的整点时间区间

某停车场想统计出在哪个时段为停车高峰，因此当记录了车辆的进入时间后，可以通过函数界定此时间的整点区间。

❶ 选中 C2 单元格，在编辑栏中输入公式：

=HOUR(B2)&":00-"&HOUR(B2)+1&":00"

按 Enter 键得出对 B2 单元格时间界定的整点区间，如图 20-58 所示。

❷ 向下复制 C2 单元格的公式可以依次对 B 列中的时间界定整点范围，如图 20-59 所示。

图 20-58

图 20-59

【公式解析】

①提取 B2 单元格时间的小时数

②提取 B2 单元格时间的小时数并进行加 1 处理

=HOUR(B2)&":00-"&HOUR(B2)+1&":00"

多处使用&符号将①结果与②结果用字符 "-" 相连接

2. MINUTE（返回时间值的分钟数）

【函数功能】MINUTE 函数表示返回时间值的分钟数。

【函数语法】MINUTE(serial_number)

serial_number：表示一个时间值，其中包含要查找的分钟。

【用法解析】

$$=MINUTE\ (A2)$$

可以是单元格的引用或使用 TIME 函数构建的标准时间序列号。如公式"=MINUTE (8:10:00)"不能返回正确值，需要使用公式"=MINUTE (TIME(8,10,0))"

例：比赛用时统计（分钟数）

扫一扫，看视频

表格中对某次万米跑步比赛中各选手的开始时间与结束时间做了记录，现在需要统计出每位选手完成全程所用的分钟数。

❶ 选中 D2 单元格，在编辑栏中输入公式（如图 20-60 所示）：

=(HOUR(C2)*60+MINUTE(C2)-HOUR(B2)*60-MINUTE(B2))

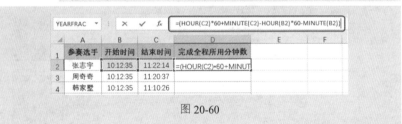

图 20-60

❷ 按 Enter 键计算出的是第一位选手完成全程所用分钟数。然后向下复制 D2 单元格的公式可以依次返回每位选手完成全程所用分钟数，如图 20-61 所示。

图 20-61

【公式解析】

①提取 C2 单元格时间的小时数乘 60 表示转换为分钟数，再与提取的分钟数相加

②提取 B2 单元格时间的小时数乘 60 表示转换为分钟数，再与提取的分钟数相减

$$=(HOUR(C2)*60+MINUTE(C2)-HOUR(B2)*60-MINUTE(B2))$$

③①结果减②结果为用时分钟数

3. SECOND（返回时间值的秒数）

【函数功能】SECOND 函数表示返回时间值的秒数。

【函数语法】SECOND(serial_number)

serial_number：表示一个时间值，其中包含要查找的秒数。

【用法解析】

$$=SECOND\ (A2)$$

可以是单元格的引用或使用 TIME 函数构建的标准时间序列号。
如公式"=SECOND (8:10:00)"不能返回正确值，需要使用公式
"=SECOND (TIME(8,10,0))"

例：计算商品秒杀的秒数

某店铺开展了几项商品的秒杀活动，分别记录了开始时间
与结束时间，现在想统计出每种商品的秒杀秒数。

❶ 选中 D2 单元格，在编辑栏中输入公式：

`=HOUR(C2-B2)*60*60+MINUTE(C2-B2)*60+SECOND(C2-B2)`

按 Enter 键计算出的值是时间值（如图 20-62 所示），而此时需要查看时间序列号。

❷ 选中 D2 单元格，在"开始"选项卡的"数字"组中重新设置单元格的格式为"常规"（如图 20-63 所示），然后向下复制 D2 单元格的公式可批量得出各商品秒杀的秒数，如图 20-64 所示。

第 20 章 数据计算——日期处理函数

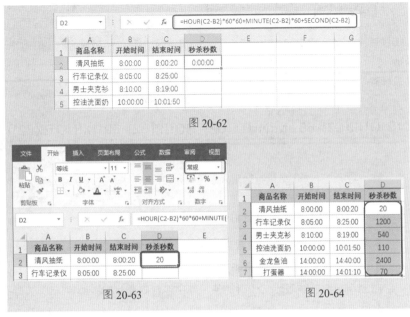

D2　=HOUR(C2-B2)*60*60+MINUTE(C2-B2)*60+SECOND(C2-B2)

	A	B	C	D
1	商品名称	开始时间	结束时间	秒杀秒数
2	清风抽纸	8:00:00	8:00:20	0:00:00
3	行车记录仪	8:05:00	8:25:00	
4	男士夹克衫	8:10:00	8:19:00	
5	控油洗面奶	10:00:00	10:01:50	

图 20-62

D2　=HOUR(C2-B2)*60*60+MINUTE(

	A	B	C	D
1	商品名称	开始时间	结束时间	秒杀秒数
2	清风抽纸	8:00:00	8:00:20	20
3	行车记录仪	8:05:00	8:25:00	

图 20-63

	A	B	C	D
1	商品名称	开始时间	结束时间	秒杀秒数
2	清风抽纸	8:00:00	8:00:20	20
3	行车记录仪	8:05:00	8:25:00	1200
4	男士夹克衫	8:10:00	8:19:00	540
5	控油洗面奶	10:00:00	10:01:50	110
6	金龙鱼油	14:00:00	14:40:00	2400
7	打蛋器	14:00:00	14:01:10	70

图 20-64

【公式解析】

①计算“C2-B2”中的小时数，两次乘以 60 表示转换为秒

②计算“C2-B2”中的分钟数，乘以 60 处理表示转化为秒数

=HOUR(C2-B2)*60*60+MINUTE(C2-B2)*60+SECOND(C2-B2)

④三者相加为总秒数

③计算“C2-B2”中的秒数

20.6 文本日期与文本时间的转换

由于数据的来源不同，日期与时间在表格中表现为文本格式是很常见的，当日期或时间使用的是文本格式时会不便于数据计算，此时可以使用 DATEVALUE 与 TIMEVALUE 两个函数进行文本日期与文本时间的转换。

1. DATEVALUE（将日期字符串转换为可计算的序列号）

【函数功能】DATEVALUE 函数可将存储为文本的日期转换为 Excel 识别为日期的序列号。

【函数语法】DATEVALUE(date_text)

date_text：表示 Excel 日期格式的文本或者日期格式文本所在单元格的单元格引用。

【用法解析】

=DATEVALUE (A2)

可以是单元格的引用或使用双引号来直接输入文本时间。如"=DATEVALUE("2017-8-1")" "=DATEVALUE("2017 年 10 月 15 日"))" "=DATEVALUE("14-Mar")" 等

在输入日期时，很多日期会不规范，也有很多时候是文本格式的，而并非标准格式，这些日期是无法进行计算的。

如图 20-65 所示，A 列中的日期不规范，可以使用 DATEVALUE 函数转换为日期值对应的序列号。

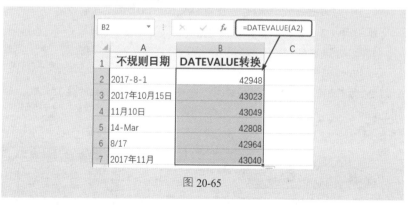

图 20-65

转换后虽然显示的是日期序列号，但那已经是日期值了，只要选中单元格区域，在"开始"选项卡的"数字"组中重新设置单元格的格式为"短日期"（如图 20-66 所示）即可显示出标准日期，如图 20-67 所示。

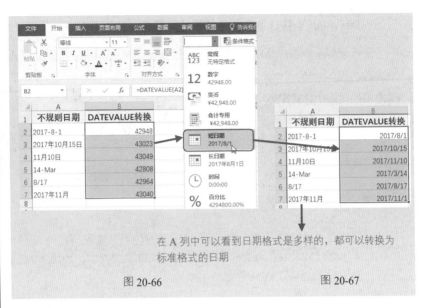

在 A 列中可以看到日期格式是多样的，都可以转换为
标准格式的日期

图 20-66   图 20-67

例：计算出借款天数

扫一扫，看视频

表格中记录了公司一年中各项借款的时间，现在想计算每
笔借款至今日的时长。由于借款日期数据是文本格式显示的，
如果直接用当前日期减去借款日期是无法计算的，因此在进行
日期数据计算时需要使用 DATEVALUE 函数来转换。

❶ 选中 C2 单元格，在编辑栏中输入公式（如图 20-68 所示）：

`=TODAY()-DATEVALUE(B2)`

按 Enter 键得出第一项借款的借款天数。

❷ 向下复制 C2 单元格的公式，即可计算出每笔借款的借款天数，如
图 20-69 所示。

图 20-68   图 20-69

【公式解析】

①返回当前日期（计算时使用的是序列号）

②将 B2 单元格文本日期转换为日期对应的序列号

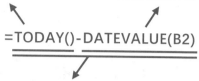

=TODAY()-DATEVALUE(B2)

③二者差值即为至今日的借款天数

2. TIMEVALUE（将时间转换为对应的小数值）

【函数功能】TIMEVALUE 函数可将存储为文本的时间转换为 Excel 可识别的时间对应的小数值。

【函数语法】TIMEVALUE(time_text)

time_text：表示一个时间格式的文本字符串或者时间格式文本字符串所在的单元格的单元格引用。

【用法解析】

=TIMEVALUE (A2)

可以是单元格的引用或使用双引号来直接输入文本时间。如："=TIMEVALUE("2:30:0")"、"=TIMEVALUE("2:30 PM")"、"=TIMEVALUE (20 时 50 分)"等。另外，TIME 函数也用于构建的标准时间序列号。如公式"= SECOND (8:10:00)"不能返回正确值，需要使用公式"= SECOND (TIME(8,10,0))"

在输入时间时，很多时间会不规范，也有很多时候是文本格式的，而并非标准格式，这些时间是无法进行计算的。

如图 20-70 所示，A 列中的时间不规范，可以使用 TIMEVALUE 函数转换为时间值对应的小数值。

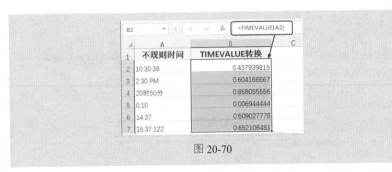

图 20-70

转换后虽然显示的是小数，但那已经是时间值了，只要选中单元格区域，在"开始"选项卡的"数字"组中重新设置单元格的格式为"时间"（如图 20-71 所示），即可显示出标准时间，如图 20-72 所示。

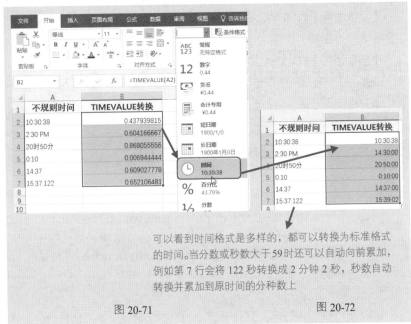

可以看到时间格式是多样的，都可以转换为标准格式的时间。当分数或秒数大于59时还可以自动向前累加，例如第 7 行会将 122 秒转换成 2 分钟 2 秒，秒数自动转换并累加到原时间的分种数上

图 20-71   图 20-72

📢 注意：

TIMEVALUE 函数与 TIME 函数在某种意义上具有相同的作用，如在介绍 TIME 函数的实例中使用了公式"=TIME(2,30,0)"来构建"2:30:00"这个时间，而如果将公式改为"=B2+TIMEVALUE("2:30:0")"，也可以获取相同的统计结果，如图 20-73 所示。

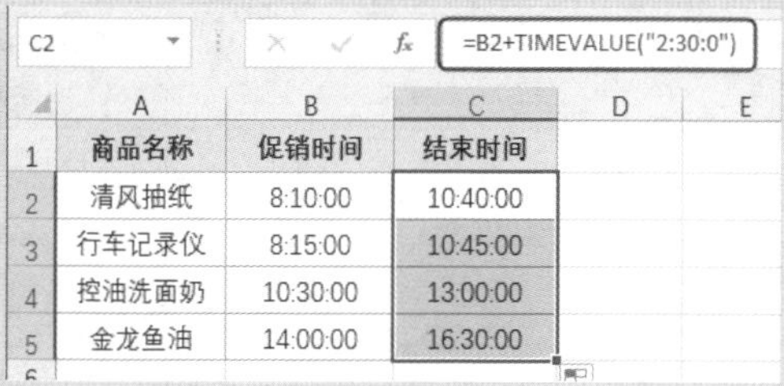

C2 | =B2+TIMEVALUE("2:30:0")

	A	B	C	D	E
1	商品名称	促销时间	结束时间		
2	清风抽纸	8:10:00	10:40:00		
3	行车记录仪	8:15:00	10:45:00		
4	控油洗面奶	10:30:00	13:00:00		
5	金龙鱼油	14:00:00	16:30:00		

图 20-73

例：根据下班打卡时间计算加班时间

表格中记录了某日几名员工的下班打卡时间，正常下班时间为 17 点 50 分，根据下班打卡时间可以变向计算出几位员工的加班时长。由于下班打卡时间是文本形式的，因此在进行时间计算时需要使用 TIMEVALUE 函数来转换。

扫一扫，看视频

❶ 选中 C2 单元格，在编辑栏中输入公式：

```
=TIMEVALUE(B2)-TIMEVALUE("17:50")
```

按 Enter 键计算出的值是时间对应的小数值，如图 20-74 所示。

❷ 向下复制 C2 单元格的公式，得到的批量数据如图 20-75 所示。

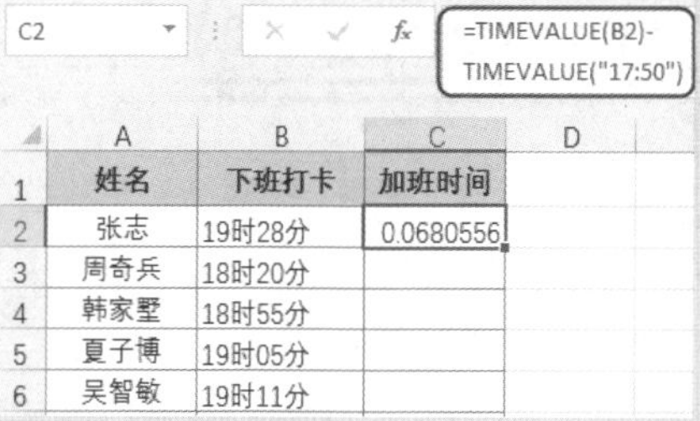

C2 | =TIMEVALUE(B2)-TIMEVALUE("17:50")

	A	B	C	D
1	姓名	下班打卡	加班时间	
2	张志	19时28分	0.0680556	
3	周奇兵	18时20分		
4	韩家墅	18时55分		
5	夏子博	19时05分		
6	吴智敏	19时11分		

图 20-74

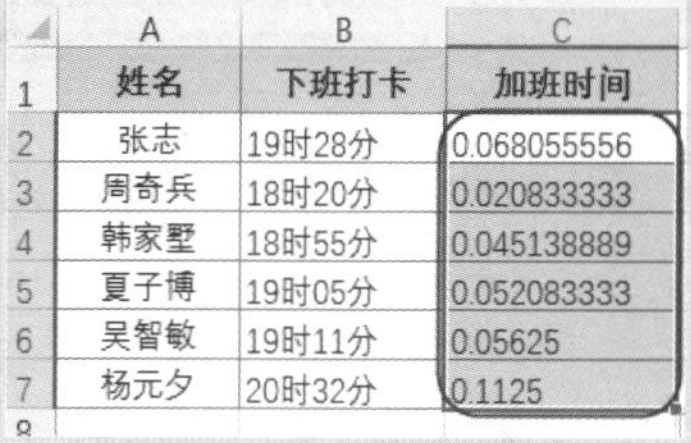

	A	B	C
1	姓名	下班打卡	加班时间
2	张志	19时28分	0.068055556
3	周奇兵	18时20分	0.020833333
4	韩家墅	18时55分	0.045138889
5	夏子博	19时05分	0.052083333
6	吴智敏	19时11分	0.05625
7	杨元夕	20时32分	0.1125

图 20-75

❸ 选中公式返回的结果，在“开始”选项卡的“数字”组中单击 ↘ 按钮，打开“设置单元格式”对话框，在“分类”列表中选择“时间”，在“类型”列表中选择“13 时 30 分”样式，如图 20-76 所示。

❹ 单击“确定”按钮即可显示出正确的加班时间，如图 20-77 所示。

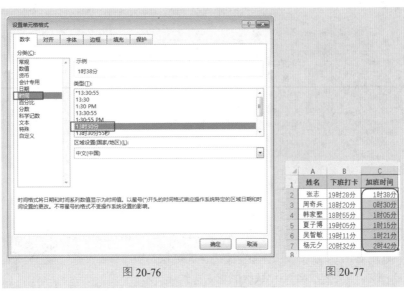

图 20-76   图 20-77

【公式解析】

①将 B2 单元格的时间转换为标准   ②将 "17:50" 转换为时间值对应的
时间值（时间对应的小数）   小数值

=TIMEVALUE(B2)-TIMEVALUE("17:50")

③二者时间差为加班时间

第 21 章 数据计算——查找函数

21.1 ROW 与 COLUMN 函数

ROW 函数用于返回引用的行号（还有 ROWS 函数，用于返回引用中的行数），COLUMN 函数用于返回引用的列号（还有 COLUMNS 函数，用于返回引用的列数），二者是一组对应的函数。这几个函数属于辅助函数，本节将模拟其应用环境。

1. ROW（返回引用的行号）

【函数功能】ROW 函数用于返回引用的行号。

【函数语法】ROW (reference)

reference：要得到其行号的单元格或单元格区域。

【用法解析】

$$=ROW()$$

如果省略参数，则返回的是函数 ROW 所在单元格的行号。
如图 21-1 所示，在 B2 单元格中使用公式"=ROW()"，返回
值就是 B2 的行号，所以返回"2"

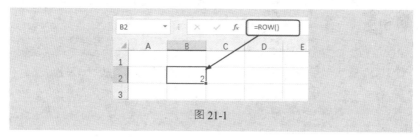

图 21-1

$$=ROW(C5)$$

如果参数是单个单元格，则返回的是给定引用的行号。如图 21-2
所示，使用公式"=ROW(C5)"，返回值就是"5"。而至于选择哪
个单元格来显示返回值，可以任意设置

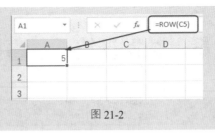

图 21-2

$$=ROW(D2:D6)$$

如果参数是一个单元格区域，并且函数 ROW 作为垂直数组输入（因为水平数组无论有多少列，其行号只有一个），则函数 ROW 将 reference 的行号以垂直数组的形式返回，但注意要使用数组公式。如图 21-3 所示，使用公式 "=ROW(D2:D6)"，按 Ctrl+Shift+Enter 组合键结束，可返回 D2:D6 单元格区域的一组行号

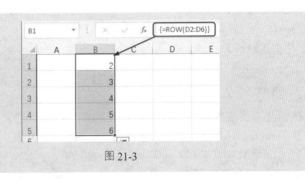

图 21-3

📢 注意：

ROW 函数在进行运算时是一个构建数组的过程，数组中的元素可能只有一个数值，也可能有多个数值。当 ROW 函数没有参数或参数只包含一行单元格时，函数返回包含一个数值的数组；当 ROW 函数的参数包含多行单元格时，函数返回包含多个数值的单列数组。

例 1：生成批量序列

巧用 ROW() 函数的返回值，可以实现对批量递增序号的填充。如要输入 1000 条记录或更多记录的序号，则可以用 ROW 函数建立公式来输入。

❶ 在数据编辑区左上角的名称框中输入要填充的单元格地址（如图 21-4 所示），按 Enter 键即可选中该区域，如图 21-5 所示。

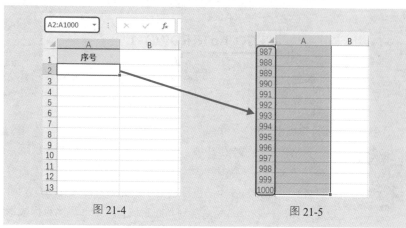

图 21-4   图 21-5

❷ 在编辑栏中输入公式（如图 21-6 所示）：

`="PCQ_hp"&ROW()-1`

❸ 按 Ctrl+Shift+Enter 组合键，即可一次性输入批量序号，如图 21-7 所示。

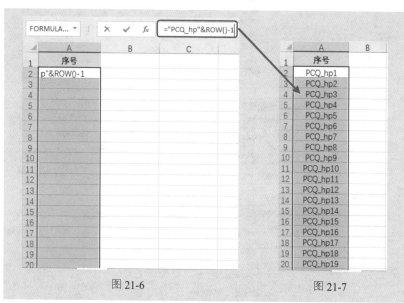

图 21-6   图 21-7

【公式解析】

前面连接序号的文本可以任意自定义

$$="PCQ\_hp"\&ROW()-1$$

随着公式向下填充，行号不断增加，ROW()会不断返回
当前单元格的行号，因此实现了序号的递增

例 2：取隔行数据平均值

扫一扫，看视频

表格中统计了学生成绩，但其统计方式却如图 21-8 所示，
即将"语文"与"数学"两个科目统计在一列中了。如果想分
科目统计平均分，就无法直接求取了。此时可以使用 ROW 函
数辅助完成，以使公式能自动判断奇偶行，从而只对目标数据
进行计算。

	A	B	C	D	E
1	姓名	科目	分数		
2	吴佳娜	语文	97	语文平均分	
3		数学	85	数学平均分	
4	刘琰	语文	100		
5		数学	85		
6	赵晓	语文	99		
7		数学	87		
8	左亮亮	语文	85		
9		数学	91		
10	汪心盈	语文	87		
11		数学	98		
12	王蒙蒙	语文	87		
13		数学	82		
14	周沐天	语文	75		
15		数学	90		

图 21-8

❶ 选中 E2 单元格，在编辑栏中输入公式：

`=AVERAGE(IF(MOD(ROW(B2:B15),2)=0,C2:C15))`

按 Ctrl+Shift+Enter 组合键，求出"语文"科目平均分，如图 21-9 所示。

❷ 选中 E3 单元格，在编辑栏中输入公式：

`=AVERAGE(IF(MOD(ROW(B2:B15)+1,2)=0,C2:C15))`

按 Ctrl+Shift+Enter 组合键，求出"数学"科目平均分，如图 21-10
所示。

图 21-9   图 21-10

【公式解析】

②使用 MOD 函数将①数组中各值除
以 2，当①为偶数时，返回结果为 0；
当①为奇数时，返回结果为 1

①使用 ROW 函数返回 B2:B15 所有的
行号。构建的是一个 {2;3;4;5;6;7;8;9;
10;11;12;13;14;15} 数组

$$=AVERAGE(IF(MOD(ROW(B2:B15),2)=0,C2:C15))$$

④将③返回的数值
进行求平均值运算

③使用 IF 函数判断②的结果是否为 0，若是则返回
TRUE，否则返回 FALSE。然后将结果为 TRUE 的对应
在 C2:C15 单元格区域上的数值返回，返回一个数组

🔊 注意：

由于 ROW(B2:B15) 返回的是 {2;3;4;5;6;7;8;9;10;11;12;13;14;15} 这样一个数
组，首个值是偶数，"语文"位于偶数行，因此求"语文"平均分时正好偶
数行的值求平均值。与之相反，"数学"位于奇数行，因此需要加 1 处理，
将 ROW(B2:B15) 的返回值转换成 {3;4;5;6;7;8;9;10;11;12;13;14;15;16}，这时
奇数行上的值除以 2 余数为 0，表示是符合求值条件的数据。

2. COLUMN（返回引用的列号）

【函数功能】COLUMN 函数用于返回引用的列号。

【函数语法】COLUMN([reference])

reference：可选。要返回其列号的单元格或单元格区域。如果省略参数

reference 或该参数为一个单元格区域，并且 COLUMN 函数是以水平数组的形式输入的，则 COLUMN 函数将以水平数组的形式返回参数 reference 的列号。

【用法解析】

COLUMN 函数与 ROW 函数用法类似。COLUMN 函数返回列号组成的数组，ROW 函数返回行号组成的数组。从函数返回的数组来看，ROW 函数返回的是由各行行号组成的单列数组，写入单元格时应写入同列的单元格中，而 COLUMN 函数返回的是由各列列号组成的单行数组，写入单元格时应写入同行的单元格中。

如果要返回公式所在单元格的列号，可以用公式：

$$=COLUMN()$$

如果要返回 F 列的列号，可以用公式：

$$=COLUMN(F:F)$$

如果要返回 A:F 中各列的列号，可以用公式：

$$=COLUMN(A:F)$$

效果如图 21-11 所示。

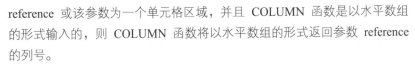

图 21-11

扫一扫，看视频

例：实现隔列计算销售金额

表格中按图 21-12 所示的方式统计了每位销售员 1—6 月的销售额，要求计算出每位销售员偶数月的总销售金额。

图 21-12

❶ 选中 H2 单元格，在编辑栏中输入公式：

=SUM(IF(MOD(COLUMN($A2:$G2),2)=0,$B2:$G2))

按 Ctrl+Shift+Enter 组合键，求出第一位销售员在偶数月的销售总金额，如图 21-13 所示。

H2		×	✓	fx	{=SUM(IF(MOD(COLUMN($A2:$G2),2)=0,$B2:$G2))}		
▲	A	B	C	D	E	F	G	H
1	姓名	1月	2月	3月	4月	5月	6月	2\4\6月总金额
2	赵晓	54.4	82.34	32.43	84.6	38.65	69.5	236.44
3	左亮亮	73.6	50.4	53.21	112.8	102.45	108.37	
4	汪心盈	45.32	56.21	50.21	163.5	77.3	98.25	
5	王蓁蓁	98.09	43.65	76	132.76	23.1	65.76	
6								

图 21-13

❷ 选中 H2 单元格，向下复制公式到 H5 单元格中，得出批量计算结果，如图 21-14 所示。

H2		×	✓	fx	{=SUM(IF(MOD(COLUMN($A2:$G2),2)=0,$B2:$G2))}		
▲	A	B	C	D	E	F	G	H
1	姓名	1月	2月	3月	4月	5月	6月	2\4\6月总金额
2	赵晓	54.4	82.34	32.43	84.6	38.65	69.5	236.44
3	左亮亮	73.6	50.4	53.21	112.8	102.45	108.37	271.57
4	汪心盈	45.32	56.21	50.21	163.5	77.3	98.25	317.96
5	王蓁蓁	98.09	43.65	76	132.76	23.1	65.76	242.17

图 21-14

【公式解析】

①使用 COLUMN 返回 A2:G2 单元格区域中各列的列号，构建的是一个 {1;2;3;4;5;6;7} 数组

=SUM(IF(MOD(COLUMN($A2:$G2),2)=0,$B2:$G2))

③将②返回数组中结果为 0 的对应在 B2:G2 单元格区域上的值求和

②使用 MOD 函数将①数组中各值除以 2，当①为偶数时，返回结果为 0；当①为奇数时，返回结果为 1

📢 注意：

COLUMN 函数的返回值常作为参数辅助 VLOOKUP 类的查找函数使用，在后面的实例中会涉及，届时可再次体验 COLUMN 函数的应用环境。

763

21.2 LOOK 类函数

我们将 LOOKUP、VLOOKUP、HLOOKUP 几个函数归纳为 LOOK 类函数。这几个函数是非常重要的查找函数，对于各种不同情况下的数据匹配起到了极为重要的作用。

1. VLOOKUP（在数组第 1 列中查找并返回指定列中同一位置的值）

【函数功能】VLOOKUP 函数用于在表格或数值数组的首列中查找指定的数值，然后返回表格或数组中该数值所在行中指定列处的数值。

【函数语法】VLOOKUP(lookup_value,table_array,col_index_num,[range_lookup])

- lookup_value：表示要在表格或区域的第 1 列中搜索的值。该参数可以是值或引用。
- table_array：表示包含数据的单元格区域。可以使用对区域或区域名称的引用。
- col_index_num：表示参数 table_array 中待返回的匹配值的列号。
- range_lookup：可选。一个逻辑值，指明 VLOOKUP 查找时是精确匹配还是近似匹配。

【用法解析】

可以从一个单元格区域中查找，也可以从一个常量数组或内存数组中查找。设置此区域时注意查找目标一定要在该区域的第 1 列，并且该区域中一定要包含待返回值所在的列

指定从哪一列中返回值

=VLOOKUP（❶查找值，❷查找范围，❸返回值所在列号，❹精确 OR 模糊查找）

最后一个参数是决定函数精确或模糊查找的关键。精确即完全一样，模糊即包含的意思。指定值为 0 或 FALSE 则表示精确查找，而值为 1 或 TRUE 时则表示模糊查找

注意：

如果缺少第 4 个参数就无法精确查找到结果了，但可以进行模糊匹配。模糊匹配时，需要省略此参数，或将此参数设置为 TRUE。

针对图 21-15 所示的查找，对公式分析如下。

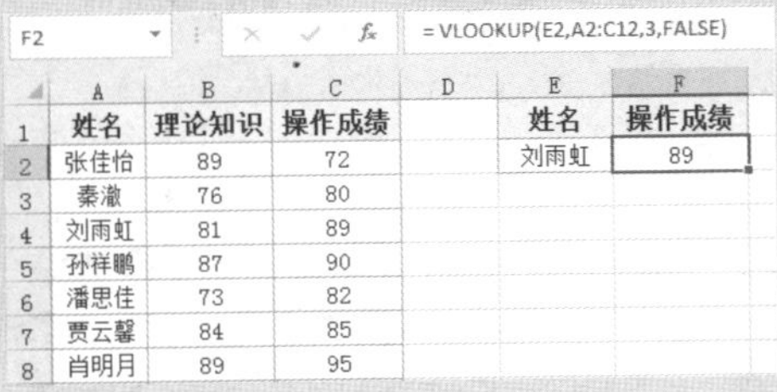

F2 = VLOOKUP(E2,A2:C12,3,FALSE)

	A	B	C	D	E	F
1	姓名	理论知识	操作成绩		姓名	操作成绩
2	张佳怡	89	72		刘雨虹	89
3	秦澈	76	80			
4	刘雨虹	81	89			
5	孙祥鹏	87	90			
6	潘思佳	73	82			
7	贾云馨	84	85			
8	肖明月	89	95			

图 21-15

= VLOOKUP(E2,A2:C12,3,FALSE)

指定要查询的数据

第 2 个参数告诉 VLOOKUP 函数应该在哪里查找第 1 个参数的数据。第 2 个参数必须包含查找值和返回值，且第 1 列必须是查找值，如本例中“姓名”列是查找对象

第 3 个参数用来指定返回值所在的位置。当在第 2 个参数的首列找到查找值后，返回第 2 个参数中对应列的数据。本例要在 A2:C12 的第 3 列中返回值，所以公式中将该参数设置为 3

也可以设置为 0，与 FALSE 一样表示精确查找

当查找的对象不存在时，会返回错误值，如图 21-16 所示。

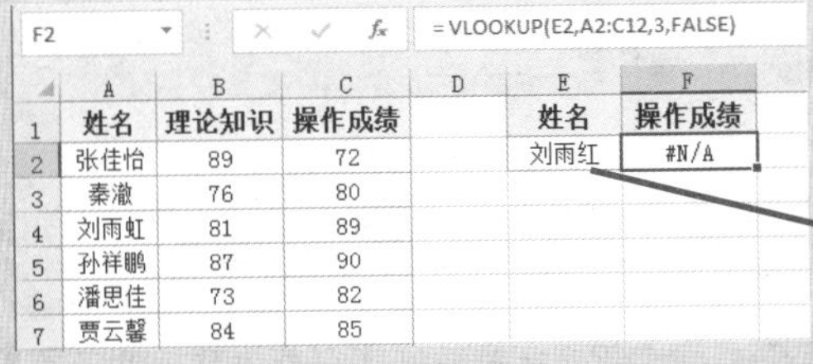

F2 = VLOOKUP(E2,A2:C12,3,FALSE)

	A	B	C	D	E	F
1	姓名	理论知识	操作成绩		姓名	操作成绩
2	张佳怡	89	72		刘雨红	#N/A
3	秦澈	76	80			
4	刘雨虹	81	89			
5	孙祥鹏	87	90			
6	潘思佳	73	82			
7	贾云馨	84	85			

因为找不到“刘雨红”，所以返回错误值

图 21-16

例1：按姓名查询学生的各科目成绩

扫一扫，看视频

在建立了员工考核表后，如果想实现对任意员工考核的成绩进行查询，可以建立一个查询表，只要输入想查询的编号即可实现查询明细数据。

❶ 首先在表格空白位置建立查询标识（也可以建到其他工作表中），选中 G2 单元格，在编辑栏中输入公式：

`= VLOOKUP($F2,$A:$D,COLUMN(B1),FALSE)`

按 Enter 键，查找到 F2 单元格中指定编号对应的姓名，如图 21-17 所示。

G2				fx	=VLOOKUP($F2,$A:$D,COLUMN(B1),FALSE)			
	A	B	C	D	E	F	G	H	I
1	员工编号	姓名	理论知识	操作成绩		员工编号	姓名	理论知识	操作成绩
2	Ktws-003	王明阳	76	79		Ktws-011	夏红蕊		
3	Ktws-005	黄照先	89	90					
4	Ktws-011	夏红蕊	89	82					
5	Ktws-013	贾云馨	84	83					
6	Ktws-015	陈世发	90	81					
7	Ktws-017	马雪蕊	82	81					
8	Ktws-018	李沐天	82	86					

图 21-17

❷ 将 G2 单元格的公式向右复制到 I2 单元格，即可查询到 F2 单元格中指定编号对应的所有明细数据。选中 H2 单元格，即可在编辑栏中查看公式（只有划线部分发生改变，下面会给出公式的解析），如图 21-18 所示。

H2				fx	=VLOOKUP($F2,$A:$D,COLUMN(C1),FALSE)			
	A	B	C	D	E	F	G	H	I
1	员工编号	姓名	理论知识	操作成绩		员工编号	姓名	理论知识	操作成绩
2	Ktws-003	王明阳	76	79		Ktws-011	夏红蕊	89	82
3	Ktws-005	黄照先	89	90					
4	Ktws-011	夏红蕊	89	82					
5	Ktws-013	贾云馨	84	83					
6	Ktws-015	陈世发	90	81					
7	Ktws-017	马雪蕊	82	81					
8	Ktws-018	李沐天	82	86					

图 21-18

❸ 当在 F2 单元格中任意更换其他员工编号时，可以实现对应的查询，

如图 21-19 所示。

	A	B	C	D	E	F	G	H	I
1	员工编号	姓名	理论知识	操作成绩		员工编号	姓名	理论知识	操作成绩
2	Ktws-003	王明阳	76	79		Ktws-018	李沐天	82	86
3	Ktws-005	黄照先	89	90					
4	Ktws-011	夏红蕊	89	82					
5	Ktws-013	贾云馨	84	83					
6	Ktws-015	陈世发	90	81					
7	Ktws-017	马雪蕊	82	81					
8	Ktws-018	李沐天	82	86					
9	Ktws-019	朱明健	75	87					
10	Ktws-021	龙明江	81	90					
11	Ktws-022	刘碧	87	86					
12	Ktws-026	宁华功	73	89					

图 21-19

【公式解析】

①因为查找对象与用于查找的区域不能随着公式的
复制而变动，所以使用绝对引用

= VLOOKUP($F2,$A:$D,COLUMN(B1),FALSE)

②这个参数用于指定返回哪一列中的值，因为本例的目的是要随着公式向右复制，从而依次返回"姓名""理论知识""操作成绩"几项明细数据，所以这个参数是要随之变动的，如"姓名"在第2列、"理论知识"在第3列、"操作成绩"在第4列。COLUMN(B1)返回值为2，向右复制公式时会依次变为 COLUMN(C1)（返回值是 3）、COLUMN(D1)（返回值是 4），这正好达到了批量复制公式而又不必逐一更改此参数的目的

📢 注意：

这个公式是 VLOOKUP 函数套用 COLUMN 函数的典型例子。如果只需返回单个值，手动输入要返回值的那一列的列号即可，公式中也不必使用绝对引用。但因为要通过复制公式得到批量结果，所以才会使用此种设计。这种处理方式在后面的例子中可能还会用到，后面不再赘述。

例2：跨表查询

扫一扫，看视频

　　　　在实际工作中，很多时候数据的查询并不是仅在当前工作表中进行，而通常会单独建立查询表，以实现跨表查询。这种情况下公式的设计方法并没有改变，只是在引用单元格区域时需要切换到其他表格中选择，或者事先将其他表格中的数据区域定义为名称。

如图 21-20 所示为"固定资产折旧表"，要在此表中查询任意固定资产的月折旧额，可按如下步骤完成。

编号	固定资产名称	开始使用日期	预计使用年限	原值	净残值率	净残值	已计提月数	月折旧额
Ktws-1	轻型载货汽车	13.01.01	10	84000	5%	4200	58	665
Ktws-2	尼桑轿车	13.10.01	10	228000	5%	11400	49	1805
Ktws-3	电脑	13.01.01	5	2980	5%	149	58	47
Ktws-4	电脑	15.01.01	5	3205	5%	160	34	51
Ktws-5	打印机	16.02.03	5	2350	5%	118	21	37
Ktws-6	空调	13.11.07	5	2980	5%	149	47	47
Ktws-7	空调	14.06.05	5	5800	5%	290	40	92
Ktws-8	冷暖空调机	14.06.22	4	2200	5%	110	40	44
Ktws-9	uv喷绘机	14.05.01	10	98000	10%	9800	42	735
Ktws-10	印刷机	15.04.10	5	3080	5%	154	30	49
Ktws-11	覆膜机	15.10.01	10	35500	8%	2840	25	272
Ktws-12	平板彩印机	16.02.02	10	42704	8%	3416	21	327
Ktws-13	亚克力喷绘机	16.10.01	10	13920	8%	1114	13	107

固定资产折旧表　查询表　例 …

图 21-20

❶ 在"查询表"中建立查询表框架，选中 C2 单元格，在编辑栏中输入公式：

= VLOOKUP(A2,固定资产折旧表!$A$3:$I$16,9,FALSE)

按 Enter 键，查找到 A2 单元格中指定编号对应的固定资产名称并得到期折旧额，如图 21-21 所示。

❷ 将 C2 单元格的公式向下复制，可查询到其他固定资产的月折旧额，如图 21-22 所示。

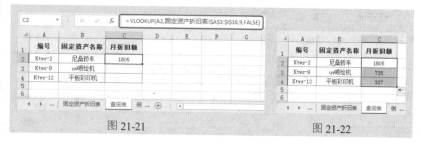

图 21-21　　　　　　　　　　图 21-22

【公式解析】

①在设置公式的这一处时，可以直接切换到"固定资产折旧表"工作表中选择目标单元格区域。凡非本工作表的数据区域，前面都会带上工作表名称

= VLOOKUP(A2,固定资产折旧表!$A$3:$I$16,9,FALSE)

②因为返回值始终位于①指定区域的第9列，所以直接输入常量指定

例 3：代替 IF 函数的多层嵌套（模糊匹配）

在如图 21-23 所示的应用环境下，要根据不同的分数区间对员工按实际考核成绩进行等级评定。要实现这一目的，可以使用 IF 函数，但有几个判断区间就需要有几层 IF 嵌套，而使用 VLOOKUP 函数的模糊匹配方法则可以更加简捷地解决此问题。

扫一扫，看视频

	等级分布			成绩统计表			
	分数	等级		姓名	部门	成绩	等级评定
	0	E		刘浩宇	销售部	92	
	60	D		曹扬	客服部	85	
	70	C		陈子涵	客服部	65	
	80	B		刘启瑞	销售部	94	
	90	A		吴晨	客服部	91	
				谭谢生	销售部	44	
				苏瑞宣	销售部	88	
				刘雨菲	客服部	75	
				何力	客服部	71	

图 21-23

❶ 首先建立分段区间，即 A3:B7 单元格区域（这个区域在公式中要被引用）。

❷ 选中 G3 单元格，在编辑栏中输入公式：

```
=VLOOKUP(F3,$A$3:$B$7,2)
```

按 Enter 键，即可根据 F3 单元格的成绩对其进行等级评定，如图 21-24 所示。

❸ 将 G3 单元格的公式向下复制，可返回批量评定结果，如图 21-25 所示。

| G3 | | | =VLOOKUP(F3,$A$3:$B$7,2) |

图 21-24 (左表)

	A	B	C	D	E	F	G
1	等级分布			成绩统计表			
2	分数	等级		姓名	部门	成绩	等级评定
3	0	E		刘浩宇	销售部	92	A
4	60	D		曹扬	客服部	85	
5	70	C		陈子涵	客服部	65	
6	80	B		刘启瑞	销售部	94	
7	90	A		吴晨	销售部	91	
8				霍谢生	销售部	44	
9				苏瑞宣	销售部	88	
10				刘雨菲	客服部	75	
11				何力	客服部	71	

图 21-24

图 21-25 (右表)

	A	B	C	D	E	F	G
1	等级分布			成绩统计表			
2	分数	等级		姓名	部门	成绩	等级评定
3	0	E		刘浩宇	销售部	92	A
4	60	D		曹扬	客服部	85	B
5	70	C		陈子涵	客服部	65	D
6	80	B		刘启瑞	销售部	94	A
7	90	A		吴晨	销售部	91	A
8				霍谢生	销售部	44	E
9				苏瑞宣	销售部	88	B
10				刘雨菲	客服部	75	C
11				何力	客服部	71	C

图 21-25

【公式解析】

要实现这种模糊查找，关键之处在于要省略第 4 个参数，或将该参数设置为 TRUE

=VLOOKUP(F3,$A$3:$B$7,2)

注意：

也可以直接将数组写到参数中。例如，本例中如果未建立 A3:B7 的等级分布区域，则可以直接将公式写为 "=VLOOKUP(F3, {0,"E";60,"D";70,"C";80,"B";90,"A"},2)"。数组中，逗号间隔的为列，因此分数为第 1 列，等级为第 2 列，在第 1 列中判断分数区间，然后返回第 2 列中对应的值。

例 4：根据多条件派发赠品

扫一扫，看视频

在学习了上例之后，针对如图 21-26 所示的应用环境，读者是否能想到解决的办法？与上一实例相比，发放规则中多了"金卡"与"银卡"之分，使用不同的卡时，不同金额区段对应的赠品有所不同。要解决这一问题则需要多一层判断，可以使用嵌套 IF 函数来解决。

	A	B	C	D	E
1	赠品发放规则				
2	金卡			银卡	
3	0	电饭煲	0	夜间灯	
4	2999	电磁炉	2999	雨伞	
5	3999	微波炉	3999	茶具套	
6					
7	用户ID	消费金额	卡种	赠品	
8	SL10800101	2587	金卡		
9	SL20800212	3965	金卡		
10	SL20800002	5687	金卡		
11	SL20800469	2697	银卡		
12	SL10800567	2056	金卡		
13	SL10800325	2078	银卡		
14	SL20800722	3037	银卡		
15	SL20800321	2000	银卡		

图 21-26

❶ 选中 D8 单元格，在编辑栏中输入公式：

`=VLOOKUP(B8,IF(C8="金卡",$A$3:$B$5,$C$3:$D$5),2)`

按 Enter 键，即可根据 C8 单元格中的卡种与 B8 单元格金额所在区间返回应发赠品，如图 21-27 所示。

❷ 将 D8 单元格的公式向下复制，即可返回各个用户的应发赠品，如图 21-28 所示。

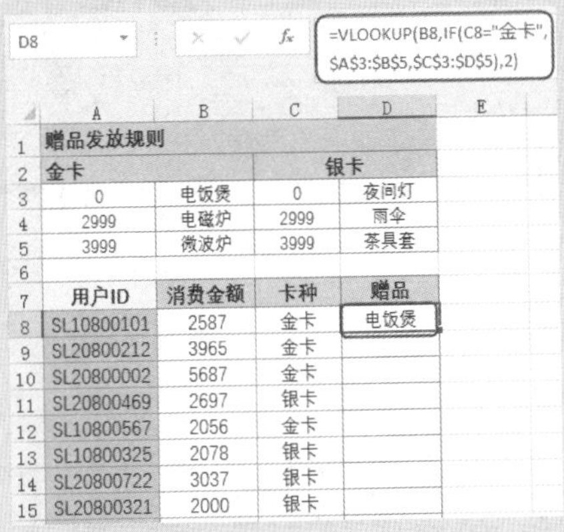

	D8			fx	=VLOOKUP(B8,IF(C8="金卡",$A$3:$B$5,$C$3:$D$5),2)

图 21-27

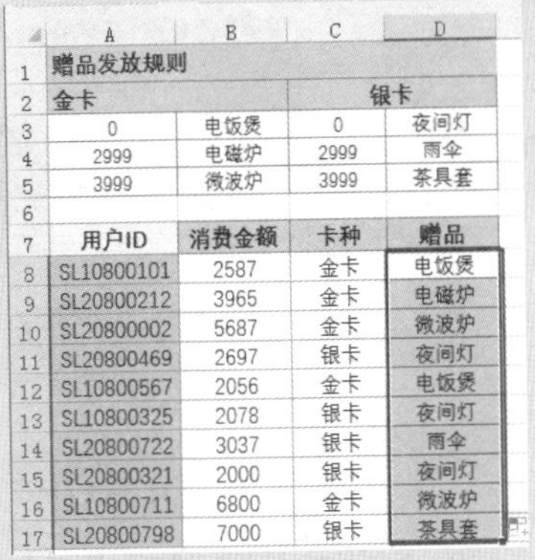

图 21-28

【公式解析】

使用 1 个 IF 函数判断来返回 VLOOKUP 函数的第 2 个参数。如果 C8 单元格中是"金卡"，则查找范围为"$A$3:$B$5"，否则查找范围为"$C$3:$D$5"

`=VLOOKUP(B8,IF(C8="金卡",$A$3:$B$5,$C$3:$D$5),2)`

例 5：实现通配符查找

在包含众多数据的数据库中进行查询时，通常不记得要查询对象的准确全称，只记得是开头或结尾是什么，这时可以在查找值参数中使用通配符。

扫一扫，看视频

如图 21-29 所示，某项固定资产以"轿车"结尾，在 B13 单元格中输入"轿车"，选中 C13 单元格，在编辑栏中输入公式：

`=VLOOKUP("*"&B13,B1:I10,8,0)`

按 Enter 键，可以看到查询到的月折旧额是正确的。

图 21-29

【公式解析】

记住这种连接方式。如果知道以某字符开头,
则把通配符放在右侧即可

=VLOOKUP("*"&B13,B1:I10,8,0)

例 6：查找并返回符合条件的多条记录

扫一扫，看视频

在使用 VLOOKUP 函数查询时，如果同时有多条满足条件的记录（如图 21-30 所示），默认只能返回第一条满足条件的记录；而一般情况下我们都希望能找到并显示出所有找到的记录。针对此问题，可以借助辅助列来解决，在辅助列中为每条记录添加一个唯一的、用于区分不同记录的字符。

	A	B	C	D	E
1	用户ID	消费日期	卡种	消费金额	
2	SL10800101	2017/11/1	金卡	¥ 2,587.00	
3	SL20800212	2017/11/1	银卡	¥ 1,960.00	
4	SL20800002	2017/11/2	金卡	¥ 2,687.00	
5	SL20800212	2017/11/2	银卡	¥ 2,697.00	
6	SL10800567	2017/11/3	金卡	¥ 2,056.00	
7	SL10800325	2017/11/3	银卡	¥ 2,078.00	
8	SL20800212	2017/11/3	银卡	¥ 3,037.00	
9	SL10800567	2017/11/4	银卡	¥ 2,000.00	
10	SL20800002	2017/11/4	金卡	¥ 2,800.00	
11	SL20800798	2017/11/5	银卡	¥ 5,208.00	
12	SL10800325	2017/11/5	银卡	¥ 987.00	

图 21-30

❶ 在原数据表的 A 列前插入新列（此列作为辅助列使用），选中 A1 单元格，在编辑栏中输入公式：

```
=COUNTIF(B$2:B2,$G$2)
```
按 Enter 键返回值，如图 21-31 所示。

A1	▼	× ✓ fx	=COUNTIF(B$2:B2,$G$2)			
A	B	C	D	E	F	G
1 0	用户ID	消费日期	卡种	消费金额		查找值
2	SL10800101	2017/11/1	金卡	¥ 2,587.00		SL20800212
3	SL20800212	2017/11/1	银卡	¥ 1,960.00		
4	SL20800002	2017/11/2	金卡	¥ 2,687.00		
5	SL20800212	2017/11/2	银卡	¥ 2,697.00		
6	SL10800567	2017/11/3	金卡	¥ 2,056.00		
7	SL10800325	2017/11/3	银卡	¥ 2,078.00		
8	SL20800212	2017/11/3	银卡	¥ 3,037.00		
9	SL10800567	2017/11/4	银卡	¥ 2,000.00		
10	SL20800002	2017/11/4	金卡	¥ 2,800.00		
11	SL20800798	2017/11/5	银卡	¥ 5,208.00		
12	SL10800325	2017/11/5	银卡	¥ 987.00		

图 21-31

❷ 向下复制 A1 单元格的公式（复制到的位置由当前数据的条目数决定），得到的是各个用户 ID 号在 B 列中出现的总次数，出现 1 次显示 "1"，出现 2 次显示 "2"，出现 3 次显示 "3"，以此类推，如图 21-32 所示。

A1	▼	× ✓ fx	=COUNTIF(B$2:B2,$G$2)			
A	B	C	D	E	F	
1 0	用户ID	消费日期	卡种	消费金额		
2 1	SL10800101	2017/11/1	金卡	¥ 2,587.00		
3 1	SL20800212	2017/11/1	银卡	¥ 1,960.00		
4 2	SL20800002	2017/11/2	金卡	¥ 2,687.00		
5 2	SL20800212	2017/11/2	银卡	¥ 2,697.00		
6 2	SL10800567	2017/11/3	金卡	¥ 2,056.00		
7 3	SL10800325	2017/11/3	银卡	¥ 2,078.00		
8 3	SL20800212	2017/11/3	银卡	¥ 3,037.00		
9 3	SL10800567	2017/11/4	银卡	¥ 2,000.00		
10 3	SL20800002	2017/11/4	金卡	¥ 2,800.00		
11 3	SL20800798	2017/11/5	银卡	¥ 5,208.00		
12 3	SL10800325	2017/11/5	银卡	¥ 987.00		

图 21-32

【公式解析】

统计区域，该参数所设置的引用方式非常关键，当向下填充公式时，其引用区域会逐行递减，函数返回的结果也会改变

=COUNTIF(B$2:B2,$G$2)

在 B$2:B2 区域中统计 $G$2 出现的次数

❸ 选中 H2 单元格，在编辑栏中输入公式：

`=VLOOKUP(ROW(1:1),$A:$E,COLUMN(C:C),FALSE)`

按 Enter 键，返回的是 G2 单元格中查找值对应的第 1 个消费日期（默认日期显示为序列号，重新设置单元格的格式为日期格式即可正确显示），如图 21-33 所示。

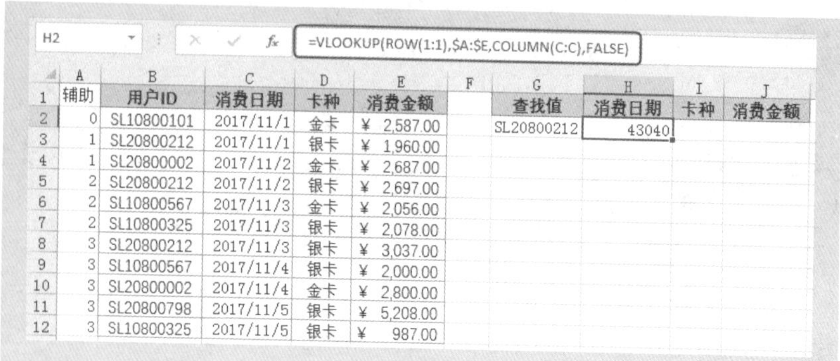

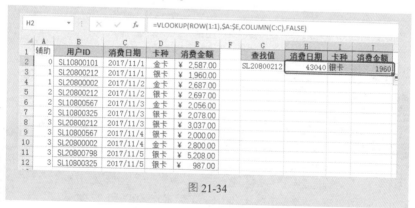

图 21-33

❹ 向右复制 H2 单元格的公式到 J2 单元格，返回的是第 1 条找到的记录的相关数据，如图 21-34 所示。

图 21-34

❺ 选中 H2:J2 单元格区域，拖动此区域右下角的填充柄，向下复制公式，可以返回其他找到的记录，如图 21-35 所示。

	A	B	C	D	E	F	G	H	I	J
1	辅助	用户ID	消费日期	卡种	消费金额		查找值	消费日期	卡种	消费金额
2	0	SL10800101	2017/11/1	金卡	￥ 2,587.00		SL20800212	43040	银卡	1960
3	1	SL20800212	2017/11/1	银卡	￥ 1,960.00			43041	银卡	2697
4	1	SL20800002	2017/11/2	银卡	￥ 2,687.00			43042	银卡	3037
5	2	SL20800212	2017/11/2	银卡	￥ 2,697.00			#N/A	#N/A	#N/A
6	2	SL10800567	2017/11/3	金卡	￥ 2,056.00					
7	2	SL10800325	2017/11/3	银卡	￥ 2,078.00					
8	3	SL20800212	2017/11/3	银卡	￥ 3,037.00					
9	3	SL10800567	2017/11/4	银卡	￥ 2,000.00					
10	3	SL20800002	2017/11/4	金卡	￥ 2,800.00					
11	3	SL20800798	2017/11/5	银卡	￥ 5,208.00					
12	3	SL10800325	2017/11/5	银卡	￥ 987.00					
13										

图 21-35

【公式解析】

查找值，当前返回第 1 行的行号 1，向下填充公式时，会随之变为 ROW(2:2)、ROW(3:3)……，即先找 "1"，再找 "2"，再找 "3"，直到找不到为止

=VLOOKUP(ROW(1:1),$A:$E,COLUMN(C:C),FALSE)

指定返回哪一列中的值，使用 COLUMN(C:C)的返回值是为了便于公式向右复制时不必逐一指定此值。前面已详细介绍过这种用法

📢 注意：

在表格中可以看到返回值有 "#N/A"，这是表示已经找不到了，不影响最终的查询效果。

例 7：VLOOKUP 应对多条件匹配

在实际工作中，经常需要进行多条件查找，而 VLOOKUP 函数一般情况下只能实现单条件查找，怎么办呢？通过对 VLOOKUP 进行改善性设计，即可实现多条件的匹配查找。

在图 21-36 所示表格中，要同时满足 E2 单元格指定的专柜名称与 F2 单元格指定的月份两个条件实现查询。

扫一扫，看视频

	A	B	C	D	E	F	G
1	分部	月份	销售额		专柜	月份	销售额
2	合肥分部	1月	¥ 24,689.00		合肥分部	2月	
3	南京分部	1月	¥ 27,976.00				
4	济南分部	1月	¥ 19,464.00				
5	绍兴分部	1月	¥ 21,447.00				
6	常州分部	1月	¥ 18,069.00				
7	合肥分部	2月	¥ 25,640.00				
8	南京分部	2月	¥ 21,434.00				
9	济南分部	2月	¥ 18,564.00				
10	绍兴分部	2月	¥ 23,461.00				
11	常州分部	2月	¥ 20,410.00				

图 21-36

❶ 选中 G2 单元格，在编辑栏中输入公式：

= VLOOKUP(E2&F2,IF({1,0},A2:A11&B2:B11,C2:C11),2,)

❷ 按 Ctrl+Shift+Enter 组合键返回查询结果，如图 21-37 所示。

G2		× ✓ fx	{= VLOOKUP(E2&F2,IF({1,0},A2:A11&B2:B11,C2:C11),2,)}					
	A	B	C	D	E	F	G	H
1	分部	月份	销售额		专柜	月份	销售额	
2	合肥分部	1月	¥ 24,689.00		合肥分部	2月	25640	
3	南京分部	1月	¥ 27,976.00					
4	济南分部	1月	¥ 19,464.00					
5	绍兴分部	1月	¥ 21,447.00					
6	常州分部	1月	¥ 18,069.00					
7	合肥分部	2月	¥ 25,640.00					
8	南京分部	2月	¥ 21,434.00					
9	济南分部	2月	¥ 18,564.00					
10	绍兴分部	2月	¥ 23,461.00					
11	常州分部	2月	¥ 20,410.00					

图 21-37

【公式解析】

①查找值。因为是双条件，
所以使用&合并条件

③满足条件时返回②数
组中第 2 列上的值

= VLOOKUP(E2&F2,IF({1,0},A2:A11&B2:B11,C2:C11),2,)

②返回一个数组，形成 {"合肥分部 1 月",24689;"南京分部 1 月",27976;
"济南分部 1 月",19464;"绍兴分部 1 月",21447;"常州分部 1 月",18069;"合
肥分部 2 月",25640;"南京分部 2 月",21434;"济南分部 2 月",18564;"绍兴分
部 2 月",23461;"常州分部 2 月",20410} 的数组

2. LOOKUP（查找并返回同一位置的值）

LOOKUP 函数具有两种语法形式：数组形式和向量形式。

（1）数组型语法

【函数功能】LOOKUP 的数组形式在数组的第 1 行或第 1 列中查找指定的值，并返回数组最后一行或最后一列中同一位置的值。

【函数语法】LOOKUP(lookup_value, array)

- lookup_value：表示要搜索的值。此参数可以是数字、文本、逻辑值、名称或对值的引用。
- array：表示包含要与 lookup_value 进行比较的文本、数字或逻辑值的单元格区域。

【用法解析】

可以设置为任意行列的常量数组或区域数组，在首列（行）
中查找，返回值位于末列（行）

=LOOKUP（❶查找值，❷数组）

如图 21-38 所示，查找值为"合肥"，在 A2:B8 单元格区域的 A 列中查找，返回 B 列中同一位置上的值。

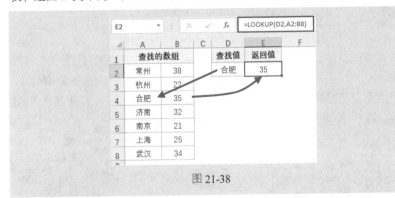

图 21-38

（2）向量型语法

【函数功能】LOOKUP 的向量形式在单行区域或单列区域（称为"向量"）中查找指定的值，然后返回第 2 个单行区域或单列区域中相同位置的值。

【函数语法】LOOKUP(lookup_value, lookup_vector, [result_vector])

- lookup_value：表示要搜索的值。此参数可以是数字、文本、逻辑值、名称或对值的引用。
- lookup_vector：用于条件判断的只包含一行或一列的区域。
- result_vector：可选。用于返回值的只包含一行或一列的区域。

【用法解析】

用于条件判断的单行（列）   用于返回值的单行（列）

=LOOKUP（❶查找值，❷单行(列)区域，❸单行(列)区域）

如图 21-39 所示，查找值为"合肥"，在 A2:A8 单元格区域中查找，返回 C2:C8 中同一位置上的值。

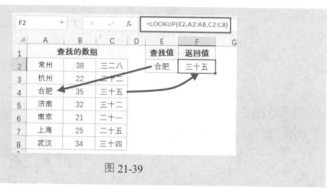

图 21-39

无论是数组型语法还是向量型语法，用于查找的行或列的数据都应按升序排列。如果不排序，在查找时会出现错误。如图 21-40 所示，未对 A2:A8 单元格区域中的数据进行升序排列，因此在查询"济南"时，结果是错误的。

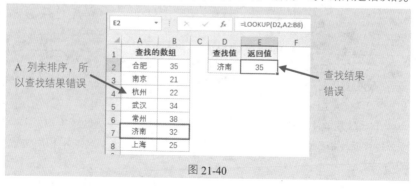

图 21-40

针对 LOOKUP 模糊查找的特性，两项重要的总结如下。

● 如果 lookup_value 小于 lookup_vector 中的最小值，函数 LOOKUP 返回错误值 #N/A。

● 如果函数 LOOKUP 找不到 lookup_value，则查找 lookup_vector 中小于或等于 lookup_value 的最大数值。利用这一特性，我们可以用

`=LOOKUP(1,0/(条件),引用区域)`

这样一个通用公式来查找引用（关于这个通用公式，在后面的实例中会多次用到。因为这个公式很重要，在理解了其用法后，建议读者牢记）。

例 1：LOOKUP 模糊查找

在 VLOOKUP 函数中，通过设置第 4 个参数为 TRUE，可以实现模糊查找，而 LOOKUP 函数本身就具有模糊查找的属性。即如果 LOOKUP 找不到所设定的目标值，则会寻找小于或等于目标值的最大数值。利用这个特性可以实现模糊匹配。

扫一扫，看视频

因此，针对 VLOOKUP 函数的例 3 中介绍的例子，也可以使用 LOOKUP 函数来实现。

❶ 选中 G3 单元格，在编辑栏中输入公式：

`=LOOKUP(F3,$A$3:$B$7)`

❷ 按 Enter 键，然后向下复制 G3 单元格的公式，可以看到得出的结果与 VLOOKUP 函数的例 3 中的结果一样，如图 21-41 所示。

G3	▼	⋮	× ✓	fx	=LOOKUP(F3,$A$3:$B$7)	
▲	A	B	C	D	E	F	G
1	等级分布			成绩统计表			
2	分数	等级		姓名	部门	成绩	等级评定
3	0	E		刘浩宇	销售部	92	A
4	60	D		曹扬	客服部	85	B
5	70	C		陈子涵	客服部	65	D
6	80	B		刘启瑞	销售部	94	A
7	90	A		吴晨	客服部	91	A
8				谭谢生	销售部	44	E
9				苏瑞宣	销售部	88	B
10				刘雨菲	客服部	75	C
11				何力	客服部	71	C

图 21-41

【公式解析】

$$=LOOKUP(F3,\$A\$3:\$B\$7)$$

其判断原理为：例如"92"在 A3:A7 单元格区域中找不到，则找到的就是小于"92"的最大数"90"，其对应在 B 列上的数据是"A"。再如，"85"在 A3:A7 单元格区域中找不到，则找到的就是小于"85"的最大数"80"，其对应在 B 列上的数据是"B"

例 2：利用 LOOKUP 模糊查找动态返回最后一条数据

扫一扫，看视频

利用 LOOKUP 函数模糊查找特性——当找不到目标值时就寻找小于或等于目标值的最大数值，只要我们将查找值设置为一个足够大的数值，那么总能动态地返回最后一条数据。下面通过具体实例讲解。

❶ 选中 D2 单元格，在编辑栏中输入公式：

`=LOOKUP(1,0/(B:B<>""),B:B)`

按 Enter 键，返回的是 B 列中的最后一个数据，如图 21-42 所示。

	A	B	C	D	E
				=LOOKUP(1,0/(B:B<>""),B:B)	
1	序号	用户名		最后点击者的用户名	
2	1	柠檬_04		荷……叶	
3	2	KC-RE002			
4	3	风里沙？？			
5	4	神龙_AP			
6	5	tangbao			
7	6	大虾520			
8	7	林达__			
9	8	CR-520-LX			
10	9	荷……叶			
11					

图 21-42

❷ 当 B 列中有新数据添加时，D2 单元格中的返回值自动更新，如图 21-43 所示。

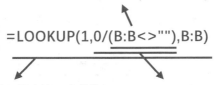

图 21-43

【公式解析】

①判断 B 列中各单元格是否不等于空,如果不等于空返回 TRUE,如果是空返回 FALSE。返回的是一个数组

$$=LOOKUP(1,0/(B:B<>""),B:B)$$

③LOOKUP 在②数组中查找 1,在②数组中最大的就是 0,因此与 0 匹配,并且返回最后一个数据。用大于 0 的数来查找 0,肯定能查到最后一个满足条件的。本例查找列与返回值列都指定为 B 列,如果要返回对应在其他列上的值,则用 LOOKUP 函数的第 3 个参数指定即可

②0/TRUE,返回 0,表示能找到数据; 0/FALSE 返回错误值#DIV!0。表示没有找到数据。构成一个由 0 或者#DIV!0 错误值组成的数组

📢 注意:

如果 B 列的数据只是文本,可以使用更简易的公式 "=LOOKUP("左",B:B)" 来返回 B 列中的最后一个数据。设置查找对象为 "左",也属于 LOOKU 的模糊匹配功能。因为就文本数据而言,排序是以首字母的顺序进行的,因此 "Z" 是最大的一个字母。当我们要找一个最大的字母时,很显然要么能精确找到,要么只能返回比自己小的。所以,这里只要设置查找值为 "Z" 字母开始的汉字即可。

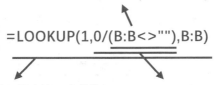

例 3：通过简称或关键字模糊匹配

本例知识点分为以下两个方面。

（1）在图 21-44 所示的表中，A、B 两列给出的是针对不同地区所给出的补贴标准，而在实际查询匹配时使用的地址是全称，要求根据全称能自动从 A、B 两列中匹配相应的补贴标准，即得到 F 列的数据。

	A	B	C	D	E	F
1	地区	补贴标准		地址	租赁面积(m²)	补贴标准
2	高新区	25%		珠江市包河区陈村路61号	169	0.19
3	经开区	24%		珠江市临桥区海岸御景15A	218	0.18
4	新站区	22%				
5	临桥区	18%				
6	包河区	19%				
7	蜀山区	23%				

图 21-44

❶ 选中 F2 单元格，在编辑栏中输入公式：

=LOOKUP(9^9,FIND($A$2:$A$7,D2),$B$2:$B$7)

按 Enter 键，返回数据如图 21-45 所示。

F2		×	✓	fx	=LOOKUP(9^9,FIND($A$2:$A$7,D2),$B$2:$B$7)	
	A	B	C	D	E	F
1	地区	补贴标准		地址	租赁面积(m²)	补贴标准
2	高新区	25%		珠江市包河区陈村路61号	169	0.19
3	经开区	24%		珠江市临桥区海岸御景15A	218	
4	新站区	22%				
5	临桥区	18%				
6	包河区	19%				
7	蜀山区	23%				

图 21-45

❷ 如果要实现批量匹配，则向下复制 F2 单元格的公式。

【公式解析】

①一个足够大的数字

=LOOKUP(9^9,FIND($A$2:$A$7,D2),$B$2:$B$7)

②用 FIND 查找当前地址中是否包括 $A$2:$A$7 区域中的地区。查找成功返回位置数字；查找不到返回错误值 #VALUE!

③忽略②中的错误值，查找比 9^9 小且最接近的数字，即②找到的那个数字，并返回对应在 B 列上的数据

（2）在图 21-46 所示的表中，A 列中给出的是公司全称，而在实际查询时使用的查询对象却是简称，要求根据简称能自动从 A 列中匹配公司名称并返回订单数量。

	A	B	C	D	E
1	公司名称	订购数量		公司	订购数量
2	南京达尔利精密电子有限公司	3200		信华科技	
3	济南精河精密电子有限公司	3350			
4	德州信瑞精密电子有限公司	2670			
5	杭州信华科技集团精密电子分公司	2000			
6	台州亚东科技机械有限责任公司	1900			
7	合肥神力科技机械有限责任公司	2860			

图 21-46

❶ 选中 E2 单元格，在编辑栏中输入公式：
=LOOKUP(9^9,FIND(D2,$A$2:$A$7),$B$2:$B$7)
按 Enter 键，返回数据如图 21-47 所示。

E2		× ✓ fx	=LOOKUP(9^9,FIND(D2,$A$2:$A$7),$B$2:$B$7)		
	A	B	C	D	E
1	公司名称	订购数量		公司	订购数量
2	南京达尔利精密电子有限公司	3200		信华科技	2000
3	济南精河精密电子有限公司	3350			
4	德州信瑞精密电子有限公司	2670			
5	杭州信华科技集团精密电子分公司	2000			
6	台州亚东科技机械有限责任公司	1900			
7	合肥神力科技机械有限责任公司	2860			

图 21-47

❷ 如果要实现批量匹配，则向下复制 E2 单元格的公式。
【公式解析】

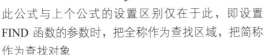

=LOOKUP(9^9,FIND(D2,$A$2:$A$7),$B$2:$B$7)

此公式与上个公式的设置区别仅在于此，即设置
FIND 函数的参数时，把全称作为查找区域，把简称
作为查找对象

📢》 **注意:**

在例 2 中，也可以使用 VLOOKUP 函数配合通配符来设置公式（类似 VLOOKUP 函数的例 5）。设置公式为 "=VLOOKUP("*"&D2&"*",A2:B7,2,0)"，即在 D2 单元格中文本的前面与后面都添加通配符，所达到的查找效果也是相同的。日常工作中如果遇到这种用简称匹配全称的情况，都可以使用类似的公式来实现。

例 4：LOOKUP 满足多条件查找

扫一扫，看视频

在前面学习 VLOOKUP 函数时，曾介绍了关于满足多条件的查找，而 LOOKUP 使用通用公式 "=LOOKUP(1,0/(条件),引用区域)" 也可以实现同时满足多条件的查找，并且很容易理解。

例如，针对 VLOOKUP 函数中例 7 的数据，在 G2 单元格中使用公式 "=LOOKUP(1,0/((E2=A2:A11)*(F2=B2:B11)),C2:C11)"，也可以获取正确的查询结果，如图 21-48 所示。

G2			✕ ✓ fx	=LOOKUP(1,0/((E2=A2:A11)*(F2=B2:B11)),C2:C11)			
◢	A	B	C	D	E	F	G	H
1	分部	月份	销售额		专柜	月份	销售额	
2	合肥分部	1月	¥ 24,689.00		合肥分部	2月	25640	
3	南京分部	1月	¥ 27,976.00					
4	济南分部	1月	¥ 19,464.00					
5	绍兴分部	1月	¥ 21,447.00					
6	常州分部	1月	¥ 18,069.00					
7	合肥分部	2月	¥ 25,640.00					
8	南京分部	2月	¥ 21,434.00					
9	济南分部	2月	¥ 18,564.00					
10	绍兴分部	2月	¥ 23,461.00					
11	常州分部	2月	¥ 20,410.00					

图 21-48

【公式解析】

=LOOKUP(1,0/((E2=A2:A11)*(F2=B2:B11)),C2:C11)

通过多处使用 LOOKUP 的通用公式可以看到，满足不同要求的查找时，这一部分的条件会随着查找需求而不同。此处要同时满足两个条件，中间用 "*" 连接即可。如果还有第 3 个条件，可再按相同方法连接第 3 个条件

3. HLOOKUP（查找数组的首行，并返回指定单元格的值）

【函数功能】HLOOKUP 函数用于在表格或数值数组的首行中查找指定的数值，然后返回表格或数组中该数组所在列中指定行处的数值。

【函数语法】HLOOKUP(lookup_value,table_array,row_index_num,[range_lookup])

- lookup_value：表示要在表格或区域的第 1 行中查找的数值。
- table_array：表示要在其中查找数据的单元格区域。可以使用对区域或区域名称的引用。
- row_index_num：表示参数 table_array 中待返回的匹配值的行号。
- range_lookup：可选。一个逻辑值，指明函数 HLOOKUP 查找时是精确匹配还是近似匹配。

【用法解析】

查找目标一定要在该区域的第 1 行

指定从哪一行中返回值

=HLOOKUP（❶查找值，❷查找范围，❸返回值所在行号，❹精确 OR 模糊查找）

与 VLOOKUP 函数的区别在于，VLOOKUP 函数用于从给定区域的首列中查找，而 HLOOKUP 函数用于从给定区域的首行中查找，其应用方法完全相同

最后一个参数是决定函数精确或模糊查找的关键。指定值为 0 或 FALSE 时表示精确查找，而值为 1 或 TRUE 时则表示模糊查找

📢 注意：

在记录数据时通常都是采用纵向记录方式，因此在实际工作中用于纵向查找的 VLOOKUP 函数比用于横向查找的 HLOOKUP 函数要常用得多。

如图 21-49 所示，要查询某产品对应的销量，则需要纵向查找。

| B9 | | | × | ✓ | fx | =VLOOKUP(A9,A1:D6,3,0) |

	A	B	C	D	E	F
1	产品	销售1部	销售2部	销售3部		
2	A	192	88	127		
3	B	110	125	128		
4	C	118	117	129		
5	D	157	195	150		
6	E	180	132	165		
7						
8	查询产品	销售2部				
9	C	117				

在 A1:D6 单元格区域的首列中查找，并返回第 3 列中的值

图 21-49

如图 21-50 所示，要查询某部门对应的销量，则需要横向查找。

| B12 | | | × | ✓ | fx | =HLOOKUP(A12,A1:D6,4,0) |

	A	B	C	D	E	F
1	产品	销售1部	销售2部	销售3部		
2	A	192	88	127		
3	B	110	125	128		
4	C	118	117	129		
5	D	157	195	150		
6	E	180	132	165		
7						
8	查询产品	销售2部				
9	C	117				
10						
11	查询部门	C产品				
12	销售2部	117				

在 A1:D6 单元格区域的首行中查找，并返回第 4 行中的值

图 21-50

例：根据不同的返利率计算各笔订单的返利金额

扫一扫，看视频

在图 21-51 所示表格中，对总销售金额在不同区间的返利率进行了约定（其建表方式为横向），销售总金额在 0~1000 元之间时返利率为 2%，在 1000~5000 元之间时返利率为 5%，在 5000~10000 元之间时返利率为 8%，超过 10000 元时返利率为 12%。现在要根据销售总金额自动计算返利金额。

	A	B	C	D	E
1	总金额	0	1000	5000	10000
2	返利率	2.0%	5.0%	8.0%	0.12
3					
4	编号	单价	数量	总金额	返利金额
5	ML_001	355	18	¥ 6,390.00	
6	ML_002	108	22	¥ 2,376.00	
7	ML_003	169	15	¥ 2,535.00	
8	ML_004	129	12	¥ 1,548.00	
9	ML_005	398	50	¥ 19,900.00	
10	ML_006	309	32	¥ 10,888.00	
11	ML_007	99	60	¥ 5,940.00	
12	ML_008	178	23	¥ 4,094.00	

图 21-51

❶ 选中 E5 单元格，在编辑栏中输入公式：

`=D5*HLOOKUP(D5,$A$1:$E$2,2)`

按 Enter 键，可根据 D5 单元格中的总金额计算出返利金额，如图 21-52 所示。

❷ 将 E5 单元格的公式向下复制，即可实现快速批量计算返利金额，如图 21-53 所示。

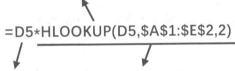

图 21-52　　　　　　　　　图 21-53

【公式解析】

此例使用了 HLOOKUP 函数的模糊匹配功能，因此省略最后一个参数（也可设置为 TRUE）

$$=D5*HLOOKUP(D5,\$A\$1:\$E\$2,2)$$

总金额乘以返利率即为返利金额

在 $A$1:$E$2 单元格区域的首行寻找 D5 中指定的值，因为找不到完全相等的值，则返回的是小于 D5 值的最大值，即 5000，然后返回对应在第 2 行中的值，即返回 8%

21.3　经典组合 INDEX+MATCH

MATCH 和 INDEX 函数都属于查找与引用函数，MATCH 函数的作用是查找指定数据在指定数组中的位置，INDEX 函数的作用主要是返回指定行列号交叉处的值。这两个函数经常搭配使用，即用 MATCH 函数判断位置

（因为如果最终只返回位置，对日常数据的处理意义不大），再用 INDEX 函数返回该位置的值。

1. MATCH（查找并返回指定值所在位置）

【函数功能】MATCH 函数用于查找指定数值在指定数组中的位置。

【函数语法】MATCH(lookup_value,lookup_array,match_type)

- lookup_value：要在数据表中查找的数值。
- lookup_array：可能包含所要查找数值的连续单元格区域。
- match_type：值为–1、0 或 1，指明如何在 lookup_array 中查找 lookup_value。

【用法解析】

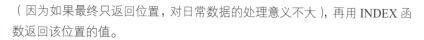

=MATCH(❶查找值，❷查找值区域，❸指明查找方式)

可以指定为–1、0、1。指定为 1 时，函数查找小于或等于指定查找值的最大值，且查找区域必须按升序排列；如果指定为 0，函数查找等于指定查找值的第一个数值，查找区域无须排序（一般使用的都是这种方式）；如果指定为–1，函数查找大于或等于指定查找值的最小值，且查找区域必须按降序排列

如图 21-54 所示，查看标注可理解公式返回值。

	A	B	C	D	E
1	会员姓名	消费金额		苏娜的位置	公式
2	程丽莉	13200		5	=MATCH("苏娜",A1:A8,0)
3	欧群	6000			
4	姜玲玲	8400		在 A1:A8 单元格区域中查找	
5	苏娜	14400		"苏娜"，并返回其在 A1:A8	
6	刘洁	5200		单元格区域中的位置	
7	李正飞	4400			
8	卢云志	7200			

图 21-54

例：用 MATCH 函数判断某数据是否包含在另一组数据中

如图 21-55 所示，要安排假期值班，并且给出了可选名单，要求判断安排的人员是否是可选名单中的。

扫一扫，看视频

788

▲	A	B	C	D	E
1	值班日期	值班人员	是否在可选名单中		可选名单
2	2017/9/30	欧群			程丽莉
3	2017/10/1	刘洁			欧群
4	2017/10/2	李正飞			姜玲玲
5	2017/10/3	陈锐			苏娜
6	2017/10/4	苏娜			刘洁
7	2017/10/5	姜玲玲			李正飞
8	2017/10/6	卢云志			卢云志
9	2017/10/7	周志芳			杨明霞
10	2017/10/8	杨明霞			韩启云
11					孙祥鹏
12					贾云馨

图 21-55

❶ 选中 C2 单元格，在编辑栏中输入公式：

=IF(ISNA(MATCH(B2,$E$2:$E$12,0)),"否","是")

按 Enter 键，可判断出 B2 单元格中的姓名在$E$2:$E$12 区域中，返回
"是"，如图 21-56 所示。

| C2 | | ▼ | × | ✓ | f_x | =IF(ISNA(MATCH(B2,$E$2:$E$12,0)),"否","是") |

▲	A	B	C	D	E
1	值班日期	值班人员	是否在可选名单中		可选名单
2	2017/9/30	欧群	是		程丽莉
3	2017/10/1	刘洁			欧群
4	2017/10/2	李正飞			姜玲玲
5	2017/10/3	陈锐			苏娜
6	2017/10/4	苏娜			刘洁
7	2017/10/5	姜玲玲			李正飞
8	2017/10/6	卢云志			卢云志
9	2017/10/7	周志芳			杨明霞
10	2017/10/8	杨明霞			韩启云
11					孙祥鹏
12					贾云馨

图 21-56

❷ 将 C2 单元格的公式向下复制，即可实现快速批量返回判断结果，如
图 21-57 所示。

▲	A	B	C
1	值班日期	值班人员	是否在可选名单中
2	2017/9/30	欧群	是
3	2017/10/1	刘洁	是
4	2017/10/2	李正飞	是
5	2017/10/3	陈锐	否
6	2017/10/4	苏娜	是
7	2017/10/5	姜玲玲	是
8	2017/10/6	卢云志	是
9	2017/10/7	周志芳	否
10	2017/10/8	杨明霞	是

图 21-57

【公式解析】

一个信息函数，用于判断给定值是否是#N/A 错误值，如果是返回 TRUE，如果不是返回 FALSE

=IF(ISNA(MATCH(B2,$E$2:$E$12,0)),"否","是")

②判断①是否为错误值 #N/A，如果是返回 "否"，否则返回 "是"

①查找 B2 单元格在$E$2:$E$12 单元格区域中的精确位置，如果找不到则返回 #N/A 错误值

2. INDEX（从引用或数组中返回指定位置的值）

【函数功能】INDEX 函数用于返回表格或区域中的值或值的引用，返回哪个位置的值用参数来指定。

【函数语法 1：数组型】INDEX(array, row_num, [column_num])

● array：表示单元格区域或数组常量。

● row_num：表示选择数组中的某行，函数从该行返回数值。

● column_num：可选。选择数组中的某列，函数从该列返回数值。

【函数语法 2：引用型】INDEX(reference, row_num, [column_num], [area_num])

● reference： 表示对一个或多个单元格区域的引用。

● row_num：表示引用中某行的行号，函数从该行返回一个引用。

● column_num：可选。引用中某列的列标，函数从该列返回一个引用。

● area_num：可选。选择引用中的一个区域，以从中返回 row_num 和 column_num 的交叉区域。选中或输入的第一个区域序号为 1，第二个为 2，以此类推。如果省略 area_num，则函数 INDEX 使用区域 1。

【用法解析】

=INDEX (❶要查找的区域或数组，❷指定数据区域的第几行，❸指定数据区域的第几列)

数据公式的语法。最终结果是❷与❸指定的行列交叉处的值

可以使用其他函数返回值

如图 21-58 所示，查看其中标注可理解公式返回值。

在 A1:D11 单元格区域中第 6 行与第 1 列交叉处的值

	A	B	C	D	E	F	G
1	会员姓名	消费金额	是否发放赠品		说明	返回值	公式
2	张扬	32400	发放		6行与1列交叉处	林玲	=INDEX(A1:D11,6,1)
3	杨俊成	18000	无		6行与3列交叉处	无	=INDEX(A1:D11,6,3)
4	苏丽	6000	无				
5	卢云志	7200	发放				
6	林玲	4400	无				
7	林丽	5200	发放				
8	李鹏飞	14400	发放				
9	姜和成	8400	无				
10	冠群	6000	发放				
11	程小丽	13200	无				

在 A1:D11 单元格区域中第 6 行与第 3 列交叉处的值

图 21-58

当函数 INDEX 的第 1 个参数为数组常量时，使用数组形式。这两种形式没有本质区别，唯一区别就是参数设置的差异。多数情况下，我们使用的都是它的数组形式。当使用引用形式时，INDEX 函数的第 1 个参数可以由多个单元格区域组成，且函数可以设置 4 个参数，第 4 个参数用来指定需要返回第几区域中的单元格，如图 21-59 所示。

E2　　　　　fx　=INDEX((A1:C4,A6:C9,A11:C14),3,1,2)

	A	B	C	D	E	F
1	姓名	职位	工龄		返回值	
2	张佳佳	经理	20		夏子明	
3	韩思文	秘书	5			
4	周心怡	主任	9			
5						
6	姓名	职位	工龄			
7	陈志峰	总监	10			
8	夏子明	科长	15			
9	周传霞	职员	3			
10						
11	姓名	职位	工龄			
12	孙俊星	技术总监	18			
13	杨明霞	主任	10			
14	姚梦溪	职员	4			

用于指定返回第 1 个参数中，第 2 个区域的第 3 行与第 1 列交叉的单元格，即 A6:C9 这个区域的第 3 行与第 1 列交叉处的值

图 21-59

例 1：MATCH+INDEX 的搭配使用

MATCH 函数可以返回指定内容所在的位置，而 INDEX 又

扫一扫，看视频

可以根据指定位置查询到该位置所对应的数据。根据各自的特性，就可以将 MATCH 函数嵌套在 INDEX 函数里面，用 INDEX 函数返回 MATCH 函数找到的那个位置处的值，从而实现灵活查找。下面先看实例（要求查询任意会员是否已发放赠品），再从“公式解析”中去理解公式。

❶ 选中 G2 单元格，在编辑栏中输入公式：

```
=INDEX(A1:D11,MATCH(F2,A1:A11),4)
```

按 Enter 键，即可查询到“卢云志”已发放赠品，如图 21-60 所示。

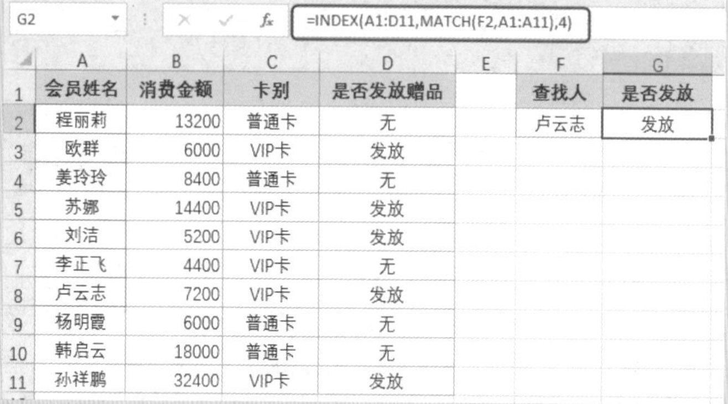
G2 =INDEX(A1:D11,MATCH(F2,A1:A11),4)

	A	B	C	D	E	F	G
1	会员姓名	消费金额	卡别	是否发放赠品		查找人	是否发放
2	程丽莉	13200	普通卡	无		卢云志	发放
3	欧群	6000	VIP卡	发放			
4	姜玲玲	8400	普通卡	无			
5	苏娜	14400	VIP卡	发放			
6	刘洁	5200	VIP卡	发放			
7	李正飞	4400	VIP卡	无			
8	卢云志	7200	VIP卡	发放			
9	杨明霞	6000	普通卡	无			
10	韩启云	18000	普通卡	无			
11	孙祥鹏	32400	VIP卡	发放			

图 21-60

❷ 当更改查询对象时，可实现自动查询，如图 21-61 所示。

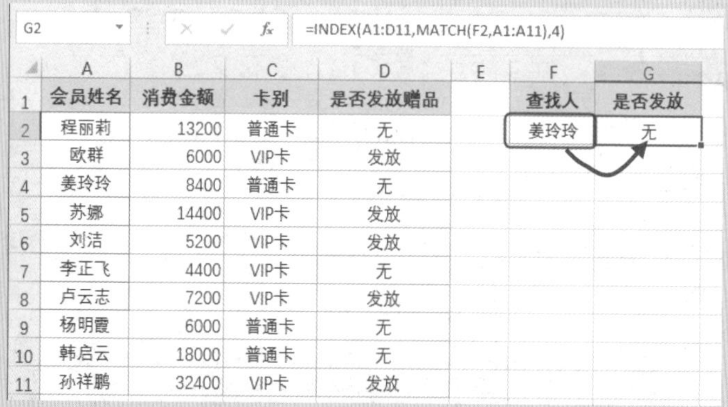
G2 =INDEX(A1:D11,MATCH(F2,A1:A11),4)

	A	B	C	D	E	F	G
1	会员姓名	消费金额	卡别	是否发放赠品		查找人	是否发放
2	程丽莉	13200	普通卡	无		姜玲玲	无
3	欧群	6000	VIP卡	发放			
4	姜玲玲	8400	普通卡	无			
5	苏娜	14400	VIP卡	发放			
6	刘洁	5200	VIP卡	发放			
7	李正飞	4400	VIP卡	无			
8	卢云志	7200	VIP卡	发放			
9	杨明霞	6000	普通卡	无			
10	韩启云	18000	普通卡	无			
11	孙祥鹏	32400	VIP卡	发放			

图 21-61

【公式解析】

$$=INDEX(A1:D11,MATCH(F2,A1:A11),4)$$

②返回 A1:D11 单元格区域中①返回值作为行与第 4 列（因为判断是否发放赠品在第4列中）交叉处的值

①查询 F2 中的值在 A1:A11 单元格区域中的位置

例2：查询总金额最高的销售员（逆向查找）

表格中统计了各位销售员的销售金额，现在想查询总金额最高的销售员，可以使用 INDEX +MATCH 函数来建立公式。

扫一扫，看视频

❶ 选中 C11 单元格，在编辑栏中输入公式：

`=INDEX(A2:A9,MATCH(MAX(D2:D9),D2:D9,0))`

❷ 按 Enter 键，返回最高总金额对应的销售员，如图 21-62 所示。

C11	▼	:	×	✓	fx	=INDEX(A2:A9,MATCH(MAX(D2:D9),D2:D9,0))	
▲	A	B	C	D	E	F	G
1	销售员	1月	2月	总金额（万）			
2	程丽莉	54.4	82.34	**136.74**			
3	姜玲玲	73.6	50.4	**124**			
4	李正飞	163.5	77.3	**240.8**			
5	刘洁	45.32	56.21	**101.53**			
6	卢云志	98.09	43.65	**141.74**			
7	欧群	84.6	38.65	**123.25**			
8	苏娜	112.8	102.45	**215.25**			
9	杨明霞	132.76	23.1	**155.86**			
10							
11	总金额最高的销售员		李正飞				

图 21-62

【公式解析】

①在 D2:D9 单元格区域中返回最大值

$$=INDEX(A2:A9,MATCH(MAX(D2:D9),D2:D9,0))$$

③返回 A2:A9 单元格区域中②返回值指定行处的值

②查找①找到的值在 D2:D9 单元格区域中的位置

例 3：查找迟到次数最多的员工

表格中以列表的形式记录了每一天中迟到的员工的姓名（如果一天中有多名员工迟到就依次记录多次），要求返回迟到次数最多的员工姓名。

❶ 选中 D2 单元格，在编辑栏中输入公式：

`=INDEX(B2:B12,MODE(MATCH(B2:B12,B2:B12,0)))`

❷ 按 Enter 键，返回 B 列中出现次数最多的数据（即迟到次数最多的员工姓名），如图 21-63 所示。

	A	B	C	D
1	日期	迟到员工		迟到次数最多的员工
2	2016/11/3	程丽莉		欧群
3	2016/11/4	欧群		
4	2016/11/7	姜玲玲		
5	2016/11/8	苏娜		
6	2016/11/9	刘洁		
7	2016/11/9	李正飞		
8	2016/11/10	卢云志		
9	2016/11/10	欧群		
10	2016/11/11	程丽莉		
11	2016/11/14	孙祥鹏		
12	2016/11/15	欧群		

D2 单元格公式：`=INDEX(B2:B12,MODE(MATCH(B2:B12,B2:B12,0)))`

图 21-63

【公式解析】

统计函数。返回在某一数组或数据区域中出现频率最多的数值

①返回 B2:B12 单元格区域中 B2~B12 每个单元格的位置（出现多次的返回首个位置），返回的是一个数组

`=INDEX(B2:B12,MODE(MATCH(B2:B12,B2:B12,0)))`

③返回 B2:B12 单元格区域中②结果指定行处的值

②返回①结果中出现频率最多的数值

第22章　数据计算——财务函数

22.1　本金和利息计算

在处理贷款业务时，经常需要计算贷款金额以及本金、利息等。在 Excel 中，使用 PMT 函数可以计算每期应偿还的贷款金额，使用 PPMT 函数和 IPMT 函数可以计算每期还款金额中的本金和利息。

1. PMT（返回贷款的每期还款额）

【函数功能】PMT 函数基于固定利率及等额分期付款方式，返回贷款的每期还款额。

【函数语法】PMT(rate,nper,pv,fv,type)

- rate：贷款利率。
- nper：该笔贷款的总还款期数。
- pv：现值，即本金。
- fv：未来值，即最后一次还款后的现金余额。
- type：指定各期的还款时间是在期初还是期末。若为 0，表示在期末；若为 1，则表示在期初。

例1：计算贷款的每年偿还额

某银行的商业贷款年利率为 6.55%，个人在银行贷款 100 万元，分 28 年还清，利用 PMT 函数可以计算每年的偿还金额。

❶ 选中 D2 单元格，在编辑栏中输入公式：

```
=PMT(B1,B2,B3)
```

❷ 按 Enter 键，即可返回每年偿还金额，如图 22-1 所示。

D2		:	×	✓	fx	=PMT(B1,B2,B3)

	A	B	C	D
1	贷款年利率	6.55%		每年偿还金额
2	贷款年限	28		(¥78,843.48)
3	贷款总金额	1000000		

图 22-1

例 2：按季（月）还款时计算每期应偿还额

扫一扫，看视频

当前表格显示了某笔贷款年利率、贷款年限、贷款总金额，按季度或月还款，现在要计算出每期应偿还金额。如果是按季度，则贷款利率应为"年利率/4"，还款期数应为"贷款年限*4"；

如果是按月还款，则贷款利率应为"年利率/12"，还款期数应为"贷款年限*12"。其中，数值"4"表示一年有 4 个季度，数值"12"表示一年有 12 个月。

❶ 选中 B5 单元格，在编辑栏中输入公式：

=PMT(B1/4,B2*4,B3)

按 Enter 键，即可计算出该笔贷款的每季度偿还金额，如图 22-2 所示。

❷ 选中 B6 单元格，输入公式：

=PMT(B1/12,B2*12,B3)

按 Enter 键，即可计算出该笔贷款的每月偿还金额，如图 22-3 所示。

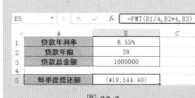

图 22-2　　　　　　　　　　图 22-3

2. PPMT（返回给定期间内的本金偿还额）

【函数功能】PPMT 函数基于固定利率及等额分期付款方式，返回贷款在某一给定期间内的本金偿还金额。

【函数语法】PPMT(rate,per,nper,pv,fv,type)

- rate：各期利率。
- per：要计算利息的期数，在 1～nper 之间。
- nper：总还款期数。
- pv：现值，即本金。
- fv：未来值，即最后一次还款后的现金余额。如果省略 fv，则假设其值为 0。
- type：指定各期的还款时间是在期初还是期末。若为 0，表示在期末；若为 1，则表示在期初。

例 1：计算指定期间的本金偿还额

使用 PPMT 函数可以计算出每期偿还金额中包含的本金金额。例如，已知某笔贷款的总金额、贷款年利率、贷款年限，还款方式为期末还款，现在要计算出第 1 年与第 2 年的偿还额中包含的本金金额。

扫一扫，看视频

❶ 选中 B5 单元格，在编辑栏中输入公式：

`=PPMT($B$1,1,$B$2,$B$3)`

按 Enter 键，即可返回第 1 年的本金金额，如图 22-4 所示。

❷ 选中 B6 单元格，在编辑栏中输入公式：

`=PPMT($B$1,2,$B$2,$B$3)`

按 Enter 键，即可返回第 2 年的本金金额，如图 22-5 所示。

图 22-4   图 22-5

例 2：计算第 1 个月与最后一个月的本金偿还额

要求根据表格中显示的贷款年利率、贷款年限及贷款总金额计算出第 1 个月和最后一个月应偿还的本金金额。

扫一扫，看视频

❶ 选中 B5 单元格，在编辑栏中输入公式：

`=PPMT(B1/12,1,B2*12,B3)`

按 Enter 键，即可返回第 1 个月应付的本金金额，如图 22-6 所示。

❷ 选中 B6 单元格，在编辑栏中输入公式：

`=PPMT(B1/12,336,B2*12,B3)`

按 Enter 键，即可返回最后一个月应付的本金金额，如图 22-7 所示。

图 22-6   图 22-7

3. IPMT（返回给定期间内的利息偿还额）

【函数功能】IPMT 函数基于固定利率和等额本息还款方式，返回贷款在某一给定期间内的利息偿还金额。

【函数语法】IPMT(rate,per,nper,pv,fv,type)

- rate：各期利率。
- per：要计算利息的期数，在 1~nper 之间。
- nper：总还款期数。
- pv：现值，即本金。
- fv：未来值，即最后一次付款后的现金余额。如果省略 fv，则假设其值为零。
- type：指定各期的还款时间是在期初还是期末。若为 0，表示在期末；若为 1，表示在期初。

例：计算每年偿还额中的利息金额

扫一扫，看视频

表格中录入了某笔贷款的总金额、贷款年利率、贷款年限，还款方式为期末还款，要求计算每年偿还金额中有多少是利息。

❶ 选中 B6 单元格，在编辑栏中输入公式：
`=IPMT($B$1,A6,$B$2,$B$3)`

按 Enter 键，即可返回第 1 年的利息金额，如图 22-8 所示。

❷ 选中 B6 单元格，向下复制公式到 B11 单元格，即可返回直到第 6 年各年的利息金额，如图 22-9 所示。

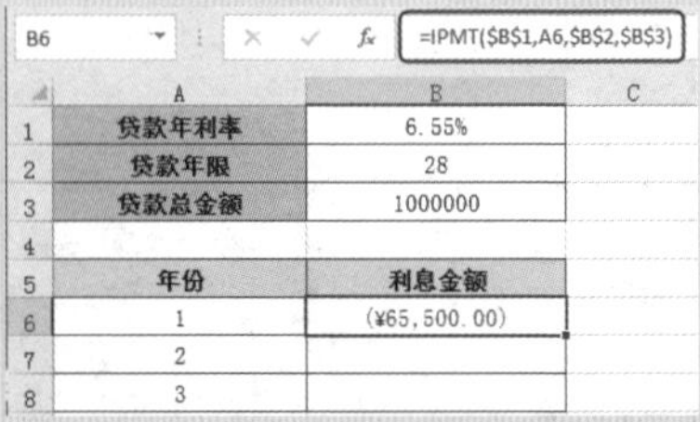

图 22-8

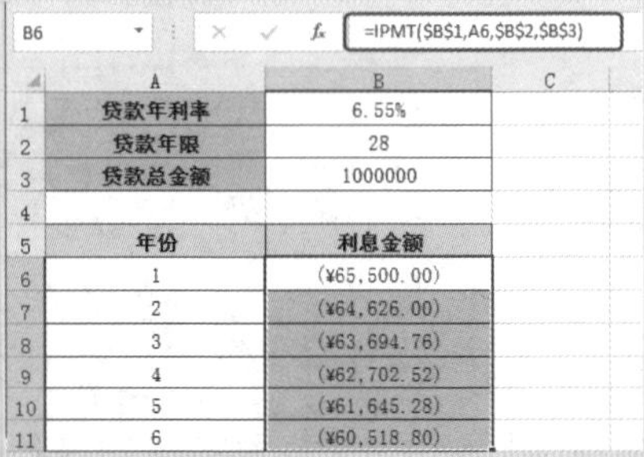

图 22-9

扫一扫，看视频

例 2：计算每月偿还额中的利息金额

本例要计算每月偿还额中的利息金额，其公式设置和上例相同，只是第 1 个参数——利率需要做些改动，将年利率除以

798

12 个月得到每个月的利率。

❶ 选中 B6 单元格，在编辑栏中输入公式：

`=IPMT($B$1/12,A6,$B$2,$B$3)`

按 Enter 键，即可返回 1 月份的利息金额。

❷ 选中 B6 单元格，向下复制公式，可以依次计算出第 2、3、4……各月的利息额，如图 22-10 所示。

	A	B	C
	B6	▾ : ✕ ✓ fx	=IPMT($B$1/12,A6,$B$2,$B$3)
1	贷款年利率	6.55%	
2	贷款年限	28	
3	贷款总金额	1000000	
4			
5	月份	利息金额	
6	1	(¥5,458.33)	
7	2	(¥5,277.38)	
8	3	(¥5,095.44)	
9	4	(¥4,912.50)	
10	5	(¥4,728.57)	
11	6	(¥4,543.63)	

图 22-10

4. ISPMT（等额本金还款方式下的利息计算）

【函数功能】ISPMT 函数基于等额本金还款方式，计算特定还款期间内要偿还的利息金额。

【函数语法】ISPMT(rate,per,nper,pv)

● rate：贷款利率。

● per：要计算利息的期数，在 1 ~ nper 之间。

● nper：总还款期数。

● pv：贷款金额。

例 1：计算投资期内需支付的利息额

当前表格显示了某笔贷款的年利率、贷款年限、贷款总金额，采用等额本金还款方式，要求计算出各年利息金额。

❶ 选中 B6 单元格，在编辑栏中输入公式：

`=ISPMT($B$1,A6,$B$2,$B$3)`

扫一扫，看视频

按 Enter 键，即可返回此笔贷款第 1 年的利息金额，如图 22-11 所示。

❷ 选中 B6 单元格，然后向下复制公式，可以依次计算出第 2、3、4……各年的利息金额，如图 22-12 所示。

图 22-11

图 22-12

📢 **注意：**

IPMT 函数与 ISPMT 函数都是计算利息，它们的区别如下。

这两个函数的还款方式不同。IPMT 基于固定利率和等额本息还款方式，返回一笔贷款在指定期间内的利息偿还额。

在等额本息还款方式下，贷款偿还过程中每期还款总金额保持相同，其中本金逐期递增、利息逐期递减。

ISPMT 基于等额本金还款方式，返回某一指定还款期间内所需偿还的利息金额。在等额本金还款方式下，贷款偿还过程中每期偿还的本金数额保持相同，利息逐期递减。

22.2 投资计算

  投资计算函数可分为与未来值 FV 有关的函数和与现值 PV 有关的函数。在日常工作与生活中，我们经常会遇到要计算某笔投资的未来值的情况。此时利用 Excel 函数 FV 进行计算后，可以帮助我们进行一些有计划、有目的、有效益的投资。PV 函数用来计算某笔投资的现值。年金现值就是未来各期年金现在的价值的总和。如果投资回收的当前价值大于投资的价值，则这笔投资是有收益的。

1. FV（返回某项投资的未来值）

  【函数功能】FV 函数基于固定利率及等额分期付款方式，返回某项投资的未来值。

【函数语法】FV(rate,nper,pmt,pv,type)

- rate：各期利率。
- nper：总投资期，即该笔投资的付款期总数。
- pmt：各期所应支付的金额。
- pv：现值，即从该笔投资开始计算时已经入账的款项，或一系列未来付款的当前值的累积和，也称为本金。
- type：数字 0 或 1（0 为期末，1 为期初）。

例 1：计算投资的未来值

例如购买某种理财产品，需要每月向银行存入 2000 元，年利率为 4.54%，那么 3 年后该账户的存款额为多少？

扫一扫，看视频

❶ 选中 B4 单元格，在编辑栏中输入公式：

=FV(B1/12,3*12,B2,0,1)

❷ 按 Enter 键，即可返回 3 年后的金额，如图 22-13 所示。

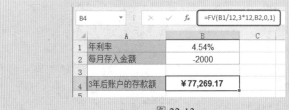

图 22-13

【公式解析】

①年利率除以 12 得到月利率　　②年限乘以 12 转换为月数

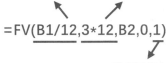

=FV(B1/12,3*12,B2,0,1)

③表示期初支付

例 2：计算某种保险的未来值

已知购买某项保险需要分 30 年付款，每年支付 8950 元，即总计需要支付 268500 元，年利率为 4.8%，支付方式为期初支付，需要计算在这种付款方式下该保险的未来值。

扫一扫，看视频

❶ 选中 B5 单元格，在编辑栏中输入公式：

=FV(B1,B2,B3,1)

❷ 按 Enter 键，即可得出购买该保险的未来值，如图 22-14 所示。

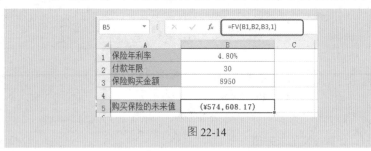

图 22-14

例 3：计算住房公积金的未来值

扫一扫，看视频

假设某企业每月从某员工工资中扣除 200 元作为住房公积金，然后按年利率 22% 返还给该员工。要求计算 5 年后（60 个月）该员工住房公积金金额。

❶ 选中 B5 单元格，在编辑栏中输入公式：

=FV(B1/12,B2,B3)

❷ 按 Enter 键，即可计算出 5 年后该员工所得的住房公积金金额，如图 22-15 所示。

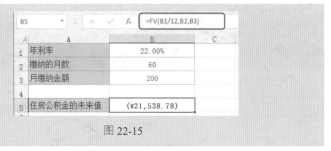

图 22-15

【公式解析】

①年利率除以 12 得到月利率

②B2 中显示的总期数为月数，所以不必进行乘 12 处理

2. FVSCHEDULE（计算投资在变动或可调利率下的未来值）

【函数功能】FVSCHEDULE 函数基于一系列复利返回本金的未来值，

用于计算某笔投资在变动或可调利率下的未来值。

【函数语法】FVSCHEDULE(principal,schedule)

● principal：现值。

● schedule：利率数组。

例：计算投资在可变利率下的未来值

一笔 100000 元的借款，借款期限为 5 年，并且 5 年中每年年利率不同，现在要计算出 5 年后该笔借款的回收金额。

❶ 选中 B8 单元格，在编辑栏中输入公式：

=FVSCHEDULE(100000,A2:A6)

❷ 按 Enter 键，即可计算出 5 年后这笔借款的回收金额，如图 22-16 所示。

	A	B	C	D
	B8	▾ : × ✓ fx	=FVSCHEDULE(100000,A2:A6)	
1	5年间不同利率			
2	3.32%			
3	4.58%			
4	4.79%			
5	5.31%			
6	5.78%			
7				
8	5年后借款回收金额	¥126,132.22		

图 22-16

3. PV（返回投资的现值）

【函数功能】PV 函数用于返回投资的现值，即一系列未来付款的当前值的累积和。

【函数语法】PV(rate,nper,pmt,fv,type)

● rate：各期利率。

● nper：总投资（或贷款）期数。

● pmt：各期所应支付的金额。

● fv：未来值。

● type：指定各期的付款时间是在期初，还是期末。若为 0，表示在期末；若为 1，表示在期初。

例：判断购买某种保险是否合算

假设要购买一种保险，其投资回报率为 4.52%，可以在今

扫一扫，看视频

后 30 年内于每月末得到回报 900 元。此保险的购买成本为 100000 元，要求计算出该保险的现值是多少，从而判断该笔投资是否合算。

❶ 选中 B5 单元格，在编辑栏中输入公式：

=PV(B1/12,B2*12,B3)

❷ 按 Enter 键，即可计算出该保险的现值，如图 22-17 所示。由于计算出的现值高于实际投资金额，所以这是一笔合算的投资。

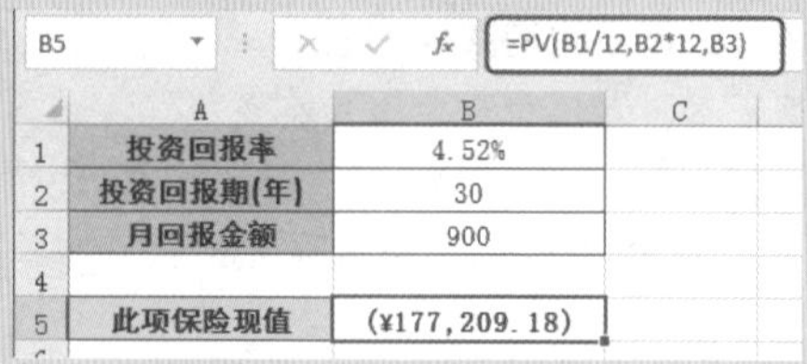

B5		:	×	✓	f_x	=PV(B1/12,B2*12,B3)	
▲	A			B		C	
1	投资回报率			4.52%			
2	投资回报期(年)			30			
3	月回报金额			900			
4							
5	此项保险现值			(¥177,209.18)			

图 22-17

【公式解析】

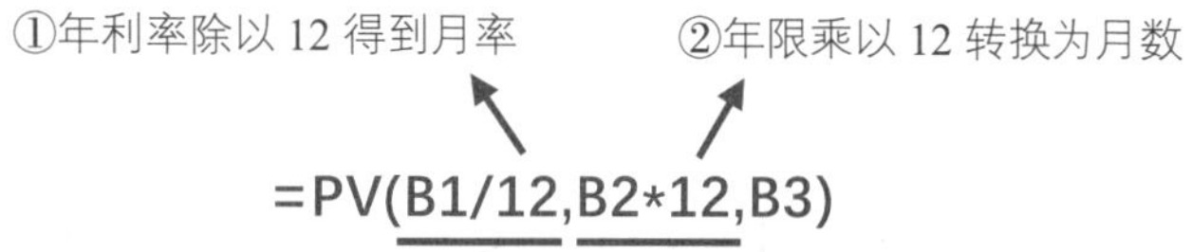

①年利率除以 12 得到月率　　　②年限乘以 12 转换为月数

=PV(B1/12,B2*12,B3)

4. NPV（返回一笔投资的净现值）

【函数功能】NPV 函数基于一系列现金流和固定的各期贴现率，计算一笔投资的净现值。投资的净现值是指未来各期支出（负值）和收入（正值）的当前值的总和。

【函数语法】NPV(rate,value1,value2,...)

● rate：某一期间的贴现率。

● value1,value2,...：1 ~ 29 个参数，代表支出及收入。

📢 注意：

NPV 按次序使用 value1,value2 来注释现金流的次序，所以一定要保证支出和收入的数额按正确的顺序输入。如果参数是数值、空白单元格、逻辑值或表示数值的文字，则都会计算在内；如果参数是错误值或不能转化为数值的文字，则被忽略；如果参数是一个数组或引用，只有其中的数值部分计算在内，忽略数组或引用中的空白单元格、逻辑值、文字及错误值。

例：计算一笔投资的净现值

假设开一家店铺需要投资 100000 元，希望未来 4 年各年的收益分别为 10000 元、20000 元、50000 元、80000 元。假定每年的贴现率是 7.5%（相当于通货膨胀率或竞争投资的利率），要求计算如下数据。

扫一扫，看视频

- 该投资的净现值。
- 期初投资的付款发生在期末时，该投资的净现值。
- 当第 5 年再投资 10000 元，5 年后该投资的净现值。

❶ 选中 B9 单元格，在编辑栏中输入公式：

```
=NPV(B1,B3:B6)+B2
```

按 Enter 键，即可计算出该笔投资的净现值，如图 22-18 所示。

B9	: × ✓ fx	=NPV(B1,B3:B6)+B2	
	A	B	C
1	年贴现率	7.50%	
2	初期投资	-100000	
3	第1年收益	10000	
4	第2年收益	20000	
5	第3年收益	50000	
6	第4年收益	80000	
7	第5年再投资	10000	
8			
9	投资净现值(年初发生)	￥26,761.05	

图 22-18

❷ 选中 B10 单元格，在编辑栏中输入公式：

```
=NPV(B1,B2:B6)
```

按 Enter 键，即可计算出期初投资的付款发生在期末时，该投资的净现值，如图 22-19 所示。

❸ 选中 B11 单元格，在编辑栏中输入公式：

```
=NPV(B1,B3:B6,B7)+B2
```

按 Enter 键，即可计算出 5 年后的投资净现值，如图 22-20 所示。

B10	▼ : × ✓ fx	=NPV(B1,B2:B6)	
	A	B	
1	年贴现率	7.50%	
2	初期投资	-100000	
3	第1年收益	10000	
4	第2年收益	20000	
5	第3年收益	50000	
6	第4年收益	80000	
7	第5年再投资	10000	
8			
9	投资净现值(年初发生)	￥26,761.05	
10	投资净现值(年末发生)	￥24,894.00	

图 22-19

B11	▼ : × ✓ fx	=NPV(B1,B3:B6,B7)+B2	
	A	B	C
1	年贴现率	7.50%	
2	初期投资	-100000	
3	第1年收益	10000	
4	第2年收益	20000	
5	第3年收益	50000	
6	第4年收益	80000	
7	第5年再投资	10000	
8			
9	投资净现值(年初发生)	￥26,761.05	
10	投资净现值(年末发生)	￥24,894.00	
11	5年后的投资净现值	￥33,726.64	

图 22-20

5. XNPV（返回一组不定期现金流的净现值）

【函数功能】XNPV 函数用于返回一组不定期现金流的净现值。

【函数语法】XNPV(rate,values,dates)

- rate：现金流的贴现率。
- values：与 dates 中的支付时间相对应的一系列现金流转。
- dates：与现金流支付相对应的支付日期表。

例：计算出一组不定期盈利额的净现值

扫一扫，看视频

假设某笔投资的期初投资为 20000 元，未来几个月的收益日期不定，收益金额也不定（表格中给出），每年的贴现率是 7.5%（相当于通货膨胀率或竞争投资的利率），要求计算该笔投资的净现值。

❶ 选中 C8 单元格，在编辑栏中输入公式：

```
=XNPV(C1,C2:C6,B2:B6)
```

❷ 按 Enter 键，即可计算出该笔投资的净现值，如图 22-21 所示。

C8		fx	=XNPV(C1,C2:C6,B2:B6)	
	A	B	C	D	E
1	年贴现率		7.50%		
2	投资额	2016/5/1	-20000		
3	预计收益	2016/6/28	5000		
4		2016/7/25	10000		
5		2016/8/18	15000		
6		2016/10/1	20000		
7					
8	投资净现值		¥28,858.17		

图 22-21

6. NPER（返回某笔投资的总期数）

【函数功能】NPER 函数基于固定利率及等额分期付款方式，返回某笔投资（或贷款）的总期数。

【函数语法】NPER(rate,pmt,pv,fv,type)

- rate：各期利率。
- pmt：各期所应支付的金额。
- pv：现值，即本金。
- fv：未来值，即最后一次付款后希望得到的现金余额。
- type：指定各期的付款时间是在期初，还是期末。若为 0，表示在期末；若为 1，则表示在期初。

例 1：计算某笔贷款的清还年数

例如，已知某笔贷款的总额、年利率，以及每年向贷款方支付的金额，现在要计算还清此笔贷款需要多少年。

扫一扫，看视频

❶ 选中 B5 单元格，在编辑栏中输入公式：

`=ABS(NPER(B1,B2,B3))`

❷ 按 Enter 键，即可计算出此笔贷款的清还年数（约为 9 年），如图 22-22 所示。

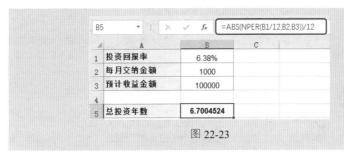

	A	B	C
	B5	▼ ： ✕ ✓ fx	=ABS(NPER(B1,B2,B3))
1	贷款年利率	6.90%	
2	每年支付额	12000	
3	贷款总金额	150000	
4			
5	清还贷款的年数	9.3208306	

图 22-22

例 2：计算一笔投资的期数

例如，某笔投资的回报率为 6.38%，每月需要投资的金额为 1000 元，如果想最终获取 100000 元的收益，需要投资几年。

扫一扫，看视频

❶ 选中 B5 单元格，在编辑栏中输入公式：

`=ABS(NPER(B1/12,B2,B3))/12`

❷ 按 Enter 键，即可计算出要取得预计的收益金额约需要投资 7 年，如图 22-23 所示。

	A	B	C
	B5	▼ ： ✕ ✓ fx	=ABS(NPER(B1/12,B2,B3))/12
1	投资回报率	6.38%	
2	每月交纳金额	1000	
3	预计收益金额	100000	
4			
5	总投资年数	6.7004524	

图 22-23

7. EFFECT 函数（计算实际年利率）

【函数功能】EFFECT 函数利用给定的名义年利率和一年中的复利期数计算实际年利率。

【函数语法】EFFECT(nominal_rate,npery)

- nominal_rate：名义利率。
- npery：每年的复利期数。

📢 注意：

> 在经济分析中，复利计算通常以年为计息周期，但在实际经济活动中，计息周期有半年、季、月、周、日等多种。当利率的时间单位与计息周期不一致时，就出现了名义利率和实际利率的概念。实际利率为计算利息时实际采用的有效利率，名义利率为计息周期的利率乘以每年计息周期数。例如，按月计算利息，多期月利率为 1%，通常也称为年利率为 12%，每月计息 1 次，则1% 是月实际利率，1%*12=12% 则为年名义利率。通常所说的利率都是指名义利率，如果不对计息周期加以说明，则表示 1 年计息 1 次。

例 1：计算投资的实际利率与本利和

扫一扫，看视频

　　某人用 100000 元进行投资，时间为 5 年，年利率为 6%，每季度复利 1 次（即每年的复利次数为 4 次），要求计算实际利率与 5 年后的本利和。

❶ 选中 B4 单元格，在编辑栏中输入公式：
`=EFFECT(B1,B2)`
按 Enter 键，即可计算出实际年利率，如图 22-24 所示。

❷ 选中 B5 单元格，在编辑栏中输入公式：
`=B4*100000*20`
按 Enter 键，即可计算出 5 年后的本利和，如图 22-25 所示。

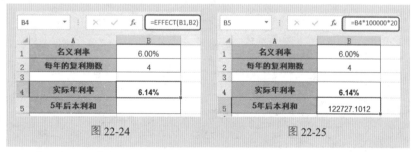

图 22-24　　　　　　　　　　　　图 22-25

【公式解析】

$$=B4*100000*20$$

公式中 100000 为本金，20 是指 5 年复利总次数
（年数*每年复利次数）

例 2：计算信用卡的实际年利率

如果一张信用卡收费的月利率是 3%，那么这张信用卡的实际年利率是多少？

❶ 由于月利率是 3%，所以可用公式"=3%*12"计算出名义年利率，如图 22-26 所示。

❷ 此处的年复利期数为 12，选中 B4 单元格，在编辑栏中输入公式：
`=EFFECT(B1,B2)`

按 Enter 键，即可计算出实际年利率，如图 22-27 所示。

图 22-26　　　　　　　　　　图 22-27

8. NOMINAL 函数（计算名义年利率）

【函数功能】NOMINAL 函数基于给定的实际利率和年复利期数，计算名义年利率。

【函数语法】NOMINAL(effect_rate,npery)

● effect_rate：实际利率。

● npery：每年的复利期数。

例：根据实际年利率计算名义年利率

NOMINAL 函数根据给定的实际利率和年复利期数回推，计算名义年利率。其功能与前面的 EFFECT 函数是相反的。

❶ 选中 B4 单元格，在编辑栏中输入公式：

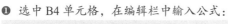
`=NOMINAL(B1,B2)`

❷ 按 Enter 键，即可计算出实际年利率为 6.14%、每年的复利期数为 4 次时的名义年利率，如图 22-28 所示。

图 22-28

22.3 偿还率函数

偿还率函数是专门用来计算利率的函数，也用于计算内部收益率，包括 IRR、MIRR、RATE 和 XIRR 等几个函数。

1. IRR（计算内部收益率）

【函数功能】IRR 函数返回由数值代表的一组现金流的内部收益率。这些现金流不必为均衡的，但作为年金，它们必须按固定的间隔产生，如按月或按年。内部收益率为投资的回收利率，其中包含定期支付（负值）和定期收入（正值）。

【函数语法】IRR(values,guess)

- values：进行计算的数组，即用来计算返回的内部收益率的数字。
- guess：对函数 IRR 计算结果的估计值。

例：计算一笔投资的内部收益率

扫一扫，看视频

假设要开设一家店铺需要投资 100000 元，希望未来 5 年各年的收入分别为 10000 元、20000 元、50000 元、80000 元、120000 元，要求计算出第 3 年后的内部收益率与第 5 年后的内部收益率。

❶ 选中 B8 单元格，在编辑栏中输入公式：

=IRR(B1:B4)

按 Enter 键，即可计算出 3 年后的内部收益率，如图 22-29 所示。

❷ 选中 B9 单元格，在编辑栏中输入公式：

=IRR(B1:B6)

按 Enter 键，即可计算出 5 年后的内部收益率，如图 22-30 所示。

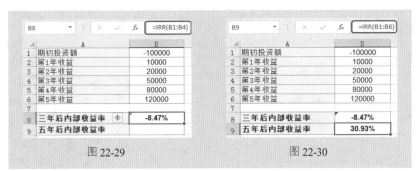

图 22-29　　　　　　　　　　　　　　图 22-30

2. MIRR（计算修正内部收益率）

【函数功能】MIRR 函数返回某一连续期间内现金流的修正内部收益率，它同时考虑了投资的成本和现金再投资的收益率。

【函数语法】MIRR(values,finance_rate,reinvest_rate)

- values：进行计算的数组，即用来计算返回的内部收益率的数字。
- finance_rate：现金流中使用的资金支付的利率。
- reinvest_rate：将现金流再投资的收益率。

例：计算不同利率下的修正内部收益率

假如开一家店铺需要投资 100000 元，预计今后 5 年中各年的收入分别为 10000 元、20000 元、50000 元、80000 元、120000元。期初投资的 100000 元是从银行贷款所得，利率为 6.9%，并且将收益又投入店铺中，再投资收益的年利率为 12%。要求计算出 5 年后的修正内部收益率与 3 年后的修正内部收益率。

扫一扫，看视频

❶ 选中 B10 单元格，在编辑栏中输入公式：

=MIRR(B3:B8,B1,B2)

按 Enter 键，即可计算出 5 年后的修正内部收益率，如图 22-31 所示。

图 22-31

❷ 选中 B11 单元格，在编辑栏中输入公式：

=MIRR(B3:B6,B1,B2)

按 Enter 键，即可计算出 3 年后的修正内部收益率，如图 22-32 所示。

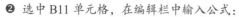

B11		:	×	✓	fx	=MIRR(B3:B6,B1,B2)	
▲	A			B		C	
1	期初投资额的贷款利率			6.90%			
2	再投资收益年利率			12.00%			
3	期初投资额			-100000			
4	第1年收益			10000			
5	第2年收益			20000			
6	第3年收益			50000			
7	第4年收益			80000			
8	第5年收益			120000			
9							
10	5年后修正内部收益率			25.89%			
11	3年后修正内部收益率			-5.29%			

图 22-32

3. XIRR（计算不定期现金流的内部收益率）

【函数功能】XIRR 函数返回一组不定期现金流的内部收益率。

【函数语法】XIRR(values,dates,guess)

● values：与 dates 中的支付时间相对应的一系列现金流。

● dates：与现金流支付相对应的支付日期表。

● guess：对函数 XIRR 计算结果的估计值。

例：计算一组不定期现金流的内部收益率

扫一扫，看视频

假设某笔投资的期初投资为 20000 元，未来几个月的收益日期不定，收益金额也不定（表格中给出），要求计算出该笔投资的内部收益率。

❶ 选中 C8 单元格，在编辑栏中输入公式：

=XIRR(C1:C6,B1:B6)

❷ 按 Enter 键，即可计算出该笔投资的内部收益率，如图 22-33 所示。

C8		▼	:	×	✓	fx	=XIRR(C1:C6,B1:B6)	
▲	A		B		C	D	E	
1	投资额		2016/5/25		-20000			
2			2016/6/25		2000			
3			2016/7/25		9000			
4	预计收益		2016/9/28		15000			
5			2016/10/25		20000			
6			2016/11/27		30000			
7								
8	内部收益率				¥35.31			
9								

图 22-33

4. RATE（返回年金的各期利率）

【函数功能】RATE 函数返回年金的各期利率。

【函数语法】RATE(nper,pmt,pv,fv,type,guess)

- nper：总投资期，即该项投资的付款期总数。
- pmt：各期付款额。
- pv：现值，即本金。
- fv：未来值。
- type：指定各期的付款时间是在期初还是期末。若为 0，表示在期末；若为 1，则表示在期初。
- guess：预期利率。如果省略预期利率，则假设该值为 10%。

例：计算一笔投资的收益率

如果需要使用 100000 元进行某笔投资，该笔投资的年回报金额为 28000 元，回报期为 5 年。现在要计算该笔投资的收益率是多少，从而判断该笔投资是否值得。

扫一扫，看视频

❶ 选中 B5 单元格，在编辑栏中输入公式：
`=RATE(B1,B2,B3)`

❷ 按 Enter 键，即可计算出该笔投资的收益率，如图 22-34 所示。

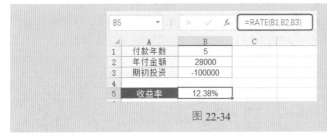

图 22-34

22.4 资产折旧计算

折旧计算函数主要包括 DB、DDB、SLN、SYD、VDB。这些函数都是用来计算资产折旧的，只是采用了不同的计算方法。具体选用哪种折旧方法，则须视各单位情况而定。

1. SLN（直线法计提折旧）

【函数功能】SLN 函数用于返回某项资产在一个期间内的线性折旧值。

【函数语法】SLN(cost,salvage,life)

- cost：资产原值。
- salvage：资产在折旧期末的价值，即资产残值。
- life：折旧期限，即资产的使用寿命。

【用法解析】

> 默认为年限；如果要计算月折旧额，则需要把使用寿命中的年数乘以 12，转换为可使用的月份数

=SLN（❶资产原值，❷资产残值，❸资产的使用寿命）

📣 注意：

> 直线法（Straight Line Method）又称平均年限法，是指将固定资产按预计使用年限计算平均折旧额均衡地分摊到各期的一种方法，采用这种方法计算的每期（年、月）折旧额都是相等的。

扫一扫，看视频

例 1：直线法计算固定资产的每年折旧额

❶ 录入各项固定资产的原值、可使用年限、残值等数据到工作表中，如图 22-35 所示。

	A	B	C	D	E
1	资产名称	原值	预计残值	预计使用年限	年折旧额
2	空调	3980	180	6	
3	冷暖空调机	2200	110	4	
4	uv喷绘机	98000	9800	10	
5	印刷机	3500	154	5	
6	覆膜机	3200	500	5	
7	平板彩印机	42704	3416	10	
8	亚克力喷绘机	13920	1113	10	

图 22-35

❷ 选中 E2 单元格，在编辑栏中输入公式：

=SLN(B2,C2,D2)

按 Enter 键，即可计算出第 1 项固定资产的每年折旧额。

❸ 选中 E2 单元格，向下复制公式，即可快速得出其他固定资产的年折旧额，如图 22-36 所示。

	A	B	C	D	E
1	资产名称	原值	预计残值	预计使用年限	年折旧额
2	空调	3980	180	6	633.33
3	冷暖空调机	2200	110	4	522.50
4	uv喷绘机	98000	9800	10	8820.00
5	印刷机	3500	154	5	669.20
6	覆膜机	3200	500	5	540.00
7	平板彩印机	42704	3416	10	3928.80
8	亚克力喷绘机	13920	1113	10	1280.70

E2 = SLN(B2,C2,D2)

图 22-36

例 2：直线法计算固定资产的每月折旧额

如果要计算每月的折旧额，则只需要将第 3 个参数资产使用寿命更改为月份数即可。

❶ 录入各项固定资产的原值、可使用年限、残值等数据到工作表中。

❷ 选中 E2 单元格，在编辑栏中输入公式：

=SLN(B2,C2,D2*12)

按 Enter 键，即可计算出第 1 项固定资产每月折旧额。

❸ 选中 E2 单元格，向下复制公式，即可计算出其他各项固定资产的每月折旧额，如图 22-37 所示。

	A	B	C	D	E
1	资产名称	原值	预计残值	预计使用年限	年折旧额
2	空调	3980	180	6	52.78
3	冷暖空调机	2200	110	4	43.54
4	uv喷绘机	98000	9800	10	735.00
5	印刷机	3500	154	5	55.77
6	覆膜机	3200	500	5	45.00
7	平板彩印机	42704	3416	10	327.40
8	亚克力喷绘机	13920	1113	10	106.73

E2 = SLN(B2,C2,D2*12)

图 22-37

【公式解析】

=SLN(B2,C2,D2*12)

计算月折旧额时，需要将资产使用寿命中的年数乘以 12，转换为可使用的月份数

2. SYD（年数总和法计提折旧）

【函数功能】SYD 函数返回某项资产按年限总和折旧法计算的指定期间的折旧值。

【函数语法】SYD(cost,salvage,life,per)

- cost：资产原值。
- salvage：资产在折旧期末的价值，即资产残值。
- life：折旧期限，即资产的使用寿命。
- per：期数，单位与 life 要相同。

【用法解析】

=SYD（❶资产原值，❷资产残值，❸资产的使用寿命，
❹指定要计算的期数）

指定要计算折旧额的期数（年或月），单位要与参数❸相同，即如果要计算指定月份的折旧额，则要把参数❸资产的使用寿命更改为月份数

📢 注意：

> 年数总和法又称合计年限法，是指将固定资产的原值减去净残值后的净额乘以一个逐年递减的分数计算每年的折旧额，这个分数的分子代表固定资产尚可使用的年数，分母代表使用年限的逐年数字总和。年数总和法计提的折旧额是逐年递减的。

例：年数总和法计算固定资产的年折旧额

扫一扫，看视频

❶ 录入固定资产的原值、可使用年限、残值等数据到工作表中。如果想一次求出每一年中的折旧额，可以事先根据固定资产的预计使用年限建立一个数据序列（如图 22-38 所示的 D 列），从而方便公式的引用。

	A	B	C	D	E
1	固定资产名称	uv喷绘机		年限	折旧额
2	原值	98000		1	
3	残值	9800		2	
4	预计使用年	10		3	
5				4	
6				5	
7				6	
8				7	
9				8	
10				9	
11				10	

图 22-38

Excel 应用技巧速查宝典

❷ 选中 E2 单元格，在编辑栏中输入公式：

=SYD($B$2,$B$3,$B$4,D2)

按 Enter 键，即可计算出该项固定资产第 1 年的折旧额，如图 22-39 所示。

图 22-39

❸ 选中 E2 单元格，拖动右下角的填充柄向下复制公式，即可计算出该项固定资产各个年份的折旧额，如图 22-40 所示。

图 22-40

【公式解析】

=SYD($B$2,$B$3,$B$4,D2)

求解期数是年份，想求解哪一年就指定此参数为几。本例为了查看整个 10 年的折旧额，在 D 列中输入了年份值，以方便公式引用

📢 注意：

由于年限总和法求出的折旧值各期是不等的，因此如果使用此法求解，则必须单项求解，而不能像直线折旧法那样一次性求解多项固定资产的折旧额。如果要求解指定月份（用 n 表示）的折旧额，则使用公式"=SYD（资产原值，资产残值,可使用年数*12,n）"。

3. DB（固定余额递减法计算折旧值）

【函数功能】DB 函数使用固定余额递减法计算某项资产在给定期间内的折旧值。

【函数语法】DB(cost,salvage,life,period,month)

- cost：资产原值。
- salvage：资产在折旧期末的价值，也称为资产残值。
- life：折旧期限，也称为资产的使用寿命。
- period：需要计算折旧值的期数。period 必须使用与 life 相同的单位。
- month：第 1 年的月份数，省略时假设为 12。

【用法解析】

=DB（❶资产原值，❷资产残值，❸资产的使用寿命，
❹指定要计算的期数）

指定要计算折旧额的期数（年或月），单位要与参数❸相同，即如果要计算指定月份的折旧额，则要把参数❸资产的使用寿命转换为月份数

📢 注意：

固定余额递减法是一种加速折旧法，即在预计的使用年限内将后期折旧的一部分移到前期，使前期折旧额大于后期折旧额的一种方法。

例：固定余额递减法计算固定资产的每年折旧额

扫一扫，看视频

❶ 录入固定资产的原值、可使用年限、残值等数据到工作表中。如果想查看每年中的折旧额，可以事先根据固定资产的使用年限建立一个数据序列（如图 22-41 所示的 D 列），从而方便公式的引用。

❷ 选中 E2 单元格，在编辑栏中输入公式：

```
=DB($B$2,$B$3,$B$4,D2)
```

按 Enter 键，即可计算出该项固定资产第 1 年的折旧额，如图 22-41 所示。

图 22-41

❸ 选中 E2 单元格，拖动右下角的填充柄向下复制公式，即可计算出各个年份的折旧额，如图 22-42 所示。

图 22-42

📢 注意：

如果要求解指定月份（用 n 表示）的折旧额，则使用公式"=DB（资产原值，资产残值，可使用年数*12,n）"。

4. DDB（双倍余额递减法计算折旧值）

【函数功能】DDB 函数使用双倍余额递减法计算某项资产在给定期间内的折旧值。

【函数语法】DDB(cost,salvage,life,period,factor)

● cost：资产原值。

● salvage：资产在折旧期末的价值，也称为资产残值。

● life：折旧期限，也称作资产的使用寿命。

● period：需要计算折旧值的期数。period 必须使用与 life 相同的单位。

● factor：余额递减速率。若省略，则假设为 2。

【用法解析】

=DDB（❶资产原值，❷资产残值，❸资产的使用寿命，❹指定要计算的期数）

指定要计算折旧额的期数（年或月），单位要与参数❸相同，即如果要计算指定月份的折旧额，则要把参数❸资产的使用寿命转换为月份数

📢 注意：

> 双倍余额递减法是在不考虑固定资产净残值的情况下，根据每期期初固定资产账面余额和双倍的直线法折旧率计算固定资产折旧的一种方法。

例：双倍余额递减法计算固定资产的每年折旧额

扫一扫，看视频

❶ 录入固定资产的原值、可使用年限、残值等数据到工作表中。如果想一次求出每一年中的折旧额，可以事先根据固定资产的预计使用年限建立一个数据序列（如图 22-43 所示的 D 列），从而方便公式的引用。

❷ 选中 E2 单元格，在编辑栏中输入公式：

= DDB($B$2,$B$3,$B$4,D2)

按 Enter 键，即可计算出该项固定资产第 1 年的折旧额，如图 22-43 所示。

	A	B	C	D	E
E2		=DDB($B$2,$B$3,$B$4,D2)			
1	资产名称	油压裁断机		年限	折旧额
2	原值	108900		1	21780.00
3	预计残值	8000		2	
4	预计使用年限	10		3	
5				4	
6				5	

图 22-43

❸ 选中 E2 单元格，拖动右下角的填充柄向下复制公式，即可计算出各个年份的折旧额，如图 22-44 所示。

📢 注意：

> 如果要求解指定月份（用 n 表示）的折旧额，则使用公式"=DDB（资产原值，资产残值，可使用年数*12,n）"。

					fx	=DDB($B$2,$B$3,$B$4,D2)

	A	B	C	D	E
1	资产名称	油压裁断机		年限	折旧额
2	原值	108900		1	21780.00
3	预计残值	8000		2	17424.00
4	预计使用年限	10		3	13939.20
5				4	11151.36
6				5	8921.09
7				6	7136.87
8				7	5709.50
9				8	4567.60
10				9	3654.08
11				10	2923.26

图 22-44

5. VDB（返回指定期间的折旧值）

【函数功能】VDB 函数使用双倍余额递减法或其他指定的方法，返回指定的任何期间内（包括部分期间）的资产折旧值。

【函数语法】VDB(cost,salvage,life,start_period,end_period,factor,no_switch)

- cost：资产原值。
- salvage：资产在折旧期末的价值，即资产残值。
- life：折旧期限，即资产的使用寿命。
- start_period：进行折旧计算的起始期间。
- end_period：进行折旧计算的截止期间。
- factor：余额递减速率。若省略，则假设为 2。
- no_switch：一个逻辑值，指定当折旧值大于余额递减计算值时，是否转用直线折旧法。若为 TRUE，即使折旧值大于余额递减计算值也不转用直线折旧法；若为 FALSE 或被忽略，且折旧值大于余额递减计算值时，则转用线性折旧法。

【用法解析】

=VDB（❶资产原值，❷资产残值，❸资产的使用寿命，
❹起始期间，❺结束期间）

指定的期数（年或月）单位要与参数❸相同，即如果要计算指定月份的折旧额，则要把参数❸资产的使用寿命转换为月份数

例：计算任意指定期间的资产折旧值

要求计算出固定资产部分期间（如第 1 个月的折旧额、第 2 年的折旧额、第 6~12 个月的折旧额、第 3~4 年的折旧额等）的折旧值，可以使用 VDB 函数来实现。

❶ 录入固定资产的原值、可使用年限、残值等数据到工作表中。

❷ 选中 B6 单元格，在编辑栏中输入公式：

=VDB(B2,B3,B4*12,0,1)

按 Enter 键，即可计算出该项固定资产第 1 个月的折旧额，如图 22-45 所示。

❸ 选中 B7 单元格，在编辑栏中输入公式：

=VDB(B2,B3,B4,0,2)

按 Enter 键，即可计算出该项固定资产第 2 年的折旧额，如图 22-46 所示。

图 22-45   图 22-46

❹ 选中 B8 单元格，在编辑栏中输入公式：

=VDB(B2,B3,B4*12,6,12)

按 Enter 键，即可计算出该项固定资产第 6~12 个月的折旧额，如图 22-47 所示。

	A	B	C
1	资产名称	电脑	
2	原值	5000	
3	预计残值	500	
4	预计使用年限	5	
5			
6	第1个月的折旧额	166.67	
7	第2年的折旧额	3200.00	
8	第6～12个月的折旧额	750.90	

B8   =VDB(B2,B3,B4*12,6,12)

图 22-47

⑤ 选中 B9 单元格，在编辑栏中输入公式：

=VDB(B2,B3,B4,3,4)

按 Enter 键，即可计算出该项固定资产第 3~4 年的折旧额，如图 22-48 所示。

	A	B	C
	B9	fx =VDB(B2,B3,B4,3,4)	
1	资产名称	电脑	
2	原值	5000	
3	预计残值	500	
4	预计使用年限	5	
5			
6	第1个月的折旧额	166.67	
7	第2年的折旧额	3200.00	
8	第6~12月的折旧额	750.90	
9	第3~4年的折旧额	432.00	

图 22-48

【公式解析】

=VDB(B2,B3,B4*12,6,12)

由于工作表中给定了固定资产的使用年限，因此在计算某月、某些月的折旧额时，需要将使用寿命转换为月数，即转换为"使用年限*12"

第23章　表格安全保护和共享

23.1　数据的安全保护

使用 Excel 2016 完成工作簿编辑之后，下一步需要将工作簿保护起来。无论是要阻止他人随意打开工作簿、以只读方式访问工作簿，还是保护工作表部分区域不被修改等，都可以在本节中找到相应的操作技巧。

1. 为重要工作簿建立副本文件

扫一扫，看视频

创建工作簿之后，为了防止工作簿丢失，可以在当前文件夹或者其他备份文件夹中建立该工作簿的副本文件。

❶ 打开文件夹并选中"学生成绩表"工作簿，按住 Ctrl 键的同时拖动鼠标，拖动过程如图 23-1 所示。

❷ 释放鼠标即可在文件夹中获取一个副本文件，如图 23-2 所示。

图 23-1　　　　　　　　　　　　　　　　　图 23-2

2. 加密保护重要工作簿

扫一扫，看视频

创建好包含重要数据的工作簿之后，可以为工作簿设置打开密码。只有输入正确的密码，才能打开工作簿。

❶ 打开工作簿后，选择"文件"→"信息"命令，在右侧的窗口中单击"保护工作簿"下拉按钮，在弹出的下拉菜单中选择"用密码进行加密"命令（如图 23-3 所示），打开"加密"文档对话框。

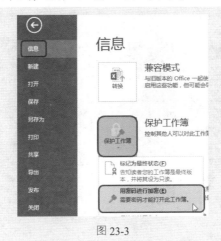

图 23-3

❷ 输入密码并单击"确定"按钮（如图 23-4 所示），在弹出的对话框中再次输入相同密码即可完成设置。返回"信息"窗口后，可以看到"保护工作簿"标签下显示需要密码才能打开工作簿，如图 23-5 所示。

图 23-4   图 23-5

3. 设置工作表修改权限密码

如果想让工作簿中的数据可供他人查看但是禁止随意修

扫一扫，看视频

改，可以设置工作簿的修改权限密码。设置后的工作簿可以打开，但如果想修改会弹出输入密码提示框，只有输入了密码后才可以进行修改。

❶ 打开表格后，选择"文件"→"另存为"命令，在右侧的窗口中单击"浏览"按钮（如图 23-6 所示），打开"另存为"对话框。

图 23-6

❷ 单击下方的"工具"下拉按钮，在打开的下拉菜单中选择"常规选项"命令（如图 23-7 所示），打开"常规选项"对话框。

❸ 在"修改权限密码"文本框内输入密码（"打开权限密码"文本框保持空白），如图 23-8 所示。

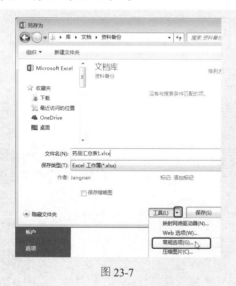

图 23-7

图 23-8

④ 单击"确定"按钮，弹出确认密码对话框，再次输入相同的密码即可。

4. 保护工作表中局部区域

在 Excel 使用过程中，为了防止他人或自己对工作表的误操作，可以先将工作表进行锁定，再设置密码保护。如果想保护工作表中的局部数据区域，可以取消所有数据区域的锁定状态，然后单独锁定禁止编辑的部分区域，最后再执行密码设置。

扫一扫，看视频

❶ 首先选中表格中的整个数据区域（如图 23-9 所示），按 Ctrl+1 组合键，打开"设置单元格格式"对话框。切换至"保护"选项卡，取消勾选"锁定"复选框，如图 23-10 所示。

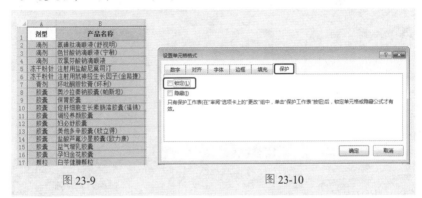

图 23-9　　　　　　　　　　　　　　　　　图 23-10

❷ 选中要保护的工作表区域，比如 A1:C31（除此之外，其他区域都可以编辑），并再次打开"设置单元格格式"对话框，勾选"锁定"复选框，如图 23-11 所示。

❸ 单击"确定"按钮，即可锁定指定区域。继续在"审阅"选项卡的"更改"组中单击"保护工作表"按钮（如图 23-12 所示），打开"保护工作表"对话框。

❹ 在"取消工作表保护时使用的密码"文本框内输入密码，如图 23-13 所示。单击"确定"按钮，返回表格。当对局部保护的区域进行编辑时会弹出提示对话框，如图 23-14 所示。单击"确定"按钮，输入正确密码才能进入编辑（无密码此区域是阻止编辑的）。而其他未保护的区域是可以任意编辑的。

图 23-11　　　　　　　　　　　　图 23-12

图 23-13　　　　　　　　　　　　图 23-14

5. 指定工作表中部分区域可编辑

如果想要工作表中的部分区域向使用者开放，其他区域禁止编辑，可以设置允许用户编辑的一个或者多个区域。

❶ 打开表格后，首先按照技巧 4 介绍的方法为整张表格设置锁定状态。然后在"审阅"选项卡的"更改"组中单击"允许用户编辑区域"按钮（如图 23-15 所示），打开"允许用户编辑区域"对话框。

❷ 单击"新建"按钮（如图 23-16 所示），打开"新区域"对话框。

❸ 设置"标题"为"区域 1"，"引用单元格"为"B1:B34"（如图 23-17 所示），单击"确定"按钮，返回"允许用户编辑区域"对话框，即可看到设置的区域。选中区域并单击下方的"保护工作表"按钮（如图 23-18 所示），打开"保护工作表"对话框。

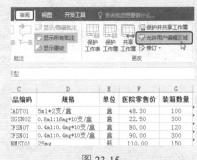

图 23-15　　　　　　　　　　　　　　　　图 23-16

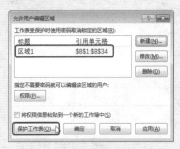

图 23-17　　　　　　　　　　　　　　　　图 23-18

❹ 在"取消工作表保护时使用的密码"文本框内输入密码，如图 23-19 所示。单击"确定"按钮，返回表格。当对 B1:B34 单元格区域中的数据执行编辑时，会弹出"取消锁定区域"提示对话框，如图 23-20 所示。

图 23-19　　　　　　　　　　　　　　　　图 23-20

❺ 输入正确的密码并单击"确定"按钮，即可实现在 B1:B34 单元格区域中进行编辑。

6. 在受保护的工作表中允许排序

工作表被设置加密保护后，用户就无法对表格进行查找、筛选和排序操作了。但如果想允许在受保护的工作表中进行排序，也是可以通过设置实现的。

在"审阅"选项卡的"更改"组中单击"保护工作表"按钮，打开"保护工作表"对话框。在"允许此工作表的所有用户进行"列表框中勾选"排序"复选框。单击"确定"按钮完成设置，如图 23-21 所示。

图 23-21

7. 保护工作表中所有公式

工作表中包含公式时，为了保护公式不被修改，可以锁定这些公式所在区域并设置加密保护。

❶ 首先按 Ctrl+1 组合键，打开"设置单元格格式"对话框，切换至"保护"选项卡，取消勾选"锁定"复选框，如图 23-22 所示。

图 23-22

❷ 选中公式所在单元格区域，如图 23-23 所示。再次打开"设置单元格格式"对话框，勾选"锁定"和"隐藏"复选框，如图 23-24 所示。

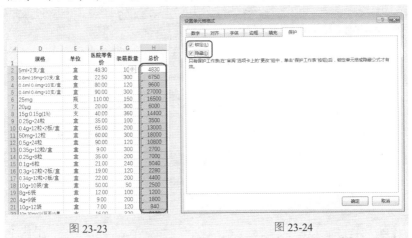

图 23-23   图 23-24

❸ 单击"确定"按钮后，打开"保护工作表"对话框并输入密码，如图 23-25 所示。

❹ 单击"确定"按钮，完成密码保护设置。当对表格中公式所在单元格区域执行编辑时，会弹出提示对话框，如图 23-26 所示。

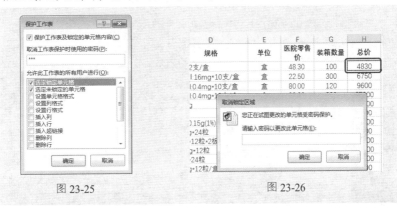

图 23-25   图 23-26

8. 保护工作表中的图表

在表格中根据数据源创建好图表后，如果不希望他人对图表执行任何操作，可以对图表进行保护设置。

打开图表后，在"审阅"选项卡的"更改"组中单击"保护工作表"按钮，打开"保护工作表"对话框。在"取消工作表保护时使用的密码"文本框内输入密码，在"允许此工作表的所有用户进行"列表框中勾选除了"编辑对象"之外的所有复选框，如图 23-27 所示。设置完毕后，将无法对图表执行任何操作。

图 23-27

9. 隐藏工作簿中的个人信息

扫一扫，看视频

如果想要共享工作簿，事先最好查看可能存储在工作簿或其文档属性中的个人信息。为了保护个人信息，可以在与他人共享工作簿之前删除这些隐藏信息。

❶ 打开工作簿后，选择"文件"→"信息"命令，在右侧的窗口中单击"检查问题"下拉按钮，在打开的下拉菜单中选择"检查文档"命令（如图 23-28 所示），打开"文档检查器"对话框。

❷ 该对话框中显示了很多可以检查的内容，如图 23-29 所示。

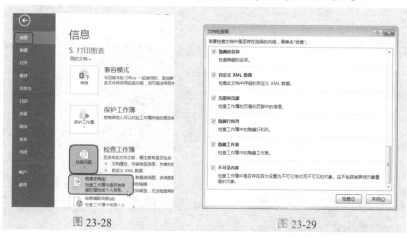

图 23-28   图 23-29

832

❸ 分别勾选需要检查的内容前面的复选框，如图 23-30 所示。单击"检查"按钮，即可检查出所有指定内容。在指定内容右侧单击"全部删除"按钮（如图 23-31 所示），即可删除指定的个人信息内容。

图 23-30　　　　　　　　　图 23-31

10. 不显示"最近使用的工作簿"

"最近使用的工作簿"列表中默认显示了 25 个工作簿名称。在多人操作环境下，他人通过此列表也会知道最近有哪些工作簿被打开过。通过如下设置可以禁止此列表的显示。

扫一扫，看视频

❶ 打开工作簿后，选择"文件"→"选项"命令（如图 23-32 所示），打开"Excel 选项"对话框。

❷ 选择"高级"选项卡，在"显示"栏下的"显示此数目的'最近使用的工作簿'"数值框中输入"0"，如图 23-33 所示。

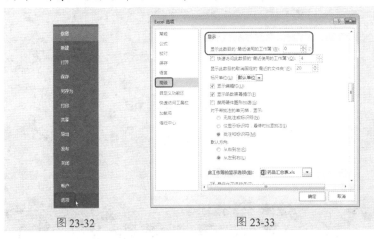

图 23-32　　　　　　　　　图 23-33

❸ 单击"确定"按钮即可完成设置,当再次打开工作簿时将不会显示"最近使用的工作簿"。

11. 阻止文档中的外部内容

为了保护文档的安全,可以设置阻止外部内容(如图像、链接媒体、超链接和数据连接等)显示。阻止外部内容有助于防止 Web 信号和黑客侵犯用户的隐私,诱使用户运行不知情的恶意代码等。下面介绍如何设置打开文档时禁止打开外部内容。

❶ 打开"Excel 选项"对话框,选择"信任中心"选项卡,在"Microsofe Excel 信任中心"栏中单击"信任中心设置"按钮(如图 23-34 所示),打开"信任中心"对话框。

❷ 选择"外部内容"选项卡,在"数据连接的安全设置"栏中选中"禁用所有数据连接"单选按钮,如图 23-35 所示。

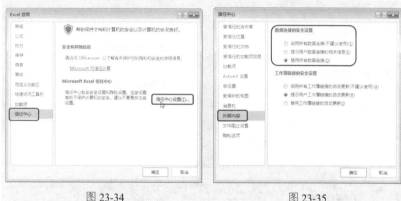

图 23-34   图 23-35

❸ 单击"确定"按钮即可完成设置,当再次打开工作簿时会弹出安全警告提示框,如图 23-36 所示。

图 23-36

23.2 文件共享

Excel 工作簿创建完成后，可以生成为 PDF 文档、图片，也可以上传到云。将 Office 文档（Word、PowerPoint、Excel 和 OneNote）存储在云中后，就可以和其他人在处理文档时同时编辑它。除此之外，还可以将 Excel 表格和图表应用到其他 Office 文档中。

1. 将工作表生成为 PDF 文件

如果用户计算机中没有安装 Microsoft Excel 2016 或者更高的版本，可以将表格保存为 PDF 格式，方便数据携带，随时打开使用。

扫一扫，看视频

❶ 打开工作簿后，选择"文件"→"导出"命令，在右侧的窗口中依次选择"创建 PDF/XPS 文档"→"创建 PDF/XPS 文档"命令（如图 23-37 所示），打开"另存为 PDF 或 XPS"对话框。

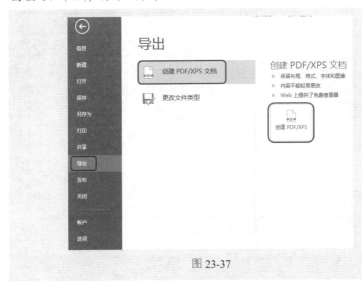

图 23-37

❷ 设置保存的文件夹路径以及文件名即可，如图 23-38 所示。

❸ 单击"确定"按钮，即可完成设置。当打开保存为 PDF 文件的文档后，即可查看表格，如图 23-39 所示。

图 23-38

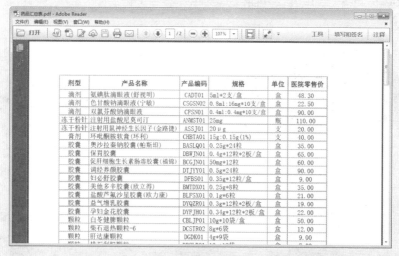

图 23-39

2. 上传到云

扫一扫，看视频

OneDrive 是 Microsoft 账户附带的免费在线存储服务。它就像一块额外的硬盘，用户可以通过任意的自有设备进行访问。若要设置免费的 OneDrive 账户，必须要注册自己的 Microsoft 账户。

❶ 选择"文件"→"共享"命令，在右侧的窗口中单击"保存到云"按钮，如图 23-40 所示。

图 23-40

❷ 此时会跳转到"另存为"选项卡，单击"**的 One Dirve"（这里的"**"是在注册 Microsoft 账户时使用的用户名，如果未注册则会提示注册），继续单击"**的 One Dirve"文件夹（如图 23-41 所示），打开"另存为"对话框。

图 23-41

❸ 在"文件名"文本框中输入共享工作簿名称，如图 23-42 所示。

图 23-42

❹ 单击"确定"按钮完成设置，即可将工作簿上传到 OneDrive 中的 Microsoft 账户中，如图 23-43 所示。

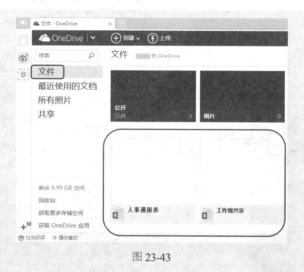

图 23-43

📢 注意：

要使用 OneDrive，必须拥有 Microsoft 账户，如果没有可以立即注册。注册用户后，再使用 Office 程序时，程序界面右上角位置会显示出自己的账户名称。当在其他计算机上使用 Office 程序时，需要重新登录账户。

将工作簿上传到云中后，可以通过以下的方式共享工作簿。

● 邀请他人共享

选择"文件"→"共享"命令，在右侧的窗口中选择"邀请他人"，在"键入姓名或电子邮件地址"文本框内输入姓名或邮件地址（如图23-44所示），单击"共享"按钮。打开邮件，即可在收件箱中看到共享的文件，如图23-45所示。

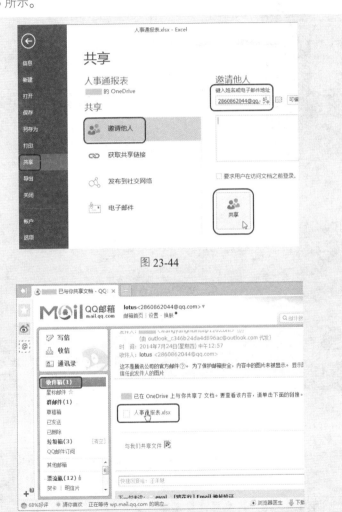

图 23-44

图 23-45

● 获取共享链接

❶ 选择"文件"→"共享"命令,在右侧的窗口中选择"获取共享链接",在"查看链接"栏下单击"创建链接"按钮,如图 23-46 所示。

图 23-46

❷ 此时会在"查看链接"栏下显示出链接(如图 23-47 所示),复制该链接给其他人,即可通过链接共享工作簿。

图 23-47

◄》 注意:

另外,还可以通过发布到社交网络与发送电子邮件实现共享。

扫一扫,看视频

3. 将数据透视表输出为报表

创建数据透视表并执行复制后,会自动引用整个透视表字段。如果只想使用报表的最终统计结果，可以将其复制并转换为普通报表，以方便随时使用。

❶ 打开数据透视表后，在"数据透视表工具"下的"分析"选项卡的"操作"组中单击"选择"下拉按钮，在打开的下拉菜单中选择"整个数据透视表"命令（如图 23-48 所示），即可选中整张数据透视表。

❷ 单击鼠标右键，在弹出的快捷菜单中选择"复制"命令（如图 23-49 所示），再打开新工作表并单击鼠标右键，在弹出的快捷菜单中选择"值"（如图 23-50 所示），即可将数据透视表粘贴为普通表格形式。重新修改 B 列的数据为百分比格式即可，如图 23-51 所示。

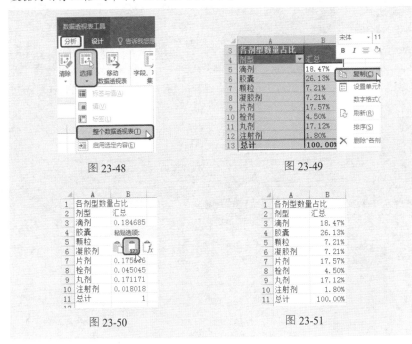

图 23-48

图 23-49

图 23-50

图 23-51

4. 图表保存为图片

对创建完成的图表可以将其转换为图片，从而更加方便地应用于 Word 文档或 PPT 幻灯片中，而且与插入普通图片的操作是一样的。

扫一扫，看视频

❶ 选中图表，按 Ctrl+C 组合键进行复制，如图 23-52 所示。

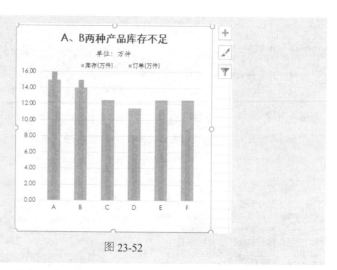

图 23-52

❷ 单击任意空白区域，在"开始"选项卡"剪贴板"选项组中选择"粘贴"下拉按钮，在弹出的下拉菜单中选择"图片"命令（如图 23-53 所示），即可将图表输出为图片，如图 23-54 所示。

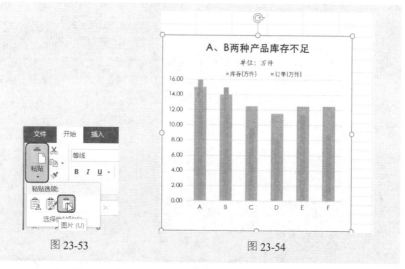

图 23-53   图 23-54

❸ 选中转换后的静态图表（即图片），按 Ctrl+C 组合键复制，然后打开图片处理工具（如 Windows 程序自带的绘图工具），将复制的图片粘入。单击"保存"按钮，即可将图片保存到计算机中。

5. 打印图表

如果只想打印数据表中的图表，可以单独选中图表，再执行打印操作。

选中图表，如图 23-55 所示。选择"文件"→"打印"命令，在右侧窗口中设置打印方向为"横向"，如图 23-56 所示。如果预览效果符合打印要求，则执行打印即可。

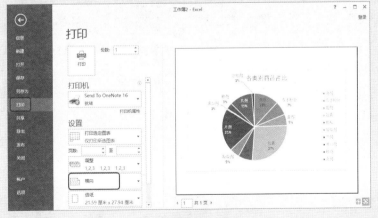

图 23-55

图 23-56

6. 将 Excel 表格或图表应用到 Word 报告

在使用 Word 撰写报告的过程中，为了提高报告的可信度与专业性，很多时候都需要使用图表，用数据说话，提升说服力。而 Excel 正是图表处理的高手，因此经常将建立好的 Excel 图表应用到 Word 报告中。下面以复制使用图表为例进行介绍。

❶ 在 Excel 工作簿中选中图表后，按 Ctrl+C 组合键执行复制，如图 23-57 所示。

❷ 打开 Word 文档后，在"开始"选项卡的"剪贴板"组中单击"粘贴"下拉按钮，在弹出的下拉菜单中选择粘贴的方式，一般选择"使用目标主题和链接数据"（如果直接粘贴，默认也是这个选项），或者直接单击"图片"按钮也可以将图表转换为图片插入，如图 23-58 所示。

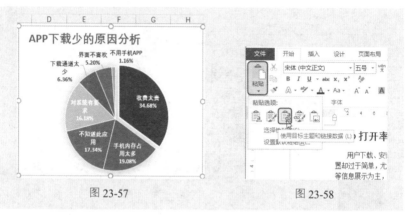

图 23-57   图 23-58

❸ 执行上述操作后即可插入图表，在文档中可对图表进行排版，效果如图 23-59 所示。

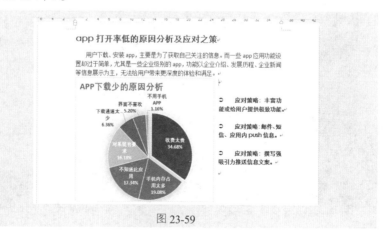

图 23-59

7. 将 Excel 表格或图表应用到 PPT 幻灯片

在 PPT 分析报告中，图表是很常用的。虽然 Word 和 PPT 软件本身也可以制作图表，但是就建立图表而言，无论是图表数据的编辑还是处理都不如 Excel 软件专业。可以将在 Excel 中制作完成的图表直接复制到幻灯片中使用。

扫一扫，看视频

❶ 打开工作表后选中图表，按 Ctrl+C 组合键执行复制，如图 23-60 所示。

图 23-60

❷ 打开 PPT 幻灯片后，选中目标幻灯片，按 Ctrl+V 组合键执行粘贴，即可将图表应用到 PPT 幻灯片中，如图 23-61 所示。

图 23-61

注意:

> 需要注意的是，复制粘贴到 PPT 演示文稿中的图表，是默认以"使用目标主题与链接数据"的方式粘贴。这种粘贴方式下，当 Excel 中的数据源发生改变时，粘贴到 PPT 演示文稿中的图表也会随之发生改变。另外，也可以直接以图片形式粘贴。